Informatik & Praxis

A. Viereck / B. Sonderhüsken

Informationstechnik in der Praxis

Informatik & Praxis

Herausgegeben von

Prof. Dr. Helmut Eirund, Fachhochschule Harz
Prof. Dr. Herbert Kopp, Fachhochschule Regensburg
Prof. Dr. Axel Viereck, Hochschule Bremen

Anwendungsorientiertes Informatik-Wissen ist heute in vielen Arbeitszusammenhängen nötig, um in konkreten Problemstellungen Lösungsansätze erarbeiten und umsetzen zu können. In den Ausbildungsgängen an Universitäten und vor allem an Fachhochschulen wurde dieser Entwicklung durch eine Integration von Informatik-Inhalten in sozial-, wirtschafts- und ingenieurwissenschaftliche Studiengänge und durch Bildung neuer Studiengänge – z.B. Wirtschaftsinformatik, Ingenieurinformatik oder Medieninformatik – Rechnung getragen.

Die Bände der Reihe wenden sich insbesondere an die Studierenden in diesen Studiengängen, aber auch an Studierende der Informatik, und stellen Informatik-Themen didaktisch durchdacht, anschaulich und ohne zu großen „Theorie-Ballast" vor.

Die Bände der Reihe richten sich aber gleichermaßen an den Praktiker im Betrieb und sollen ihn in die Lage versetzen, sich selbständig in ein in seinem Arbeitszusammenhang relevantes Informatik-Thema einzuarbeiten, grundlegende Konzepte zu verstehen, geeignete Methoden anzuwenden und Werkzeuge einzusetzen, um eine seiner Problemstellung angemessene Lösung zu erreichen.

Informationstechnik in der Praxis

Von Prof. Dr. Axel Viereck
und Bernhard Sonderhüsken

B. G. Teubner Stuttgart · Leipzig · Wiesbaden

Prof. Dr. rer. nat. Axel Viereck

Geboren 1952 in Bremen. Von 1975 bis 1984 Studium der Mathematik und Informatik an der Universität Oldenburg. Von 1984 bis 1993 wissenschaftlicher Mitarbeiter im FB Informatik der Universität Oldenburg. 1986 Promotion in Informatik. Seit 1993 Hochschullehrer für Wirtschaftsinformatik am FB Wirtschaft der Hochschule Bremen.

Dipl.-Betriebswirt Bernhard Sonderhüsken

Geboren 1961 in Aachen. Studium der Betriebswirtschaftslehre mit dem Schwerpunkt Wirtschaftsinformatik an der Hochschule Bremen. 1996 bis 1998 Systementwickler im Client/Server-Umfeld bei einer Unternehmensberatung. Seit 1998 am Zentrum für Rechnerbetrieb des FB Wirtschaft der Hochschule Bremen, Systemadministration SAP R/3. Seit 1995 freiberufliche Tätigkeit als EDV-Sachverständiger.

Die Deutsche Bibliothek – CIP-Einheitsaufnahme
Ein Titeldatensatz für diese Publikation ist bei
Der Deutschen Bibliothek erhältlich.

1. Auflage Januar 2001

Der Verlag Teubner ist ein Unternehmen der Fachverlagsgruppe BertelsmannSpringer.

www.teubner.de

Gedruckt auf säurefreiem Papier
Umschlaggestaltung: Peter Pfitz, Stuttgart

ISBN-13: 978-3-519-02971-7 e-ISBN-13: 978-3-322-84829-1
DOI: 10.1007/978-3-322-84829-1

Vorwort

Ein Computer ist schon ein faszinierendes Gerät. Wenn man die Darstellungen in den Medien verfolgt oder sich mal bewußt umsieht, so gibt es praktisch keinen Bereich, in dem durch seinen Einsatz das gewünschte Ergebnis nicht schneller, besser und günstiger erreicht werden kann, als ohne ihn. Oft sieht man ihn dabei gar nicht: er ist verborgen in unserem Photoapparat und sorgt dafür, daß wir ohne weiteres Know How gute Bilder machen, er steuert die Programme in unserer Waschmaschine, er steckt irgendwo im Motorraum unseres Autos und regelt die Motorleistung, im Straßenverkehr schaltet er die Ampeln verkehrsgerecht und ermöglicht – so weit das heute überhaupt noch geht – ein zügiges Vorankommen.

Am Arbeitsplatz steuert der Computer die Produktion, er steht wie selbstverständlich auf dem Schreibtisch im Büro und wird tagtäglich zur Information, zur Kommunikation und zur Bearbeitung der Aufgaben eingesetzt. Auch im Privatbereich erfährt er eine immer größere Bedeutung. In weit über 50 Prozent aller privaten Haushalte steht heute ein Personalcomputer und wird für die Korrespondenz, für Hobby und Spiele und in zunehmenden Maße auch zur Information und für den elektronischen Einkauf im Internet genutzt.

Ein Leben und Arbeiten ohne Computer scheint in unserer heutigen Gesellschaft nicht mehr möglich. Mit immer größerer Geschwindigkeit wächst die Leistungsfähigkeit und steigen die Anwendungsmöglichkeiten der Informationstechnik. Die Entwicklung in den letzten zwanzig Jahren in diesem Bereich mit ihren Auswirkungen auf unser Leben ist mit nichts vergleichbar. Dies führt bei vielen zu Euphorie bei anderen zu Mißtrauen und Unsicherheit. Unternehmen, die bei der Informationstechnik den Anschluß verlieren, haben auf dem Markt der Zukunft keine Chance mehr. Ebenso werden Personen ohne Computerkenntnisse zukünftig an den Rand gedrängt und im Privat- und Berufsleben hinter anderen zurück stehen.

Bei aller Verbreitung von Computern, die Technik und ihre Anwendung ist noch immer kompliziert. An das Auto haben wir uns über Jahrzehnte gewöhnt, wir sind mit ihm groß geworden und können es vernünftig einsetzen, auch wenn wir die technischen Zusammenhänge im Motor, bei der Lenkung und beim Antrieb nicht verstehen. Beim Personalcomputer ist dies anders. Hier hängen Anwendung und technische Funktion in viel höherem Maße miteinander zusammen. Hinzu kommen die rasche Verbreitung und die ständigen Veränderungen mit immer neuen Funktionen, die ein Vertrautwerden mit der Technik behindern.

Mehr als 90% der Computeranwender nutzen im privaten und im beruflichen Alltag weniger als 30% der Funktionalität der gängigen Anwendungsprogramme. Dies dabei oft in einer Weise, die mit dem anfangs geäußerten Adjektiven schneller, besser und günstiger nicht vereinbar ist: In der Zeit, in der ein Brief mit dem Computer geschrieben und ausgedruckt wird, könnten mit einer einfachen Schreibmaschine oder per Hand zwei oder drei Briefe geschrieben werden. Auch können wir Autoren ein Lied davon singen, wie oft wir abends von frustrierten Freunden und Bekannten kontaktiert werden, denen wir am Telefon mühsam zu erklären versuchen, wie sie eine gewünschte Funktion anwenden, wo ihre Datei geblieben sein könnte oder warum etwas nicht so funktioniert, wie man es sich vorgestellt hat.

Stellvertretend für diese Freunde und Bekannten haben wir für dieses Buch Bill erfunden. Bill bemüht sich um ein solides Fundament an Kenntnissen, um den Personalcomputer privat und beruflich effizient einsetzen zu können. Denn trotz der großen Veränderungen in der Informationstechnik, das Grundprinzip der Funktionsweise und die damit zusammenhängende Handhabung von Computern ist über die Jahre beständig geblieben und wird sich auch in der Zukunft nicht verändern.

Dieses Grundprinzip Ihnen nahe zu bringen ist das erste Ziel dieses Buches. Wir gehen dazu in hohem Maße anwendungsorientiert vor. Ausgehend von Szenen, in denen sich Bill in seiner Lebenslage als privater Nutzer eines Computers findet, führen wir in die Grundkonzepte von Computern, in seine Handhabung zum Einsatz von weit verbreiteten Anwendungsprogrammen und in die Nutzung des Internet zur Information und Kommunikation ein.

Hierdurch wird eine Basis geschaffen, das zweite Ziel dieses Buches in Angriff zu nehmen, die Informationstechnik und ihre Bedeutung im Kontext von Betrieben und Unternehmen verständlich zu machen und zukunftsträchtige informationstechnische Lösungsansätze für Unternehmen vorzustellen. Bills Lebenslage ändert sich dementsprechend und wir stellen anhand von Szenen, in denen Bill dem betrieblichen Einsatz von Computern begegnet, dar, wie der Computer am Arbeitsplatz in einem Rechnernetz als Werkzeug zur Problemlösung eingesetzt werden kann und wie die Informationstechnik als strategischer Wettbewerbsfaktor für Unternehmen zu nutzen ist.

Dieses Buch versteht sich als Lehrbuch, das zum Selbststudium interessierter Praktiker und Praktikerinnen genauso geeignet ist, wie als begleitende Lektüre zum Informatik-Unterricht in Schulen und für Lehrveranstaltungen zur Informatik im Nebenfach verschiedener Studiengänge an Fachhochschulen oder Universitäten.

Bremen, im September 2000

Axel Viereck
Bernhard Sonderhüsken

Inhaltsverzeichnis

1 Motivation und Einführung

Es heißt, wir leben heute in einer Informationsgesellschaft. Nachdem jahrzehntelang das Auto das Wirtschafts- und Privatleben entscheidend beeinflußt hat und uns eine bis dato nie gekannte physische Mobilität verschafft hat, ist es nun auch und vor allem die Informations- und Kommunikationstechnik, die unser Leben beeinflußt und verändert.

Geschäftlich und verstärkt auch privat sind wir über Handy stets erreichbar, wir haben Mailboxes für Nachrichten, wenn wir tatsächlich einmal nicht erreichbar sind. Wir können über weltweite Netze kommunizieren und uns mit Informationen versorgen. Wir können über elektronische Organizer unsere Termine planen, unsere Adressen verwalten. Unser Personal Computer zu Hause dient nicht mehr nur dazu, Briefe zu schreiben oder Spiele zu spielen sondern ist inzwischen ein Informationsknoten für den Einstieg in die weltweiten Netze und zukünftig verstärkt auch die Schaltzentrale in unserem Haus zur Steuerung von Heizung, Herd und Waschmaschine oder als Überwachungsstation für Türen und Fenster. Für das Vergnügen oder die Arbeit unterwegs haben wir den Laptop.

Das Arbeitsleben ist heute ohne Computer nicht mehr denkbar. In Produktion und Verwaltung läuft der Betrieb computergesteuert oder computergestützt. Die „richtige" Informationstechnik entscheidet maßgeblich über die Wettbewerbsfähigkeit, der Umgang mit Information ist für Unternehmen zu einer strategischen Aufgabe geworden.

Zur physischen Mobilität durch das Auto ist inzwischen durch den Computer in kürzester Zeit eine beeindruckende, für manche auch besorgniserregende Möglichkeit für eine geistige Mobilität gekommen, die wir beherrschen müssen, mit der wir lernen müssen umzugehen. Politik und Wirtschaft sehen in der Informations- und Kommunikationstechnik die Schlüsseltechnologie für wirtschaftliches Wachstum und gesellschaftlichen Wohlstand.

1.1 Grundlegende Begriffe

Information ist für einen Einzelnen oder für eine Organisation Wissen über Sachverhalte und Dinge, das eingesetzt wird, um bestimmte Ziele zu erreichen. Dazu wird Information

durch *Zeichen* (Buchstaben und Zahlen oder auch Piktogramme, Grafiken und bewegte Bilder) dargestellt,

- als *Daten* verarbeitet,
- als *Nachrichten* verbreitet oder
- durch *Kommunikation* ausgetauscht.

Hierzu bedient man sich Methoden und Werkzeugen der *Computertechnik*, der *Nachrichtentechnik* und der *Telekommunikationstechnik*, allgemein zusammengefaßt unter der Bezeichnung *Informations- und Kommunikationstechnik*.

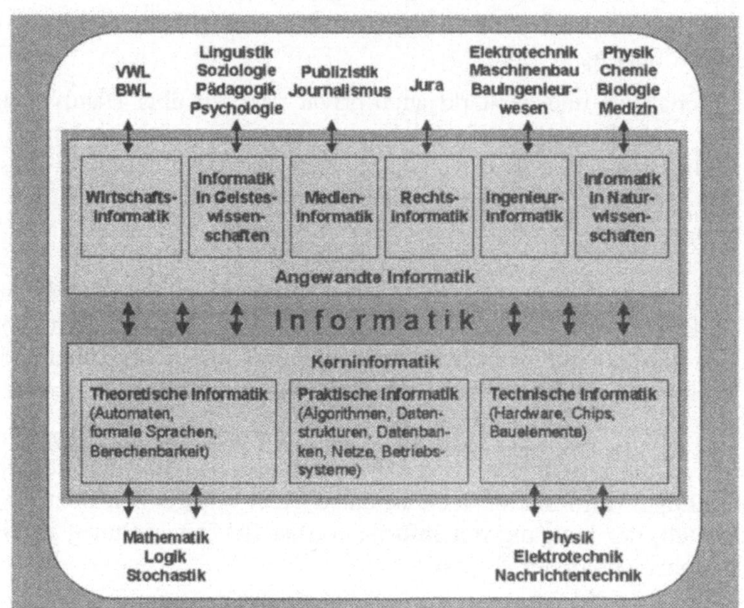

Bild 1.1: Informatik als Wissenschaft

Die Grundlage für die Entwicklung geeigneter Werkzeuge und Methoden bildet im weitesten Sinne die *Informatik* als wissenschaftliche Disziplin zur systematischen und automatisierten Verarbeitung von Information durch Computersysteme, wobei Verarbeitung hier im Sinne eines Oberbegriffs für sämtliche mit Information mögliche Tätigkeiten steht. Im allgemeinen unterteilt man die Informatik in

die *Kerninformatik* mit den Disziplinen

- Theoretische Informatik (verwandt mit der Mathematik),
- Praktische Informatik und
- Technische Informatik (verwandt mit der Elektrotechnik, der Nachrichtentechnik und der Physik)

und durch ihre Wirkung in viele Anwendungsbereiche hinein in die *Angewandte Informatik* mit den Arbeitsfeldern

- Wirtschaftsinformatik, mit Bezügen zur Betriebs- und Volkswirtschaftslehre,
- Ingenieurinformatik, mit Bezügen zu diversen ingenieurwissenschaftlichen Fachgebieten,
- Rechtsinformatik, mit Bezügen zu Rechts- und Verwaltungswissenschaften,
- Medieninformatik, mit Bezügen zu Medien- und Kommunikationswissenschaften
- Informatik in Geisteswissenschaften, mit Bezügen zur Linguistik, Soziologie, Psychologie und Pädagogik, und
- Informatik in Naturwissenschaften, mit Bezügen zur Physik, Chemie, Biologie und Medizin.

Betrachtet man die Tätigkeiten, die durch ein Computersystem auf Informationen angewendet werden, genauer, so spricht man von Datenverarbeitung oder von elektronischer Datenverarbeitung (*EDV*) genau dann, wenn es um die Eingabe und Ausgabe, das Speichern und Löschen, die Übertragung oder das Bearbeiten im engeren Sinn in Form von Rechnen, Vergleichen, Ordnen oder Suchen von Daten mit Hilfe von Computern geht.

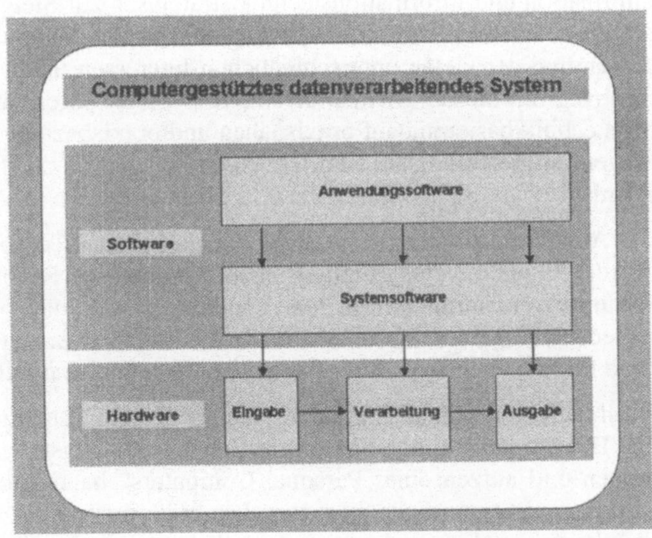

Bild 1.2: Computergestütztes datenverarbeitendes System

Tätigkeiten dieser Art können wir Menschen auch ohne Hilfsmittel mit Daten ausführen: Wir haben dazu Sinnesorgane zur Aufnahme von Daten und Anweisungen, was mit den Daten zu tun ist, führen diese Anweisungen im Kopf, vielleicht unter Zuhilfenahme von Notizzetteln, aus und teilen unser festgestelltes Ergebnis in Sprach- oder Schriftform mit.

Dieses Grundprinzip der Eingabe, Verarbeitung und Ausgabe (*EVA-Prinzip*) wurde auf ein computergestütztes datenverarbeitendes System übertragen, wobei *Hardware* (die Bauteile eines Computers) und *Software* (die Programme zur Steuerung der Verarbeitung durch die Bauteile) entsprechend der zugrundeliegenden Problemstellung für eine korrekte Aufgabenbewältigung in geeigneter Weise zusammenarbeiten. Bei der Software unterscheidet man die *Systemsoftware* zur eigentlichen Koordination der Hardware und die *Anwendungssoftware* zur Bereitstellung von Methoden und Verfahrensweisen für eine konkrete Aufgabenbearbeitung.

1.2 Ziele und Inhalte des Buches

Wir wollen uns im Folgenden damit auseinandersetzen, was es denn heißt, daß Hardware und Software in geeigneter Weise zusammenarbeiten, wie Hard- und Software funktioniert, wie ein Mensch vorgehen muß, um eine Aufgabenstellung mit Hilfe eines Computers zu lösen, oder wie ein Unternehmen vorgehen muß, um Information und Informationstechnik strategisch zur Steigerung der Wettbewerbsfähigkeit einsetzen zu können. Entsprechend der Vielfältigkeit dieser Fragestellungen und der vielen unterschiedlichen Interessen und Vorkenntnisse in Zusammenhang mit diesen Themen diskutieren wir die Informations- und Kommunikationstechnik basierend auf praxisnahen und praxisbezogenen Szenen. Hier werden Fragen aufgeworfen, die sich jemandem in der Praxis stellen, der sich mit dem Thema beschäftigen will oder beschäftigen muß.

Die Ausführungen zur Szene „Kauf eines Personal Computers“ beschäftigen sich mit der Funktion der grundlegenden Technik von Rechnern und sollen helfen, Bauteile von Computern in ihrer Funktion kennen und begreifen zu lernen, verschiedene Angebote zu unterscheiden und einschätzen zu können, welche Hardware für die eigenen Bedürfnisse angemessen und sinnvoll ist.

Nach dem Kauf eines Computers kommt dessen Nutzung in Zusammenhang mit der Bewältigung einiger grundsätzlicher Aufgabenstellungen. Die Szene „Einrichten und nutzen eines Personal Computers“ handelt dementsprechend davon, was man wissen und wie man vorgehen muß, um mit der Systemsoftware und mit Standardanwendungssoftware umzugehen, damit der Einsatz des Computers für die Bearbeitung einer Aufgabenstellung sich lohnt und die Arbeit vereinfacht.

Kann man in den grundlegenden Anwendungen mit dem Computer umgehen, kommt sehr schnell der Wunsch nach zusätzlichen Anwendungsmöglichkeiten auf, insbesondere der nach einer Verbindung mit dem Internet, um in dem riesigen

Informationsangebot einfach nur „zu surfen“ oder um mit anderen zu kommunizieren. Was man hierfür zu beachten hat, wie man vorgehen muß, um mit einem Rechner das Internet zu nutzen, wird unter der Szene „Anschluß eines PC an das Internet“ diskutiert.

Diesen mehr grundsätzlichen Themen der ersten drei Szenen folgen in den zwei weiteren mehr unternehmensorientierte Fragestellungen.

Zunächst geht es unter dem Motto „Arbeiten mit dem PC“ darum, wie Unternehmen den Computer heute zur Lösung spezifischer Aufgabenstellungen einsetzen, wie sie ihre Computer richtig vernetzen und welche Anwendungssoftware ihren Problemstellungen angemessen ist.

Danach widmen wir uns unter der Überschrift „Strategischer Einsatz von Informationstechnik“ den mehr grundsätzlichen Fragestellungen zum Computereinsatz in Unternehmen hinsichtlich der richtigen Organisation, der Möglichkeiten der Modellierung und Entwicklung von Anwendungssystemen und hinsichtlich zukunftsweisender Anwendungsmöglichkeiten.

Die Ausführungen insbesondere zu den ersten drei Szenen sind von der Technik und von den praktischen Beispielen her ausgerichtet auf den heutigen weltweiten Standard bei Personal Computern mit Intel- oder Intel-kompatiblem Prozessor, Microsoft Betriebssystem und Microsoft Standardsoftware. Da die Grundlagen der Funktionsweise bei anderen Computern im wesentlichen gleich sind und da an vielen Stellen ein Ausblick auf anders gerichtete Systeme anderer Hersteller gegeben wird, lohnt sich die Lektüre aber auch für Besitzer und Anwender anderer Computersysteme.

Als Lehrbuch ist der Inhalt dieses Buches ausgerichtet auf eine praxisorientierte Hochschulveranstaltung zur Einführung in die Informationstechnik für Nicht-Informatiker, wie z.B. Wirtschaftswissenschaftler, Sozialwissenschaftler, Psychologen im Umfang von 6 SWS Vorlesungen und 6 SWS Übungen.

Szene 1: Bill will sich einen Computer kaufen

Eigentlich ist Bill rundherum zufrieden: Nach seiner Schule und der Ersatzdienstzeit hat er gleich auf Anhieb einen Studienplatz in dem Fach bekommen, das er gerne studieren wollte: Betriebswirtschaft. Er hat eine nettes bezahlbares Zimmer in einer WG gefunden und die Einführungswoche gut hinter sich gebracht.

- Midi Tower ATX mit CPU Intel® Celeron Prozessor 500 MHz
- 64 MB SDRAM
- 10 GB Festplatte
- 48fach CD-ROM
- 3D Grafik
- 3D Sound
- Tastatur

Etwas Erfahrung mit PCs hat Bill ja: Im Büro des Kindergartens, in dem er Ersatzdienst gemacht hat, mußte er einige Arbeiten damit erledigen und auch für die Schule hat er ihn einige Male eingesetzt. Daß er aber richtig damit umgehen kann, wäre weit übertrieben. Eigentlich ärgert er sich deswegen über sich selbst. Alles beim PC ist für ihn so umständlich und undurchsichtig und er hat schon häufiger Arbeiten doppelt und dreifach gemacht, weil seine Ergebnisse irgendwie im Computer verschwunden waren. Ihm ist auch klar, daß er später als Betriebswirt ohne wirklich gute Computerkenntnisse nicht richtig klarkommen wird.

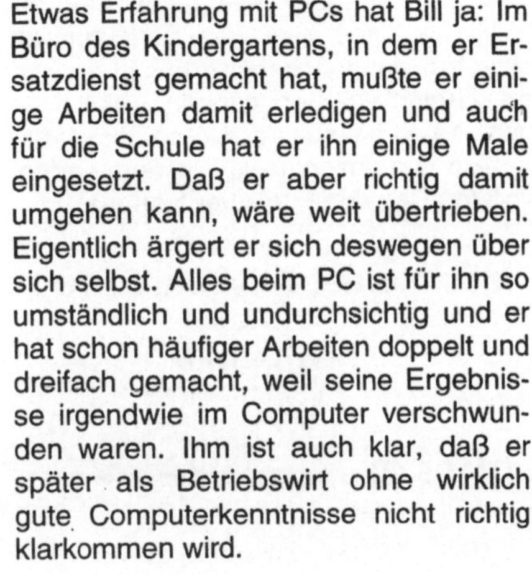

- mit Intel®Pentium® Prozessor 1000 MHz
- 128 MB RAMBUS
- 60 GB Festplatte Maxtor
- ATI Rage Fury Maxx 64 MB
- Creative SoundBlaster 1024 Live
- 56k Modem intern
- Lautsprecher
- 8/40 DVD-Laufwerk
- Logitech Desktop Cordless Pro

DM 5249.00

Die „älteren Semester" aber auch die Hochschullehrer haben in den Einführungsveranstaltungen dringend geraten, sich einen PC anzuschaffen, weil in den Informatikveranstaltungen sowieso, aber auch in den anderen Lehrveranstaltungen viel mit Computern gearbeitet wird und Kenntnisse im Umgang damit mehr oder weniger vorausgesetzt würden. Hausarbeiten und Referate würden überhaupt nur noch computererstellt angenommen.

Da bald Weihnachten ist, hat Bill also mit seinem Vater gesprochen, der ihm genug Geld zugesagt hat, um ein ordentliches Computersystem zu kaufen.

Bombardiert mit den Zahlen aus Prospekten von Computerdiscountern in Tageszeitungen, (von denen er ei-

- 17 Zoll Multiscan
- 0,27 mm Lochabstand
- 30-70 KHz Horizontalfrequenz
- On-Screen-Display
- 1024 x 768 bei 85 Hz
- TCO 95

DM 379.00

gentlich nur den Preis richtig verstanden hat und ein Freund von ihm zu den anderen Angaben gesagt hat, daß es völlig egal sei, was was bedeutet, er solle nur danach gehen, daß je größer die Zahlen vor den ganzen Abkürzungen, desto besser der Computer) steht er also nun unschlüssig in einem Laden vor den Regalen mit lauter Kartons.

MS Internet Keyboard Pro

DM 99.00

Bill stellt fest, daß zwischen den billigen und den teuren Geräten doch ein ganz schöner Preisunterschied ist und fängt an sich dafür zu interessieren, wo bei den Geräten denn eigentlich der Unterschied ist. Er fragt einen Verkäufer, der aber eher kurz angebunden ist, auch nur mit Fremdwörtern um sich wirft und ihm so richtig nicht erklären will (oder

Laserdrucker

DM 599.00

kann), warum im Detail ein System gut 1000,- DM teurer ist als ein anderes.

Bill verläßt den Laden und geht auf dem Rückweg noch beim Supermarkt vorbei, um ein paar Lebensmittel zu kaufen.

ZIP Laufwerk 100MB USB

DM 299.00

Dort stößt er doch tatsächlich auch auf ein Regal mit lauter Computern zu einem erstaunlich niedrigen Preis. Soll er den nehmen? Auf seinen Versuch hin stellt er fest, daß er hier keinerlei Beratung oder Information zu dem Gerät erhalten kann. Er kauft keines und beschließt, sich erst einmal so richtig kundig zu machen.

Scanner - Agfa SnapScan 1236S

36 Bit Farbtiefe (24 Bit/PC Twain)
600x1200 dpi optische Auflösung
9600 dpi interpolieerte Auflösung
inkl. umfangreicher Software
deutsche Dokumentation
Anschluß über SCSI-Port für PC & MAC
inkl. Adaptec SCSI-Karte

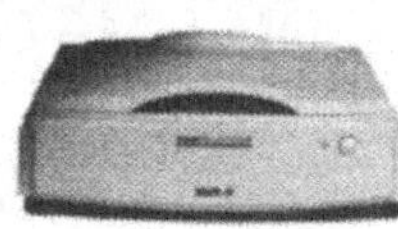

DM 299.00

Wie funktioniert so ein Computer eigentlich? Welche Teile sind wichtig, nötig, wünschenswert? Welche Teile könnte man später nachkaufen? Was für eine Leistung braucht man, um für seine Zwecke gut arbeiten zu können?

Wir arbeiten uns in den folgenden Kapiteln langsam, aber sicher von innen nach außen vor. Zuerst beschreiben wir die die eigentliche Verarbeitung durchführenden Komponenten eines Computers (Kapitel 2), danach die üblicherweise im Gehäuse des Rechners installierten sogenannten peripheren Speicher (Kapitel 3) und schließlich die uns als Benutzer von Rechnern am nächsten liegenden Peripheriegeräte für Ein- und Ausgaben (Kapitel 4 und 5).

2 Die Architektur von Personal Computern

Wenn wir uns mit der Frage beschäftigen wollen, wie ein Computer - und hier ganz speziell ein Personal Computer - funktioniert, so haben wir uns mit der *Architektur* von Rechnern zu beschäftigen. Architektur ist in der Informatik eine häufig benutzte Bezeichnung für das funktionale Verhalten eines Systems aus mehreren Komponenten. Dazu gehört die Beschreibung der Funktion jeder einzelnen Komponente und Darstellung des Zusammenspiels der Funktionen der einzelnen Komponenten zur Erfüllung der Aufgabe des Systems. Man spricht von der *Hardware-Architektur* oder der *Rechnerarchitektur* im Zusammenhang mit den Bauteilen eines Computers, von der *Software-Architektur* zur Beschreibung des Zusammenspiels diverser einzelner Programme z.B. eines Textverarbeitungssystems oder ganz allgemein von der *Systemarchitektur* in Zusammenhang mit Computersystemen.

2.1 Ein einfaches Modell für die Funktionsweise eines Computers

2.1.1 Die Grundkomponenten und ihr Zusammenspiel

Die Architektur heutiger Computer geht zurück auf die Arbeiten von John von Neumann, der in den vierziger Jahren die theoretischen Grundlagen für den Aufbau von Computern entworfen hat. Danach sind folgende Grundkomponenten für einen Computer vorzusehen:

- Ein *Hauptspeicher* (*Arbeitsspeicher*) zur Aufnahme von Programm und Daten,
- ein *Rechenwerk* zur Durchführung von Rechenoperationen,
- ein *Ein-/Ausgabewerk* (*E/A-Werk*) zur Steuerung von Ein- und Ausgabegeräten und
- ein *Leitwerk* (*Steuerwerk*) zur Interpretation des Programms und Steuerung der Abläufe.

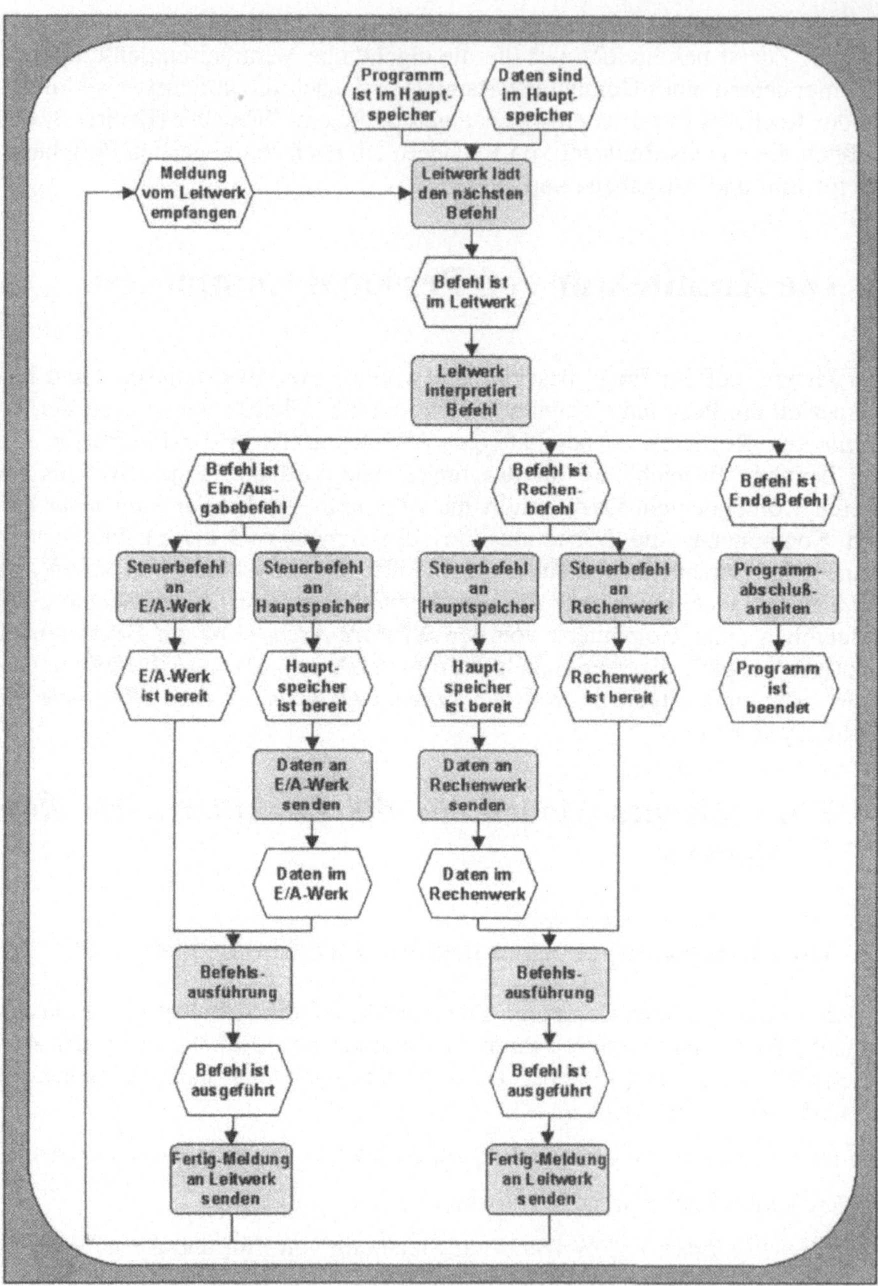

Bild 2.1: Vereinfachtes Modell für das Zusammenspiel der Grundkomponenten von Rechnern

Diese Grundkomponenten sind miteinander verbunden durch Leitungen zur gegenseitigen Übertragung von Daten und Nachrichten. Rechenwerk und Leitwerk faßt man heute unter dem Begriff *Prozessor* oder *Mikroprozessor* zusammen, Arbeitsspeicher und Prozessor werden als *Zentraleinheit* (Central Processing Unit, *CPU*) eines Rechners bezeichnet.

Jedes zu verarbeitende und dazu im Hauptspeicher gespeicherte Programm besteht aus einer Aneinanderreihung verschiedener einfacher Anweisungen (Befehle), wobei jede einzelne beschreibt, welche Operation (z.B. Addieren oder Multiplizieren) auf welche, zu diesem Zweck ebenfalls im Hauptspeicher untergebrachten, Daten anzuwenden ist. Ein vereinfachtes Modell, wie diese Komponenten zur Abarbeitung eines Programms zusammenarbeiten, wie also grundsätzlich ein Computer funktioniert, wird in Bild 2.1 gezeigt.

2.1.2 Chips – elektronische Bausteine zur Realisierung der Grundkomponenten

Ein Computer braucht für seine Funktion elektrischen Strom und Schalter, mit denen in sogenannten Schaltkreisen der Stromfluß geregelt wird. Dabei folgt der Computer einem Funktionsprinzip, das wir in jedem Haushalt wie selbstverständlich benutzen: wir betätigen den Lichtschalter z.B. unserer Schreibtischlampe, der Strom fließt und die Lampe brennt, wir betätigen ihn erneut, unterbrechen damit den Stromfluß und die Lampe geht aus. Damit dies funktioniert, steckt der Stecker der Schreibtischlampe in einer Steckdose, so daß über das Kabel ein einfacher Schaltkreis mit Stromquelle, einem Schalter zur Regelung und einer Glühbirne als Verbraucher besteht.

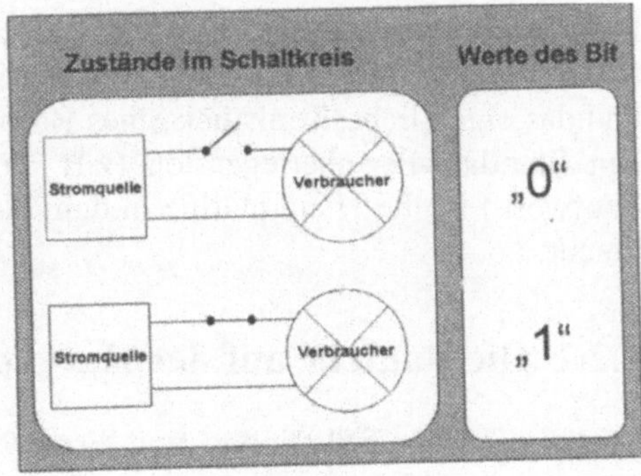

Bild 2.2: Bit als einfachstes Informationselement

Anstelle der Glühbirne befinden sich im Computer andere Bauteile (Transistoren, FlipFlops, Kondensatoren), die durch den Stromfluß in einen bestimmten Zustand versetzt werden oder eben nicht. Die Arbeitsweise der Grundkomponenten von Computern beruht also einzig und allein auf der Auswertung, ob Schaltkreise eine solche Schalterstellung haben, daß Strom fließt, oder nicht. Ein einzelner Schaltkreis bildet damit ein einfaches Informationselement mit zwei möglichen Zuständen. Es wird der Einfachheit halber als *Bit* (*Binary Digit*) bezeichnet, das den Wert „1" annimmt, wenn in dem Schaltkreis Strom fließt und den Wert „0", wenn kein Strom fließt.

So, wie wir im Haushalt kompliziertere Schaltkreise haben, um z.B. eine Treppenhausbeleuchtung von verschiedenen Schaltern aus zu schalten oder um bei einer Lampe zwei Glühbirnen getrennt schalten zu können, sind im Computer für die vielen verschiedenen nötigen Funktionen der Datenverarbeitung viele unterschiedliche und in der Regel sehr komplexe Schaltkreise erforderlich.

Grundlage dieser Schaltkreise sind heute extrem kleine Transistoren auf der Basis chemisch manipulierten Siliziums als Schalter, die durch extrem feine Leitungen aus aufgedampftem Aluminium miteinander verbunden sind.

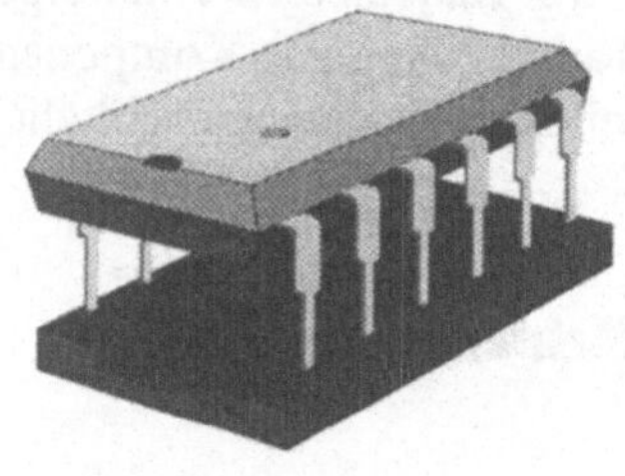

Bild:2.3: Chip mit Steckkontakten

Diejenigen Schaltkreise, die die Funktionen der Grundkomponenten eines Computers realisieren, werden technisch in Chips mit extrem geringer Baugröße zusammengefaßt. Für die technische Verbindung zu anderen Komponenten ist ein Chip mit Kontakten ausgerüstet. Chips gibt es für Computer in unterschiedlichen Typen. Der heutige Mikroprozessor ist beispielsweise der Chip, der unter anderem alle Schaltkreise für die Funktion von Steuerwerk und Rechenwerk integriert, Speicherchips beinhalten Schaltkreise zur Realisierung beispielsweise des Hauptspeichers. Weiter gibt es für viele Spezialanwendungen spezialisierte Typen von Chips.

2.2 Die Hauptplatine eines Personal Computers

Die *Hauptplatine* (*Mainboard*, *Motherboard*) eines Personal Computers ist eine Kunstoffplatte im Format etwa DIN A3 bis DIN A4 - Tendenz: kleiner werdend - und das eigentliche Kernstück eines Rechners. Mit der Stromversorgung und einigen Standard-Peripheriegeräten (z.B. Festplatte, Diskettenlaufwerk, CD-ROM-Laufwerk) ist die Hauptplatine in dem Gehäuse des Personal Computers untergebracht.

2.2.1 Die Bauteile auf der Hauptplatine

Mit einigen Modifikationen und Erweiterungen sind der Prozessor, der Hauptspeicher und das Ein-/Ausgabewerk bei Personal Computern heute auf einer Hauptplatine in Form von Chips installiert.

Üblicherweise gibt es für die Installation der die Komponenten realisierenden Chips auf der Hauptplatine spezielle Steckplätze. Dadurch ist es möglich, z.B. den

Prozessorchip zu wechseln, bzw. zusätzliche Speicherchips zur Erweiterung des Hauptspeichers in freien Steckplätzen zu integrieren.

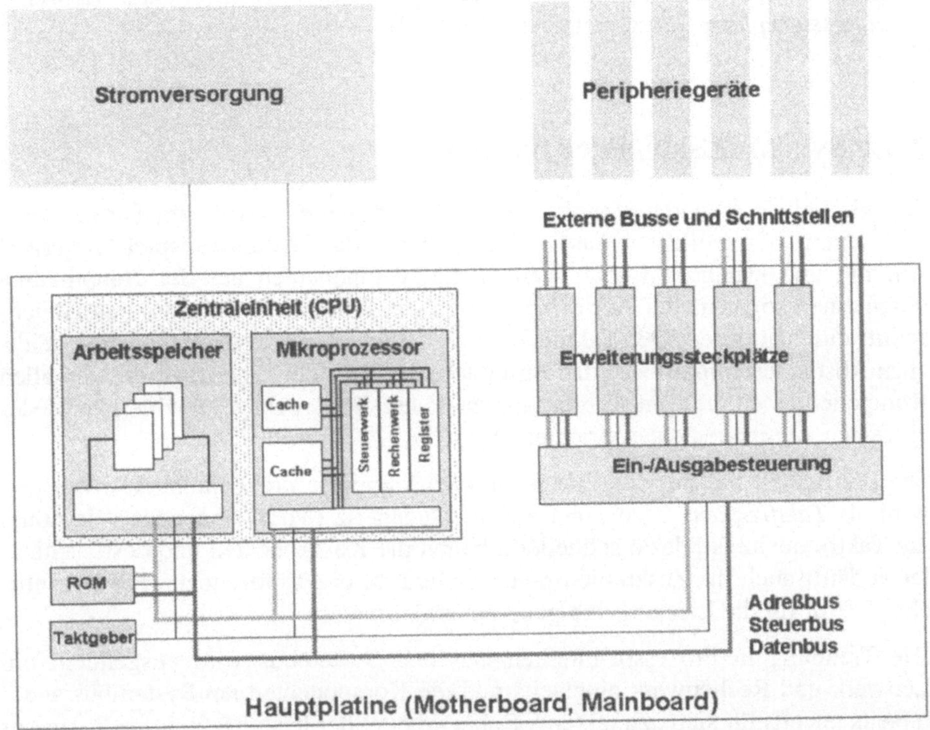

Bild 2.4: Schema der Hauptplatine eines Personal Computers

Die erste Modifikation betrifft die Verbindung der Komponenten. Anstelle einzelner Verbindungsleitungen wird auf einer Hauptplatine ein gemeinsames Übertragungsmedium, das sogenannte *Bussystem* (interner Bus, Systembus) für den Transport von Daten (Datenbus), Adressen (Adreßbus), und Steuerinformation (Steuerbus) zwischen Arbeitsspeicher, Prozessor und Ein-/Ausgabewerk verwendet. Innerhalb des Mikroprozessors, also zur Verbindung von Steuerwerk und Rechenwerk, gibt es heute zur Leistungssteigerung üblicherweise ein separates Verbindungssystem, den sogenannten Prozessor-internen Bus.

Daneben befinden sich auf der Hauptplatine weitere Bauteile

- zur Synchronisation der Funktionen der Komponenten (*Taktgeber*, siehe Abschnitt 2.2.2),
- zur Speicherung von Basisprogrammen, die beim Einschalten des Rechners ausgeführt werden (*ROM*, siehe Abschnitt 2.3.3),

- zur Leistungssteigerung des Computers (*Cache*, siehe Abschnitt 2.3.2; bei den neueren Rechnern ist der Cache Bestandteil des Mikroprozessors) und
- zum Ausbau des Systems um zusätzliche nützliche Komponenten (*Erweiterungssteckplätze*, *Slots*, siehe Abschnitt 2.5).

2.2.2 Synchronisation der Bauteile

So, wie bei einem Orchester die Musiker – angeleitet von einem Dirigenten – nach einem einheitlichen Takt spielen, damit das Zusammenspiel insgesamt stimmig und synchron ist, so werden die Komponenten auf der Hauptplatine durch einen sogenannten *Taktgeber* angehalten, ihre Arbeit im absoluten Gleichschritt durchzuführen. Der Taktgeber ist ein Bauteil, das in extrem kurzen zeitlichen Abständen Impulse auf das Bussystem des Rechners überträgt, die von allen Komponenten empfangen werden und an denen die Arbeitsgeschwindigkeit jeder einzelnen Komponente ausgerichtet wird.

Die Häufigkeit, mit der der Taktgeber solche Impulse pro Zeiteinheit aussendet, wird als *Taktfrequenz* bezeichnet und in Megahertz (MHz) angegeben. Je höher die Taktfrequenz ist, desto schneller arbeiten die Komponenten und desto schneller verläuft auch ihr Zusammenspiel. Insofern ist die Taktfrequenz ein wesentlicher Faktor für die Leistungsfähigkeit eines Computers.

Die Trennung in Prozessor-internen Bus und Systembus wird ausgenutzt, um Leitwerk und Rechenwerk einerseits und die Komponenten am Systembus andererseits jeweils für sich „zu takten". Dabei arbeitet der leistungsfähigere Prozessor mit einer höheren Taktfrequenz als der Systembus. Verarbeitungsschritte innerhalb des Prozessors zwischen Leitwerk und Rechenwerk laufen damit schneller ab, als solche, für die der Systembus genutzt werden muß und für die der Prozessor sich an den Takt der übrigen Komponenten ausrichtet.

2.2.3 Das Bussystem

Wenn wir in unserer Stadt auf der Straße einem Bus begegnen, so verbinden wir damit ein allgemeines Beförderungsmittel mit einer feststehenden Fahrtroute und festgelegten Haltepunkten an denen Personen in den Bus ein- oder aus dem Bus aussteigen können.

Man kann diese Vorstellung in gewissen Grenzen auf ein *Bussystem* eines Rechners übertragen. Haltepunkte sind hier die Komponenten auf der Hauptplatine, zwischen denen Daten in großer Zahl und mit möglichst großer Geschwindigkeit mit dem Bussystem transportiert werden. Der Bus selbst besteht aus vieladrigen

Leitungen in Flachband- oder Kabelform und Schaltkreisen auf Chips zur Steuerung.

So, wie in der Stadt über die Kapazität von Bussen und die Zeittakte, in denen die Busse verkehren, dem unterschiedlichen Andrang von Fahrgästen Rechnung getragen wird, damit kein Fahrgast unnötig lange warten muß, so wird über die Kapazität und die Taktrate des Bussystems der Hauptplatine versucht, den Anforderungen nach Datentransporten durch die Komponenten gerecht zu werden. Da ein großer Anteil der Datenverarbeitung im Computer auf den Transport von Daten zwischen den verarbeitenden Komponenten fällt, ist die Leistungsfähigkeit des Rechners eng mit der des Bussystems verbunden.

Wie oben bereits angesprochen, werden für das Bussystem einige Unterscheidungen vorgenommen, die ihren technischen Ursprung in dem Bestreben nach Leistungssteigerung des Bussystems haben.

Zunächst realisieren Schaltkreise innerhalb des Mikroprozessors als *prozessorinterner Bus* den extrem schnellen Datentransfer zwischen Leitwerk und Rechenwerk und kleineren dem Prozessor direkt zugeordneten Speichern (1st Level und 2nd Level Cache, vgl. Abschnitt 2.3). Der Prozessor ist dann weiter mit den anderen Komponenten der Hauptplatine über den langsameren Systembus verbunden. Wiederum eine Kategorie langsamer sind die sogenannten externen Busse, über die im Zusammenspiel mit dem Ein-/Ausgabewerk Peripheriegeräte mit den Grundkomponenten des Computers verbunden werden.

Nach Art der zu transportierenden Daten werden der *Steuerbus* zum Transport von Steuersignalen, der *Datenbus* zum Transport von zu verarbeitenden Daten und der *Adreßbus* zum Transport von Speicherplatzadressen des Hauptspeichers unterschieden.

Mit der Entwicklung der Personal Computer hat insbesondere auch das Bussystem im Laufe der Jahre vielfältige Veränderungen auf unterschiedlichen Ebenen erfahren. Leitlinien für diese Veränderungen waren und sind

- das Bestreben nach Steigerung der Geschwindigkeit, mit der Daten zwischen den Komponenten übertragen werden können (*Datenrate*, gemessen in Megabyte pro Sekunde; vgl. Abschnitt 2.3.2)
- eine Erhöhung der Flexibilität, um eine Unabhängigkeit des Bussystems vom Prozessor zu erreichen und
- eine möglichst hohe Kompatibilität mit Vorgängerversionen, um einen Anschluß der in großer Zahl existierenden alten Peripheriegeräte auch bei neuen Lösungen zu ermöglichen.

Ausgangspunkt der Entwicklungen war ein Bussystem mit 8 Datenleitungen für den Datenbus und 20 Datenleitungen für den Adreßbus, der mit einer Taktfrequenz von maximal 8 Mhz 8 Bit für Daten und 20 Bit für Adressen parallel zwischen den Komponenten transportieren konnte. Die Taktfrequenz des Prozessors und des Bussystems war hierbei einheitlich und es wurde mit diesem Bus eine Technik (Erweiterungssteckplätze, Slots, vgl. Abschnitt 2.6) festgelegt, wie Peripheriegeräte (Transportgeschwindigkeit, Kapazität und Form der Steckverbindung) über das Bussystem mit dem Prozessor verbunden werden konnten.

Mit der Steigerung der Leistungsfähigkeit der Prozessoren erwies sich dieses Konzept als nicht mehr ausreichend. Zum einen wurde in der Folge eine eigenständige Steuerung für den Systembus (*Buscontroller*) vorgesehen, durch die unterschiedliche Arbeitsgeschwindigkeiten zwischen Prozessor und Hauptspeicher einerseits und Bussystem mit der Verbindung zu den Peripheriegeräten andererseits möglich wurde. Zum zweiten wurde die Anzahl der Daten- und Adreßleitungen erhöht (*Busbreite*), um eine parallele Übertragung einer größeren Anzahl von Bit zu ermöglichen.

Es entstand der *ISA-Standard* (Industrie Standard Architecture) mit 16 Daten- und 24 Adreßleitungen und einer Taktfrequenz von 8 Mhz und dann der *EISA-Standard* (Extended Industrie Standard Architecture) mit 32 Daten- und 32-Adreßleitungen und unveränderter Taktfrequenz. Beide Standards sahen für den Anschluß von Peripheriegeräten eine Steckverbindung vor, die sowohl die in großer Zahl inzwischen existierenden älteren auf 8 Bit-Datenleitungen zugeschnittenen als auch die neuen und leistungsfähigeren mit 16 Bit-Datenleitungen arbeitenden Techniken (Steckkarten, 8-Bit-Karten, 16-Bit-Karten, vgl. Abschnitt 2.6) unterstützten.

Über den zwischenzeitlichen Ansatz, eine Erhöhung der Taktfrequenz des Bussystems mit einer Kopplung an die Taktfrequenz des Prozessors zu erreichen (*VESA-Local-Bus, VL-Bus*), hat sich inzwischen ein Konzept allgemein durchgesetzt, das – von der Firma Intel entwickelt – eine Unabhängigkeit von Prozessor und Systembus vorsieht und über eine eigene Steuerung eine Taktfrequenz von 33 Mhz auf 64 Daten- und 64 Adreßleitungen vorsieht (*PCI-Bus*, Peripheral Component Interconnect). Über spezielle Adapter können die nach wie vor weit verbreiteten alten ISA- oder EISA orientierten Geräte an dieses Bussystem angeschlossen werden.

Um auf den obigen Vergleich mit dem Bussystem einer Stadt zurückzukommen, haben wir auf der Hauptplatine eines Rechners heute ein gestaffeltes System mit

- Hochgeschwindigkeitsverbindungen zwischen einzelnen Knoten (prozessorinterner Bus),
- einem Schnellbussystem zwischen anderen Knoten (z. B. PCI heute meist als *lokaler Bus* bezeichnet), das über eine Umsteigestelle mit dem Hochgeschwindigkeitssystem verbunden ist und

- ein oder auch mehrere einfache Bussysteme (externe Busse, ISA-Systembus) für wieder andere Knoten, für die Umsteigemöglichkeiten in das Schnellbussystem eingerichtet sind.

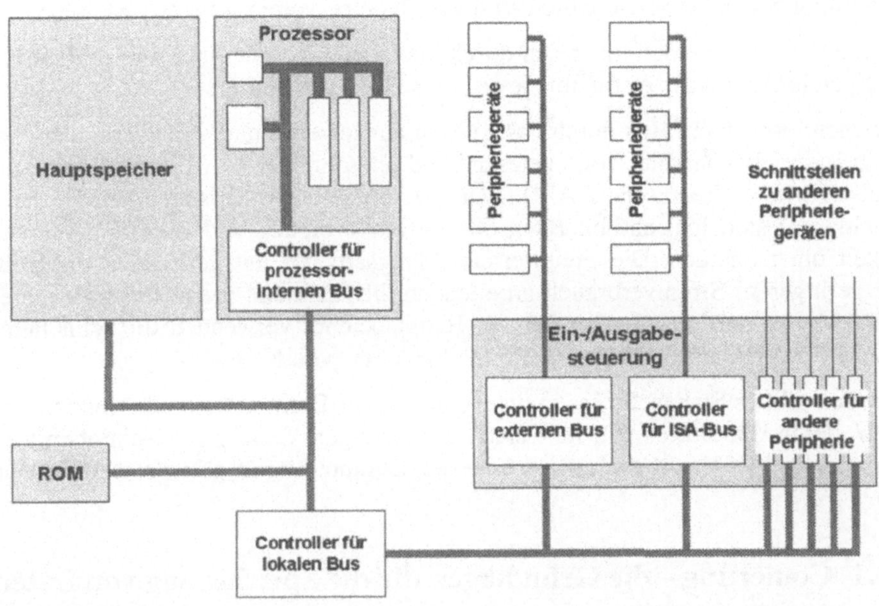

Bild 2.5: Bussysteme auf der Hauptplatine von Personal Computern

2.3 Interne Speicher

Die direkt an der Verarbeitung von Programmen durch den Prozessor beteiligten Speicher werden als *interne Speicher* eines Computers bezeichnet. Sie sind auf der Hauptplatine oder auch direkt innerhalb des Prozessors untergebracht und zeichnen sich durch sehr schnelle Zugriffszeiten aus. Entsprechend der vielfältigen Aufgabenstellungen für die Datenspeicherung bei der Verarbeitung durch den Prozessor werden

- der Hauptspeicher (Arbeitsspeicher, entsprechend seiner Arbeitsweise oft auch *RAM* – Random Access Memory – genannt),

- der *Cache* (*1st-Level-Cache* und *2nd-Level Cache*), sowie
- der *ROM* (Read only Memory, Festwertspeicher)

als eigenständige Bauteile unterschieden. Daneben gibt es diverse direkt dem Steuerwerk und dem Rechenwerk zugeordnete Speicher - die Register -, auf deren Bedeutung wir in den Abschnitten zu diesen Komponenten eingehen werden.

Interne Speicher werden technisch durch Speicherchips mit einer Vielzahl einzelner Speicherzellen zur Aufnahme jeweils eines Bit realisiert.

Speicherchips, deren Bits durch das System ausgewertet und verändert - der Einfachheit spricht man hier von „gelesen" und „beschrieben" - werden können gibt es als *DRAM* (dynamische RAM), *SDRAM* und *SRAM* (statischer RAM), deren Schaltkreise sich hinsichtlich Baugröße, Stromverbrauch und Zugriffsgeschwindigkeit unterscheiden. Die preiswerteren, langsameren mit geringerer Baugröße und geringerem Stromverbrauch arbeitenden DRAMs und die leistungsfähigeren SDRAMs werden gewöhnlich für den Hauptspeicher verwendet, die schnelleren SRAM für den Cache und einige externe Speicher (vgl. Kapitel 5).

Daneben gibt es Speicherchips in unterschiedlicher Bauweise zur Verwendung als *ROM*, deren Bits nur einmal mit relativ aufwendigen Verfahren beschrieben werden und für die Verarbeitungsprozesse des Computers nur gelesen werden können.

2.3.1 Codierung – die Grundlagen für die Speicherung von Daten

Die Speicher von Rechnern unterscheiden in ihren Bits nur die Werte „0" und „1". Wenn wir bei der Anwendung von Computern mit Texten, Grafiken, Zahlen oder mit Sprache oder auch bewegten Bildern arbeiten wollen, müssen diese Daten in die möglichen Werte eines Bit überführt werden. Diese Überführung bildet die Grundlage für die Speicherung von Daten in internen und auch in externen Speichern und wird als *Codierung* bezeichnet.

Unterschiedliche Rechnerhersteller, unterschiedliche Hersteller von Betriebssystemen (vgl. Kapitel 8) oder auch unterschiedliche Hersteller von Anwendungssoftware (vgl. Kapitel 9) verwenden in der Regel unterschiedliche Verfahren bei der Codierung. Dies hat an vielen Stellen Auswirkungen bei der Benutzung von Rechnern, z.B. insbesondere immer dann, wenn man Daten zwischen solchen nach unterschiedlichen Verfahren arbeitenden Computern austauschen will.

Der Prozeß der Codierung verläuft immer in mehreren Schritten und überführt Daten komplexeren Typs in Daten einfacheren Typs. Hierfür werden sogenannte Datentypen unterschieden:

Zunächst werden die komplexen Anwendungsdaten wie Sprache, Grafiken oder bewegte Bilder in einfachere Formen, das heißt in textuelle, numerische und in Wahrheitswert-Formen überführt. Welche Verfahren hier Anwendung finden, ist Sache des Anwendungsprogramms.

In einem zweiten Schritt werden dann den Texten, den Zahlen und den Wahrheitswerten die sogenannten elementaren Datentypen *Character*, *String*, *Integer*, *Real* und *Boolean* zugeordnet. Hierfür gibt es direkte Zuordnungen, die der Anwendungsprogrammierer in Abhängigkeit von der Art der zu verarbeitenden Zahlen und Texte festlegt.

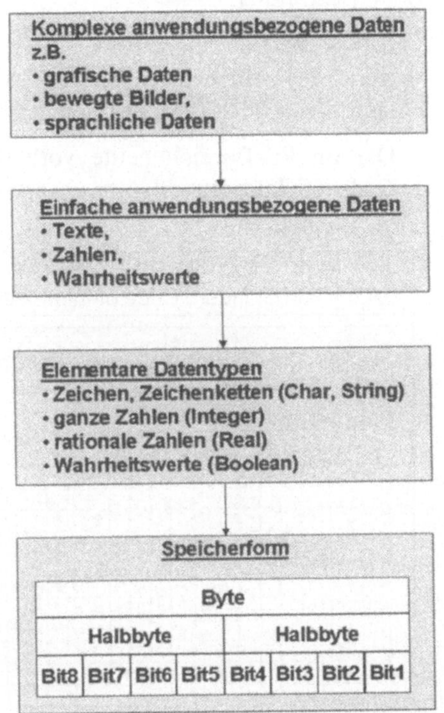

Bild 2.6: Codierung und Datentypen

Der dritte Schritt betrifft die Überführung der elementaren Datentypen in die binären Formen „0“ und „1“ der Bits, die bei der Verarbeitung und Speicherung durch die Schaltkreise im Computer unterschieden werden können. Hierfür gibt es eine Reihe von Verfahren, die sich hinsichtlich der Genauigkeit der Darstellung, des Speicherplatzverbrauchs und auch der Geschwindigkeit bei der Verarbeitung unterscheiden. In Abhängigkeit von der zugrundeliegenden Programmiersprache und vom Betriebssystem kann der Programmierer eines Anwendungsprogramms auf das eingesetzte Verfahren in der Regel Einfluß nehmen.

Durch diesen Prozeß wird z.B. eine Grafik in viele sie repräsentierende Zeichen und Zahlen und jedes einzelne Zeichen und jede einzelne Zahl in viele sie jeweils repräsentierende Bit überführt. Zum vereinfachten Umgang mit dieser Menge Bit werden bei Personal Computern zusammenhängende Einheiten von acht Bit unter dem Begriff *Byte* zusammengefaßt und in manchen Anwendungszusammenhängen auch *Halbbytes* (vier zusammenhängende Bit) unterschieden (vgl. Bild 2.6). Bei Großrechnern gibt es darüber hinaus Einheiten von vier Byte (genannt: *Wort*) und zwei Byte, bzw. acht Byte (*Halbwort*, *Doppelwort*).

Ausgangspunkt der Bildung von Speicherformen für Zeichen und Zahlen sind die elementaren Datentypen (vgl. Bild 2.6).

Der Darstellung genau eines Zeichens dient der Datentyp *Character* (meist abgekürzt zu *Char*). Hierfür wird die Menge der möglichen und damit benutzbaren Zeichen auf einen fest definierten Zeichensatz beschränkt und für jedes so verfügbare Zeichen die Speicherform per Definition festgelegt. Dabei sind heute zwei Formen verbreitet.

- Der *EBCDIC*-Zeichensatz, (*E*xtended *B*inary-*C*oded *D*ecimal *I*nterchange *C*ode) hat seinen Ursprung im Großrechnerbereich und definiert eine Kombination von 8 Bit für jedes Zeichen.
- Der im PC-Bereich heute vorherrschende *ASCII*-Code (*A*merican *S*tandard *C*ode of *I*nformation *I*nterchange) wurde für den Datenaustausch zwischen Computern und Terminals entwickelt und ging ursprünglich von einer Zuordnung von sieben Bit für ein Zeichen aus (vgl. Bild 2.7). Außer der Definition von textuellen, numerischen und Sonderzeichen enthält er eine Reihe von Steuerzeichen und grafischen Symbolen für einfache Terminals. Für den Einsatz bei PCs wurde er dann auf acht Bit erweitert, wobei die durch das achte Bit zusätzlich möglichen Kombinationen für nationale Erweiterungen des Zeichensatzes eingesetzt wurden.

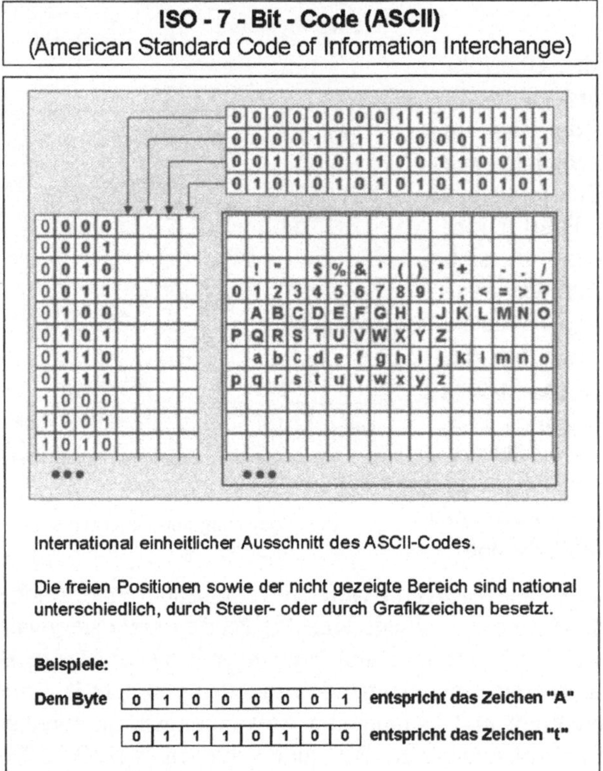

Bild 2.7: ASCII-Code

Diese so entstandenen vielen Varianten des ASCII-Codes sind die Ursache für zahlreiche Inkompatibilitäten, wenn Texte mit einem Computer erstellt (z.B. einen Windows-PC), auf einen anderen Computer übertragen (z.B. Apple Macintosh) und dort weiter bearbeitet werden sollen. Ein anderes Feld, wo diese Code-Differenzen offensichtlich werden, ist Email (vgl. Abschnitt 9.4.1). Als Anwender vermeidet man Probleme am einfachsten dadurch, daß man sich bei der Formulierung von Texten, die auf verschiedenen Rechnern verarbeitet werden sollen, auf Zeichen aus der 7-Bit-Teilmenge des ASCII-Codes beschränkt, die in allen Varianten identisch ist. Mitunter gibt es in Anwendungsprogrammen aber auch sogenannte Filter, die das Abspeichern eines Textes im Format des Zielrechners erlauben, bzw. andersherum das Laden eines Textes aus einem Format des Ursprungsrechners unterstützen.

Dezimalzahlen	Dualzahlen	Hexadezimalzahlen
0	0	0
1	1	1
2	10	2
3	11	3
4	100	4
5	101	5
6	110	6
7	111	7
8	1000	8
9	1001	9
10	1010	A
11	1011	B
12	1100	C
13	1101	D
14	1110	E
15	1111	F
16	10000	10
17	10001	11
18	10010	12
19	10011	13
20	10100	14
...	...	...
63	111111	3F
64	1000000	40
65	1000001	41
...	...	...
...	...	...
252	11111100	FC
253	11111101	FD
254	11111110	FE
255	11111111	FF
256	100000000	100
...	...	...
...	...	...

Berechnung des Zahlenwertes einer Zahl x nach der Formel

$$\text{Zahlenwert}(x) = \sum_{S=0}^{n} (Z * B^S)$$

mit
Z = Ziffernwert
B = Basis
S = Stelle
n = Anzahl der Stellen der Zahl

Beispiele

Dezimalzahlen:

$$127 = 1 * 10^2 + 2 * 10^1 + 7 * 10^0$$
$$= 100 + 20 + 7$$

Dualzahlen:

$$1110 = 1 * 2^3 + 1 * 2^2 + 1 * 2^1 + 0 * 2^0$$
$$= 8 + 4 + 2$$
$$= 14$$

Hexadezimalzahlen:

$$3F = 3 * 16^1 + 15 * 16^0$$
$$= 48 + 15$$
$$= 63$$

Bild 2.8: verschiedene Zahlensysteme

Der Datentyp *String* faßt mehrere einzelne Zeichen zu einer Zeichenkette zusammen. Als Speicherform wird die Aneinanderreihung der z.B. durch den ASCII-Code festgelegten Bitfolgen verwendet.

Der elementare Datentyp *Integer* entspricht den ganzen Zahlen. Seine Darstellung durch Bit und Byte beruht auf den mathematischen Zusammenhängen zwischen unterschiedlichen Zahlensystemen.

Unseren gewohnten ganzen Zahlen liegt das Dezimalzahlsystem mit 10 Ziffern von „0" bis „9" und einer Basis „10" zur Bestimmung des Stellenwertes einer Ziffer, sowie den üblichen Rechenregeln zur Addition, Subtraktion, Multiplikation und Division zugrunde. Beliebige andere Zahlensysteme mit anderer Basis und davon abhängiger Anzahl von Ziffern, sowie dazugehörigen Rechenregeln sind denkbar und werden in der Mathematik betrachtet.

Für die Codierung durch die Bit eines Computers eignet sich unmittelbar das *Dualzahlsystem* mit zwei Ziffern „0“ und „1“ und der Basis „2“. Für verschiedene Zwecke wird in Zusammenhang mit Computern daneben auch das *Hexadezimalzahlsystem* mit sechzehn Ziffern „0“ bis „9“, „A“, „B“, „C“, „D“, „E“, „F“ und der Basis „16“ eingesetzt (vgl. Bild 2.8).

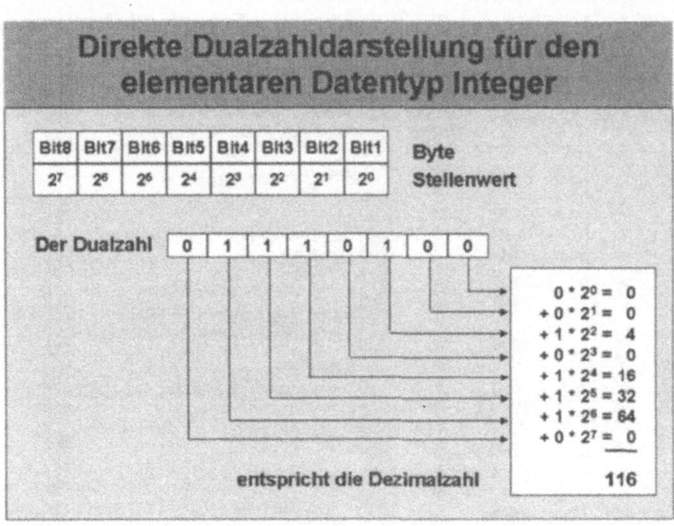

Bild 2.9: Direkte Dualzahldarstellung

Durch die Möglichkeit, Zahlen eines Zahlensystems in Zahlen eines anderen Zahlensystems umzurechnen, ergibt sich eine natürliche Zuordnung zwischen Dualzahlen und Dezimalzahlen und bei Gleichsetzung der möglichen Werte eines Bit mit den Ziffern des Dualzahlsystems erhalten wir die Codierungsform der *direkten Dualzahldarstellung* für Integer. Ein Beispiel hierzu zeigt das Bild 2.9. Für die Darstellung in den Speichern eines Rechners ist dann zu definieren, wieviele Bit des Speichers für eine Zahl des Typs Integer verwendet werden. Hierdurch wird der Zahlenbereich, mit dem der Computer bei Berechnungen umgehen kann eingeschränkt, so daß nicht alle ganzen Zahlen, sondern nur ein Ausschnitt davon, im Rechner bearbeitbar ist. Welche Festlegung hier getroffen wird hängt vom Anwendungsprogramm ab. Üblicherweise werden vier Byte verwendet, wodurch ganze Zahlen in dem Bereich von –2.147.483.648 bis +2.147.483.647 unterschieden werden können. Es gibt aber auch Zuordnungen von zwei Byte, wenn durch das Anwendungsprogramm nur ein sehr kleiner Ausschnitt der ganzen Zahlen zu berücksichtigen ist und von acht Byte, wenn sehr große ganze Zahlen zu verarbeiten sind. Mitunter kann der Benutzer eines Anwendungsprogramms hierauf auch einwirken (vgl. Abschnitt 8.5)

Da für Darstellungen die Dualzahlen eher unübersichtlich sind, weil immer relativ viele Bit eine ganze Zahl beschreiben, finden für bestimmte Anwendungsbereiche die Hexadezimalzahlen Verwendung, so z.B. wenn in Meldungen auf Adressen des Hauptspeichers verwiesen wird (vgl. Abschnitt 2.3.2). Als Benutzer eines

Computers ist man hiervon meist dann betroffen, wenn ein Anwendungsprogramm durch einen Fehler „abstürzt", und das Betriebssystem in Hexadezimal-Schreibweise versucht, auf die Fehlerursache durch die Ausgabe von Werten, die gerade im Hauptspeicher gespeichert sind, hinzuweisen.

Neben der direkten Dualzahldarstellung, der heute gängigsten Vorgehensweise, gibt es zur Codierung von Zahlen des Typs Integer weitere Verfahren, auf die hier aber nicht näher eingegangen werden soll.

Der elementare Datentyp *Real* repräsentiert die rationalen Zahlen. Diese zeichnen sich durch Ziffern vor dem Dezimalpunkt und nach dem Dezimalpunkt aus. Ihre Überführung in die Bit und Byte der Speicher von Rechnern wird üblicherweise heute durch eine *Gleitpunktdarstellung* vorgenommen, die für rationale Zahlen unterschiedlichster Größenordnung befriedigende Ergebnisse liefert. In manchen Anwendungsbereichen, bei denen ausschließlich rationale Zahlen einheitlicher Größenordnung (z. B. ausschließlich mit zwei Stellen hinter dem Dezimalpunkt)

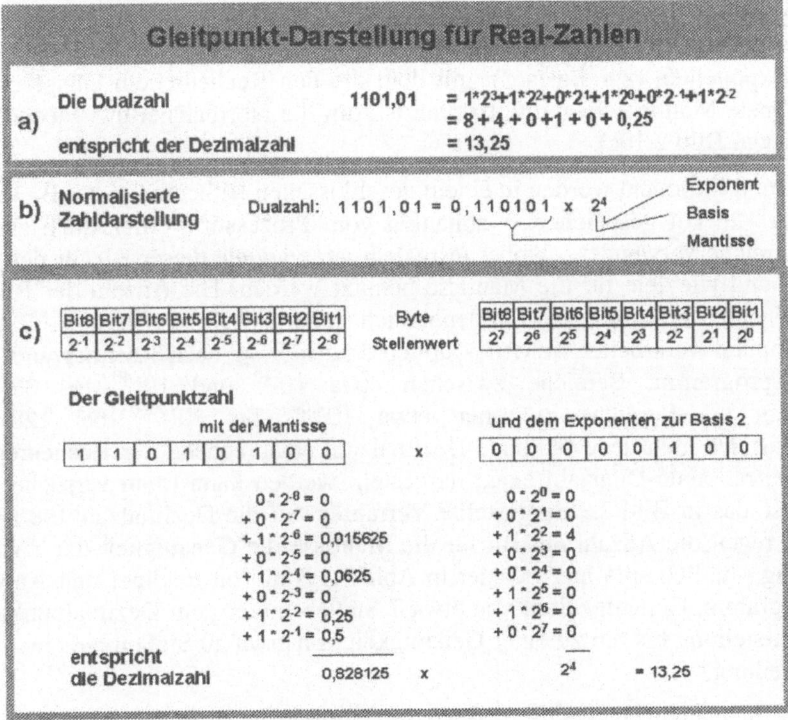

Bild 2.10: Gleitpunkt-Darstellung für den Datentyp Real

auftreten, findet mitunter auch die früher verbreitetere *Fixpunktdarstellung* Verwendung, auf die wir hier aber auch nicht näher eingehen wollen.

Bei der Gleitpunktdarstellung (auch *Floating Point* oder *Gleitkommadarstellung* genannt) wird eine rationale Dezimalzahl in einem ersten Schritt in eine rationale Dualzahl umgewandelt. Dies erfolgt nach den Rechenregeln, wie sie auch bei der Integerdarstellung angewandt werden, wobei die Stellen hinter dem Dezimalpunkt einen abnehmenden Stellenwert beginnend mit 10^{-1} im Dezimalzahlsystem, bzw. von 2^{-1} im Dualzahlsystem haben (vgl. Bild 2.10a).

In einem zweiten Schritt werden die rationalen Dualzahlen durch Verschiebung des Dezimalpunkts nach rechts oder links soweit, bis nur Stellen hinter dem Dezimalpunkt mit Ziffern belegt sind, in eine „normalisierte" Form gebracht (vgl. Bild 2.10b). Jede Stellenverschiebung entspricht einer Division oder Multiplikation der Zahl mit 2. Die hinter dem Dezimalpunkt beginnende Ziffernfolge bezeichnet man als Mantisse, sie wird durch eine Folge von Bit abgebildet. Die Anzahl der Divisionen oder Multiplikationen zur Verschiebung des Dezimalpunktes ist eine ganze Zahl und wird als Integer durch das beschriebene Verfahren gespeichert. Für die Rückwandlung der Speicherform in die rationale Dezimalzahl bildet sie den Exponenten (zur Basis 2), mit dem die den Rechenregeln entsprechend umgerechnete Mantisse zu multiplizieren ist, um die Normalisierung wieder aufzuheben (vgl. Bild 2.10c).

Mantisse und Exponent werden in einem geschlossenen Bitbereich mit z.B. 32, 64 oder auch 128 Bit gespeichert, - abhängig vom Prozessor werden auch andere Größenbereiche verwendet – wobei festgelegt ist, wieviele dieser Bit für den Exponenten und wieviele für die Mantisse benutzt werden. Die Anzahl der Bit für den Exponenten bestimmt den Größenbereich, innerhalb dessen rationale Zahlen vom Computer verarbeitet werden – üblich sind hier, je nach Rechner und Anwendungsprogramm, Bereiche zwischen etwa 10^{-40} und 10^{+40} bei 32-Bit-Darstellung bis Bereiche zwischen etwa 10^{-5000} bis 10^{+5000} bei 128-Bit-Darstellung. Da nicht jede rationale Dezimalzahl entsprechend der Rechenregeln durch eine rationale Dualzahl exakt dargestellt werden kann (man versuche beispielsweise das in Bild 2.9 dargestellte Verfahren auf die Dezimalzahl 0,8 anzuwenden), regelt die Anzahl der Bit für die Mantisse die Genauigkeit der Zahlendarstellung – üblich sind hier, wieder in Abhängigkeit von Rechner und Anwendungsprogramm, Genauigkeiten von etwa 7 Stellen hinter dem Dezimalpunkt bei 32-Bit-Darstellung bis hin zu einer Genauigkeit von etwa 20 Stellen bei einer 128 Bit-Darstellung.

Der letzte hier anzusprechende elementare Datentyp ist *Boolean* zur Abbildung von Wahrheitswerten. Solche Werte treten bei Datenverarbeitungen immer dann auf, wenn Bedingungen abgefragt werden („Ist das Ende der zu verarbeitenden Datensätze erreicht?"; „Ist eine Rechnung vollständig bezahlt worden?") oder

Objekte miteinander verglichen werden („Ist die Bestellmenge größer als 1000?"; „Ist das Gehalt von A kleiner als das von B?"). Ergebnisse solcher Bedingungen oder Vergleiche, d.h. mögliche Wahrheitswerte oder möglich Werte des Datentyps Boolean, können nur „ja" oder „nein", „richtig" oder „falsch" sein. Zur Abbildung solcher Ergebnisse sind demnach (mit beispielsweise der Festlegung „richtig" entspricht „1", „falsch" entspricht „0") einzelne Bit im Speicher des Rechners ausreichend.

2.3.2 Hauptspeicher und Cache

Dem groben Konzept für das Zusammenspiel der Grundkomponenten eines Computers nach (vgl. Abschnitt 2.1.1), sind die Befehle eines Programm und die von den Befehlen betroffenen Daten im Hauptspeicher des Computers zu speichern. Zur Verarbeitung werden sie über das Bussystem an den Prozessor übergeben, der nach der Verarbeitung gegebenenfalls Verarbeitungsergebnisse wieder zur Speicherung an den Hauptspeicher zurückgibt.

Bei detaillierter Betrachtung dieser Zusammenarbeit ist festzustellen, daß die Übergabe von Daten zwischen Prozessor, bzw. genauer: zwischen Steuerwerk und Rechenwerk einerseits und Hauptspeicher andererseits heute in der Regel in zwei Stufen verläuft. Mit wachsendem Bedarf an Platz im Arbeitsspeicher für die immer komplexeren Programme und damit verbundenen längeren Zugriffszeiten auf die Daten im Hauptspeicher wurden zur Leistungssteigerung des Systems insgesamt von der Kapazität her kleinere, dafür aber schnellere Zwischenspeicher, genannt Cache, zwischen Hauptspeicher und Steuer-, bzw. Rechenwerk installiert.

Die Größe dieser internen Speicher wird in Byte, d.h. zur Vermeidung zu vieler Stellen der Zahlen, in größeren Einheiten von Byte angegeben. Hierbei ist

1 KB (sprich: 1 Kilobyte) = 2^{10} Byte (etwa 1 Tausend Byte)

1 MB (sprich: 1 Megabyte) = 2^{20} Byte (etwa 1 Million Byte)

1 GB (sprich: 1 Gigabyte) = 2^{30} Byte (etwa 1 Milliarde Byte),

wobei der Gigabyte-Bereich heute noch den Großrechnern vorbehalten ist.

Für den *Hauptspeicher* (*Arbeitsspeicher*, ungenau oft auch *RAM*) von Personal Computern ist das Byte die kleinste zu verarbeitende und zu benennende Einheit. Jedes Byte im Hauptspeicher ist über eine eindeutige Adresse direkt ansprechbar – daher die Bezeichnung RAM = Random Access Memory, frei übersetzt zu: „Speicher mit wahlfreiem Zugriff".

Bedingt durch die technische Realisierung über SRAM- oder DRAM-Bausteine (s.o) ist der Hauptspeicher ein „flüchtiger" Speicher, d.h. er behält seinen Inhalt nur solange, wie der Rechner eingeschaltet ist, die Chips also mit Strom versorgt werden.

Als Adressen dienen ganze Zahlen beginnend bei 0. Diese werden für Verarbeitungen in Form der direkten Dualzahldarstellung abgebildet und resultieren im Prinzip aus einer einfachen Numerierung der im Hauptspeicher tatsächlich verfügbaren Byte.

Da Personal Computer heute in der Regel unterschiedlich mit Speicherchips (z. B. 64 MB oder 128 MB) für den Hauptspeicher ausgestattet sind – generell gilt: je mehr, desto besser, d.h. desto schneller arbeitet der Computer -, wird nicht die tatsächlich vorhandene Anzahl an Byte als Obergrenze für mögliche Adressen benutzt, sondern eine von der System- und Anwendungssoftware und vom Bussystem abhängige theoretische Obergrenze gebildet. Hierdurch wird gewährleistet, daß Software auf unterschiedlich ausgestatteten Rechnern die jeweiligen Möglichkeiten und Kapazitäten des Hauptspeichers auch ausschöpfen kann. Die sogenannte „32-Bit-Software" adressiert 2^{32} Byte, also über vier Milliarden Speicherplätze. Für Zugriffe auf den physikalisch vorhandenen Hauptspeicher wird dieser große Adreßraum auf die tatsächlich verfügbaren Adressen abgebildet. (vgl. die Erklärungen zur „32-Bit-Software" und zum „virtuellen Speicher" in Kapitel 7 und die Ausführungen zur „Busbreite" in Abschnitt 2.2.3).

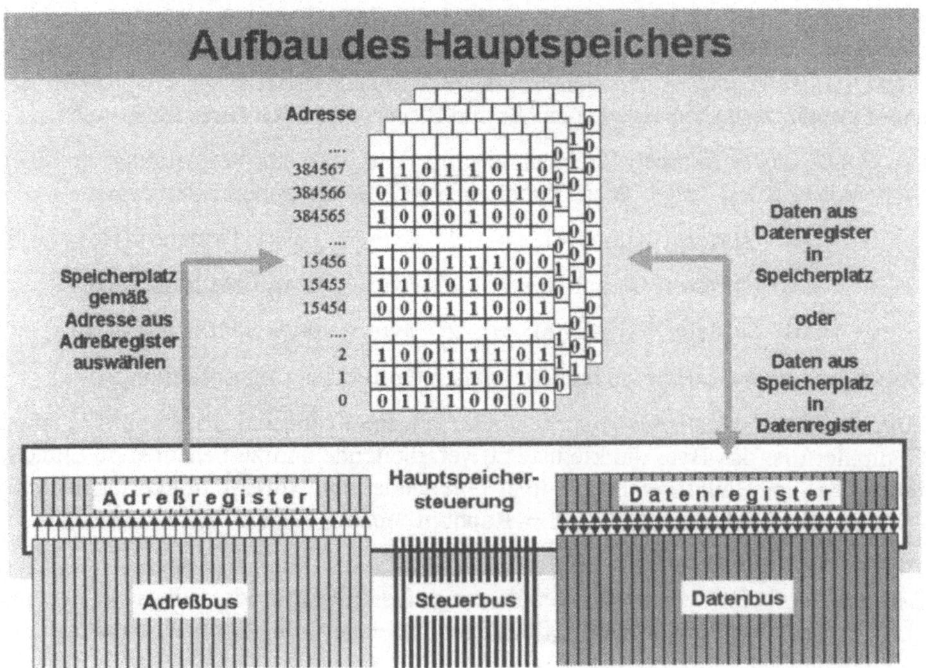

Bild 2.11: Aufbau des Hauptspeichers

Für den Zugriff auf den Hauptspeicher wird

- durch ein Steuersignal auf dem Steuerbus der Hauptspeichersteuerung der Lese- oder Schreibbedarf signalisiert und
- über den Adreßbus die vom Lese- oder Schreibbedarf betroffene Adresse gesendet und in das Adreßregister übernommen.
- Im Falle des lesenden Zugriffs wird der Inhalt der der Adresse entsprechenden Speicherzelle in das Datenregister übertragen und von dort dem Datenbus übergeben.
- Bei einem schreibenden Zugriff werden die Daten vom Datenbus in das Datenregister übernommen und von dort in den durch die Adresse definierten Speicherplatz übertragen.

Die Zugriffsgeschwindigkeit, also die Zeit, die vergeht, bis der Inhalt einer Speicherzelle dem Datenbus übergeben wird, bzw. umgekehrt bis die Daten vom Datenbus in der Speicherzelle gespeichert sind, liegt im Bereich einer millionstel bis einer milliardstel Sekunde (verwendete Einheiten: Mikrosekunde = 10^{-6} Sekunden und Nanosekunde = 10^{-9} Sekunden).

Die Funktionsweise von *Cache-Speichern* entspricht vom Prinzip her der des Hauptspeichers, wird wegen der unterschiedlichen Speicherbausteine nur technisch auf andere Weise realisiert. Auch diese Speicher sind flüchtige Speicher auf deren Inhalte direkt zugegriffen werden kann.

Der *1st-Level Cache* ist Bestandteil des Prozessors und nimmt die Inhalte der am häufigsten benutzen Speicherzellen des Hauptspeichers auf. Seine Größe liegt bei 8 bis 16 KB. Ursprünglich direkt auf der Hauptplatine wurde der *2nd-Level Cache* in Form von schnellen SRAM-Bausteinen untergebracht. Mit einer Kapazität von 512 KB erreicht er heute etwa die Größe eines Hauptspeichers aus den frühen Jahren der Personalcomputer und kann einen größeren Bereich des Hauptspeichers als Puffer zwischen dem schnellen Prozessor und dem nicht ganz so schnellen Hauptspeicher aufnehmen.

Für eine weitere Steigerung der Zugriffsgeschwindigkeit ist der 2nd-Level Cache bei den neuesten Entwicklungen ebenfalls in den Prozessor integriert

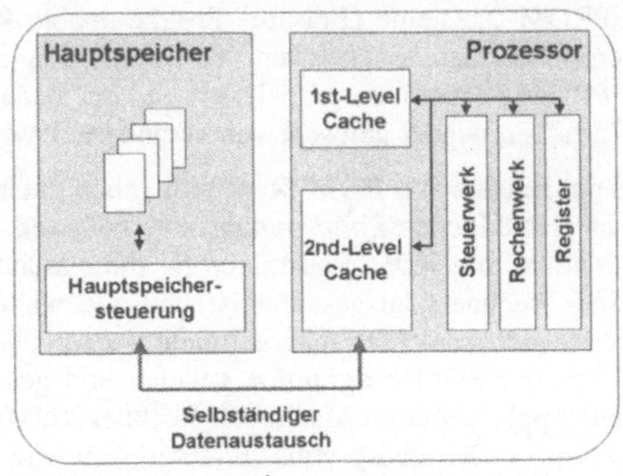

Bild 2.12: 1st- und 2nd-Level-Cache im Prozessor

Für den Datenaustausch zwischen Hauptspeicher und 2nd-Level-Cache wurden Verfahren entwickelt, die mit größtmöglicher Wahrscheinlichkeit dafür sorgen, daß die zu einem bestimmten Zeitpunkt vom Prozessor benötigten Adressen in diesem Moment auch im 2nd-Level-Cache verfügbar sind und jeweils von dort gelesen, bzw. dort beschrieben werden. Im ungünstigen Fall muß der Prozessor warten, bis die betroffenen Adressen vom Hauptspeicher in den Cache übertragen wurden. Der Transfer zwischen Hauptspeicher und 2nd-Level-Cache wird durch die Cache-Steuerung unabhängig vom Prozessor abgewickelt.

2.3.3 ROM

Nach dem Einschalten eines Computers vergeht immer einige Zeit, bis der Benutzer ihn seinen Anforderungen entsprechend einsetzen kann. In dieser Zeit werden eine Reihe von Tests und Grundeinstellungen vorgenommen, so z.B. wird festgestellt, über welche Komponenten der Rechner verfügt, welche Eigenschaften sie haben und ob sie sich in einem korrekten Zustand befinden. Dafür sind Systemprogramme erforderlich. Da der Hauptspeicher als flüchtiger Speicher zunächst keinerlei Daten enthält, müssen als erstes Programme ausgeführt werden, die die notwendigen Systemprogramme in den Hauptspeicher laden und für ihre Ausführung sorgen.

Solche Basisprogramme werden vom Rechnerhersteller entwickelt und in speziellen Speichern derart gespeichert, daß sie einerseits unabhängig von der Stromzufuhr des Systems erhalten bleiben und andererseits die Benutzer des Systems sie nicht verändern können. Diese Speicher heißen *ROM*, Read Only Memory und werden mit speziellen Speicherchips realisiert.

In die einfachen ROM-Chips werden bei der Herstellung Basisprogramme und Basisdaten gespeichert. Diese können dann nicht mehr verändert werden. EPROM-Bausteine (Erasable Programmable Read Only Memory) gibt es in unterschiedlichen technischen Varianten. Mit speziellen Geräten werden in ein EPROM Programme gespeichert und bei Bedarf durch UV-Licht oder elektrische Verfahren wieder gelöscht, um veränderte Programme speichern zu können.

Beim Einsatz von ROM-Speichern gehen unterschiedliche Rechnerhersteller nach unterschiedlichen Philosophien vor. Während der von Intel und Microsoft dominierte PC mit ROM-Bausteinen für die einfachsten Grundfunktionen zum Starten eines Rechners ausgestattet ist und alle weitergehenden Systemprogramme auf peripheren Speichern untergebracht werden und beim „Hochfahren" des Rechners durch die ROM-Programme geladen und gestartet werden, hatten die Motorola und Apple basierten Macintosh-Rechner ROM-Speicher, in denen große Teile des gesamten Betriebssystems untergebracht wurden. Dieses Vorgehen erlaubte es Apple, seine Verfahren bei der Systemprogrammierung weitgehend zu schützen und ein Monopol für die ROM-Herstellung aufzubauen. Die mehr offene „Politik" bei der Systemprogrammierung von Microsoft in Verbindung mit Intel hat sich am Markt als flexibler und für den Kunden vorteilhafter, weil durch Konkurrenz preiswerter, erwiesen und durchgesetzt.

2.4 Das Rechenwerk eines Prozessors

Nachdem das Steuerwerk festgestellt hat, welche Operation mit welchen Daten durchzuführen ist (wie das geschieht, beschreiben wir im nächsten Abschnitt), wird das Rechenwerk angewiesen, die festgestellte Operation mit den festgelegten Daten durchzuführen.

Entsprechend der elementaren Datentypen müssen unterschiedliche Arten von Operationen durch das Rechenwerk realisiert werden.

Mit Zahlen kann gerechnet werden, d.h. Zahlen werden addiert, subtrahiert, multipliziert, dividiert, vielleicht potenziert oder auch logarithmisiert. Weiter können Zahlen miteinander verglichen werden, Zeichen ebenfalls und auch mit Boolean-Objekten sind Operationen möglich (vgl. Abschnitt 13.2.4). Wie solche Operationen mit z.B. Zahlen im Dezimalzahlsystem ablaufen, haben wir in der Schule gelernt und können sie ausführen – wenn wir heute auch meist dafür einen Taschenrechner benutzen.

Das *Rechenwerk* eines Computers (und ein Taschenrechner verfährt vom Prinzip her genauso) führt wegen der Codierung der Datentypen mit Dualzahlen solche Operationen aber nach den Rechenregeln für das Dualzahlsystem durch. Dafür verfügt das Rechenwerk über Schaltkreise, die entsprechend der Rechenregeln die Operationen durchführen, über verschiedene Speicher, um Operanden und Zwischenergebnisse für Berechnungen aufzubewahren und über eine Steuerung, die den Ablauf der Operationen regelt.

2.4.1 Die arithmetisch-logische Einheit des Rechenwerks

Die arithmetisch-logische Einheit (*Arithmetical-Logical-Unit*, *ALU*) des Rechenwerks ist die Zusammenfassung aller Schaltkreise, die entsprechend der Rechenregeln für Dualzahlen arithmetische (Berechnungen) und logische (Vergleiche) Operationen ausführen.

Wie solche Berechnungen prinzipiell mit Dualzahlen durchgeführt werden, ist in Bild 2.13 an einfachen Beispielen demonstriert. Für die Abbildung dieses Vorgehens auf elektronische *Schaltkreise* wird eine Reihe von Basisschaltungen, auch *Gatter* genannt, zugrunde gelegt. Beispiele solcher Schaltungen sind:

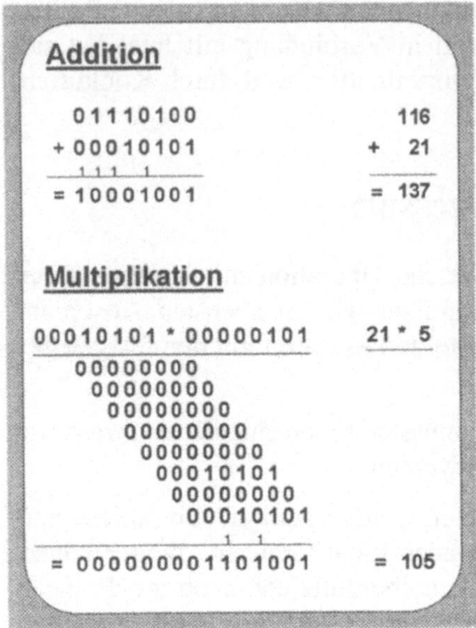

Bild 2.13: Rechnen mit Dualzahlen

- die UND-Schaltung, die mit zwei Eingangsleitungen und einer Ausgangsleitung auf der Ausgangsleitung genau dann einen elektrischen Strom liefert, wenn beide Eingangsleitungen Strom führen,
- die ODER-Schaltung, die mit zwei Eingangsleitungen und einer Ausgangsleitung auf der Ausgangsleitung genau dann einen elektrischen Strom liefert, wenn mindestens eine der beiden Eingangsleitungen Strom führt,
- die NICHT-Schaltung, die mit einer Eingangsleitung und einer Ausgangsleitung auf der Ausgangsleitung genau dann einen elektrischen Strom liefert, wenn die Eingangsleitung keinen Strom führt

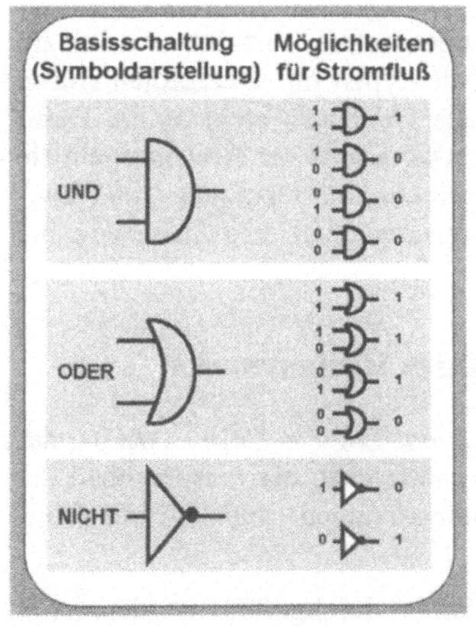

Bild 2.14: Basis-Schaltungen

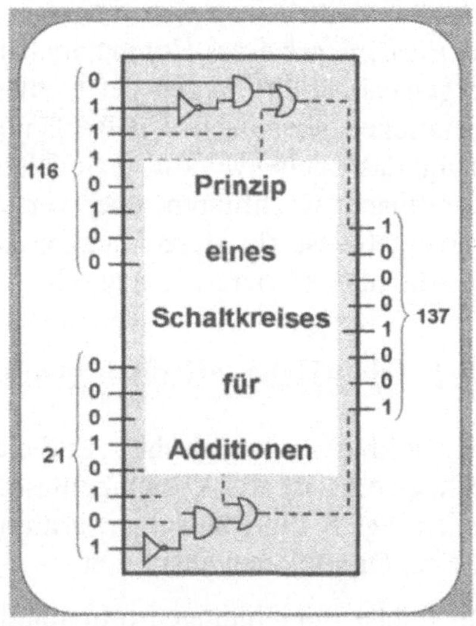

Bild 2.15: Schaltkreis für Rechenoperationen

Solche Basisschaltungen werden zu Schaltkreisen für die Rechenoperationen derart kombiniert, daß den Rechenregeln für Dualzahlen entsprechende Umformungen von strom- und nichtstromführenden Eingangsleitungen in strom- und nichtstromführende Ausgangsleitungen erfolgen. Hierbei entsprechen die mit 1 oder 0 besetzten Bit der an einer Operation beteiligten Zahlen den strom- und nichtstromführenden Eingangsleitungen und die strom- und nichtstromführenden Ausgangsleitungen den Bit des Ergebnisses der Operation.

Während in den Anfängen der Computer die arithmetisch-logische Einheit des Rechenwerks nur Vergleiche und Additionen direkt durch Schaltkreise realisierte und die anderen Rechenarten auf recht komplizierte und damit langsame Art auf Additionen zurückgeführt wurden (Multiplizieren durch mehrfaches Addieren, Dividieren durch mehrfaches Subtrahieren, Subtrahieren auf Addieren des Negativen einer Zahl), gab es bei Personal Computern eine Übergangszeit, in der der Computer zur Beschleunigung von Rechenvorgängen mit einem sogenannten Arithmetischen Co-Prozessor ausgestattet werden konnte.

Heute verfügen die Rechenwerke über eine Vielzahl spezialisierter Schaltkreise, die den verschiedenen Operationen entsprechen. Dabei werden auch Schaltkreise unterschieden, die auf die speziellen Codierungsformen von Real- und Integer-Objekten und den damit verbundenen unterschiedlichen Vorgehensweisen für die Durchführung einer Rechenoperation speziell abgestimmt sind.

Neben dieser Leistungssteigerung von Prozessoren durch die Spezialisierung der Schaltkreise gab es erhebliche Leistungssteigerungen durch eine Erhöhung der Verarbeitungsbreite im Rechenwerk. Zunächst waren die Schaltkreise mit sechzehn Eingangs- und acht Ausgangsleitungen in den Prozessoren von Personal Computern so gestaltet, daß nur acht Bit für die beiden an einer Operation beteiligten Zahlen berücksichtigt werden konnten. Da für die Darstellung von Zahlen aber durchweg mehr als acht Bit benötigt werden, mußte eine Rechenoperation auf mehrere Durchläufe durch einen Schaltkreis zurückgeführt werden. Über eine Phase mit Schaltkreisen für sechzehn Bit pro Operand sind in Mikroprozessoren heute hoch komplexe Schaltkreise realisiert, die 32-Bit Zahlen in einem Arbeitsgang miteinander verknüpfen können.

2.4.2 Funktionsprinzip des Rechenwerks

Das Rechenwerk erhält vom Steuerwerk über die Leitungen des Steuerbusses ein Signal, das die durchzuführende Operation kennzeichnet. Mögliche Operationen sind einfache Berechnungen, wie z.B. Addition oder Multiplikation oder einfache logische Operationen zum Vergleich von Werten und beziehen sich auf genau zwei Operanden.

Zur Durchführung einer solchen Operation sind verschiedene Einzelschritte nötig, wie z.B. die Auswahl des zuständigen Schaltkreises oder die Bestätigung der Operationsausführung. Man bezeichnet diese Einzelschritte als Mikrooperationen und sieht für jede mögliche vom Steuerwerk signalisierte Operation ein eigenständiges sogenanntes Mikroprogramm zur Abwicklung vor. Sämtliche Mikroprogramme sind im *Mikroprogrammspeicher* des Rechenwerks, ein ROM, gespeichert. Zur Durchführung der gewünschten Operation sucht die Rechenwerksteuerung aus diesem ROM das zugeordnete *Mikroprogamm* heraus.

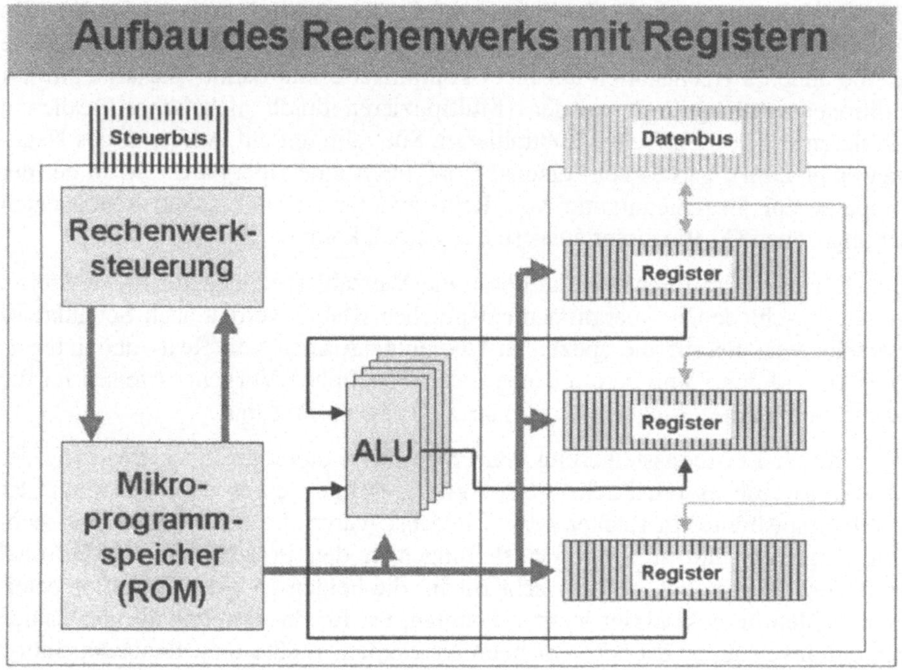

Bild 2.16: Aufbau des Rechenwerks mit den ihm zugeordneten Registern

Damit das Mikroprogramm ausgeführt werden kann, müssen die an der Operation beteiligten Operanden in speziellen, dem Rechenwerk zugeordneten und von ihm kontrollierten Zwischenspeichern untergebracht werden. Diese Zwischenspeicher heißen wieder Register, ihre Kapazität ist abgestimmt auf die Verarbeitungsbreite des Rechenwerks (vgl. Abschnitt 2.4.1).

Parallel zur Ansteuerung des Rechenwerks sorgt deshalb das Steuerwerk dafür, daß über den Datenbus die betroffenen Daten aus dem Hauptspeicher, bzw. aus dem Cache in diese Register übertragen werden. Das Mikroprogramm wird ausgeführt, d.h. die Daten aus den Registern werden in den zuständigen Schaltkreis eingeleitet, und ergibt ein Resultat, das in einem mit den Ausgangsleitungen des Schaltkreises verbundenen Register abgelegt wird. Über die Ausführung der Operation wird mittels der Steuerleitungen das Steuerwerk informiert.

2.5 Das Steuerwerk eines Prozessors

Das *Steuerwerk* ist die Regiezentrale des Computers. Seine Regieanweisungen in Form von Steuersignalen an die anderen Komponenten, den eigentlichen Akteuren, beruhen auf einem Programm, das zur Ausführung im Hauptspeicher geladen und damit im Zugriff des Steuerwerks ist. Jedes Programm ist in eine Folge einzelner Programmschritte unterteilt, die in bestimmter Abfolge durchzuführen sind, um den Programmzweck, z.B. das Bearbeiten eines Textes, das Herstellen einer Grafik oder das Kopieren einer Datenmenge zu erfüllen. Die einzelnen Programmschritte werden als *Anweisungen* (mehr aus Sicht des Programmentwicklers) oder als *Befehle* (mehr aus Sicht der technischen Verarbeitung des Programms) bezeichnet.

Es können zwar, abhängig von der Größe des Hauptspeichers, mehrere Programme mit jeweils vielen Befehlen gleichzeitig im Hauptspeicher gespeichert sein, das Steuerwerk kann aber immer nur ein Programm und hier genau einen Befehl zu einem konkreten Zeitpunkt bearbeiten. Dabei

- kontrolliert das Steuerwerk den Ablauf der Programmausführung, d.h. es stellt fest, welcher Befehl als nächstes zu bearbeiten ist,
- lädt es den aktuellen Befehl in einen Zwischenspeicher,
- decodiert das Steuerwerk den geladenen Befehl, d.h. es ermittelt die zu einem Befehl notwendige Aktion bzw. Operation und ermittelt die betroffenen Operanden,
- sendet das Steuerwerk Steuersignale für den Transport der betroffenen Operanden an die internen Speicher und das Bussystem,
- weist das Steuerwerk die für die Operation zuständige Komponente über ein Steuersignal an, die Operation auszuführen und
- stellt schließlich den Abschluß der Ausführung der Operation fest.

Für diesen groben Ablauf mit Auswertungen und Koordinierungen verfügt das Steuerwerk über verschiedene Schaltkreise und Zwischenspeicher.

2.5.1 Die Maschinensprache eines Prozessors

Die Bearbeitung eines Befehls aus einem Programm setzt voraus, daß der Befehl richtig interpretiert wird – man spricht hier üblicherweise von „*decodieren*" -, d.h. daß eindeutig festgestellt wird, welche Aktion mit einem Befehl verbunden ist, wer also als Akteur anzuweisen ist, etwas zu tun. Hierzu ist der Befehl in einer unmißverständlichen Form zu formulieren. Grundlage dafür ist die *Maschinen-*

sprache (*Instruction Set*) eines Prozessors und eine Darstellung ihrer Sprachelemente in binärer Form durch eine Folgen von „Nullen“ und „Einsen“.

Innerhalb der Maschinensprache eines Prozessors unterscheidet man

- arithmetische Befehle zur Verarbeitung von Operanden (z.B. Addition und Multiplikation zweier Zahlen usw.),
- Logikbefehle zur Verarbeitung von Operanden (z.B. Prüfung der Gleichheit oder Ungleichheit zweier Zahlen),
- Transferbefehle zur Übertragung von Daten zwischen internen Speichern und Verarbeitungseinheiten (z.B. vom Cache in die Register des Rechenwerks) und zur Übertragung von Daten zwischen internen Speichern und Peripheriegeräten (z.B. vom Hauptspeicher zur Festplatte oder von der Tastatur zum Hauptspeicher),
- Steuerungsbefehle zur Steuerung des Ablaufs eines Programms (z.B. zur Festlegung des nächsten auszuführenden Befehls, wenn eine bestimmte Bedingung eingetreten ist).

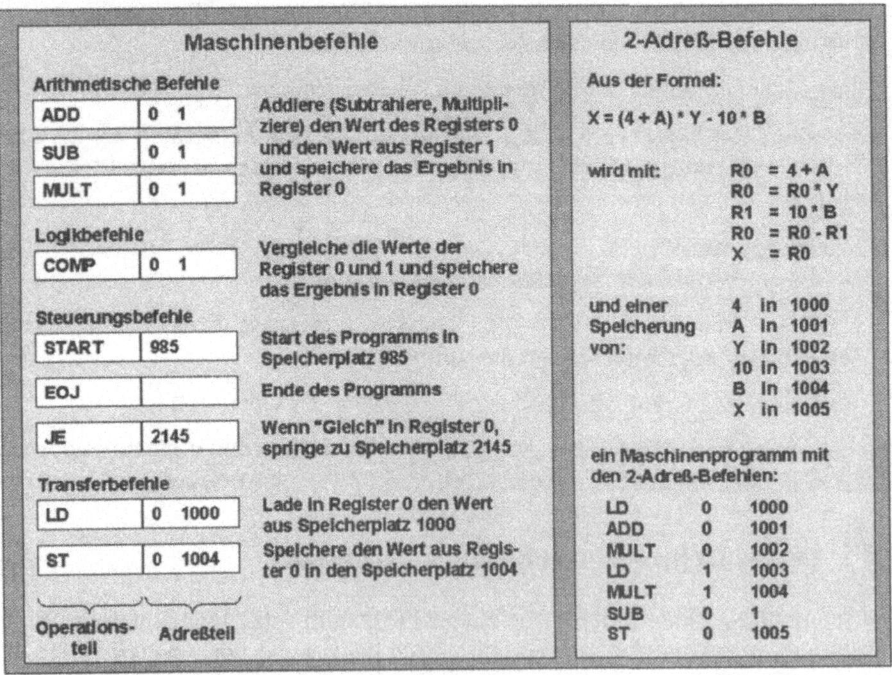

Bild 2.17: 2-Adreß-Befehle einer Maschinensprache

Alle Befehle einer Maschinensprache sind elementar in der Weise, daß sie genau eine Operation und je nach Operation keinen, einen oder zwei Operanden beinhalten und zu einem Ergebnis verknüpfen. Man spricht hier wegen der Ansprechbarkeit von Operanden über ihre Adressen in internen Speichern von Ein-, Zwei- oder Drei-Adreß-Befehlen. Komplizierte Formeln, wie wir sie aus der Mathematik kennen, treten hier nicht auf. Sie werden durch eine Folge solcher elementarer Befehle ausgedrückt (vgl. Bild 2.17).

Jedem Befehl entspricht eine Codierung durch eine Folge von Bit, die als Eingangsleitungen in Schaltkreise zur Decodierung münden und je nach 0/1-Kombination an den Ausgangsleitungen der Schaltkreise zu unterschiedlichen Steuersignalen führen. Die Anzahl der möglichen Befehle bestimmt die Komplexität dieser Schaltkreise und in der weiteren Bearbeitungsfolge die Anzahl und Art der Mikrooperationen für die Ausführung der Operation (vgl. Abschnitt 2.4.2).

Eine Maschinensprache ist damit prozessor-bezogen; unterschiedliche Hersteller von Prozessoren, wie z.B. Intel oder Motorola, wählen hier verschiedene Arten von Befehlen und Codierungen von Befehlen. Dies führt dazu, daß ein von einem Software-Hersteller verkauftes Programm z.B. auf einem Intel- und Microsoft-basierten PC bearbeitet werden kann, auf einem Apple Macintosh dagegen nicht, bzw. umgekehrt. Will ein Hersteller eine Lauffähigkeit seines Programms auf verschiedenen Prozessoren erreichen, so muß er unterschiedliche Versionen des Programms herstellen (z.B. das Textverarbeitungsprogramm Word von Microsoft als Version für den „Standard-PC" und für den Apple Macintosh).

Über Jahre wurden Prozessoren so konstruiert, daß die Befehle der Maschinensprache speziell auf die vielen möglichen Arten von Operationen und unterschiedlich zu bearbeitenden Codierungen von Operanden zugeschnitten waren und eine Maschinensprache dadurch eine Menge von über 200 Befehlen umfaßte. Man bezeichnet diese Prozessoren als *CISC*-Prozessoren (*C*omplex *I*nstruction *S*et *C*omputer). Sie werden heute hauptsächlich für spezielle Steuerungen (z.B. bei technischen Anwendungen) eingesetzt.

Für allgemein einsetzbare Personalcomputer oder Großrechner hat sich dagegen heute ein Konstruktionsprinzip mit verhältnismäßig wenigen Befehlen (*R*educed *I*nstruction *S*et *C*omputer, *RISC-Prozessoren*) durchgesetzt. Hier werden die 20 bis 50 Befehle der Maschinensprache durch einfachere Schaltkreise ausgewertet und mit wenigen Mikrooperationen im Rechenwerk umgesetzt, was die Bearbeitung eines einzelnen Befehls stark beschleunigt und trotz komplexerer Maschinenprogramme für eine Anwendung auch insgesamt eine schnellere Programmausführung ermöglicht.

2.5.2 Funktionsprinzip des Steuerwerks

Der Aufteilung von Befehlen der Maschinensprache (Maschinenbefehle) in einen Operationsteil (Operationscode, vgl. Abschnitt 2.5.1) und einen Adreßteil (Dualzahlen in direkter Dualzahldarstellung für Hauptspeicheradressen, vgl. Abschnitt 2.3.1) entsprechend, wird durch das Starten eines Programms der Operationscode für „Start“ und die Adresse mit dem Verweis auf den ersten ausführbaren Befehl des Programms in das Steuerwerk geladen. Zur Zwischenspeicherung dieser Daten verfügt das Steuerwerk über ein *Befehlsregister*, ein *Befehlzählregister* und ein *Adreßregister* (vgl. Bild 2.18).

Das Befehlsregister enthält immer den aktuell in der Bearbeitung befindlichen Operationscode eines Maschinenbefehls, das Adreßregister die Adresse(n) des Adreßteils dieses Befehls und das Befehlszählregister beinhaltet den Verweis auf die Adresse des nächsten zu bearbeitenden Befehls. Dabei wird für die Arbeit des Steuerwerks grundsätzlich von einer chronologischen Bearbeitung des Programms ausgegangen und beim Laden eines Operationscodes aus einer Adresse die um Eins erhöhte Adresse in das Befehlszählregister für den nächsten zu bearbeitenden Befehl eingetragen. Im Falle eines Steuerungsbefehls, der einen Sprung zu einer davon abweichenden Adresse bewirkt, wird dieses Register mit der im Steuerungsbefehl angegebenen Adresse überschrieben.

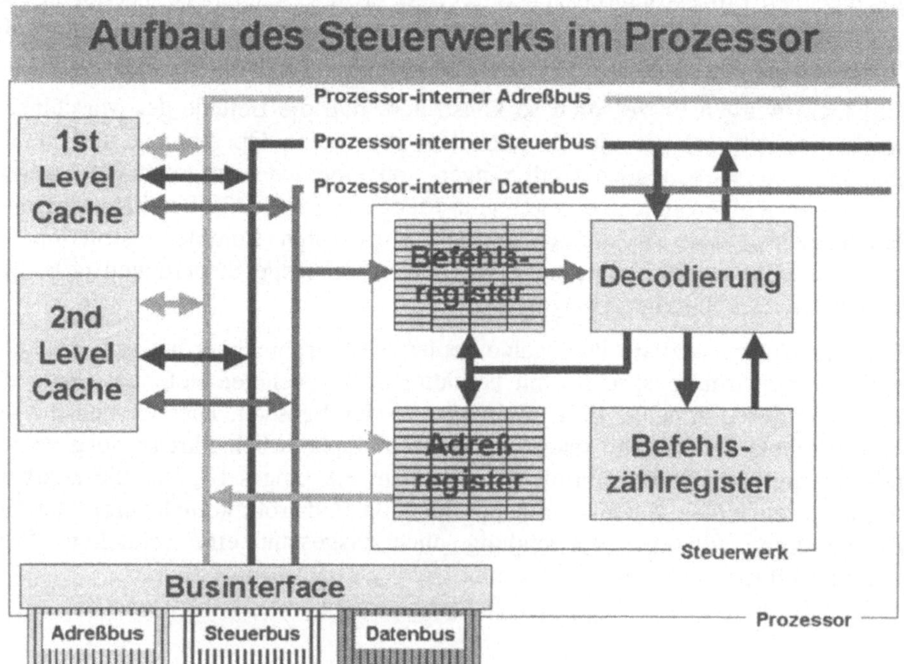

Bild 2.18: Aufbau des Steuerwerks und Datenflüsse im Prozessor

Der in das Befehlsregister aufgenommene Operationscode bildet den Eingangswert für die Schaltkreise zur Decodierung (vgl. Bild 2.18), aus denen das dem Befehl entsprechende Steuersignal generiert und an die betroffenen Komponenten über das Bussystem weitergeleitet wird. Die betroffenen Adressen aus dem Adreßregister werden den Komponenten parallel dazu über den Adreßbus zugeleitet.

Zur Beschleunigung dieser Vorgänge sind die Register heute so gestaltet, daß sie die Bitkombination mehrerer Befehle in einer Warteschlage aufnehmen, in der Regel also beim Laden gleich mehrere Befehle übernommen werden und kontinuierlich die Warteschlange aufgefüllt wird. Aus dieser Warteschlange werden die Befehle den Schaltkreisen zur Decodierung immer dann zugeführt, wenn der vorherige Befehl durch die Generierung von Steuersignalen ausgewertet wurde. Es wird also mit der Bearbeitung des nächsten Befehls durch das Steuerwerk nicht so lange gewartet, bis die angewiesene Komponente den vorhergehenden Befehl fertig bearbeitet hat, sondern Decodierung und Befehlsausführung erfolgen zeitlich verzahnt (*Pipelining-Prinzip*). Wenn ein Folgebefehl eine Komponente betrifft, die noch mit der Bearbeitung eines vorhergehenden Befehls beschäftigt ist, muß das Steuerwerk die Weiterleitung so lange anhalten, bis diese Komponente arbeitsbereit ist. Ansonsten können, abhängig von den Befehlen des Programms und gesteuert durch das Steuerwerk, mehrere Komponenten gleichzeitig mehrere Befehle ausführen

Der geschilderte Ablauf wird kompliziert durch die Tatsache, daß durch die unterschiedlichen Verarbeitungsgeschwindigkeiten der beteiligten Komponenten gleichzeitig mehrere von ihnen mit der Bearbeitung unterschiedlicher Operationen beauftragt sein können und Bearbeitungszustände an das Steuerwerk melden oder während der Bearbeitung z.B. eingeleitet durch eine Benutzereingabe eine Programmunterbrechung oder eine Vorrangbearbeitung eines anderen Programms erfolgen muß. Hierfür werden über den Steuerbus sogenannte Interruptsignale gesendet, die vom Steuerwerk vorrangig bearbeitet werden. Dazu überwacht das Steuerwerk parallel zur Bearbeitung eines Programms kontinuierlich den Steuerbus und unterbricht bei Empfang eines solchen Signals die eigentliche Programmbearbeitung, um den Interrupt auszuwerten. Nach Ausführung einer dem jeweiligen Interrupt zugeordneten Befehlssequenz wird die Arbeit an dem unterbrochenen Programm fortgesetzt.

2.6 Ein-/Ausgabesteuerung

Operanden für Berechnungen müssen in den Rechner eingegeben werden können, Berechnungsergebnisse sollen auf dem Bildschirm angezeigt werden oder zur späteren Verwendung auf peripheren Speichern (vgl. Kapitel 3) aufbewahrt werden. Hierzu müssen Datenübertragungen vom Hauptspeicher über das Bussystem zu solchen nicht zur Zentraleinheit zuzuordnenden Einheiten durchgeführt werden, bzw. umgekehrt von diesen Einheiten über das Bussystem zum Hauptspeicher. Da hier sehr unterschiedliche Arbeitsweisen und Arbeitsgeschwindigkeiten aufeinandertreffen, sind Bauteile notwendig, die diese Arbeitsweisen ineinander überführen, um einen korrekten Datenaustausch zu gewährleisten.

2.6.1 Das Funktionsprinzip zur Steuerung der Ein- und Ausgabe

Diese Überführung ist Aufgabe der Ein-/Ausgabesteuerung, für deren Realisierung es eine Reihe unterschiedlicher Ansätze gibt. Während bei Großrechnern sämtlicher Datenaustausch zwischen Zentraleinheit und Peripheriegeräten über einen eigenständigen *Ein-/Ausgabeprozessor* (andere Bezeichnungen: *Ein-/Ausgabewerk*, *E/A-Werk*) verläuft, an den unterschiedliche Gerätegruppen über ihnen zugeordnete zusätzliche selbständig arbeitende Prozessoren (*Kanäle*) angeschlossen sind, verfahren Personalcomputer für den Datenaustausch nach einem Konzept mit eindeutigen Namen (Adressen, Ports) für Peripheriegeräte, ihnen zugeordneten eigenständigen Prozessoren zur Überführung unterschiedlicher Arbeitsweisen und dem oben angesprochenen Prinzip der Interrupts.

Identifiziert das Steuerwerk einen Ein- oder Ausgabebefehl bei der Bearbeitung eines Programms, so wird über einen speziellen Steuerbefehl und einer Adresse ein Peripheriegerät eindeutig als Adressat für die Ein- oder Ausgabe festgelegt. In Zusammenhang mit den weit verbreiteten Intel-Prozessoren und dem Microsoft-Betriebssystemen gilt hierbei ein weltweiter Standard für die Benennung von Peripheriegeräten, d.h. für die Zuordnung von Namen zu Geräten, wie beispielsweise der Festplatte, dem Diskettenlaufwerk (vgl. Kapitel 3), der Tastatur, dem Bildschirm (vgl. Kapitel 4 und 5), der parallelen oder seriellen Schnittstellen (vgl. den nächsten Abschnitt).

Jedem Peripheriegerät ist eine Steuerung zugeordnet (*Controller, I/O-Controller*), die den Steuerbefehl entgegennimmt und die Bereitschaft des Gerätes zurückmeldet. Ist das Gerät nicht betriebsbereit, endet der Ein- oder Ausgabebefehl mit einem Fehler.

Der Controller ist ein eigenständiger Prozessor, zugeschnitten auf die Arbeitsweise des Peripheriegerätes einerseits und auf das Bussystem des Rechners andererseits, und in der Regel ausgestattet mit einem Speicher, der die Daten, die vom Hauptspeicher oder in umgekehrter Richtung vom Gerät kommen, zwischenpuffert. Dazu nimmt der Controller die Daten über das Bussystem auf, speichert sie, wandelt sie in gerätespezifische Form und übergibt sie an das Gerät. Andersherum ist das Vorgehen entsprechend.

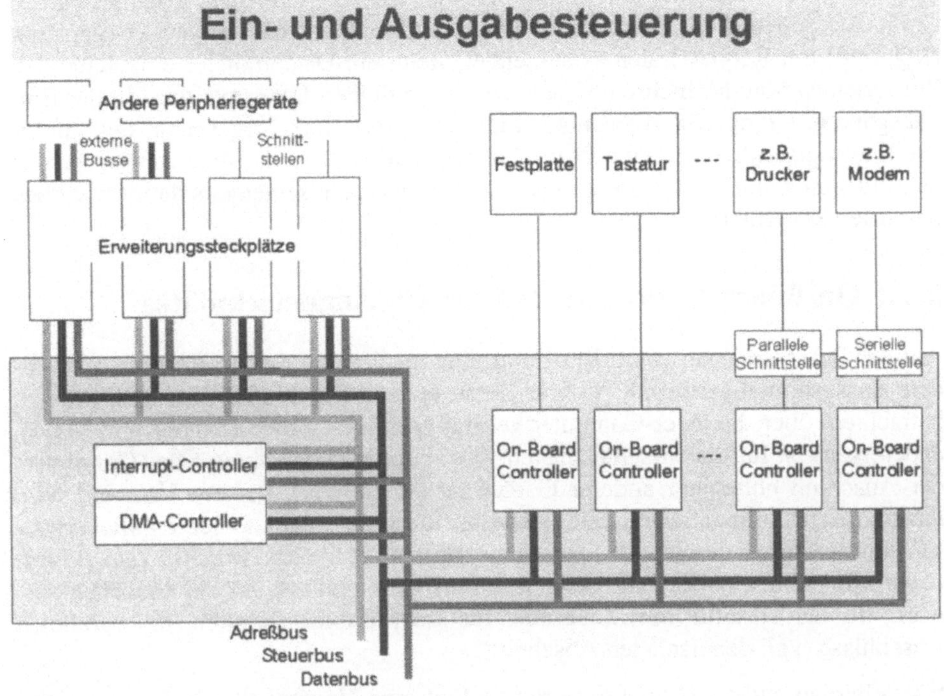

Bild 2.19: Ein- und Ausgabesteuerung bei Personal Computern

Um diese Arbeitsschritte zu optimieren und um den Systemprozessor möglichst zu entlasten wird heute üblicherweise zwischen Zentraleinheit und I/O-Controller ein weiterer Controller, genannt *DMA-Controller* (Direct Memory Access), für die Ein-/Ausgabesteuerung vorgesehen, der die direkte Zusammenarbeit zwischen Hauptspeicher und I/O-Controller für einen Datentransfer ohne Beteiligung des Systemprozessors ermöglicht. Des weiteren werden die I/O-Controller zunehmend mit zusätzlichen Funktionen ausgestattet, um z.B. Berechnungen für die Datenübermittlung in Rechnernetzen unabhängig von der CPU zu erledigen, oder um komfortable und rechenaufwendige Operationen beispielsweise bei der Bildbearbeitung in Echtzeit auf dem Bildschirm darzustellen. In der Regel sind solche I/O-Controller heute damit hochspezialisierte leistungsstarke eigenständige kleine Computer.

Für den Weg vom Peripheriegerät zur Zentraleinheit muß ein Gerät den Prozessor auf sich aufmerksam machen können, um z.B. Eingaben zu ermöglichen, die im gerade verarbeiteten Programm nicht vorgesehen sind, beispielsweise, wenn ein Benutzer mit dem Rechner arbeitet und ein Fax über ein Modem empfangen werden soll. Dies wird über die bereits angesprochenen Interrupts erledigt. Jedem Gerät, d.h. jedem I/O-Controller, ist ein spezieller Interrupt zugeordnet (genannt: *IRQ*, Interrupt-Request), den es aussendet, wenn ein Datentransfer einzuleiten ist. Zur Organisation der mehreren gleichzeitig möglichen Interrupts wird in der Ein-/Ausgabesteuerung ein sogenannter *Interrupt-Controller* vorgesehen, der sämtliche Interrupts aufnimmt, eine Warteschlange aufbaut und den Interruptwunsch an den Prozessor, d.h. an das Steuerwerk, sendet, der dann seinerseits damit wie oben beschrieben verfährt.

2.6.2 On-Board-Controller und Erweiterungssteckplätze

Auf der Prozessorseite ist ein I/O-Controller speziell auf das im Rechner verwendete Bussystem abgestimmt. Auf der Geräteseite sind einerseits Standardgeräte zu betrachten, über die jeder Computer verfügt (z.B. Festplatte, Tastatur und Maus), andererseits ist für die verschiedensten Anwendungsmöglichkeiten des Computers der Anschluß beliebiger anderer Geräte zu unterstützen. Diesem Umstand wird dadurch Rechnung getragen, daß Controller für Standardgeräte heute üblicherweise durch Chips direkt auf der Hauptplatine realisiert werden *(On-Board-Controller)*. Dies ist der Fall beispielsweise für Festplatten, für ein Diskettenlaufwerk, für die Tastatur, die Maus oder für die variablen seriellen und parallelen Anschlüsse (vgl. den nächsten Abschnitt).

Für beliebige andere Peripheriegeräte verfügt eine Hauptplatine in Personalcomputern über sogenannte *Erweiterungssteckplätze* (Slots). Diese sind direkt mit dem Bussystem verbunden und können sogenannte *Steckkarten* aufnehmen, die man für den jeweiligen Anwendungszweck kauft, um entsprechende Geräte an den Computer anschließen zu können. Solche Steckkarten beherbergen dann die speziellen I/O-Controller und sind in der Regel mit leistungsfähigen, auf die jeweiligen Geräte bezogenen zusätzlichen Funktionen ausgestattet. Für die eigentliche Steckverbindung gibt es einheitliche Standards, ähnlich wie wir es von Steckern und Steckdosen für Elektrogeräte im Haushalt kennen. Beispiele dafür sind Grafikkarten zum Anschluß von Bildschirmen, Netzkarten zur Bildung von Rechnernetzen oder Soundkarten zum Anschluß von Mikrophon und Lautsprechern.

Insgesamt ist hier aber die Entwicklung im Fluß: Wo gestern noch Steckkarten eingesetzt wurden, werden heute On-Board-Controller verwendet. Diese Tendenz wird weiter gehen und ist auch abhängig von der angestrebten Leistungsfähigkeit eines Systems. So beinhalten die sehr leistungsfähigen Workstation-Rechner (vgl. Kapitel 16.3) heute häufig auch schon On-Board-Controller zur Vernetzung von Rechnern.

2.6.3 Schnittstellen und externe Busse

Ein einzelnes Gerät wird an den zuständigen Controller über eine Steckverbindung und ein Kabel angeschlossen. Auch hierfür haben sich Standards etabliert, die gewährleisten, daß das Kabel von Tastaturen, das von Festplatten oder von Diskettenlaufwerken in den jeweils dafür vorgesehenen Stecker paßt. Bei Steckkarten gibt es dem Zweck der Karte entsprechend ebenfalls ein hohes Maß an Einheitlichkeit.

Allgemein spricht man auf dieser Seite des I/O-Controllers von *Schnittstellen* oder von *externen Bussen*, über die Peripheriegeräte technisch mit dem Computer verbunden werden.

Eine Sonderrolle spielen dabei die universell einsetzbaren *seriellen* und *parallelen Schnittstellen*. Diese werden durch On-Board-Controller unterstützt und über festgelegte Steckerformen (9-polig bei seriellen und 25-polig bei parallelen Schnittstellen) und Kabel mit den jeweiligen Geräten verbunden. Üblich ist heute beispielsweise der Anschluß eines Druckers über den parallelen Anschluß und der eines Modems über einen seriellen Anschluß.

Mit diesen Anschlußarten verbunden ist eine spezielle Arbeitsweise und unterschiedliche Übertragungsgeschwindigkeiten bei dem Transport von Daten. Serielle Anschlüsse (auch *COM-Port* genannt) übertragen die Daten Bit für Bit auf einer Leitung des Kabels und steuern die Übertragung durch spezielle Signale auf anderen Leitungen. Über Einstellungen im Betriebssystem können Festlegungen zur Übertragungsgeschwindigkeit und zur Art der Steuerung getroffen werden. Parallele Anschlüsse verwenden acht Leitungen des Kabels, um parallel die Bit eines Byte zu übertragen, und andere Leitungen zur Übertragung von Steuersignalen).

Beim Anschluß von Geräten an diese Schnittstellen müssen über das Betriebssystem oder über sogenannte Treiberprogramme für die Geräte Einstellungen vorgenommen werden, wie welche Schnittstellen eingesetzt werden.

Eine weitere Sonderrolle spielen Steckkarten, die auf der Geräteseite nicht eine dedizierte Schnittstelle für ein Gerät haben, sondern selbst wiederum ein Bussystem anbieten (externer Bus), an das mehrere Peripheriegeräte angeschlossen werden können. Auf diese Weise können verschiedene Geräte unter Benutzung eines einzelnen Steckplatzes mit sehr hoher Leistungsfähigkeit hinsichtlich der Übertragungsgeschwindigkeit mit dem Computer verbunden werden.

In der Praxis wird dieser Weg heute häufig bei peripheren Speichern hoher Leistungsfähigkeit in Verbindung mit dem *SCSI-Bussystem* (Small Computer Standard Interface) gewählt. Daneben gab es Bestrebungen, einen Standard für einen solchen externen Bus für den Anschluß von Geräten mit weniger hohen Anforderungen bei der Übertragungsgeschwindigkeit zu entwickeln (*USB = Universal Serial Bus*). Diese Anschlußtechnik ist inzwischen zum Standard für den Anschluß diverser Peripheriegeräte geworden.

2.7 Stromversorgung

Neben diesen die Architektur bestimmenden Bestandteilen ist für die Funktion jedes Computers eine Stromversorgung notwendig, das *Netzteil*, das den normalen Haushaltsstrom von 220 V Wechselstrom in die für den Betrieb der Bauteile notwendige Form mit 3,3 V, 5 V, 12 V Gleichstrom umwandelt.

Durch das Netzteil werden neben den Bauteilen der Hauptplatine auch die übrigen im Gehäuse des Rechners installierten Komponenten, wie Festplatte, Diskettenlaufwerk und CD-ROM-Laufwerk mit Strom versorgt. Da häufig ein fertig konfiguriert gekauftes System im Laufe der Verwendungszeit um zusätzliche Teile erweitert wird, ist eine ausreichende Leistungsfähigkeit des Netzteils wichtig. Die Leistung eines Netzteils wird in Watt angegeben; üblich und für den Normalfall ausreichend sind hier Werte von 200 Watt.

3 Periphere Speicher

Die bisher angesprochenen internen Speicher von Computern eignen sich nicht zur langfristigen Speicherung großer Mengen von Daten, weil sie einerseits von der Technik her flüchtige Speicher sind, d.h. mit Abschalten des Rechners ihr Inhalt verloren geht und/oder sie von der Kapazität her nicht auf große Datenmengen ausgerichtet sind. Für diesen Zweck wurden andere Arten von Speichern (genannt: *Periphere Speicher* oder *Massenspeicher*) entwickelt, die nicht Bestandteil der eigentlichen Rechnerarchitektur sind, sondern mit deren Komponenten über die Ein- und Ausgabesteuerung verbunden sind.

Bei peripheren Speichern muß unterschieden werden zwischen dem eigentlichen Speichermedium (*Datenträger*) und dem Gerät (*Laufwerk*), das das Medium aufnimmt und über eine eigene Gerätesteuerung verfügt, durch die das Lesen und Schreiben von Daten auf das Speichermedium kontrolliert wird. Laufwerke sind entweder in das Rechnergehäuse integriert und werden über das dortige Netzteil mit Strom versorgt oder sie sind in eigenen Gehäusen mit eigenem Netzteil untergebracht. Speichermedien sind fest in das Laufwerk eingebaut und damit von vorgegebener Kapazität oder eigenständige wechselbare Bauteile mit beliebig erweiterbarer Aufnahmefähigkeit (wenn auch jeder einzelne Datenträger natürlich eine begrenzte Kapazität hat).

Periphere Speicher unterscheiden sich in der zugrundeliegenden Technik und der Arbeitsweise und der damit verbundenen Leistungsfähigkeit, d.h. in ihrer Kapazität und ihrer Zugriffsgeschwindigkeit auf Daten. Im Zuge der Entwicklungen sind die peripheren Speicher immer schneller geworden und in ihrer Kapazität gewachsen. Dabei ist gleichzeitig der Preis, der pro Megabyte Speicherkapazität aufgewendet werden muß, immer günstiger geworden.

Von der Technik her sind magnetische Speicher, optische Speicher und magneto-optische Speicher zu unterscheiden, wobei es magnetische Speicher mit einem direkten oder sequentiellen Zugriff auf Daten gibt, während optische und magneto-optische Speicher stets direkt auf Daten zugreifen.

Alle Techniken erlauben beliebig häufiges Lesen der Daten. Optische Speicher sind einmal beschreibbar, magnetische und magneto-optische Speicher mehrfach, d.h. gespeicherte Daten können durch neue Daten ersetzt werden.

Die Arbeitsweise (direkter oder sequentieller Zugriff, wiederbeschreibbares oder einmal beschreibbares Medium) und die Leistungsfähigkeit haben ihrerseits dann Einfluß auf die Art des Einsatzes der peripheren Speicher für einzelne Anwendungsbereiche. Insgesamt ergibt sich für die auf dem Markt heute angebotenen peripheren Speicher aus Anwendersicht folgendes Bild:

<table>
<tr><th colspan="2">Technik und Arbeitsweise</th><th>Laufwerk</th><th>Datenträger</th></tr>
<tr><td rowspan="5">Magnetische Speicher mit</td><td rowspan="3">direktem Zugriff</td><td>Festplattenlaufwerk</td><td>Festplatte</td></tr>
<tr><td>Wechselplattenlaufwerk</td><td>Wechselplatte</td></tr>
<tr><td>Diskettenlaufwerk</td><td>Diskette</td></tr>
<tr><td rowspan="2">sequentiellen Zugriff</td><td>Magnetbandgerät</td><td>Magnetbandrolle</td></tr>
<tr><td>Magnetkassettengerät (Streamer-Laufwerk, DAT-Laufwerk)</td><td>Magnetbandkassette (Streamer-Cartridge, DAT-Cartridge)</td></tr>
<tr><td colspan="2" rowspan="2">Optische Speicher</td><td>CD-Laufwerk</td><td>Read Only Compact Disk (CD-ROM)</td></tr>
<tr><td>CD-Recorder</td><td>Compact Disk – Recordable (CD-R)</td></tr>
<tr><td colspan="2" rowspan="2">Magneto-optische Speicher</td><td>CD-RW-Recorder</td><td>Compact Disk-Rewritable (CD-RW)</td></tr>
<tr><td>DVD-Laufwerk, DVD-Recorder</td><td>Digital Versatile Disc (DVD)</td></tr>
</table>

3.1 Magnetische Speicher mit direktem Zugriff

Jeder heute für den normalen Betrieb eingesetzte Personal Computer ist für die Speicherung größerer oder kleinerer Datenmengen, für die Unterbringung der installierten Anwendungsprogramme und zur Zwischenspeicherung temporärer Daten, die beim Betrieb des Rechners anfallen, mit mindestens einem Festplattenlaufwerk ausgestattet. Darüberhinaus verfügt er für den einfachen Transport kleinerer Datenmengen oder auch für Sicherungskopien von Daten über ein Diskettenlaufwerk. Für die Sicherung oder für den Transport größerer Datenmengen werden darüber hinaus Wechselplattenspeicher angeboten. Alle drei Speichertechniken sind magnetische Speicher mit direktem Zugriff, im allgemeinen Sprachgebrauch gewöhnlich *Plattenspeicher* genannt, wobei die Unterscheidung von Laufwerk und Datenträger oft wegfällt und einfach von der Festplatte, der Diskette oder der Wechselplatte gesprochen wird. Ihr Funktionsprinzip ist in Bild 3.1 dargestellt.

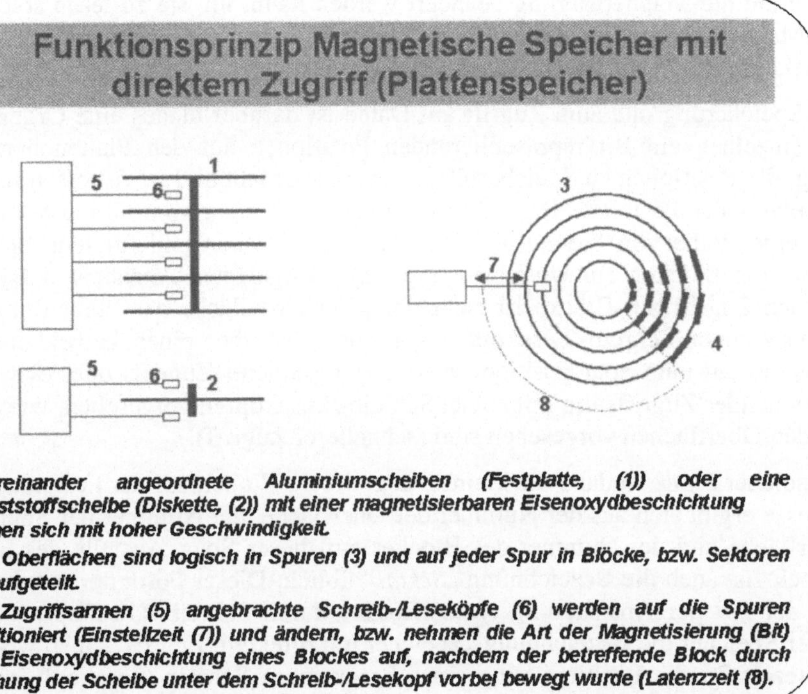

Bild 3.1: Funktionsprinzip von magnetischen Speichern mit direktem Zugriff

3.1.1 Festplattenspeicher

Festplatte und *Festplattenlaufwerk* bilden eine funktionale Einheit, die in einem eigenständigen Gehäuse in das Rechnergehäuse eingebaut ist. Für nachträgliche Erweiterungen verfügt das Rechnergehäuse je nach Art über eine unterschiedliche

Zahl von Einbauplätzen für zusätzliche Festplatten(laufwerke). Sind alle Einbauplätze belegt, können Festplatten zusätzlich in externen Gehäusen untergebracht werden.

Eine Festplatte besteht aus mehreren übereinander angeordneten runden Aluminiumscheiben, deren Ober- und Unterseite mit einer magnetisierbaren Eisenoxydschicht versehen ist. Für den Durchmesser der Scheiben sind heute Werte von 3½" oder 2½" üblich, vor einigen Jahren lag der Standard bei 5¼".

Die Unterscheidung von zwei verschiedenen Magnetisierungsrichtungen auf den Plattenoberflächen wird zur Datenspeicherung als „0" und „1" eines Bit interpretiert. Um Daten auf den Oberflächen zu speichern, sind Vorrichtungen nötig, durch die die Magnetisierung geändert werden kann, um sie zu lesen solche, die die Magnetisierung auswerten. Dies geschieht durch die sogenannten Schreib-/Leseköpfe des Festplattenlaufwerks.

Zur Speicherung und zum Zugriff auf Daten ist darüber hinaus eine Organisation der einzelnen ein Bit repräsentierenden Positionen auf den Plattenoberflächen nötig, die Positionen zu Speicherplätzen zusammenfaßt und zu Adressen für Speicherplätze der Festplatte führt. Diese Organisation sieht vom Grundsatz her immer eine Reihe von *Spuren* auf den Plattenoberflächen und für jede Spur eine Reihe von Blöcken zur Unterbringung einer festgelegten Anzahl von Byte vor. Für den Zugriff auf Blöcke ist entweder jeder Oberfläche des Plattenstapels ein eigenständiger Schreib-/Lesekopf zugeordnet, der über einen beweglichen Zugriffsarm auf eine Spur positioniert wird (langsamerer Zugriff) oder es wird ein feststehender Zugriffsarm mit soviel Schreib-/Leseköpfen vorgesehen, wie Spuren auf den Oberflächen vorgesehen sind (schnellerer Zugriff).

Ein solcher *Block* ist dann die kleinste zugreifbare Einheit auf der Festplatte, seine Adresse ergibt sich aus der Nummer der Oberfläche, der Nummer der Spur dieser Oberfläche und der Nummer des Blockes auf dieser Spur. Anstelle des Begriffs „Block" ist auch die Bezeichnung „*Sektor*" üblich. Dieser Form der Adressierung und der Art der Ansteuerung eines Blockes durch Schreib-/Leseköpfe verdankt dieser Speicher die Bezeichnung „Speicher mit direktem Zugriff", auch wenn eine Wartezeit für die Positionierung eines Blockes am Schreib-/Lesekopf durch die Drehung der Platte (*Latenzzeit*) zu berücksichtigen ist und – im Falle von einzelnen Köpfen pro Oberfläche – zusätzlich eine *Einstellzeit* für die Positionierung auf eine Spur anfällt.

Der physikalischen Organisation der Blöcke und Blockadressen steht eine Anwendungsprogramm- und Betriebssystem-abhängige logische Organisation gegenüber, die die Bit eines Blockes als „*Datensatz*" bestehend aus einzelnen Speicherplätzen strukturiert. Dabei erfolgt die Zuordnung von Datensätzen zu Blöcken, die Zusammenfassung mehrerer Datensätze zu *Dateien* (vgl. Abschnitt 7.1) und deren Anordnung auf den Spuren und Blöcken der Plattenoberflächen sowie die eigentliche Verwaltung, welche Daten in welchen Blöcken gespeichert wurden und welche Blöcke der Festplatte noch frei sind, in den Details in Abhängigkeit vom Betriebssystem des Rechners. Diese Details zum Speichern und zum Zugriff auf Daten werden durch eine mit Betriebssystemfunktionen durchzuführende *Formatierung* vor dem erstmaligen Gebrauch des Datenträgers systembezogen festgelegt.

Hinsichtlich der Speicherkapazität und der Zugriffsgeschwindigkeit ist die Entwicklung bei Festplatten in ständigem Fluß. Festplatten haben heute eine Kapazität im Gigabyte-Bereich, wobei der Preis, der pro Megabyte Speicherplatz aufzuwenden ist, in der Größenordnung von Pfennigen zu rechnen ist und sich in den letzten Jahren stets von Jahr zu Jahr halbiert hat.

Die Zugriffsgeschwindigkeit bei Festplatten hängt von der realisierten Technik (s.o.) und vom Arbeitsprinzip des zugehörigen Controllers (siehe Abschnitt 2.6.3) ab und wird durch die *mittlere Zugriffszeit* (auf einen Block) in Millisekunden und die *Datentransferrate* in MB pro Sekunde angegeben.

Standard für das Arbeitsprinzip des Controllers von Festplatten ist heute die *EIDE*-Technik (Enhanced Integrated Disk Electronic), bei der der Datentransfer direkt über Blockadressen gesteuert wird. Hier werden mittlere Zugriffszeiten von 15 – 25 ms und Datentransferraten von 2 – 5 MB/s erreicht. Dies reicht für den Normalbetrieb an einem Arbeitsplatz in der Regel aus.

Für höhere Ansprüche werden *SCSI*-Controller (Small Computer System Interface) eingesetzt, die den Datenaustausch über mehrere Datenleitungen als Bussystem durch einen leistungsfähigen Befehlssatz steuern. Als einfacher SCSI- oder als Weiterentwicklung in Form von Wide-SCSI- oder Ultra-SCSI-Controllern erreichen sie mittlere Zugriffszeiten von 10 – 20 ms und Datentransferraten von 3 – 7 MB/s. SCSI-Techniken bei Controllern setzen teurere Festplattenlaufwerke zur Verarbeitung des Befehlssatzes voraus und werden im Privatbereich aber vor allem beim Einsatz von Rechnern in Netzwerken eingesetzt. Außer der höheren Geschwindigkeit haben SCSI-Controller den Vorteil, mehrere diese Technik beherrschende Speicherlaufwerke gleichzeitig ansteuern zu können.

3.1.2 Diskettenspeicher

Diskette und *Diskettenlaufwerk* sind zwei voneinander getrennte Bauteile, wobei das Diskettenlaufwerk heute im handelsüblichen PC, über einen speziellen Disketten-Controller mit den Bauteilen der Hauptplatine verbunden, in das PC-Gehäuse in einer Standardversion eingebaut wird.

Das Funktionsprinzip von Diskettenspeichern entspricht dem der Festplattenspeicher, mit dem Unterschied, daß bei Disketten nur zwei Oberflächen zur Speicherung von Daten vorgesehen werden, die Ober- und Unterseite einer mit einer magnetisierbaren Schicht versehenen runden Kunststoffscheibe.

Diese Scheibe hat einen Durchmesser von 3½“ und ist für den Transport in einer Kunststoffhülle mit Schiebeverschluß untergebracht, wodurch Verschmutzungen und Beschädigungen vorgebeugt wird. Dennoch sind Disketten relativ empfindlich gegenüber elektrischen Feldern, Staub und Temperaturschwankungen. Beim Einlegen einer Diskette in ein Laufwerk wird der Schiebeverschluß geöffnet und die Verbindung der Schreib-/Leseköpfe zu den beiden Seiten der Diskette hergestellt.

Die Organisation in Spuren und Blöcke und die Adressierung zur Speicherung von Daten erfolgt in der gleichen Weise wie bei Festplatten, nur mit geringeren Kapazitäten. In der heute verbreiteten Standardversion der üblichen PC sind die Disketten mit 80 Spuren pro Oberfläche und pro Spur mit 18 Blöcken á jeweils 512 Byte eingerichtet. Hieraus errechnet sich eine Kapazität von (gerundet) 1,4 MB Speicherplatz.

Die geringe Kapazität von Disketten verhindert heute oft durch extrem gestiegenen Speicherplatzbedarf von Anwendungen und Daten deren Einsatz für viele mögliche Anwendungen. Waren vor einigen Jahren Disketten der Standard für den Vertrieb von Programmen und Daten, so werden heute üblicherweise für diesen Zweck CDs (vgl. Abschnitt 3.3) eingesetzt.

In den vergangenen Jahren hat es eine Reihe von Bemühungen gegeben, Standards für eine Verbesserung der Diskettentechnik zu entwickeln. Einzig eine spezielle Firmenlösung (IOMEGA *ZIP-Drive*) hat mit einer Kapazität von 100 MB pro Diskette und dem Anschluß an einen SCSI-Controller nennenswerte Verbreitung gefunden. Mit weiter wachsenden Speicheranforderungen durch Daten und Anwendungen und mit weiter wachsender Leistungsfähigkeit der optischen Speichermedien ist damit zu rechnen, daß Disketten zukünftig vom Markt verschwinden werden.

3.1.2 Wechselplattenspeicher

Wechselplattenspeicher sind eine Kombination von Diskette und Festplatte und beruhen auf exakt dem beschriebenen Funktionsprinzip.

Verbunden über EIDE- oder SCSI-Controller haben Wechselplatten heute Kapazitäten bis zu 2 GB und verfügen über mittlere Zugriffszeiten von 20 ms und über Datentransferraten von bis zu 2 MB/s. Sie sind damit leistungsfähig genug, auch größere Datenbestände zu sichern oder zu transportieren.

Allerdings hat sich bei Wechselplatten kein Standard allgemein durchgesetzt, sodaß die Austauschbarkeit von Daten von einem Computer einer Organisation zu einem einer anderen auf diesem Wege auf Schwierigkeiten stößt und die Anwendung dieser Technik nur nach Absprachen oder entsprechend organisatorischer Regelungen intern in einer Organisation stattfindet. Im Privatbereich werden Wechselplatten eher selten und wenn in erster Linie für eine bequeme Datensicherung eingesetzt.

Auch für Wechselplatten ist mit weiter wachsender Leistungsfähigkeit der optischen Speichermedien damit zu rechnen, daß sie zukünftig vom Markt verdrängt werden.

3.2 Magnetische Speicher mit sequentiellem Zugriff

Magnetische Speicher mit sequentiellem Zugriff hatten in Form von *Magnetbandgeräten* eine weite Verbreitung zu Zeiten der Großrechner und wurden bis Mitte der 80er Jahre hier als Massenspeicher zur Datensicherung, Archivierung von Daten und zur Unterstützung von Anwendungen im Stapelbetrieb (vgl. Abschnitt 7.1.1) häufig eingesetzt. Heute ist ihre Bedeutung stark gesunken und beschränkt sich in erster Linie auf den Bereich der Archivierung und Datensicherung in Unternehmen, wofür sich leistungsfähige *Magnetkassettengeräte* durchgesetzt haben. Im Privatbereich ist ihr Einsatz eher selten.

Als magnetische Speicher werten Geräte dieser Technik wieder Magnetisierungsrichtungen von Positionen eines Trägermaterials durch einen Schreib-/Leskopf aus. Das Trägermaterial ist in diesem Fall ein Magnetband auf einer Spule, die zur Verarbeitung in ein Magnetbandgerät eingelegt wird, oder eine Magnetbandkassette, einzulegen in ein Magnetkassettengerät.

Das grundlegende Funktionsprinzip für magnetische Speicher mit sequentiellem Zugriff ähnelt dem von Tonbandgeräten oder Kassettenrecordern und ist in Bild 3.2 dargestellt.

Die Adressen von Speicherplätzen ergeben sich aus einer Numerierung der Blöcke auf dem Band, wobei wieder die Struktur eines Blockes durch Anwendungsprogramme oder durch das Betriebssystem organisiert wird. Dadurch, daß das Band von einer Rolle zur Auswertung an einem Schreib-/Lesekopf vorbei läuft, ergibt sich ein sequentieller Zugriff: die Daten werden in der Reihenfolge, in der sie auf dem Band gespeichert sind, auch vom Anwendungsprogramm verarbeitet.

Dies setzt voraus, daß die Daten vom Anwendungsprogramm auch in dieser Reihenfolge angefordert werden. Dadurch schränkt sich der Anwendungsbereich dieses Massenspeichers stark ein, da üblicherweise in den auf interaktiven Betrieb zwischen Benutzer und Computer ausgerichteten Programmen wahlfrei und direkt einzelne Daten zur Verfügung gestellt werden müssen.

Bei *Datensicherungen* ist die Situation anders: In regelmäßigen Abständen werden sämtliche Daten auf den verschiedenen Speichern des Rechners (üblicherweise die Festplatten) von einem Datensicherungsprogramm in chronologischer Reihenfolge auf das Magnetband geschrieben. Im Normalfall bleiben sie dort eine Zeitlang gespeichert und können, wenn sie wieder benötigt werden in der gleichen Reihenfolge komplett oder – mit zeitlichem Aufwand – in Teilen wieder auf die Festplatte zurückgeschrieben werden.

Funktionsprinzip Magnetische Speicher mit sequentiellem Zugriff (Bandspeicher)

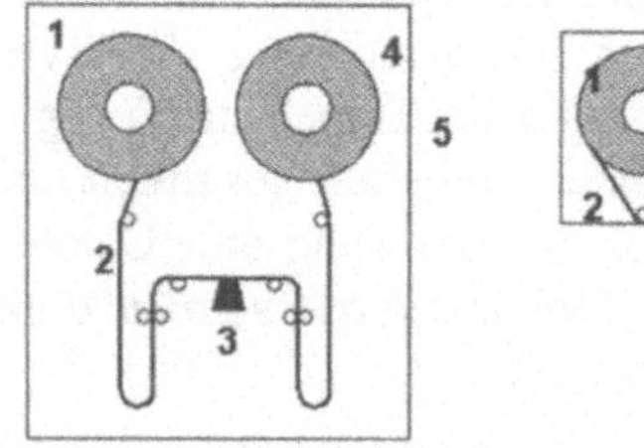

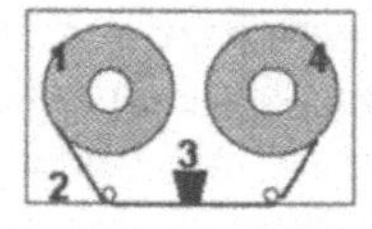

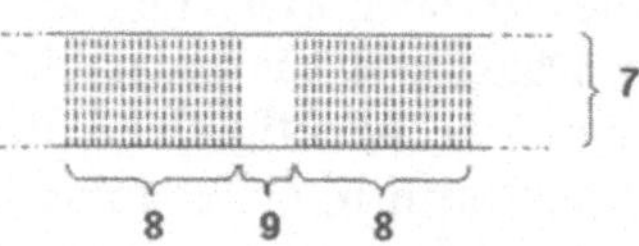

Eine auf einer Bandrolle (1) gewickelte Kunststoff-Folie (2) mit Eisen- oder Chromoxydbeschichtung wird mit hoher Geschwindigkeit an einem Schreib-/Lesekopf (3) vorbei bewegt und auf einer Maschinenrolle (4) aufgewickelt . Bandrolle und Maschinenrolle sind eigenständig (Magnetbandgerät (5)) oder in einer Kassette untergebracht (Magnetkassettengerät (6)).

Die Folienoberfläche ist logisch in parallele Spuren (7) für die einzelnen Bit eines Byte und in Blöcke (8) für eine Gruppe von Byte aufgeteilt. Zwischen den Blöcken sind Lücken (Gap (9)) zum Abbremsen oder Beschleunigung der Bandbewegung.

Der Schreib-/Lesekopf ändert, bzw. nimmt die Art der Magnetisierung der Beschichtung der Byte eines Blockes nacheinander auf, während der betreffende Block am Schreib-/Lesekopf vorbei bewegt wurde. Gegebenenfalls wird bis zu einem zu verarbeitenden Block vor- oder zurückgespult.

Bild 3.2: Funktionsprinzip magnetischer Speicher mit sequentiellem Zugriff

Magnetbänder haben eine Kapazität in der Größenordnung von 250 MB, Magnetbandkassetten je nach Typ von 120 MB bis mehreren GigaByte. Die Datentransferraten liegen zwischen 3 und 100 MB/Minute. Kombiniert mit speziellen Geräten zum automatischen Kassettenwechsel bieten diese Speicher für den professionellen Bereich quasi unbeschränkten Speicherplatz. Anwendungsbereiche mit nicht so großen Anforderungen oder auch der anspruchsvollere Privatbereich verwenden heute häufig sogenannte *DAT-Kassetten* (Digital-Audio-Tape), die mit einem guten Preis-Leistungsverhältnis und gewöhnlich SCSI-Anbindung ausreichend Speicherkapazitäten für Archivierung und Datensicherung verfügbar machen.

3.3 Optische Speicher

Optische Speicher haben in den letzten Jahren derart an Bedeutung gewonnen, daß heute Personalcomputer standardmäßig mit leistungsfähigen Laufwerken für optische Speicher – den *CD-ROMs* (*Compact Disk*) - ausgestattet werden. Im Privat- und im kommerziellen Bereich sind CD-ROMs inzwischen das übliche Medium für den Vertrieb von Anwendungsprogrammen, größeren Datensammlungen oder Computerspielen.

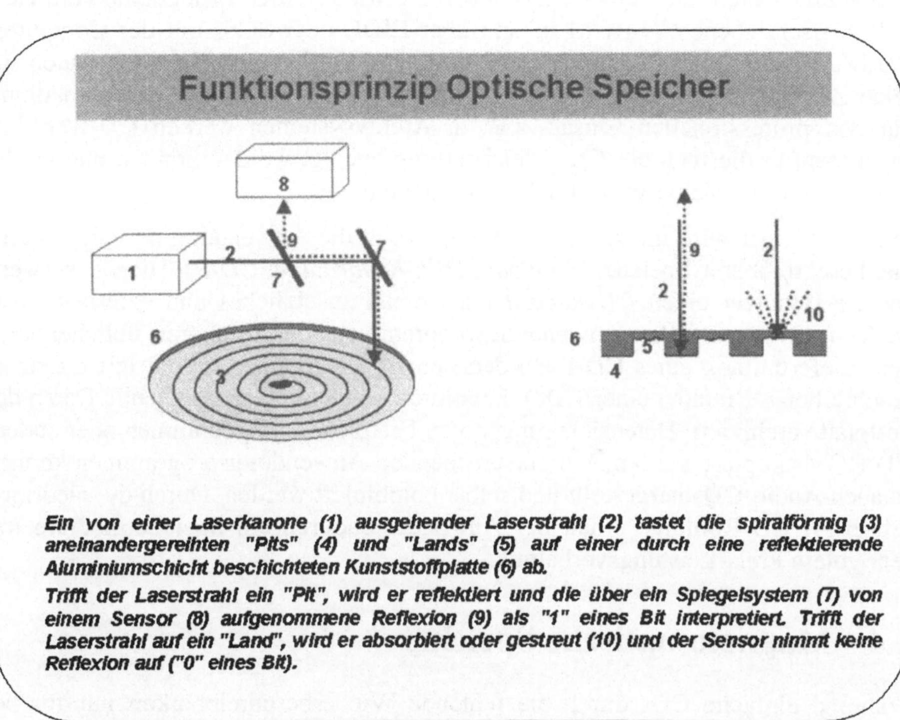

Bild 3.3: Funktionsprinzip von optischen Speichern

Dabei wurden die grundlegende Technik und die Verfahren zur Strukturierung der Daten aus dem Audio-Bereich übernommen und basieren auf Festlegungen von und Absprachen zwischen Herstellerfirmen (niedergelegt im sogenannten „*Red Book*“), die für Computersysteme mehrfach überarbeitet wurden (veröffentlicht als „*Yellow-Book*“, „*Green Book*“ und „*Orange Book*“) und heute eine Quasi-Norm für den CD-ROM-Einsatz bilden.

Das Funktionsprinzip für optische Speicher ist in Bild 3.3 beschrieben. Hiernach werden die 1-, 0-Werte eines Bit durch Reflexion und Nicht-Reflexion eines Laserstrahls gebildet, der spiralförmig die Oberfläche der rotierenden Compact Disk abtastet. Zur Strukturierung der Daten ist die abgetastete Spirale in etwa 2 KB fassende *Sektoren* unterteilt, die Zugriffsgeschwindigkeit auf solche Sektoren und die Übertragungsrate hängt von der Umdrehungsgeschwindigkeit (z.B. 24-fach oder 36-fach – bezogen auf die ursprünglich für den Audio-Bereich festgelegte Geschwindigkeit) der Compact Disk ab.

In der Anwendungsform der CD-ROM ist die Compact Disk für den Benutzer ein „Nur-Lese-Speicher mit einer Kapazität von etwa 650 MB. Er legt eine vom Hersteller beschriebene CD-ROM in sein über EIDE oder SCSI mit der Computer-Hardware verbundenes Laufwerk ein und kann die dort gespeicherten Daten für seine Zwecke verarbeiten. In dieser Form ist die CD heute ein Massenmedium. Für den professionellen Einsatz z.B. in Archivsystemen werden *CD-Wechsler* angeboten, in die mehrere CDs gleichzeitig eingelegt werden können und so die Verarbeitungskapazität vervielfacht werden kann.

Immer häufiger wird inzwischen allerdings auch die Anwendung der CD als einmal beschreibbarer Speicher (*Compact Disk-Recordable*, *CD-R*). Hierfür verwendet der Benutzer einen *CD-Recorder* als meist zusätzliches und externes Laufwerk, um mit speziellen Anwendungsprogrammen (diese gehören üblicherweise zum Lieferumfang eines CD-Recorders) einen *CD-Rohling* einmal mit Daten zu beschreiben ("Brennen einer CD“). Hierdurch können z.B. feststehende Daten der Festplatte archiviert, Datensicherungen von Festplatten vorgenommen oder andere CD-ROMs kopiert werden. Mit entsprechenden Anwendungsprogrammen können so auch Audio-CDs hergestellt und selbst kombiniert werden. Durch die niedrigen Preise für CD-Rohlinge erhält der Anwender dadurch ein Speichermedium mit sehr gutem Preis-Leistungsverhältnis.

3.4 Magneto-optische Speicher

Während einfache CDs durch die fehlende Wiederbeschreibbarkeit nur für bestimmte Anwendungsbereiche Disketten ablösen konnten, ist mit den *magneto-optischen Speichern* inzwischen eine ausgereifte Technik verfügbar, die als Weiterentwicklung der einfachen optischen Speicher Compact Disks beliebig oft beschreiben können und zukünftig Disketten vom Markt völlig verdrängen werden.

Für magneto-optische Speicher sind heute zwei verschiedene Funktionsprinzipien verbreitet (vgl. Bild 3.4). Dabei entspricht das Grundprinzip dem der optischen Speicher, nur daß zum Lesen und Schreiben unterschiedliche Intensitäten (und damit unterschiedliche Wärmeentwicklungen) des Laserstrahls unterschieden werden und im ersten Fall zwei verschiedene Magnetisierungen und im zweiten Fall zwei verschiedene Materialphasen von Beschichtungen der Disc zu unterschiedlichen Reflexionen führen. Während der erste Ansatz tatsächlich beliebig häufiges Schreiben zuläßt, führt die zweite Methode auf Dauer wegen der Erhitzung zu einer Materialermüdung, die die Unterscheidung der beiden Materialphasen verhindert. Hier wird von den Geräteherstellern derzeit eine Obergrenze von etwa 1000 Schreibvorgängen genannt. Durch den geringeren Energieverbrauch scheint sich das *Phasenwechselverfahren* gegenüber dem magnetischen Verfahren durchzusetzen.

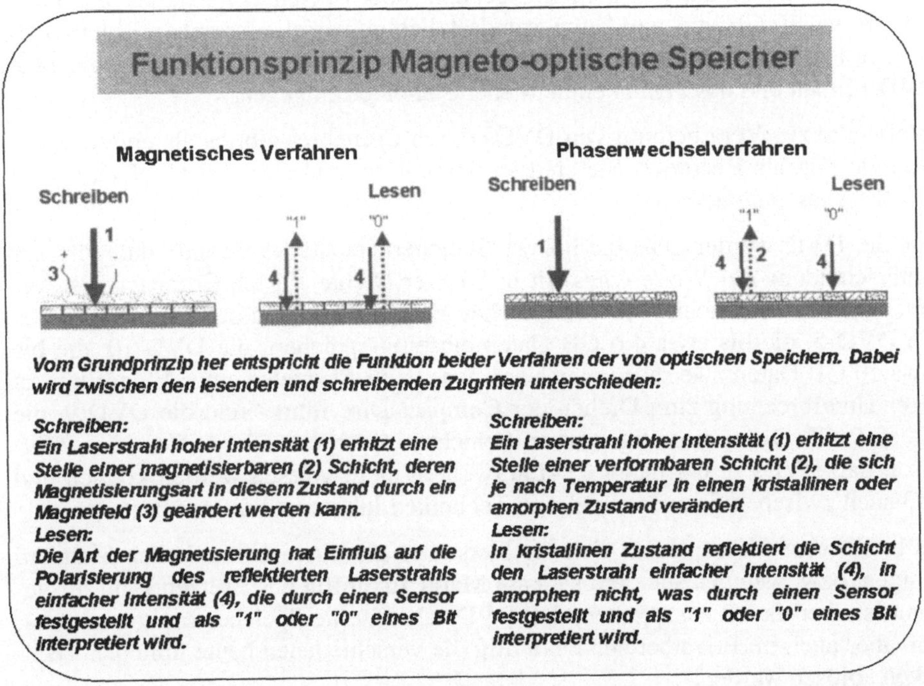
Funktionsprinzip Magneto-optische Speicher
Magnetisches Verfahren
Phasenwechselverfahren
Schreiben
Lesen
Schreiben
Lesen
"1"
"0"
"1"
"0"
Vom Grundprinzip her entspricht die Funktion beider Verfahren der von optischen Speichern. Dabei wird zwischen den lesenden und schreibenden Zugriffen unterschieden:
Schreiben:
Ein Laserstrahl hoher Intensität (1) erhitzt eine Stelle einer magnetisierbaren (2) Schicht, deren Magnetisierungsart in diesem Zustand durch ein Magnetfeld (3) geändert werden kann.
Lesen:
Die Art der Magnetisierung hat Einfluß auf die Polarisierung des reflektierten Laserstrahls einfacher Intensität (4), die durch einen Sensor festgestellt und als "1" oder "0" eines Bit interpretiert wird.
Schreiben:
Ein Laserstrahl hoher Intensität (1) erhitzt eine Stelle einer verformbaren Schicht (2), die sich je nach Temperatur in einen kristallinen oder amorphen Zustand verändert
Lesen:
In kristallinen Zustand reflektiert die Schicht den Laserstrahl einfacher Intensität (4), in amorphen nicht, was durch einen Sensor festgestellt und als "1" oder "0" eines Bit interpretiert wird.

Bild 3.4: Funktionsprinzip magneto-optischer Speicher

In der Praxis verwenden magneto-optische Laufwerke wiederbeschreibbare Medien (sogenannte *CD-Rewritable*, *CD-RW*) mit den gleichen Maßen wie die CD-ROM und mit vergleichbaren Speicherkapazitäten. Dadurch ist es möglich, daß die Laufwerke auch „normale“ CD-ROMs lesen und die beschriebenen CD-RWs in einfachen CD-Laufwerken gelesen werden können. Wenn auch heute die

Marktdurchdringung noch nicht groß ist, so ist zukünftig mit einer weiteren Verbreitung dieser Speicherform zu rechnen.

Dies gilt auch für die neueste Weiterentwicklung der Compact Disk, die *Digital Versatile Disc* (*DVD*). Ursprünglich wurde diese Technik im Videobereich als Alternative zu Videobändern entwickelt - das Kürzel DVD stand zunächst für den Begriff Digital Video Disc -, um über digitale Verfahren erhebliche Qualitätsverbesserungen zu erreichen. In diesem Bereich gibt es – unabhängig von Computern – einfache DVD-Abspielgeräte.

Mit den wachsenden Möglichkeiten der Verarbeitung von Bewegtbildern durch den Computer wurde diese Technik auf diesen Anwendungsbereich übertragen, da die Speicherkapazitäten normaler CDs für Videoanwendungen nicht ausreichen. DVDs verfügen je nach eingesetzter Technik über Speicherkapazitäten zwischen 4,6 GB und 10 GB und sind heute grundsätzlich universell einsetzbar. Einem nennenswerten Marktanteil stehen derzeit das noch geringe Angebot an fertigen DVD-Filmen und das Fehlen einheitlicher Standards entgegen.

Laufwerke zur Verarbeitung von DVDs durch Computer gibt es als einfache Lesegeräte und als Recorder. Sie sind so beschaffen, daß sie auch CD-ROMs und CD-RWs lesen können.

Für die DVD werden für eine höhere Speicherkapazität die Lands und Pits zur Unterscheidung der Werte eines Bit in höherer Dichte auf die Compact Disc gebracht, wobei sich noch kein einheitliches Verfahren durchgesetzt hat. So gibt es die DVD-5, die bis etwa 4,6 GB Daten einseitig speichert, die DVD-10, die bis etwa 10 GB Daten zweiseitig speichert – was beim Abspielen eines Videofilms zu einer Unterbrechung zum Drehen der Compact Disc führt - und die DVD 9, die bis zu 9 GB Daten einseitig in zwei Schichten speichert. Dieses Vorgehen führt dazu, daß DVDs in normalen CD-Laufwerken nicht gelesen werden können und daß auch zwischen den verschiedenen Techniken Inkompatibilitäten bestehen.

Es bleibt abzuwarten, wann sich die Hersteller auf einen einheitlichen Standard einigen, bzw. welcher Standard sich am Markt zukünftig durchsetzen kann. Insgesamt ist aber davon auszugehen, daß DVDs als externe Speicher im kommerziellen, aber auch im Privatbereich zukünftig die verschiedenen heute üblichen Techniken ablösen werden.

4 Eingabegeräte

Nach der Diskussion der Verarbeitung und Speicherung von Daten – dem „V“ des EVA-Prinzips (vgl. Kapitel 1) - durch die Hardware eines Rechners, nun ein Blick auf die Geräte zur Eingabe von Daten - dem „E“ des EVA-Prinzips.

Hierfür müssen zwei verschiedene Betrachtungsebenen unterschieden werden. Zunächst kann man vom eigentlichen Benutzer eines Rechners ausgehen und feststellen, welche Geräte er für seine Zwecke üblicherweise für Dateneingaben nutzt. Wir sind damit bei dem üblichen Computer-Arbeitplatz an dem der Mensch mit Standard-Eingabegeräten, die heute zur normalen Ausstattung eines PC´s gehören, Eingaben vornimmt, deren Wirkung er dann direkt auf einem Bildschirm verfolgen kann. Man bezeichnet diese Arbeitsweise als Dialogbetrieb oder auch als Mensch-Rechner-Dialog.

Darüberhinaus ist die Dateneingabe als notwendiger Schritt für den kommerziellen Einsatz von Computern ein konzeptionelles Problem für Unternehmen. Hier ist zu entscheiden, auf welchem Weg und vor allem mit welchem Aufwand betriebswirtschaftlich relevante Daten in das System eingegeben werden, um die erwünschten Verarbeitungen durchführen zu können. Diese Betrachtungsweise wird üblicherweise *Datenerfassung* genannt und führt zum einen zu einer ganzen Reihe spezialisierter Eingabegeräte, zum anderen zu organisatorischen Entscheidungen über verschiedenartige Konzeptionen für diesen Problembereich.

In diesem Abschnitt betrachten wir unserem Gliederungsansatz entsprechend den einfachen Mensch-Rechner-Dialog, also nur die Geräte, die der normale Benutzer so üblicherweise an seinem Arbeitsplatz vorfindet, wenn er Daten eingeben will. Die zweite Betrachtungsebene betrifft die fünfte Szene dieses Buchs, wo es um den strategischen Einsatz von Informationstechnik in Unternehmen geht.

Die Eingabegeräte für den Dialogbetrieb stehen in direktem Zusammenhang

1. mit dem Zweck der Dateneingabe:
   - Eingabe von Daten zur Steuerung des Rechners (Steuerungsdaten)
   - Eingabe von Daten, die mit dem Rechner verarbeitet werden sollen (Verarbeitungsdaten)
2. mit der Art von Daten:
   - Textuelle Daten
   - Grafische Daten
3. mit der Repräsentationsform der Daten

- Visuell repräsentierte Daten
- Phonetische bzw. akustisch repräsentierte Daten

Über die Benutzungsoberfläche (vgl. Abschnitt 7.3) eines Rechners steuert ein Benutzer den Ablauf seiner Arbeit. Während ursprünglich nur zeichenorientierte Oberflächen existierten, für die Eingaben von Steuerungsdaten ausschließlich in textueller Form durch *Tastaturen* vorgenommen wurden, sind heute grafische Oberflächen zur Steuerung verbreitet, die neben textuellen Daten auch Positionseingaben mit Auswahl von grafisch dargestellten Elementen oder direkte Funktionseingaben vorsehen. Hierfür gehören zusätzlich zu Tastaturen *Zeigeinstrumente* mit Funktionstasten zum Standardrepertoire bei Eingabegeräten.

Die in diesem Zusammenhang weit verbreitete visuelle Darstellungsform mit einem Bildschirm (vgl. Kapitel 5) zur Darstellung der Wirkung einer Dateneingabe wird zunehmend ergänzt durch akustische Formen zur Eingabe von Steuerungsdaten, für die dann *Mikrophone* als Eingabegeräte verwendet werden.

In Hinsicht auf den Anwendungsbereich sind für Verarbeitungsdaten textuelle und grafische Daten zu unterscheiden. Textuelle Daten werden in visueller Repräsentation mittels Tastaturen eingegeben in akustischer Repräsentation mit Mikrophonen, wobei wieder der Bildschirm zur Darstellung der Wirkung einer Eingabe eingesetzt wird. Für die Eingabe grafischer Daten finden in erster Linie *Scanner* und in Spezialanwendungen auch *Digitalisierbretter* Anwendung.

4.1 Tastatur

Textuelle Daten in visueller Repräsentationsform werden im Dialogbetrieb durch Tastaturen eingegeben. *Tastaturen* sind für den üblichen Personalcomputer heute standardisiert und verfügen über folgende Tastenblöcke.

Bild 4.1: Standard-Tastatur

- Der *alphanumerische Tastenblock* umfaßt die Tasten für den durch den Rechner zu verarbeitenden Zeichenvorrat. Die Anordnung der einzelnen Zeichen wurde in Anlehnung an Schreibmaschinentastaturen gestaltet und ist länderspezifisch. Entsprechend der Reihenfolge der Zeichen in der oberen Reihe, wird die Tastatur in Deutschland auch „*Qwertz-Tastatur*" genannt.
- Auf dem *Ziffernblock* sind die zehn Ziffern und Tasten für die Grundrechenarten gesondert dargestellt, um Anwendungen mit einem hohen Anteil von Zahleneingaben und –berechnungen besonders zu unterstützen.
- Der *Funktionstastenblock* umfaßt eine Reihe von Tasten für festgelegte anwendungsunabhängige Steuerfunktionen und beinhaltet zusätzlich frei programmierbare Funktionstasten, durch die anwendungsabhängige Steuerungsdaten bequem eingegeben werden können. Tasten des Funktionstastenblocks sind sowohl in eigenständigen Feldern auf der Tastatur separat angeordnet als auch in die beiden anderen Tastenblöcke integriert. Zur besseren Übersichtlichkeit sind Tasten des Funktionstastenblockes üblicherweise farblich hervorgehoben.

Der Druck auf eine Taste der Tastatur löst einen elektrischen Kontakt aus, der über spezielle Schaltungen von einem in die Tastatur integrierten Prozessor in Verbindung mit einem zugeordneten ROM-Speicher ausgewertet wird. Dadurch wird der Taste ein binärer Code zugeordnet, der über die Tastaturschnittstelle der Hauptplatine der Hardware zur weiteren Verarbeitung übergeben wird.

Die Benutzung der Tastatur ist immer in Abhängigkeit eines Bildschirmes zu sehen. Auf dem Bildschirm gibt ein sogenannter *Cursor* eine aktuelle Schreibposition an, auf die sich das Auslösen einer Taste der Tastatur bezieht. Dabei kann die aktuelle Cursorposition durch die *Cursorsteuerungstasten* der Funktionstastatur verändert werden.

Dieser enge Zusammenhang zwischen Tastatur und Bildschirm fand in den Anfängen des Mensch-Rechner-Dialogs seinen Ausdruck darin, daß in sogenannten *Datensichtgeräten* Bildschirm und Tastatur eine funktionale Einheit bildeten. Aus ergonomischen Gesichtspunkten ist heute die Tastatur - abgesehen von einigen Spezialgebieten wie z.B. Maschinensteuerungen oder mobilen Computern - ein eigenständiges Gerät.

Weitere ergonomische Anforderungen betreffen die Gehäuseart (flach und in der Neigung verstellbar), den Druckpunkt von Tasten (deutlich spürbar, aber leicht genug, um die Finger nicht zu überanstrengen), die Wiederholfrequenz (mehrfaches Auslösen einer Taste durch längeres Gedrückthalten) und die grundsätzliche Gehäuseform, für die heute besonders handgelenk-schonende Varianten angeboten werden.

4.2 Zeigeinstrumente

Mit den grundsätzlichen Veränderungen bei der Benutzungsoberfläche der System- und Anwendungssoftware in den achtziger Jahren verbunden ist die Entwicklung von Zeigeinstrumenten als Eingabegeräte für Steuerdaten. Während die rein textorientierte Handhabung für sämtliche System- und für die Anwendungsfunktionen spezielle Befehle vorsah, die ein Benutzer lernen mußte und für das Auslösen einer Funktion als Text eintippen mußte, verwenden die grafischen Benutzungsoberflächen eine für den Benutzer sehr viel leichtere Vorgehensweise (vgl. die Erläuterungen in Abschnitt 7.3.2): Die Funktionen der System- und Anwendungssoftware werden hier durch grafische Symbole oder in Textform auf dem Bildschirm präsentiert, der Benutzer erkennt sie, zeigt durch ein Zeigeinstrument auf die gewünschte Funktion und löst sie durch eine Funktionstaste des Zeigegerätes aus. Zeigeinstrumente stehen damit bei der Benutzung in genauso engem Zusammenhang mit dem Bildschirm wie die Tastatur.

Das am weitesten verbreitete Zeigeinstrument ist die *Maus*. Die Maus ist ein hinsichtlich der Oberflächen an die Handfläche eines Menschen angepaßter Körper, der mit der flachen Unterseite auf einer ebenen Fläche bewegt wird. An der Unterseite ragt aus dem Körper eine Kugel heraus, die die Bewegung des Körpers auf der Fläche in eine Drehung umsetzt. Diese Drehung wird über zwei Rädchen in der Maus in eine horizontale und vertikale Bewegung eines mit der Maus korrespondierenden Cursors (*Mauszeiger*) auf der Bildschirmoberfläche umgerechnet. Durch Bewegung der Maus wird so der Mauszeiger auf der Bildschirmoberfläche auf dargestellte Elemente positioniert. Auf der Oberseite der Maus sind eine, zwei, mitunter auch drei Funktionstasten angebracht. Ist durch Bewegen der Maus der Cursor auf ein Element positioniert worden, kann durch Betätigen der Funktionstasten („Klicken"), die dem Element zugeordnete Funktion ausgelöst werden.

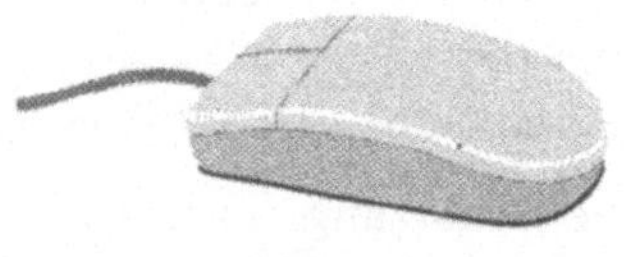
Bild 4.2: Computermaus

Welcher Funktionstaste dabei im Detail welche Bedeutung zukommt ist abhängig von der System- und der Anwendungssoftware. Der übliche Personalcomputer mit Intel Prozessor und Microsoft Systemsoftware verwendet eine Maus mit zwei Funktionstasten, bei denen die linke das Auslösen der mit einem Element verbundenen Funktion bewirkt und die rechte dazu dient, Eigenschaften des Elementes zu verändern.

Die Drehbewegung der Kugel und das Auslösen einer Funktionstaste wird über spezielle Schaltungen in elektrische Signale umgesetzt und mittels Kabel über die serielle Schnittstelle oder über eine spezielle Maus-Schnittstelle (*PS/2-Maus*) an die verarbeitenden Komponenten der Hauptplatine übertragen. Rechner verfügen üblicherweise über beide Schnittstellen, Mäuse können gewöhnlich mit beiden Schnittstellen verbunden werden. Zukünftig ist mit einer verstärkten Verwendung von USB (vgl. Abschnitt 2.6) für den Anschluß von Mäusen zu rechnen.

Anstelle eines Kabels wird heute auch eine Infrarot-Übertragung der Signale verwendet, um die Bewegungseinschränkung durch das Kabel zu vermeiden. Des weiteren gibt es Mäuse mit zwei Rädern an der Unterseite anstelle der Kugel zur Feststellung der Mausbewegung.

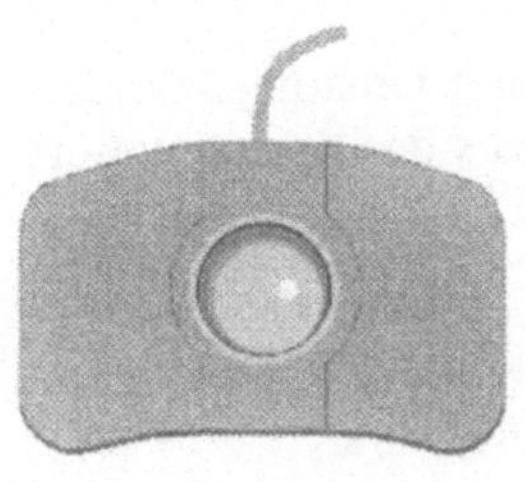

Bild 4.3: Trackball

Neben der Maus findet der *Trackball* (*Rollkugel*) eine große Verbreitung als Zeigeinstrument. Das Funktionsprinzip eines Trackballs entspricht dem der Maus, nur daß die Kugel direkt durch die Finger des Benutzers gedreht wird. Hierdurch spart man die sonst für die Drehbewegung bei der Maus nötige Fläche. Der Trackball wird deshalb insbesondere dort eingesetzt wird, wo ebene Flächen nicht vorausgesetzt werden können, wie z.B. bei mobilen Computern (Laptop, vgl. Abschnitt 6.2.2). Alternativ zum Trackball wird in solchen Arbeitsumgebungen inzwischen immer häufiger auch ein *Touchpad* eingesetzt, das ist eine kleine berührungsempfindliche Fläche, auf der mit den Fingern die Kontrolle des Bildschirmcursors vorgenommen wird.

Die Technik mit der Feststellung einer mechanischen Bewegung einer Kugel oder zweier Räder hat im täglichen Gebrauch Nachteile durch Verschmutzungen, die auf die Kugel und auf die Räder der Maus oder des Trackballs übertragen werden und dadurch ihre Funktion beeinträchtigen können. Um dies zu umgehen, wurden sogenannte *optische Mäuse* und *optische Trackballs* entwickelt, die die Mausbewegung oder die Bewegung des Trackballs durch Leucht- und Photodioden messen und in hohem Maße unempfindlich gegen Verschmutzungen sind.

Eine Alternative zu Maus und zum Trackball bilden für bestimmte Anwendungsbereiche berührungssentitive Bildschirmoberflächen (*Touch-Screen*), auf denen per Fingerdruck oder mittels eines speziellen Stiftes gewünschte Objekte direkt ausgewählt werden können. Der Druck auf eine bestimmte Stelle der berührungssensitiven Fläche entspricht dem Auslösen mittels der Maus-Funktionstaste.

Während die Auswahl per Finger vor allem in Zusammenhang mit öffentlichen Informationsterminals eingesetzt wird, bei denen der Benutzer sich durch einfachste Benutzerführung einen gewünschten Informationsbereich wählt, ist die Stiftform in Zusammenhang mit den PDAs (*Personal Digital Assistent*, „elektronisches Notizbuch“) weit verbreitet. Hier findet der Benutzer einen sehr kleinen

Bildschirm vor, auf dem Elemente und Funktionen durch den Stift punktgenau referenziert werden können.

Weniger eine Alternative zur Maus sondern eine Ergänzung für spezielle Anwendungen ist der üblicherweise in Verbindung mit Computerspielen eingesetzte *Joystick*. Dieses Zeigeinstrument verwendet einen senkrecht stehenden Hebel oder Griff der, am unteren Ende befestigt, in jede Richtung gekippt werden kann. Die Dauer der Kippbewegung wird in eine Entfernung für die Bewegung des korrespondierenden Cursors umgerechnet. Durch einen am oberen Ende des Hebels befindlichen Auslöseknopf kann eine der Anwendung entsprechende Aktion ausgelöst werden.

Im Zuge der immer weiter voranschreitenden Vielfalt und Leistungsfähigkeit bei Computerspielen können inzwischen auch Reaktionen aus der Spielsituation z.B. Vibrationen auf solche Joysticks übertragen werden.

4.3 Spracheingabe

Mit der Steigerung der Rechenleistung von Personalcomputern findet auch die Sprachverarbeitung Einzug in diese Rechnerkategorie. Das eigentliche Eingabegerät ist das *Mikrophon*, das an eine *Soundkarte* (vgl. Kapitel 6) – untergebracht in einem Erweiterungssteckplatz (vgl. Abschnitt 2.5) oder direkt auf der Hauptplatine (on board) – angeschlossen wird. Zusätzlich ist spezielle Software zur Sprachverarbeitung nötig, die in einfachen Versionen mit der Soundkarte geliefert wird, Teil des Betriebssystem ist oder als Zusatzpaket in ein Anwendungsprogramm (z.B. zur Textverarbeitung) integriert wird.

Die akustische Dateneingabe wird auf dieser Basis in zwei Schritten durchgeführt. Zunächst erfolgt die eigentliche Spracheingabe, bei der die Prozessoren der Soundkarte die in das Mikrophon gesprochenen Worte digitalisieren und den Wörtern (genauer: den Lautfolgen (*Phonemen*) der Sprache) entsprechende Bitmuster bilden. Die Programme zur Sprachverarbeitung sind dann für die Spracherkennung zuständig. Dazu verfügen sie über einen Wortschatz entsprechend ihres Anwendungsbereichs (z.B. die Namen der Funktionen eines speziellen Kontextes oder normale deutsche Sprache für Textverarbeitung). Für alle Wörter des Wortschatzes sind entsprechende Bitmuster auf der Grundlage von Bitmustern für einzelne Laute, aus denen sich die Wörter zusammensetzen, gespeichert. Durch das Erkennungsprogramm werden die von der Soundkarte erzeugten Bitmuster für einzelne Laute mit den gespeicherten Bitmustern verglichen und erkannte Laute mittels komplexer Verfahren zu in dem Eingabekontext wahrscheinlichen Wörtern zusammengesetzt, um das in das Mikrophon gesprochene Wort festzustellen.

Für Anwendungen mit einem sehr geringen Wortschatz erfolgt die Spracherkennung sprecherunabhängig (z.B. bei der Auskunft der Deutschen Telekom) Allgemein einsetzbare *Spracherkennungsprogramme* arbeiten mit einem Wortschatz von etwa 30000 bis 120000 Wörtern und haben eine Erkennungsrate von etwa 95%. Diese Programme arbeiten in der Regel sprecherabhängig. Hierzu unterscheiden sie einen „Lernmodus" und einen „Anwendungsmodus". Bevor im Anwendungsmodus Betriebssystembefehle oder Funktionen eines Anwendungsprogrammes in das Mikrophon gesprochen oder Texte in ein Textverarbeitungsprogramm diktiert werden können, wird im Lernmodus die Spracherkennung des Programms auf die Stimme, die Aussprache und auf spezielle Eigenarten des Sprechers eingestellt.

Insgesamt sind die Fortschritte der Spracherkennung durch Computer in den letzten Jahren beträchtlich und es gibt heute eine Reihe von Programmen, die akzeptable Ergebnisse liefern. Inzwischen haben führende Anbieter von Textverarbeitungssystemen begonnen, Spracherkennungskomponenten in ihre Programme zu integrieren. Zukünftig ist mit weiteren Leistungssteigerungen zu rechnen und es ist zu erwarten, daß in absehbarer Zeit die Spracheingabe als für den Benutzer bequemere Variante die Eingabe durch Tastatur und Maus in großem Maße ersetzen wird.

4.4 Eingabe grafischer Daten

Ebenso wie die Sprachverarbeitung ist auch die Verarbeitung grafischer Daten durch den einfachen Personalcomputer eine Folge der erheblich gesteigerten Rechenleistung dieser Rechnerklasse. Waren noch in den 80er Jahren leistungsfähige Grafik-Verarbeitungen teueren und großen Computern mit speziellen Peripheriegeräten vorbehalten, so ist heute die Arbeit mit hochauflösenden Grafiken, eine komfortable Bildmanipulation und auch der Umgang mit bewegten Bildern auf dem PC zu Hause oder im Büro eine Selbstverständlichkeit.

Nachdem für diesen Anwendungsbereich zunächst das Schwergewicht auf der Generierung von Grafiken und ihrer Ausgabe lag, ist inzwischen auch eine Eingabe und Manipulation grafischer Daten, die auf computerunabhängigen Datenträgern vorliegen (z.B. Papier, Foto) weit verbreitet. Für die Generierung grafischer Daten werden sogenannte Grafikprogramme benutzt (vgl. Abschnitt 8.4), durch die mittels Tastatur und Zeigeinstrumenten grafische Objekte erstellt und bearbeitet werden können.

Das Standardgerät für die Eingabe grafischer Daten, die auf herkömmlichen Datenträgern vorliegen, ist der *Scanner*, der heute als preisgünstige und leistungsfähige Ergänzung eines PCs vielfach eingesetzt wird. Dabei ist der Scanner als Gerät nicht isoliert zu betrachten, sondern seine Anwendung ist eng verbunden mit darauf zugeschnittener Software.

Wie schon bei der Sprachverarbeitung verläuft auch die Eingabe grafischer Daten durch einen Scanner in zwei Stufen. Zunächst werden grafische Daten durch die Hardware eines Scanners und kontrolliert durch die Steuerungssoftware des Scanners erfaßt, in eine digitale Darstellungform gewandelt und im Speicher des Rechners abgelegt, danach wird diese digitale Repräsentation durch Anwendungsprogramme in der gewünschten Weise interpretiert und verarbeitet.

Scanner tasten eine Vorlage mit einer starken Lichtquelle ab, messen die Reflexion und stellen so Helligkeitswerte und Farbwerte auf der Vorlage fest. Für das Abtasten wird ein logisches Raster von Bildpunkten für die Vorlage zugrundegelegt, das die sogenannte *Auflösung* eines Scanners bestimmt. Auf diese Weise wird eine Vorlage in eine Reihe von Bildpunkten zerlegt. Jedem Bildpunkt wird der festgestellte Helligkeits- bzw. Farbwert als Dualzahl zugeordnet. Die Qualität der eingescannten Grafik wird von der Rastergröße (Auflösungsgenauigkeit) und der Bitbreite der Dualzahl (*Farbtiefe*) für den jeweiligen Rasterpunkt bestimmt. In der einfachsten Form werden hier nur Hell und Dunkel für monochrome Grafiken unterschieden, bei leistungsfähigen Scannern werden 24 oder 36 Bit für die Unterscheidung von mehreren Millionen Farben vorgesehen.

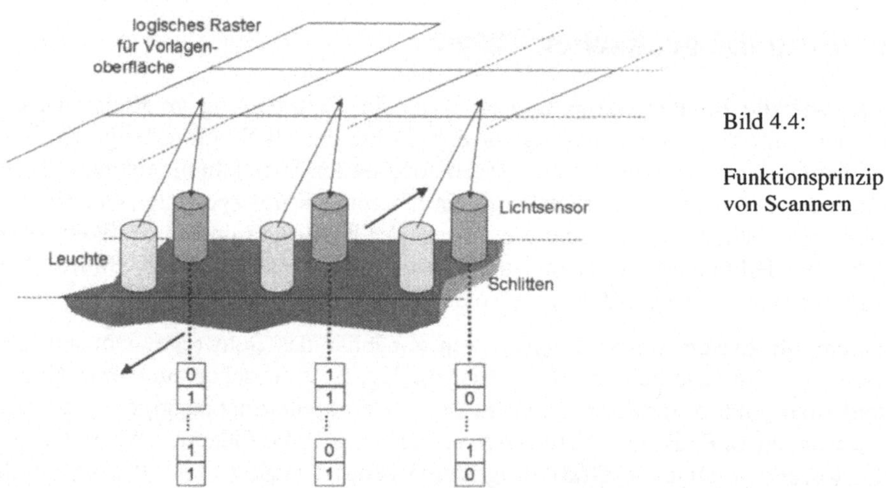

Bild 4.4:

Funktionsprinzip von Scannern

Scanner gibt es als *Handscanner*, bei denen das Gerät per Hand über die Vorlage bewegt wird, mit geringer Auflösung und relativ hoher Scan-Ungenauigkeit.

Am weitesten verbreitet sind die *Flachbett-Scanner*, bei denen eine Vorlage bis zu einer maximalen Größe (DIN A4 oder DIN A3) auf eine Glasplatte gelegt wird, unter der ein Schlitten mit entsprechend der Rasterbreite angeordneten Leuchten und Lichtsensoren für die Querrichtung der Vorlage in Längsrichtung der Vorlage unter dem Papier hinweg bewegt wird. Für das Funktionsprinzip vgl. Bild 4.4. Hinsichtlich ihrer Qualität sind heute Auflösungen von 600 x 600 dpi (dot per inch, d.h.: Bildpunkte pro Zoll) mit Farbtiefen von bis zu 36 Bit verbreitet.

Für eher professionelle Anwendungen, bei denen Vorlagen mit größeren Abmessungen verarbeitet werden sollen, gibt es darüber hinaus *Trommelscanner*, mit einem feststehenden Schlitten, ähnlich dem der Flachbettscanner, an dem eine in der Länge praktisch unbegrenzte Vorlage mittels einer Walze vorbei bewegt wird.

Durch die Software zur Steuerung der Scanner kann die Auflösung, die Farbtiefe, Vorgaben zur Interpretation von Farben, der zu scannende Ausschnitt und auch der Maßstab einer Vorlage festgelegt werden. Üblicherweise werden vor dem eigentlichen Scan-Vorgang verschiedene Scan-Vorschauen durchlaufen, um die der Vorlage entsprechend optimalen Einstellungen festzulegen. Je nach gewählter Auflösung und Farbtiefe ist dabei der Speicherbedarf für eingescannte Grafiken enorm. Bei einer Auflösung von 600 x 600 dpi und einer Farbtiefe von 24 Bit werden für eine DIN A4-Seite beispielsweise über 100 MB Speicher benötigt. Optimale Ergebnisse hinsichtlich Qualität, Speicherplatzbedarf und Verarbeitungsgeschwindigkeit setzen viel Erfahrung und Übung im Umgang mit Scannern voraus.

Ist eine Vorlage eingescannt kann sie mit Anwendungsprogrammen weiter verarbeitet werden. Im Falle einer einfachen Grafik sind dies beispielsweise Standard-Grafikprogramme, die das Punktmuster eines Bildes importieren können und Manipulationen ermöglichen oder es werden dem Anwendungsbereich entsprechende spezielle Programme eingesetzt, z.B. zur Photo-Bearbeitung.

Häufig werden mittels Scanner auch Texte von Vorlagen in den Computer eingegeben, die dann zunächst als Punktmuster vorliegen und durch *Texterkennungssoftware* (*OCR-Software*, Optical Character-Recognition) in Textform (ASCII, vgl. Abschnitt 2.3.1) umgewandelt werden müssen. Hier gilt Ähnliches, wie bei der Sprachverarbeitung: Je nachdem, welche Qualität die Vorlage hat und welche Schriftarten auf der Vorlage verwendet werden, ist die Qualität des Ergebnisses der Texterkennungssoftware besser oder schlechter und muß nachgebessert werden. Heutige OCR-Software erreicht bei guten Vorlagen mehr als 99%ige Texterkennung, bei schlechten Vorlagen, z.B. bei Handschrift oder bei schlechten Kontrasten oder fleckigen Vorlagen ist die Erkennungsrate sehr viel geringer. Texterkennungssoftware ist für solche Zwecke üblicherweise durch einen Lernmodus zunächst auf solche Spezialschriften einstellbar.

Für die professionelle Datenerfassung gibt es diverse nach dem Funktionsprinzip von Scannern arbeitende Spezial-Eingabegeräte. Ein Beispiel sind die in Zusammenhang mit Warenwirtschaftssystemen im Handel eingesetzten Strichcodes zur Warenkennung und ihrer automatischen Erfassung an Kassen.

Für spezielle Anwendungsbereiche, wie z.B. in Konstruktionsabteilungen, bei Architekten oder bei geographischen Informationssystemen ist zusätzlich zu Scannern das *Digitalisierbrett* (*Digitizer*)als grafisches Eingabegerät vertreten. Hiermit werden vom Benutzer festgelegte Punkte einer Vorlage, gesteuert durch ein den Anwendungsbereich speziell unterstützendes Programm, in den Computer eingegeben, um computerinterne Modelle aufzubauen. Solche Modelle bilden dann für die Programme die Basis weitergehender Verarbeitungsmöglichkeiten, wie z.B. technische Berechnungen oder Simulationen (CAD-Systeme, vgl. z.B. Schlingensiepen, 94).

5 Ausgabegeräte

Auch in diesem Abschnitt gehen wir von dem üblichen Computer-Arbeitplatz aus, an dem der Mensch mit Standard-Ausgabegeräten, die heute zur normalen Ausstattung eines PC´s gehören, Ergebnisse seiner Arbeit verfolgen und festhalten kann.

Für den eigentlichen Mensch-Rechner-Dialog ist das Standard-Ausgabegerät der Bildschirm, der direkt die Reaktionen auf Benutzeraktivitäten in visueller Form präsentiert. In akustischer Form werden solche Reaktionen durch Tongeneratoren oder durch Lautsprecher in Kombination mit Soundkarten dargeboten. Ausgaben mit diesen Geräten sind Momentaufnahmen des jeweiligen Standes des Mensch-Rechner-Dialogs. Um Ergebnisse der Arbeit langfristig festzuhalten, werden gewöhnlich Drucker für textuelle und/oder grafische Daten und in verschiedenen Anwendungsbereichen für grafische Daten auch Plotter als Ausgabegeräte eingesetzt.

5.1 Bildschirm

Textuelle oder grafische Daten in visueller Repräsentationsform werden im Dialogbetrieb durch Bildschirme angezeigt. Solche *Bildschirme* (*Monitor*, *Computer-Monitor*) gibt es in weiter Verbreitung heute in zwei grundsätzlich unterschiedlichen Techniken: als Kathodenstrahlröhre (CRT, Cathod Ray Tube) und als Flüssigkristall-Bildschirm (LCD, Liquid Crystal Display).

5.1.1 Die Kathodenstrahlröhre

Die *Kathodenstrahlröhre* ist die älteste Technik für Bildschirme und heute günstig und in ausgereifter Technik der Standard, wenn Computerarbeitsplätze eingerichtet werden. Ihre grundsätzliche Funktionsweise ist in Bild 5.1 beschrieben und beruht darauf, daß Phosphor auf der Innenseite einer Bildröhre punktweise durch einen Elektronenstrahl kurzzeitig zum Leuchten gebracht wird. Um durch die Ablenkvorrichtung in der Röhre die Elektronen auf die gesamte Röhrenoberfläche ausrichten zu können, ist ein in Abhängigkeit der Flächengröße relativ hoher Abstand der Kathode von der Röhrenoberfläche nötig. Hieraus ergibt sich eine große Bautiefe der Kathodenstrahlröhre. Der Glaskolben, die Bündelungseinrichtung und die Ablenkvorrichtung sorgen darüber hinaus für ein recht hohes Gewicht solcher Bildschirme. Die Größe des Bildschirms wird über die Diagonale der

Röhrenoberfläche angegeben und beträgt je nach Anwendungsbereich 38 cm (15") für einfache Arbeitsplätze, 43 cm (17") oder 48 cm (19") für einfache Arbeitsplätze mit etwas höheren Ansprüchen und 53 cm (21") für Arbeitsplätze mit hohen Anforderungen. Nur an älteren Arbeitsplätzen findet man heute noch Bildschirme in der Größe von 35 cm (14"). An speziellen Arbeitsplätzen mit besonders hohen Anforderungen werden auch größere Bildschirme eingesetzt. Das tatsächlich darstellbare Bild ist immer etwas kleiner als die angegebenen Werte, weil nicht die volle Röhrenoberfläche zur Darstellung ausgenutzt werden kann.

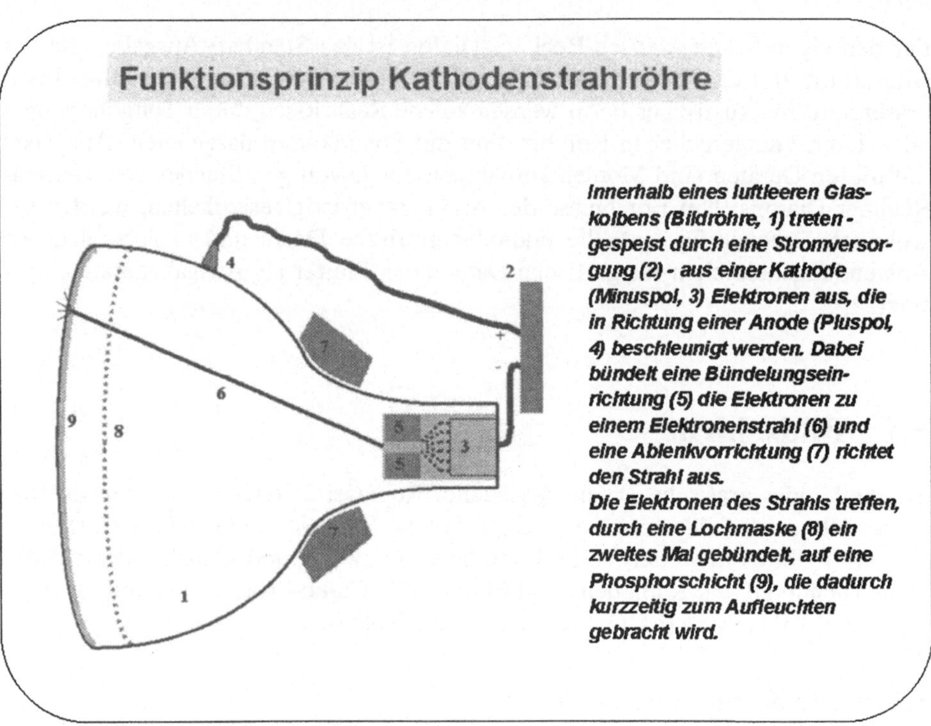

Bild 5.1: Funktionsprinzip einer Kathodenstrahlröhre

Hinsichtlich des Prinzips, wie die leuchtenden Punkte zu Bildern und Texten zusammengesetzt werden und wie das Aufleuchten von Phosphorpunkten über längere Zeit konserviert wird, hat es eine Reihe von Entwicklungsstufen und konkurrierende Techniken gegeben. Durchgesetzt hat sich eine Technik, die auch bei Fernsehgeräten verwendet wird und die gleichermaßen für Bild- und Textdarstellung geeignet ist und auch mehrfarbige Ausgaben ermöglicht.

Für mehrfarbige Darstellungen sind in die Elektronenstrahlröhre drei Kathoden eingebaut, deren Elektronenstrahl auf in den drei Grundfarben Rot, Grün, oder Blau leuchtende benachbarte Partikel der Phosphorbeschichtung gelenkt wird (üblich ist hierfür die Bezeichnung *RGB-Monitor*). Unterschiedliche Intensitäten und Überlagerungen der Grundfarben führen zu beliebigen Farbtönen.

Für den Bildaufbau wird die gesamte zur Verfügung stehende Fläche der Bildröhre für die Ansteuerung der Elektronenstrahlen in Zeilen und Spalten unterteilt. Es entsteht dadurch ein Raster aus einzelnen Bildpunkten (*Pixel*: Picture Elements).

Die Elektronenstrahlen werden entsprechend der Zeilen ausgerichtet und überstreichen Zeile für Zeile die Innenseite der *Bildröhre (non-interlaced-Technik)*. Während dieser Bewegung kann die Intensität der Strahlen verändert werden, sodaß - bei hoher Intensität - ein Pixel gezielt zum Leuchten gebracht, bzw. - bei geringer Intensität - ein Pixel übergangen wird. Nach Überstreichen der letzten Zeile der Oberfläche wird wieder mit der ersten begonnen. Alternativ dazu gibt es Monitore, die in einem Arbeitsgang nur jede zweite Zeile überstreichen und im nächsten die zuvor ausgelassenen Zeilen *(interlaced-Technik)*.

Die Geschwindigkeit, mit der dies erfolgt, wird über die *Zeilenfrequenz* eines Monitors in kHz (KiloHertz) angegeben. Die Zeilenfrequenz ist nun so hoch, daß ein zum Leuchten gebrachtes Pixel im nachfolgenden Durchgang so schnell erneut von den Elektronenstrahlen getroffen wird, daß es für das Auge des Betrachters so erscheint, als ob dieses Pixel ständig leuchtet.

Die Häufigkeit, mit der ein Pixel durch diese Technik pro Zeiteinheit erreicht, also ein erneuter Bildaufbau möglich wird, wird als *Bildwiederholfrequenz* eines Monitors bezeichnet und in Hz (Hertz) angegeben. Aufgrund der Nachleuchtdauer des Phosphors und durch die physikalische Beschaffenheit des Auges sind Werte von mindestens 70 Hz (also 70maliges zum Leuchten bringen eines Pixels pro Sekunde) nötig, um ein „gutes" Bild zu erzeugen. Bei niedrigen Werten für die Bildwiederholfrequenz kommt es zum Flimmern, d.h. das Bild scheint nicht fest zu stehen. Deutlich sichtbar ist ein solches Flimmern bei Werten unter 50 Hz, aber auch bei Frequenzen zwischen 50 und 70 Hz wirkt ein längeres Arbeiten an solchen Bildschirmen ermüdend, führt zu Augenreizungen und -rötungen und ist auf Dauer gesundheitsschädlich. Bei Werten über 110 Hz für die Bildwiederholfrequenz treten andere das Wohlbefinden des Benutzers schädigende Eigenschaften auf. Gute Bildschirme erreichen heute Bildwiederholfrequenzen von 70 bis 100 Hz.

Außer der Bildwiederholfrequenz beeinträchtigt die von der Kathodenröhre ausgehende Strahlung die Gesundheit der Benutzer. Technisch bedingt sind z.B.: Röntgenstrahlung, ultraviolette Strahlung, Mikrowellen, magnetische und elektrostatische Felder. In verschiedenen Normen sind Grenzwerte für solche Strahlungen vorgegeben, die durch verschiedene Abschirmungen in den Geräten eingehalten werden. Die Bildschirmhersteller werben mit der Einhaltung solcher Normen und heutige Geräte gelten als strahlungsarm. Sie bieten dadurch eine - entsprechend dieser Technik - größtmögliche Vorsorge vor schädlichen Auswirkungen der Strahlungen bei dem Benutzer. Gänzlich unterdrückt wird die Strahlung allerdings nicht.

Bei durch die Technik des Monitors vorgegebener maximaler Zeilenfrequenz hängt die Bildwiederholfrequenz von der Feinheit des Rasters, d.h. von der Anzahl der auf der Bildschirmoberfläche vorgesehenen Zeilen (Vertikalauflösung) ab. Eine obere Grenze für die Vertikalauflösung bildet die Lochmaske der Kathodenstrahlröhre in Verbindung mit der Höhe der Bildröhre. Je geringer der Abstand dieser Löcher (manche Hersteller von Monitoren verwenden hier rechteckige Schlitze, manche runde Formen) und je größer die Bildschirmhöhe, desto höher ist die Anzahl möglicher Zeilen. Üblich sind hier derzeit Abstände zwischen 0,25 mm bis 0,3 mm zwischen den Löchern einer Lochmaske. Bei einem Breiten-/Höhenverhältnis von 4:3 bei den üblichen Kathodenstrahlröhren beträgt die sichtbare Höhe zwischen etwa 20 cm bei 14“-Bildschirmen und etwa 30 cm bei 21“-Bildschirmen

Während also durch diese Abhängigkeiten die Vertikalauflösung bei Bildschirmen nicht beliebig groß gewählt werden darf ist andererseits eine möglichst hohe Auflösung anzustreben, um eine gute Darstellung der aus Pixel zusammengesetzten Objekte auf dem Bildschirm zu erreichen (vgl. Bild 5.2). Die gängigen Größen für zufriedenstellende Auflösungen liegen heute bei 800 x 600, 1024 x 768 und 1280 x 1024 Bildpunkten, wobei jeweils der erste Wert die Spaltenzahl und der zweite die Zeilenzahl angibt.

Bild 5.2:

Prinzip der Abhängigkeit zwischen Darstellungsqualität und Auflösung

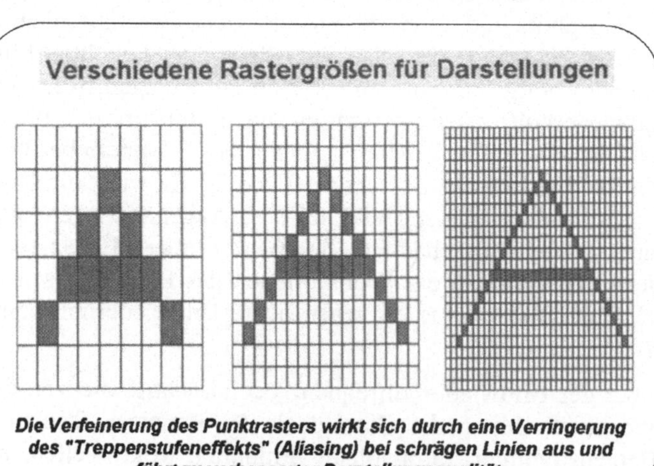

5.1.2 Die Grafikkarte

Die stete Wiederholung bei der Ansteuerung der Zeilen erfordert eine Speicherung der Farbwerte für jedes einzelne Pixel in besonders schnellen Speicherzellen, deren Werte für die Steuerung der Elektronenstrahlen kontinuierlich abgefragt werden müssen. Dieser Speicher wird als *Bildwiederholspeicher* bezeichnet. Er ist als spezieller RAM-Speicher (vgl. Abschnitt 2.3.2) organisiert, der gleichzeitig gelesen und beschrieben werden kann, da jede durch Eingaben des Benutzers und durch Berechnungen von Anwendungsprogrammen verursachte Darstellungsänderung hier kontinuierlich eingetragen werden muß.

Der Bildwiederholspeicher ist ein Bauteil der sogenannten *Grafikkarte* (*Videokarte*) eines Rechners. Die Grafikkarte verbindet den Bildschirm mit dem Bussystem und damit mit dem Prozessor des Rechners (vgl. Abschnitt 2.6) und steuert die Elektronik des Bildschirms durch ein Videosignal.

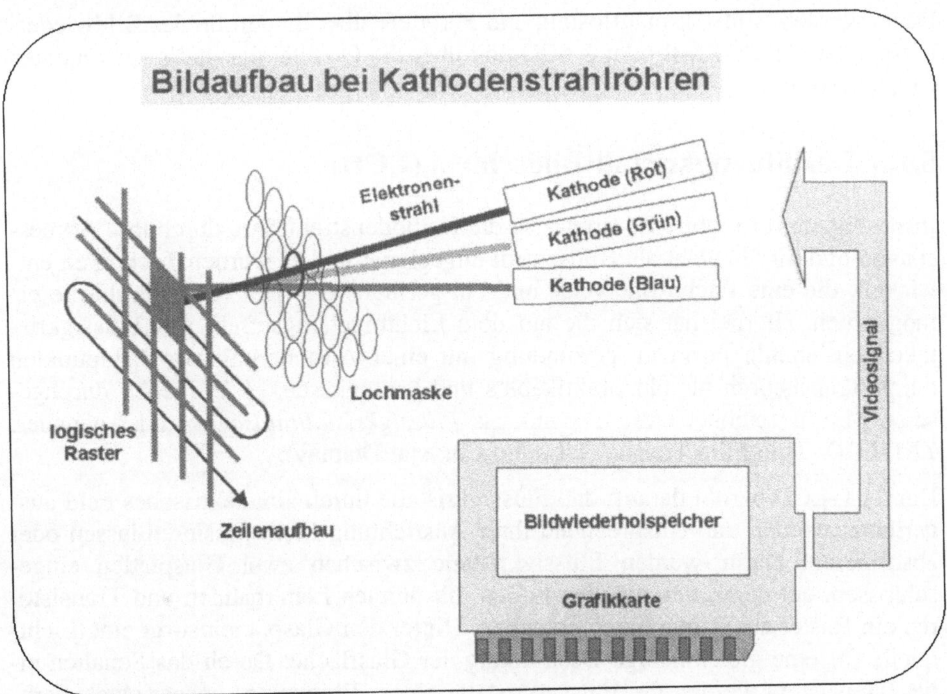

Bild 5.3: Bilddarstellung mit Kathodenstrahlröhre und Grafikkarte

Streng genommen ist die Grafikkarte ein eigener Rechner für sich. Sie verfügt außer über den Bildwiederholspeicher über einen eigenen Prozessor mit ROM-

und RAM-Speicher (vgl. Kapitel 2) für die Berechnungen zur Bilddarstellung und über eine Ausgabeeinheit für das Videosignal.

Die Funktionsweise der Programme der Grafikkarte bestimmt die Darstellungsmöglichkeiten des Bildschirms. Als Standard hat sich die *VGA*-Grafikkarte (Video Graphics Array) herausgebildet, die in unterschiedlich leistungsfähigen Versionen (Ultra-VGA, Super-VGA, Extended Graphics Array) angeboten wird. Durch sie werden

- unterschiedliche Bildschirmauflösungen (von 640 x 480 Pixel über 800 x 600 Pixel und 1024 x 768 Pixel bis 1280 x 1024 Pixel) unterstützt, die per Betriebssystem (vgl Kapitel 7) eingestellt werden können,
- verschiedene Farbtiefen ermöglicht (von 256 (8Bit), über 32768 (16Bit) und 65536 (32Bit) bis über 16 Millionen (64 Bit) Farben) und auch
- Berechnungen für grafische Manipulationen, wie z.B. das Verschieben, Vergrößern oder Drehen von Objekten unterstützt.

Dabei werden Bildschirmauflösung und Farbtiefe über die Größe des Bildwiederholspeichers (z.B. 4 MB oder 8 MB) und über die Qualität der dafür verwendeten Chips bestimmt.

5.1.3 Der Flüssigkristall-Bildschirm (LCD)

Insbesondere für mobile Computer ist die Kathodenstrahlröhre durch ihre Abmessungen und ihr Gewicht als Bildschirm ungeeignet und es wurden Techniken entwickelt, die eine flache Bauweise und ein geringes Gewicht für Bildschirme ermöglichten. Hierbei hat sich die auf dem Lichtbrechungseffekt von Flüssigkristallen basierende Form in Verbindung mit einer Ansteuerung von Bildpunkten durch Transistoren als ein praktikables und leistungsstarkes Vorgehen durchgesetzt. Man bezeichnet diese Technik als *Flüssigkristallbildschirm* oder genauer: *TFT-LCD* (Thin Film Transistor-Liquid Chrystal Display).

Der TFT-LCD beruht darauf, daß Flüssigkristalle durch ein elektrisches Feld ausgerichtet werden und entsprechend ihrer Ausrichtung Licht passieren lassen oder absorbieren. Dafür werden Flüssigkristalle zwischen zwei Glasplatten eingeschlossen, auf deren Oberflächen Folien mit dünnen Leiterbahnen und Transistoren ein Raster aus Bildpunkten erzeugen. Hinter den Glasplatten sorgt eine Lichtquelle für eine gleichmäßige Bestrahlung der Glasfläche. Durch das Schalten eines Transistors werden die Flüssigkristalle eines Bildpunktes ausgerichtet. Farbfilter für Rot, Grün und Blau in den Folien erlauben eine Farbgebung für das durchtretende Licht eines Bildpunktes (vgl. Bild 5.4). Durch die verschiedenen Folien und die Flüssigkristallschicht wird ein Großteil des Lichtes der Lichtquelle absorbiert. Nur etwa 5% des eingebrachten Lichtes erreicht die Bildschirmoberfläche. LCDs sind dadurch weniger leuchtstark als Kathodenstrahlröhren

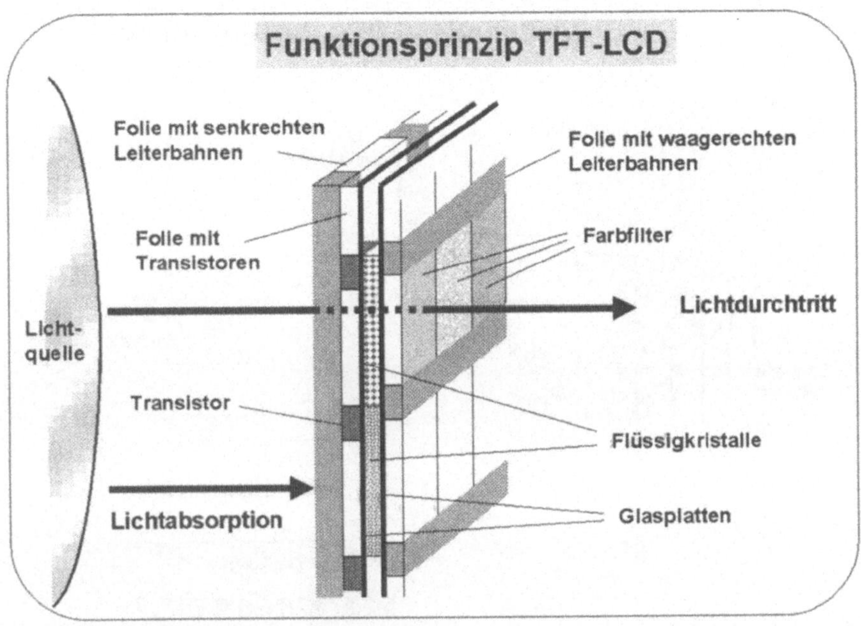

Bild 5.4: Funktionsprinzip eines TFT - LCD

Diese Technik sorgt für einen Ausgangszustand mit einzeln ansteuerbaren Bildpunkten einer Bildschirmoberfläche, wie wir ihn bei der Kathodenstrahlröhre durch die Lochmaske und die zeilenförmige Ansteuerung vorfinden. Drei benachbarte solche Bildpunkte bilden dann ein Pixel eines logischen Rasters. Die Definition der Auflösung, die Festlegung der Farbtiefe und die Ansteuerung des Bildschirms erfolgt deshalb mit einer Grafikkarte in der gleichen Weise, wie bei Kathodenstrahlröhren (vgl. Bild 5.5). Für die Verbindung von Grafikkarte und LCD ist dabei auch die Videoansteuerung vorherrschend, die wegen der Transistortechnik im Display in digitale Steuersignale umgesetzt wird. Zukünftig ist damit zu rechnen, daß Grafikkarten direkt eine digitale Ansteuerung vornehmen.

Während der Bildwiederholspeicher der Grafikkarte für die Kathodenstrahlröhre insbesondere für ein ständiges Wiederholen des „zum Leuchten bringen" eines Bildpunktes (Refresh) nötig ist, sorgt der Transistor des LCD durch einen Schaltvorgang für einen kontinuierlichen Lichtaustritt., d.h die Information aus dem Bildwiederholspeicher wird hier nur für die Veränderungen auf dem Bildschirm benötigt. Dadurch gibt es den Effekt des Flimmerns (siehe oben) bei LCDs nicht.

Auch die bei der Kathodenstrahlröhre schädliche Strahlung tritt bei LCD-Monitoren nicht auf.

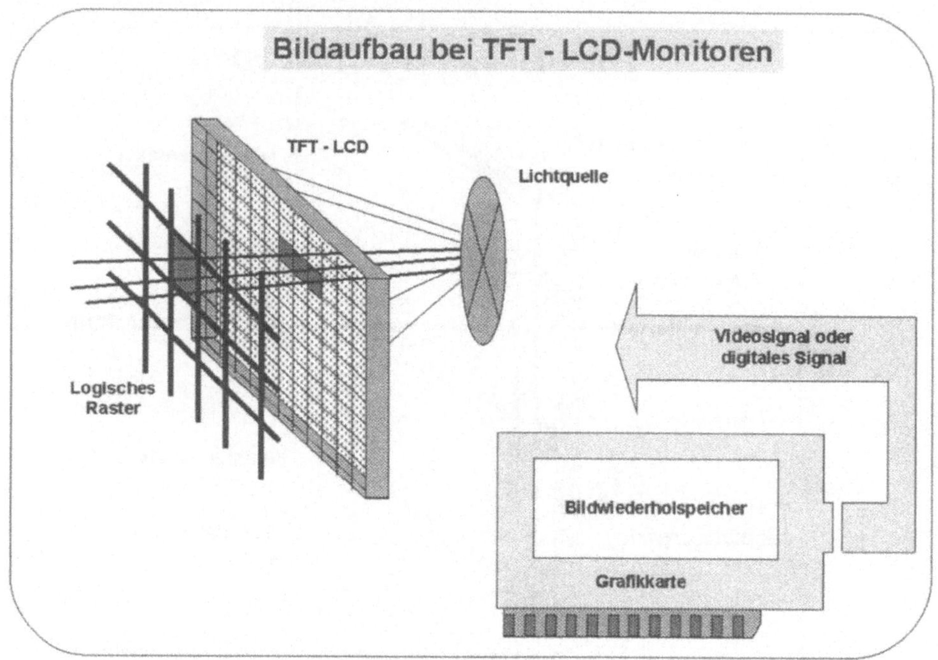

Bild 5.5: Bilddarstellung mit TFT - LCD und Grafikkarte

Die Technik und damit die Herstellung dieser LCDs ist sehr viel aufwendiger als die der Kathodenstrahlröhren. Bildschirme dieser Art werden aus Kostengründen deshalb mit geringen Bildschirmdiagonalen (z.B. 6“, 8“, 10“, 12“) vornehmlich in tragbaren Computern (PDA, Laptops, vgl. Kapitel 6) eingesetzt. Allerdings ist hier inzwischen Bewegung in den Markt gekommen: TFT-LCDs werden zunehmend auch mit größeren Bildschirmdiagonalen (13“, 14“, 15“) hergestellt und gleichen sich im Preis langsam dem von Kathodenstrahl-Bildschirmen an. Bei einem Vergleich beider Techniken ist neben dem Preis und der unterschiedlichen ergonomischen Eigenschaften auch zu berücksichtigen, daß LCDs die angegebene Größe der Bildschirmdiagonalen vollständig für die Darstellung ausnutzen und somit bei nominell geringerer Baugröße eine gleich große Darstellung, wie größere Kathodenstrahlröhren erzeugen. So erreicht beispielsweise ein 15“ LCD eine einem 17“ Kathodenstrahlbildschirm vergleichbare Darstellungsgröße.

5.2 Akustische Ausgaben

Als Menschen sind wir es gewohnt, unsere Umwelt außer durch visuelle Reize auch durch auditive Signale wahrzunehmen. Diesem Umstand ist die Computertechnik mit zunächst einfachen akustischen Ausgaben in Form von Tönen und in den letzten Jahren verstärkt durch komplexe Ausgabemöglichkeiten gerecht geworden, die das vollständige Spektrum von einzelnen Tönen, über Melodien bis hin zu Sprache überdecken.

Töne und Melodien werden als Computerausgaben im Mensch-Rechner-Dialog vor allem eingesetzt, um Aufmerksamkeit zu erzeugen. So zeigen Töne beispielsweise an, daß eine Benutzeraktion nicht den gewünschten Erfolg hatte oder kurze Melodien oder Klänge werden mit bestimmten Ereignissen, wie z.B. dem Eintreffen einer E-Mail, dem Start eines Programms oder der Durchführung einer bestimmten Funktion verbunden. Immer häufiger wird inzwischen auch Sprache eingesetzt, um Meldungen oder auch Daten aus System- und Anwendungsprogrammen dem Benutzer zu präsentieren. Darüberhinaus werden verstärkt Anwendungen eingesetzt, die primär unser Audiosystem ansprechen. So ist der Computer heute (mit der entsprechenden Ausrüstung) auch ein CD-Player, ein Radio, ein Anrufbeantworter oder ein Instrument zum Abspielen oder Komponieren von Musik.

Hinsichtlich der Hardware ist die Grundlage solcher Anwendungen eine *Soundkarte* (*Audiokarte*), die üblicherweise zwei Lautsprecher zur Generierung von Schallwellen in Stereoqualität ansteuert. Wie in Abschnitt 4.3 angemerkt, ist die Soundkarte auch für den entgegengesetzten Weg zuständig, um Audiodaten in den Computer über ein Mikrophon einzugeben.

Eine Soundkarte wird über einen Erweiterungssteckplatz auf der Hauptplatine mit dem Bussystem des Rechners verbunden (vgl. Abschnitt 2.6). Sie ist vom Prinzip her ein eigenständiger Spezialrechner mit Prozessor und Speicher und hat Eingänge zum Anschluß eines Mikrophons (MicIn) oder eines anderen Eingabegerätes (LineIn) und zum Anschluß eines Musikinstruments (*MIDI-Schnittstelle*; Musical Instrument Digital Interface). Weiter hat sie Ausgänge zum Anschluß von Lautsprecherboxen (SpeakerOut) oder anderer Ausgabegeräte (LineOut).

Da Audiodaten eine analoge Repräsentationsform haben (Schallwellen), im Computer aber mit der digitalen Darstellungsform gearbeitet wird (Bit, Codierung; vgl. Abschnitt 2.1 und 2.3), besteht die Grundaufgabe des Prozessors der Soundkarte darin, kontinuierliche analoge Daten in diskrete digitale umzuwandeln und umgekehrt (AD/DA-Wandlung).

Die Qualität dieser Wandlung (man spricht hier auch von *Sampling*) und damit die Klangqualität wird zum einen dadurch bestimmt, wie viele verschiedene Zustände im analogen Signal unterschieden werden (Samplingtiefe) und wie häufig pro Sekunde ein Zustand im analogen Signal abgefragt, bzw. für das analoge Signal erzeugt wird (Samplingrate). Die Samplingtiefe wird in Bit angegeben, wobei eine 16 Bit-Soundkarte über 65000 Tonnuancen unterscheidet und eine Samplingrate von bis zu 44 kHz aufweist.

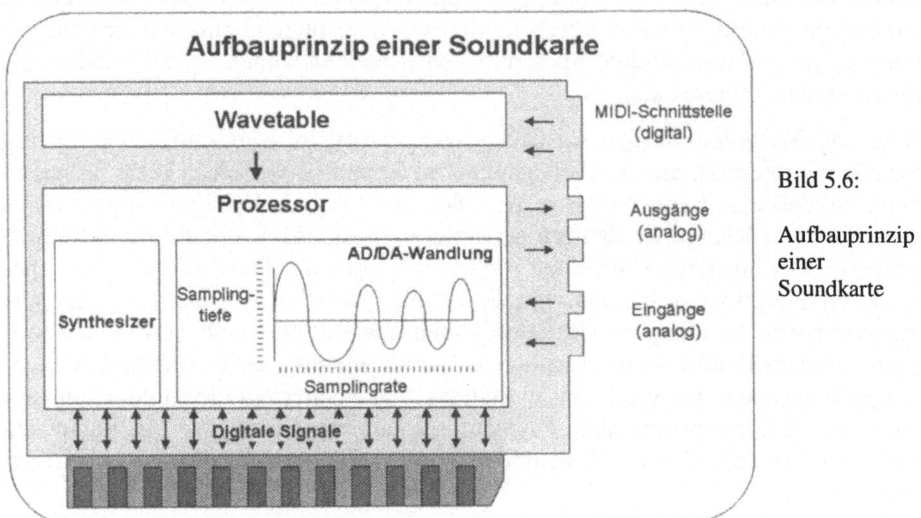

Bild 5.6: Aufbauprinzip einer Soundkarte

Zum anderen wird die Klangqualität durch das der Tonerzeugung (Synthese) zugrundeliegende Verfahren bestimmt. Angestrebt wird eine möglichst große Übereinstimmung mit den Klängen, die unterschiedliche Musikinstrumente charakterisieren. Hierzu verfügen Soundkarten über Speicherbausteine, in denen charakteristische Klänge von Musikinstrumenten in digitaler Form abgelegt sind (*Wavetable*). Diese gespeicherten Klänge werden vom Prozessor der Soundkarte benutzt, um die aus Anwendungsprogrammen heraus entwickelten Audiodaten in möglichst natürlicher Form in analoge Tonsignale zu wandeln.

Soundkarten erreichen durch dieses Vorgehen heute eine Klangqualität, die der eines CD-Players entspricht.

5.3 Drucker

Zwar wird seit Jahren versprochen, daß die Anwendung von Computern hilft, Papier bei den Arbeiten einzusparen, doch zeigt sich in der Realität das Gegenteil. Manuskripte in Rohfassung werden („zur Sicherheit" und „damit man sein Arbeitsergebnis anfassen kann") genauso, wie Zeichnungsentwürfe, E-Mails, Adressen usw. auf Papier ausgegeben und der computer-bedingte Papierverbrauch steigt stetig. Ein dafür nötiger Drucker gehört zur Standardausrüstung eines Personal Computers und ist preisgünstig mit immer größerer Leistungsfähigkeit zu haben.

Drucker für Computer arbeiten nach unterschiedlichen Funktionsprinzipien und erzeugen qualitativ verschiedenartige Ausdrucke zu unterschiedlichen Kosten. Sie werden gewöhnlich über die parallele Schnittstelle (vgl. Abschnitt 2.6) mit dem Bussystem des Computers verbunden.

Auf dem Markt haben sich heute durch ihre Vielseitigkeit und durch ein günstiges Preis-/Leistungsverhältnis zwei Funktionsprinzipien von Druckern weitgehend durchgesetzt. Im Privatbereich und in einfacheren kommerziellen Nutzungen sind die in Anschaffung und Unterhalt günstigen Tintenstrahldrucker weit verbreitet, bei höheren Anforderungen an Qualität und Druckgeschwindigkeit finden vor allem Laserdrucker in unterschiedlicher Ausstattung Verwendung. Nur in speziellen Anwendungsbereichen findet man andere Drucktechniken, wie die Thermosublimationsdrucker für Ausdrucke in Fotoqualität oder die Nadeldrucker zum Drucken mehrerer Durchschläge in einem Arbeitsgang. Neben den genannten universell einsetzbaren gibt es weitere Drucktechniken in speziellen Geräten wie Kassen oder Faxgeräte oder auch spezielle Hochleistungstechniken für den Massendruck.

5.3.1 Tintenstrahldrucker

Ein *Tintenstrahldrucker* ist ein sinnvolles Gerät für Anwender, die möglichst wenig für einen Drucker investieren wollen, die kein sehr hohes Druckaufkommen haben, die hinsichtlich der Qualität des Drucks von Grafiken und Texten hohe, aber nicht höchste Ansprüche stellen und für die die Zeit, die für den Ausdruck benötigt wird, nicht so wichtig ist. Insbesondere, wenn Ausgaben sowohl in schwarz/weiß als auch in Farbe zu einigermaßen akzeptablen Preisen gewünscht werden, ist der Tintenstrahldrucker derzeit die beste Alternative.

Vor dem Kauf eines solchen Gerätes sollten Probedrucke angefertigt werden, weil einerseits geringfügige Preisunterschiede unterschiedliche Druckqualitäten bewirken und auch das subjektive Qualitätsempfinden der Ausdrucke von Druckern unterschiedlicher Hersteller der gleichen Preisklasse verschieden ist. Heutige Tintenstrahldrucker sind robust und zuverlässig, es gibt sie als Standard für DIN A4-Formate, sie sind aber auch für DIN A3 oder DIN A2 erhältlich. Als *non-impact-Drucker* (ohne mechanischen Druck) verfügen sie über eine ausgereifte Technik, mit der das Drucken - allerdings ohne die Möglichkeit von Durchschlägen – des Alltagsbetriebs gut bewältigt wird.

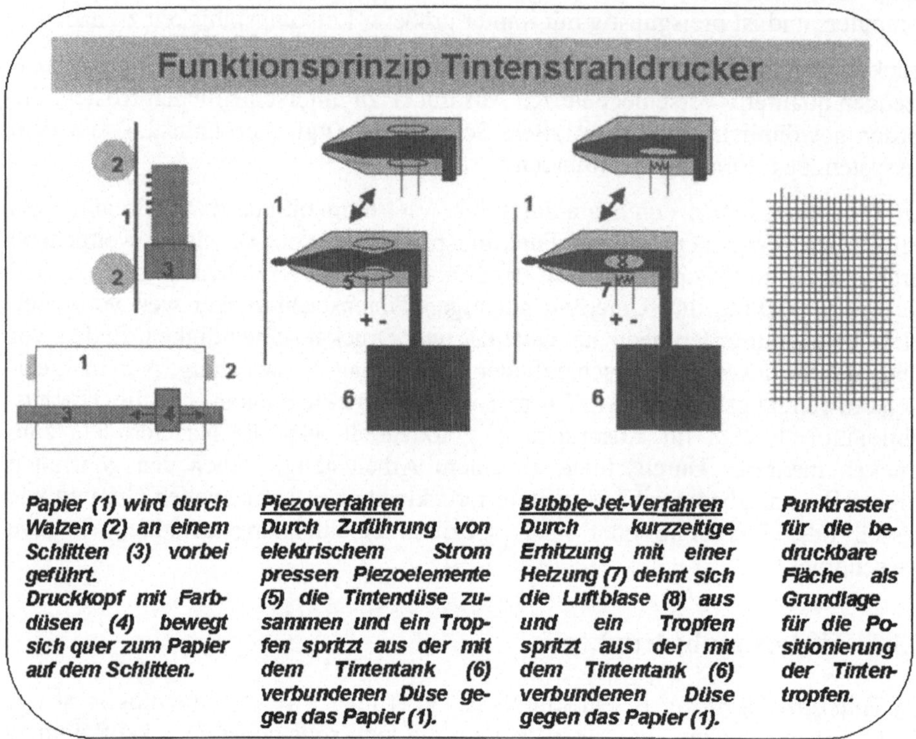

Bild 5.7: Funktionsprinzip Tintenstrahldrucker

Das Funktionsprinzip von Tintenstrahldruckern ist in Bild 5.7 veranschaulicht. Ein Tropfen Tinte aus einem Vorratstank (Patrone) wird durch einen Druckkopf mit mehreren Düsen gezielt auf das zu bedruckende Papier gespritzt. Der dafür notwendige Druck wird entweder durch Erhitzen der Tinte in den Düsen des Druckkopfes (*Bubble-Jet-Verfahren*; häufiger) oder durch mechanischen Druck (*Piezoverfahren*; seltener) auf die Tintendüsen erzeugt.

Für die Positionierung der Tintentropfen wird dem Ausdruck ein logisches Raster aus Zeilen und Spalten zugrunde gelegt. Durch einen Transport des Papiers auf einer Walze am Druckkopf vorbei werden die einzelnen Zeilen dieses Rasters nacheinander angesteuert. Der Druckkopf, untergebracht auf einem beweglichen Schlitten, bearbeitet eine eingestellte Zeile durch eine Bewegung in Querrichtung und gegebenenfalls der Ausgabe von Tinte.

Die Qualität dieses Drucks ist abhängig von der Größe des Rasters , gemessen in *dpi* (dot per inch), das den Abstand der Tintenpunkte bestimmt und der Menge der herausgeschleuderten Tinte, die in Abhängigkeit von der Vorlagenqualität auf der Oberfläche geringfügig verläuft, dadurch Abstände zwischen Tintenpunkten ausfüllt und damit glatte Konturen bei der Ausgabe bewirkt.

Dabei kommt der Art der Vorlage eine relativ große Bedeutung zu. Da einfaches Papier häufiger zu leichten Ausfransungen bei der Ausgabe führt, wird teureres Spezialpapier angeboten, das die Ausgabequalität verbessert. Hier sind Probedrucke sinnvoll, um die Effekte einander gegenüberzustellen und je nach Zweckbestimmung des Ausdrucks die Entscheidung für eine Papiersorte treffen zu können. Spezialpapier lohnt sich insbesondere dann, wenn farbige Ausgaben mit möglichst hoher Qualität benötigt werden. Durch den hohen Tintenverbrauch und die Papierkosten ist eine solche Seite allerdings dann leicht um das zwanzigfache teurer als einfache schwarz/weiß Ausdrucke.

Hinsichtlich der Rastergröße wurde die Technik in den letzten Jahren ständig verbessert und heute sind Rastergrößen von 600 x 600 dpi, 720 x 720 dpi, 1200 x 1200 dpi oder auch 1440 x 720 dpi übliche Werte. Dabei bieten die verschiedenen Hersteller zusätzliche Optimierungen an, um Interpolationen zwischen Rasterpunkten zu ermöglichen und die Darstellungsgenauigkeit zu erhöhen.

Tintenstrahldrucker arbeiten üblicherweise mit separatem Tank für Schwarz und für die drei Grundfarben Cyan, Magenta und Gelb. Für farbige Ausgaben wird der gewünschte Farbton durch Mischung dieser Grundfarben hergestellt. Je nach Nutzung des Druckers wird der Verbrauch unterschiedlich sein, sodaß auf die Möglichkeit eines unabhängigen Austauschs der beiden Patronen geachtet werden sollte. Im Falle des Bubble-Jet-Verfahrens erhält man mit einer Tintenpatrone gleich einen neuen Druckkopf, beim Piezoverfahren sind beide Bauteile voneinander getrennt.

5.3.2 Laserdrucker

Ein *Laserdrucker* ist der typische Drucker für das Büro oder für andere solche Bereiche, in denen viel Papier bedruckt wird. Abgesehen vom höheren Anschaffungspreis ist der Druck einer Seite (schwarz/weiß) mit einem Laserdrucker deutlich günstiger, als mit einem Tintenstrahldrucker. Der Ausdruck ist dabei von der Qualität her besser und der Laserdrucker druckt die Seiten schneller aus.

Das Funktionsprinzip eines Laserdruckers ist in Bild 5.8 beschrieben. Auf der Grundlage eines logisches Rasters aus Zeilen und Spalten wird die elektrische Ladung einer rotierenden Trommel durch einen stark gebündelten Laserstrahl zeilenweise an den Punkten verändert, an denen ein Tonerpulver durch elektrostatische Anziehung haften bleiben soll. An der mit dem Tonerpulver beschichteten Trommel wird die zu bedruckende ebenfalls elektrostatisch geladene

Vorlage vorbei geführt, wodurch der Toner auf das Papier übertragen wird. Eine Fixiervorrichtung verschmilzt den Toner mit der Vorlage.

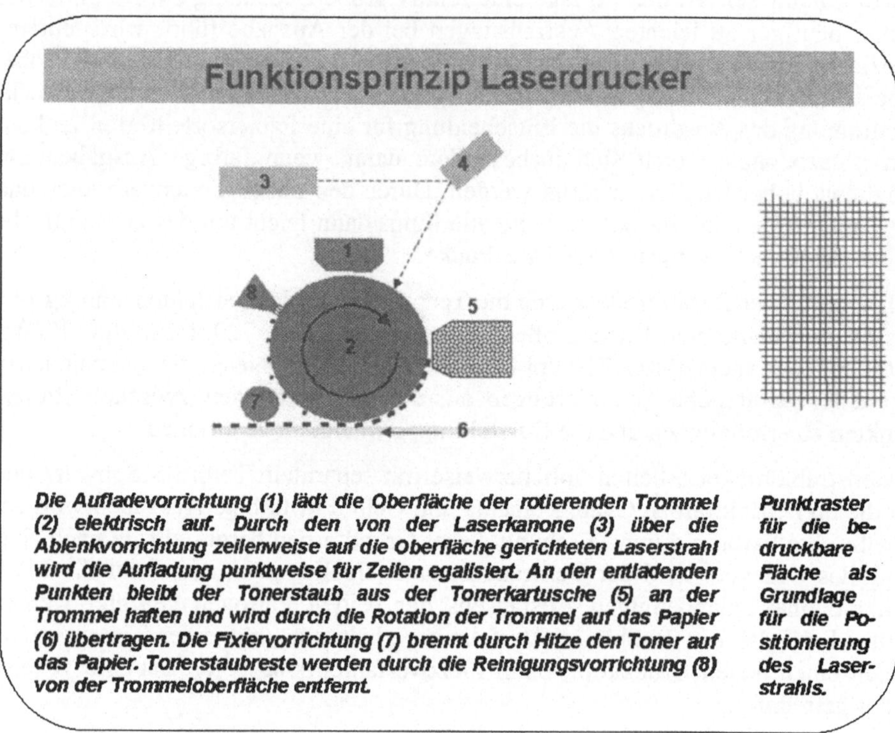

Bild 5.8: Funktionsprinzip Laserdrucker

Unter der allgemeinen Bezeichnung Laserdrucker werden auch Geräte angeboten, die anstelle der Laserstrahltechnik zeilenförmig installierte Leuchtdioden für die Belichtung der einzelnen Rasterpunkte verwenden. Die genauere Bezeichnung hierfür ist: *LED-Drucker.*

Standardmäßig verwenden Laserdrucker, die für DIN A4 und DIN A3 Formate angeboten werden, ein schwarzes Tonerpulver aus einer sogenannten auswechselbaren *Tonerkartusche* für den schwarz/weiß Druck. Angeboten werden aber auch Laserdrucker für farbige Ausgaben, die mit mehreren Kartuschen für Tonerpulver in den Grundfarben arbeiten und die beschriebenen Arbeitsschritte für jede Farbe getrennt durchführen. Abgesehen von dem erhöhten Zeitbedarf zum Ausdruck einer Seite sind solche Farb-Laserdrucker um ein vielfaches teurer als die S/W-Geräte. Für den gelegentlichen Farbdruck lohnt sich die Anschaffung derzeit eher nicht, hier sind extra für diesen Zweck beschaffte Tintenstrahldrucker die preiswertere und auch anwendungsgerechte Alternative. Lediglich für diejenigen Anwender, die regelmäßig farbige Ausgaben per Computer in hoher Qualität benötigen, ist der Farb-Laserdrucker die bessere Wahl.

Hinsichtlich des dem Druck zugrunde gelegten Rasters sind bei dieser Technik Werte von 600 x 600 dpi und 1200 x 1200 dpi vorherrschend, wobei trotz gleicher Raster die Druckqualität der Lasertechnik höher ist als bei vergleichbaren Tintenstrahldruckern. Verschiedene Optimierungsverfahren der Hersteller erhöhen die Qualität der Ausgaben weiter.

5.3.3 Weitere Drucktechniken

Trotzdem Tintenstrahldrucker und Laserdrucker sowohl Text wie Grafik in gutem Preis/Leistungsverhältnis ausgeben, sind für einige Spezialanwendungen andere Drucktechniken verfügbar und im Einsatz.

Hier ist zunächst der *Nadeldrucker* zu nennen, der vor der weiten Verbreitung der Laser- und Tintenstrahltechnik das Standardgerät für den Computer-Arbeitsplatz war. Das Funktionsprinzip ist in Bild 5.9 dargestellt.

Bild 5.9: Funktionsprinzip Nadeldrucker

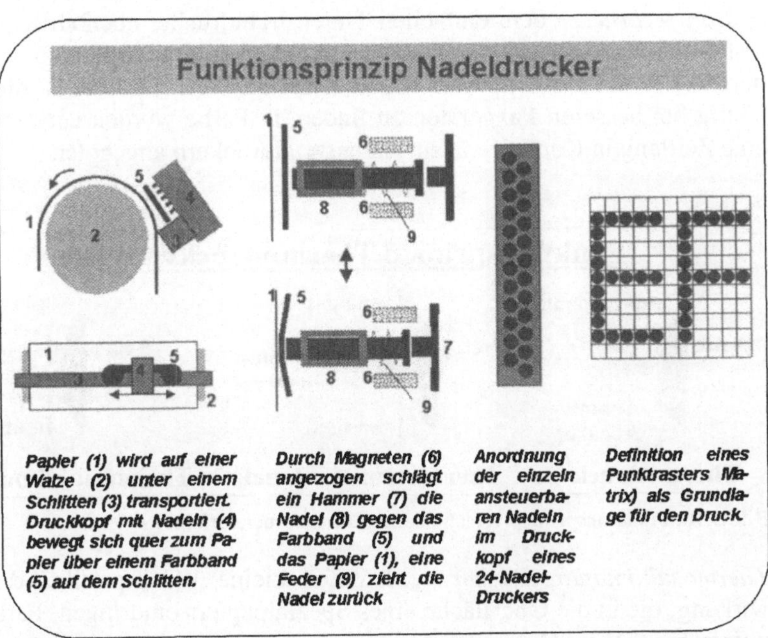

Der Nadeldrucker ist langsam und laut; die Grafikfähigkeit ist eingeschränkt; die Darstellungsqualität im Verhältnis zu den heutigen Standards schlecht. Qualitätsunterschiede werden bei Nadeldruckern durch die Anzahl der Nadeln des Druckkopfes bewirkt. Während in den Geräten der ersten Generation 9 Nadeln verwendet wurden, konnten in einer zweiten Generation durch 24 Nadeln brauchbare Ausdrucke erzielt werden. Entwicklungen mit mehr Nadeln konnten sich gegenüber den aufkommenden Tintenstrahldruckern und den durch Preisreduzierungen konkurrenzfähigen Laserdruckern nicht durchsetzen. Einzig durch die Möglichkeit, als *Impact-Drucker* (mit mechanischem Druck) mehrere Durchschläge in einem Arbeitsgang auszugeben hat der Nadeldrucker für einige Anwendungsbereiche noch eine Daseinsberechtigung. Dabei ist der Einsatz von Schallschutzhauben empfehlenswert, wenn nicht unabdingbar.

Thermo-Druckverfahren werden bei Faxgeräten häufig eingesetzt, aber auch in speziellen Anwendungsbereichen als Drucktechnik für Computer verwendet, wenn es um photo-ähnliche Qualität von farbigen Ausdrucken geht. Obwohl mit der gleichen Grundtechnik (vgl. Bild 5.10) ausgestattet, erzeugen die Thermodrucker, die Thermotransferdrucker und die Thermosublimationsdrucker sehr unterschiedliche Qualität.

Während die in einfachen Faxgeräten zu findenden *Thermodrucker* Spezialpapier benötigen, dieses an der Oberfläche punktweise durch Hitzeeinwirkung verfärben und dadurch eher dürftige Ausdrucke erzeugen, ist das Druckbild der *Thermotransferdrucker* dem einfachen Tintenstrahldrucker ebenbürtig. Diese Technik löst durch Hitzeeinwirkung Wachspartikel von einem Farbtuch und schmilzt diese punktweise auf Normalpapier ein. In Schwarz/Weiß-Technik ist dieses Verfahren häufig bei besseren Faxgeräten zu finden, in Farbe wurden entsprechende Geräte eine Zeitlang in Konkurrenz zu Tintenstrahldruckern angeboten.

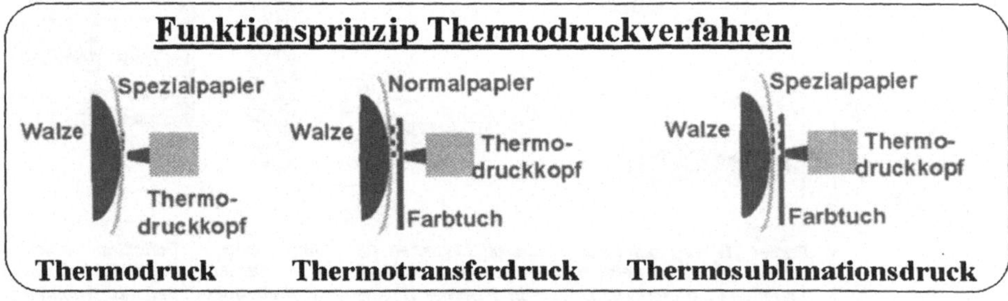

Bild 5.10: Funktionsprinzip verschiedener Thermodruckverfahren

Thermosublimationsdrucker verdampfen kleine Wachspartikel durch Hitzeeinwirkung, die in die Oberfläche eines Spezialpapiers eindringen. Farbtücher für die unterschiedlichen Grundfarben in Verbindung mit verschiedenen Temperaturen zur Erzeugung unterschiedlicher Farbtöne bewirken nach dem Eintrocknen der Wachspartikel eine exzellente Bildqualität. In speziellen Anwendungsbereichen z.B. des grafischen Gewerbes werden solche Drucker in nennenswertem Umfang eingesetzt.

Da alle genannten Drucktechniken hinsichtlich der Vorlagenformate auf DIN A4, DIN A3 und mitunter auch DIN A2 ausgelegt sind, wurden für Anwendungsbereiche mit grafischem Hintergrund Ausgabegeräte entwickelt, die sehr viel größere Papierformate für Plakate oder technische Zeichnungen verarbeiten können. Solche *Plotter* wurden lange Zeit mit Farbstiften betrieben , die mit Schlitten über eine große Vorlagenfläche bewegt wurden und Linien zeichneten. Heute arbeiten großformatige Plotter nach der Tintenstrahltechnik mit entsprechend großen Walzen für den Papiertransport.

5.3.4 Steuerung von Druckern

Nicht nur die eigentliche Drucktechnik ist entscheidend, wenn es um die Qualität und die Geschwindigkeit beim Drucken von Vorlagen geht. Auch die Art der Ansteuerung der Drucker, das Verfahren, durch das der Drucker mit den auszugebenden Daten versorgt wird, ist hier wichtig und wurde im Laufe der Jahre vielfach optimiert.

Während bei der Ausgabe durch Drucker - wie beschrieben - Punktmuster, also Rasterdaten, zugrunde gelegt werden, trennen Anwendungsprogramme die eigentlichen Daten (z.B. Buchstaben, Zahlen, Linien oder andere Formen) von Darstellungsattributen der Daten, wie beispielsweise Schriftart, Schriftgröße und Darstellungsform (z.B. fett oder kursiv) bei Texten oder Strichstärke, Füllmuster und Farbe bei Grafiken. Um aus einem Anwendungsprogramm heraus eine Ausgabe vornehmen zu können, muß die hier verwendete Verarbeitungsform in das für den Drucker notwendige Punktmuster überführt werden.

Diese Aufgabe erfüllt der sogenannte *Druckertreiber*. Als Systemprogramm ist der Druckertreiber betriebssystem-abhängig; entsprechend der Vielfalt der Druckertypen und Druckerhersteller mit diversen spezifischen Eigenschaften und Funktionsweisen ist er darüber hinaus speziell auf einen Drucker zugeschnitten. Üblicherweise wird beim Kauf eines Druckers der notwendige Druckertreiber mitgeliefert, diverse Druckertreiber sind aber auch bereits in das Betriebssystem des Rechners integriert. Neben der hardware-mäßigen Verbindung per Kabel über eine Schnittstelle des Rechners ist mit dem Anschluß eines Druckers also immer auch eine software-mäßige Verbindung durch Installation des geeigneten Druckertreibers erforderlich.

Ursprünglich erzeugte der Druckertreiber im Rechner aus den Daten des Anwendungsprogramms direkt die Befehle zur Steuerung der Funktionseinheiten des Druckers und übertrug sie an den Drucker, wo sie zur Anpassung der unterschiedlichen Arbeitsgeschwindigkeiten zwischen Drucker und Rechner in einem

Pufferspeicher zwischengespeichert und von der Druckersteuerung abgerufen wurden, um das eigentliche Druckwerk anzusprechen (vgl. Bild 5.11a).

Mit wachsenden Anforderungen an Qualität und Geschwindigkeit beim Drucken erwies sich dieses Vorgehen wegen des in der Zentraleinheit des Rechners zu treibenden Aufwandes zur Kontrolle des Druckers als nicht leistungsfähig genug. Heute ist ein zweistufiges Vorgehen zur Druckersteuerung üblich, bei dem der Drucker über eine eigenständige Zentraleinheit einen wesentlichen Teil der Überführungsarbeit erbringt und so den Prozessor des Rechners entlastet (vgl. Bild 5.11b).

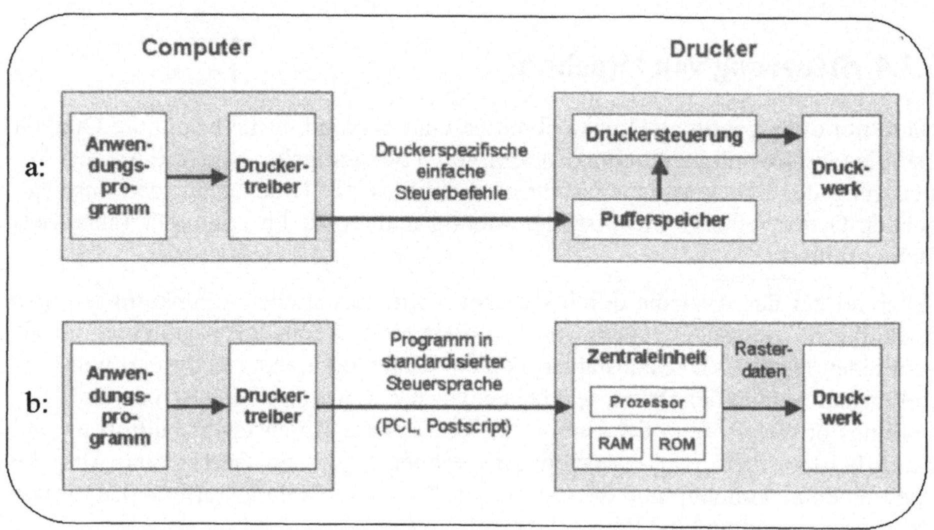

Bild 5.11: Druckersteuerung

Grundlage dieses zweistufigen Vorgehens ist die Definition einer *Druckersteuersprache* (*Seitenbeschreibungssprache*), die als spezielle Programmiersprache alle Funktionen zur Kontrolle von punktraster-orientierten Druckern enthält. Der Druckertreiber im Rechner erzeugt in einem ersten Schritt aus den Daten des Anwendungsprogramms ein Programm in der Druckersteuersprache, das die auszugebenden Daten druckerspezifisch aufbereitet und übergibt dieses Programm an die Zentraleinheit des Druckers. In einem zweiten Schritt bearbeitet der Prozessor des Druckers unabhängig vom Rechner das in seinem Arbeitsspeicher untergebrachte Programm, erzeugt die für das Druckwerk nötigen Rasterdaten und steuert die Ausgabe über das Druckwerk.

Die Ausstattung der Zentraleinheit des Druckers und der Funktionsumfang der Druckersteuersprache bestimmen die Qualität und die Geschwindigkeit beim Drucken.

Je leistungsfähiger die Zentraleinheit des Druckers und hier ist die Kapazität des Arbeitsspeichers zur Aufnahme der Druckdaten entscheidend, um so größer ist die Entlastung des Rechners und um so effizienter arbeitet das Gesamtsystem bei der Ausgabe von Daten.

Darüberhinaus bietet die Druckersteuersprache Möglichkeiten, im Rahmen der technischen Bedingungen des Druckwerkes die Ausgabequalität insbesondere bei Texten zu optimieren, Standards bei der Druckersteuerung zu definieren und komfortable Funktionen beim Drucken umzusetzen.

So haben sich trotz der Vielzahl angebotener Drucker heute zwei Formen von Druckersteuersprachen weitgehend durchgesetzt. Zum einen ist dies die Hersteller-unabhängige Sprache *Postscript*, die wegen ihrer hohen Leistungsfähigkeit vor allem im eher professionell ausgerichteten Anwendungsbereichen eingesetzt wird. Postscript ist eine vektor-orientierte Seitenbeschreibungssprache, d.h. die Druckdaten werden in der Sprache durch Vektoren auf Basis lokaler Koordinatensysteme beschrieben und durch Skalierungen in hoher Qualität in die gewünschte Größe in Rasterdaten umgesetzt. Insbesondere bei der Vielfalt von Schriftarten und Schriftgrößen wird dadurch Speicherplatz eingespart (nur eine Definition einer Schriftart und Skalierung für die gewünschte Schriftgröße, anstelle jeweils einer Rasterdefinition von Schriftarten für eine Schriftgröße) und es werden Qualitätseinbußen bei maßstäblichen Größenänderungen von Ausgaben vermieden.

Die zweite weit verbreitete Druckersteuersprache *PCL* (Printer Control Language) wurde vom Druckerhersteller Hewlett Packard entwickelt. Sie hat sich wegen des großen Marktanteils des Herstellers bei Druckern breit durchgesetzt und wird inzwischen auch von vielen anderen Herstellern unterstützt. PCL ist die im Vergleich mit Postscript weniger leistungsfähige Sprache, bietet für Textausgaben durch *True-Type-Schriften* allerdings auch vektor-orientierte Darstellungen und reicht qualitativ für die normalen Ansprüche im Privat- und Bürobereich völlig aus.

Szene 1.1: Bill sucht nach Entscheidungshilfen

Jetzt ist die Technik zwar so ziemlich klar, aber Bill weiß noch immer nicht, was für einen Computer er kaufen soll.

Nach einem Tipp eines Kommilitonen aus einem höheren Semester geht Bill zu einem kleinen Computergeschäft in der Innenstadt und führt hier ein sehr informatives Gespräch mit einem wirklich netten Verkäufer.

Schnell wird ihm klar, daß er auf den sogenannten „Industriestandard" mit Intel-Prozessor und Microsoft System- und Anwendungssoftware setzen wird, weil fast alle das machen, er solche Rechner später auch in den Unternehmen vorfinden wird und weil das preislich und in der Zusammenarbeit mit anderen Studenten sehr viele Vorteile mit sich bringt.

Der nächste Entscheidungsschritt betrifft die Mobilität des Rechners. Will er seinen PC an verschiedenen Orten benutzen (Laptop) oder soll er zuhause an seinem Arbeitsplatz fest aufgestellt werden (Desktop). Abgesehen von dem viel geringeren Preis der fest aufgestellten Computer sieht er derzeit für die nächsten zwei bis drei Jahre keine Notwendigkeit, den Rechner mit sich herumzuschleppen: an der Hochschule gibt es genügend, seine Eltern wohnen am Ort und wenn er sie mal besucht ist er abends in der Regel wieder bei sich Zuhause. Also kein Grund, so viel Geld für einen tragbaren Computer auszugeben.

Bleibt die Frage nach der für seine Zwecke nötigen Leistung. Bill unterhält sich mit dem Verkäufer über die Merkmale, die die Leistung des Computers beeinflussen und beschreibt ihm die gewünschten Anwendungen. Der Verkäufer fragt ein paarmal nach, macht ihn auf wahrscheinliche Entwicklungen aufmerksam und stellt ihm die Konsequenzen bei der Entscheidung für verschiedene Systeme dar.

Wofür soll der Rechner jetzt eingesetzt werden? Was für Einsatzbereiche sind in der näheren Zukunft wahrscheinlich? Will Bill den Rechner vor allem für sein Studium und die damit verbundenen „klassischen" Anwendungen Textverarbeitung, Tabellenkalkulation, Grafik und Datenbanken nutzen, oder will er ihn auch für aufwendige Hobbies (Bild- und Sprachbearbeitung) oder für „leistungsfressende" Computerspiele einsetzen?

„Warten auf die demnächst auf dem Markt erscheinenden neuen Geräte lohnt sich generell nicht", beschließt der Verkäufer seine Erklärungen, „dann kommt man nie zu einem Computer, weil ständig neue Techniken und noch leistungsfähigere Geräte herausgebracht werden. Man muß schon damit leben, daß es auf diesem Markt sehr kurze Innovationszyklen gibt und man nicht über längere Zeit hin mit der neuesten Technik arbeiten kann."

So gerüstet handelt Bill abends noch einmal mit seinem Vater über den notwendigen Zuschuß für die Anschaffung kriegt das „OK" und nennt den nächsten Tag einen nagelneuen wunderschönen Rechner sein eigen.

Rechnerkonfigurationen, Desktop-Rechner, Laptops, Leistungskriterien für Computer. Nach welchen Gesichtspunkten entscheidet man sich für den Kauf eines Systems?

6 Konfigurierung von Personalcomputern

Die Geschichte der Entwicklung von Personalcomputern ist gekennzeichnet durch eine stete Leistungssteigerung. Die Geschwindigkeit und der Umfang der Leistungssteigerung ist enorm und ohne Vergleich. Würde man die Entwicklungen im Computerbereich der letzten drei Jahrzehnte auf den Automobilsektor übertragen, so würde ein Auto heute weniger als einen Liter Benzin verbrauchen, dabei Geschwindigkeiten von drei- oder vierhundert Stundenkilometer erlauben, Jahrzehnte halten und eine ungeahnte Bequemlichkeit für die Benutzer bieten. All dies ohne nennenswerte Preiserhöhungen.

Die raschen Innovationen und die damit verbundenen kurzen Lebenszyklen von Computern haben für die Benutzer auch Nachteile: Wenn man heute einen Personalcomputer kauft, kann man davon ausgehen, daß wenige Monate später zum gleichen Preis ein sehr viel leistungsfähigeres Gerät erhältlich ist und man tendenziell ständig mit veralteter Technik arbeitet. Personalcomputer sind im Privatbereich sinnvoll drei bis fünf Jahre einsetzbar, in Unternehmen höchstens drei Jahre. Dann ist der Unterschied zu den aktuellen Geräten so groß, daß man teilweise erhebliche Nachteile in der Anwendung in Kauf nehmen muß.

Der Alterungsprozeß ist dabei vor allem auf die Anwendung der Technik bezogen, der Rechner selbst, d.h. seine Bauteile arbeiten im wesentlichen verschleißfrei. Während lange Zeit solche veralteten Geräte in Unternehmen für einfache unveränderte Aufgaben eingesetzt wurden, wenn Arbeitsplätze eine neue Ausstattung erhielten, so ist heute der Durchdringungsgrad mit Personal Computern so hoch, daß Recycling und Entsorgung von „Computer-Schrott" eine gesellschaftliche Aufgabe und ein Wirtschaftsfaktor geworden ist.

Das Rechnersystem insgesamt muß dem gewünschten Einsatzzweck angepaßt sein. Von der Eingabe über die Verarbeitung bis hin zur Ausgabe ist dafür jede einzelne Komponenten für sich, als auch das Zusammenspiel der Komponenten, hinsichtlich ihrer Eignung und Leistungsfähigkeit zu beurteilen. Man bezeichnet die Kombination der einzelnen Geräte und Komponenten zu einem Rechnersystem als *Rechnerkonfiguration* (*Hardwarekonfiguration*).

Welche Konfiguration für einen Benutzer die richtige ist, kann nicht allgemeingültig beantwortet werden. Wir wollen im folgenden einige Anhaltspunkte für eine Beurteilung der Computerleistung noch einmal zusammenfassen und dann heute gängige PC-Konfigurationen ansprechen und dabei Entscheidungshilfen geben.

6.1 Leistungsfähigkeit von Personalcomputern

Wir haben in den vorangegangenen Kapiteln an vielen Stellen Entwicklungen dargestellt und bei der Erläuterung der Rechnerkomponenten einzelne Faktoren für Qualität und Leistung angesprochen. Obwohl hierbei auch der eingesetzten Software eine wesentliche Bedeutung zukommt, beschränkten wir uns in diesem Abschnitt auf die technischen Gesichtspunkte. Leistungsmerkmale von Software werden dann in der folgenden Szene zur Anwendung der Personalcomputer mit diskutiert.

6.1.1 Prozessorleistung

Rechnerleistung wird gemeinhin zu allererst auf den Prozessor und hier auf die *Taktfrequenz* des Prozessors zurückgeführt (vgl. Abschnitt 2.2.2). Die Taktfrequenz gibt an, wie viele Schaltvorgänge pro Sekunde durch Leit- und Rechenwerk ausgeführt werden können. Die Maßeinheit dafür ist MHz und ist als „Millionen Schaltungen pro Sekunde" zu interpretieren. Üblich sind heute Werte von über 400 MHz für moderne Prozessoren.

Das Leitwerk interpretiert Befehle einer Maschinensprache (vgl. Abschnitt 2.5.1), das Rechenwerk führt sie aus (vgl. Abschnitt 2.4.1). Bei einer angenommenen konstanten Taktzahl zur Bearbeitung eines Befehls kann über die Formel

$$\frac{\text{Taktfrequenz}}{\text{C x Anzahl Takte pro Befehl}} = \text{Anzahl Befehle pro Sekunde}$$

mit einem prozessor-bezogenen Faktor C die *Befehlsrate* (Instruktionsrate) in der Maßeinheit *MIPS* (Millionen Instruktionen pro Sekunde) als Kriterium für die Prozessorleistung angegeben werden. Anstelle der Anzahl der für allgemeine Maschinenbefehle benötigten Takte wird bei Hochleistungsrechnern, die vorwiegend für anspruchsvolle mathematische Problemstellungen eingesetzt werden, die Anzahl der Takte für Berechnungen mit in Gleitpunktdarstellung (vgl. Abschnitt 2.3.1) gespeicherten Zahlen verwendet und die Befehlsrate in Mega*FLOPS* (Floating Point Operations pro Sekunde) angegeben. Während Personalcomputer Werte von 10-20 MIPS erreichen, kommen Hochleistungsrechner auf über 200 MegaFLOPS.

MIPS und FLOPS sind insofern ungenaue Maße zur Beurteilung der Rechenleistung, weil bei einem gegebenen durch den Computer zu lösenden Problem die Rechnerleistung, d.h. die Geschwindigkeit, mit der das Problem gelöst wird nicht nur davon abhängig ist, wie schnell jeder Befehl durch die Schaltvorgänge bearbeitet wird, sondern auch davon, wieviele Maschinenbefehle zur Lösung des Problems nötig sind.

Die Anzahl der benötigten Maschinenbefehle für die Lösung eines Problems beruht zum einen auf der Umsetzung des Problems durch das Anwendungsprogramm. Hier sind entsprechend geeignete Verfahren gefragt (Algorithmen, vgl. Abschnitt 13.1), die ein optimales Vorgehen gewährleisten.

Zum anderen ist die Art der Maschinensprache entscheidend. Während in den komplexen Maschinensprachen (*CISC*, vgl. Abschnitt 2.5.1) viele spezialisierte Befehle, deren Ausführung jeweils mehrere Takte der Taktfrequenz in Anspruch nehmen, für kurze Maschinenprogramme zur Umsetzung einer Problemlösung sorgen, führen reduzierte Maschinensprachen (*RISC*, vgl. Abschnitt 2.5.1) bei der Umsetzung der gleichen Problemlösung zu umfangreicheren Maschinenprogrammen, bei denen allerdings die Ausführung jedes einzelnen Befehls weniger aufwendig ist.

Ein Rechenbeispiel:

Führt die Umsetzung einer Problemlösung in eine CISC-Maschinensprache zu einem Maschinenprogramm mit 5 Millionen Befehlen, die jeweils vier Takte benötigen, so kann bei einer Taktrate von 400 MHz und einem Faktor C=10 das Programm in einer halben Sekunde bearbeitet werden.

Entsteht bei einer Umsetzung in eine RISC-Maschinensprache für die gleiche Problemlösung ein Maschinenprogramm mit 10 Millionen Befehlen, die jeweils einen Takt benötigen, so reicht beim 400 MHz-Prozessor mit C=10 eine viertel Sekunde für die Verarbeitung, er wäre also doppelt so schnell.

Ganz so, wie in dem Rechenbeispiel ausgeführt, ist das Verhältnis zwischen Befehlsanzahl und Ausführungszeit eines Befehls bei einem Vergleich beider Ansätze nicht, dennoch sind die RISC-Prozessoren die leistungsfähigeren und haben sich bei Personalcomputern und auch anderen Rechnern durchgesetzt. CISC-Prozessoren werden heute vorwiegend in Computern für spezielle Anwendungsbereiche eingesetzt.

Der Faktor C in der oben für die Befehlsrate gegebenen Formel berücksichtigt zusätzliche zur Taktfrequenz relevante Eigenschaften der Prozessoren für ihre Verarbeitungsgeschwindigkeit. Hierzu gehören

- die Taktfrequenz des prozessor-internen Busses, über den Daten zwischen Speichern und verarbeitenden Komponenten zu transportieren sind (vgl. Abschnitt 2.2.3), hier werden heute 100 MHz erreicht,
- die Breite des Bussystems (Verarbeitungsbreite), die angibt, wie viele Daten, Adressen und Steuerinformationen pro Zeiteinheit parallel auf dem Bus übertragen werden können (vgl. Abschnitt 2.2.3), hier werden heute 64 Bit erreicht,

- die Größe des 1st- und 2nd-Level Cache, (vgl. Abschnitt 2.3.2), hier werden heute 16 KB, bzw. bis zu 512 KB eingesetzt.

Hinzu kommen weitere spezifische Merkmale zur konkreten Ausgestaltung der Schaltkreise und der Art der Verarbeitung der Befehle durch die Prozessoren, bei denen unterschiedliche Hersteller diverse Optimierungen in ihre Produkte integriert haben.

6.1.2 Benchmarks

Wegen dieser vielfältigen Abhängigkeiten hat die Maßzahl MIPS nicht mehr die Bedeutung, die sie einmal hatte und stattdessen wird insbesondere im Bereich der Personalcomputer zur Beschreibung der Leistungsfähigkeit eines Prozessors vorwiegend die Taktfrequenz, die Busfrequenz („100 MHz Front-End Bus“) und die Verarbeitungsbreite herangezogen.

Zum Vergleich derart beschriebener Prozessoren werden gewöhnlich Testprogramme (*Benchmarks*) herangezogen und deren Ausführungszeit verglichen, um die Leistungsfähigkeit darzustellen. Benchmarks sind speziell einzelne Eigenschaften (z.B. die Verarbeitung von Gleitpunktzahlen) herausstellende Programme oder auch komplexe Anwendungen (z.B. rechenintensive Spiele oder Multimedia-Anwendungen) Hierbei zeigt sich, daß mit unterschiedlicher Ausrichtung der Tests unterschiedliche Testergebnisse einhergehen und ein Prozessor z.B. im Multimediabereich besonders gute Ergebnisse erreicht, ein anderer dafür in einem anderen Bereich.

6.1.3 Einfluß anderer Komponenten auf die Leistung

Benchmarks machen aber auch deutlich, daß nicht nur die Prozessorleistung, sondern genauso die Leistungsfähigkeit der anderen Komponenten des Computers für die Funktion des Gesamtsystems entscheidend sind. Zuallererst zu nennen ist hier die Größe und die Zugriffsgeschwindigkeit der internen Speicher. Oft bringt ein sehr gut ausgebauter Arbeitsspeicher und Cache für die Geschwindigkeit eines Systems mehr, als ein um 100 MHz höher getakteter Prozessor. Ebenso wichtig – gerade bei rechenintensiven Spielen – ist die Leistungsfähigkeit der eingesetzten Grafikkarte oder bei Multimedia-Anwendungen die Qualität der Soundkarte. Bei speicherintensiven Programmen macht sich darüber hinaus auch die Qualität der eingesetzten peripheren Plattenspeicher für die Performance mit dem System bemerkbar.

6.2 PC-Konfigurationen

So wie man heute beim Kauf eines Autos meist auf der Grundlage einer Basisversion mit einer Reihe von Zusatzoptionen, das für einen persönlich gut geeignete Modell zusammenstellt, so wird man auch beim Computerkauf die persönliche PC-Konfiguration unter Abwägung von Leistungsdaten, gewünschtem Einsatzzweck und finanziellen Gesichtspunkten vornehmen.

6.2.1 Der Desktop Personalcomputer

Als Standard hat sich unter der Bezeichnung *Desktop-PC* für Personalcomputer eine Konfiguration wie folgt herausgebildet:

- Der eigentliche Rechner mit einem RISC-Prozessor, 64 oder 128 MB Arbeitsspeicher und dem PCI-Bussystem,
- Mindestens 10 GB-Festplatte, 3½"-Diskettenlaufwerk und 32-fach CD-ROM-Laufwerk als periphere Speicher,
- Tastatur und Maus als Eingabegeräte,
- 17" RGB-Monitor und Tintenstrahldrucker für die Ausgabe und
- Soundkarte mit Mikrophon und zwei Lautsprechern.

Ein derartig konfigurierter PC kostet zwischen 1500,- und 3500,- DM und ist für die üblichen Anwendungen im Privathaushalt und als Einzelarbeitsplatz im Büro ausreichend. Es ist festzustellen, daß diese Preisspanne über einen großen Zeitraum relativ konstant geblieben ist. Auch vor 10 Jahren mußte für die damals weit weniger leistungsfähigen Rechner eine vergleichbare Summe einkalkuliert werden, d.h. die Innovationen der letzten Jahren wurden durch stete Preisreduzierungen begleitet.

Generell gilt, daß eine vollständige, im Paket angebotene Rechnerkonfiguration preisgünstiger ist, als eine, die der Käufer sich aus einzelnen Komponenten selbst zusammenstellt. Wenn der Käufer bei der Zusammenstellung für jede einzelne Komponente größtmögliche Leistung anstrebt, wird er den oben genannten Preisrahmen auch leicht überschreiten können.

Die relativ große Preisspanne bei Paketangeboten hat ihre Ursache in erster Linie in folgenden drei Gesichtspunkten:

- Ein Kaufhaus, Großmarkt oder Computerdiscounter kann eine Konfiguration durchschnittlich etwa um 10% günstiger anbieten, als ein kleinerer Händler. Wenn es dem Benutzer allein auf einen günstigen Einkaufspreis ankommt, wird er auf Billigangebote solcher Großanbieter zurückgreifen. Allerdings erhält er hier in der Regel einen sehr viel schlechteren Service und wenig bis gar keine Beratung bei Problemen nach dem Kauf.

- Die Pakete unterscheiden sich in der Leistungsfähigkeit des Prozessors. Ein einfacher Prozessor mit einer Taktrate von derzeit etwa 400 MHz und einer Verarbeitungsbreite von 32 Bit kostet etwa ein Drittel von dem, was für einen Hochleistungsprozessor mit derzeit 800 MHz und 64 Bit Verarbeitungsbreite aufzuwenden ist. Hinzu kommen Preisunterschiede in Abhängigkeit des Prozessor-Herstellers. Ein Rechner mit „Intel-Inside" ist deutlich teurer, als einer mit z.B. einem AMD-Prozessor gleicher Leistungsfähigkeit.

  Die Entscheidung für einen Prozessor kann nur in Abhängigkeit vom Einsatzzweck getroffen werden. Übliche Standardanwendungen, wie Textverarbeitung, einfache Grafiken oder Kalkulationen sind völlig zufriedenstellend mit den einfachen Prozessoren zu bewältigen. Wenn häufig aufwendige Spiele eingesetzt, mit komplexen Grafiken oder auch mit Sprache gearbeitet werden soll, empfiehlt sich der leistungsfähigere Prozessor. Auch sollte hier der Einsatz von zusätzlichem Arbeitsspeicher ins Kalkül gezogen werden.

- Die Pakete unterscheiden sich in der Qualität und Leistung von Bildschirm und Drucker. Gerade der Bildschirm ist für das persönliche Wohlempfinden eines Benutzers eine entscheidende Komponente. Billigangebote kosten oft weniger als die Hälfte von leistungsfähigen Markenprodukten, weisen dafür häufig aber auch Unschärfen, Farbungenauigkeiten oder schlechte Geometrieeigenschaften mit Verzerrungen am Bildschirmrand auf. Periodisch in Computerzeitschriften veröffentliche Tests vergleichen die Qualität unterschiedlicher Bildschirme und sollten vor Beschaffung eines Systems für Entscheidungen herangezogen werden. Oft ist es sinnvoll, nicht ein vollständiges Paketangebot zu berücksichtigen, sondern den Bildschirm gesondert auszuwählen. Wenn nicht gerade Computerspiele oder Bildbearbeitung den Hauptanwendungsbereich bilden, sondern übliche Büroanwendungen, so ist bei vorgegebenem Kostenrahmen der Verzicht auf Rechenleistung zugunsten eines größeren und qualitativ besseren Monitors überlegenswert.

  Für Drucker gelten diese Ausführungen entsprechend. Auch hier sollte möglichst auf ein Paketangebot verzichtet werden und die Entscheidung für einen geeigneten Drucker auf der Basis von Vergleichstests und in Abhängigkeit der persönlichen Anwendungsgegebenheiten gesondert getroffen werden.

6.2.2 Laptop

Als Alternative zum Desktop-PC ist ein *Laptop* (*Notebook, Portable*) für all diejenigen interessant, die ihren Rechner an unterschiedlichen Einsatzorten und auch unterwegs unabhängig vom Stromnetz nutzen wollen.

Ein moderner Laptop verfügt grundsätzlich über dieselben Komponenten wie die Desktop-Geräte und wiegt etwa 1,5 bis 2,5 kg. Anstelle der RGB-Monitore sind heute Farbmonitore auf LCD-Basis in TFT-Technologie die Regel (vgl. Abschnitt 5.1.3), des weiteren wird die Maus durch einen Touchpad oder durch eine Rollkugel (vgl. Abschnitt 4.2) ersetzt.

Im Unterschied zum Desktop-PC sind diverse Komponenten jedoch nicht so leicht separat austauschbar, sondern wegen der höheren Beanspruchung bei Transporten fest auf der Hauptplatine bzw. im Gehäuse des Rechners eingebaut, dabei wegen der geringen Ausmessungen des Laptop in kleinerer und sehr robuster Bauweise ausgeführt. Vor allem dies und die geänderte Bildschirmtechnologie begründet einen um über 1000,- DM höheren Preis eines Laptop gegenüber einem vergleichbaren Desktop-PC.

Laptops werden im mobilen Einsatz über wiederaufladbare Akkus betrieben. Die hiermit erreichbare Betriebsdauer ist beschränkt und beläuft sich je nach Ausstattung des Gerätes auf 1,5 bis 2,5 Stunden.

Zum Anschluß zusätzlicher Komponenten hat sich für Laptops die *PCMCIA*-Technik (Personal Computer Memory Card International Association) durchgesetzt, durch die etwa Scheckkarten-große Erweiterungssteckkarten mit dem Bussystem des Rechners verbunden werden können. Ansonsten verfügt jeder Laptop über Anschlüsse für Maus, Tastatur, Drucker und separaten Bildschirm.

Hinsichtlich der Tastatur müssen beim Laptop gegenüber dem Desktop-PC einige (ergonomische) Abstriche gemacht werden, da durch die kompakte Bauweise des Laptop, die Tasten enger und in größerer Höhe angebracht sind. Ergonomische Einschränkungen gibt es auch beim Bildschirm, der mit einer Größe von etwa 25 cm bis 30 cm (10 Zoll bis 12 Zoll) eher für gelegentliches Arbeiten als für den Dauerbetrieb ausgelegt ist.

Bei längerer Arbeit am Laptop empfiehlt es sich zumeist, die Maus, die Tastatur und den Bildschirm eines Desktop-PCs zu verwenden. Um in solchen Fällen nicht ständig mit diversen Kabeln hantieren zu müssen, werden sogenannte *Dockingstationen* angeboten, an die die Peripherie fest angeschlossen ist und in die der Laptop hinein geschoben und über eine spezielle Steckverbindung mit der Peripherie verbunden wird. Insbesondere wenn in Büroumgebungen die Rechner vernetzt werden (vgl. Kapitel 14) ist ein solches Vorgehen sinnvoll.

6.2.3 Individuelle Konfigurationen

Den Ausbaumöglichkeiten solcher Standardkonfigurationen sind praktisch keine Grenzen gesetzt. Durch die Technik der Schnittstellen und Erweiterungssteckplätze können Rechner ganz nach den individuellen Bedürfnissen problemlos für die unterschiedlichsten Zwecke um zusätzliche Peripheriegeräte ergänzt werden.

Durch Scanner, digitale Kamera und leistungsfähige Grafik-Ausgabegeräte erhält man dann mit seinem Computer eine Maschine zur Bildbearbeitung, durch Synthesizer oder DVD-Laufwerke eine Maschine für Film- und Audiobearbeitung, usw. usw.

Oft sind solche Anwendungsbereiche besonders rechenintensiv und machen die Grenzen der Leistungsfähigkeit des Rechners deutlich. Grundsätzlich ist mit solchen Individualisierungen deshalb auch oft eine Erweiterung der Basiskomponenten verbunden. Während der Einbau einer besseren Grafikkarte, einer größeren Festplatte oder einer zweiten Festplatte und auch der Ausbau des Arbeitsspeichers um zusätzliche Kapazität (bis zu einer Obergrenze) gerade beim Desktop-PC problemlos durchgeführt werden kann, so ist der Austausch des Prozessors nur bedingt möglich. Häufig sind mit neuen leistungsfähigeren Prozessoren eine veränderte Größe oder veränderte Steckplätze verbunden, die mit den Vorgängerversionen nicht mehr kompatibel sind. In solchen Fällen muß für die Erweiterung gleich die ganze Hauptplatine getauscht werden.

Inwieweit ein solcher Ausbau eines Systems mit einem größeren Chaos in Form von diversen Zusatzsteckdosen, Regalen und fehlendem Platz auf Schreibtischen verbunden ist, hängt auch vom verwendeten Gehäuse für den Desktop-PC ab. Steht von vornherein fest, daß das zu beschaffende System in näherer Zukunft weiter ausgebaut werden soll, so ist ein sogenanntes *Tower-Gehäuse* mit diversen sogenannten Einschüben einem *Mini-Tower* oder Desktop-Gehäuse vorzuziehen, um ausreichend Platz für die Unterbringung dieser Erweiterungen vorzusehen.

Vergessen sollte man über seine Hardware-Pläne auch nicht, daß ohne die entsprechende Software gar nichts läuft. Ganz grob kann man die Hardwarekosten auf etwa 30% bis 50% der Gesamtkosten des Computersystems beziffern. Der größere Investitionsbedarf entsteht bei der für den sinnvollen Einsatz nötigen Software.

Fragen und Aufgaben zu Szene 1

Bill sitzt mit den Kommilitonen seiner Arbeitsgruppe zusammen. Man rekapituliert das in der Wirtschaftsinformatik-Veranstaltung Gehörte, stellt sich gegenseitig Fragen zu den Inhalten und versucht sich an Aufgaben aus Klausuren vorangegangener Semester. Können Sie Bill und seinen Freunden helfen?

1.1 Aus welchen Grundkomponenten besteht nach der „von Neumann"-Architektur
   a) der Prozessor eines Computers,
   b) die Zentraleinheit eines Computers?

1.2 Um welche Komponenten werden die Prozessoren der heutigen Personalcomputer gegenüber der „von Neumann"-Architektur üblicherweise ergänzt?

1.3 Welche Komponenten werden auf der Hauptplatine eines Personalcomputer installiert?

1.4 Welche Bestandteile werden nach der Art der zu übertragenden Daten für das Bussystem eines Personalcomputers unterschieden?

1.5 Welche Staffelungen werden nach der Übertragungsgeschwindigkeit für das Bussystem eines Personalcomputers vorgenommen?

1.6 Was versteht man unter der „Busbreite"?

1.7 Welche Arten interner Speicher unterscheidet man bei Personalcomputern?

1.8 Welche Arbeitsweise für einen internen Speicher wird durch die Abkürzung RAM gekennzeichnet?

1.9 Wie nennt man die Grundeinheiten zur Speicherung von Daten in Rechnern?

1.10 Auf welche elementaren Datentypen werden anwendungsorientierte Daten zur Speicherung abgebildet?

1.11 Welchen Zweck erfüllt der ASCII-Code bei der Datendarstellung?

1.12 Auf Basis welchen Zahlensystems erfolgen die Berechnungen zur Darstellung von ganzen Zahlen in Computern?

1.13 Was versteht man unter „Wahrheitswerten"?

1.14 Kann in einem Speicher eines Computers jede beliebige Zahl dargestellt werden?

1.15 In welchen Maßeinheiten gibt man üblicherweise die Größe von internen und externen Speichern von Rechnern an?

1.16 Erläutern Sie den Begriff „flüchtiger Speicher".

1.17 Erläutern Sie die Funktion der „arithmetisch-logischen Einheit" des Rechenwerks eines Prozessors.

1.18 Was ist ein „Mikroprogramm"?

1.19 Welchen Zweck erfüllen die Register von Prozessoren?

1.20 Welche Arten von Befehlen werden bei der Maschinensprache eines Prozessors unterschieden?

1.21 Erläutern Sie die Begriffe „CISC" und „RISC"?

1.22 Welche Funktion erfüllt das Ein-/Ausgabewerk eines Rechners?

1.23 Erläutern Sie die Arbeitsweise eines I/O-Controllers.

1.24 Welche Aufgabe erfüllt der „DMA-Controller"?

1.25 Welche Aufgabe erfüllt der „Interrupt-Controller"?

1.26 Wozu dienen Steckplätze auf der Hauptplatine eines PCs?

1.27 Wofür steht der Begriff „Schnittstelle“ bei I/O-Controllern eines Computers?

1.28 Nennen Sie eine nach Technik und Arbeitsweise vorherrschende Klassifikation für periphere Speicher.

1.29 Wie nennt man die kleinste physikalisch zugreifbare Dateneinheit einer Festplatte und welche Angaben bilden die Adresse dieser Dateneinheit?

1.30 Nach welchen Kriterien wird die Zugriffsgeschwindigkeit auf Daten einer Festplatte angegeben?

1.31 Welche Standards gelten für die Verbindung einer Festplatte mit dem Bussystem eines Rechners?

1.32 Nennen Sie drei verschiedene Arten peripherer Speicher vom Typ „Plattenspeicher“?

1.33 Für welchen Zweck werden heute noch in nennenswertem Umfang Magnetbandspeicher eingesetzt?

1.34 Was versteht man unter den Begriffen „Pits“ und „Lands“?

1.35 Was bedeuten die Bezeichnungen „CD-R“ und „CD-RW“?

1.36 Was ist eine DVD?

1.37 Welche Speicherkapazität ungefähr hat eine CD-ROM?

1.38 Welche ergonomischen Anforderungen sollten Tastaturen für Computer erfüllen?

1.39 Woraus wird der Begriff „Qwertz-Tastatur“abgeleitet?

1.40 Nennen Sie drei verschiedene Zeigeinstrumente für Eingaben an Computern.

1.41 Welche Hard- und Software ist für eine Spracheingabe bei Computern erforderlich?

1.42 Was sind die Gründe für den sehr großen Speicherplatzbedarf eingescannter Vorlagen?

1.43 Für welche Aufgabe wird OCR-Software eingesetzt?

1.44 Welche beiden Techniken sind bei Computer-Monitoren vorherrschend?

1.45 Was bedeutet der Begriff „Bildwiederholfrequenz“ bei Computer-Monitoren?

1.46 In welchen Verhältnis stehen die Zeilenfrequenz und die Bildwiederholfrequenz bei Computer-Monitoren?

1.47 Welche Auflösungen und welche Bildwiederholfrequenzen sollten Computer-Monitore heute mindestens bieten?

1.48 Welche Rolle spielt bei Computermonitoren der Bildwiederholspeicher und durch welche Hardware wird er realisiert?

1.49 Was bedeutet die Abkürzung „VGA“?

1.50 Was bedeutet die Abkürzung „TFT“?

1.51 Was versteht man unter einer „MIDI-Schnittstelle“?

1.52 Welche technischen Eigenschaften bestimmen die Klangqualität bei der Ausgabe von akustischen Daten über Soundkarten?

1.53 Welche beiden Techniken sind bei Druckern für PCs heute vorherrschend?

1.54 Was versteht man unter einem „Impact-Drucker“?

1.55 Nennen Sie zwei verbreitete Druckersteuersprachen.

1.56 Welche Aufgabe erfüllt ein Druckertreiber?

1.57 In welcher Maßeinheit wird die Genauigkeit der Druckausgabe angegeben?

Szene 2: Bill will mit seinem neuen Computer arbeiten

Stolz ist Bill mit seinem neuen Computer zu Hause angekommen. Er hat ihn aufgestellt, alle Kabel in die entsprechenden Anschlüsse gesteckt (so schwer war das gar nicht) und ihn eingeschaltet. Es hieß, das Betriebssystem sei vorinstalliert, genauso, wie einige nützliche Anwendungsprogramme, unter anderem eines zur Textverarbeitung.

In den Gesprächen mit seinen Kommilitonen und Hochschullehrern hat er sich zu weiteren Anwendungsprogrammen informiert und sich (weil alle es haben) für das „Office-Paket“ von Microsoft entschieden. Die CD dazu (inklusive einiger Handbücher) hat er gleich mit gekauft. Nun muß die Software installiert werden.

Bevor Bill sich daran wagt, erkundet er das Bild, das sich ihm inzwischen auf dem Bildschirm bietet. Er findet eine Reihe von beschrifteten Symbolen, klickt mal hierauf, mal darauf. Mit den meisten Reaktionen kann er nicht viel anfangen.

In seinen ersten Informatik-Übungen in der Hochschule hat er etwas zur grafischen Benutzungsoberfläche erfahren, zum Startmenü und der Dozent hat etwas zum Explorer und zum hierarchischen Dateisystem gesagt. Die Bildschirmoberfläche auf seinem Computer sieht zwar ganz anders aus, als die in der Hochschule, er findet aber ohne Mühe den Startbutton, löst ihn aus und freut sich, daß er dort einen Eintrag zum Textverarbeitungsprogramm findet.

Bill startet das Textprogramm versuchsweise, erinnert sich an seine Arbeiten im Kindergarten und beginnt gleich, das Thesenpapier für die BWL-Veranstaltung am nächsten Tag zu schreiben. Er ist völlig vertieft in seine Arbeit und hat zwei Seiten mit – seiner Ansicht nach – exzellentem Styling hergestellt, als er nach einem Blick auf die Uhr erschreckt feststellt, daß inzwischen fast 2½ Stunden vergangen sind. Er muß noch dringend etwas zum Abendbrot einkaufen (wegen der neuen Ladenöffnungszeiten geht das gerade noch), deswegen will er schnell seinen Text ausdrucken und dann die Arbeit beenden. Bill wählt also „Drucken“ aus dem „Datei-Menü“, erhält als Meldung aber nur „Kein Drucker installiert“, was ihn völlig irritiert,

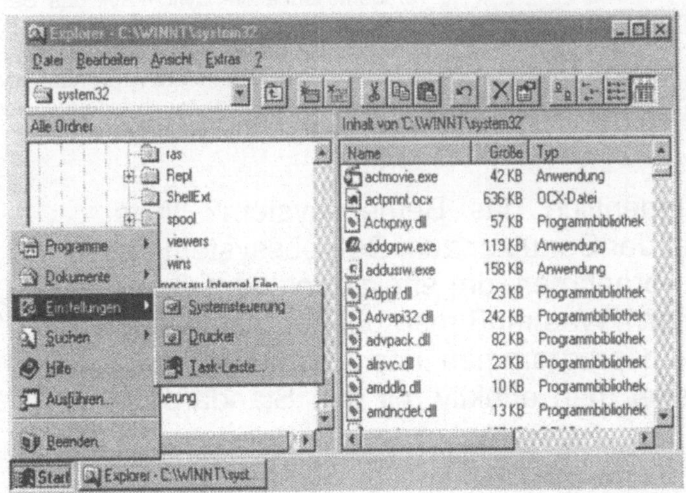

weil der Drucker erstens mit Kabeln mit dem Computer verbunden ist, er den Drucker eingeschaltet und auch Papier eingelegt hat.

Inzwischen ist – nach intensiver Überprüfung der Kabel und auf mehrmaligen Wunsch zu Drucken und ebenso häufiger Meldung, daß kein Drucker installiert sei – wieder eine halbe Stunde vergangen und es wird höchste Zeit für den Supermarkt. Bill wählt schnell „Speichern“ aus dem „Dateimenü“, beendet das Programm und eilt zum Supermarkt.

Frisch gestärkt setzt Bill sich einige Zeit später wieder vor seinen Rechner. Er hat inzwischen mit einem Kommilitonen telefoniert, der ihm gesagt hat, daß ein Drucker über „Systemeinstellungen“ im Startmenü zunächst installiert werden muß, bevor man ihn benutzen kann. Bill wählt die Funktion, beantwortet die bei der Installation vom System gestellten Fragen so gut er kann (wenn er mal nicht weiß, was er angeben soll, behält

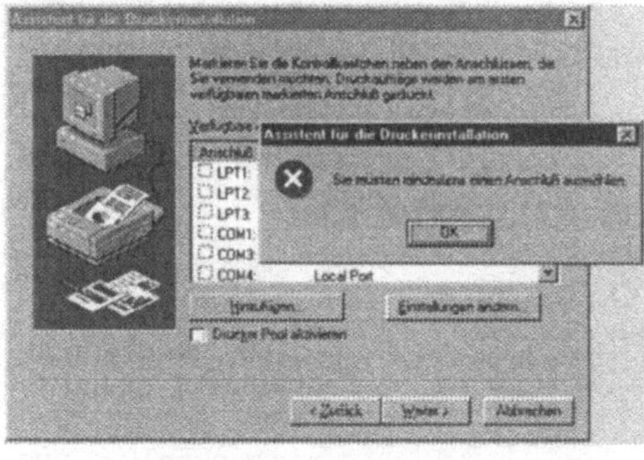

er die Voreinstellung bei) und startet dann das Textprogramm neu. Nach einigen Anläufen wird tatsächlich sein Thesenpapier angezeigt, Bill wählt „Drucken“ und zu seiner großen Freude werden die zwei Seiten nun ausgedruckt. Das Thesenpapier sieht zwar auf Papier nicht so aus, wie auf dem Bildschirm, aber inzwischen ist es 23.30 Uhr und Bill hat keine Lust mehr.

Den Rest der Woche sieht man Bill nur selten und wenn, dann schlecht gelaunt. Sein neuer Computer kostet ihn die letzten Nerven. Alles dauert ewig; nichts funktioniert richtig; wenn mal etwas klappt, ist das meist reiner Zufall.

Die Office-Programme hat er zwar installieren können, wenn er sie aber benutzt läuft nichts mehr so, wie er sich das vorgestellt hat. Der anfangs ganz amüsanten Büroklammer mit ihrem netten Augenaufschlag wirft er nur noch zornige Blicke entgegen.

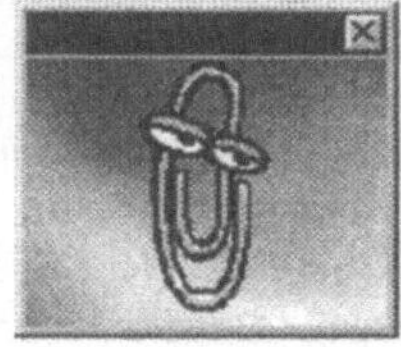

Bill sieht ein, daß es so nicht weitergeht und er zunächst grundlegende Kenntnisse zur Handhabung seines Rechners braucht. Ohne die Systematik des Betriebssystems zu kennen, ohne ein grundsätzliches Verständnis der Konzepte der Standard-Anwendungsprogramme ist eine nutzbringende Arbeit mit dem Computer nicht möglich.

Was macht eigentlich das Betriebssystem? Was muß oder kann der Benutzer zum Betriebssystem für Einstellungen vornehmen, um effektiv mit dem Computer zu arbeiten? Was muß man bei der Installation von Anwendungsprogrammen und Geräten beachten? Wie arbeitet man effektiv mit den Standardanwendungen ?

7 Das Betriebssystem von Computern

In unserem einleitenden Kapitel hatten wir bereits die Begriffe Systemsoftware und Anwendungssoftware genannt und kurz charakterisiert (vgl. Abschnitt 1.1) Erst durch die Kombination der Hardware mit der Systemsoftware entsteht eine universelle datenverarbeitende Maschine, die dann mit den entsprechenden Anwendungsprogrammen eine Spezialmaschine für Textverarbeitung, für Bildbearbeitung, für Berechnungen, für Datenverwaltung, für Datenübertragung usw. wird. Die Systemsoftware bildet damit eine Ebene zur Verbindung der Anwendungssoftware mit der Hardware (vgl. Bild 7.1).

Bild 7.1: Systemsoftware als Ebene zwischen Anwendungssoftware und Hardware

Die wichtigste Komponente der Systemsoftware ist das *Betriebssystem* (*Operating System*, OS) eines Computers. Es sorgt mit seinem *Betriebssystemkern* für die eigentliche Koordination der Hardware bei der Ausführung von Anwendungsprogrammen und stellt über eine *Benutzungsoberfläche* Funktionen zur Verfügung, sogenannte *Dienstprogramme*, durch die der Benutzer Grundeinstellungen für das System vornehmen und seine Arbeit mit dem System organisieren kann. Das Betriebssystem ist unverzichtbarer Bestandteil eines funktionierenden Computersystems. Es ist in Teilen oder auch vollständig auf die verwendete Hardware zugeschnitten und üblicherweise bei den Standardkonfigurationen im Lieferumfang der Hardware enthalten und meist auch bereits vorinstalliert.

Zur Systemsoftware werden weiter Programme gerechnet, die gegebenenfalls als zusätzliche *Werkzeuge* eingesetzt werden, um Anwendungsprogramme zu entwickeln (Programmiersprachen, Programmierumgebungen, Entwicklungswerkzeuge, Case-Tools), um Datenbestände zu verwalten (Datenbankverwaltungssysteme) oder, um Rechner miteinander zu vernetzen und Kommunikation zwischen ihnen zu ermöglichen. Üblicherweise werden bei den Betriebssystemen heute einige Grundversionen solcher Werkzeuge als Dienstprogramme in das Betriebssystem integriert.

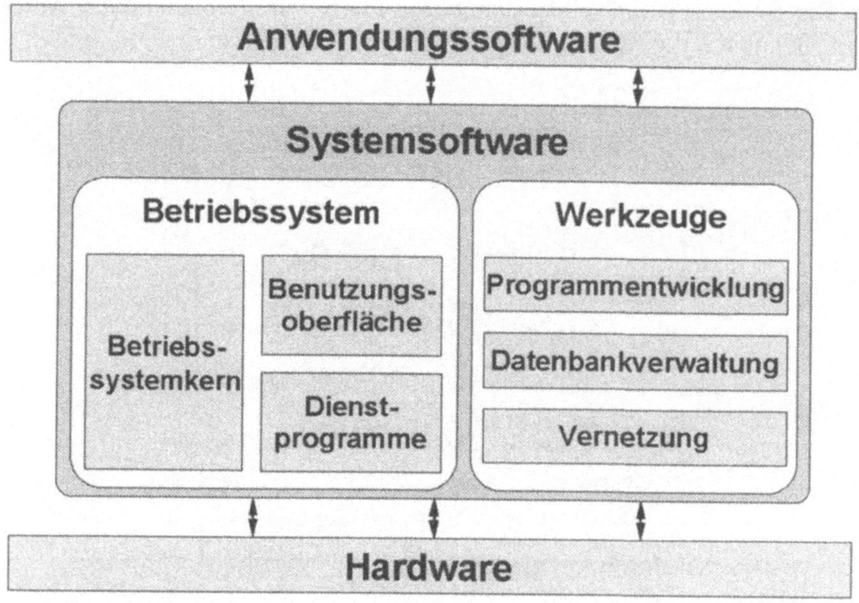

Bild 7.2: Komponenten der Systemsoftware

Wir wollen im folgenden zunächst auf den Betriebssystemkern eingehen und die aus der Art seiner Realisierung resultierenden unterschiedlichen Betriebsarten eines Computers ansprechen. Anschließend gehen wir auf die Benutzungsoberfläche von Betriebssystemen ein, stellen kurz einige weit verbreitete Betriebssysteme vor und beschreiben dann anhand von Beispielen den Umgang mit wichtigen Dienstprogrammen. Möglichkeiten und Handhabung weitergehender leistungsfähiger Werkzeuge werden im Anwendungskontext in späteren Kapiteln erläutert.

7.1 Der Betriebssystemkern

Zur Veranschaulichung der Aufgaben des Betriebssystemkerns (andere Bezeichnung: *Steuerprogramme* des Betriebssystems) eines Rechners wollen wir uns zunächst auf ein ganz anderes Terrain begeben und uns ansehen, wie ein kleinerer Handwerksbetrieb organisiert ist oder sein könnte.

Bei unserem Betrieb, z.B. ein KFZ-Reparaturbetrieb gehen Aufträge ein, bestimmte Arbeiten an Autos durchzuführen. Die Aufträge werden in der Auftragsannahme entgegengenommen und entsprechend ihrer Komplexität zeitlich geplant. Dabei wird berücksichtigt, daß sich jeder Auftrag in einzelne Aufgaben gliedert, deren Bearbeitung aufeinander abgestimmt von dafür geeigneten Mitarbeitern unter Benutzung spezieller Ressourcen erfolgt (z.B. Montagearbeiten an Hebebühnen, Elektronik-Arbeiten mit speziellen Meßgeräten oder Lackierarbeiten in der Lackiererei). Der Reparaturbetrieb verfügt über ein Ersatzteillager mit für die Arbeiten notwendigen Teilen. Für die Durchführung der Aufgaben wird der Betrieb bestrebt sein, einerseits seine personellen und sachlichen Ressourcen möglichst gut auszulasten und andererseits den Mitarbeitern die Aufgaben derart zuweisen, daß sie die Arbeiten mit den notwendigen Ersatzteilen unter Benutzung geeigneter Werkzeuge zügig durchführen können und ein Auftrag insgesamt möglichst effizient abgewickelt werden kann.

Die Koordinationsarbeiten, die ein Betriebssystem bei Anforderung einer bestimmten Leistung von einem Computersystem, wie z.B. die Ausführung eines Anwendungsprogramms, das Löschen, Kopieren oder Drucken von Daten oder das Übertragen von Daten zu einem anderen System, zu erledigen hat, entsprechen denen unseres Handwerksbetriebes.

Auch bei Rechnern spricht man von *Aufträgen* (*Jobs*), die den Ausgangspunkt für die Arbeit des Betriebssystems bilden. Die Verwaltung von Aufträgen wird von einer Reihe von Steuerprogrammen unter der Bezeichnung *Auftragsverwaltung* (*Jobmanagement*) vorgenommen.

Für ihre Durchführung werden Aufträge in einzelne Aufgaben (*Tasks*) entsprechend der zur Bearbeitung nötigen Hardwarekomponenten (*Betriebsmittel*) aufgeteilt. Die einzelnen Tasks stehen entsprechend der Aufträge in einer bestimmten Beziehung und zeitlichen Abhängigkeit zueinander; hinsichtlich der Nutzung von Betriebsmitteln stehen sie möglicherweise zueinander in Konkurrenz. Zur effizienten Bearbeitung der Aufträge muß also die Menge der zugehörigen Tasks verwaltet, ihre Abhängigkeiten analysiert und ihre Bearbeitung überwacht werden. Dies erfolgt durch eine Reihe von Steuerprogrammen, die als *Prozeßverwaltung* (*Taskmanagement*) bezeichnet werden.

Parallel dazu sind die Betriebsmittel zu verwalten: Ihnen sind die Tasks, die zur Verarbeitung anstehen, zuzuordnen, die notwendigen Daten zuzuleiten und es sind die Arbeitsergebnisse zu übernehmen. Die diese Aufgaben wahrnehmenden Steuerprogramme des Betriebssystems werden unter der Bezeichnung *Betriebsmittelverwaltung* zusammengefaßt.

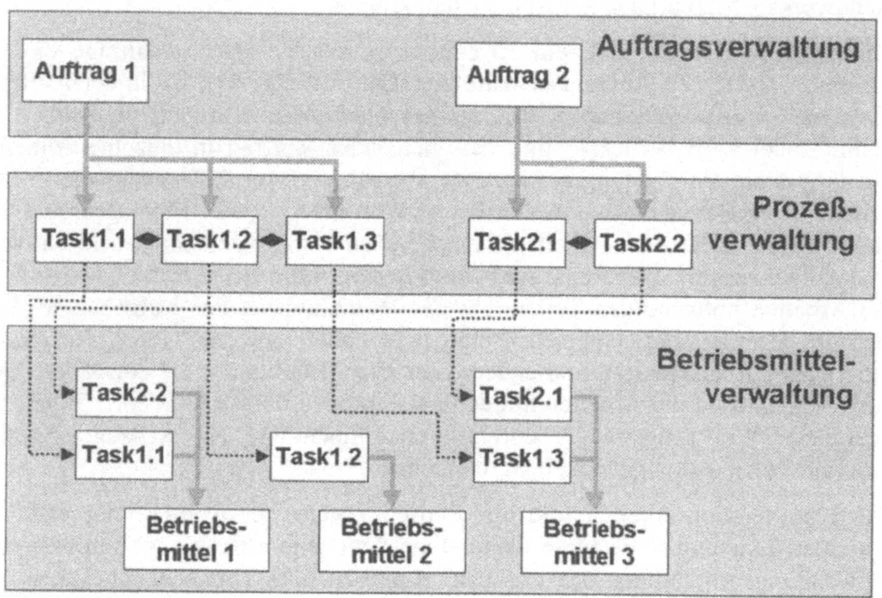

Bild 7.3: Der Betriebssystemkern

7.1.1 Auftragsverwaltung

Ein Auftrag für das Betriebssystem entsteht durch die Anforderung einer Leistung durch einen – im Sinne des Betriebssystems- Auftraggeber und wird durch ein vollständiges, in sich abgeschlossenes Programm im Rechner repräsentiert.

Der Auftraggeber ist bei Personal Computern in der Regel der Benutzer, der per Eingabegerät – z.B. Tastatur - einen Auftrag eingibt – z.B. ein Anwendungsprogramm startet – und eine Reaktion des Computers auf seine Eingabe auf einem Ausgabegerät – z.B. dem Bildschirm – verfolgt. Man spricht in diesem Zusammenhang von *Betriebsarten* eines Computers – oder genauer – eines Betriebssystems und nennt diese Art des Betriebs *Dialogbetrieb* (*Dialogverarbeitung*). Der Dialogbetrieb ist gekennzeichnet durch Interaktionen zwischen Benutzer und

Computer mit Aktionen des einen und direkten Reaktionen des anderen Dialogpartners.

Außer durch einen Benutzers können Aktionen, die zu Aufträgen für ein Betriebssystem führen, auch durch andere Computer, Maschinen oder Geräte erfolgen, die über die Schnittstellen (vgl. Abschnitt 2.6.3) an den Computer angeschlossen sind. In diesem Fall spricht man von *Prozeßverarbeitung*. Diese Betriebsart wird in großem Umfang zur automatisierten Steuerung von Maschinen oder Vorgängen durch Computer eingesetzt. Beispiele sind: Produktion mit CNC-Maschinen oder Robotern, Verkehrsleitsysteme und modernes Motormanagement von Kraftfahrzeugen. In solchen Anwendungsbereichen ist eine unmittelbare Reaktion auf eine Eingabe mit kürzester Reaktionszeit nötig, sodaß gewöhnlich nicht normale PCs, sondern speziell ausgestattete Rechner (*Prozeßrechner*) für die Verarbeitung eingesetzt werden.

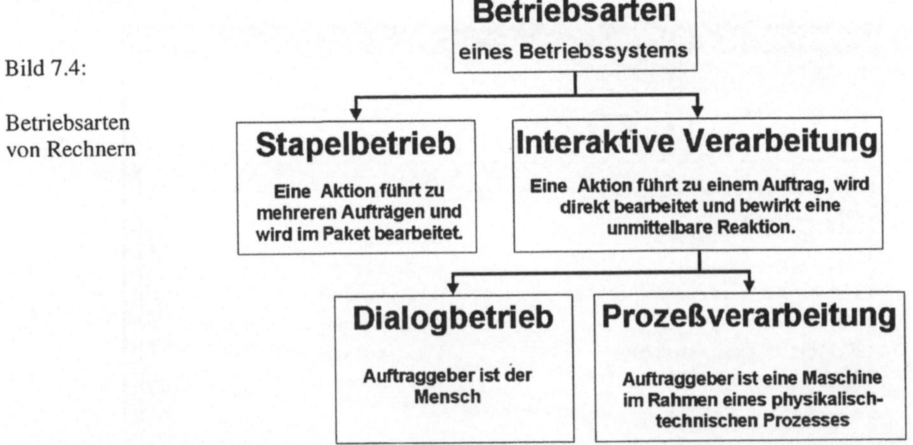

Bild 7.4:

Betriebsarten von Rechnern

Aber auch bei der Dialogverarbeitung sind kurze Reaktionszeiten wichtig, um für den Benutzer ein sinnvolles Arbeiten zu gewährleisten. Dialogverarbeitung und Prozeßverarbeitung werden unter der Bezeichnung *interaktive Verarbeitung* zusammengefaßt.

Weniger wichtig ist die Reaktionszeit des Rechners im allgemeinen, wenn ein Benutzer den Rechner im *Stapelbetrieb* (*Batchbetrieb*) nutzt. Bei dieser Betriebsart wird durch eine Aktion des Benutzers eine Reihe von – meist zusammenhängenden – Aufträgen in einem Schritt erzeugt, die das Betriebssystem sukzessive bearbeitet und deren Ergebnisse gesammelt und im Paket dem Benutzer präsentiert werden. Stapelbetrieb war in den Anfängen der Datenverarbeitung üblich in Zusammenhang mit Lochkartenstapeln (daher die Bezeichnung) und wird heute meist eingesetzt, um regelmäßig wiederkehrende komplexere Abläufe und Bearbeitungen zu initiieren (z.B. Datensicherung jede Nacht, Gehaltsabrechnungen einmal im Monat oder Initialisierungen beim Einschalten eines PC (vgl. Abschnitt 7.1.3)).

Für die Verwaltung der Aufträge wird eine Liste geführt (Warteschlange) und jeder Auftrag wird auf Vollständigkeit und Durchführbarkeit geprüft (beispielsweise, ob durch den Auftrag betroffene Ausgabegeräte verfügbar sind). Weiter werden die Aufträge entsprechend der benötigten Betriebsmittel in Tasks gegliedert (siehe oben, bzw. den nächsten Abschnitt) und ihre Ausführung wird so festgelegt, daß eine möglichst schnelle Abwicklung in Verbindung mit einer möglichst guten Auslastung der Betriebsmittel gewährleistet ist. Während der eigentlichen Ausführung erfolgt eine Überwachung und Entgegennahme von Meldungen der Prozeß- und Betriebsmittelverwaltung und eine ständige Protokollierung der Bearbeitungszustände. Zum Abschluß der Bearbeitung werden Aufträge aus der Warteschlange gelöscht und Betriebsmittel freigegeben.

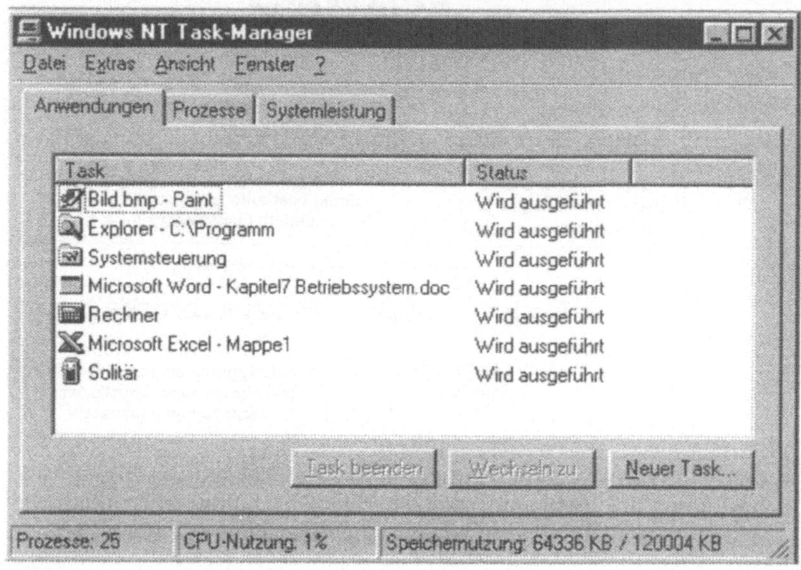

Bild 7.5: Auftragsverwaltung in Windows NT

Während in der Vergangenheit die Programme der Auftragsverwaltung einfacher Betriebssysteme (z.B. MS DOS) nur einen Auftrag zu einem Zeitpunkt verarbeiten konnten (*Ein-Programm-Betrieb*; bei PC-Betriebssystemen etwas ungenau auch: *Singletask-Betrieb*) koordinieren die heute verbreiteten Betriebssysteme (z.B. Windows NT oder Unix) die zeitlich verzahnte parallele Verarbeitung mehrerer Aufträge (*Multi-Programm-Betrieb*, *Mehrprogramm-Betrieb*, bei PC-Betriebssystemen etwas ungenau auch: *Multi-Task-Betrieb*).

Über Funktionen an der Benutzungsoberfläche (bei dem PC-Betriebssystem Windows NT der *Taskmanager*, vgl. Bild 7.5) kann der Benutzer Einfluß auf die Verarbeitung der Aufträge ausüben.

Hinsichtlich der Bearbeitung im Dialog- oder Stapelbetrieb können Betriebssysteme beim Mehrprogrammbetrieb Aufträge auch unterschiedlichen Benutzern zuordnen und so einen *Mehrbenutzerbetrieb* (*Multiuser-Betrieb*) erlauben. Dies ist bei größeren Rechnern die Regel (z.B. beim Betriebssystem Unix), die dann durch eine entsprechende Ausrüstung der Peripheriegeräte die gleichzeitige Arbeit mehrerer Personen am Rechner vorsehen. Bei Personal Computern herrscht ein *Singleuser-Betrieb* vor (Windows, Windows NT), ein Mehrbenutzerbetrieb ist nur in Ausnahmefällen (z.B. durch Zusatzprogramme zu Windows NT) oder durch Unix) möglich.

7.1.2 Prozeßverwaltung

Der dynamische Ablauf eines Auftrags ist ein Prozeß aus einer Menge einzelner Verarbeitungsschritte (den Tasks), deren Bearbeitung durch die Betriebsmittel von der Prozeßverwaltung (*Taskmanagement*) organisiert wird.

Ein Task bezieht sich auf ein bestimmtes Betriebsmittel und umfaßt Aktionen dieses Betriebsmittels, die in einem Arbeitszusammenhang notwendig sind, um eine gewünschte Verarbeitung, d.h. ganz allgemein, eine Zustandsänderung von Daten zu erreichen. In diesem Sinne ist ein Task immer ein auf eine Detailfunktion spezialisiertes Programm. So kann ein Task eine ganz konkrete Berechnung im eigentlichen Prozessor veranlassen, ein anderer den Transport von Daten in den Hauptspeicher, weitere Tasks sorgen für die Anzeige von Daten auf einem Bildschirm oder für die Ausgabe auf Druckern oder wieder andere für die Übernahme von Eingaben der Tastatur oder der Maus.

In einem bestimmten Arbeitszusammenhang können kooperierende Tasks auftreten, die verschiedene Arbeiten zu einem gemeinsamen Auftrag erledigen und/oder konkurrierende Tasks, die dieselben Betriebsmittel benötigen. Eine Gruppe miteinander kooperierender Tasks wird auch als *Thread* bezeichnet.

In beiden Fällen muß die Bearbeitung der unterschiedlichen Tasks aufeinander abgestimmt werden. Beispielsweise muß ein Task, der für die Überwachung eines Eingabegerätes zuständig ist, einem kooperierenden Task, der Berechnungen mit einzugebenden Daten initiiert, eine Nachricht übergeben, daß die erforderlichen Daten eingegeben wurden und dem verarbeitenden Task müssen die eingegebenen Daten zur Verfügung gestellt werden.

Die Abstimmung der Bearbeitung der einzelnen Tasks wird als *Synchronisation* bezeichnet und ist ein höchst kompliziertes Zusammenspiel aus Meldungen, die über den Eintritt bestimmter Ereignisse informieren und gegenseitiger Versorgung mit notwendigen Daten. In einem jeweiligen Bearbeitungszustand eines Auftrages gibt es Tasks, die gerade ausgeführt werden, Tasks, die auf das Eintreten bestimmter Ereignisse warten und Tasks, bei denen alle Voraussetzungen für die Verarbeitung vorliegen, die aber noch auf die Zuteilung des notwendigen Prozessors warten, weil dieser gerade durch einen anderen Task belegt ist.

Für die Übergabe von Daten werden gemeinsame Datenbereiche vorgesehen (sogenannte globale Operanden oder Pufferspeicher), Meldungen können direkt durch Nachrichten zwischen einzelnen Tasks übergeben werden oder sie werden durch sogenannte Interrupts angezeigt. *Interrupts* sind einzelnen Ereignissen zugeordnete Kennzeichen. Beim Eintreten eines Ereignisses, z.B. daß eine Eingabe über die Tastatur erfolgt ist, generiert der für die Überwachung dieses Ereignisses zuständige Task den vorgesehenen Interrupt, der dann von speziellen Tasks der Prozeßverwaltung (Interrupt-Servicetask) ausgewertet wird, um anderen auf dieses Ereignis wartenden Tasks die Weiterarbeit zu ermöglichen (vgl. Bild 7.6).

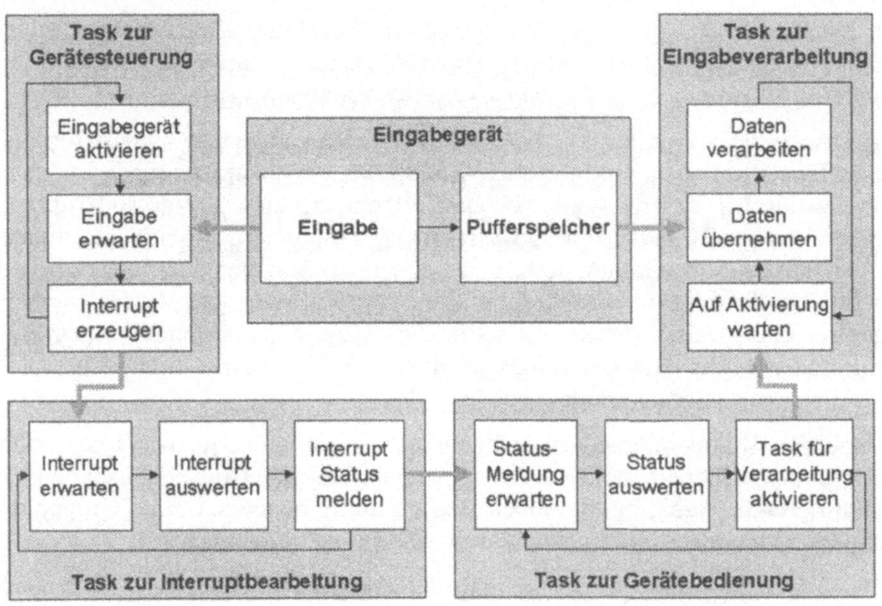

Bild 7.6: Schema für die Synchronisation von Tasks zur Verarbeitung einer Eingabe

Während man als „normaler" Benutzer in der Regel von der Prozeßverwaltung wenig betroffen ist und die Auswirkungen bestenfalls durch eine schnelle und sichere Verarbeitung der Anwendungsprogramme spürt, so kann die Steuerung über Interrupts in Zusammenhang mit peripheren Geräten Eingriffe durch den Benutzer erfordern. Eine nachträgliche Installation von zusätzlichen Geräten über die Steckplätze der Hauptplatine (vgl. Abschnitt 2.6.2) beinhaltet beispielsweise eine Zuordnung eines eindeutigen Interrupts zu diesem Gerät. Hierfür werden gewöhnlich Nummern verwendet, wobei im PC-Bereich diverse Konventionen entstanden sind (Interrupt Request, *IRQ*). Die sogenannten *Plug-and-Play-Steckkarten* zur Steuerung peripherer Geräte (z.B. einer Soundkarte, vgl. Abschnitt 5.2) reservieren sich beim Installationsvorgang eine solche Nummer automatisch. Je nachdem, wie gut oder schlecht dieser Vorgang abläuft, kann es hierbei zu Doppelbelegungen kommen, die dann dazu führen, daß die Geräte im Zusammenspiel mit den vorhandenen Komponenten nicht funktionieren und eine Neubelegung des Interrupts notwendig ist. Um die jeweiligen Belegungen festzustellen und Einfluß zu nehmen, gibt es Funktionen der Prozeßverwaltung an der Benutzungsoberfläche des Betriebssystems. Solcherart „systemnaher" Arbeit mit einem PC wird bei Windows NT beispielsweise durch allgemeine Verwaltungsprogramme unterstützt (vgl. Bild 7.7).

Bild 7.7:

Programme in Windows NT für „systemnahe" Arbeiten

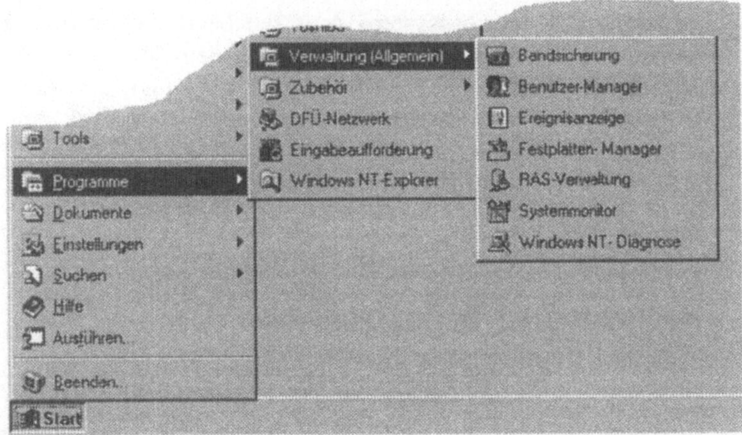

7.1.3 Betriebsmittelverwaltung

Die hohe Komplexität der Koordination der Bearbeitung der diversen Tasks in Zusammenhang mit Aufträgen möglicherweise unterschiedlicher Auftraggeber (Benutzer) des Computers führt zu hohen Anforderungen an die Leistungsfähigkeit der *Betriebsmittelverwaltung*. Dies betrifft die Verwaltung der Bearbeitung der für ein Betriebsmittel anstehenden Tasks genauso, wie die Verfahren zur Steuerung der Verarbeitung von Tasks durch ein Betriebsmittel.

Ein *Betriebsmittel* ist ganz allgemein ein Element des Computersystems, das zur Erfüllung einer Aufgabe benötigt wird; z.B. der Prozessor, der Hauptspeicher, ein peripherer Speicher oder Geräte zur Ein- und Ausgabe. Durch die Betriebsmittelverwaltung sind die Betriebsmittelanforderungen der Auftrags- und Prozeßverwaltung bestmöglichst zu befriedigen, d.h. die Aufträge sollen möglichst schnell bearbeitet werden, die Betriebsmittel sollen gut ausgelastet werden und die Verwaltung soll benutzungsfreundlich mit kurzen Antwortzeiten für die Benutzer erfolgen.

Mit welchen Mechanismen die Betriebsmittelverwaltung heute diesen Forderungen gerecht wird, stellen wir im folgenden nach einer Betrachtung von grundlegenden Tätigkeiten beim Start eines Computers für die wichtigsten Betriebsmittel getrennt dar.

7.1.3.1 Das ROM-BIOS

Bevor durch das Betriebssystem Aufträge bearbeitet werden können, muß die Betriebsmittelverwaltung nach dem Einschalten des Rechners feststellen, über welche Betriebsmittel die PC-Konfiguration verfügt. Die dafür nötigen Basis-Programme sind im ROM-Speicher der Hauptplatine (vgl. Abschnitt 2.3.3) fest gespeichert und werden als *ROM-BIOS* (Basic-Input-Output-System) bezeichnet. Sie starten beim Einschalten automatisch, überprüfen

- die Art des Prozessors
- die Funktion und Größe des Hauptspeichers (Memory Test)
- die Verfügbarkeit von Peripheriegeräten.

und führen Initialisierungen der festgestellten Hardware durch, um sie in einen arbeitsfähigen Zustand zu versetzen. Die Ergebnisse dieser Prüfungen und Initialisierungen werden auf dem Bildschirm protokolliert. Anschließend laden die Basisprogramme die auf den peripheren Speichern untergebrachten Programme des Betriebssystemkerns in den Hauptspeicher und initiieren die Ausführung des Startprogramms des Betriebssystemkerns.

Das Startprogramm führt diverse Grundeinstellungen durch, lädt spezielle Systemprogramme zur Steuerung der verschiedenen Peripheriegeräte (*Treiber*) und bringt die Kombination aus Hard- und Systemsoftware in einen Grundzustand, der es dem Benutzer ermöglicht, mit dem Computer zu arbeiten. Die Details der Grundeinstellungen entnimmt das Startprogramm dabei auf peripheren Speichern untergebrachten und vom Benutzer manipulierbaren Konfigurationsdaten. Entsprechend der hier getroffenen Festlegungen, präsentiert sich das System dem Benutzer dann in individueller Gestalt (vgl. Abschnitt 7.3.3).

7.1.3.2 CPU-Management

Die eigentliche Betriebsmittelverwaltung während der Arbeit eines Benutzers kann man sich in einfachster Form derart vorstellen, daß alle aus den Aufträgen resultierenden ein Betriebsmittel betreffenden Tasks in eine Warteschlange eingereiht werden und durch die Verwaltungsprogramme sukzessive einer nach dem anderen dem Betriebsmittel zur Verarbeitung übergeben werden (vgl. Bild 7.8). Ein solches „Wer zuerst kommt, mahlt zuerst"-Prinzip (in der Informatik: *fifo-Prinzip* – first in, first out) bildete lange Zeit bei der Behandlung der Tasks die Grundlage für die Arbeit von Betriebssystemen. Auch heute wird für die meisten Betriebsmittel entsprechend ihrer technischen Eigenschaften und entsprechend ihres Einsatzzweckes nach diesem Ansatz verfahren (z.B. beim Ausdruck von Daten oder bei der Übertragung von Daten auf periphere Speicher).

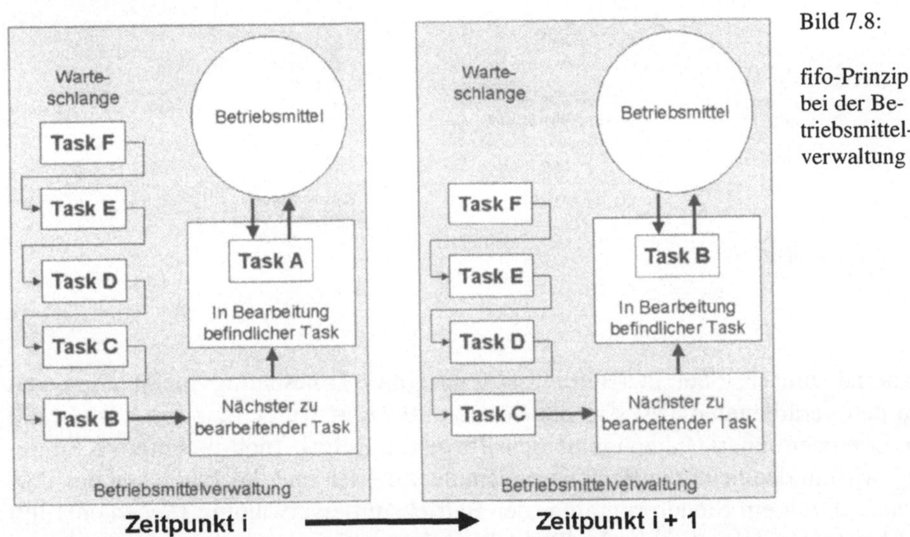

Bild 7.8: fifo-Prinzip bei der Betriebsmittelverwaltung

Wegen der unvergleichlich hohen Verarbeitungsgeschwindigkeit eines Prozessors gegenüber den anderen Betriebsmitteln führt ein solches Vorgehen allerdings zu häufigen Stillstandszeiten des Prozessors, weil Tasks, denen der Prozessor zugeteilt wurde, Bearbeitungszustände erreichen, in denen sie zur weiteren Verarbeitung Daten, z.B. von einem peripheren Speicher benötigen und bis zu deren Verfügbarkeit nicht weiter bearbeitet werden können. Des weiteren verhindert das fifo-Prinzip beim Prozessor einen Multitask-Betrieb und damit verbunden einen Multiuser-Betrieb, weil Tasks durch den Prozessor nur sequentiell und nicht zeitlich verzahnt bearbeitet würden.

Für die Verwaltung der CPU wurde deswegen bei den Multi-tasking-fähigen Betriebssystemen unter der Bezeichnung *Timesharing* (*Timeslicing*) ein Verfahren eingeführt, das den in der Warteschlange befindlichen Tasks nacheinander die CPU nur für kleine Zeitabschnitte (Timeslots) zuteilt, sie nach Ablauf ihrer zugeteilten Zeit aus der CPU abzieht und den erreichten Bearbeitungszustand zwischen speichert. Nach Bearbeitung der übrigen anstehenden Tasks in der gleichen Weise, wird dann am unterbrochenen Task weitergearbeitet (vgl. Bild 7.9).

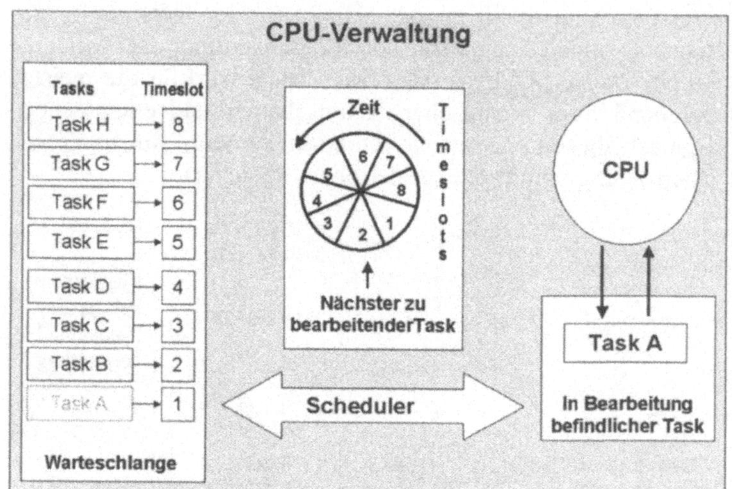

Bild 7.9:

Timesharing beim CPU-Management

Während zunächst bei PC-Betriebssystemen das Timesharing in Abhängigkeit von den verarbeiteten Tasks in der Weise praktiziert wurde, daß ein Task selbst bei Erreichen eines Haltepunktes den Prozessor freigab (non-preemptive Strategie), wird in den heutigen Realisierungen das Zuteilen und das Entziehen des Prozessors durch ein Steuerprogramm der Betriebsmittelverwaltung (*Scheduler*) mit in Abhängigkeit der Anzahl der Tasks festgelegten Zeitabschnitten vorgenommen (preemptive Strategie). Dabei können auch unterschiedliche Dringlichkeitsstufen für die Tasks vorgesehen und dadurch „wichtige" Tasks gegenüber „weniger wichtigen" bevorzugt werden.

Diese Aufteilung der Prozessorzeit auf alle zu einem Zeitpunkt aktiven Tasks führt zu einem gleichmäßigen Fortschritt bei ihrer Bearbeitung und erweckt gegenüber dem Benutzer den Eindruck einer parallelen Verarbeitung aller von ihm eingegebenen Aufträge (z.B. das gleichzeitige Arbeiten mit einem Textverarbeitungsprogramm während der Ausgabe von Daten auf einem Drucker und dem gleichzeitigen Empfang eines Fax).

7.1.3.3 RAM-Management

Solche zeitlich ineinander verzahnte Verarbeitung von Tasks durch den Prozessor muß durch eine darauf abgestimmte Organisation des Hauptspeichers unterstützt werden.

Jeder Task ist ein Programm mit Befehlen in der prozessor-abhängigen Maschinensprache und zugeordneten Daten. Er kann nur dann vom Prozessor ausgeführt werden, wenn sowohl seine Befehlsfolge als auch die ihm zugeordneten Daten im Hauptspeicher gespeichert sind (vgl. Abschnitt 2.5.1). Ein effizienter Wechsel beim Timesharing von einem Tasks zum Nächsten setzt damit voraus, daß dessen Befehlsfolge und Daten bereits im Hauptspeicher verfügbar sind, weil sonst durch den notwendigen Transport vom peripheren Speicher über das Bussystem zum Hauptspeicher Stillstandszeiten im Prozessor auftreten würden.

Die Steuerprogramme zur Verwaltung des Hauptspeichers organisieren deshalb den Speicher in der Weise, daß mehrere Tasks gleichzeitig im Hauptspeicher gespeichert werden können. Dies betrifft nicht nur die aus Anwendungsprogrammen resultierenden Tasks, sondern – da das Betriebssystem selbst ein Programm ist - genauso diejenigen, die aus den aktiven Komponenten des Betriebssystems entstehen. Insgesamt ergibt sich für den Hauptspeicher eine Situation, wie sie in Bild 7.10 veranschaulicht ist.

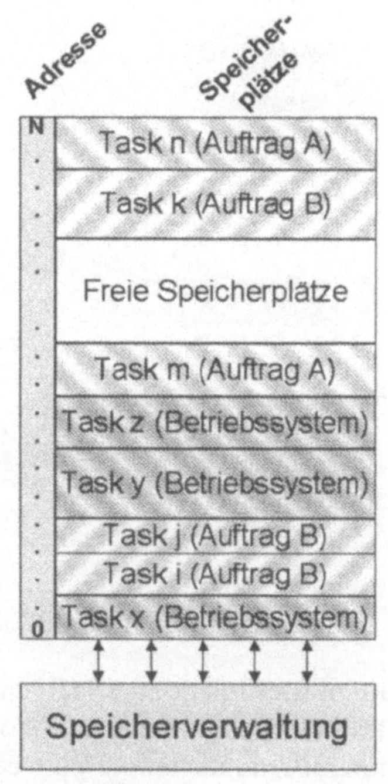

Bild 7.10:
Organisationsprinzip bei der Hauptspeicherverwaltung

Beim Start eines Anwendungsprogramms – dem Auftrag – muß dieses, d.h. die aus ihm gebildeten Tasks, in den Hauptspeicher geladen werden. Die Steuerprogramme des Hauptspeichers analysieren den notwendigen Speicherbedarf und die freien Kapazitäten des Hauptspeichers und weisen den Programmen den entsprechenden Speicherplatz zu.

Wegen der heute höchst komplexen Anwendungsprogramme und der daraus resultierenden großen Zahl von Tasks und unter Berücksichtigung der Tatsache, daß bereits durch die Tasks des Betriebssystems eine große Zahl von Speicherplätzen des RAM belegt sind, reicht der physikalisch vorhandene Hauptspeicher in der Regel nicht aus, um in einem Anwendungszusammenhang alle anfallenden Tasks mit ihren Daten hier zu speichern. Aus diesem Grund wird für die Zuteilung von Speicherplatz an die Tasks nicht der RAM direkt genutzt, sondern es wird ein ausreichend großer *virtueller Hauptspeicher* (*virtueller Speicher, virtueller Arbeitsspeicher*) auf der Festplatte des PC eingerichtet.

Sämtliche Aktionen der Steuerprogramme in Zusammenhang mit der Zuteilung von Speicherplatz zu Tasks werden nun auf Basis dieses virtuellen Speichers durchgeführt, d.h. die Hauptspeicherverwaltung täuscht den anderen Betriebssystemkomponenten vor, daß ein Hauptspeicher mit ausreichender Kapazität zu Verfügung steht. Tatsächlich befindet sich aber immer nur ein Teil dieses virtuellen Speichers im physikalischen RAM und die Hauptspeicherverwaltung sorgt dafür, daß dies der im Arbeitszusammenhang „richtige" Teil ist, daß also immer genau diejenigen Tasks mit ihren Daten auch wirklich im physikalischen Hauptspeicher untergebracht sind, die von den anderen Komponenten angefordert werden.

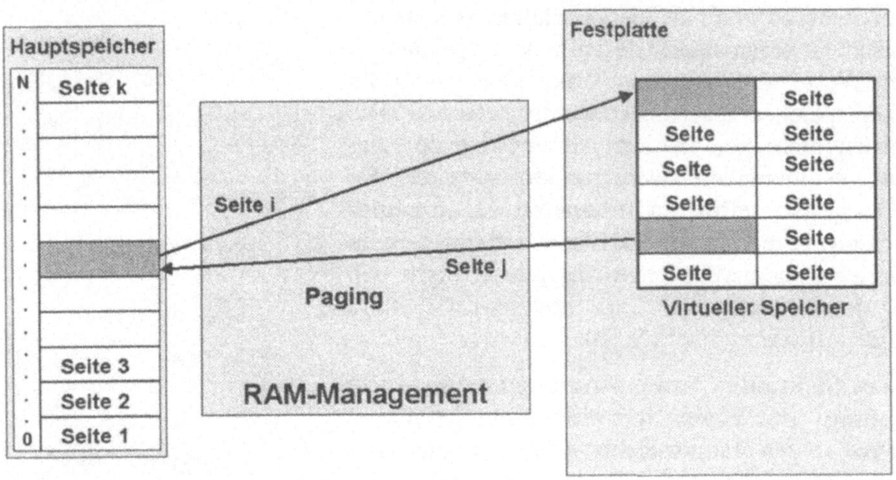

Bild 7.11: Prinzip des virtueller Speichers und des Paging

Um dies effizient zu erledigen, werden die Zugriffe auf die Tasks im RAM durch die Steuerprogramme protokolliert und analysiert und nach ausgeklügelten Verdrängungsstrategien erfolgt ein Austausch der nicht in Anspruch genommenen Teile des RAM gegen notwendige Teile aus dem virtuellen Speicher. Der Einfachheit halber tauschen die Steuerprogramme nicht Task gegen Task aus – weil dies wegen unterschiedlicher Größen einen erheblichen Verwaltungsaufwand erfordert -, sondern es werden Einheiten fester Größe (z.B. 4 KB, 8 KB oder 64 KB), die sogenannten Seiten (Pages), gebildet und der Austausch geschieht seitenweise, genannt *Paging* (vgl. Bild 7.11).

Auch der virtuelle Speicher ist natürlich nicht unbegrenzt groß, sodaß in bestimmten Arbeitszusammenhängen, z.B. im Multiuser-Betrieb wieder der Fall eintreten kann, daß mehr Speicherplatz erforderlich ist, als angeboten werden kann. Leistungsfähige Betriebssysteme (z.B. Unix) bieten dafür eine Lösung an, die *Swapping* genannt wird und die unter Verzicht auf die Bedingung, daß alle Tasks eines Auftrags im Hauptspeicher verfügbar sein müssen, nicht aktive Tasks auf die Festplatte (Swap-Bereich) auslagert und sie erst bei Bedarf lädt.

Sowohl der Virtuelle Speicher wie das Swapping sind Techniken des RAM-Managements, die bei Engpässen im Hauptspeicher das Computersystem insgesamt arbeitsfähig halten. Sie kosten allerdings auch Zeit. Der effektivste Weg für eine hohe Arbeitsgeschwindigkeit ist daher eine Ausrüstung des PCs mit möglichst viel „echtem" Arbeitsspeicher (vgl. Abschnitt 6.1.3).

Eine praktische Grenze bildet dabei die Hauptplatine des Computers, die nur eine begrenzte Anzahl von Speicherchips aufnehmen kann. Eine theoretische Grenze stellt dagegen der Adreßraum des RAM-Managements dar. Als *Adreßraum* bezeichnet man die Anzahl der von den Steuerprogrammen adressierbaren Speicherplätze eines Hauptspeichers. Er umfaßt bei den modernen Betriebssystemen für Personal Computer einen Bereich von 0 bis 2^{32}-1, was darauf zurückzuführen ist, daß für die Speicherung von Hauptspeicheradressen 32 Bit in direkter Dualzahldarstellung (vgl. Abschnitt 2.3.1) verwendet werden - daher die Bezeichnung *32-Bit Betriebssystem.* Das entspricht einer Anzahl von etwa 4 Milliarden (4 GB) möglichen Speicherplätzen für den Hauptspeicher eines PC, einer nach heutigen Maßstäben riesigen Zahl.

7.1.3.4 Das Management von peripheren Geräten

Bei der Ausgabe z.B. einer Grafik auf einem Drucker oder beim Abspeichern eines von uns erstellten Briefes aus einem Anwendungsprogramm heraus gehen wir heute wie selbstverständlich davon aus, daß unser Anwendungsprogramm unabhängig von der konkreten Technik der Festplatte oder des Druckers funktioniert und wir nicht eine spezielle Version der Programme benötigen, je nachdem, ob ein Laser- oder ein Tintenstrahldrucker angeschlossen ist oder ob unsere Festplatte 4 GB oder 8 GB Kapazität hat.

Diese Unabhängigkeit von Anwendungsprogrammen zu spezifischen Geräten wird durch die Steuerprogramme zum Management von peripheren Geräten (Gerätemanagement) dadurch realisiert, daß eine Unterscheidung einer logischen und einer physischen Ein-/Ausgabeschicht (vgl. Bild 7.12) vorgenommen wird. Die logische Schicht bildet dabei die Schnittstelle zu den Anwendungsprogrammen, die physische Schicht umfaßt die Hardware der konkreten Geräte und gerätespezifische Steuerprogramme. Die Bezeichnung Ein- und Ausgabe wird gewöhnlich für das Gerätemanagement ganz allgemein verwendet und bezieht sich auf die Operationen für Eingabegeräte, Ausgabegeräte und periphere Speicher.

Die Software-Komponente der physischen Schicht wird durch sogenannte *Treiber* zur Umsetzung der von der Ein-/Ausgabe betroffenen Daten in gerätespezifische Form gebildet. Dabei erfolgt die Umsetzung für jedes Gerät meist mehrstufig über *Systemtreiber*, die auf die logische Organisation des Gerätes zugeschnitten sind und *Gerätetreiber*, die die technische Steuerung des Geräts übernehmen. Für Standardgeräte, wie z.B. periphere Speicher oder Tastatur sind Gerätetreiber Teil des Betriebssystemkerns (BIOS: Basic Input/Output-System), bei speziellen Ein-/Ausgabegeräten – z.B. Druckern – werden Treiber als systemnahe Software im Computer zunächst zusätzlich installiert, bevor das Gerät benutzt werden kann. Solche Gerätetreiber sind üblicherweise beim Kauf der Geräte im Lieferumfang enthalten.

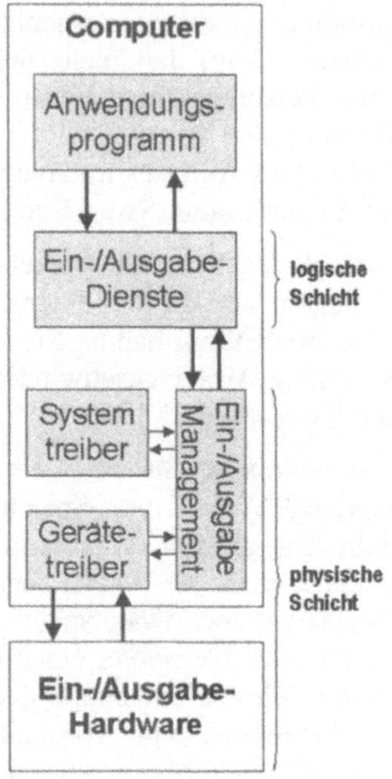

Bild 7.12: Gerätemanagement

Durch die logische Schicht werden den Anwendungsprogrammen Ein-/Ausgabedienste für logische Operationen zur Verfügung gestellt, z.B. um ein Zeichen auf dem Bildschirm auszugeben, ein Zeichen von der Tastatur einzulesen oder um Daten auf eine Festplatte zu schreiben. Das Anwendungsprogramm ruft in einem bestimmten Anwendungszusammenhang einen solchen Dienst auf und erhält die gewünschte Leistung.

Zur Realisierung dieser Leistung werden den Diensten der logischen Schicht die System- und Gerätetreiber der existierenden Geräte einer spezifischen Konfiguration zugeordnet. Je nach Konfiguration können dabei durchaus einem logischen Dienst mehrere Gerätetreiber zugeordnet sein, sodaß bei Speicheroperationen der Benutzer Einfluß darauf hat, auf welchem Gerät Daten gespeichert werden sollen oder bei Druckoperationen der Benutzer zwischen unterschiedlichen Druckern wählen kann (vgl. Bild 7.13a).

Bei langsamen Peripheriegeräten wie z.B. Druckern arbeiten die Gerätetreiber der physischen Schicht mit Pufferspeichern (einem Datenbereich der Festplatte), in denen zunächst die gerätespezifisch aufbereiteten Daten untergebracht werden, um sie dann unabhängig von der weiteren Arbeit des Benutzers Schritt für Schritt nach dem fifo-Prinzip (vgl. Abschnitt 7.1.3.2) dem Gerät zuzuführen (*SPOOL-Betrieb*: Simultaneous Peripheral Operations OnLine) (vgl. Bild 7.13b und c).

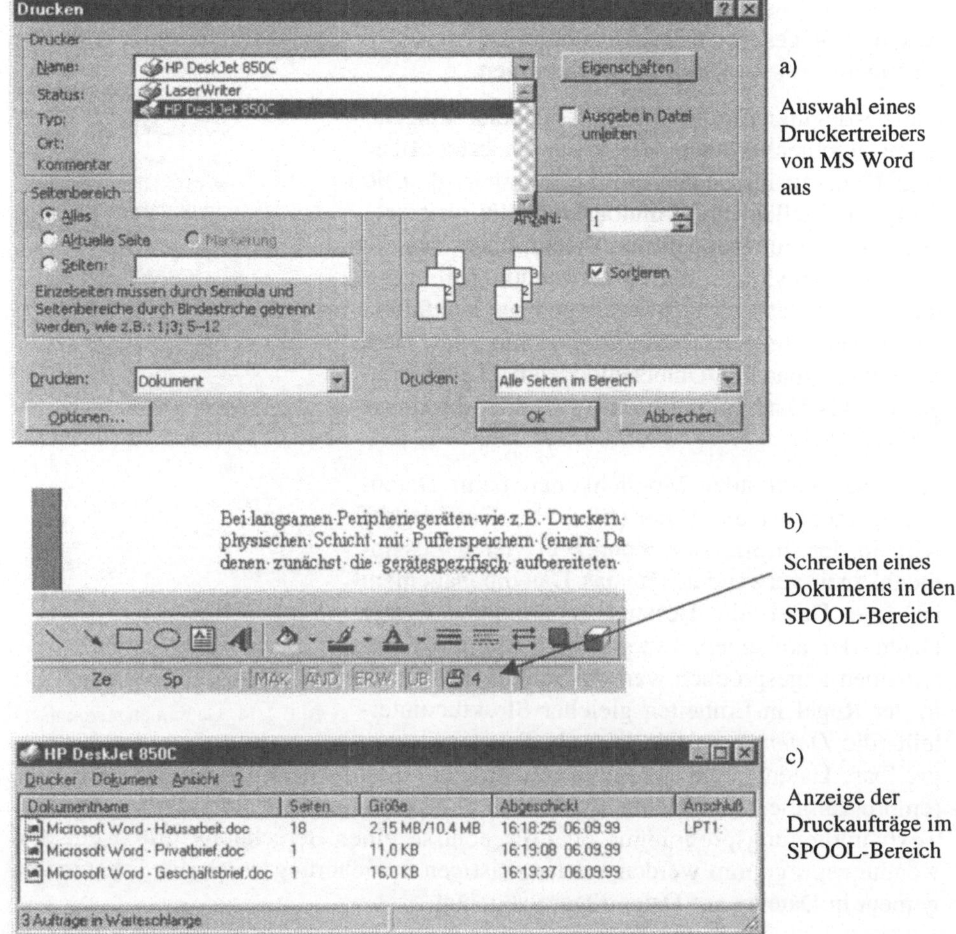

Bild 7.13: Gerätemanagement beim Ausdruck von Daten unter Windows NT

7.1.3.5 Datenmanagement

So wie jede Bibliothek eine Systematik besitzt, nach der Bücher oder Zeitschriften einsortiert und gefunden werden können, ist für periphere Speicher, wie die Festplatte, eine CD oder eine Diskette neben des Gerätemanagements für den eigentlichen Zugriff zusätzlich eine logische Organisation unabdingbar, durch die Daten auf Datenträgern effizient gespeichert, gesucht und gefunden werden können. Alle mit der logische Organisation verbundenen Operationen bezeichnet man allgemein als *Datenmanagement*. Die Regeln für das Datenmanagement, die durch die technische Umsetzung der Operationen im Betriebssystem mittels der im letzten Abschnitt angesprochenen Systemtreiber gesetzt werden, faßt man unter dem Begriff *Dateisystem* (*file system*) zusammen.

Die Festlegungen eines Betriebssystems zum Datenmanagement bilden die system-nächste Ebene zum Umgang mit Daten auf Speichern (vgl. Bild 7.14) und stellen die Grundlage für alle weitergehenden Strukturierungen und Operationen dar, die für die Datenverwaltung in Anwendungsprogrammen auch unter Einsatz von Datenbanken anfallen. Die anwendungsbezogene Organisation von Daten bezeichnet man im Unterschied zum Datenmanagement als Datenorganisation (vgl. die Abschnitte 8.5 und 16.2).

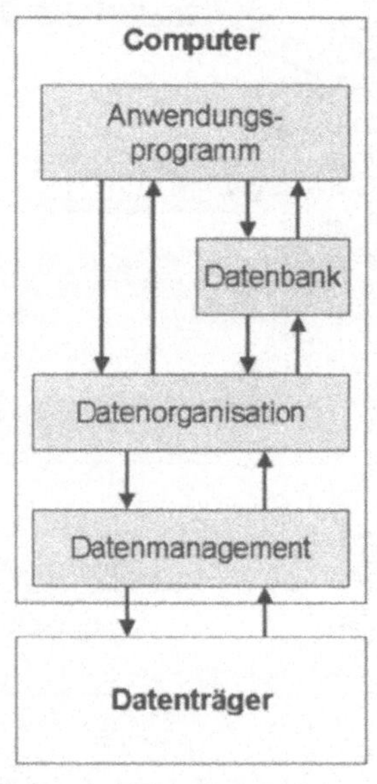

Bild 7.14: Datenmanagement

Ausgangspunkt aller Möglichkeiten beim Datenmanagement ist die *Datei* (*file*). Der Dateibegriff wird in der Informationstechnik in vielen Zusammenhängen verwendet. Für das Datenmanagement ist eine Datei ein Bestand zusammengehöriger Daten, der auf einem Datenträger über einen Dateinamen angesprochen werden kann. Dateien sind in der Regel in Einheiten gleicher Struktur unterteilt (die *Datensätze*), die logisch die kleinste zugreifbare Datenmenge auf einem Datenträger bilden. Alle Anwendungs- oder Systemprogramme, die Zeichnungen eines Grafikprogramms, die Dokumente eines Textverarbeitungsprogramms oder Ergebnisse einer Berechnung durch ein Anwendungsprogramm werden zur langfristigen Speicherung durch das Datenmanagement in Dateien auf Datenträgern abgelegt.

Datenträger sind physisch in Spuren und Blöcke strukturiert (vgl. Abschnitt 3.1.1). Ein *Block* ist dabei die Dateneinheit, die mit einer Ein-/Ausgabeoperation durch den Gerätetreiber gelesen, bzw. geschrieben werden kann. Die Anzahl der Bit eines Blockes und die Anzahl der Spuren auf einem Datenträger wird durch das Dateisystem in Abhängigkeit von den technischen Eigenschaften des peripheren Speichers vorgegeben und durch Formatieren des Datenträgers in der Form benutzbar gemacht, daß Marken für den Anfang von Spuren und für den Anfang von Blöcken gesetzt werden.

Zur Speicherung von Daten werden Dateien mit ihren Datensätzen auf die Spuren und Blöcke der Datenträger abgebildet. Dazu

- verwaltet das Dateisystem eine Dateizugriffstabelle (*File Allocation Table*), in der über Kenndaten (z.B. Dateiname, Größe, Eigenschaften) die Datei beschrieben und festgehalten wird, auf welchen Spuren und in welchen Blöcken des Datenträgers welche Dateien mit ihren Datensätzen untergebracht sind. Weiter
- organisiert das Dateisystem eine *Freispeicherverwaltung*, in der notiert wird, welche Bereiche des Datenträgers nicht mit Daten belegt sind.

Die Dateizugriffstabelle und die Tabelle zur Freispeicherverwaltung sind an genau definierter Stelle auf dem Datenträger gespeichert. Im Falle der Anforderung eines Anwendungsprogramms, eine Datei zu speichern, stellt das Dateisystem einen für die Datei geeigneten Bereich des Datenträgers mit der Freispeicherverwaltung fest, trägt die Kenndaten in die Dateizugriffstabelle ein und ruft den entsprechenden Gerätetreiber auf, um die Daten zum Gerät zu übertragen. Werden Dateien angefordert, stellt das Dateisystem über die Dateizugriffstabelle den Speicherort fest und fordert den Gerätetreiber auf, die gewünschten Daten zu liefern.

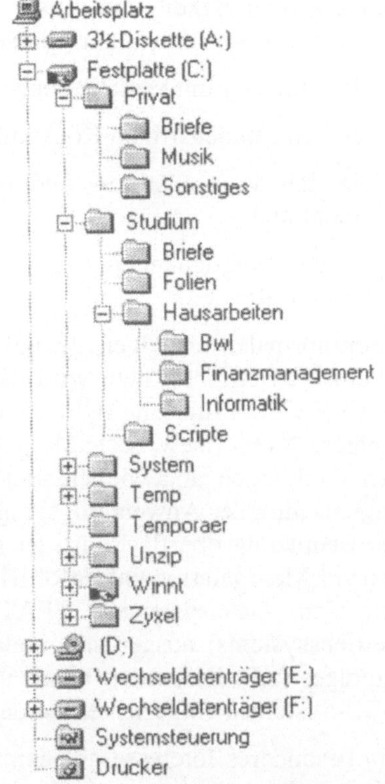

Bild 7.15: Beispiel für einen Verzeichnisbaum (in der WindowsNT-Darstellung)

Außer der genannten Funktionalität ermöglicht die Dateizugriffstabelle eine hierarchische Strukturierung für Dateien (*Hierarchisches Dateisystem*). Dazu werden sogenannte *Verzeichnisse* (*Directories, Ordner*) in die Tabelle eingefügt und wie Dateien durch Kenndaten beschrieben. Als Ordnungselementen wird den Verzeichnissen in der Dateizugriffstabelle allerdings kein Speicherbereich auf dem Datenträger zugewiesen, sondern statt dessen erfolgt hier für jedes Verzeichnis eine Auflistung der ihm untergeordneten Dateien. Dabei gilt, daß einem Verzeichnis beliebig viele Dateien und andere Verzeichnisse zugeordnet werden können, eine Datei und ein Verzeichnis aber nur genau unter einem Verzeichnis eingeordnet sein kann.

Unter Berücksichtigung einiger Systemvorgaben durch das Dateisystem kann ein Benutzer durch Funktionen der Benutzungsoberfläche des Dateisystems über das hierarchische Dateisystem eine seinen Zwecken entsprechende Strukturierung von Daten auf den Datenträgern vornehmen. Es entsteht - ausgehend von einem *Wurzelverzeichnis* (*Root*) als oberster Hierarchieebene – eine Ordnung für Datenträger, die als *Verzeichnisbaum* bezeichnet wird (vgl. das Beispiel in Bild 7.15).

Verschiedene Betriebssysteme haben jeweils eigene Realisierungen für ihre Dateisysteme. Während die Grundzüge mit Dateien und hierarchischen Verzeichnissen heute überall in der beschriebenen Form umgesetzt sind, unterscheiden die Versionen sich in vielen Details. Außer technischen Gesichtspunkten, die die Arbeitsgeschwindigkeit und Leistungsfähigkeit des Dateisystems beeinflussen, ist der Benutzer von den Unterschieden betroffen

- im Umgang mit verschiedenen Laufwerken für periphere Speicher
- in verschiedenartigen Konventionen bei Datei- und Verzeichnisnamen
- in den Manipulations- und Informationsmöglichkeiten beim Datenmanagement und
- in den Möglichkeiten zum Schutz von Dateien gegenüber dem Zugriff durch andere Benutzer.

Beim normalen einzelnen PC auf dem Schreibtisch zu Hause oder im Büro mit Microsoft Betriebssystem wird das Datenmanagement über das lokale Dateisystem VFAT (Virtual File Allocation Table, Windows 98), oder über das leistungsfähigere NTFS (New Technology File System, Windows NT) mit den beschriebenen Funktionen abgewickelt und dient der persönlichen Datenhaltung und der Organisation der Anwendungsprogramme. Die dazu eingerichtete Komponente an der Benutzungsoberfläche ist der *Explorer* (vgl. Bild 7.16) mit diversen Funktionen zur Manipulation und Information. Windows NT ist zusätzlich zu NTFS auch mit den Dateisystemen VFAT und FAT (das Dateisystem des DOS-Betriebssystems) ausgerüstet, sodaß auf einem Windows NT-Rechner auch Datenträger (z.B. Disketten) bearbeitet werden können, die in alten Windows- und DOS-Systemen eingerichtet wurden (vgl. Abschnitt 7.2).

Ein besonderes Interesse gilt dem Dateisystem, wenn mehrere Personalcomputer miteinander vernetzt sind (vgl. die Szene 4). Dann sollte entsprechend der Rechte des Benutzers von jedem Rechner aus ein Zugriff auf beliebige Datenträger innerhalb des Netzes möglich sein. Erreicht wird dies durch ein verteiltes, d.h. rechnernetz-bezogenes Dateisystem (weit verbreitet ist für das Unix-Betriebssystem das System NFS, Network File System) oder durch die Freigabe von Speicherbereichen lokaler Dateisysteme, mit denen andere lokale Dateisysteme verbunden werden können (*mounten*).

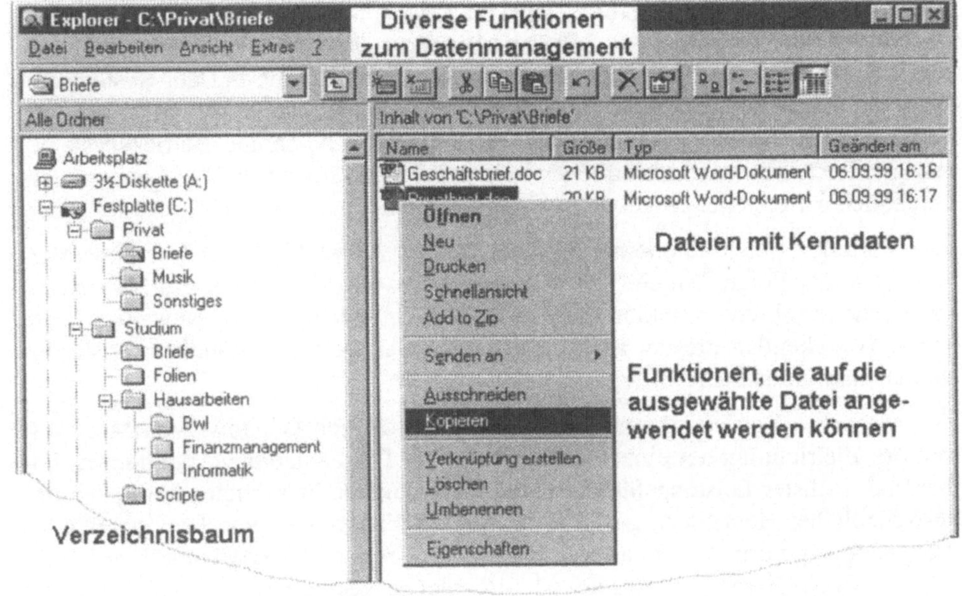

Bild 7.16: Windows NT – Explorer

7.2 Beispiele für Betriebssysteme

Die vorangegangenen Beschreibungen zu den Aufgaben und zur Funktionsweise lassen erahnen, was für ein komplexes Programm ein Betriebssystem ist und daß es hochgradig aufwendig ist, ein solches Programm zu entwickeln und auf die Hardware des Rechners abzustimmen. In der Anfangszeit der Computer wurden daher Betriebssysteme von den Rechnerherstellern parallel zur Hardware entwickelt und in allen Details exakt darauf zugeschnitten. Es entstanden proprietäre Betriebssysteme wie MVS (Multiple Virtual Storage) von IBM, VMS (Virtual Memory System) von Digital oder BS 2000 (Betriebssystem 2000) von Siemens, lauffähig nur auf den Rechnern dieser Hersteller, und dazu sogenannte Rechnerfamilien mit passender Hardware für mittlere, hohe und höchste Anforderungen in Unternehmen. Zusätzlich wurden von diesen Herstellern die zu ihren Rechnern passenden Anwendungsprogramme entwickelt und vertrieben. Solche Systeme von Großrechnern und Supercomputern waren Multitasking- und Multiuser-Rechner in Rechenzentren mit gewaltigem Investitions- und Pflegeaufwand.

Durch die Entwicklung von Personalcomputern mit im Vergleich zu den Großrechnern sehr geringer Leistungsfähigkeit einerseits und andererseits durch Bestrebungen von unabhängigen Softwareherstellern, ihre Produkte offen zu gestalten, d.h. die enge Verbindung ihrer Anwendungsprogramme mit der Systemsoftware und damit der Hardware der führenden Rechnerhersteller zu vermeiden, änderte sich die Situation grundlegend. Es entstanden autonome Betriebssysteme, die auf Rechnern unterschiedlicher Leistungsfähigkeit und auf Rechnern unterschiedlicher Hersteller eingesetzt werden konnten.

Die Vorteile solcher autonomer Systeme für den Anwender liegen vor allem darin, daß in der Folge sich eine Vielzahl von Software- und Hardwarefirmen gründeten, die mit ihren Produkten miteinander konkurrierten und der Anwender heute bei stets sinkenden Preisen aus einem riesigem Angebot verschiedenster Produzenten auswählen kann.

Als autonome Betriebssysteme durchgesetzt haben sich Windows von Microsoft mit der Zielrichtung auf einzelne oder vernetzte Personalcomputer einfacher, hoher und höchster Leistungsfähigkeit und Unix (angeboten in vielen Varianten unterschiedlicher Hersteller), geeignet für alle Rechnerklassen von leistungsfähigen Personalcomputern (Workstations) bis hin zu Groß- und Supercomputern sowie für heterogene Netze (vgl. Kapitel 14) aus solchen Rechnern.

Proprietäre Betriebssysteme haben im Zuge dieser Entwicklungen stark an Bedeutung verloren. Im Bereich der Personalcomputer hat Apple mit dem *MacOS* (Macintosh Operating System) noch eine nennenswerte Verbreitung. Daneben gibt es weiterhin für Großrechner spezielle Lösungen.

7.2.1 Microsoft Windows

Mit der von IBM als Antwort auf die Produkte von Apple beabsichtigten Entwicklung von Personalcomputern erhielt das zu der Zeit noch sehr kleine Unternehmen Microsoft den Auftrag, ein dafür geeignetes Betriebssystem zu entwickeln. 1981 kam die erste Version des heutigen Standard PC mit dem zu der Zeit gegenüber der Konkurrenz richtungsweisenden Betriebssystem *MS DOS* (Microsoft Disc Operating System) auf dem Markt. Dieses Betriebssystem mit kommandoorientierter Benutzungsoberfläche (vgl. Abschnitt 7.3.1), Singleuser-/Singletask-Betrieb und mit einem einfachen hierarchischen Dateisystem bildete die Grundlage der weiten Verbreitung von Personalcomputern.

MS DOS wurde mit der Entwicklung leistungsfähigerer Hardware in den Folgejahren in diversen Details vielfach ergänzt und erweitert. Ein grundsätzlich neues Gesicht erhielt es in Zusammenhang mit den aufgrund der großen Verbreitung verbundenen Forderungen und neuen Erkenntnissen einer benutzerfreundlichen Handhabung von Computern und in Zusammenhang mit der wachsenden Konkurrenz zu den hinsichtlich ihrer Benutzungsfreundlichkeit richtungsweisenden Macintosh Computern von Apple. Microsoft entwickelte das System Windows als grafische Benutzungsoberfläche für das DOS-Betriebssystem. Darüberhinaus beinhaltete Windows non-preemptive Multi-Tasking-Fähigkeiten und ein verbessertes RAM-Management durch 16-Bit-Adressierung (vgl. die Erläuterungen in Abschnitt 7.1.3). In den Versionen *Windows 3.1* und *Windows 3.11* löste die Kombination aus DOS und Windows ab 1985 das einfache DOS-System ab und wurde für mehrere Jahre zum Standard für PC-Betriebssysteme.

Durch den weltweiten Einsatz und den vielen verwendeten auf DOS basierenden Anwendungen war das Kennzeichen dieser Kombination die Kompatibilität mit den vorangegangenen DOS-Versionen (Abwärtskompatibilität). So konnten Zug um Zug die „alten“ DOS-Versionen durch diese neue Kombination ersetzt, notwendige „alte“ Anwendungsprogramme weiter verwendet und gleichzeitig auf die DOS-Windows-Kombination zugeschnittene neue Anwendungsprogramme erstellt und in die Unternehmen integriert werden.

Der Kreislauf zwischen leistungsfähigerer Hardware und höhere Leisungsanforderungen stellende Software bei Personalcomputern zeigte in den folgenden Jahren die Grenzen des DOS-Kerns von Windows 3.1 auf. Zudem war die Partnerschaft zwischen IBM und Microsoft gebrochen und IBM hatte mit *OS/2* ein leistungsfähiges modernes Betriebssystem auf den Markt gebracht. Hinzu kam der wachsende Einsatz von Rechnernetzen, für die Windows 3.1 und Windows 3.11 nicht ausreichend geeignet war und für die Konkurrenten von Microsoft entsprechende Lösungen anboten. Um in dieser Konkurrenz zu bestehen, fanden bei Microsoft Weiter-, bzw. Neuentwicklungen zum Betriebssystem in zwei Richtungen statt.

Zum einen wurde mit einer völligen Neuentwicklung einer den modernen Erkenntnissen der Informatik folgenden Version eines Betriebssystems begonnen, das 1993 unter dem Namen *Windows NT* (New Technology) auf den Markt gebracht wurde. Zielrichtung dieses Singleuser und Multitask-Betriebssystems war der geschäftsmäßige Einsatz in Unternehmen mit einzelnen und vernetzten PCs. Durch die Marktmacht des inzwischen riesigen Unternehmens Microsoft gelang es, das konkurrierende OS/2 von IBM durch NT zu verdrängen.

Parallel dazu fand eine Weiterentwicklung von Windows 3.1 für den privaten Bereich mit dem Schwerpunkt auf Abwärtskompatibilität zu „alter“ Hard- und Software und einer Ausrichtung auf private Benutzer statt. Unter der Bezeichnung *Windows 95* und drei Jahre später erweitert und ergänzt zu *Windows 98* wird dieses 32-Bit Betriebssystem mit Singleuser- und Multi-Task-Betrieb praktisch bei jedem neu verkauften PC mitgeliefert.

Während an der grafischen Benutzungsoberfläche kaum Unterschiede zwischen Windows NT (in der Version 4.0) und Windows 98 auszumachen sind und beide Systeme auch „alte“ DOS-Anwendungen verarbeiten können, sind die Betriebssysteme in ihrem Kern sehr unterschiedlich realisiert (vgl. zu den folgenden Punkten auch die Ausführungen in Abschnitt 7.1.3).

Windows NT ist das leistungsfähigere Betriebssystem:

- Windows NT unterstützt im Gegensatz zu Windows 95/98 durch sein CPU-Management Hardwareumgebungen mit mehreren Prozessoren, d.h. es kann konkurrierende Prozesse zur parallelen Bearbeitung auf mehrere Prozessoren verteilen (*Multiprozessing*) und ist dadurch besonders für Anwendungsbereiche mit sehr hohen Anforderungen an Rechenleistung geeignet.
- In Windows 95/98 sind diverse Komponenten in 16 Bit-Technik umgesetzt und beruhen teilweise auf DOS-Realisierungen, wodurch bei Bearbeitungsschritten Konvertierungen zwischen alten 16-Bit- und neuen 32-Bit-Komponenten vorgenommen werden müssen. Dadurch ist die Verarbeitungsgeschwindigkeit bei Windows 95/98 auf gleicher Hardware langsamer als bei Windows NT, in dem alle Komponenten nach der 32-Bit-Technik gestaltet sind.
- Die Verfahren zum Datenmanagement in Windows NT ermöglichen die Verwaltung größerer peripherer Speicher und erlauben einen schnelleren Zugriff auf Dateien, als das Datenmanagement von Windows 95/98

Windows NT ist das flexiblere Betriebssystem:

- Durch eine geschichtete Architektur und Systemdiensten in den Schichten, die sich auf Leistungen von Systemdiensten anderer Schichten abstützen wird bei Windows NT für die hardwarenächste Schicht ein sogenanntes „Hardware Abstraction Layer“ vorgesehen, das den oberen Schichten eine Unabhängigkeit von der konkret eingesetzten Hardware bietet. Windows NT ist dadurch für diverse Prozessoren unterschiedlicher Anbieter geeignet. Windows 95/98 ist dagegen auf Intel-Prozessoren oder dazu kompatiblen Prozessoren beschränkt.
- Windows NT wird in einer Workstation- und einer Server-Version angeboten. Es unterstützt dadurch besonders gut den Einsatz in Rechnernetzen.

Windows NT ist das sicherere Betriebssystem:

- Anwendungsprogramme und Betriebssystem erhalten hier eigene und voneinander streng getrennte Adreßräume durch das RAM-Management. Dadurch können Programme durch Datenänderungen andere Programme nicht beeinflussen. Bei Windows 95/98 ist dies durch gemeinsame Datenbereiche für alte Windows 3.1 Anwendungen möglich, was sogenannte Speicherschutzverletzungen und dadurch resultierende Programmabstürze möglich macht.
- Der Zugriff von Anwendungsprogramme auf Geräte wird bei NT vollständig über Systemdienste des Gerätemanagements realisiert. Hierdurch können feh-

lerhafte Ansteuerungen von Geräten durch Anwendungsprogramme vermieden und darauf zurückzuführende Programmabstürze verhindert werden. Windows 95/98 erlaubt solche direkten Zugriffe und ermöglicht, daß die Nutzung von Ein-/Ausgabegeräten dem Programmzweck entsprechend optimiert wird. Aufwendige Computerspiele laufen beispielsweise so schneller ab.

- Windows NT verfügt im Gegensatz zu Windows 95/98 über eine Benutzerverwaltung, die es verschiedenen Benutzern eines PCs ermöglicht, ihre Daten gegen den Zugriff anderer Benutzer zu schützen. Dazu ist ein Benutzer mit sogenannten Administratorrechten vorgesehen, der Benutzerkonten einrichtet und ihnen Rechte für die Benutzung des Systems zuweist.

Windows NT ist das anspruchsvollere System:

- Wenn auch die heute angebotenen Standardkonfigurationen für Personalcomputer (vgl. Abschnitt 6.2) für beide Betriebssysteme in der Leistung ausreichend sind, so ist für einen Einsatz von Windows NT im Zweifel der schnellere Prozessor und eine höhere Arbeitsspeicherkapazität für eine gute Performance des Systems empfehlenswert.
- Windows NT stellt für die Installation und Administration an den Benutzer größere Anforderungen als Windows 95/98, wenn die höhere Leistungsfähigkeit voll ausgenutzt werden soll. Windows 95/98 ist dadurch für den „unbedarften“ Benutzer einfacher zu handhaben und die bessere Alternative, während für den „Computer-Freak“ Windows NT die größeren Möglichkeiten bietet.
- Windows NT ist zusätzlich zur Hardware zu beschaffen, Windows 95/98 ist bei Standardkonfigurationen im Lieferumfang enthalten.

Mit der Version *Windows 2000* hat Microsoft inzwischen die beiden unterschiedlichen Ansätze zu einem Betriebssystem zusammengeführt, das die Vorteile der beiden alten Systeme vereinigt und sowohl auf den professionellen als auch den privaten Einsatz ausgerichtet ist. Unter weitgehend gleicher Benutzungsoberfläche wie die Vorgänger-Versionen soll es eine hohe Betriebssicherheit mit einer breiten Hardware-Unterstützung verbinden.

Im privaten Einsatz als Ersatz von Windows 98 verspricht Windows 2000 eine vereinfachte Installation und Internet-Anbindung (vgl. Kapitel 9), verbesserte Eigenschaften für Multimedia-Anwendungen, größere Absturzsicherheit und mehr Schutz gegenüber Fehlbedienungen. Im Gegenzug erfordert es für den optimalen Betrieb mehr Kenntnisse in der Administration, arbeitet auf der gleichen Hardware durch höhere Anforderungen langsamer und ist in der Anschaffung erheblich teurer. Ältere DOS-Anwendungen werden durch Windows 2000 nicht mehr unterstützt.

Im professionellen Einsatz als Ersatz von Windows NT wird Windows 2000 eine weiter erhöhte Betriebssicherheit, eine leichtere Einrichtung und mehr Komfort und Leistungsfähigkeit bei der Administration insbesondere in lokalen Netzen (vgl. Kapitel 14) bieten. Kosten durch einen Übergang zu Windows 2000 entstehen in Betrieben vor allem durch die notwendigen Schulungen der Systemadministratoren und durch die möglicherweise nötige Aufrüstung der Hardware, um eine ausreichende Verarbeitungsgeschwindigkeit zu gewährleisten.

7.2.2 UNIX

Die Bemühungen der Software Entwickler von Bell Laboratories des amerikanischen AT&T-Konzerns ihren Programmentwicklungen ein einfaches und weitgehend hardwareunabhängiges Betriebssystem zugrunde zu legen, führten 1971 zur Vorstellung des universell einsetzbaren Systems *UNIX* (Universal Exchange).

Neben der guten Qualität des Systems mit fortschrittlichen Konzepten und hoher Leistungsfähigkeit waren vor allem zwei Gesichtspunkte maßgeblich für den Erfolg dieses Systems am Markt: Zum ersten war dies die Politik der Hersteller von Unix, das System kostenlos den Interessenten auszuhändigen, was vor allem in Universitäten und Forschungseinrichtungen schnell zu einer weiten Verbreitung geführt hat. Zum zweiten ist es die weitgehende Hardwareunabhängigkeit. Sie beruht darauf, daß im Gegensatz zu den proprietären Betriebssystemen Unix nicht vollständig in der Maschinensprache eines Prozessors entwickelt wurde, sondern zu etwa 90% in der eigens dafür entwickelten Programmiersprache C. Für einen Einsatz von Unix auf unterschiedlichen Prozessoren (Portierung) muß dadurch nur ein kleiner Teil des Betriebssystems auf den jeweiligen Prozessor abgestimmt werden, während der größte Teil aus der Sprache C automatisch in die Maschinensprache des Prozessors überführt werden kann.

Die in der Anfangszeit von Unix kostenlose Weitergabe hat dazu geführt, daß diverse Rechnerhersteller das System benutzt haben, um eigene, für ihre Geräte optimierte Versionen von Unix herzustellen und diese dann kommerziell zu vermarkten. Insofern gibt es heute kein einheitliches Betriebssystem Unix, sondern es gibt (oder gab) unter anderen die Varianten AIX (IBM), Ultrix (Digital), HP/UX (Hewlett Packard), SINIX (Siemens), Solaris (Sun).

Während diese Versionen in erster Linie auf Rechner höherer Leistungsfähigkeit ausgerichtet sind wurden auch Varianten für Personalcomputer entwickelt. Große Bedeutung erlangt heute hier das System *LINUX*, das in privater Initiative eines finnischen Studenten entstanden ist. Nach anfänglichen Unzulänglichkeiten hat das System inzwischen durch die gemeinsame Entwicklung vieler begeisterter und über das Internet miteinander kooperierender Programmierer eine Qualität und Leistungsfähigkeit erreicht, die der von Windows NT in nichts nachsteht.

Trotz diverser Unterschiede im Detail ist der Grundaufbau einheitlich: Unix ist unterteilt in einen Systemkern (Unix-Kernel) mit den Steuerprogrammen und eine Shell, die die Funktionen des Kerns für die Benutzungsoberfläche zur Verfügung stellt.

Der Kern realisiert einen Multiuser-/Multitask-Betrieb und unterstützt wie Windows NT – aber leistungsfähiger – Multiprozessing. Das System verfügt über ein hierarchisches Dateisystem, das ausgehend von einem Root-Verzeichnis eine Standardstruktur und Standardkonzepte zur Speicherung von Systemdateien, zur Organisation der Benutzerverwaltung und zur Unterbringung von Benutzerdaten vorsieht (vgl. Bild 7.17). Gerade hinsichtlich eines Einsatzes in Netzwerken ist Unix ausgezeichnet geeignet. Für die Verwaltung des Systems ist ein privilegierter Benutzer – der Systemadministrator – eingerichtet, der – mit allen Rechten ausgestattet – durch ein umfassendes Sicherheitssystem die Benutzerverwaltung vornimmt und einen Zugriffsschutz für Daten und Programme umsetzt.

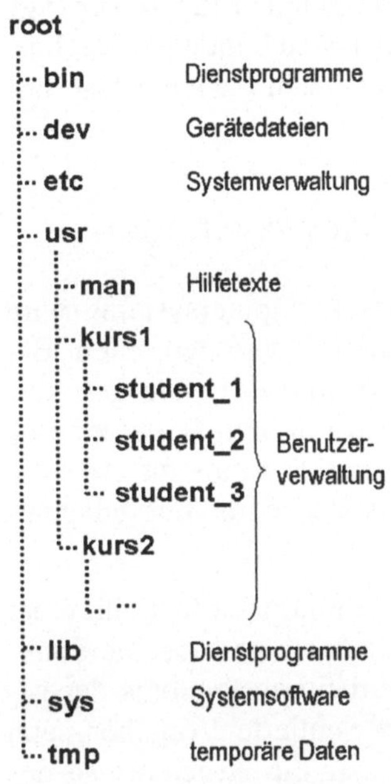

Bild 7.17:

Beispiel eines Verzeichnisbaumes in Unix

Die *Shell* ist ein Kommandointerpreter (Kommandoprozessor) (vgl. Abschnitt 7.3.1), der die Benutzereingaben aufnimmt und zur Bearbeitung an die Steuerprogramme des Kerns übergibt. Je nach Anbieter des Betriebssystems sind für die Shell unterschiedliche Varianten im Einsatz, die sich in ihrer Benutzung in den Details unterscheiden. Am weitesten verbreitet sind die Bourne-Shell, die Korn-Shell und die C-Shell. Unabhängig von der verwendeten Variante gilt, daß die dem Benutzer durch die Shell zur Verfügung gestellten Funktionen durch eine große Zahl von Dienstprogrammen ausgesprochen vielseitig und leistungsfähig sind. Möglichkeiten zur Verkettung von Funktionen (*pipe*) und zur Bildung von Programmen zur Ablaufsteuerung durch die Benutzer erhöhen zusätzlich den Komfort und die Leistungsfähigkeit. Allerdings ist die Benutzung der Shell kommandoorientiert (vgl. Abschnitt 7.3.1). Insofern ist der Gebrauch der Funktionen wenig benutzungsfreundlich und die Anwendung der vollständigen Möglichkeiten der Shell erfordert Erfahrung und tiefergehende Kenntnisse.

Im Zusammenhang mit der Verbreitung grafischer Benutzungsoberflächen wurde auch für Unix dieser Ansatz verfolgt und es werden verschiedene Varianten zur grafischen Benutzung der Shell angeboten. In ihrer Benutzungsfreundlichkeit stehen diese aber hinter dem Komfort der vom Grundkonzept her grafikorientierten Oberflächen von z.B. Windows NT oder MacOS zurück.

Unix – oder im Anwendungszusammenhang von Personalcomputern – LINUX ist im privaten Bereich nur für Spezialisten die geeignete Wahl und dann – da praktisch kostenlos erhältlich - durchaus eine Alternative zu den Windows-Systemen. Im kommerziellen Bereich ist Unix dagegen heute das am weitesten verbreitete System auf Computern der höheren Leistungsklassen und wird auch in der LINUX-Version zunehmend in lokalen Netzen von Unternehmen für Server (vgl. Kapitel 16) eingesetzt. Insbesondere die an das Internet angebundenen Rechner von Unternehmen, Forschungseinrichtungen und Universitäten basieren fast ausschließlich auf dem Betriebssystem Unix.

7.3 Die Benutzungsoberfläche von Betriebssystemen

Die *Benutzungsoberfläche* (*Benutzerschnittstelle*) eines Computersystems wird durch die im Dialogbetrieb für einen Informationsaustausch zwischen einem Benutzer und einem Computerprogramm eingesetzte Hard- und Software gebildet. Sie sollte möglichst benutzerfreundlich gestaltet werden, um dem Benutzer eine einfache, sichere und leicht erlernbare Handhabung eines Systems zu ermöglichen. Geübte Benutzer stellen hier andere Ansprüche als solche, die nur gelegentlich mit einem Computer arbeiten.

Über viele Jahre gestaltete sich die Benutzungsoberfläche relativ einfach mit einer Tastatur, über die der Benutzer mittels eines Kommandos eine gewünschte Funktion auslöste und einem Bildschirm, über den das Verarbeitungsergebnis der gewählten Funktion angezeigt wurde. Dieses kommandoorientierte Vorgehen setzt voraus, daß der Benutzer eine fundierte Vorstellung über die Arbeitsweise des Computersystems hat und die seinen momentanen Absichten entsprechenden Funktionen kennt, um zielgerichtet Aktionen durchführen zu können.

Mit der großen Verbreitung von Personalcomputern stellte sich heraus, daß diese eher an der Funktionsweise von Computern ausgerichtete Arbeitsweise für den gelegentlichen Benutzer Probleme bereitet und er für einen einfachen und sicheren Umgang andere, seinem Denk- und Problemlöseverhalten näher stehende Dialogformen benötigt. Es entstanden Benutzungsoberflächen mit einer neuen Klasse von Eingabegeräten – den Zeigeinstrumenten (vgl. Abschnitt 4.2) – und einer Loslösung von der rein textuellen Repräsentation von Informationen hin zu einer grafischen Präsentation.

An die Stelle des Problemlösungskonzeptes „Funktionen lernen, erinnern und zeichenweise eingeben“ bei Kommando-Oberflächen trat bei diesen grafischen Oberflächen eines, das von dem Zyklus „Funktion präsentieren, (wieder)erkennen und auswählen“ ausgeht. In erster Linie für den gelegentlichen Benutzer entworfen, zeigte sich schnell, daß auch geübte Benutzer auf diese Weise benutzerfreundlich den Dialog bei der Bearbeitung ihrer Problemstellungen führen können.

Heute dominieren im Bereich der Personalcomputer sowohl bei Anwendungsprogrammen wie bei Betriebssystemen die grafischen Oberflächen, in die für geübte Benutzer Möglichkeiten für Kommandoeingaben integriert wurden. Bei leistungsfähigeren Rechnern, die in der Regel von Computerexperten gepflegt werden, findet sich durch die weite Verbreitung von Unix auf Betriebssystemebene in der Regel eine Kommandoform mit Elementen grafischer Benutzungsoberflächen, Anwendungsprogramme haben überwiegend auch hier eine grafische Benutzungsoberfläche.

7.3.1 Kommando-Oberflächen

Kommando-Oberflächen von Betriebssystemen präsentieren dem Benutzer für den Dialogbetrieb auf dem Bildschirm eine Eingabeaufforderung und verharren in einem Wartezustand bis der Benutzer ein Kommando mittels Tastatur eingegeben hat und seine Eingabe durch die *Eingabetaste* (*Enter-Taste*) dem Betriebssystem zur Bearbeitung übergibt.

Die vom Benutzer eingegebenen und auf dem Bildschirm protokollierten Zeichen werden von einem *Kommandointerpreter* analysiert, d.h. es wird festgestellt, welche Funktion mit welchen Daten von dem Kommando betroffen ist. Dann wird die Funktion aufgerufen und durch die Programme des Betriebssystems auf die Daten angewendet. Das Ergebnis der Ausführung der Funktion wird auf dem Bildschirm dargestellt und durch eine Eingabeaufforderung wird vom Betriebssystem signalisiert, daß eine neue Benutzereingabe erwartet wird.

Bei der Form, wie ein Kommando einzugeben ist (*Befehlssyntax*), wird vom Betriebssystem die Schreibweise in jedem Detail vorgegeben, damit der Kommandointerpreter die Analyse korrekt durchführen kann. Die Einhaltung der Befehlssyntax ist für einen ordnungsmäßigen Betrieb unumgänglich. Ein Kommando ist danach wie folgt zu formulieren (wir legen im folgenden das Betriebssystem Unix für die Syntax und die Beispiele zugrunde; andere kommandoorientierte Betriebssysteme haben eigene, von den Darstellungen abweichende Syntaxregeln und Kommandonamen):

```
Kommandoname  Option  Parameter
```

Mit einem Namen eines Kommandos aus dem Befehlsvorrat von Unix, gefolgt von einem Leerzeichen, einer Option zur Festlegung der Art der Kommandoausführung, wieder einem Leerzeichen und dann einem oder, durch Leerzeichen getrennt, mehreren Parametern, die die Objekte oder Daten angeben, auf die sich die Funktionsausführung des Kommandos bezieht.

Beispiel: `ls -al student_1`

Durch das Kommando ls (ls = *li*s*t*) wird der Inhalt des Verzeichnisses „student_1" aus dem Verzeichnisbaum aufgelistet. Die Option –al besagt, daß alle hier eingeordneten Dateien und Verzeichnisse (a = *a*ll) in Listenform (l = *l*ist) auf dem Bildschirm dargestellt werden sollen.

Ausgangspunkt und Arbeitsgrundlage für jede Kommandoeingabe ist das hierarchische Dateisystem. D.h. jedem Dialogzustand wird ein Verzeichnis aus dem Verzeichnisbaum als aktuelle Arbeitsumgebung zugrunde gelegt und jede Kommandoeingabe bezieht sich auf diese Arbeitsumgebung.

Bei einem Multiuser-Betriebssystem wird durch den Systemadministrator beim Einrichten eines Benutzerkontos dem Benutzer ein sogenanntes *Homeverzeichnis* zugeordnet. Das ist das Verzeichnis, in dem der Benutzer seine Daten und Programme geschützt vor dem Zugriff anderer speichern kann. Das Homeverzeichnis wird als aktuelle Arbeitsumgebung gesetzt, nachdem der Benutzer sich beim System angemeldet hat. Bei Singleuser-Betriebssystemen wird ein in den Konfigurationsdaten (vgl. Abschnitt 7.3.2) festgelegtes Standardverzeichnis als aktuelle Arbeitsumgebung nach dem Starten des Rechners gesetzt.

Die in einem Dialogzustand aktuelle Arbeitsumgebung zeigt das Betriebssystem dem Benutzer zur besseren Orientierung jeweils mit der Eingabeaufforderung an.

Beispiel: `/usr/kurs1/student_1$:`

Das aktuelle Verzeichnis ist hier: „student_1", eingeordnet bei dem Verzeichnis „kurs1", das wieder dem Verzeichnis „usr" und dieses selbst wieder dem *Rootverzeichnis* untergeordnet ist. Man nennt diese Beschreibung eines Verzeichnisses mit dem Start beim Rootverzeichnis (bei Unix durch das Symbol „/" gekennzeichnet) den Pfad für das aktuelle Verzeichnis. Die Zeichenfolge „$:"ist die hier verwendete Eingabeaufforderung.

Kommandos sind hinsichtlich der Optionen und Parameter üblicherweise mit Voreinstellungen belegt, so daß für einen effizienten Dialogbetrieb in Abhängigkeit der Arbeitsumgebung und der vom Benutzer verfolgten Ziele bei Kommandoeingaben auch Angaben weggelassen werden können.

7.3.2 Grafische Oberflächen

Grafische Benutzungsoberflächen versuchen, die den Benutzern aus normaler Bürotätigkeit gewohnte Umgebung eines Schreibtisches mit einer Schreibtischoberfläche, auf der sich Dokumente und Werkzeuge befinden und Werkzeuge auf Dokumente angewendet werden können, auf die Arbeit mit dem Computer zu übertragen (*Schreibtisch-Metapher*, *Desktop-Metapher*). Sie entstanden Anfang der 80er Jahre und begannen mit dem Macintosh von Apple ihren Siegeszug. Heute sind sie in der Version von Windows 98 bzw. Windows NT (die folgenden Beschreibungen orientieren sich an dieser Version) Standard für den Umgang mit Anwendungs- und Betriebssystemen von Personalcomputern.

7.3.2.1 Der Desktop

Nach dem Start eines Betriebssystems mit grafischer Oberfläche wird der gesamte Bildschirmbereich als Schreibtischoberfläche (*Desktop*) betrachtet auf dem die Elemente (Objekte) für den Dialogbetrieb grafisch oder textuell dargestellt werden. Die Grundelemente eines Desktop sind: Fenster, Menü, Dialogbox und Icon (*Piktogramm*). Sie können – wie die Gegenstände auf einem Schreibtisch – auf dem Desktop verschoben werden und sich völlig oder teilweise überlagern.

Durch „*Klicken*" mit der Maus (Betätigen der linken Maustaste) werden Elemente ausgewählt und bilden dadurch die aktuelle Arbeitsumgebung für Aktionen des Benutzers. Dies wird zur Orientierung für den Benutzer durch eine hervorgehobene Präsentation des Elementes deutlich gemacht. Eine Liste mit den diesem Element zugeordneten Funktionen wird durch ein Kontextmenü für jedes Element durch Betätigen der rechten Maustaste angezeigt. Die gewünschte Funktion kann jetzt durch Klicken ausgelöst werden, wobei gewöhnlich eine der möglichen Funktionen als Standardfunktion definiert ist.

Die Sequenz aus „Auswählen" und „Standardfunktion auslösen" wird üblicherweise abgekürzt durch das *Doppelklicken* (zweimaliges kurz aufeinander folgendes Klicken) des Elementes.

Die Elemente des Desktop repräsentieren Daten und Funktionen. In Abhängigkeit von der Arbeitsumgebung können Funktionen auf Daten außer durch die beschriebene Form auch durch *direkte Manipulation* ausgeführt werden. Hierbei wird durch Klicken und gedrückt halten der Mausfunktionstaste bei gleichzeitiger Bewegung der Maus ein Element einfach nur auf dem Bildschirm bewegt oder es wird auf ein anderes eine Funktion beinhaltendes Element verschoben (vgl. Bild 7.18). Durch Loslassen der Mausfunktionstaste wird dann die Funktion auf das verschobene Element ausgeführt (*Drag and Drop*).

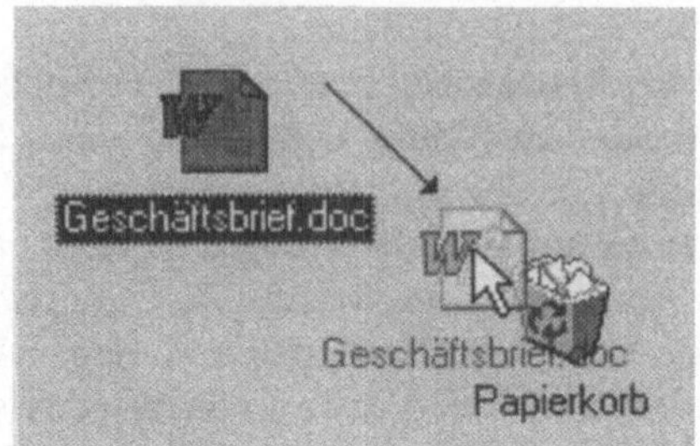

Bild 7.18:

Direkte Manipulation als Drag and Drop zum Löschen von Daten

Anstelle der direkten Manipulation oder der Menüauswahl gibt es in den grafischen Oberflächen auch immer die Möglichkeit, Funktionen durch Kommandos einzugeben. Hierfür wird eine Kombination der „Alt-Taste" der Tastatur mit speziellen Buchstabenkombinationen für den Kommandonamen genutzt.

Am unteren Bildschirmrand ist die *Taskleiste* des Desktop untergebracht. Sie enthält ein „Start"-Feld (ein Menü), aus dem heraus einige Standardfunktionen und – durch den Benutzer einstellbar – beliebige Anwendungsfunktionen auswählbar sind. Irreführender Weise enthält das „Start"-Feld auch die Funktion zum Beenden der Arbeit mit dem Betriebssystem. Des weiteren werden auf der Taskleiste durch Icons Informationen zum Dialogzustand und weitere allgemeine Informationen (z.B. Datum und Uhrzeit) angezeigt.

Auch der Taskleiste ist ein Kontextmenü zugeordnet, das unter anderen als Funktion den *Taskmanager* beinhaltet, über den Einstellungen zum Auftrags- und Taskmanagement vorgenommen werden können.

7.3.2.2 Fenster

Alle Anwendungen mit ihren Daten (Dateien, Dokumente) werden in grafischen Oberflächen in Fenstern bearbeitet – daher der Name Windows. Ein *Fenster* ist in der Größe variabel und besitzt eine vorgegebene Struktur (vgl. Bild 7.19):

- Im Arbeitsbereich werden die eigentlichen Arbeiten an den Daten durchgeführt. Wenn nicht der gesamte Inhalt des Dokuments im Fenster Platz findet, kann der Benutzer über die *Bildlaufleisten* (*Slider*) den Arbeitsbereich horizontal oder vertikal auf den gewünschten Teilbereich einstellen.
- Der Fenstertitel bezeichnet den Inhalt des Fensters und ist Teil der Titelleiste. Diese zeigt durch ihre Darstellungsart an, ob ein Fenster aktiv ist (die aktuelle Arbeitsumgebung bildet) und durch sie läßt sich mittels direkter Manipulation ein Fenster auf dem Desktop verschieben.

- Die Ränder und die untere rechte Ecke eines Fensters dienen der optischen Abgrenzung von Fenstern; über sie kann eine Größenveränderung durch direkte Manipulation vorgenommen werden.
- In der oberen linken Ecke eines Fensters befindet sich das Systemmenüfeld, durch dessen Aktivierung ein Systemmenü mit fensterbezogenen Funktionen aufgerufen wird.

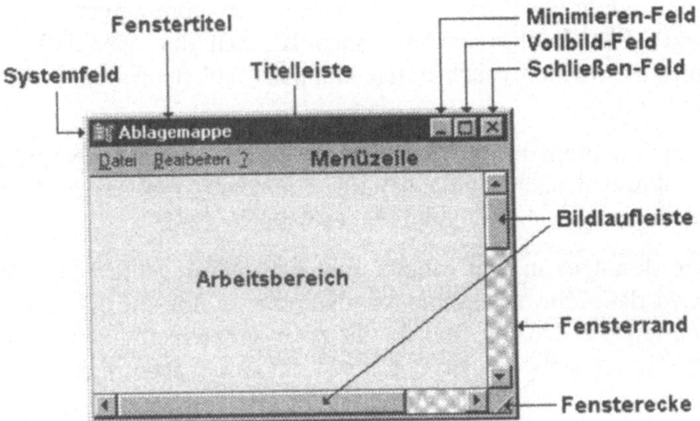

Bild 7.19: Fenster

Drei dieser Funktionen sind in der rechten oberen Ecke des Fensters durch Felder gesondert hervorgehoben. Das rechte dient dem Schließen des Fensters (Beenden der mit dem Fenster verbundenen Anwendung), das mittlere schaltet zwischen einer Vollbilddarstellung (der gesamte Desktop wird durch dieses Fenster überlagert) und einer benutzerbestimmbaren Größe des Fensters hin und her, der linke bewirkt ein „zur Seite legen" des Fensters (minimieren) und wird benutzt, wenn man die Arbeit mit dieser Anwendung unterbrechen will, um eine andere Funktion auszuführen. Das Fenster wird dadurch geschlossen, ohne die Anwendung zu beenden und als Icon auf der Taskleiste des Desktops abgelegt.

Alternativ können - ohne ein Fenster zu schließen – zur Unterbrechung der Arbeit mit einem Anwendungsprogramm entweder über die Taskleiste die Fenster anderer Anwendungsprogramme geöffnet oder im Hintergrund des Desktops liegende Fenster durch Klicken aktiviert werden. In beiden Fällen überlagert das Fenster der neuen aktuellen Arbeitsumgebung das vorher bearbeitete Fenster.

- Fenster haben eine Menüzeile unterhalb der Titelleiste, durch die die Funktionen der Anwendung angesprochen werden können. Über alle Anwendungen hinweg gibt es hier die Funktionsbereiche Datei, Bearbeiten und Hilfe. Hinzu kommen anwendungsabhängig weitere.

7.3.2.3 Menü

Als *Menü* bezeichnet man eine in einem Anwendungskontext zusammengehörige Gruppe von Funktionen, die grafisch oder textuell unter- oder nebeneinander präsentiert werden. Je nach Art der Präsentation gibt es (vgl. Bild 7.20)

- *starre Menüs*, die in dem Kontext ständig vollständig angezeigt werden,
- *Pulldown-Menüs*, mit einem permanent präsentierten Menükopf (meist in einer Menüleiste) und Menü-Funktionen, die nach Klicken des Menükopfes unterhalb des Kopfes erscheinen (nach unten klappen) und dann durch Klicken aktivierbar sind und
- *Popup-Menüs*, die einem Element des Desktop als Kontextmenü zugeordnet sind und dessen Funktionen nach Klicken dieses Elementes mit der rechten Mausfunktionstaste angezeigt werden und dann auswählbar sind.

In der Regel erhält der Benutzer in den Menüs eine Orientierungshilfe für die Auswahl von Funktionen dadurch, daß kontextbezogen auswählbare Funktionen in anderer Form präsentiert werden als solche, die zwar grundsätzlich in diese Funktionengruppe eingeordnet sind, in der konkreten Situation aber nicht aktivierbar sind.

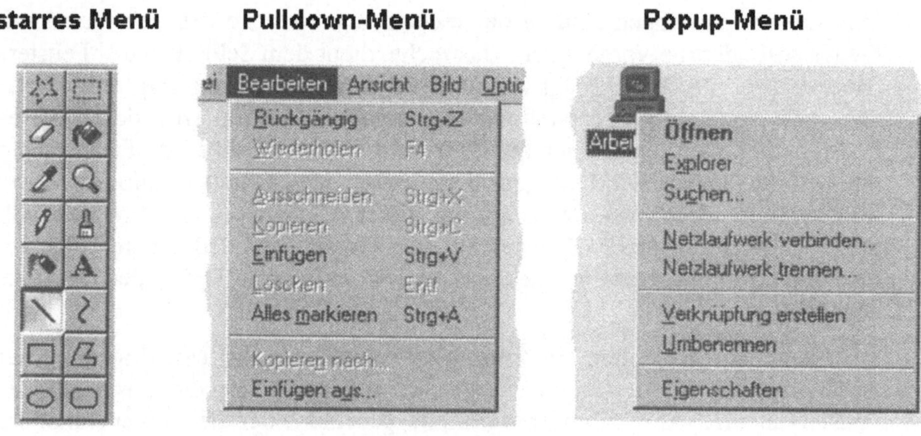

Bild 7.20: Unterschiedliche Menüs in grafischen Oberflächen

Hinsichtlich der Pulldown-Menüs hat sich heute über viele Anwendungsprogramme hinweg eine Standardisierung durchgesetzt mit

- dem „Datei"-Menü, das Funktionen zur Manipulation der gesamten gerade bearbeiteten Datei beinhaltet,

- dem „Bearbeiten"-Menü, das Funktionen zur Manipulation ausgewählter Bereiche der gerade bearbeiteten Dateien enthält,
- dem „Ansicht"-Menü mit Funktionen zur Manipulation der Art der Darstellung des Inhalts einer gerade bearbeiteten Datei,
- dem „Fenster"-Menü für die speziellen Fenster eines Anwendungsprogramms und
- dem „Hilfe"-Menü („?"-Menü) für das Hilfesystem zum Anwendungsprogramm.

Hinzu kommen weitere spezielle Menüs mit Funktionen in Abhängigkeit des spezifischen Anwendungsprogramms.

7.3.2.4 Dialogbox

Eine *Dialogbox* wird in grafischen Oberflächen gewöhnlich benutzt, wenn in einem Arbeitszusammenhang zu einer (durch Menü) gewählten Funktion zusätzliche Optionen festgelegt werden sollen oder Einstellungen vorgenommen werden können. Dazu ist eine Dialogbox in der Regel in drei Bereiche unterteilt (vgl. Bild 7.21).

- Der Titel kennzeichnet den die Dialogbox betreffenden Arbeitszusammenhang, z.B. den Namen einer Funktion. Da eine Dialogbox häufig durch ein Fenster präsentiert wird, ist der Titel der Dialogbox dann der Fenstertitel. Mitunter wird, wenn eine Vielzahl von Optionen eingestellt werden kann, die Dialogbox auf mehrere Karteikarten verteilt und der Titel jeder Karte ist dann in Form eines Reiters angegeben.
- Der Reaktionsbereich beinhaltet Funktionen, die der Benutzer als Reaktion der Präsentation der Dialogbox ausführen kann. Typischerweise sind das beispielsweise eine positive oder negative Antwort auf eine in der Dialogbox präsentierte Frage, eine Aufforderung, die die Dialogbox betreffende Funktion abzubrechen oder die Bestätigung, daß die notwendigen Eistellungen vorgenommen wurden und vom Anwendungsprogramm verarbeitet werden sollen.
- Der Optionenbereich zur Festlegung der Einstellungen und Darstellung erklärender Beschreibungen.

Die drei Bereiche einer Dialogbox bestehen aus einer Reihe einfacher Interaktionsobjekte, wie *Text- oder Datenfelder*, *Buttons* (Felder) zum Ein- und Ausschalten einer Option und *Listenfeldern* zum Auswählen einer Option aus einer Liste verschiedener Möglichkeiten. Buttons werden zu *Radiobuttons* zusammengefaßt, wenn aus einer kleinen Anzahl von Optionen genau eine Option ausgewählt werden muß und sie werden zu *Checkbuttons* zusammengefaßt, wenn für eine kleine Anzahl von Optionen mehrere eingestellt werden können.

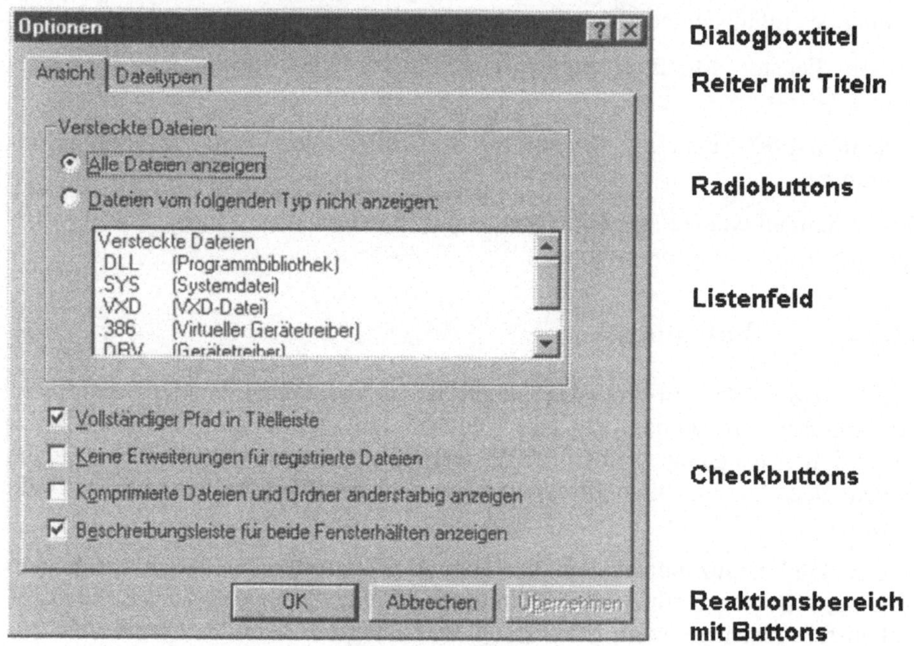

Bild 7.21: Dialogbox einer grafischen Oberfläche mit verschiedenen Interaktionsobjekten

7.3.3 Individualisierungen für grafische Oberflächen

Auch wenn vom Grundsatz her die Arbeit mit solchen grafischen Interaktionsobjekten einfach ist und auch gelegentliche Benutzer schnell damit zurecht kommen, ist eine effiziente Arbeit mit dem Betriebssystem und darauf aufbauend der Einsatz von Anwendungsprogrammen zur produktiven Erledigung von Arbeiten dadurch alleine nicht gewährleistet. Notwendig ist zusätzlich ein systematisches Vorgehen in der Organisation der Arbeit mit dem Computer, das sich auf ein Verständnis der Konzepte von Betriebssystemen und insbesondere des hierarchischen Dateisystems abstützt. Der Flexibilität grafischer Oberflächen entsprechend wird jeder hier im Laufe der Zeit seinen persönlichen Stil entwickeln.

Programme und Daten werden in Dateien auf peripheren Speichern gespeichert, die durch das Dateisystem hierarchisch strukturiert werden können. Oberste Ebene ist der Desktop und der Weisheit: „nur der Dumme hält Ordnung, das Genie durchschaut das Chaos," folgend, kann der Benutzer sämtliche Dateien hier ablegen (vgl. Bild 7.22).

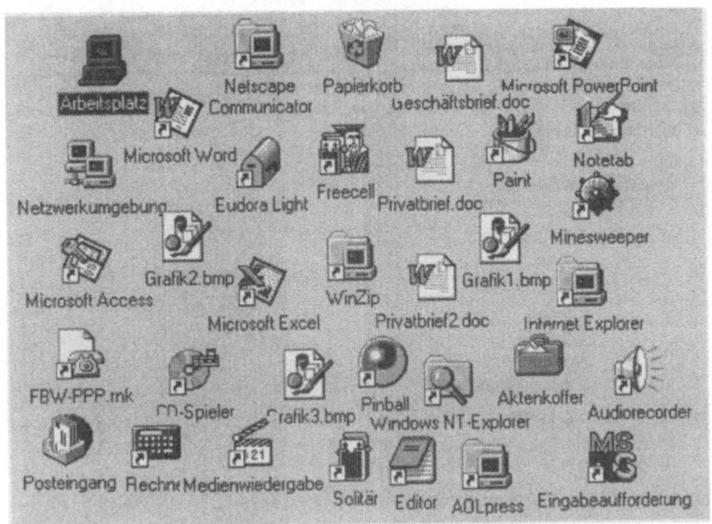

Bild 7.22:

„Chaos" auf dem Desktop

Es ist klar, daß ein solches Vorgehen ziemlich schnell ein großes Durcheinander erzeugt und der Benutzer die Übersicht verliert. Mindestens notwendig (bzw. empfehlenswert) ist eine Trennung von Funktionen (Anwendungsprogrammen) und Daten.

Dieses Vorgehen wird üblicherweise beim Installationsvorgang von Programmen unterstützt. Hier erhalten Systemprogramme und Anwendungsprogramme eigene Verzeichnisse im hierarchischen Dateisystem und es wird automatisch ein Verzeichnis „Eigene Daten" eingerichtet, in das die Standardprogramme zur Textverarbeitung, Grafik oder Kalkulation (vgl. die nächsten Kapitel) per Voreinstellung die vom Benutzer bearbeiteten Daten ablegen.

Icons zum Auslösen von Programmen durch den Benutzer können – sofern nicht per Installation automatisch geschehen – mit der Funktion „Verknüpfung herstellen" aus dem Kontextmenü der Programmdateien hergestellt und dem Desktop zugeordnet werden. Richtet man dann zusätzlich im Ordner „Autostart" auf der Festplatte eine Verknüpfung zum Systemprogramm „Explorer", das der Verwaltung des hierarchischen Dateibaumes dient, her, so wird bei jedem Einschalten des Rechners die Datenverwaltung geöffnet. Mit einer benutzerdefinierten weiteren Strukturierung des Verzeichnisses „Eigene Dateien" durch Definition neuer Ordner kann dann eine einfache Ordnung wie in Bild 7.23 auf dem Desktop hergestellt werden.

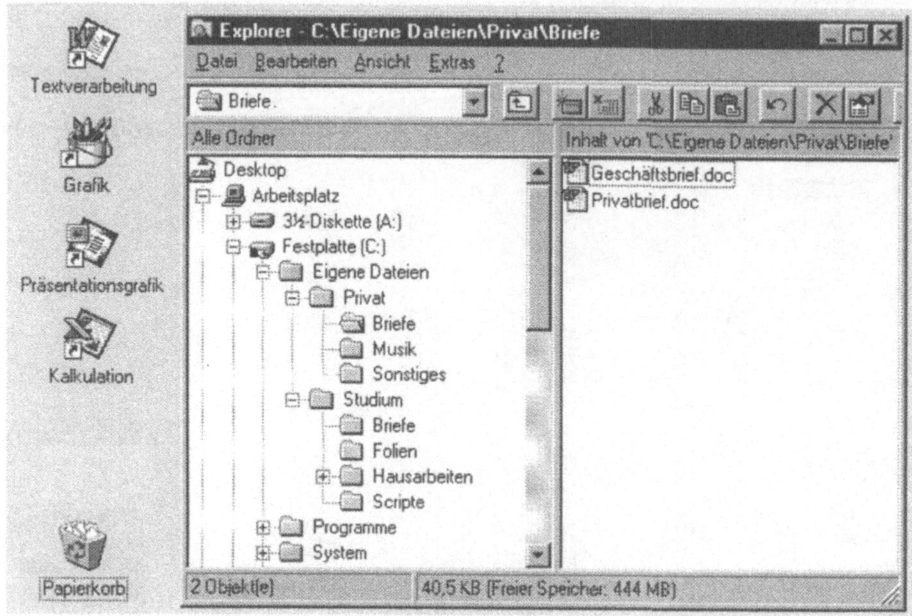

Bild 7.23: Eine einfache Trennung von Funktionen und Daten auf dem Desktop

Solch ein Vorgehen erlaubt ein übersichtliches Arbeiten ohne zu großen Verwaltungsaufwand und reicht völlig aus, solange nur mit wenigen Anwendungsprogrammen gearbeitet wird. Durch die parallele Präsentation von Daten und Funktionen kann die Arbeit sowohl ausgehend von den Funktionen, also z.B. Start des Textverarbeitungsprogramms mittels Doppelklicken des Icons, als auch ausgehend von den Daten, z.B. Öffnen der Datei „Privatbrief" durch Doppelklicken durchgeführt werden.

Eine Strukturierung der Daten wie in Bild 7.23 demonstriert, ermöglicht auch eine einfache Datensicherung, z.B. auf Disketten durch Kopieren einzelner Verzeichnisse.

Alternativ zur Präsentation der Funktionen auf dem Desktop und empfehlenswert, wenn mit sehr vielen Anwendungsprogrammen gearbeitet wird, ist eine Einordnung sämtlicher Funktionen im Startmenü der Taskleiste. Dies wird erreicht durch die Funktion „Task-Leiste" unter „Start" und ermöglicht eine Gruppierung sämtlicher Funktionen entsprechend der Präferenzen des Benutzers, aufbauend auf einer mit der Betriebssystem-Installation vorgegebenen Standardstruktur (vgl. Bild 7.24).

Zusammenfassend ist festzuhalten, daß die Möglichkeiten zur Gestaltung des Desktops und die Herstellung individueller Arbeitsumgebungen in Windows 98

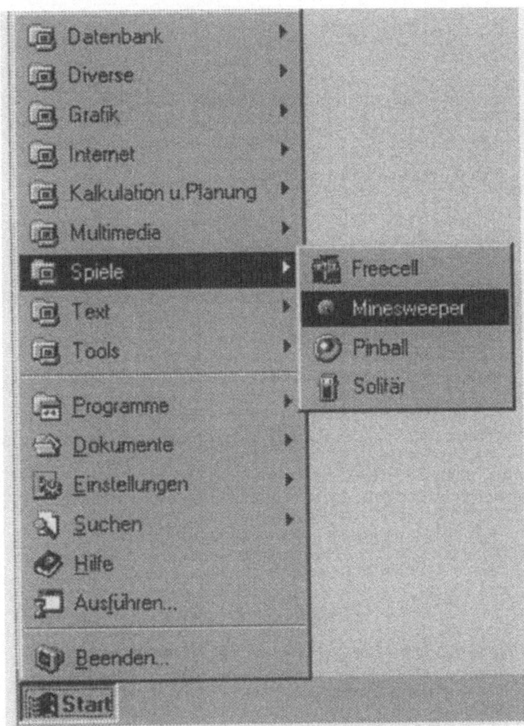

Bild 7.24: Das Start-Menü mit einer Liste gruppierter Anwendungsfunktionen

oder Windows NT nahezu unerschöpflich sind. Neben solchen, die Organisation von Daten betreffenden Möglichkeiten finden sich weitere, z.B. die Präsentation der Objekte betreffende und sicher wird jeder Benutzer hier eine ihm gefällige Form finden und herstellen können.

Szene 2.1: Bill erstellt ein Referat

Mitte Dezember: Bill beginnt mit der Vorbereitungen für sein Referat im Januar. Thema: Die Kostenfunktion. Er braucht eine schriftliche Fassung zum Abgeben (wofür gibt´s schließlich Textverarbeitungsprogramme) sowie Folien für den Vortrag (Das wird eine Sache für sein Business-Grafik-Programm). Die Literatur ist besorgt, ein erstes Konzept ist fertig (handschriftlich) und jetzt kann es eigentlich losgehen.

Aber halt. Aus seinen Mühen beim Schreiben diverser Briefe mit seinem Computer schlau geworden, will er die Sache systematisch angehen. Schließlich kommen da ja noch diverse andere Referate und Hausarbeiten in den nächsten Semestern.

Einen ersten Schritt dafür hatte er gemacht und Verzeichnisse auf der Festplatte für seine persönlichen Dateien eingerichtet.

Jetzt interessiert ihn, wie er sinnvoll das Textverarbeitungsprogramm und das Grafikprogramm einsetzt, um auch für die zukünftigen Arbeiten Zeit und Mühe zu sparen. Sein Kommilitone hat ihm gesagt, daß er einfach immer die Datei eines fertigen Briefs oder einer früheren Hausarbeit kopiert und diese Kopie dann neu bearbeitet Dabei könne er dann die ganzen vorhandenen Strukturen und teilweise auch die Formate wieder verwenden und spare eine Menge Zeit.

Bill hat aber auch gehört, daß es da über sogenannte Dokument- und Formatvorlagen noch ganz andere und viel bessere Möglichkeiten gäbe, einmal festgelegte Layouts zu speichern und für neue Dokumenten zugrunde zu legen. Hierüber will er sich

Dokumentvorlage

Eine besondere Dokumentform, die die grundlegenden Funktionen für die Gestaltung eines Dokumentes zur Verfügung stellt. Dokumentvorlagen können die folgenden Element enthalten:

- Text oder Formatierungen, die sich in jedem Dokument des gleichen Typs entsprechen, wie z. B. in einem Memo oder einem Bericht
- Formatvorlagen
- AutoText-Einträge
- Makros
- Memü- und Tastaturzuweisungen
- Symbolleisten

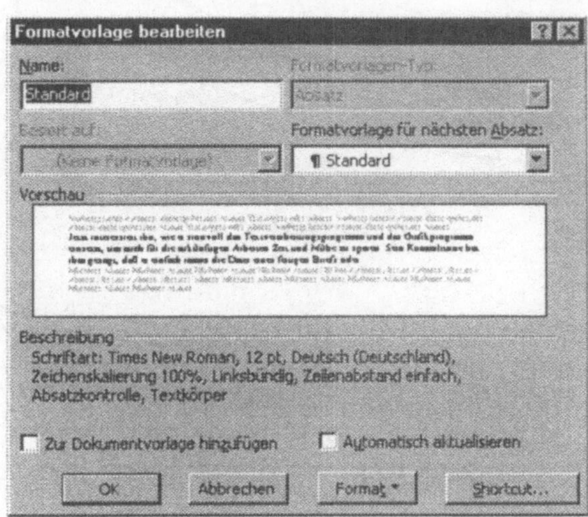

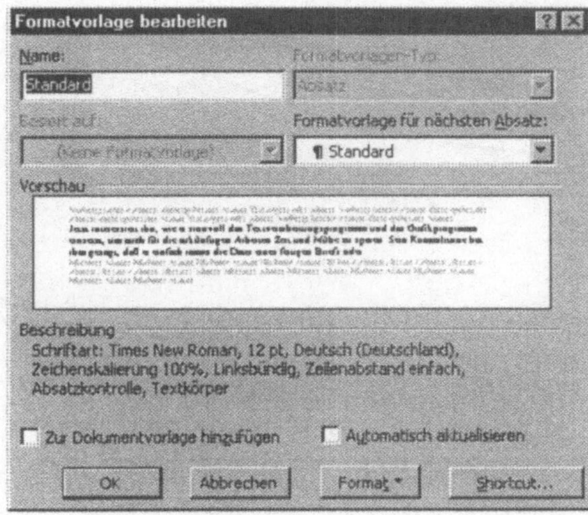

näher informieren und studiert Handbücher und Hilfesysteme seiner Programme. Sukzessive begreift Bill, was Textverarbeitung und grafische Datenverarbeitung eigentlich ist, daß es hier viele verschiedene Facetten gibt und daß ein Textverarbeitungsprogramm mehr ist als nur eine komfortable Schreibmaschine und ein Grafikprogramm sehr viel mehr als nur ein Malwerkzeug.

Bill beginnt, für seine zukünftigen Briefe, Referate und Hausarbeiten Vorlagen im Sinne seines persönlichen Stils auszuarbeiten. Erst danach fängt er an, sein Referat zu schreiben und die Folien auszuarbeiten. Ihm ist klar geworden, daß dieser Mehraufwand am Anfang ihm zukünftig sehr viel Arbeit ersparen wird.

Während sein Referat so langsam wächst, müht Bill sich ständig mit komplizierten Berechnungen auf seinem Taschenrechner, um die mathematischen Zusammenhänge zwischen Kostenfunktion, Betriebsoptimum und Gewinnmaximierung herauszufinden. Auch die zur Veranschaulichung per Grafikprogramm erstellten Diagramme gefallen ihm nicht so richtig. Nach einem Gespräch darüber mit seinem Hochschullehrer packt er den Taschenrechner weg, legt auch erst mal sein Referat beiseite und widmet sich seinem Tabellenkalkulationsprogramm.

Er stellt fest, daß Tabellenkalkulationsprogramme ein sehr mächtiges Werkzeug für solche Probleme sind, deren Lösung man tabellenartig in Zeilen und Spalten darstellen kann. Einige Zeit später jubelt Bill über die verfügbaren Möglichkeiten und über die Funktionsvielfalt und produziert aus Tabellen auch wunderschöne Diagramme, die er in sein Referat und in seine Folien mühelos integriert.

Wertetabelle der Kostenfunktion	
0	2,0
1	3,1
2	4,7
3	6,8
4	9,9
5	14,1
6	19,6
7	26,8
8	35,8

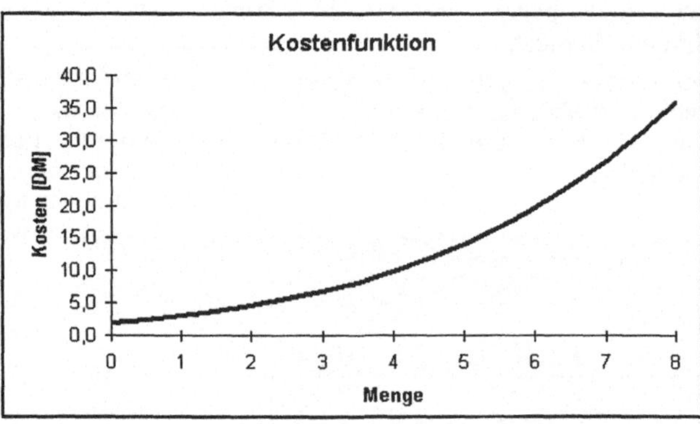

Was macht Textverarbeitung, Tabellenkalkulation und Grafische Datenverarbeitung aus? Wie geht man vor, um solche Standardprogramme sinnvoll für seine Probleme einzusetzen?

8 Anwendungssoftware für Personalcomputer

Durch *Anwendungssoftware* wird die universelle datenverarbeitende Maschine aus Hard- und Systemsoftware zu einer speziellen Maschine für den gewünschten Zweck. Kaum ein Bereich ist so vielfältig, wie der der Anwendungssoftware und es ist inzwischen kaum ein Problem denkbar, für dessen Lösung es keine Software gibt. Dabei konkurrieren in jedem einzelnen Anwendungsbereich in der Regel so viele Programme miteinander, daß ein Überblick und ein Vergleich oft schwer fällt.

Während die grundlegende Systemsoftware häufig im Lieferumfang eines Standard PCs enthalten ist, ist Anwendungssoftware bis auf Ausnahmen extra zu beschaffen. Auch wenn durch die große Verbreitung die Preise der Software für diverse Anwendungsbereiche relativ niedrig sind, dürfen die Kosten insgesamt für Anwendungssoftware nicht unterschätzt werden. Für einen einigermaßen gut ausgestatteten PC im privaten Bereich sind hier noch einmal Kosten zu kalkulieren, die in etwa denen der Hardware entsprechen. In professionellen Anwendungsbereichen in Unternehmen sind außer den Anschaffungs- auch Pflege- und Wartungskosten zu berücksichtigen. Insgesamt übersteigen hier die Kosten der Software die der Hardware um ein Vielfaches.

Anwendungssoftware als Produkt für sich erfährt durch den Gebrauch keine Abnutzung, d.h. sie kann vom Prinzip her beliebig lange eingesetzt werden. In der Praxis altert sie als Folge der kurzen Innovationszyklen der Informationstechnik aber dennoch. Abgesehen von den wachsenden funktionalen Möglichkeiten bei der Anwendungssoftware betrifft dies vor allem ihre Abhängigkeit von der Systemsoftware (vgl. Abschnitt 7.2). Anwendungssoftware ist immer ausgerichtet auf ein bestimmtes Betriebssystem, d.h. bei einem Wechsel der Systemsoftware ist bei alter Anwendungssoftware immer mit Nachteilen und Fehlfunktionen zu rechnen. Ein vollständiges Ausschöpfen der gestiegenen Leistungsfähigkeit neuer Hard- und Systemsoftware ist nur durch einen Wechsel der Anwendungssoftware möglich. Ein grundlegender Wechsel der Hard- oder Systemsoftware (z.B. von Windows zu Macintosh oder zu Unix) ist immer auch mit einer neuen Ausstattung der Anwendungssoftware verbunden.

Ziel dieses Kapitels ist es, ein wenig Transparenz für die Vielfalt der Anwendungssoftware zu schaffen, die es dem Benutzer ermöglicht, seinen Zwecken entsprechend zielgerichtet Software auszuwählen und einzusetzen. Dazu führen wir zunächst eine Klassifikation von Anwendungssoftware durch und beschreiben dann die spezifischen Merkmale einzelner klassischer Anwendungsbereiche von Personalcomputern sowie Ansätze, durch Software hier Unterstützung zu geben.

Wir betrachten dabei ausschließlich „ernste" Anwendungen und vernachlässigen völlig den Freizeitbereich mit seinem großen Angebot an im weitesten Sinne Computerspielen.

8.1 Klassifikation von Anwendungssoftware

Entsprechend ihres Einsatzbereiches unterteilen wir Anwendungssoftware in Bürosoftware, kommerzielle, d.h. betriebswirtschaftliche Software und technisch-wissenschaftliche Software. Für diese drei Bereiche kann weiter danach differenziert werden, in welcher Breite die Software einsetzbar ist und es erfolgt eine Trennung in Standard- und Individualsoftware.

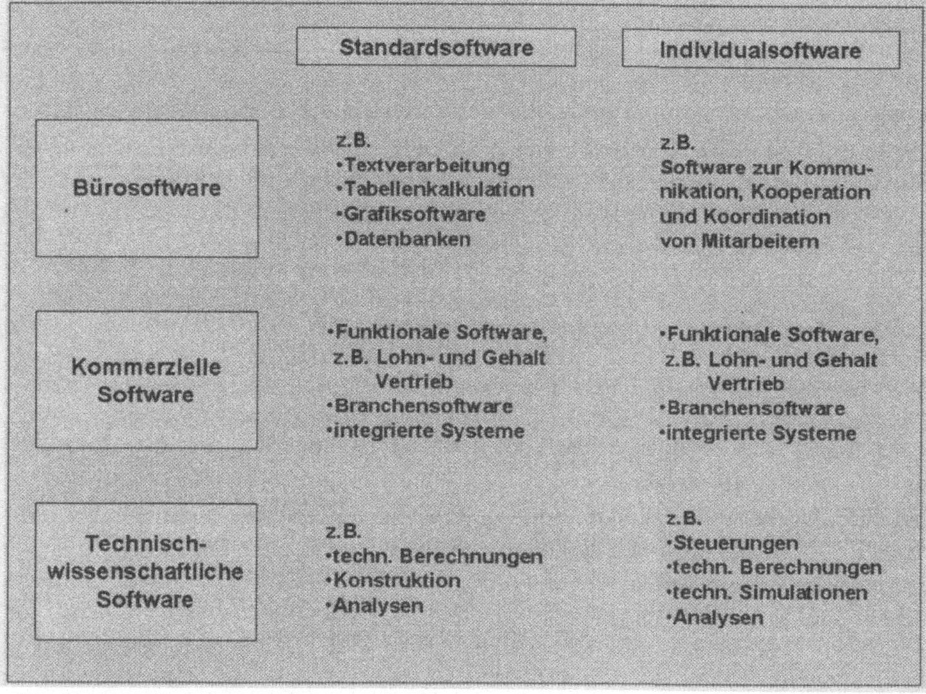

Bild 8.1: Klassen von Anwendungssoftware

8.1.1 Standard- und Individualsoftware

Während durch *Standardsoftware* eine allgemeingültige Lösung für einen Problembereich geschaffen wird, die viele Anwender einsetzen können, ist *Individualsoftware* im Detail auf die spezifische Problemstellung eines Anwenders zugeschnitten, für ihn speziell entwickelt und kann nur hier effizient eingesetzt werden.

Im privaten Einsatz von Personalcomputern wird fast ausschließlich mit Standardsoftware gearbeitet. Diese ist für den Benutzer schnell verfügbar, ausgereift und mit einer Funktionalität ausgestattet, die den normalen Ansprüchen eines Anwendungsbereichs voll genügt. Ihr Preis ist durch eine große Verbreitung niedrig, teilweise gibt es Standardsoftware auch als *Public Domain* Produkt völlig kostenlos oder als *Shareware* gegen eine sehr geringe Gebühr.

Die hohe Qualität der Standardsoftware und insbesondere der niedrige und gut kalkulierbare Preis bewirken, daß auch in Unternehmen solche Produkte weit verbreitet sind. Zunächst vor allem auf eher allgemeine Zwecke und/oder auf kleinere Unternehmen beschränkt, gewinnt Standardsoftware heute in allen Einsatzbereichen vor allem dadurch an Bedeutung, daß sie von den Herstellern flexibel gestaltet wird. Standardsoftware für den Einsatz in Unternehmen ist kein starres Produkt mehr, sondern bietet durch diverse Funktionen und Schnittstellen vielfältige Individualisierungsmöglichkeiten. Dadurch kann sie auf spezifische Gegebenheiten der Unternehmen angepaßt werden (*Customizing*). Je nach Einsatzzweck und Produkt ist der hierfür zu veranschlagende Aufwand um ein Vielfaches geringer als der, der bei der Entwicklung von Individualsoftware entsteht. Individualsoftware wird daher zunehmend nur noch dort eingesetzt, wo keine Standardsoftware angeboten wird oder wo wegen der speziellen Problemstellung der Anpassungsaufwand dem einer Neuentwicklung gleichkommt.

8.1.2 Bürosoftware

Bürosoftware betrifft die klassischen Problemstellungen einer verwaltenden Tätigkeit an einem Schreibtisch. Hier werden Texte erstellt und bearbeitet, es sind Berechnungen durchzuführen, Berechnungsergebnisse darzustellen, grafische Präsentationen von Strukturen und Zusammenhängen anzufertigen und Daten und Beziehungen zwischen Daten zu verwalten.

Zur Unterstützung dieser Tätigkeiten werden Textverarbeitungsprogramme, Kalkulationsprogramme, Grafikprogramme und Datenbankprogramme als Standardsoftware mit umfangreicher Funktionalität angeboten (vgl. die folgenden Abschnitte). Es gibt sie als jeweils eigenständige Produkte oder auch als integrierte Programmpakete, die Funktionen zur Unterstützung all dieser Einsatzbereiche miteinander vereinigen. Eigenständige Programme für die verschiedenen Einsatzbereiche verfügen - auf den jeweiligen Einsatzbereich bezogen - über einen größeren Funktionsumfang und sind insgesamt leistungsfähiger als integrierte Programmpakete.

Wichtig für die Arbeit mit Bürosoftware und eines der entscheidenden Qualitätskriterien der eingesetzten Programme ist die im Alltag häufige Notwendigkeit, Daten zwischen den verschiedenen Einsatzbereichen auszutauschen, also z.B. eine Grafik in einen Text zu integrieren, oder die in einer Datenbank gehaltene Adresse einer Person in einen Brief zu übernehmen (vgl. auch Abschnitt 8.6). Während solche Möglichkeiten bei integrierten Programmpaketen per Definition verfügbar sind, sind hierzu bei eigenständigen Programmen zusätzliche Funktionen nötig. Bei einem Einsatz von Produkten eines Herstellers (z.B. den Programmen des Marktführers „Microsoft Office") werden dazu geeignete herstellerspezifische Datendarstellungsformen (Austauschformate) definiert und Funktionen für den Austausch realisiert. Für die Verbindung von Programmen über verschiedene Hersteller hinweg existieren dazu eine Reihe von Datenex- und –importmöglichkeiten und herstellerunabhängige Austauschformate.

Zusätzlich gehören in den Bereich der Bürosoftware - vor allem im Einsatz bei Unternehmen - Programme zur Unterstützung der Kommunikation, Koordination und Kooperation von Mitarbeitern. Voraussetzung hierzu ist eine Verbindung der Personalcomputer zu einem Rechnernetz, in das dann solche Funktionen teilweise als System- und teilweise als Anwendungssoftware integriert werden (vgl. Kapitel 14 und auch Abschnitt 16.3).

8.1.3 Betriebswirtschaftliche Software

Betriebswirtschaftliche Software (*kommerzielle Software*) wird zur Unterstützung des Betriebes von Unternehmen z.B. in Zusammenhang mit Problemstellungen des Finanz- und Rechnungswesens, der Material- und Lagerwirtschaft, der Fertigungsorganisation, des Marketing, des Vertriebs und des Personalwesens eingesetzt. Es gibt solche Software auf dem Markt als

- Programme, die funktional orientiert einzelne Einsatzbereiche in Unternehmen abdecken, z.B. zur Debitoren- oder Kreditorenbuchhaltung, zur Lagerverwaltung oder zur Lohn- und Gehaltsabrechnung
- Programme, die branchenbezogen funktionsübergreifend arbeiten (*Branchensoftware*) und effizient von Unternehmen einer Branche für ihre spezifischen Zwecke und Gegebenheiten eingesetzt werden können, z.B. Verlagswesen und Buchhandel, Rechtsanwälte, Ärzte, Banken und Versicherungen und
- integrierte Programmsysteme (*betriebswirtschaftliche Standardsoftware*), die über verschiedene Komponenten zur Unterstützung aller Einsatzbereiche in Unternehmen verfügen und darüberhinaus branchenspezifische Ergänzungen enthalten.

Während in der Standard- und Individualsoftware der ersten Gruppe ein Austausch von Daten zwischen einzelnen Programmen wegen der Unterschiede in der jeweiligen Datenverwaltung problematisch ist und eine integrierte Bearbeitung von Geschäftsvorfällen im Unternehmen behindert oder auch unmöglich macht, bieten die integrierten Systeme eine einheitliche Struktur für die Datenhaltung und aufeinander abgestimmte Funktionen. Darüberhinaus sind sie als Standardsoftware darauf ausgerichtet, auf die Gegebenheiten eines Unternehmens angepaßt zu werden. Die daraus für die Unternehmen resultierenden Vorteile führen derzeit in großem Umfang gerade in größeren und mittleren Unternehmen zur Ablösung der in der Vergangenheit vielfach installierten funktional orientierten Programme. Marktführer für solche integrierten Programmsysteme ist die SAP AG mit ihrem Produkt R/3 (vgl. den Abschnitt 16.4).

8.1.4 Technisch-wissenschaftliche Software

Der Einsatzbereich *technisch-wissenschaftlicher Software* ist riesig und umfaßt praktisch alle durch die anderen zwei Arten nicht erfaßten Gebiete von der Luft- und Raumfahrt über die Steuerung von Produktionsanlagen, genauso wie die von Ampelanlagen oder Telekommunikationseinrichtungen und technischen Berechnungen für die Meterologie, die Physik, die Elektrotechnik und die Mathematik bis hin zur Stadtplanung, Statistik oder Wahlforschung. Häufig wird hier aufgrund der Spezifika des Anwendungsbereichs Individualsoftware eingesetzt, seltener z.B. für mathematische oder statistische Problemstellungen und Analysen oder auch für den Konstruktionsbereich durch CAD-Systeme (Computer Aided Design) Standardsoftware.

8.2 Textverarbeitung

Software zur Unterstützung von Textverarbeitung ist die wohl am weitesten verbreitete und am häufigsten genutzte Anwendung bei Personalcomputern. Neben Computerspielen war sie es, die im privaten Bereich für den breiten Einsatz von PCs gesorgt hat.

Computergestützte *Textverarbeitung* ist sehr vielfältig und reicht vom Anfertigen kleinerer Notizen über das Schreiben von Briefen und Artikeln und das Gestalten von Formularen bis hin zum Erstellen von längeren Abhandlungen oder Büchern. Sie bietet gegenüber den herkömmlichen Techniken wie Stift und Schreibmaschine durch die Bildschirmarbeit die grundsätzlichen Vorteile, auf leichte Art Tippfehler verbessern, Zeichen und Worte einfügen und Textpassagen kopieren, und verschieben zu können.

Die große Stärke von Textverarbeitungsprogrammen liegt aber in ihren Möglichkeiten zur formalen Gestaltung eines Textes. War zuvor nur den Profis in Druckereien und Werbeagenturen das Design von Seiten, die Herstellung ansprechender Layouts vorbehalten, so kann heute jedermann mit seinem PC Texte auf bequeme Art in eine gewünschte, ansprechende Form bringen. Hinzu kommen leistungsfähige Funktionen zur Korrektur und Überarbeitung von Texten (Rechtschreib- und Grammatikprüfung, Silbentrennung, Protokollierung von Änderungen), zur Arbeitserleichterung bei der Texterstellung (Textbausteine, Serienbriefe, Makros) und zur Integration von Grafiken, Tabellen oder anderen Objekten.

8.2.1 Strukturen für die Textverarbeitung

Durch Textverarbeitung manipulieren wir entsprechend der heutigen Gegebenheiten neben den textuellen Zeichen eines gewöhnlichen Alphabets genauso auch Grafiken, Bilder oder andere darstellbare Objekte. Alles zusammen bildet für eine Problemstellung ein Dokument, das durch Textverarbeitungsprogramme in einer Datei auf Datenträgern (vgl. Abschnitt 7.1.3) gespeichert wird. Jedes solche Dokument weist sprachlich-inhaltliche und formale Strukturen auf.

Aus sprachlichen Gesichtspunkten werden einzelne Zeichen zu Worten zusammengefaßt und inhaltliche Aspekte führen zu Sätzen aus verschiedenen Worten und weiter zu Absätzen bestehend aus Sätzen, gegebenenfalls kombiniert mit anderen darstellbaren Objekten. Je nach Problemstellung ist ein solches Dokument inhaltlich weiter gegliedert in Abschnitte und Kapitel z.B. bei einem Buch, die aus Überschriften und zugeordneten Absätzen bestehen und wie z.B. eine Fußnote, ein Inhaltsverzeichnis oder ein Stichwortverzeichnis mit besonderer Bedeutung belegt werden können. Bei Briefen findet sich eine über Absätze hinausgehende inhaltliche Struktur durch Elemente wie Adressat, Absender, Datum, Betreff und Briefrumpf. Der Briefrumpf selbst könnte wieder aus Abschnitten und Kapiteln bestehen.

Formale Strukturen entstehen durch die Präsentation eines Dokumentes. Wir unterscheiden Seiten als die eigentliche Grundform, auf denen die sprachlich-inhaltlichen Strukturelemente in Spalten und innerhalb der Spalten in Zeilen zweidimensional gegliedert werden.

Je nach Anwendungsbereich von Textverarbeitung finden sich stärker und schwächer derartig gegliederte Dokumente, sodaß für die computergestützte Bearbeitung unterschiedlich ausgerichtet Textverarbeitungsprogramme angeboten werden.

8.2.2 Editoren

Die einfachste Form der Textverarbeitung mit Computern bezieht sich auf Texte, die nicht zur Präsentation, sondern zur Verarbeitung durch den Computer selbst erstellt werden.

Wir haben eine solche Anwendung in ihrer Grundform in Zusammenhang mit Kommando-Oberflächen (vgl. Abschnitt 7.3.1) kennengelernt, bei denen ein eingegebener Text durch einen Kommandointerpreter ausgewertet wird. In komplexeren Formen entstehen derartige Texte z.B. in Verbindung mit der Entwicklung von Programmen, bei der Festlegung von Parametern für Einstellungen zum Start eines Rechners oder bei anderen systemnahen Anwendungen.

Zur Unterstützung der Eingabe und Manipulation solcher einfacher Texte wurden sogenannte *Editoren* entwickelt, die als Dienstprogramme in ein Betriebssystem integriert sind. In der „Windows-Welt" (vgl. Abschnitt 7.2) heißt dieses Dienstprogramm „Editor", siehe Bild 8.2, bei Unix gibt es verschiedene Realisierungen, der am weitesten verbreitete Editor ist „*vi*".

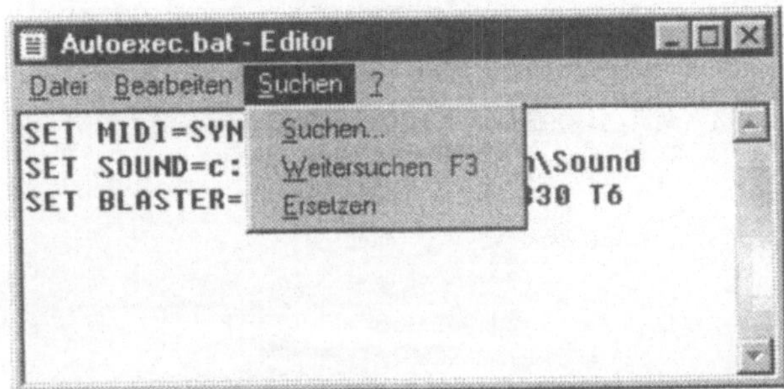

Bild 8.2:

Der Windows-Editor

Editoren erlauben nur die Textverarbeitung im engeren Sinne und verarbeiten Dokumente bestehend aus Zeichen und Worten, die in Zeilen gegliedert werden können. Zur Manipulation der Texte verfügen sie über Funktionen zur eigentlichen Texterstellung, zum Suchen, Löschen und Einfügen von Zeichen und Wörtern.

8.2.3 Textverarbeitungsprogramm

Als *Textverarbeitungsprogramme* im eigentlichen Sinne bezeichnet man solche Programme, die eine komfortable Unterstützung des Benutzers bei der Manipulation von beliebig strukturierten Dokumenten bieten. Es gibt sie als Low-Cost-Produkte, die einem Betriebssystem beigefügt sind (z.B. das Programm Wordpad für Microsoft Windows) oder im Lieferumfang eines Standard PCs enthalten sind (z.B. das Programm Star Writer), mit einfacher Funktionalität oder als sehr leistungsfähiges zusätzliches Anwendungsprogramm mit umfangreicher, ausgefeilter Funktionalität (z.B. die Programme Microsoft Word für Windows oder Word Perfect).

Programme dieser Leistungsklasse stellen dem Benutzer eine grafische Benutzungsoberfläche nach dem *WYSIWYG-Prinzip* (What you see is what you get) für die Textverarbeitung zur Verfügung, die eine komfortable Layout-Gestaltung (Formatierung) von Dokumenten am Bildschirm ermöglicht. Neben den grundsätzlichen Möglichkeiten zur Eingabe, zum Löschen und zum Einfügen bieten die Programme zahlreiche Funktionen, die an den Strukturelementen von Dokumenten ausgerichtet sind. Beispielsweise kann

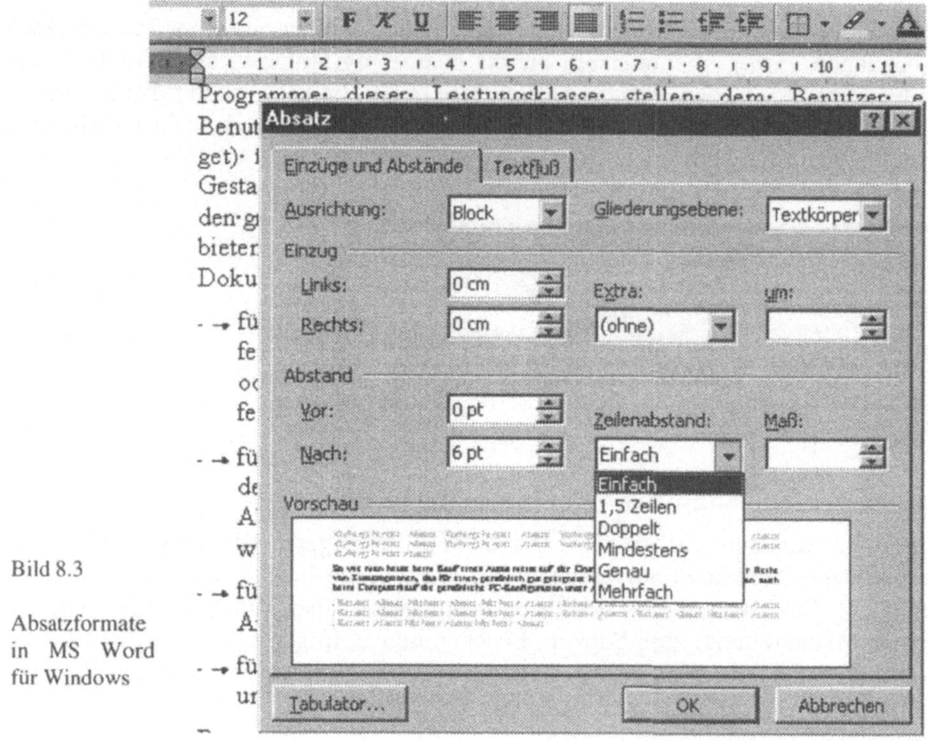

Bild 8.3

Absatzformate in MS Word für Windows

- für Zeichen der Schrifttyp und die Schriftgröße, die Darstellungsart (einfach, fett, kursiv, unterstrichen), die Schriftfarbe, der Abstand zwischen Zeichen oder Effekte, wie hoch- oder tiefgestellt, Umriß- oder schattierte Darstellung festgelegt werden,
- für Absätze die Ausrichtung (linksbündig, zentriert, rechtsbündig, Blocksatz), der Zeilenabstand, ein Einzug vom linken und rechten Seitenrand und Abstän-

de zu vorhergehenden oder nachfolgenden Absätzen eingestellt werden (vgl. Bild 8.3),

- für Seiten ihre Größe, die Ränder links, rechts, oben oder unten oder auch die Art der Positionierung von Elementen vorgegeben werden und
- für Abschnitte eine spaltenweise Darstellung und eine Festlegung von Kopf- und Fußleisten vorgegeben werden.

Daß die Programme dabei einen automatischen Zeilen- und Seitenwechsel vornehmen, wird inzwischen als Selbstverständlichkeit betrachtet. Die Formatierungen werden zusätzlich unterstützt durch Funktionen zur Definition von Formatvorlagen und Dokumentvorlagen, über die komplexe Layout-Festlegungen gespeichert und zur Verwendung aufgerufen werden können. Auf diese Weise entstehenden benutzerspezifische Muster für z.B. Briefe, Formulare und andere Arten von Dokumenten.

Weitergehende Funktionen erleichtern dem Benutzer die Arbeit bei der Silbentrennung, bei der Rechtschreibung, bei der Verwaltung von Fußnoten, der Erstellung eines Inhaltsverzeichnisses oder eines Stichwortverzeichnisses oder bei der Verwendung von Serienbriefen, um nur einige zu nennen. Insgesamt hat sich durch die Konkurrenzsituation der Anbieter von Textverarbeitungsprogrammen hier ein Leistungsstandard herausgebildet, der kaum noch Wünsche offen läßt.

Inspiriert durch die Fülle an Möglichkeiten ist der Benutzer regelmäßig in der Versuchung, verschiedene Gestaltungsformen auszuprobieren und miteinander zu vergleichen. Oft wird hierfür sehr viel mehr Zeit aufgebracht als für die inhaltliche Gestaltung des Textes und diverse Seiten Papier werden ausgedruckt, bevor das Dokument das gewünschte Layout hat. Dabei wird dann auch gerne „des Guten etwas zu viel getan“ und es werden Seiten produziert mit vielen verschiedenen Schriftarten, -größen und –farben. Obwohl Vieles natürlich Geschmackssache ist, gilt grundsätzlich für die Gestaltung von Texten Zurückhaltung und ein Benutzer ist gut beraten, sich professionell erstellte Dokumente, in die Erkenntnisse der Wahrnehmungspsychologie eingegangen sind, zum Vorbild zu nehmen. Einige Grundregeln hierfür sind:

- Mehr als zwei Schrifttypen und Schriftgrößen auf einer Seite bewirken ein unruhiges Schriftbild.
- Für Hervorhebungen innerhalb eines laufenden Textes sollte die Schriftart nicht gewechselt werden und eine einheitliche Linie durch entweder Fettdruck, Kursivdruck oder Unterstreichen gewählt werden. Zu viele Hervorhebungen werden vom Leser nicht mehr wahrgenommen.
- Gleichartige Textelemente sollten in durchgehend gleicher Weise formatiert werden, also z.B. laufender Text in einer Form, Überschriften verschiedener

Kategorien je Kategorie in anderer Form, Kopf- und Fußzeilen oder z.B. Bildunterschriften wiederum jeweils in einheitlicher, eigenständiger Form.

- Silbentrennung verhindert große Wortabstände in einer Zeile. Dabei werden bei breiteren Zeilen bessere Ergebnisse erzielt als bei schmalen Zeilen, die durch mehrere Spalten auf einer Seite entstehen.
- Texte lassen sich leichter lesen, wenn der Zeilenabstand mit wachsender Zeilenbreite größer eingestellt wird.
- Einzelne Zeilen am Anfang und am Ende einer Seite sind genauso zu vermeiden, wie isoliert auf einer Seite stehende Überschriften.

Außer den Möglichkeiten der Layoutgestaltung ist die „richtige" Organisation der Arbeit mit Textverarbeitungsprogrammen wichtig für ihren effizienten Einsatz.

Dies betrifft zunächst die Speicherung der erstellten Dokumente. Wie in Abschnitt 7.3.3 erläutert gehört dazu eine geeignete Strukturierung für den peripheren Speicher (vgl. Bild 7.23), die in Verbindung mit aussagekräftigen Dateinamen das Suchen und Finden von Dokumenten erleichtert. Durch Voreinstellungen im Textverarbeitungsprogrammen kann das für die Speicherung präferierte Verzeichnis bestimmt werden und so ohne viel Aufwand Ordnung in der Ablage hergestellt werden (vgl. Bild 8.4a und b).

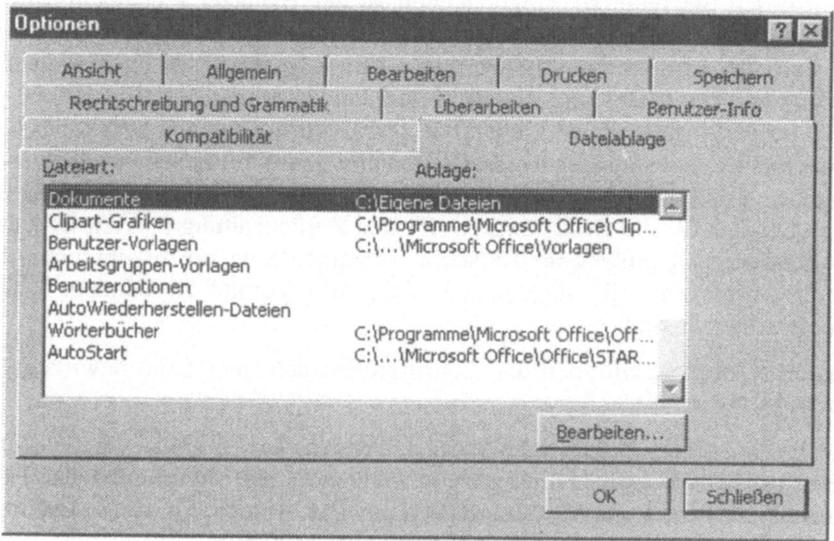

a) "Eigene Dateien" wird als Standardverzeichnis zur Dateiablage eingestellt

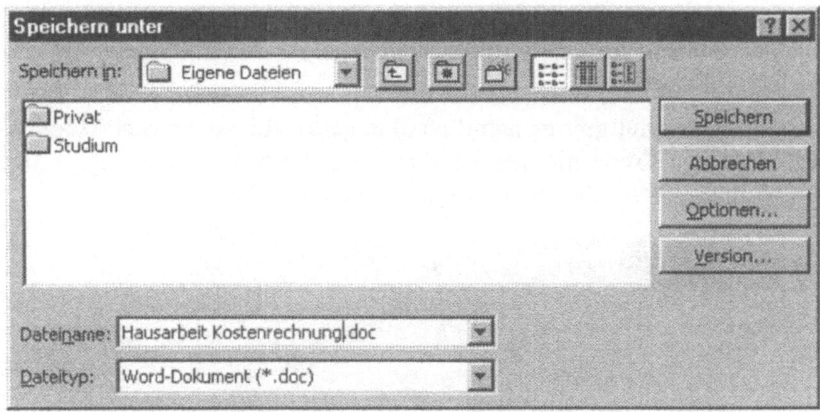

b) Das voreingestellte Verzeichnis wird beim Speichern automatisch gewählt

Bild 8.4: Einstellungen zum Speichern von Dokumenten (am Beispiel von MS Word für Windows)

Noch bedeutender für einen effizienten Einsatz ist die Möglichkeit der Definition von Vorlagen. Hat man einmal ein Layout für Briefe oder für schriftliche Ausarbeitungen wie z.B. Hausarbeiten oder Referate hergestellt, kann man auf diese Einstellungen jederzeit wieder zugreifen, wenn ein neuer Brief, ein neues Referat erstellt werden soll. Ein einfacher Weg dazu ist es, ein altes Dokument der gewünschten Form zu öffnen, unter neuem Namen abzuspeichern und dann inhaltlich zu verändern.

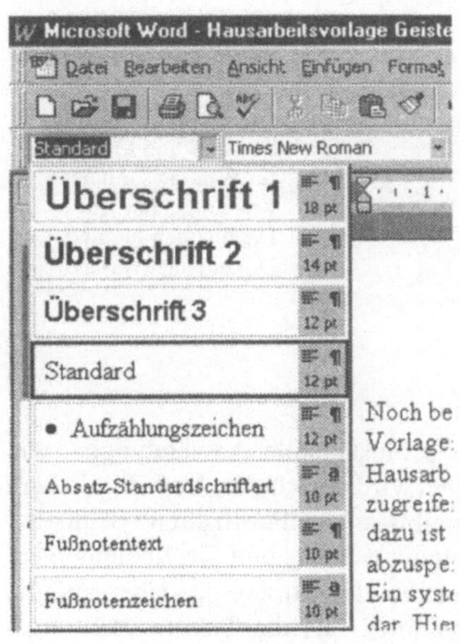

Bild 8.5: Formatvorlagen

Ein systematischeres Vorgehen stellt die Verwendung von *Format- und Dokumentenvorlagen* dar. Hier speichert man nur Layout-einstellungen, z.B. ein eingestelltes Seitenformat, Layoutfestlegungen für laufenden Text, für Überschriften oder Fußnoten (vgl. Bild 8.5), oder – im Falle von Briefen – man speichert die in jedem Brief zu verwendenden Elemente zum Absender und z.B. Datum und ansonsten Formate für den sich ändernden Betreff sowie den Briefrumpf.

Der Einfachheit halber können – wie in Bild 8.6 demonstriert - die erstellten Vorlagen unter dem Start-Menü (vgl. Abschnitt 7.3.3) eingeordnet werden. Nach Aufrufen einer solchen Vorlage wird dann ein neues, leeres Dokument mit allen Layoutfestlegungen geöffnet.

Außer den genannten gibt es natürlich eine ganze Reihe weiterer Möglichkeiten, die Effizienz der Arbeit mit Textverarbeitungsprogrammen zu steigern und jeder wird hier im Laufe der Zeit seinen eigenen Stil entwickeln.

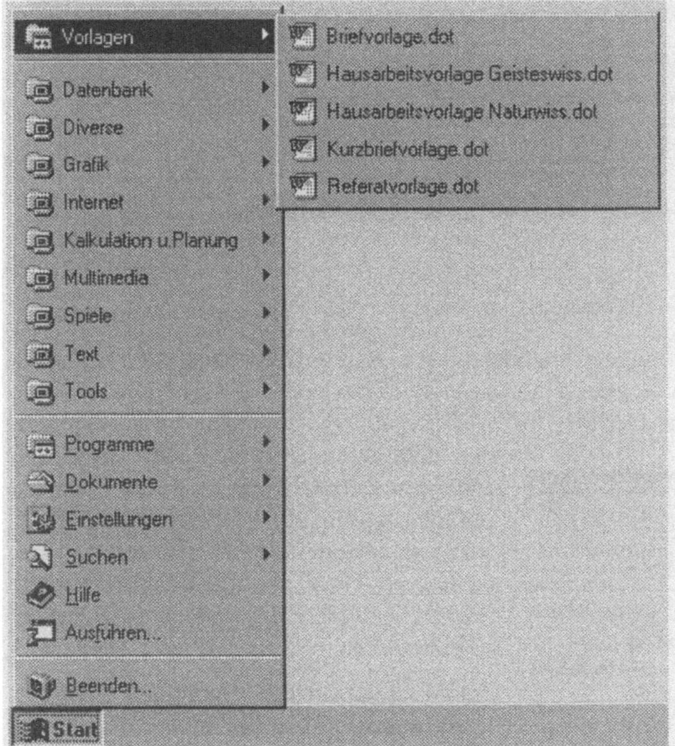

Bild 8.6:

Dokumentenvorlagen im Startmenü

(am Beispiel von WindowsNT und MS Word für Windows mit der Kennung „.dot“ im Dateinamen für eine Dokumentenvorlage)

8.2.4 Desktop-Publishing

Textverarbeitung im weitesten Sinne für eher professionelle Anwendungen, wie z.B. Werbeagenturen oder Zeitschriftenverlage wird durch *Desktop Publishing* Programme unterstützt. Ein solches „vom Schreibtisch aus Publizieren“ beinhaltet vorrangig die Layoutgestaltung von Dokumenten aus Text- und Grafikelementen. Desktop Publishing Programme konzentrieren ihre Funktionalität daher auf die Gestaltung von Seiten und sind hier leistungsfähiger als die Textverarbeitungsprogramme und sie bieten vielfältige Importmöglichkeiten für Texte und Grafiken an. Die eigentliche Erstellung solcher zu kombinierender Elemente bleibt dann den darauf spezialisierten Grafik- und Textverarbeitungsprogrammen vorbehalten. Für die Ein- und Ausgabe beim Desktop Publishing werden dem Anwendungsbereich entsprechend häufig spezielle Geräte, wie Scanner, Plotter oder Lichtsatzgeräte eingesetzt.

8.3 Tabellenkalkulation

Berechnungsprobleme ergeben sich im Alltag und im Büro in vielerlei Anwendungszusammenhängen: Wieviel hat der letzte Einkaufbummel gekostet, wieviel Geld bleibt monatlich übrig, wenn die Miete, die Wohnnebenkosten, die Ratenzahlungen usw. vom Konto abgegangen sind, wie setzen sich die Finanzierungskosten einer größeren Anschaffung zusammen, was ist alles für eine Steuererklärung zu berücksichtigen, wie ist ein Angebot zu kalkulieren, wie groß ist der Wert des Inventars eines Büros, wie hoch sind die Abschreibungen?

Ohne Computerunterstützung nehmen Sie ein Blatt Papier, entweder ein leeres Blatt, für das Sie sich eine dem Problem entsprechende tabellenartige Struktur ausdenken, oder ein Formular mit vorgedruckten Feldern. Sie notieren Texte, Erklärungen, Rechnungsbeträge. Sie berechnen Zwischensummen, bilden Produkte und Endsummen, um zu der gewünschten Aufstellung zu kommen.

Tabellenkalkulationsprogramme (*Spreadscheets*) bilden genau diese Vorgehensweise auf den PC ab. Grundlage ist ein sogenanntes Arbeitsblatt (Rechenblatt), das - unterteilt in durchnumerierte Zeilen und Spalten - auf dem Bildschirm dargestellt wird. In den Kreuzungen von Zeilen und Spalten ergeben sich Felder (*Zellen*), die über die Zeilen- und Spaltennummern eindeutig bezeichnet sind.

	A	B	C	D	E
1		Einnahmen	Ausgaben	Rest	
2	Januar	2000	1800	200,00	
3	Februar	2500	2100	400,00	
4	März	2200	2300	-100,00	
5				=D2+D3+D4	
6					

Bild 8.7: Eine einfache Tabelle

Für eine Berechnung tragen Sie in einzelne Felder vorgegebene Werte ein und bestimmen andere Felder für die Berechnungsergebnisse. Die Berechnungen werden nun natürlich nicht per Kopf oder per Taschenrechner durchgeführt, sondern durch Berechnungsvorschriften, die Sie in die Ergebnisfelder eintragen und in denen der formelmäßige Zusammenhang der Ausgangswerte über deren Feldbezeichnungen angegeben werden. Nach Eingabe einer Formel in ein Feld wird dort das Berechnungsergebnis dargestellt (vgl. Bild 8.7). Ändern Sie nun Werte in den Ausgangsfeldern, wird im Ergebnisfeld sofort das neu berechnete Ergebnis angezeigt.

Dem Bild 8.7 ist zu entnehmen, daß nicht nur Werte, sondern auch erklärende Texte in Felder eingegeben werden können, daß Spaltenbreiten und Zeilenhöhen variierbar sind und daß zur optischen Abgrenzung von Feldern Linien gezogen werden können. Neben den automatisierten Berechnungen sind derartige Gestaltungsmöglichkeiten eine große Stärke von Tabellenkalkulationsprogrammen und oft werden sie einfach nur benutzt, um Tabellen optisch ansprechend zu gestalten. Ein Telefonverzeichnis, eine Terminübersicht oder irgend ein beliebiges Formular kann mit den vielfältigen und den Textverarbeitungsprogrammen in nichts nachstehenden Formatierungsfunktionen eines Tabellenkalkulationsprogramms in nahezu jeder gewünschten Form präsentiert werden.

Berechnungen mittels Tabellenkalkulationsprogramm lohnen – abgesehen von der Layoutgestaltung - natürlich besonders dann, wenn die Berechnungsvorschriften komplizierter sind oder wenn Berechnungen nicht nur einmalig durchzuführen sind, sondern häufiger und mit wechselnden Ausgangswerten. Für das Aufaddieren einiger Einkaufszettel ist die Verwendung eines Taschenrechners sicherlich effizienter.

Für solche komplexeren Aufgabenstellungen bieten Tabellenkalkulationsprogramme eine reiche Auswahl von Funktionen zur Unterstützung:

- Aus einer umfangreichen Formelsammlung für viele Anwendungsgebiete kann der Benutzer die auf sein Problem zugeschnittene Formel einfach auswählen und braucht sie nicht selbst zu entwickeln (vgl. Bild 8.8).

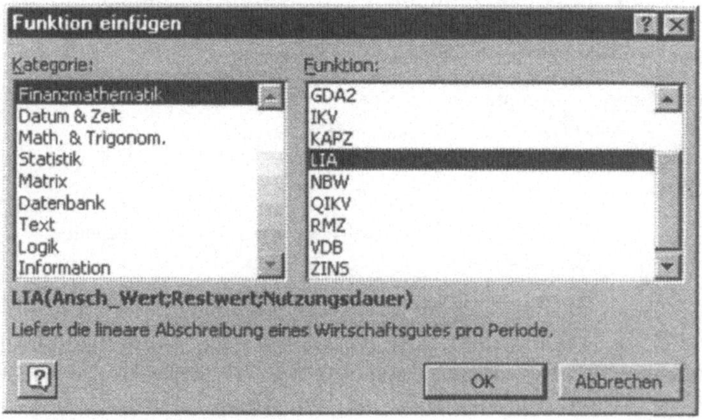

Bild 8.8:

Vorgegebene Funktionen eines Tabellenkalkulationsprogramms, nach Anwendungsgebieten gruppiert (am Beispiel des Programms MS Excel)

- In Tabellen kann auf Werte anderer Tabellen (vgl. Bild 8.9) oder auf Werte aus Datenbanken zurückgegriffen werden, was es ermöglicht, bestehende Datenbestände in vielfältiger Weise für Berechnungen auszunutzen.
- Daten aus Feldern können für Analysen und Prognosen („was wäre wenn", oder „Zielwertsuche") verwendet werden.
- Daten aus Feldern können sortiert, gruppiert oder gefiltert werden.
- Berechnungen, Analysen und Prognosen können anschaulich durch Diagramme dargestellt werden.
- Für fertige Tabellen können durch Makros umfangreiche Funktionsfolgen programmiert und Eingabemasken leicht hergestellt werden.

	A	B	C	D	E
1		Einnahmen	Ausgaben	Rest	
2	Januar	2000	1800	200,00	
3	Februar	2500	2100	400,00	
4	März	2200	=März!g2	-100,00	
5				500,00	
6					

Jahresübersicht / Januar / Februar / März

Durch die Formel in "C4" der Tabelle "Jahresübersicht" wird der Wert aus dem Feld "G2" der Tabelle "März" übernommen.

	A	B	C	D	E	F	G
1	Fixkosten		variable Kosten				Monatssumme
2	Art	Betrag	Art	Datum	Betrag		2300,00
3	Miete	400,00	Einkauf	03.03.99	198,00		
4	Strom	50,00	Theater	05.03.99	25,00		
5	Wasser	30,00	Einkauf	07.03.99	19,00		
6	Heizung	80,00	Einkauf	10.03.99	25,00		
7	Telefon	40,00	Frisör	11.03.99	22,00		
8	Versicherung	20,00	Bücher	14.03.99	98,00		
9	Sportverein	25,00	Cigaretten	15.03.99	52,00		

Jahresübersicht / Januar / Februar / März

Bild 8.9: Verweise zwischen Tabellen einer Mappe bei der Tabellenkalkulation

Der große und leistungsfähige Funktionsumfang und die leichte Bedienbarkeit mit einer Fülle von Hilfen und unterstützenden Werkzeugen für die Entwicklung von Problemlösungen hat Tabellenkalkulationsprogramme zu einem vielfältig einsetzbaren flexiblen Werkzeug mit großer Verbreitung gemacht.

Ihr effizienter Einsatz ist für kleinere Problemstellungen fast intuitiv möglich. Bei etwas komplexeren Problemstellungen sind Vorüberlegungen nötig, wie das Problem in eine Tabellenstruktur zu überführen ist. Hierbei sollte insbesondere der Tatsache Rechnung getragen werden, daß zu große Tabellen unübersichtlich werden und deshalb eine Aufteilung des komplexen Problems auf kleinere Teilprobleme ein erfolgversprechender Lösungsansatz ist. Jedes solche Teilproblem wird dann durch eine eigenständige Tabelle bearbeitet und die Zusammenführung der Teillösungen erfolgt durch Übernahme von hier berechneten Werten in eine Extra-Tabelle. Durch die Möglichkeit von Tabellenkalkulationsprogrammen, mehrere Tabellen zu einer „Mappe" zusammenzufassen, wird ein solcher Problemlösungsansatz besonders gefördert und unterstützt (vgl. Bild 8.9; siehe auch die Abschnitte 12.2 und 13.3).

Unabhängig von der Komplexität der Problemstellung können durch *Format- und Dokumentvorlagen* in der gleichen Art, wie im letzten Abschnitt bei der Textverarbeitung beschrieben, auch in Tabellenkalkulationsprogrammen Arbeitserleichterungen bei der Entwicklung von Tabellen erreicht werden. Für wiederkehrende Anwendungen bietet es sich dann an, Rechenblätter als Vorlagen zu erstellen, die die nötigen Formeln und Layouts beinhalten und im konkreten Anwendungsfall zur Problemlösung nur noch mit den spezifischen Werten zu füllen sind.

8.4 Grafiksoftware

Mit wachsender Rechnerleistung hat, dem Leitsatz „ein Bild sagt mehr als tausend Worte" folgend, die Verwendung von Grafik in Zusammenhang mit dem Computereinsatz stark an Bedeutung gewonnen. Zur Illustration von Artikeln, zur Darstellung von Strukturen, zur Veranschaulichung von Zusammenhängen oder zur Bildung und Unterstützung von Metaphern, überall wird heute Grafik in großem Umfang eingesetzt.

Hinsichtlich ihrer Art stellen sich grafische Darstellungen dabei in sehr unterschiedlicher Form dar: als Muster von Punkten in Bildern oder Photos, durch Linien und Flächen in Diagrammen, Strukturdarstellungen oder technischen Zeichnungen, als Symbole (Piktogramme) zur Repräsentation von Funktionen oder Objekten in Zusammenhang mit Metaphern. Für ihren Einsatz und ihre Herstellung existieren dementsprechend computergestützte Werkzeuge (*Grafiksoftware*) unterschiedlicher Art und Leistungsfähigkeit. Grafiksoftware ist in verschiedenster Form integriert in alle Arten von Anwendungssoftware oder sie wird in unterschiedlicher Leistungsfähigkeit als eigenständiges Produkt mit universeller Anwendbarkeit oder mit spezifischer Ausrichtung auf einen Anwendungsbereich angeboten. In einfacher Form ist Grafiksoftware häufig im Lieferumfang von Standard PC-Konfigurationen enthalten, leistungsfähige Programme sind extra zu beschaffen.

8.4.1 Grafik-Bibliotheken

Eine sehr einfache Möglichkeit zum Einsatz von grafischen Darstellungen bietet sich durch das große Angebot an *Grafik-Bibliotheken* mit einer Vielzahl vorgefertigter Bilder und Photos. Hier wählt der Anwender – unterstützt durch Suchprogramme – eine grafische Darstellung aus einer nach Sachgebieten geordneten Sammlung aus und übernimmt sie in das Anwendungsprogramm, mit der er eine Ausarbeitung herstellt (vgl. Bild 8.10). Grafik-Bibliotheken gibt es als Service integriert in Bürosoftware (z.B. „Microsoft Clip Gallery") oder als eigenständige Pakete. Bürosoftware aber auch andere Anwendungsprogramme verfügen für die-

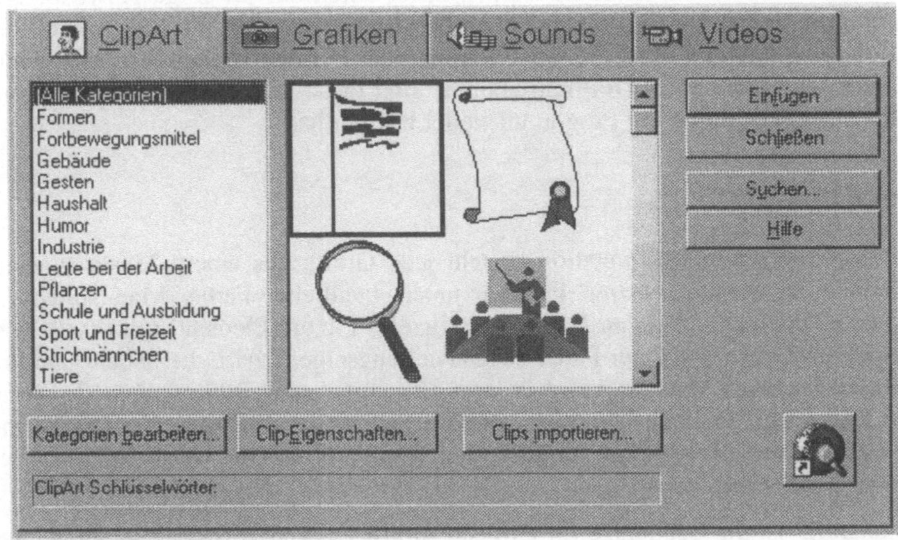

Bild 8.10: Beispiel einer Grafik-Bibliothek

se Vorgehensweise in aller Regel über Importfunktionen, die das Einfügen solcher Grafiken abwickeln. Voraussetzung dazu ist eine Speicherung der Grafiken in einer Form, die von dem importierenden Programm unterstützt, d.h. richtig interpretiert wird. Solche *Grafikaustauschformate* gibt es heute in großer Zahl.

Unabhängig von der Rechnerplattform weit verbreitet ist das „Graphic Interchange Format" (im Dateinamen einer Grafik durch die Namenswerweiterung *„gif"* erkennbar), das Format der „Joint Photographics Expert Group" (im Dateinamen einer Grafik durch die Namenserweiterung *„jpg"* oder *„jpeg"* erkennbar), das „Tag Image File Format" (im Dateinamen einer Grafik durch die Namenserweiterung *„tif"* erkennbar), oder das „Computergraphics Metafile"-Format (im Dateinamen einer Grafik durch die Namenserweiterung *„cgm"* erkennbar). Die Importfunktionen von Anwendungsprogrammen sind in aller Regel auf diese

Formate ausgerichtet und Programme zur Herstellung von Grafiken ermöglichen eine Speicherung in diesen Formen.

Darüberhinaus gibt es Grafikaustauschformate, die in Zusammenhang mit dem Windows-Betriebssystem entwickelt wurden oder die aus den Vorgaben von Herstellern von Grafiksoftware entstanden sind und durch die weite Verbreitung dieser Systeme eine große Bedeutung erlangt haben. Beispiele hierfür sind: „Windows Metafile Format" („*wmf*"), „Windows Bitmap" („*bmp*"), „Coral Draw-Format" („*cdr*") oder „Kodak Photo CD" („*pcd*"), die in der Regel durch die Importfunktionen von Bürosoftware unterstützt werden.

Solcherart importierte Grafiken können meist durch das jeweilige Anwendungsprogramm weiter bearbeitet werden. Üblich ist hier generell die Möglichkeit der Skalierung, mitunter sind aber auch Farben oder Formen veränderbar. Bei einem Import von Grafiken in Grafikprogramme sind diese in der Regel wie selbst erstellte Grafiken durch das Programm weiter bearbeitbar.

8.4.2 Pixelgrafik

In einer einfachen Interpretation besteht jede Grafik aus einem Muster von irgendwie zusammengesetzten Punkten unterschiedlicher Farbe. Man spricht in diesem Zusammenhang von *Pixelgrafik* (Pixel = Picture Element) mit Pixeln vorgegebener Größe und einer Farbe als Darstellungseigenschaft, die neben- und untereinander angeordnet sind und in ihrer Gesamtheit das Bild ergeben. Je feiner das Raster, d.h. je kleiner die Pixel, desto besser ist die Auflösung der Grafik und je mehr Farben für ein Pixel möglich sind, desto realistischer ist die Wirkung des Bildes auf den Betrachter.

Pixelgrafik ist die Grundlage für einfache Grafiksoftware. Programme dieser Kategorie speichern ein Bild als Punktmuster (*Bitmap*) und stellen Funktionen zur Bearbeitung einzelner Punkte oder Gruppen von Punkten zur Herstellung und Manipulation von Grafiken bereit. Grafische Darstellungen hoher Güte – also mit hoher Auflösung und großer Anzahl möglicher Farben – benötigen sehr viel Speicherplatz auf den peripheren Speichern des Rechners. Allgemein einsetzbare solche Software wird gewöhnlich als „Malprogramm" bezeichnet. Weit verbreitet ist das mit dem Betriebssystem Windows ausgelieferte Produkt „Paint" von Microsoft, für professionellere Anwendungen eignet sich beispielsweise das Produkt „Photoshop".

Malprogramme stellen üblicherweise in einer Werkzeugleiste (Toolbox) Funktionen zum Malen von Strichen (Stift, Pinsel) in verschiedenen Stärken, zum Malen von kreis- oder rechteckförmigen Flächen und zum Schreiben von Text in zuvor festzulegender Farbe zur Verfügung. Bereiche auf der Zeichenfläche können zur Manipulation des Bildes ausgewählt, verschoben und gelöscht werden, wobei die

Einstellung der Darstellungsgenauigkeit (Zoomfaktor) ein grobes, aber auch ein pixel-genaues Arbeiten ermöglicht (vgl. Bild 8.11). Eine tiefergehende Analyse und eine Bearbeitung der durch die Grafik dargestellten und vom Benutzer wahrgenommenen Objekte ist hier nicht möglich.

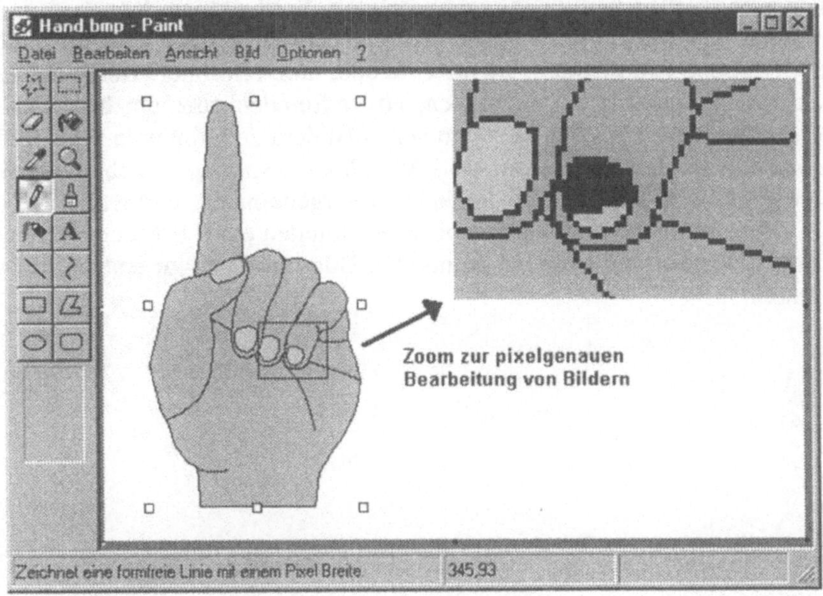

Bild 8.11: Pixelgrafik mit Microsoft Paint

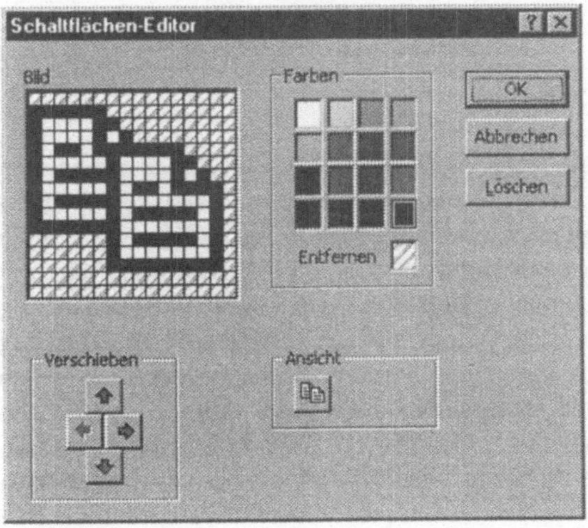

Bild 8.12:

Der Schaltflächen-Editor in Microsoft Word zur pixelgenauen Bearbeitung von Piktogrammen

Ein typisches Anwendungsfeld für dieserart Programme sind einfache Illustrationen und Bilder oder auch die Herstellung von Piktogrammen (vgl. Bild 8.12).

In Ergänzung zu solchen einfachen Programmen für Pixelgrafik gibt es spezialisierte Software zur Manipulation der als Punktmuster vorliegenden Bilder. Sie ermöglichen eine *Bildbearbeitung* durch Aufhellung, Verdunklung, Kontrast- und Farbänderungen und die Einstellung von verschiedensten Effekten für einzelne Punkte oder Gruppen von Punkten, um erstellte oder durch Scanner erfaßte Bilder in ihrer Darstellungsqualität zu optimieren, zu verfremden oder um bestimmte Effekte zu erzielen oder einzelne Bilder zu neuen Bildern zu montieren (vgl. Bild 8.13). Besonders spektakulär hierbei sind *Morphingfunktionen*, durch die eine Überblendung von einem Bild zu einem anderen vorgenommen wird wobei Dehnungen und Verzerrungen von Objekten oder Objektteilen eines Bildes entstehen, die zu witzigen Karikaturen oder bei animierten Bildsequenzen zu erstaunlichen Effekten führen.

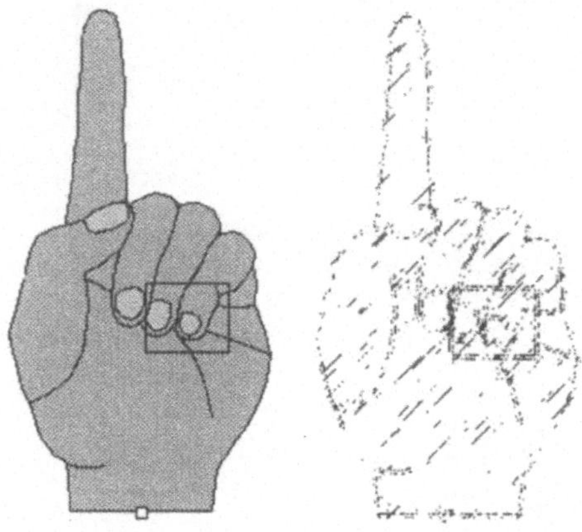

Bild 8.13:

Spezielle Effekte durch Bildbearbeitungsfunktionen

Einfache Bildbearbeitungsprogramme gibt es als Free- oder Shareware (wie z.B. das Programm Microsoft Photo Editor), Programme höherer Leistungsfähigkeit werden von Grafikern und Designern eingesetzt. Durch die Möglichkeit, auch Animationen in Einzelbilder zu zerlegen und Funktionen auf Einzelbilder oder auf Bildsequenzen anzuwenden sind solche Bildbearbeitungsprogramme auch in der Film- und Videobranche im Einsatz. Die immer einfacher werdende Handhabung macht Bildbearbeitung inzwischen aber auch für den Homevideobereich durch den Hobbyfilmer oder für den Hobbyfotographen interessant. Allerdings sind solche Anwendungen dann nicht nur sehr anspruchsvoll hinsichtlich des Speicherplatzbedarfs, sondern auch extrem rechenaufwendig und nur bei sehr guter Ausstattung des PCs zu empfehlen.

8.4.3 Objektorientierte Grafik

Auch wenn durch die Funktionsweise von Bildschirmen und Druckern Bilder für die Darstellung immer in einzelne Pixel aufgeteilt sind (vgl. die Abschnitte 5.1 und 5.3), so unterscheidet der Benutzer bei der Herstellung und Bearbeitung von Bildern eine weitergehende inhaltliche Struktur der Bilder. Wir gehen aus von Linien, die eine Farbe und eine Strichstärke haben, wir fassen Linien zu geometrischen Körpern zusammen und betrachten ihre Form, ihre Position, ihre Größe, die Eigenschaften ihrer Oberflächen, wir geben geometrischen Körpern oder Gruppen geometrischer Körper einen Sinn und erkennen bildliche Darstellungen real existierender Gegenstände oder Veranschaulichungen abstrakter Strukturen und Zusammenhänge.

Eine solche objektorientierte Sichtweise von Bildern und die Möglichkeit der Anwendung von Funktionen, die sich auf Objekte entsprechend der inhaltlichen Struktur beziehen, setzt voraus, daß Grafikprogramme nicht Punktmuster, sondern Bildelemente entsprechend der inhaltlichen Strukturen speichern und verwalten. Grafikprogramme nach diesem objektorientierten Ansatz legen dazu einem Bild ein Koordinatensystem zugrunde und zerlegen die grafische Darstellung in Vektoren und geometrische Formen, die aus Gruppen von Vektoren gebildet werden. Zu den Vektoren und Formen werden Attribute, wie Position, Strichstärke, Strichfarbe, Flächenart, Flächenfarbe usw. gespeichert, um Darstellungseigenschaften der Objekte zu beschreiben. Statt von *objektorientierter Grafik* spricht man daher für dieses Vorgehen auch von *Vektorgrafik*.

Für die Darstellung des Bildes auf einem Ausgabegerät werden die auf das Koordinatensystem bezogenen Attribute der Darstellungselemente in das dem Gerät zugrundeliegende Pixelraster umgerechnet. Dieses Vorgehen hat für den Benutzer den entscheidenden Vorteil einer weitgehend beliebigen Skalierung seiner Grafik ohne Qualitätseinbußen bei der Darstellung, da eine dem Maßstab entsprechende optimale Überführung in das Pixelraster vorgenommen wird. Bei der Pixelgrafik führen dagegen Skalierungen regelmäßig zu Qualitätsverlusten bei der Darstellung auf Bildschirmen oder Druckern. Ein weiterer wesentlicher Vorteil der objektorientierten Grafiken gegenüber der Pixelgrafik ist der erheblich geringere Speicherplatzbedarf. Während eine Pixelgrafik in guter Farbdarstellung leicht die Kapazität einer Diskette sprengt, wird die gleiche Grafik in objektorientierter Form nur ein Zehntel oder Zwanzigstel des Speicherplatzes einer Diskette benötigen.

Für die Herstellung und Manipulation von Bildern ermöglicht die Vektorgrafik weitreichende Möglichkeiten. Entsprechend der Funktionsvielfalt und der Ausrichtung auf Anwendungsbereiche sind verschiedene Klassen von derartigen Grafikprogrammen zu unterscheiden.

Man bezeichnet objektorientierte Grafikprogramme ohne Ausrichtung auf einen spezifischen Anwendungsbereich allgemein als *Zeichenprogramme*. Sie arbeiten in der Regel mit zweidimensionalen Objekten und eignen sich für Illustrationen jeglicher Art. Weit verbreitete Systeme dieser Kategorie für Personalcomputer sind z.B. Corel Draw, Freehand und die den Office-Paketen von Microsoft zugeordneten Grafikmodule.

Zeichenprogramme stellen für das Anfertigen von Grafiken eine Reihe von Basisobjekten zur Verfügung, wie z.B. Linie, Pfeil, Linienzug, Bogen, Kreis oder Vieleck aus denen der Benutzer ein Bild zusammensetzt. Für textuelle Anmerkungen gibt es Textobjekte. Jedem Objekt können entsprechend seiner Art über eine Vielzahl von Attributen dann Darstellungseigenschaften zugewiesen und so das Bild im Detail gestaltet werden. Eingestellte Eigenschaften können jederzeit geändert werden (vgl. Bild 8.14). Hierdurch sind Grafiken in objektorientierter Form für den Benutzer viel leichter veränderbar, als Grafiken in Pixelgrafik.

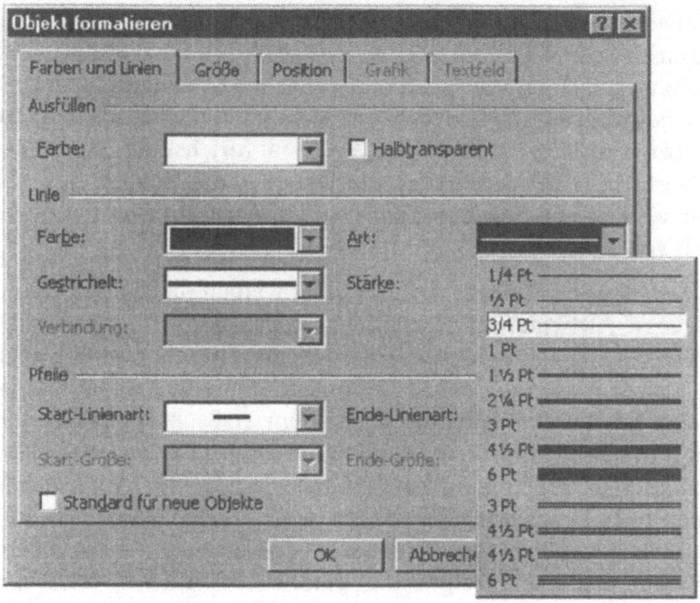

Bild 8.14:

Manipulation von Objekteigenschaften in Zeichenprogrammen

Für ein effizientes Vorgehen stehen darüber hinaus diverse zusätzliche die Arbeit erleichternde Funktionen zur Verfügung. Beispiele sind: Drehen, Spiegeln, Skalieren von Objekten, Rasterfestlegungen zur exakten Positionierung der Objekte, Gruppierung von Objekten oder eine Überlagerung von Objekten.

Erstellte Grafiken können in diversen unterschiedlichen Formaten abgespeichert werden (vgl. Abschnitt 8.4.1), um sie in andere Dokumente einsetzen zu können.

Für den entgegengesetzten Weg verfügen die Zeichenprogramme über vielfältige Importfunktionen.

Eine andere Leistungsklasse objektorientierter Grafikprogramme bilden *CAD-Systeme* (Computer Aided Design). Nach dem gleichen Grundansatz wie Zeichenprogramme stellen Programme dieser Kategorie in Abhängigkeit von spezifischen Anwendungsbereichen zusätzliche Funktionen auch auf der Basis von dreidimensionalen Koordinatensystemen zur Verfügung. Diese betreffen die verfügbaren Grundelemente, wie z.B. Objekte aus der Elektrotechnik, der Architektur oder dem Maschinenbau, die der professionelle Benutzer (Ingenieur, Architekt, usw.) für seine technische Zeichnung nutzen kann, sie betreffen weiter technische Berechnungen, die auf Basis der Attribute der gespeicherten Objekte möglich sind und sie betreffen auch Funktionen zur Anfertigung unterschiedlicher Ansichten oder zu Simulationen des mit dem System konstruierten technischen Objekts.

8.4.4 Businessgrafik

Bei der *Businessgrafik* geht es schwerpunktmäßig darum, zahlenmäßige Zusammenhänge grafisch zu veranschaulichen. Eine Umsatzstatistik, die Ergebnisse der letzten Wahlen, Wählerwanderungen oder der Marktanteil unterschiedlicher Drucktechniken von Computerdruckern läßt sich zweidimensional durch ein Kreisdiagramm, ein Liniendiagramm oder ein Balkendiagramm oder dreidimensional durch ein Tortendiagramm oder ein Säulendiagramm sehr viel besser nachvollziehen, als anhand von Tabellen oder Texten. Für diese Art Anwendungen werden heute integriert in Tabellenkalkulationsprogramme (vgl. Abschnitt 8.3) oder in Form von Präsentationsprogrammen leistungsfähige Funktionen angeboten.

Zur Anfertigung einer Businessgrafik gibt der Benutzer eine Tabelle mit dem zu veranschaulichenden Zahlenmaterial vor, wählt die gewünschte Diagrammart und das Programm erstellt - technisch auf der Vektorgrafik basierend – die zugehörige Grafik automatisch. Ist der Benutzer mit den Farben, den Achsenverhältnissen oder mit den Beschriftungen des erstellten Diagramms nicht zufrieden, kann er die Darstellungseigenschaften jederzeit ändern. Eine Veränderung der Werte in der dem Diagramm zugrundeliegenden Tabelle bewirkt eine automatische Anpassung der Darstellung im Diagramm.

Funktionen zur Anfertigung von Businessgrafiken gehören heute zum Standardumfang eines jeden Tabellenkalkulationsprogramms und sind dort sehr einfach auszuführen.

Für eine aussagekräftige Grafik sollte der Benutzer zunächst analysieren, welche inhaltlichen Aspekte einer Tabelle visualisiert werden sollen und dann den dem Zahlenmaterial am besten entsprechenden Diagrammtyp wählen. Beispielsweise eignen sich Kreis- oder Tortendiagramm am besten, wenn eine Verteilung einer Grundgesamtheit auf verschiedene Alternativen dargestellt werden soll, Liniendiagramme visualisieren zeitliche Verläufe sehr gut und Balken- oder Säulendiagramme geben sehr gut das Verhältnis verschiedener Alternativen wieder (vgl. Bild 8.15).

	Einnahmen	Ausgaben	Rest
Januar	2000	1800	200
Februar	2500	2100	400
März	2200	2300	-100
			500

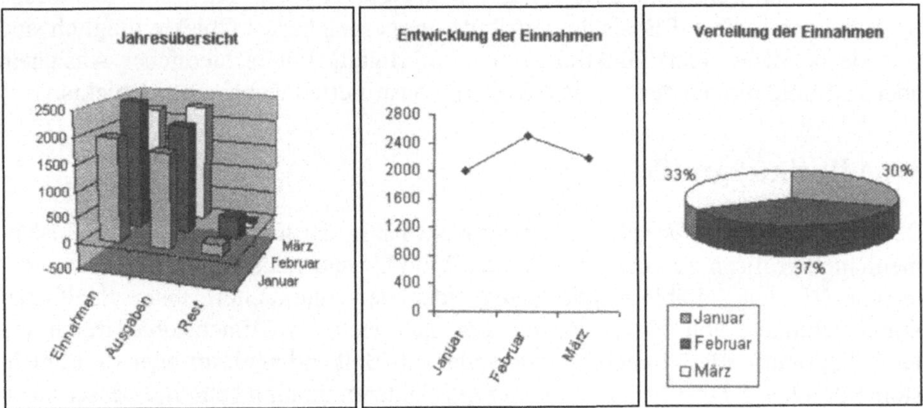

Bild 8.15: Diagramme in Microsoft Excel

Präsentationsprogramme bieten in der Regel außer den reinen Funktionen zur Diagrammerstellung eine Reihe weiterer Funktionen, durch die Diagramme, Texte und beliebige Grafiken zu Präsentationen zusammengestellt werden, um Vorträge und Referate computergestützt zu begleiten oder automatisch ablaufende Bildfolgen zu gestalten. Hier können gemeinsame Hintergründe für alle Bilder einer Präsentation erstellt, vorgefertigte Bildlayouts für die Präsentationsart (reine textuelle Aufzählungen, Mischungen von Bildern, Texten und Diagrammen) genutzt und Übergänge zwischen den einzelnen Bildern gestaltet werden.

Durch die vielen Standardvorlagen, die ein Präsentationsprogramm wie beispielsweise Microsoft Powerpoint zur Gestaltung von Bildern heute anbietet (vgl. Bild 8.16), wird der Benutzer dazu verleitet, seinen Vortrag entsprechend dieser Vorlagen schnell und ohne großen Arbeitsaufwand auszuarbeiten. Dabei besteht allerdings die Gefahr, daß viele diesen Weg wählen und jegliche Individualität bei der Präsentation verlorengeht. Es ist daher zu empfehlen, daß bei der Nutzung solcher Präsentationsprogramme jeder Benutzer seinen eigenen Stil entwickelt und diesem Stil entsprechende Präsentationsvorlagen herstellt, die er dann für konkrete Ausarbeitungen einsetzt.

Für solche Vorlagen ist auf eine klare, übersichtliche Struktur der Darstellung und auf ausreichend große Schrifttypen für Texte zu achten. Insgesamt gilt auch hier (vgl. die Empfehlungen zur Gestaltung von Texten in Abschnitt 8.2), daß „weniger mehr ist" und daß einzelne Präsentationen nicht durch zu viele Formen und Farben überfrachtet werden dürfen.

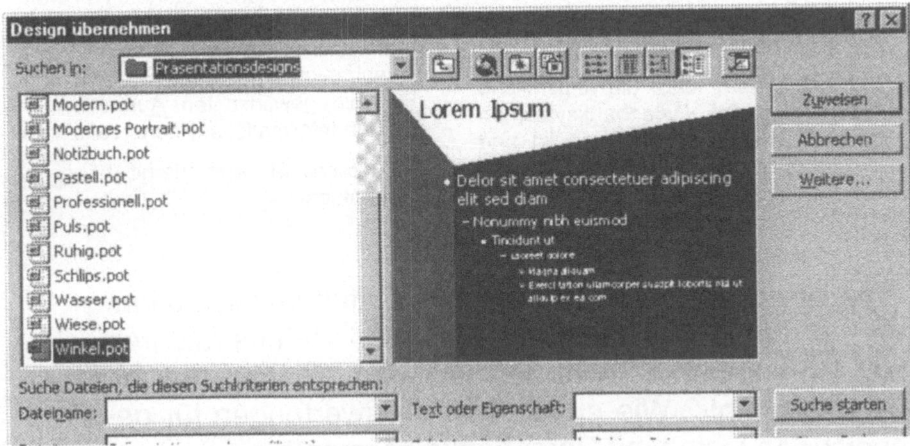

Bild 8.16: Standardvorlagen für Präsentationen in Microsoft Powerpoint

Szene 2.2: Bill begegnet einer Datenbank

Die Teilnehmerliste zu den Übungen, die sein Tutor im gegeben hat, macht Bill neugierig. „Hast Du die mit Word oder mit Excel hergestellt? Die sehen ja richtig gut aus," spricht er ihn an. „Nein, nicht per Textverarbeitung, die habe ich mit einem Datenbanksystem gemacht," antwortet der Tutor. „Mit einem Datenbanksystem? Warum denn das?" wundert sich Bill.

„Nun," erklärt ihm der Tutor, „die Teilnehmerlisten sind nur ein kleiner Teil. Viel wichtiger ist, daß wir Teilnahmenbescheinigungen damit herstellen und Auswertungen zu den Übungen vornehmen. In den Teilnahmebescheinigungen steht drin, zu welchen Veran-

Teilnehmerliste

Lehrveranstaltung: Wirtschaftsinformatik

Datum: 2.10.99

Name	Vorname	Straße	Plz	Ort	Telefon	Mat-Nr.	Sem.	Studiengang
Block	Verena	Grünenweg 16	28207	Bremen	0421-537	99643556	3	VWL
Fischer	Joseph	Hauptstr. 24	28203	Bremen	0421-437	99623443	3	VWL
Kaiser	Ruth	Apfelallee 25	28179	Bremen	0421-213	99953771	1	BWL
Marquardt	Marion	Sedanplatz 6	28359	Bremen	0421-774	99626788	3	VWL
Pohlmann	Ralf	Deichstr. 35	28778	Bamen	04221-24	99934481	1	BWL
Schröder	Günther	Steintor 21	28201	Bremen	0421-443	99945771	1	BWL

staltungen die Studenten gekommen sind, welche Aufgabenblätter sie abgegeben haben und wieviele Aufgaben sie bearbeitet haben. Mit den Auswertungen stellen wir fest, welche Themen die Studenten gut und welche weniger gut bearbeitet haben. So können wir in den Übungen oder den Vorlesungen darauf noch einmal eingehen oder für die Veranstaltung im nächsten Semester Veränderungen planen." „Aha," staunt Bill, „das klingt aber kompliziert."

Und er erfährt, daß die eigentliche Handhabung von Datenbanksystemen gar nicht mehr so kompliziert ist und beispielsweise bei dem System Access von Microsoft Vieles an den Umgang mit Grafikprogrammen erinnert, insgesamt aber doch etwas mehr Verständnis und vor allem Vorüberlegungen erfordert, als z.B. die Benutzung von Textverarbeitungsprogrammen. Insbesondere muß man sich vorher genau überlegen, welche Funktionen man realisieren will, welche Daten dafür nötig sind, welche Strukturen sie aufweisen und in welchen Beziehungen die Daten zueinander stehen. Nur wenn man alle benötigten Zusammenhänge erfaßt und für die Umsetzung mit einem Datenbanksystem modelliert hat, kann man die gewünschten Auswertungen, also ein Informationssystem realisieren.

Bill beschließt, sich damit näher zu beschäftigen.

Was ist der Unterschied zwischen Datenbanksystemen und Informationssystemen? Was sind Datenstrukturen und Datenmodelle? Wie definiert man die Daten für eine Datenbank? Wie erstellt man Auswertungen für gespeicherte Daten mit Datenbanksystemen?

8.5 Datenbanksysteme

Ursprünglich nur etwas für Spezialisten mit leistungsfähigen Computern in Rechenzentren sind Datenbanksysteme inzwischen zu einer weit verbreiteten Standardsoftware geworden, die sowohl für private Aufgaben, als auch –und das sicher häufiger - in Zusammenhang mit kleineren Problemen im Büro zweckmäßig von Jedermann eingesetzt werden kann.

Datenbanksysteme (andere Bezeichnung: *Datenbankmanagementsysteme, DBMS*) verwalten - meist strukturierte - Daten und stellen dem Benutzer Funktionen zur Verfügung, die er einsetzen kann, um Auswertungen zu den Daten vornehmen zu können. Im einfachsten Fall werden Daten einfach nur aufgelistet, vielleicht sortiert und gefiltert, in komplexeren Fällen erstellt der Benutzer Programme, die aufwendigere Auswertungen beinhalten und den eigentlichen Zugriff auf die Daten über die Funktionen des Datenbanksystems realisieren.

Man spricht in diesem Fall von einem *Informationssystem*, das sich auf ein Datenbanksystem abstützt. Der gespeicherte Datenbestand bildet dann die eigentliche *Datenbank*. Dabei bildet das Datenbanksystem eine Zwischenschicht für den Zugriff auf Daten durch Informationssysteme und es ist so möglich, die Art und Weise der Speicherung der Daten unabhängig von dem Informationssystem zu gestalten. Das Datenbanksystem realisiert die Verfahren zur effizienten Speicherung und für den Zugriff, das Informationssystem benutzt die angebotenen Zugriffsfunktionen und wertet die ermittelten Daten aus (vgl. Bild 8.17).

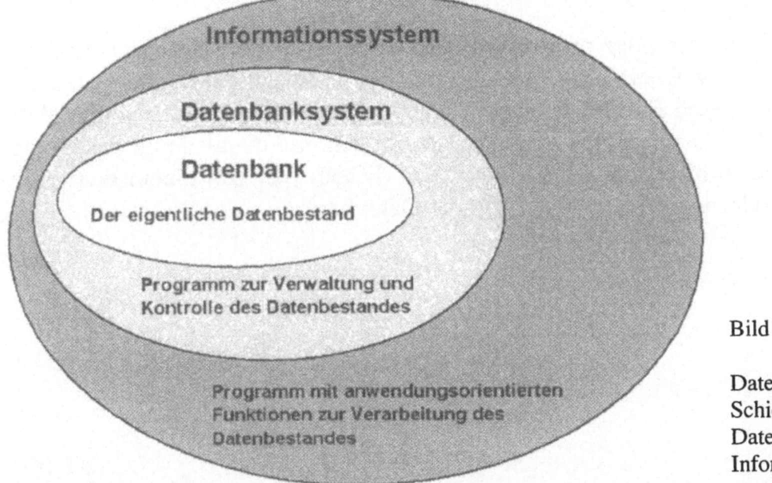

Bild 8.17:

Datenbanksystem als Schicht zwischen der Datenbank und dem Informationssystem

Datenbanksysteme als Schicht zwischen den eigentlichen Anwendungen und den gespeicherten Daten wurden für den professionellen Einsatz entwickelt, weil es unwirtschaftlich ist, daß jeder Softwareentwickler die Verwaltung seiner Daten programmiert und weil immer häufiger mehrere Anwendungsprogramme oder – im Dialogbetrieb – mehrere Benutzer gleichzeitig den selben Datenbestand bearbeiten. Deshalb regeln Datenbanksysteme

- die Eingabe, Veränderung und Ausgabe von Daten aus Datenbanken
- die in Hinsicht auf Speicherplatzverbrauch und Zugriffszeiten optimale Datenspeicherung
- die Lösung von Zugriffskonflikten, wenn mehrere Anwendungen gleichzeitig die selben Daten manipulieren
- die Zugriffsberechtigungen auf die Daten, denn nicht jeder Benutzer darf alle Funktionen auf alle Daten anwenden und
- die Datenintegrität, d.h. die Sicherstellung, daß Operationen auf den Daten nicht zu inkonsistenten Datenbeständen führen.

Dementsprechend werden leistungsstarke Datenbanksysteme wie z.B. Oracle, Informix oder SQL-Server für den Einsatz in Unternehmen als Grundlage umfassender Informationssysteme angeboten. Für den eher privaten Gebrauch oder die selbständige Nutzung auf einem PC am Arbeitsplatz oder für kleinere Anwendungen eines Unternehmens existieren abgespeckte und einfach zu handhabende Datenbanksysteme wie beispielsweise Dbase oder Access. (Ergänzend zu dem Folgenden vgl. für ausführliche Übungen zu Datenbanksystemen auch Eirund, 2000)

8.5.1 Das Datenmodell zur Konzeption der Datenbank

Unabhängig ob private oder professionelle Nutzung, vor dem Einsatz eines Datenbanksystems sind Überlegungen und Analysen notwendig, welche Daten aus einem Problembereich für den gewünschten Zweck benötigt werden und welche Beziehungen zwischen den Daten zu berücksichtigen und damit durch das Datenbanksystem nachzubilden sind. Man spricht in diesem Fall von einem *konzeptionellen Modell* oder vom *Datenmodell* für die Datenbank.

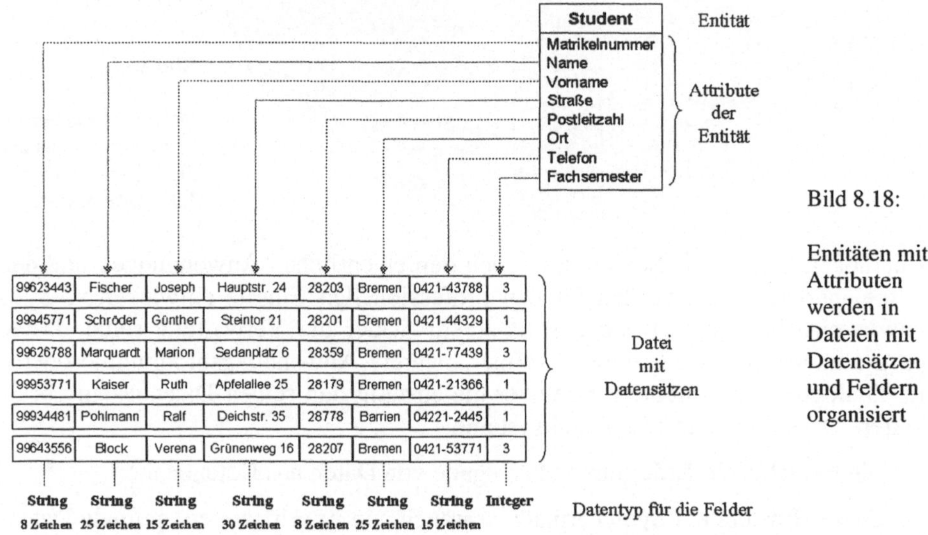

Bild 8.18: Entitäten mit Attributen werden in Dateien mit Datensätzen und Feldern organisiert

Die Grundlage für das konzeptionelle Modell sind Dateneinheiten (*Entitäten*), die zur Modellierung von Objekten aus dem Problembereich gebildet werden und als *Datensätze* die kleinsten zugreifbaren Elemente einer Datenbank darstellen. Solche Dateneinheiten fassen diejenigen *Attribute* des realen Objektes zusammen, die für den gewünschten Zweck der Datenbank für erforderlich gehalten werden. In Datensätzen werden die Attribute über *Felder* wiedergegeben, ein Datensatz erhält durch seinen Aufbau aus einzelnen Feldern eine Struktur. Die Gesamtheit aller gleich strukturierten Datensätze wird als (logische) *Datei* bezeichnet (vgl. Bild 8.18).

Für die aus den Attributen hergeleiteten Felder ist der jeweils passende Datentyp für die zu speichernden Werte zu bestimmen. Außer den elementaren Datentypen (vgl. Abschnitt 2.3.1) können in Abhängigkeit vom eingesetzten Datenbanksystem zusätzlich eine Reihe weiterer Typen möglich sein, wie z.B. Datum, Zeit, Bild und andere.

Gewöhnlich zeichnet sich eines der Felder der Datensätze dadurch aus, daß es über seinen Wert eindeutig einen bestimmten Datensatz aus der Menge aller Datensätze einer Datei identifiziert. Dieses Feld nennt man den *Primärschlüssel* der Datei. Er wird benutzt, um auf konkrete Datensätze in einer Datei zugreifen zu können. Häufig wird der Primärschlüssel so gebildet, daß er – außer der Identifizierungs-Eigenschaft - für den zugrundeliegenden Problembereich auch auswertbare Information beinhaltet. (vgl. Bild 8.19)

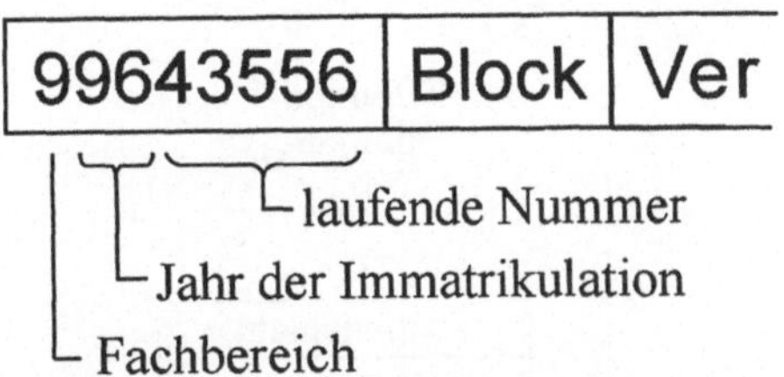

Informierende Eigenschaften eines Schlüssels erlauben ohne zusätzlichen Speicherplatzverbrauch Klassifikationen in einer Datei, wie z.B. „Alle Studenten des FB 9" oder „Alle Studienanfänger von 1996"

Bild 8.19:

Beispiel für die informierende Eigenschaft der Matrikelnummer einer Datei mit Studentendaten

Die Objekte eines Problembereichs stehen miteinander in Beziehung und mit der Entscheidung zur Modellierung von Objekten durch Entitäten ist in Abhängigkeit des Zwecks der konzipierten Datenbank auch eine Entscheidung über die zu berücksichtigenden Beziehungen nötig. Diese Entscheidung beeinflußt – genauso wie die gewählten Attribute einer Entität – entscheidend die Auswertungen der Daten, die durch ein auf Basis der Datenbank gestaltetes Informationssystem möglich sind. Nur diejenigen Aspekte der Realität, die bei der Konzeption der Datenbank berücksichtigt, d.h. modelliert wurden, können für spätere Auswertungen auch herangezogen werden. Ein Beispiel für ein Modell eines Problembereichs mit Berücksichtigung von Beziehungen zwischen den Objekten ist in Bild 8.20 dargestellt. Man bezeichnet solch ein Modell als Datenmodell und wählt für die Darstellung üblicherweise die weit verbreitete Methode der Entity/Relationship-Diagramme (*E/R-Diagramme*, siehe auch Abschnitt 17.4), die Rechtecke für Entitäten und Rauten für Beziehungen vorsieht.

Beziehungen zwischen Objekten können in unterschiedlicher Art auftreten, man spricht hier von einem *Beziehungstyp*. Beispielsweise kann eine Beziehung „Immatrikulation“ zwischen Studenten und Studiengängen für einen Problembereich berücksichtigt werden (vgl. Bild 8.20) und es liegt in der Natur der Sache, daß einem ganz bestimmten Studiengang mehrere Studenten zugeordnet sind. Andersherum könnte festgestellt werden, daß ein Student nur genau einem Studiengang angehören kann. In diesem Fall spricht man von einer 1:N–Beziehung (einem Studiengang gehören N Studenten an und ein Student gehört genau 1 Studiengang an), bzw. vom Beziehungstyp „1:N“.

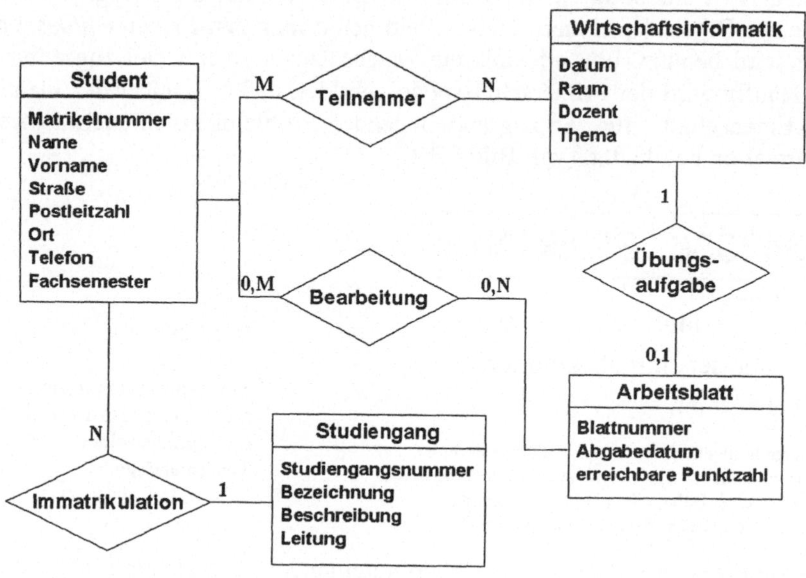

Bild 8.20: Beispiel eines Datenmodells für einen Problembereich als E/R-Diagramm

Komplexer ist die Beziehung „Teilnehmer“ zwischen den Entitäten „Student“ und „Wirtschaftsinformatik“ (vgl. Bild 8.20). Hier ist zu berücksichtigen, daß ein bestimmter Student Teilnehmer mehrerer Veranstaltungen zur Wirtschaftsinformatik ist und andersherum eine bestimmte Veranstaltung zur Wirtschaftsinformatik mehrere Teilnehmer hat. Entsprechendes gilt für die Beziehung „Bearbeitung“ zwischen den Entitäten „Student“ und „Arbeitsblatt“. Man bezeichnet solche Beziehungen als vom Typ „N:M“.

Sehr einfach ist die Beziehung zwischen zwei Entitäten, wenn jedem Objekt einer Entität genau ein Objekt der anderen Entität zugeordnet ist, bzw. umgekehrt, wie es in dem dem Bild 8.20 zugrundeliegenden Beispiel bei den Entitäten „Wirtschaftsinformatik“ und „Arbeitsblatt“ bei der Beziehung „Übungsaufgabe“ ist. Hier ist ein bestimmtes Arbeitsblatt genau einer durchgeführten Lehrveranstaltung zugeordnet und andersherum ist zu einer bestimmten Lehrveranstaltung genau ein Arbeitsblatt ausgeteilt worden. Die Beziehung ist dann eine 1:1-Beziehung.

Der Tatsache, daß es Veranstaltungen der Wirtschaftsinformatik geben kann, zu denen kein Arbeitsblatt vorgesehen ist, wird durch den Beziehungstyp „0,1:1“ ausgedrückt. Ebenso kann es Arbeitsblätter geben, die kein Student bearbeitet hat, bzw. Studenten, die kein Arbeitsblatt bearbeitet haben (Beziehungstyp „0,M:0,N“).

8.5.2 Das Datenbankmodell

Entsprechend des verwendeten Datenbanksystems muß das Datenmodell in die jeweiligen Mittel und Methoden zur Darstellung von Daten und Beziehungen überführt werden. Als Ergebnis entsteht ein *Datenbankmodell* zu dem Datenmodell. Hinsichtlich des grundlegendes Konzeptes, nach dem Datenbankmodelle für Datenbanksysteme gebildet werden, hat sich im Laufe der Jahre eine weitgehende Standardisierung ergeben. Dieser Standard wird als *Relationenmodell* bezeichnet, die dem entsprechenden Datenbanksysteme als *relationale Datenbanksysteme*.

Das Relationenmodell sieht zur Modellierung von Entitäten und Beziehungen Relationen – oder anschaulicher formuliert: Tabellen – vor, deren Zeilen die Datensätze darstellen und deren Spalten durch die Attribute der Entitäten bestimmt werden.

Die aus dem betroffenen Problembereich abgeleiteten Entitäten aus dem Datenmodell sind dementsprechend auf Tabellen des Datenbankmodells auf leichte Art und Weise abzubilden (vgl. Bild 8.21).

Entität → Tabelle: Student

Student
Matrikelnummer Name Vorname Straße Postleitzahl Ort Telefon Fachsemester

Matrikel-nummer	Name	Vorname	Straße	Post-leitzahl	Ort	Telefon	Fach-semester
99623443	Fischer	Joseph	Hauptstr. 24	28203	Bremen	0421-43788	3
99945771	Schröder	Günther	Steintor 21	28201	Bremen	0421-44329	1
99626788	Marquardt	Marion	Sedanplatz 6	28359	Bremen	0421-77439	3
99953771	Kaiser	Ruth	Apfelallee 25	28179	Bremen	0421-21366	1
99934481	Pohlmann	Ralf	Deichstr. 35	28778	Barrien	04221-2445	1
99643556	Block	Verena	Grünenweg 16	28207	Bremen	0421-53771	3

Bild 8.21: Überführung einer Entität aus dem Datenmodell in eine Tabelle des Relationenmodells

Komplizierter ist das Vorgehen zur Abbildung der Beziehungen aus dem Datenmodell. In größeren betrieblichen Anwendungen wird hierfür sehr viel Aufwand getrieben, um ein in sich konsistentes Datenbankmodell mit Tabellen in einer Form zu erreichen – die sogenannte *Normalform* -, die Mehrfachspeicherung von Daten möglichst ausschließt und dabei gewünschte Auswertungen bestmöglich unterstützt. Man spricht in diesem Zusammenhang von einer *Normalisierung* der Datenbank. Zur vertieften Betrachtung von Normalformen und dem Prozeß der Normalisierung sei an dieser Stelle auf weiterführende Literatur, wie z.B. Schicker, 1999 verwiesen.

Für einfachere Anwendungsbereiche können für eine Überführung der Beziehungen in Tabellen in Abhängigkeit des Beziehungstyps nach folgenden Grundregeln befriedigende Ergebnisse erreicht werden:

Studiengang

Studgang-nummer	Bezeich-nung	Beschrei-bung	Leitung
1	BWL	...	Prof. Hirsch
2	VWL	...	Prof. Rehbein

Student

Matrikel-nummer	Name	Vorname	Straße	Post-leitzahl	Ort	Telefon	Fach-semester	Studien-gang
99623443	Fischer	Joseph	Hauptstr. 24	28203	Bremen	0421-43788	3	2
99945771	Schröder	Günther	Steintor 21	28201	Bremen	0421-44329	1	1
99626788	Marquardt	Marion	Sedanplatz 6	28359	Bremen	0421-77439	3	2
99953771	Kaiser	Ruth	Apfelallee 25	28179	Bremen	0421-21366	1	1
99934481	Pohlmann	Ralf	Deichstr. 35	28778	Barrien	04221-2445	1	1
99643556	Block	Verena	Grünenweg 16	28207	Bremen	0421-53771	3	2

Teilnehmer

Matrikel-nummer	Veran-staltung
99623443	6.10.99
99623443	13.10.99
99623443	27.10.99
99945771	6.10.99
...	...

Bearbeitung

Matrikel-nummer	Blattnr.	Erreichte Punkte
99623443	1	20
99945771	1	25
99945771	2	22
99262788	1	12
...	...	...

Wirtschafts-informatik

Datum	Raum	Dozent	Thema	Blatt
6.10.99	A 35	Mertens	...	0
13.10.99	A 35	Mertens	...	1
20.10.99	B 21	Kühne	...	2
27.10.99	A 35	Mertens	...	3

Arbeits-blatt

Blattnr.	Abgabe-datum	Erreichb. Punkte	Veran-staltung
1	11.10.99	30	13.10.99
2	18.10.99	25	20.10.99
3	25.10.99	40	27.10.99

Bild 8.22: Beispiel eines Datenbankmodells für ein relationales Datenbanksystem

- Bei N:M-Beziehungen wird eine eigene Tabelle mit den Primärschlüsseln aus den von der N:M-Beziehung betroffenen Entitäten als Spalten gebildet. Will man zusätzliche Eigenschaften der Beziehung aufnehmen (wie z.B. die erreichte Punktzahl eines Arbeitsblattes), so werden für sie zusätzliche Spalten in die die Beziehung wiedergebende Tabelle aufgenommen (vgl. die Tabellen „Teilnehmer“ und „Bearbeitung“ in Bild 8.22). Die Zeilen der Tabellen stellen dann die konkrete Beziehung zwischen zwei Objekten der Entitäten dar.

- Bei 1:N-Beziehungen wird in die Tabelle der auf der N-Seite von der Beziehung betroffenen Entität der Primärschlüssel der auf der 1-Seite der Beziehung beteiligten Entität als zusätzliche Spalte eingefügt (vgl. die Tabelle „Student" in der Abbildung 8.22).
- Bei 1:1-Beziehungen wird in eine der Tabellen der von der Beziehung betroffenen Entitäten der Primärschlüssel der anderen Entität als zusätzliche Spalte eingefügt oder beide Entitäten werden in einer Tabelle zusammengefaßt.

Die Überführung des Datenmodells in das Datenbankmodell nennt man *Datendefinition*, das konkrete Datenbankmodell als Grundlage für ein Informationssystem wird auch als *Datenbankschema* bezeichnet. Um solch ein Datenbankschema zu entwickeln verfügt jedes Datenbanksystem über eine sogenannte *Datendefinitionssprache* (DDL: Data Definition Language), deren Funktionen sich ein Benutzer bedient, wenn er sein Datenmodell umsetzt. Die Vorgehensweise zur Datendefinition in *Microsoft Access*, einem weit verbreiteten einfachen relationalen Datenbanksystem, ist in Bild 8.23 dargestellt.

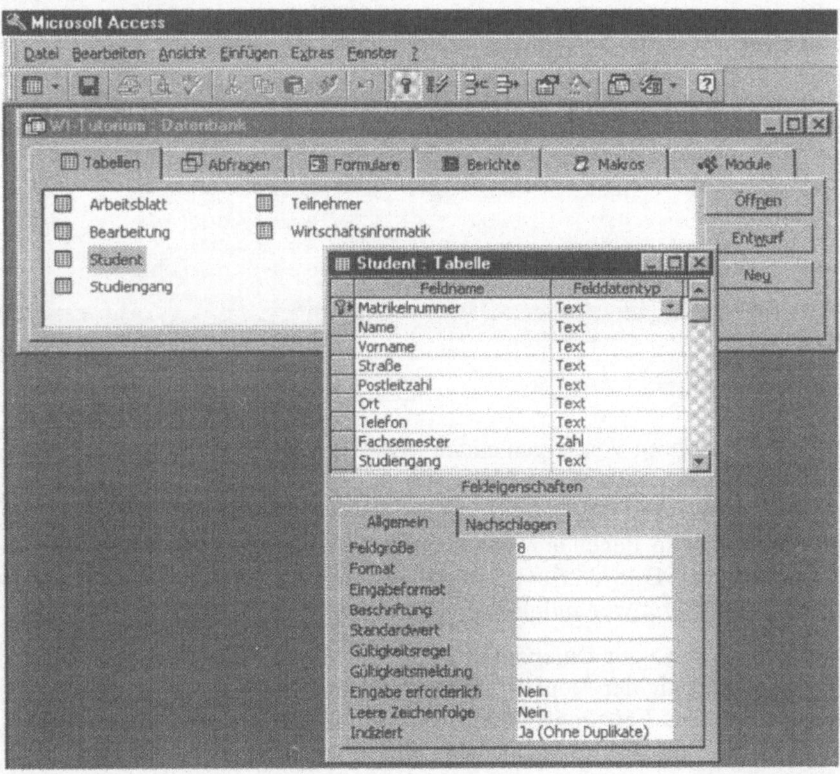

Bild 8.23: Definition einer Tabelle in MS Access

Access organisiert dazu eine Datenbank in einer Datei (auf der Festplatte durch die Namenserweiterung „mdb" kenntlich gemacht) und unterscheidet die Kategorien „Tabellen", „Abfragen", „Formulare", „Berichte", „Makros" und „Module" zum Umgang mit der Datenbank.

Die Kategorie Tabellen enthält die eigentlichen Daten zur Datenbank. Durch die Funktionen „Entwurf" oder „Neu" können Tabellen in ihrer Struktur festgelegt werden (vgl. Bild 8.23), durch die „Öffnen-Funktion" können die Tabellenwerte angesehen und verändert und es können neue Zeilen, d.h. neue Datensätze, eingegeben werden (vgl. Bild 8.24).

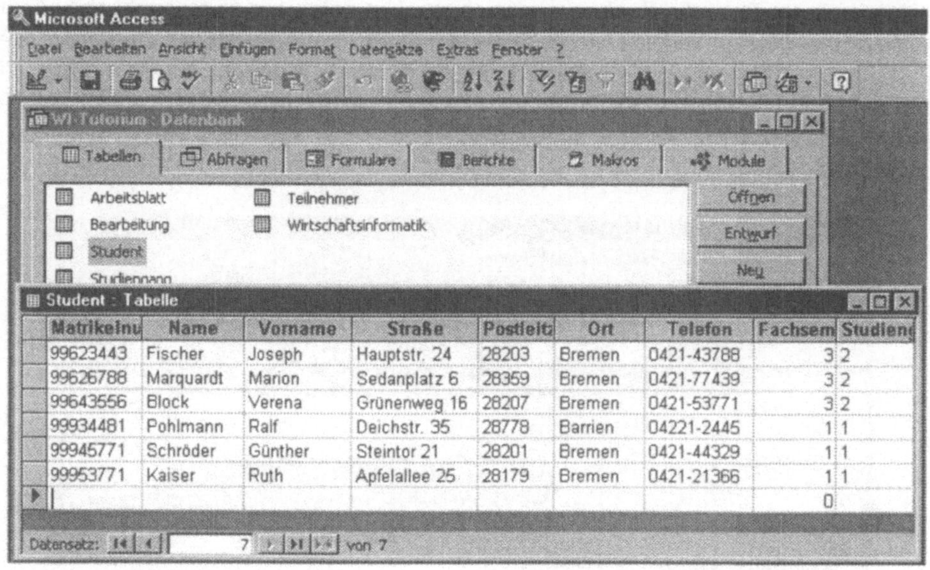

Matrikelnu	Name	Vorname	Straße	Postleitz	Ort	Telefon	Fachsem	Studien
99623443	Fischer	Joseph	Hauptstr. 24	28203	Bremen	0421-43788	3	2
99626788	Marquardt	Marion	Sedanplatz 6	28359	Bremen	0421-77439	3	2
99643556	Block	Verena	Grünenweg 16	28207	Bremen	0421-53771	3	2
99934481	Pohlmann	Ralf	Deichstr. 35	28778	Barrien	04221-2445	1	1
99945771	Schröder	Günther	Steintor 21	28201	Bremen	0421-44329	1	1
99953771	Kaiser	Ruth	Apfelallee 25	28179	Bremen	0421-21366	1	1
							0	

Bild 8.24: Manipulation von Tabellendaten in MS Access

Durch die Festlegung von sogenannten „Beziehungen" zwischen den vorgesehenen Tabellen müssen zur Komplettierung des Datenbankschemas die Felder aus einzelnen Tabellen mit den korrespondierenden Feldern anderer Tabellen entsprechend des zugrunde liegenden Datenbankmodells miteinander in Beziehung gesetzt werden (vgl. Bild 8.25). Hierdurch werden Auswertungen über die Werte mehrerer Tabellen hinweg möglich.

Die Vorgehensweise zur Datendefinition ist in MS Access besonders einfach und anschaulich, so daß der Begriff „Datendefinitionssprache" eigentlich etwas zu hoch gegriffen ist. Leistungsfähige auf Spezialisten ausgerichtete DB-Systeme wie z.B. Oracle und Informix verfügen hier über komplexere Sprachen, die wie Programmiersprachen erlernt werden müssen.

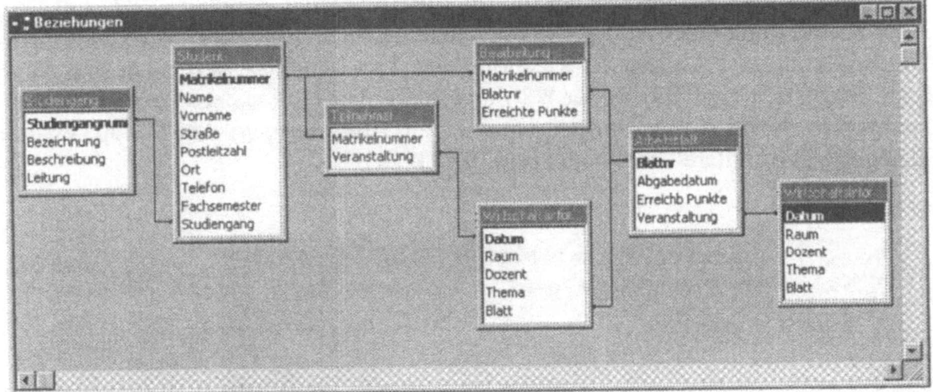

Bild 8.25: Beziehungen zwischen Tabellen in MS Access

8.5.3 Auswertungen von Daten durch DB-Systeme

Die weiteren Kategorien zu einer Datenbank in MS Access betreffen Auswertungen, die mit den gespeicherten Daten durchgeführt werden sollen – man spricht hier allgemein von *Datenmanipulation*, die durch eine *Datenmanipulationssprache* (DML: Data Manipulation Language) unterstützt wird. Auch hierfür ist in MS Access eine sehr anschauliche Vorgehensweise realisiert worden, die es dem wenig erfahrenen Benutzer relativ leicht macht, Auswertungen zu entwickeln. Im professionellen Bereich hat sich für die Datenmanipulation durch die große Verbreitung relationaler DB-Systeme eine Standardsprache entwickelt, genannt *SQL* (*Standard Query Language*), die alle Anbieter von entsprechenden DB-Systemen in ihren Produkten umgesetzt haben. Auch in MS Access kann man für Auswertungen diese Programmiersprachen-ähnliche Abfragesprache einsetzen.

Die eigentlichen Auswertungen werden über in MS Access über die Kategorie „Abfragen" realisiert. So könnte für unser Beispiel interessieren, welche Studenten der Veranstaltung nicht aus Bremen kommen, welche Studenten ein bestimmtes Arbeitsblatt bearbeitet haben oder – etwas komplizierter – es könnte für jeden Studenten eine Teilnahmebescheinigung verlangt werden, die auch den Erfolg der Bearbeitung der Arbeitsblätter dokumentiert. In einem sehr einfachen Fall betreffen Auswertungen das Anfertigen von schön gestalteten Listen oder Etiketten mit den Daten aus einzelnen Tabellen.

Solche Abfragen basieren auf den definierten Tabellen oder anderen Abfragen und der Benutzer hat zu entscheiden, welche Felder aus welchen Tabellen in der Auswertung zusammengefaßt werden sollen und welche Bedingungen für die Werte einzelner Felder für das gewünschte Ergebnis gesetzt werden müssen. In MS Access wird wieder die Unterscheidung in „Neu" - für die Entwicklung einer neuen Abfrage -, „Entwurf" – für die Veränderung einer Abfrage - und „Öffnen" – zur Anwendung einer Abfrage auf den aktuellen Datenbestand – vorgenommen. Das Ergebnis einer Abfrage ist wiederum eine Tabelle und wird in einer Standardform dargestellt (vgl. die Bilder 8.26 und 8.27). Für eine andere (schönere) Darstellungsform von Auswertungsergebnissen am Bildschirm wird in MS Access die Kategorie „Formulare" verwendet (vgl. Bild 8.28).

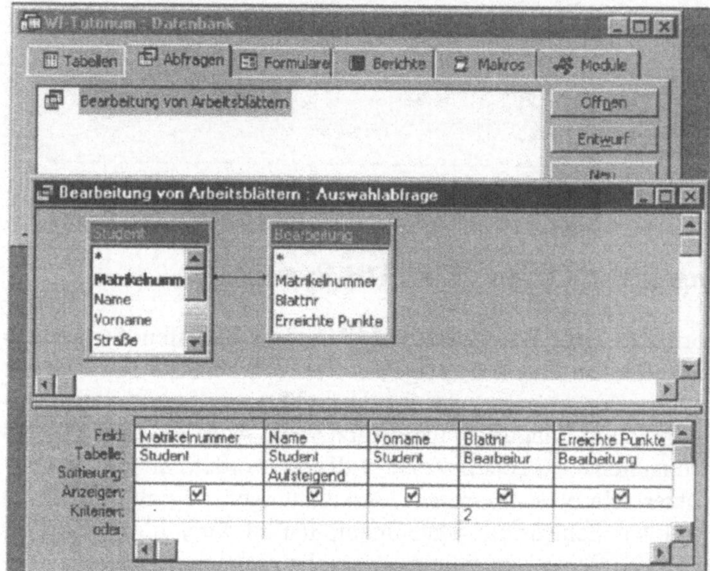

Bild 8.26:

Entwicklung einer Abfrage

Obere Fensterhälfte: Festlegung der betroffenen Tabellen

Untere Fensterhälfte: Festlegung der gewünschten Felder und Setzen der Bedingungen.

- Blattnr = 2
- Sortierung nach Studentennamen aufsteigend

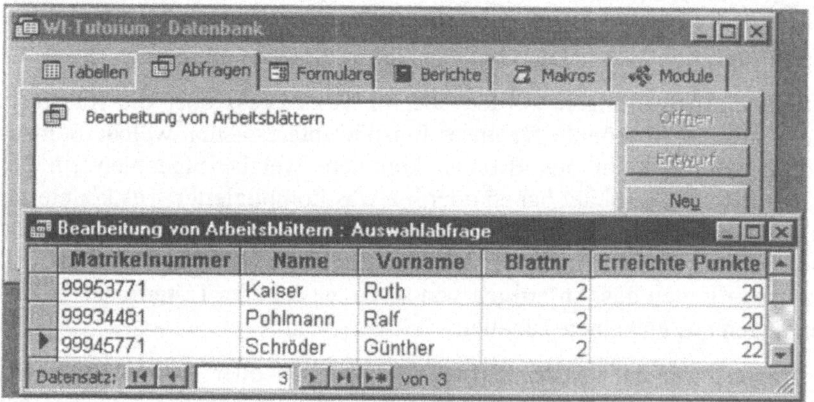

Matrikelnummer	Name	Vorname	Blattnr	Erreichte Punkte
99953771	Kaiser	Ruth	2	20
99934481	Pohlmann	Ralf	2	20
99945771	Schröder	Günther	2	22

Bild 8.27: Einfache Ergebnisdarstellung einer Abfrage in MS Access

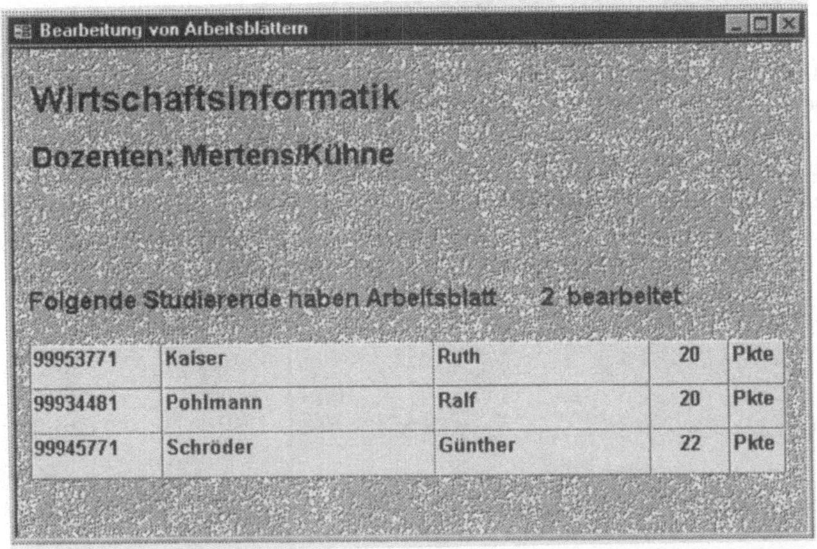

Bild 8.28: „Schöne“ Ergebnisdarstellung einer Abfrage durch Formulare in MS Access

Formulare dienen dazu, die Inhalte von Tabellen in einem selbst gewählten Layout darzustellen. Die Vorgehensweise für ihre Entwicklung ähnelt dem Umgang mit Grafikprogrammen. Dabei erhält man durch sogenannte „Assistenten“ eine Reihe von Hilfestellungen für die nahezu automatische Erstellung standardisierter Layouts.

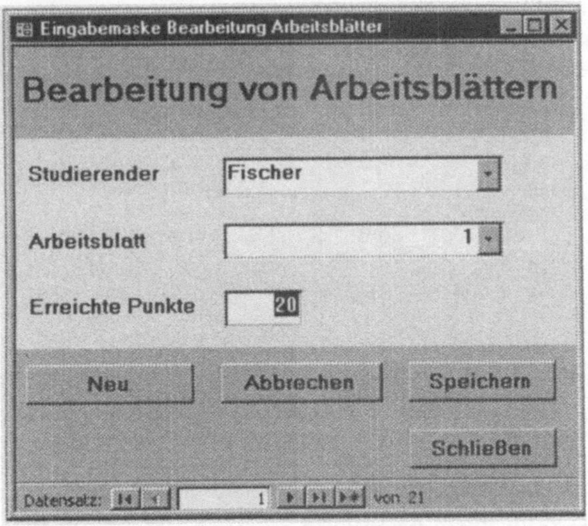

Bild 8.29

Eingabemaske durch ein Formular in MS Access

Formulare eignen sich weiter dazu, Bildschirmmasken zu erstellen, um Daten in Tabellen einzugeben und dabei eine fast professionelle Benutzungsoberfläche zu gestalten. Dabei können durch Integration von „Makros“ mit etwas Übung dann auch eigene Pulldownmenüs, Listboxes, Buttons usw. eingesetzt und Formularsysteme gestaltet werden, die in ihrer Wirkung einer Individualsoftware für den zugrunde liegenden Problembereich entsprechen (vgl. Bild 8.29). Mit Hilfe von „Modulen“ wird dieserart Entwicklung für Spezialisten auf Basis der Programmiersprache „Visual Basic“ professionell, so daß in diesem Sinne MS Access auch als DB-gestütztes Softwareentwicklungstool anzusehen ist.

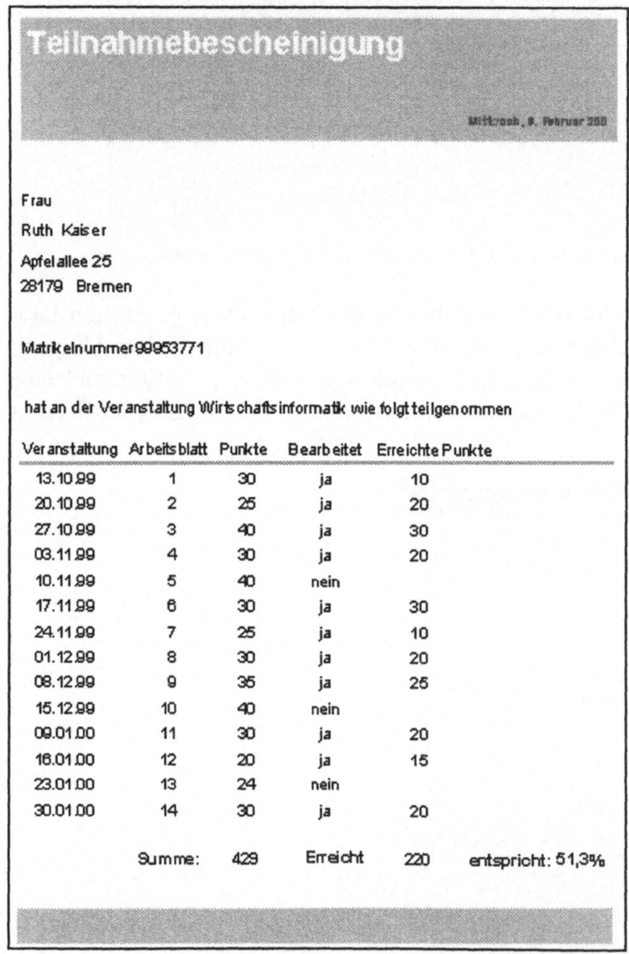

Teilnahmebescheinigung

Mittwoch, 9. Februar 200

Frau
Ruth Kaiser
Apfelallee 25
28179 Bremen

Matrikelnummer 99953771

hat an der Veranstaltung Wirtschaftsinformatik wie folgt teilgenommen

Veranstaltung	Arbeitsblatt	Punkte	Bearbeitet	Erreichte Punkte	
13.10.99	1	30	ja	10	
20.10.99	2	25	ja	20	
27.10.99	3	40	ja	30	
03.11.99	4	30	ja	20	
10.11.99	5	40	nein		
17.11.99	6	30	ja	30	
24.11.99	7	25	ja	10	
01.12.99	8	30	ja	20	
08.12.99	9	35	ja	25	
15.12.99	10	40	nein		
09.01.00	11	30	ja	20	
16.01.00	12	20	ja	15	
23.01.00	13	24	nein		
30.01.00	14	30	ja	20	
	Summe:	429	Erreicht	220	entspricht: 51,3%

Bild 8.30:

Bericht in MS Access

Während Formulare in MS Access bildschirm-orientierte Komponenten sind, setzt man „Berichte“ vorrangig für ansprechend gestaltete Druckausgaben ein. Wiederum auf der Grundlage von Abfragen oder auf Basis der definierten Tabellen können durch Berichte in sehr ähnlicher Weise wie bei Formularen ansprechende Layouts gestaltet und komplexe Auswertungen zur Ausgabe auf Papier zusammengefaßt werden (vgl. Bild 8.30).

8.6 Interoperabilität von PC-Standardsoftware

Ein großer Vorteil der Anwendung von Standardsoftware auf PC ist ihre Flexibilität im Einsatz für die verschiedensten Einsatzbereiche. Abgesehen von den individuellen Möglichkeiten zur Gestaltung ihrer Benutzungsoberfläche ist hier besonders der kombinierte Einsatz unterschiedlicher Programme durch Im- und Exporte und durch die *Zwischenablage* des Betriebssystems zu erwähnen (vgl. hierzu auch Kapitel 12).

Ein Datenbanksystem kann genutzt werden, um Daten zu erfassen und um komplexe Auswertungen vorzunehmen. Für kleinere Auswertungen wird durch ein Tabellenkalkulationsprogramm per Import auf diese Daten zugegriffen und dazu ein Diagramm zur Veranschaulichung erstellt. Teile der Tabelle und das Diagramm werden in die Zwischenablage kopiert und in ein Textdokument per „einfügen" oder „verknüpfen" genauso integriert, wie z.B. eine in objektorientierter Form entwickelte Zeichnung aus einem Grafikprogramm.

Je nach Art von Import, Einfügen und Verknüpfen werden durch Änderungen beispielsweise von Ausgangswerten bei Aufruf des solche Werte mit anderen Elementen kombinierenden Dokuments automatisch die notwendigen Aktualisierungen vorgenommen.

Die entsprechende Standardsoftware zur Textverarbeitung, Tabellenkalkulation, Grafik und für ein Datenbanksystem wird von den Anbietern daher auch gewöhnlich kombiniert als *Office-Paket* angeboten. Neben dem „Microsoft Office", das den Erläuterungen der vorangegangenen Abschnitte zugrundeliegt, ist hier auch das Paket „Star Office" von SUN zu erwähnen, das in seiner Funktionalität mit der Microsoft-Software vergleichbar ist und in Deutschland ebenfalls einen großen Marktanteil besitzt.

Fragen und Aufgaben zu Szene 2

Wieder einmal arbeitet Bill die Inhalte der Wirtschaftsinformatik-Veranstaltung auf. Er ordnet seine Mitschriften und notiert sich zu den diversen Aspekten der System- und Anwendungssoftware einzelne Fragen und Aufgaben. Diese bespricht er Tags darauf mit einem Kommilitonen. Helfen Sie dem Kommilitonen bei der Beantwortung der Fragen.

2.1 Welche Komponenten werden der Systemsoftware zugerechnet?

2.2 Welche Aufgabengebiete werden für den Betriebssystemkern unterschieden?

2.3 Nennen Sie die Betriebsarten eines Betriebssystems bei der Verarbeitung von Aufträgen.

2.4 Nennen Sie eine typische Anwendung von Computern, die üblicherweise im Stapelbetrieb verarbeitet wird.

2.5 Charakterisieren Sie kurz die Begriffe „Ein-Programm-Betrieb" und „Multi-Programm-Betrieb".

2.6 Wenn bei der Bearbeitung die Aufträge
   a) unterschiedlichen Benutzern zugeordnet werden können, spricht man von ...
   b) nur einem Benutzer zugeordnet werden können, spricht man von ...

2.7 Wie nennt man die einzelnen Verarbeitungsschritte, die zur Verarbeitung von Aufträgen durch den Betriebssystemkern generiert werden?

2.8 Welche Rolle spiele die sogenannten „Interrupts" bei der Koordination der einzelnen Verarbeitungsschritte eines Auftrags.

2.9 Welche Funktion wird durch „Plug-and-Play" automatisiert?

2.10 Was versteht man unter dem ROM-BIOS und welche Aufgabe erfüllt es?

2.11 Für das CPU-Management hat das Konzept desTimesharing eine große Bedeutung
   a) was versteht man darunter?
   b) In welchen Formen wird es realisiert

2.12 In welcher Weise wird das Timesharing durch das RAM-Management unterstützt?

2.13 Erläutern Sie das Konzept des „virtuellen Speichers".

2.14 Was versteht man unter „Swapping"?

2.15 Wie groß ist der Adreßraum des RAM-Managements der gängigen Microsoft-Betriebssysteme?

2.16 Wie nennt man die Programme zur Ansteuerung von Peripheriegeräten, die die zum Peripheriegerät zu leitenden Daten in gerätespezifische Form umwandeln?

2.17 Wie heißt die durch die Programme des Datenmanagements kleinste zugreifbare Datenmenge auf peripheren Speichern und zu welchen größeren Einheiten wird sie zugeordnet?

2.18 Welche Bedeutung für das Datenmanagement hat die „File Allocation Table"?

2.19 Nach welcher Struktur wird mit welchen Strukturelementen ein peripherer Speicher organisiert?

2.20 Mit welchem Dienstprogramm des Betriebssystems Windows NT kann die Struktur eines peripheren

Speichers durch den Benutzer festgelegt werden.

2.21 Wie nennt man die beiden unterschiedlichen Konzepte, nach denen die Benutzungsoberfläche von Betriebssystemen gestaltet wird?

2.22 Welchen grundsätzlichen Aufbau haben Kommandos des Betriebssystem UNIX?

2.23 Welches sind die Grundelemente eines Desktops bei einer grafischen Benutzungsoberfläche?

2.24 Nennen Sie drei einfache Interaktionsobjekte, die üblicherweise in einer Dialogbox einer grafischen Benutzungsoberfläche verwendet werden.

2.25 Geben Sie eine mögliche Klassifikation für Anwendungssoftware an.

2.26 Diverse Funktionen eines Textverarbeitungsprogramms sind auf formale Strukturen von Texten ausgerichtet. Nennen Sie Beispiele solcher Strukturen und dafür gängige Funktionen?

2.27 Welche Arten von Programmen zur Unterstützung von Textverarbeitung können entsprechend ihres Einsatzbereiches unterschieden werden?

2.28 Für welche Problemklasse werden Tabellenkalkulationsprogramme effizient eingesetzt?

2.29 Aus welchen Elementen bestehen die Arbeitsblätter in Tabellenkalkulationsprogrammen?

2.30 Welche Arten von Daten werden für Zellen eines Tabellenkalkulationsprogramms üblicherweise unterschieden?

2.31 Nennen Sie einige Formatierungsfunktionen in Tabellenkalkulationsprogrammen.

2.32 Grafiksoftware auf PCs findet in unterschiedlicher Ausrichtung und Leistungsfähigkeit heute eine verbreitete Anwendung. Nennen Sie einige verschiedene Einsatzformen.

2.33 Nennen Sie Beispiele für Grafikaustauschformate und erläutern Sie deren Bedeutung im PC-Bereich.

2.34 Was versteht man unter „Pixelgrafik“?

2.35 Nennen Sie einige Funktionen zur Bildbearbeitung bei Pixelgrafiken.

2.36 Welcher von der Anwendung her fundamentale Unterschied besteht zwischen Programmen auf Basis der Pixelgrafik und solchen auf Basis objektorientierter Grafik?

2.37 Welches Problemfeld wird durch den Einsatz von Businessgrafik unterstützt?

2.38 Nennen Sie einige weit verbreitete Arten von Diagrammen, die durch Businessgrafik angeboten werden.

2.39 Erläutern Sie den Unterschied zwischen einer Datenbank, einem Datenbanksystem und einem Informationssystem.

2.40 Welche Elemente werden zur Definition eines Datenmodells zur Konzeption einer Datenbank unterschieden?

2.41 Welche Bedeutung hat ein Primärschlüssel in einem Datenmodell?

2.42 Welche Grundstruktur wird in einem relationalen Datenbanksystem zur Repräsentation von Entitäten und Beziehungen vorgesehen?

2.43 Erläutern Sie die Kürzel „DDL“ und „DML“ in Verbindung mit Datenbanksystemen.

2.44 Nennen Sie ein weit verbreitetes auf Personalcomputern eingesetztes Datenbanksystem.

Szene 3: Bill will an's Netz

Inzwischen kennt Bill sich mit seinem Rechner so richtig gut aus. Die schriftlichen Arbeiten in Zusammenhang mit den Veranstaltungen der beiden ersten Semester hat er per PC erstellt, zwei Referate verliefen Power Point-gestützt sehr gut, für die Statistik-Übungen hat er die Tabellenkalkulation prima einsetzen können.

Nach diesen Erfahrungen stört ihn eigentlich nur noch, daß er für Literaturrecherchen und sonstige Informationen regelmäßig viel Zeit in der Hochschulbibliothek oder an den Internet-Terminals des Fachbereichs verbringt. Daß diese Terminals dazu auch noch ständig durch andere Studierende belegt sind, ist ein weiteres Ärgernis.

Bill beschließt, sich über seinen Rechner zu Hause einen Internet-Zugang zu verschaffen. Erste Versuche herauszubekommen, was dazu nötig ist, machen ihm klar, daß dies zwar grundsätzlich kein Problem ist, daß es aber eine Fülle

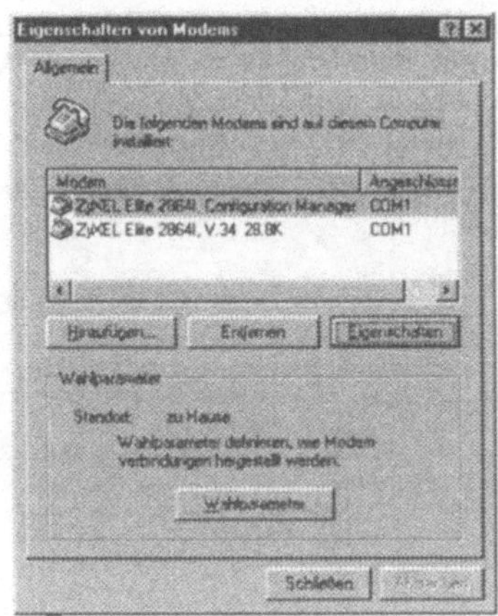

verschiedener Möglichkeiten dafür gibt.

Abgesehen von den unterschiedlichen finanziellen Auswirkungen der ver-

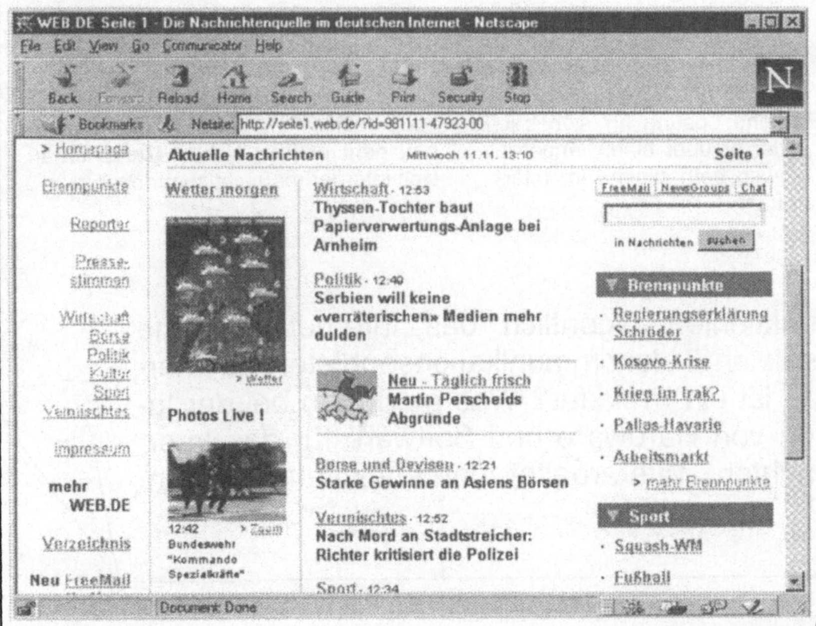

schiedenen Anschlußmöglichkeiten, sind Übertragungsgeschwindigkeiten zu beachten, die unterschiedlichen Funktionsangebote der diversen Anbieter gegeneinander abzuwägen und ist unterschiedliche Hard- und Software nötig.

Weiter ist die rasante Entwicklung des Internets nicht zu unterschätzen. Wer weiß, was in den nächsten Monaten für neue Funktionen und Informationsmöglichkeiten geschaffen werden. Schließlich will Bill eine Lösung für sich herstellen, mit der er über einen längeren Zeitraum hinweg befriedigend im Internet arbeiten kann.

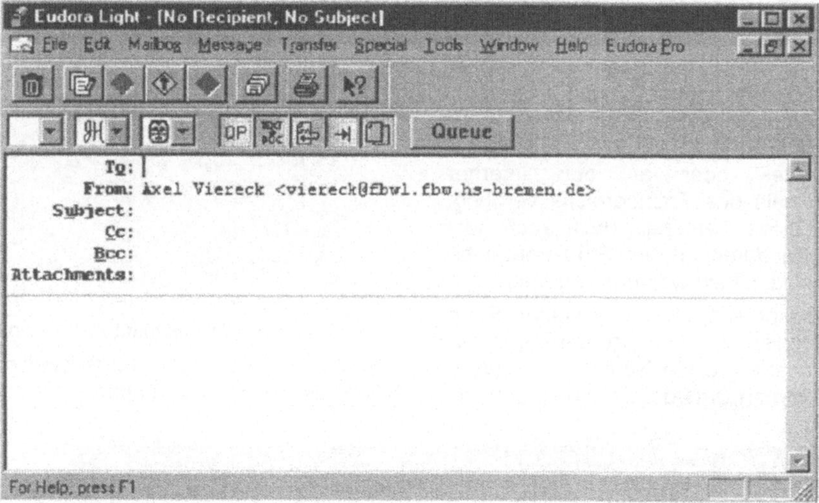

Aus den Erzählungen seiner Kommilitonen und auch seiner Dozenten wird Bill schnell klar, daß sowohl in der täglichen Arbeit, wie auch in der Installation der nötigen Hard- und Software der „Teufel im Detail" liegt.

Begriffe, wie Point to Point-Protokoll, Hardware-Handshake, Hayes-Befehlssatz, IP-Adresse oder Domain-Name-Server erschrecken ihn ein wenig.

Da er die ersten Klippen bei der Nutzung seines PCs aber gut überstanden hat, geht er jetzt frohen Mutes daran, sich internet-mäßig fit zu machen.

Wie funktioniert eigentlich das Internet? Welche Rolle spielen Telekommunikationsanbieter im Internet, was ist ein Provider? Was muß man bei der Installation von Hardware und Software für das Internet beachten? Wie arbeitet man effektiv mit dem Internet?

9 Das Internet

Das *Internet* ist ein weltumspannender Verbund von einzelnen Rechnern und Rechnernetzen, die über eine gemeinsame Sprache, ein sogenanntes Protokoll, miteinander, zum großen Teil permanent, über Kabel- oder Sattelitenleitungen verbunden sind. Die einzelnen Rechner in diesem Verbund bieten Dienste an und können gleichzeitig als Kunden auch auf die Dienste anderer Rechner zugreifen. (*Client/Server-Modell,* vgl. Abschnitt 14.3.3).

Bei dem Internet handelt es sich um ein Netzwerk, das dezentral und selbstorganisierend aufgebaut ist. Es hat keinen Besitzer, zentrale Verwaltungsaufgaben können jederzeit durch andere Organisationsformen wahrgenommen werden, kein Staat, keine Institution oder Behörde hat die Macht, es komplett abzuschalten.

Über das Internet können in sekundenschnelle Nachrichten und Dateien an beliebige Netzteilnehmer weltweit versandt werden. So ist es ohne weiteres möglich, daß sich ein Student an einem Rechner in Deutschland über das Internet bereits eine Wohnung für das kommende Auslandssemester in den USA beschaffen kann. Ebenso kann er in Japan den Buchbestand einer beliebigen deutschen Universitätsbibliothek über das Internet ansehen. Den Treiber (vgl. Abschnitt 7.1.3.4) für seinen gebraucht gekauften Drucker findet er garantiert auf dem Server des jeweiligen Herstellers. In internationalen Diskussionsgruppen kann man zeitversetzt und auch zeitgleich mit anderen Menschen über tausende von Themen diskutieren, oder auch nur schnell Hilfe bei Computerproblemen holen. Die Nutzungsmöglichkeiten erweitern sich dabei ständig. Man kann über das Internet Waren oder Dienstleistungen einkaufen (vgl. Abschnitt 18.3), telefonieren, faxen, Radio hören und auch Videokonferenzen abhalten (vgl. Abschnitt 18.1).

Möglich wird dies durch die über das Internet angebotenen Dienste, die in diesem Kapitel, nach einem kurzen Überblick über die historische Entwicklung des Internets, näher beschrieben werden sollen. Eine kurze Beschreibung der bei einem bestehenden Internetzugang möglicherweise auftretenden Sicherheitsrisiken und der möglichen Schutzmaßnahmen runden das Kapitel ab.

9.1 Historische Entwicklung

Der Ursprung des Internet resultiert aus einem militärischem Forschungsprojekt, das zum Zeitpunkt des kalten Krieges Ende der fünfziger Jahre gestartet wurde. Zielsetzung war die Schaffung eines Netzwerkes, das auch unter ungünstigsten

Umständen ein Maximum an Funktionalität aufweisen muß. Das so entwickelte Netzwerk sollte beispielsweise in der Lage sein, einen Atomschlag zu überstehen. Das von der *ARPA* (Advanced Research Projects Agency) durchgeführte Projekt beschäftigte sich demnach hauptsächlich mit der Untersuchung der Zuverlässigkeit von Methoden zur Datenübertragung.

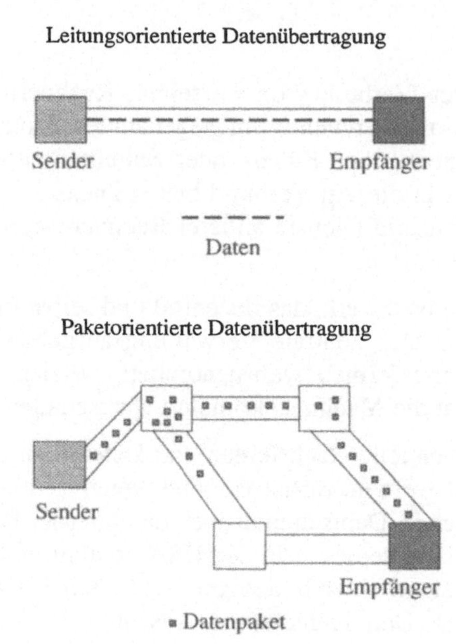

Bild 9.1: Datenübertragungskonzepte

Damals wurde in der Praxis nur die sogenannte *leitungsorientierte Datenübertragung* eingesetzt. Hier ist vor der Datenübertragung zunächst ein physikalischer Verbindungsaufbau zwischen Sender und Empfänger erforderlich. Die Daten müssen dann genau über diese Verbindung übertragen werden. Eine Unterbrechung dieser physikalischen Verbindung beendet auch sofort die Datenübertragung. Diese Verbindungsart war somit für den angestrebten Zweck zu unsicher.

Die ARPA entwickelte, auf der Grundlage von bereits vorhandenen Forschungsergebnissen, eine neue Art der Datenübertragung, die *paketorientierte Datenübertragung*.

Bei dieser Form der Datenübertragung erfolgt eine Aufteilung der zu versendenden Daten in einzelne Pakete, die getrennt voneinander über das Netz versendet werden. Um die einzelnen Datenpakete beim Empfänger wieder zusammensetzen zu können, enthält jedes Datenpaket die dafür notwendigen Informationen wie Senderadresse, Empfängeradresse und Sequenznummer (ihre Position in der Folge der Pakete).

Die optimale Übertragungsstrecke für die einzelnen Pakete wird von eigens dafür vorhandenen Rechnern, sogenannten *Routern* (vgl. Abschnitt 14.3), festgelegt. Die einzelnen Datenpakete können dadurch auf dem Weg zum Empfänger durchaus unterschiedliche Wege nehmen und auf diesen Wegen auch zwischengespeichert werden. Die Unterbrechung eines Übertragungsweges bedeutet dann keine Unterbrechung der Datenübertragung, weil in diesem Fall dieser Weg umgangen und ein Ersatzweg benutzt wird. Die so durchgeführte Datenübertragung ist dadurch wesentlich fehlertoleranter als die leitungsorientierte Übertragung.

Im Jahre 1969 wurde das erste auf paketorientierter Datenübertragung basierende Netzwerk, das *ARPANET*, in Betrieb genommen. 1971 hatte das ARPANET bereits über 30 Teilnehmer, darunter auch amerikanische Universitäten.

In der Folge entstand eine Reihe von unterschiedlichen Implementierungen paketorientierter Kommunikationsregeln (*Protokolle*). Im Rahmen eines neuen Forschungsprojektes gelang es 1977 vier unterschiedliche paketorientierte Netzwerke basierend auf dem neu entwickelten Kommunikationsprotokoll *TCP/IP* (siehe Abschnitt 14.2.4) miteinander zu verbinden. Hiermit war das Ur-Internet geschaffen.

In den folgenden Jahren erfolgte eine stetige Ausweitung des Internets, hauptsächlich im Bereich der universitären Forschung. So begann 1984 in Deutschland der Aufbau des sogenannten Wissenschaftsnetzes *WiN* in Kooperation des dazu extra gegründeten *DFN-Vereins* (Verein zu Förderung des Deutschen Forschungsnetzes) und der Deutschen Bundespost Telekom. Das WiN stellt Universitäten, Hochschulen und Forschungseinrichtungen in Deutschland flächendeckend einen Internetzugang zur Verfügung.

In den neunziger Jahren begann die zunehmende Kommerzialisierung des Internets, die Firmen haben die Chancen und Möglichkeiten des Mediums für sich entdeckt. Seitdem wächst die weltweite Zahl der Internetanschlüsse ständig mit beeindruckender Geschwindigkeit. Immer mehr Privatpersonen finden den Weg ins Internet, selbst lokale Unternehmen und auch Behörden und Kommunen kommen nicht mehr ohne Internetpräsenz aus.

Im Juni 2000 waren im europäischen Bereich des Internet bereits über 11,4 Millionen Rechner permanent an das Internet angeschlossen, weltweit waren es im Januar 2000 über 73 Millionen Rechner (RIPE Network Coordination Centre, http://www.ripe.net). Die aktuelle Zahl der Internetnutzer wird für Ende 1999 auf 146 Mio geschätzt (Aktuelle Zahlen findet man z.B. im Internet unter der Adresse: http://www.pro-web.ch/internet.asp).

9.2 Infrastruktur

Das Rückgrat des Internet besteht aus einer Fülle von Datenleitungen mit unterschiedlicher Übertragungsbreite, die entweder national, international oder interkontinental verfügbar sind.

Für die schnelle und zuverlässige Verbindung von bestehenden Datenleitungen in Ländern, insbesondere aber länderübergreifend und interkontinental werden Datenleitungen mit sehr hoher Übertragungsrate, sogenannte *Backbones*, eingerichtet.

Die Datenleitungen werden von den *Internet Service Providern* (*ISP*) betrieben und sind an bestimmten Knotenpunkten (*CIX*, Commercial Internet Exchange) zum Zweck des Datenaustausches miteinander verbunden. Die Internet Service Provider sorgen für die permanente Anbindung von weiteren Netzen an ihre bestehenden Leitungen.

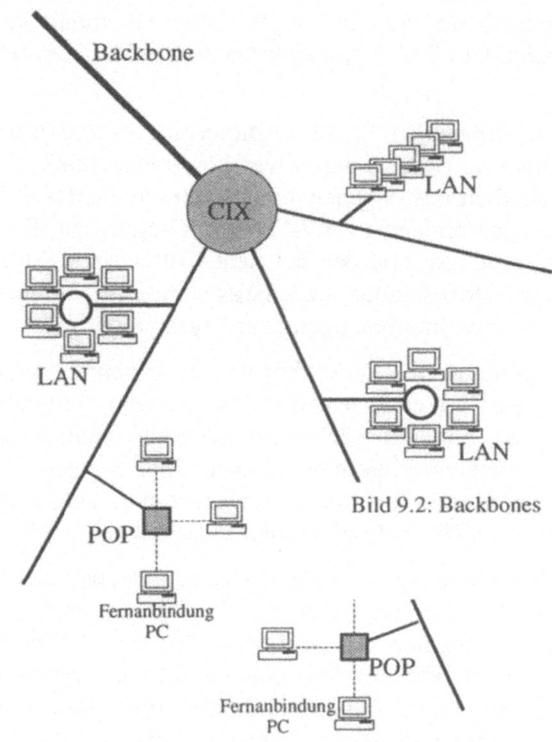

Bild 9.2: Backbones

Damit auch Benutzer am Internet teilnehmen können, deren Rechner nicht permanent an dieses Netzwerk angeschlossen sind, werden von den Providern Einwahlpunkte, sogenannte *Points of Presence* (*POP*) zur Verfügung gestellt (mehr dazu in Kapitel 10).

Abbildung 9.3 zeigt die Infrastruktur des deutschen Internet Service Providers DFN mit seinem Breitband-Wissenschaftsnetz B-WiN. Hier sind zur Zeit vornehmlich die deutschen Universitäten, Hochschulen und Forschungseinrichtungen angeschlossen. Der CIX für das B-WiN befindet sich in Frankfurt.

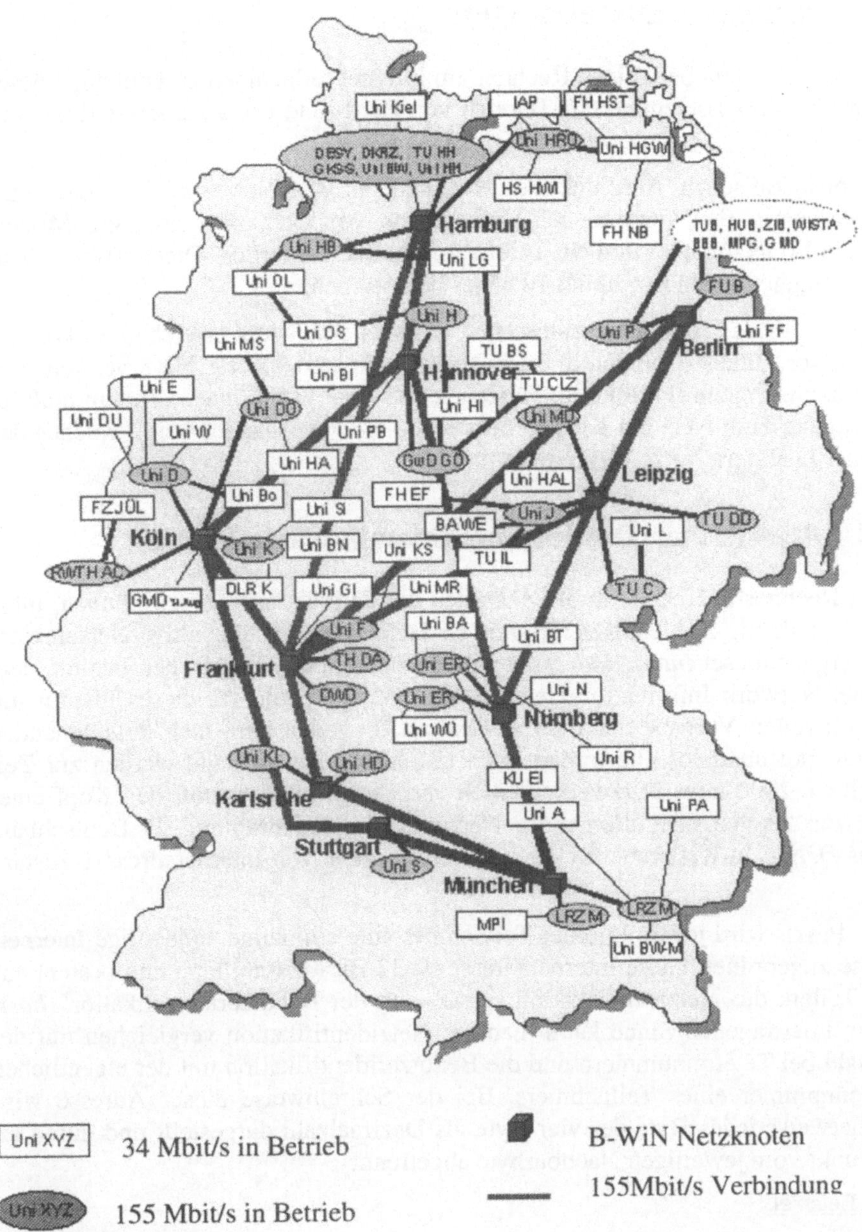

Bild9.3:Internet-Infrastuktur

9.3 Zugangsvoraussetzungen

Um nun mit einem beliebigen Rechner am Internet teilnehmen zu können, müssen bestimmte Voraussetzungen im Bereich von Hard- und Software geschaffen werden.

Zum physikalischen Anschluß des Rechners an das Netz sind entweder eine Netzwerkkarte (bei vorhandener Verkabelung vor Ort), oder aber ein Modem bzw. ein ISDN-Adapter und ein Telefonanschluß erforderlich. Diese Art von Voraussetzungen werden in Kapitel 10 näher beschrieben.

Um einen an das Netz angeschlossenen Rechner überhaupt erreichen zu können, muß dieser zunächst eindeutig adressierbar sein und die im Netz verwendeten Übertragungsregeln (Protokolle) verstehen und umsetzen können. Zudem muß für den Zugang zum Netz ein entsprechendes *Gateway* vorhanden sein, welches den Rechner in andere Netze verbinden kann.

9.3.1 Adressierung (Das Internet Domain-Name-System)

Damit Rechner überhaupt an den Diensten des Internet teilnehmen können, müssen Sie eindeutig zu identifizieren sein, sie benötigen eine eindeutige Netzadresse. Die Vergabe dieser *Internetadressen* wird von einem amerikanischen Institut, dem Internet Network Information Center (*InterNIC*) geregelt. Da dieses Institut mit der weltweiten Vergabe der Internetadressen für jeden einzelnen teilnehmenden Rechner hoffnungslos überfordert wäre (alleine in Deutschland werden zur Zeit täglich ca. 2000 neue Netzwerkadressen vergeben), bildet es nur den Kopf einer Kette von lokalen Institutionen zur Netzwerkadressenverteilung. In Deutschland ist das *DeNIC* in Karlsruhe für die zentrale Vergabe von Internetadressen zuständig.

In der Praxis wird jedem Internet-Teilnehmer eine einmalige, eindeutige Internetadresse zugeordnet. Diese Internetadresse ist 32 Bit (4 Byte) lang und besteht aus zwei Teilen: der Netzidentifikation (*netid*) und der Benutzeridentifikation (*hostid*). Im übertragenen Sinne kann man die Netzidentifikation vergleichen mit der Vorwahl bei Telefonnummern und die Benutzeridentifikation mit der eigentlichen Telefonnummer eines Teilnehmers. Bei der Schreibweise dieser Adresse wird üblicherweise jedes Byte der vier Byte als Dezimalzahl dargestellt und durch einen Punkt vom jeweiligen Nachbarbyte abgetrennt

<u>Beispiel:</u>

Mit „194.94.25.65“ wird ein Rechner des Fachbereich Wirtschaft der Hochschule Bremen adressiert.

Zu Strukturierung existieren verschiedene Klassen von Internetadressen, die sich durch die unterschiedliche Länge von netid und host-id unterscheiden (vgl. Bild 9.4). Hierdurch wird die Welt des Internet in einzelne Teilnetze aufgeteilt und jeder angeschlossene Rechner einem Teilnetz zugeordnet.

Adressklasse	Größe der Netzwerkadresse	Größe der Benutzer-adresse	Anzahl der Netzwerke	Anzahl Be-nutzer pro Netzwerk
A	7 Bits	24 Bits	128	16.777.214
B	14 Bits	16 Bits	16.384	65.534
C	21 Bits	8 Bits	2.097.152	254

Bild 9.4: Die drei wichtigsten Internet-Adreßklassen

Da sich Menschen diese numerischen Internet-Adressen in der Regel schlecht merken können, wurde eine zweite Schreibweise für Internetadressen eingeführt: das Internet-Domain-Namensystem (*Domain-Name-System*). Auch diese gliedert die Adresse in einen Benutzerteil und einen Netzwerkteil.

Der Netzwerkteil (Domainname) benennt üblicherweise eine Region oder ein Sachgebiet (*Top-Level-Domain)* und eine Organisation, die das Netz verwaltet. So bedeutet z.B. die Toplevel-Domain „de“, daß der betreffende Rechner in Deutschland steht (vgl. Bild 9.5) Wegen des hierarchischen Aufbaus von Unternehmen wird gewöhnlich der Namensteil für die Organisation weiter in sogenannte Sub-Domains untergliedert.

Organisationsbezeichnungen			**Länderkürzel**
com	commercial organisation	at	Österreich
edu	educational institution	au	Australien
gov	government	de	Deutschland
mil	military organisation	dk	Dänemark
int	international organisation	jp	Japan
net	network organisation	uk	Großbritannien
org	non-profit organization	us	USA

Bild 9.5: Top-Level Domains und einige Länderkürzel

Die Top-Level Domain wird dabei ganz rechts, die Sub-Domains jeweils durch Punkte voneinander getrennt links davon im Netzwerknamen genannt. Ganz vorne in der Adresse steht dann der Benutzerteil der Adresse.

Beispiel:

Der Internetadressenname für die Adresse 194.94.25.65 lautet

fbw6.fbw.hs-bremen.de.

Dabei gehören die ersten 21 Bits (194.94.25) dieser C-Klasse Adresse zu der Domain fbw.hs-bremen.de, die letzten 8 Bits (.65) gehören zur Benutzeradresse und beschreiben hier mit fbw6 den Rechnernamen.

Als Toplevel-Bezeichnungen dienen entweder Sachgebiete oder aber geographische Kürzel. So bedeutet z.B. die Toplevel-Domain „de“, daß der betreffende Rechner in Deutschland steht.

Für die Umsetzung der Domainnamen in numerische IP-Adressen sind sogenannte *Nameserver* zuständig. Hier wird in einer Datenbank jeder numerischen IP-Adresse eines Rechners sein entsprechender Domainname zugeordnet.

Beispiel:

Ausschnitt aus der Datenbank des Nameservers der Hochschule Bremen

```
> ls -d hs-bremen.de
[dns.hs-bremen.de]
                        1D IN SOA     dns root.dns (
                                      2000082100      ; serial
                                      6H              ; refresh
                                      1H              ; retry
                                      4w2d            ; expiry
                                      1D )            ; minimum
fbw                     1D IN MX      10 hermes.rz
rzwp45.fbw              1D IN A       195.37.177.117
olbers.fbw              1D IN A       194.94.25.119
webserver.fbw           1D IN A       194.94.25.90
nt-server.fbw           1D IN A       194.94.25.62
skip.fbw                1D IN A       194.94.25.29
fbw1.fbw                1D IN CNAME   hermes.rz
lfk1.fbw                1D IN A       194.94.25.145
fbw2.fbw                1D IN A       194.94.25.66
ifk2.fbw                1D IN A       194.94.25.147
fbw4.fbw                1D IN A       194.94.25.68
fbw5.fbw                1D IN A       194.94.25.21
fbw6.fbw                1D IN A       194.94.25.65
fbw7.fbw                1D IN A       195.37.177.121
barks.fbw               1D IN A       194.94.25.108
```

Theoretisch könnten in einer einzigen Datenbank alle im Internet vorhandenen Zuordnungen gespeichert werden. Ein solcher Rechner wäre jedoch dermaßen überlastet, daß er innerhalb kürzester Zeit nutzlos würde. Aus diesem Grund teilt man den DNS-Namensbereich in unterschiedliche Zonen auf, von denen jede einen eigenen Nameserver besitzt, der jeweils die Informationen für die betreffende Zone enthält.

Versucht man nun, einen Rechner unter Angabe seines Domainnamens zu erreichen, so wird zunächst der nächstgelegene lokale Nameserver nach der zugehörigen numerischen *IP-Adresse* abgefragt. Gehört der gesuchte Rechner zur Domäne des lokalen Nameservers, so gibt dieser Nameserver die IP-Adresse aus. Gehört der gesuchte Rechner zu einer entfernten Domäne, sendet der lokale Nameserver eine Anfrage an den Nameserver der obersten Ebene der angefragten Domäne. Dieser Nameserver kennt wiederum die ihm untergeordneten Nameserver und leitet die Anfrage an den Nameserver der gefragten Domäne weiter. Dieser leitet dann die gewünschte Auskunft auf dem umgekehrten Weg an den anfragenden Rechner zurück. Dieser kann nun mit Hilfe dieser IP-Adresse die Verbindung zum gewünschten Rechner herstellen.

9.3.2 Protokolle (TCP/IP)

Jeder Rechner muß mit anderen Rechnern im Internet nach gewissen vorgeschriebenen Regeln, Protokollen genannt, kommunizieren können. Diese Regeln wurden zum großen Teil nicht zentral entwickelt und vorgegeben, sondern sie entstanden durch eine breite Diskussion Vieler, die sich an der Entwicklung des Internet beteiligt haben. Sie wurden für die Diskussion im Internet veröffentlicht und können von jedem Beteiligten gelesen und kommentiert werden. Man spricht hier von den sogenannten *Request for Comments* (RFCs). So befindet sich die Definition für das im Internet verwendete *Internet Protokoll* (*IP*) im RFC 791.

Das Internet-Protokoll ist für die paketorientierte Datenübertragung zuständig. Alle zu übertragenden Daten werden nach einer festen Struktur in einzelne Datenpakete unterteilt. Dabei wird jedes einzelne Paket für sich betrachtet und unabhängig von den vorherigen oder nachfolgenden Paketen übertragen. Man spricht hier von einer *verbindungslosen Übertragung* (vgl. Abschnitt 9.1). Das Internet-Protokoll besitzt keine Vorkehrung zur wiederholten Übertragung von eventuell verlorengegangenen Paketen, d.h. die Übertragung ist eines einzelnen Paketes ist nicht garantiert und kann mitunter scheitern.

Um trotzdem im Internet Daten sicher zu übertragen arbeitet IP in Kombination mit dem zweiten wichtigen Protokoll für die Kommunikation im Internet, dem *Transmission Control Protokoll* (*TCP*). Dieses sieht die notwendigen Mechanismen zur Überprüfung des tatsächlichen Eintreffens von Datenpaketen beim Empfänger vor. Für verloren gegangene Datenpakete wird eine erneute Übertragung angefordert.

Dazu wird durch TCP der zu übertragende Datenstrom in einzelne Segmente unterteilt. Die einzelnen Segmente werden nummeriert. Anhand dieser Segmentnummerierung kann die empfangende Datenstation nun den Empfang der Datenpakete bestätigen. Diese Bestätigung erfolgt nicht für jedes einzelne, sondern immer für eine Gruppe von n Datenpaketen.

9.3.3 Gateways

Jeder Rechner muß in der Lage sein, mit allen anderen Rechnern zu kommunizieren, die eine vom InterNIC (vgl. Abschnitt 9.3.1) oder dessen lokalen Institutionen zugewiesene Internetadresse besitzen.

Zur Erfüllung dieser Anforderung werden spezielle Rechnersysteme verwendet, die die Datenpakete aus einem Netzwerk A mit dem Ziel Netzwerk B übertragen und umgekehrt. Die Information in welchem Netzwerk sich der jeweilige Empfänger der Datenpakete befindet, kann dabei aus der Internetadresse entnommen werden.

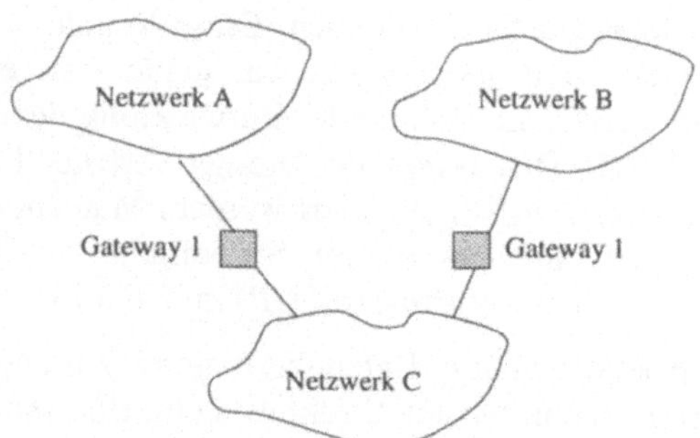

Bild 9.6: Durch Gateways verbundene Netzwerke

Die für die Weiterleitung der Datenpakete auf Netzwerkebene vorgesehenen Rechner werden als *Gateway* bezeichnet. Das Gateway ist nur dafür zuständig, daß die Datenpakete in das jeweilige Zielnetzwerk transportiert werden, nicht jedoch dafür, ob und wie der Empfänger im Zielnetzwerk diese Datenpakete erhält.

Die Vermittlung der Datenpakete findet ausschließlich auf der Ebene des Internet-Protokolls statt, damit sind aus der Sicht der Gateways alle Netze gleichberechtigt. Die in den einzelnen Netzwerken vorherrschenden Übertragungsprotokolle (vgl. Kapitel 14) sind für die Gateways nicht sichtbar.

9.4 Dienste

Basierend auf dem Übertragungsprotokoll TCP/IP (vgl. auch Abschnitt 14.2.4) bietet das Internet seinen Nutzern unterschiedliche *Dienste* an, die in den folgenden Abschnitten näher beschrieben werden.

9.4.1 Elektronische Post (e-mail)

Einer der ältesten, wichtigsten und am häufigsten genutzten Internet-Dienste ist die elektronische Post, genannt *e-mail*. Durch das Versenden und Empfangen von Nachrichten in elektronischer Form kann eine asynchrone Kommunikation zwischen beliebigen Internet-Teilnehmern stattfinden (vgl. auch Abschnitt 18.1.1).

Dabei kann nicht nur reiner Text, sondern es können auch beliebige andere Arten von Daten (Software, Grafiken, Programme etc.) übertragen werden. So ist es heutzutage durchaus üblich, mit einer e-mail z.B. Word-Dokumente zur Kenntnisnahme oder aber auch zur weiteren Bearbeitung per e-mail zu versenden.

Eine weitere Verwendungsmöglichkeit der Elektronischen Post liegt im Bereich der *Mailinglisten*. Eine Mailingliste ist im Prinzip nichts anderes als eine Sammlung von e-mail-Adressen verschiedener Personen, die sich für ein bestimmtes Thema interessieren. Sie dient zur Bildung von Diskussionsforen und Interessengruppen. Sobald ein Teilnehmer einen Diskussionsbeitrag leisten will, sendet er eine e-mail an die Zieladresse der Mailingliste. Ein bestimmter Rechner, der diese Mailinglisten verwaltet, sendet dann diese e-mail an alle Teilnehmer, deren Adresse in der Liste gespeichert ist.

Für die Teilnahme an der elektronischen Post benötigen man zum einen eine eigene e-mail-Adresse, die vom Internet Service Provider vergeben wird. Sie setzt sich zusammen aus einem Benutzernamen und einem Domainnamen, getrennt durch das Zeichen @.

<u>Beispiel:</u>

Die dienstlichen e-mail-Adressen der Autoren sind:

viereck@fbw.hs-bremen.de und bsonder@fbw.hs-bremen.de.

Zusätzlich brauchen Sie noch einen für Ihr jeweiliges Betriebssystem passenden *e-mail-Client*, d.h. ein Programm, das das Senden, den Empfang und die Verwaltung von e-mails ermöglicht. Auf UNIX-Rechnern findet sich hier heute noch der zeilenorientierte e-mail-Client „mail“, weit verbreitet sind auf dieser Plattform auch noch die Programme „elm“ und „pine“. Auf PCs sind heute e-mail-Clients mit grafischer Oberfläche Standard, unter Windows z.B. die Programme „Microsoft Outlook“, „Netscape Messanger“ und „Eudora“. Durch vielfältige Komfortfunktionen erleichtern Sie den Umgang mit dem e-mail-Dienst erheblich. Zu diesen Komfortfunktionen gehören unter anderem die Antwort-Funktion (vergleiche Kapitel 11.1), das Weiterleiten, automatische Filter, Archivierungs- und Suchfunktionen sowie die Rechtschreibprüfung.

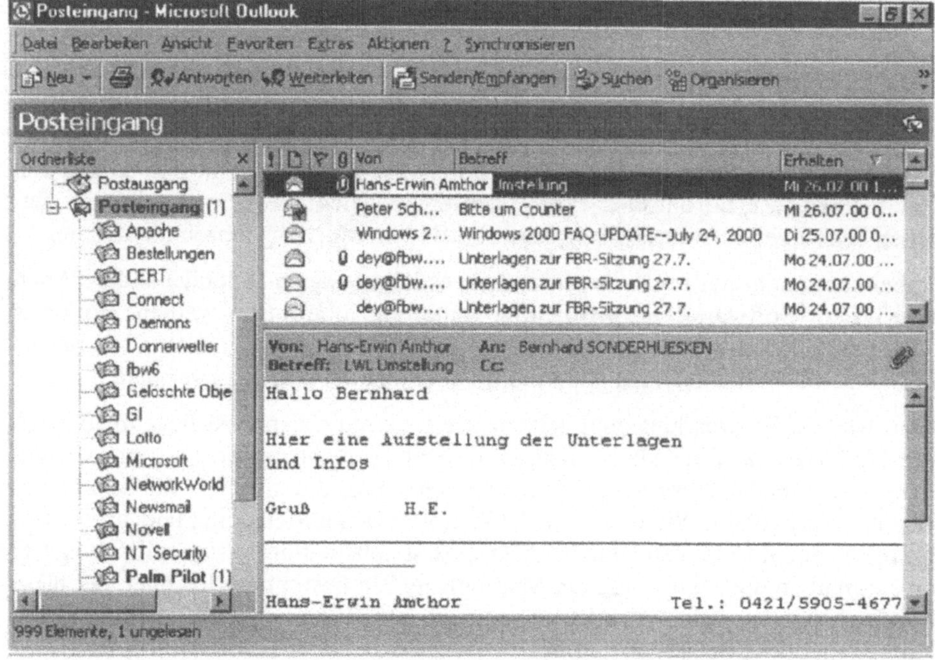

Bild 9.7: Grafischer e-mail-Client unter dem Betriebssystem Windows NT.

Die notwendigen Daten zur Konfiguration eines e-mail-Programms erhält man ebenfalls vom Internet Service Provider. Einzustellen sind hier typischerweise die eigene e-mail-Adresse, die Internetadresse eines Servers, von dem Sie Ihre e-mails abholen, sowie die Internetadresse eines Servers, über die Sie ihre e-mails versenden. Auch hier regeln wieder Protokolle, die auf TCP/IP aufsetzen, die Kommunikation zwischen Client und Server.

Für das Abholen von e-mails wird häufig das pop-Protokoll (*Post Office Protocol*) verwendet, das Senden erfolgt zumeist über das Protokoll smtp (*Simple Mail Transport Protocol*), entsprechend nennt man den dafür zuständigen Server auch *pop3-Server* bzw. *smtp-Server*.

Ein e-mail-Client gehört bei den meisten Betriebssystemen bereits zum Lieferumfang. Aktuelle Versionen der oben genannten Programme lassen sich über das Internet herunterladen und testen.

9.4.2 Das World Wide Web (www)

Der größte Wachstumsschub für das Internet wurde sicherlich Anfang der neunziger Jahre durch die Entwicklung der WWW-Dienste, im wesentlichen durch das Europäische Forschungszentrum für Kernphysik (CERN) in Genf , freigesetzt. Das *World Wide Web*, ein weltweites Gewebe von über das Internet verbundenen Rechnern, ermöglicht die Navigation im Netz, ohne genaue Kenntnisse über dessen physikalische Struktur vorauszusetzen. Mit Hilfe einer grafischen Oberfläche (*WWW-Client* oder auch *WWW-Browser*) erfolgt der Aufruf von miteinander verbundenen Seien durch einfache Mausklicks.

Zugrunde liegt hier das Prinzip des *Hypertextes*. Elektronische Dokumente werden über Schlüsselbegriffe und Symbole, die sogenannten *Hyperlinks*, miteinander verknüpft. Durch das einfache Anklicken eines solchen Hyperlinks erfolgt der Aufruf eines neuen Dokumentes oder aber auch die Ausführung einer Funktion.

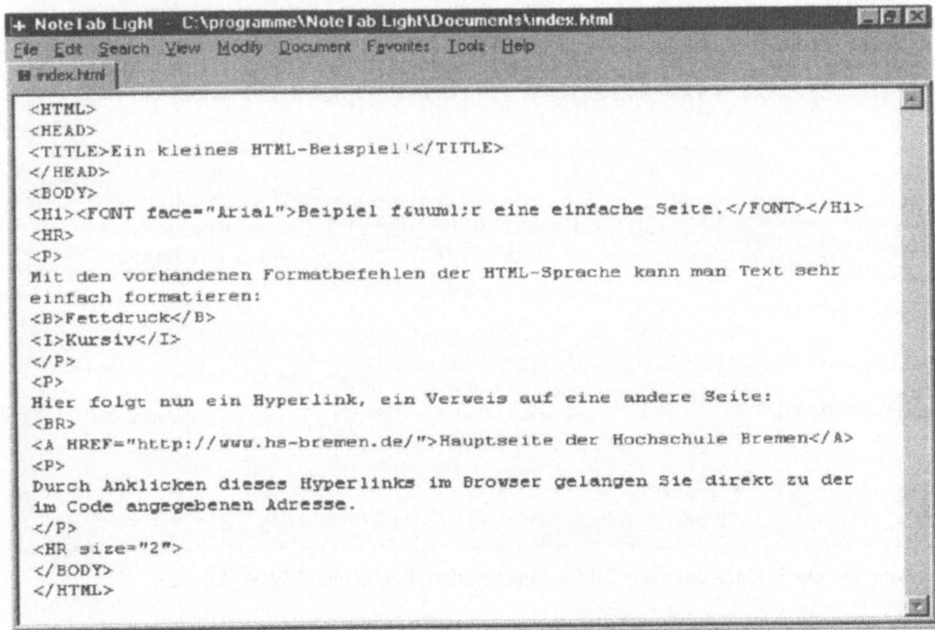


```
<HTML>
<HEAD>
<TITLE>Ein kleines HTML-Beispiel!</TITLE>
</HEAD>
<BODY>
<H1><FONT face="Arial">Beipiel f&uuml;r eine einfache Seite.</FONT></H1>
<HR>
<P>
Mit den vorhandenen Formatbefehlen der HTML-Sprache kann man Text sehr
einfach formatieren:
<B>Fettdruck</B>
<I>Kursiv</I>
</P>
<P>
Hier folgt nun ein Hyperlink, ein Verweis auf eine andere Seite:
<BR>
<A HREF="http://www.hs-bremen.de/">Hauptseite der Hochschule Bremen</A>
<P>
Durch Anklicken dieses Hyperlinks im Browser gelangen Sie direkt zu der
im Code angegebenen Adresse.
</P>
<HR size="2">
</BODY>
</HTML>
```

Bild 9.8: Eine einfache HTML-Datei im Editor

Die Realisierung des World Wide Web basiert auf den Regelungen des Protokolls

„http“ und der Seitenbeschreibungssprache „html“ und setzt auf der Seite des Empfängers ein Client-Programm (Browser) und auf der Seite des Anbieters ein Server-Programm zur Interpretation dieser Protokolle voraus.

Das auf dem Protokoll TCP/IP aufbauende *Hypertext Transport Protocol* (http) regelt die Kommunikation zwischen WWW-Servern und –Clients und sorgt für den Transport von Dateien.

Diese Dateien bilden die im WWW angebotenen Informationsseiten, (Hypertextdokumente). Sie werden mit Hilfe der Seitenbeschreibungssprache *HTML* (*Hypertext Markup Language*, eine Art Programmiersprache, vgl. Abschnitt 17.2.1) erstellt (vgl. Bild 9.8). Die Hypertextdokumente bestehen aus einfachem ASCII-Text, in dem durch bestimmte Formatbefehle einzelnen Textabschnitten ein bestimmtes Format zugeordnet werden kann. Erst die Interpretation durch den WWW-Browser erstellt aus diesem Text ein Dokument in der gewünschten Gestalt (vgl. Bild 9.9).

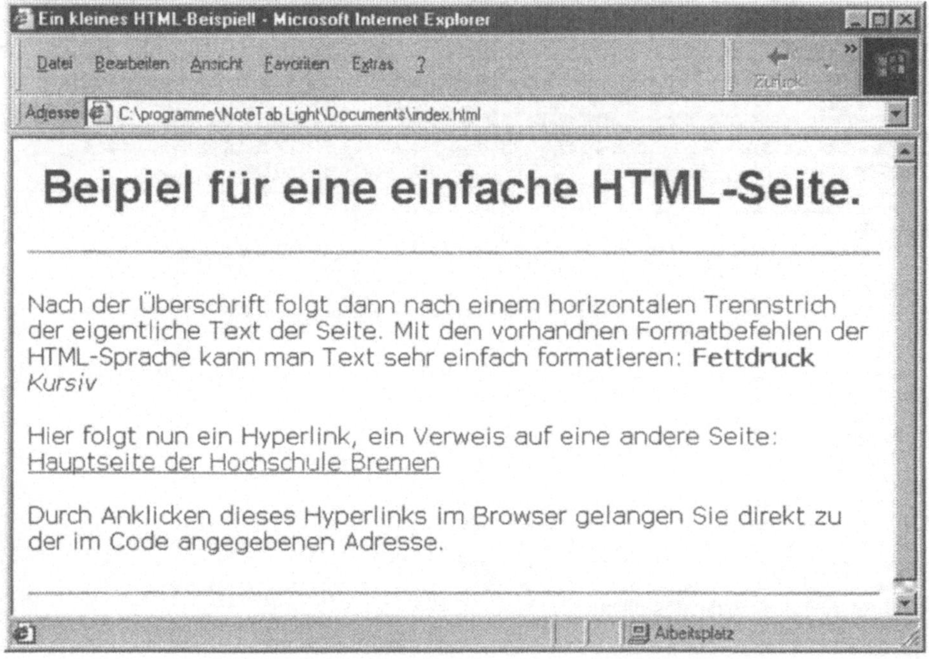

Bild 9.9: Die HTML-Datei aus Bild 9.8 interpretiert durch einen WWW-Browser

Ein Vorteil des HTML-Formates ist seine plattformunabhängigkeit. Eine nach dem HTML-Standard erstellte Webseite kann grundsätzlich von WWW-Clients unter allen Betriebssystemen und Hardwareplattformen problemlos interpretiert und angezeigt werden. Leider befinden sich die Hersteller von WWW-Clients im ständigen Wettbewerb und versuchen durch eigenständige Erweiterungen von Standards neue Funktionen zu implementieren. Dadurch geht der Vorteil der Portabilität teilweise wieder verloren.

Die Adressierung von WWW-Seiten erfolgt über den *Uniform Resource Locator* (URL). In einer *URL* gibt man vor einem Doppelpunkt das zu verwendende Protokoll (http, ftp) an. Nach einem Doppelschrägstrich wird der Internet-Name des Servers und eventuell noch der jeweilige Dateiname angegeben:

> Beispiel:
>
> http://www.hs-bremen.de/ ist die URL für den Aufruf der Startseite der Hochschule Bremen (vgl. Bild 9.10).

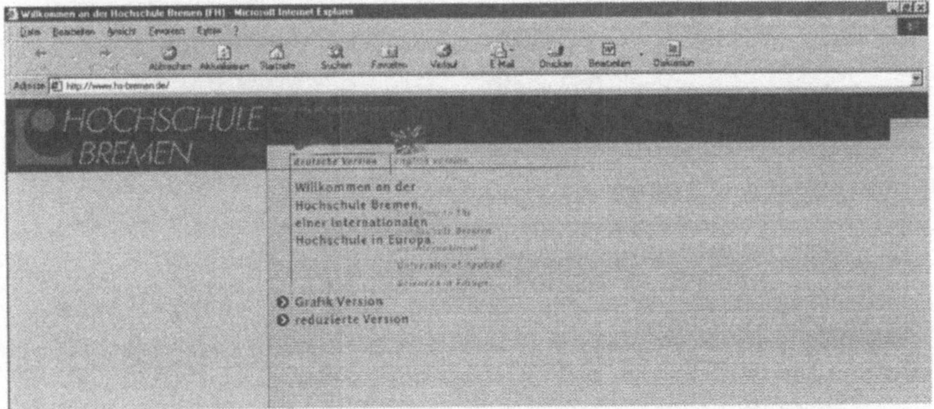

Bild 9.10: Internetseite der Hochschule Bremen (Ausschnitt)

Von hier aus kann dann durch das Anklicken der in der Seite enthaltenen Hyperlinks die weitergehende Navigation erfolgen (Zur Suche von Informationen im WWW vergleiche Abschnitt 11.1).

Neben den bisher beschriebenen statischen html-Seiten finden sich im Web, vor allem im Bereich des *E-Commerce* (vergleiche Kapitel 18.3), immer mehr dynamisch generierte Seiten. Über bestimmte Programme können die Benutzer Funktionen ausführen. Dazu gehören zum Beispiel die Abfrage von Kontendaten bei der Bank, das Ausfüllen eines Bestellformulars in einem Online-Shop oder aber auch die Anmeldung zu einem Leistungsnachweis an der Hochschule.

Das *Common Gateway Interface* (CGI) spezifiziert die Schnittstelle zwischen den sogenannten Gateway-Programmen und dem WWW-Server. Diese Gateway-Programme können in einer beliebigen Programmiersprache programmiert werden und laufen auf dem WWW-Server ab (Im Gegensatz dazu werden die in der Programmiersprache *Java* erstellten sogenannten *Applets* zunächst vom Server auf den Client übertragen und laufen dann dort ab. Dazu muß der Client über einen eigenen Java-Interpreter verfügen.). Häufig wird die Sprache *Perl* verwendet.

Beispiel:

Eingabeformular für die Klausuranmeldung am Fachbereich Wirtschaft. Durch Anklicken des Buttons „Anmelden" wird auf dem WWW-Server das in der Sprache Perl geschriebene Gateway-Programm „klausur.pl" aufgerufen. Dieses Programm liest die eingegebenen Daten aus, speichert Sie in einer Datenbank ab und generiert eine HTML-Datei, die zur Ausgabe an den Browser des Clients gesendet wird.

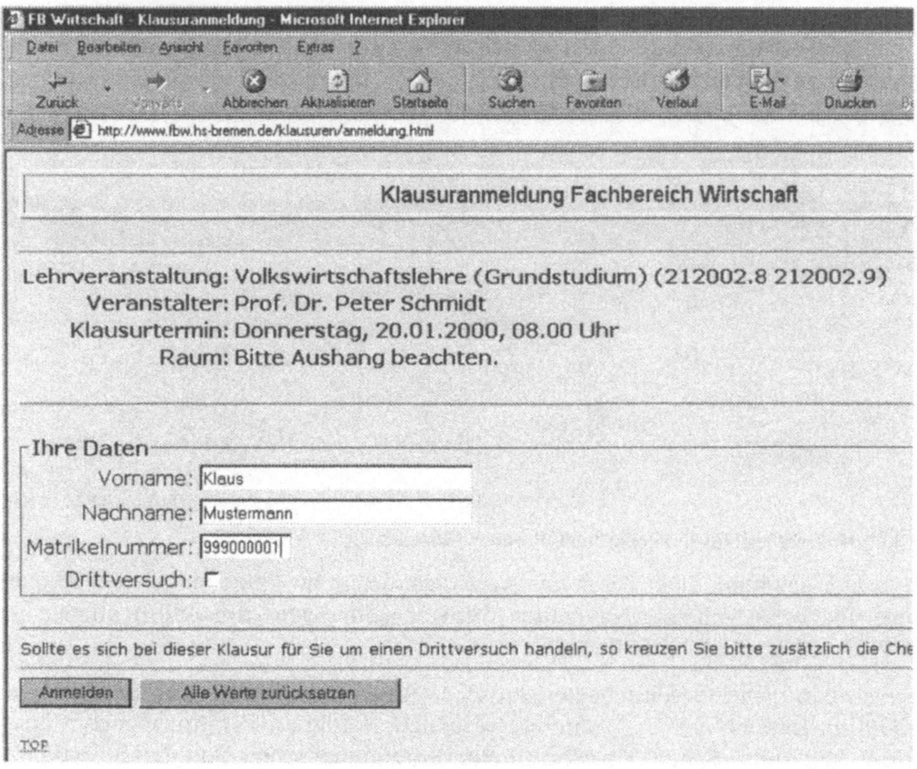

Bild 9.11: Eingabeformular zur Klausuranmeldung

Die in einem HTML-Formular gesammelten Daten werden durch den Aufruf des Gateway-Programms (meist durch Anklicken eines Buttons ausgelöst) ausgelesen und weiter verarbeitet. Üblich ist eine Speicherung der Daten in einer Datenbank. In Abhängigkeit der eingegebenen Daten erzeugt das Gateway-Programm dann zusätzlich eine neue HTML-Seite, die im Browser angezeigt wird.

Beispiel:

Durch das Gateway-Programm „klausur.pl“ erzeugte html-Datei in der Browseranzeige

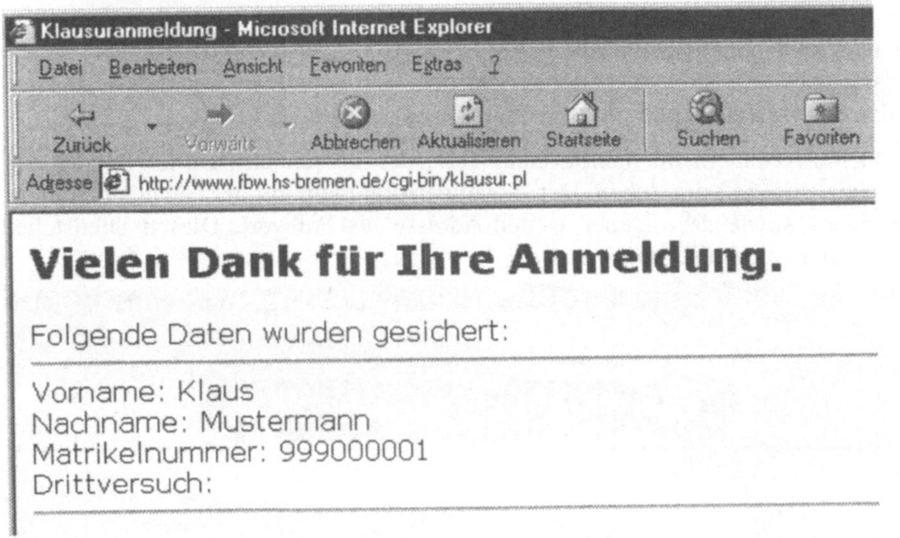

Bild 9.12: Ausgabe des Gateway-Programms „klausur.pl“ zur Prüfungsanmeldung

Typische Vertreter für die Programmgruppe der WWW-Browser sind der „*Internet Explorer*“ von Microsoft sowie der „*Navigator*“ von Netscape. Diese Produkte sind für eine Vielzahl von Betriebssystemen erhältlich. Es existieren aber auch Programme anderer Hersteller, wie beispielsweise „Opera“ oder der textbasierte Browser „Lynx“.

Microsoft liefert mit seinen Betriebssystemen eine, zumeist veraltete, Version des Internet Explorers aus. Alle oben erwähnten Browser lassen sich über das Internet downloaden und testen. Vielfach findet man diese Programme auch auf CDs in Computerzeitschriften oder auf von den Providern zusammengestellten Programmsammlungen.

9.4.3 Dateitransfer (ftp)

Das Übertragen von Dateien zwischen beliebigen an das Internet angeschlossenen Rechnern wird durch den Dienst *ftp* (*File Transfer Protocol*) ermöglicht. Voraussetzung für das Zustandekommen der Dateiübertragung ist ein ftp-Programm (ftp-Client bzw. ftp-Server) sowie eine Zugangsberechtigung für beide die Dateiübertragung betreffenden Rechner.

Nach dem Start des ftp-Programmes auf einem Rechner wird die Internet-Adresse des gewünschten Zielrechners angegeben und eine Verbindung zu diesem Rechner hergestellt. Nach der Benutzeranmeldung auf dem Zielrechner erhält man dann Zugriff auf dessen gesamten Datenbestand oder aber auch nur auf Teile davon und kann Dateien zwischen den beiden Rechnern übertragen. Bei einem Transfer auf den lokalen Rechner spricht man von *download*, bei einem Transfer auf den entfernten Rechner von einem *upload* von Dateien.

Auf vielen Rechnern im Internet sind Teile der Verzeichnisstruktur für den öffentlichen Zugang vorgesehen. Der Zugang erfolgt dann mit der Benutzerkennung anonymous sowie der eigenen e-mail-Adresse als Paßwort. Diesen Dienst bezeichnet man auch als *Anonymous-ftp*.

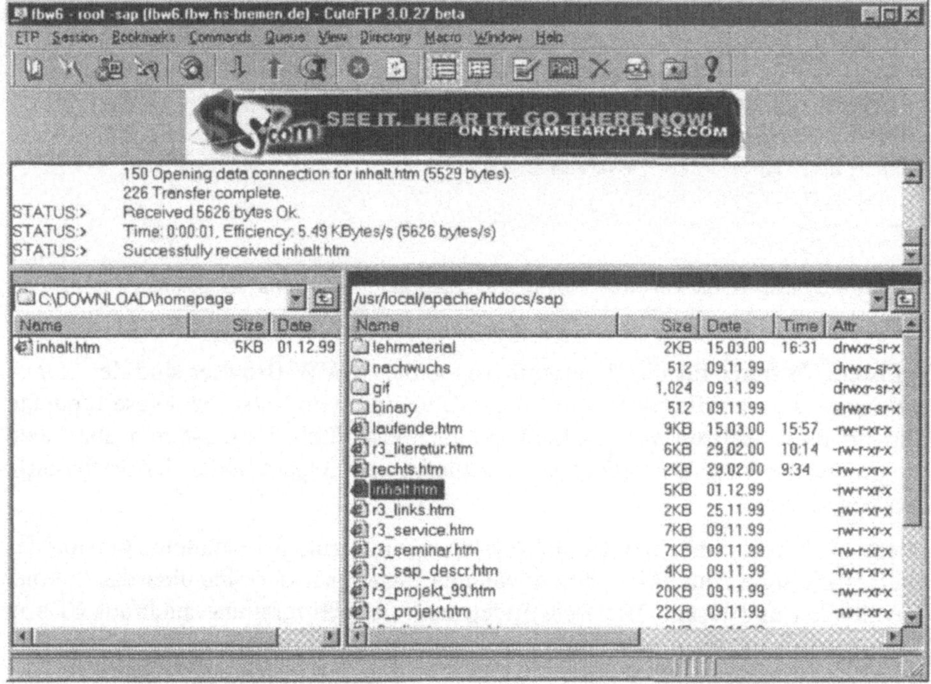

Bild 9.13: Grafischer FTP-Client

Ein zumeist textbasierter FTP-Client gehört heute zur Standardausstattung der meisten Betriebssysteme. Komfortablere FTP-Clients mit erweiterter Funktionalität und grafischer Oberfläche lassen sich über das Internet herunterladen und testen. Als Beispiel seien hier die Programme „CuteFTP“ und „WS-FTP“ genannt.

9.4.4 Fernzugriff auf Fremdsysteme (telnet)

Mit Hilfe eines *Telnet*-Programms (telnet-Client) kann sich jeder Internet-Teilnehmer prinzipiell mit jedem an das Netz angeschlossenen Rechner verbinden und an diesem Rechner so arbeiten, als säße er direkt davor. Voraussetzung dafür ist, daß auf dem fernzubedienenden Rechner ebenfalls das Telnet-Programm gestartet ist (die Serverversion). Zudem muß der Benutzer über eine Zugangsberechtigung auf den beteiligten Rechnern verfügen.

Sind diese Voraussetzungen erfüllt, so gibt der Benutzer nach Start des Telnet-Clients die Internet-Adresse des fernzubedienenden Rechners an, stellt die Verbindung zu diesem Rechner her und meldet sich dort mit seinem Benutzernamen und seinem Passwort an.

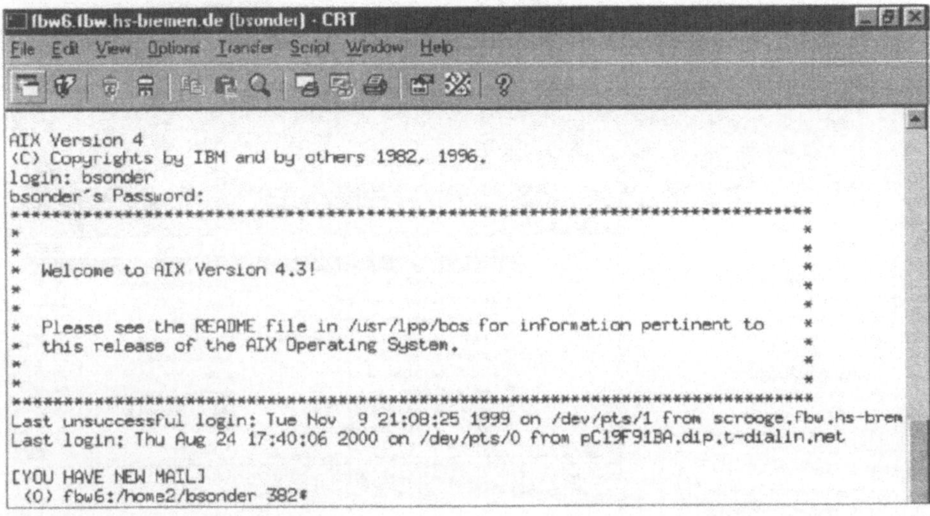

Bild 9.14: Telnet-Client

Danach hat er, auf einer textbasierten Oberfläche, gemäß seiner Benutzerrechte, Zugriff auf die Ressourcen des entfernten Rechners, kann dort Programme starten, Dateien bearbeiten etc.

Ein Telnet-Client gehört bei den meisten Betriebssystemen bereits zur Grundausstattung. Weitere kommerzielle Programme mit mehr Funktionalität lassen sich im Internet herunterladen und vor dem Kauf testen. Als Beispiel seien hier die Programme „Netterm“ und „CRT“ genannt

9.4.5 Nachrichten- und Diskussionsforen (News)

Ein naher Verwandter der bereits unter e-mail erwähnten Mailinglisten ist der Dienst *News*. Es handelt sich hierbei um eine riesige Menge von *Diskussionsgruppen* (ca. 30.000), in denen die Teilnehmer Informationen austauschen.

Diese Beiträge werden jedoch nicht per e-mail verschickt, sondern auf speziell dafür vorgesehenen Servern gespeichert. Die Artikel werden zunächst auf einem lokalen Server gespeichert und dann von einem Server zum anderen übertragen, wobei es bestimmte Server gibt, die eine große Anzahl von *Newsservern* gleichzeitig aktualisieren. Innerhalb von ein bis zwei Tagen sollte der Artikel dann auf allen Newsservern weltweit lesbar sein.

Der Zugriff auf die Diskussionsgruppen erfolgt über sogenannte *Newsreader* (wieder ein Client-Programm), mit denen man auf die Server zugreifen, Artikel lesen und auch verfassen kann.

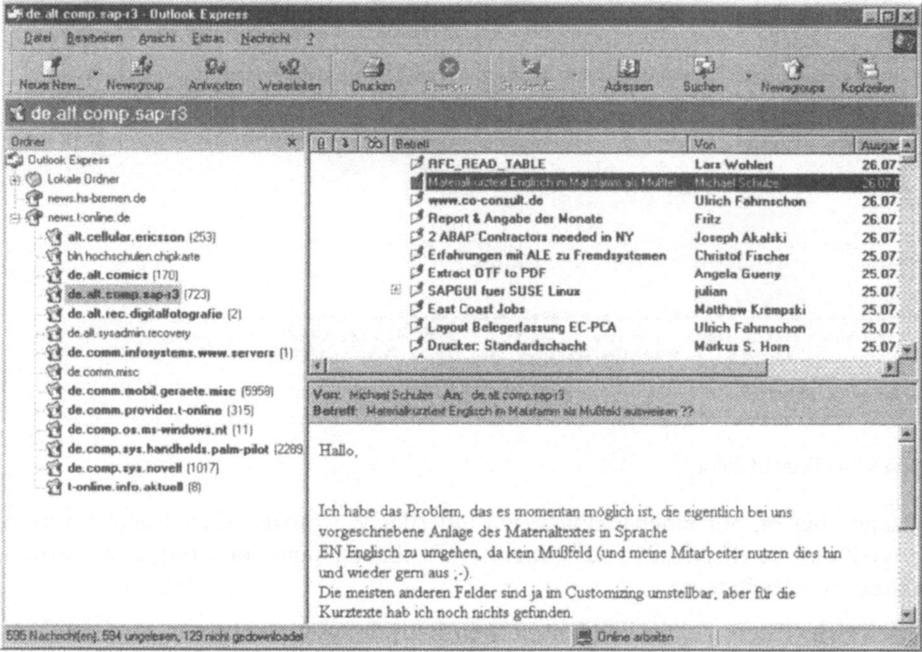

Bild 9.15: Newsreader

Die einzelnen *Newsgroups* haben unterschiedliche Themen und sind nach Oberbegriffen sortiert. Es existieren insgesamt sechs große Hauptgruppen, die dann durch Voranstellen von Nebengruppen und Länder- bzw. Netzkennungen ergänzt werden.

Hauptgruppen	**Themen**	
comp	Rund um den Computer	(Computer)
misc	Verschiedenes	(Miscellaneous)
rec	Freizeit, Hobbies	(Recreational)
sci	Wissenschaft	(Science)
soc	Soziales	(Social)
Nebengruppen	**Themen**	
alt	Alternative Newsgruppen	
bionet	Biologie	
fido	Fido-Netz	
Beispiele		
de.comp.databases, rec.boats.building, de.comp.infosystems.www.browsers, sci.med.cardiology, soc.genalogy.surnames.usa,		

Bild 9.16: Gruppen und Themen von Newsgruppen

In vielen dieser Newsgruppen existieren sogenannte FAQ-Listen (*Frequently Asked Questions*). Dabei handelt es sich um eine Liste mit Antworten auf die in dieser Newsgroup am häufigsten gestellten Fragen. Es gehört für Anfänger zum guten Ton, vor dem Schreiben von Nachrichten zunächst einmal die FAQ-Liste durchzusehen, ob das Thema dort schon behandelt wurde, um nicht die Diskussionsteilnehmer mit immer denselben Fragen zu langweilen.

Die Internet-Adresse des für den jeweiligen Benutzer zuständigen Newsservers erhält man in der Regel von seinem Internet Service Provider. Zumindest für das Schreiben von Nachrichten ist häufig eine Benutzerkennung erforderlich. Es existieren jedoch auch einige frei zugängliche Newsserver (eine Liste findet sich unter http://www.clackas.de/html/newsserver.shtml).

Newsreader gehören bei den meisten Betriebssystemen zur Grundausstattung. Aktuelle Versionen lassen sich über das Internet herunterladen und testen.

9.4.6 Online Kommunikation (irc)

Im *Internet Relay Chat* (*IRC*) existieren analog zu den Newsgroups viele tausend unterschiedliche Kanäle, die Kommunikation findet hier jedoch synchron, d.h. in Echtzeit statt.

Bestimmte Rechner im Netz erfüllen die Funktion von IRC-Servern und stellen die Diskussionskanäle (Channels) zur Verfügung. Der Benutzer verbindet sich über einen IRC-Client mit einem solchen Server, sucht sich einen entsprechenden Channel (oder auch mehrere) aus, meldet sich mit einem Synonym an und kann sich dann über die Tastatur mit allen anderen Teilnehmern dieses Channels unterhalten. Alle Eingaben, die ab dann auf der eigenen Tastatur gemacht werden, erscheinen auf den Bildschirmen aller anderer Teilnehmer des jeweiligen Channels.

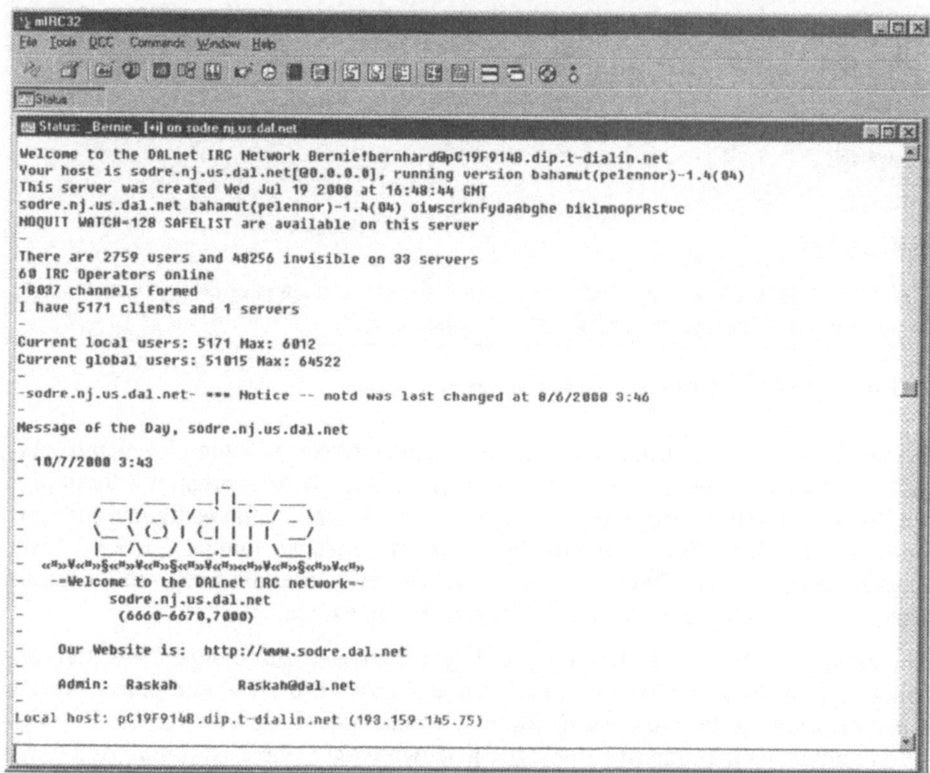

Bild 9.17: IRC-Client

IRC-Clients gehören bei vielen Betriebssystemen noch nicht zur Grundausstattung. Aktuelle IRC-Clients wie beispielsweise das Programm „mIRC“ lassen sich aus dem Internet herunterladen und testen.

9.5 Sicherheitsaspekte

Mit der Benutzung der Internet-Dienste sind natürlich auch, gerade im Zusammenhang mit der zunehmenden Kommerzialisierung des Netzes, Sicherheitsrisiken verbunden (vgl. auch Abschnitt 18.4).

Grundsätzlich lassen sich die im Internet auftretenden *Sicherheitsrisiken* in drei große Bereich aufteilen:

- Verlust der *Vertraulichkeit*,
- Verlust der *Integrität*,
- Verlust der *Verfügbarkeit*.

Hier soll anhand einiger Beispiele das Bewusstsein der Benutzer gestärkt werden, daß bei der Arbeit im Internet die Sicherheit der eigenen Daten potentiell in Gefahr ist.

Angriffspunkte für potentielle Hacker sind in den verwendeten Programmen reichlich vorhanden, täglich werden neue Sicherheitslücken entdeckt. Die Risiken reichen dabei vom Ausspähen eines Paßwortes für einen Rechnerzugang bis zum kompletten Datenverlust auf dem eigenen Rechner. Auch finanzielle Risiken sind bei der Bezahlung von Waren über das Internet nicht auszuschließen, so kommt es immer wieder vor, daß auf Internet-Servern Kreditkartendaten frei zugänglich gespeichert oder aber von Hackern bei der Übertragung herausgefiltert und mitgeschnitten werden.

Ein grundlegendes Problem bei der paketorientierten Datenübertragung im Internet besteht darin, daß die Datenpakete unverschlüsselt über beliebig viele Netzknoten in den verschiedensten Netzwerken übertragen werden. Theoretisch ist es somit möglich, an jeder Station alle durchgehenden Daten mit Hilfe von entsprechender Software mitzulesen. So läßt sich gezielt nach Benutzernamen, Passwörtern oder Kreditkartendaten suchen.

Weitere Sicherheitsrisiken liegen in den verwendeten Programmen verborgen. So ist es zum Beispiel problemlos möglich, Absenderadressen von e-mails zu fälschen. Speziell formatierte, mit Anhängen versehene e-mails, können von bestimmten e-mail-Clients direkt geöffnet werden. Dadurch können die im Anhang versteckte Programme sofort und ohne eine weitere Benutzeraktion lokal ausgeführt werden und beträchtlichen Schaden anrichten.

Beim Herunterladen von Programmen und Dateien aus dem Netz (über den Browser, per ftp oder per e-mail) können sich *Viren* auf dem lokalen Rechner einnisten, die mehr oder weniger Schaden anzurichten vermögen.

Mit kleinen, für jeden über das Netz erhältlichen Programmen ist es heutzutage möglich, Server, die Dienste im Netz anbieten zu blockieren, so daß diese für mehrere Stunden nicht einsatzfähig sind. Für Firmen, die Ihre Geschäfte über das Netz abwickeln, kann so ein hoher finanzieller und ideeller Schaden entstehen.

9.6 Schutzmaßnahmen

Es existieren eine ganze Reihe von einfachen bis hin zu hochkomplizierten Schutzmaßnahmen gegen die im Internet auftretenden Sicherheitsrisiken. In diesem Abschnitt werden kurz einige Möglichkeiten zum Selbstschutz aufgezeigt, für eine weitergehende Betrachtung wird auf entsprechende Fachliteratur verwiesen.

Die gängigen *Schutzmaßnahmen* lassen sich in drei große Bereiche einteilen:

- *Zugangssicherung und –kontrolle,*
- *Virenschutz,*
- *Kryptographie.*

Um sich vor dem Eindringen von Fremden in das eigene Rechnersystem zu schützen ist zunächst die Wahl eines geeigneten *Paßwortes* eine einfache, jedoch wirkungsvolle Schutzmaßnahme. Viele Benutzer haben die Gewohnheit, den eigenen Vornamen, das Geburtsdatum oder den Namen der Freundin, der Kinder oder des Haustieres als Passwort einzugeben. Diese Paßwörter können mit simplen Programmen innerhalb von wenigen Minuten ermittelt werden. Gute Paßwörter sollten aus einer Kombination von Großbuchstaben, Kleinbuchstaben, Sonderzeichen und Ziffern bestehen und eine Mindestlänge von 8 Zeichen haben. Nach Möglichkeit verwendet man keine Begriffe, die in einem Lexikon vorkommen.

Zusätzlich ist eine ständige Kontrolle der auf den Rechner durchgeführten Zugriffe durch Überwachung der *Logfiles* (vom System mitprotokollierte Daten) erforderlich.

Beispiel:
Auszug aus dem Logfile eines WWW-Servers, welcher Rechner hat wann auf welche Dateien zugegriffen.

```
cw04.ms1.srv.t-online.de[29/Apr/2000:15:24:01]"GET / HTTP/1.0" 200 8516
cw01.ms1.srv.t-online.de[29/Apr/2000:15:24:03]"GET /gif/papier_1.gif HTTP/1.0"
cw04.ms1.srv.t-online.de[29/Apr/2000:15:24:03]"GET /gif/fblogo1.gif HTTP/1.0"
cw02.ms1.srv.t-online.de[29/Apr/2000:15:24:03]"GET /gif/linie.gif HTTP/1.0" 200
cw01.ms1.srv.t-online.de[29/Apr/2000:15:24:04]"GET /gif/erde.gif HTTP/1.0" 200
cw04.ms1.srv.t-online.de[29/Apr/2000:15:24:04]"GET /gif/personal.gif HTTP/1.0" 200
cw02.ms1.srv.t-online.de[29/Apr/2000:15:24:04]"GET /gif/ausland.gif HTTP/1.0"
cw04.ms1.srv.t-online.de[29/Apr/2000:15:24:04]"GET /gif/forschg.gif HTTP/1.0" 200
cw01.ms1.srv.t-online.de[29/Apr/2000:15:24:04]"GET /gif/antrag.gif HTTP/1.0"
cw04.ms1.srv.t-online.de[29/Apr/2000:15:24:04]"GET /gif/instit.gif HTTP/1.0" 200
```

Eine weitere Möglichkeit zur Abwehr von Sicherheitsrisiken ist die verschlüsselte Übertragung von Daten über das Netz. Hierfür finden sich im Internet viele, teilweise frei erhältliche Verschlüsselungsprogramme. Anwendung findet dieses Verfahren hauptsächlich beim Versand von e-mails (weit verbreitet ist hier die Software PGP-Pretty Good Privacy, vgl. Abschnitt 18.4) sowie bei der gesicherten Übertragung von Daten über das WWW.

Häufig und insbesondere in Unternehmen werden auch Rechner mit spezieller Software eingesetzt, die sämtliche eingehenden und ausgehenden Datenpakete überprüfen und anhand von Listen Datenpakete an oder von bestimmten vorher in Listen festgelegten Adressen blockieren. Solche Rechnersysteme werden *Firewalls* genannt und sind bei kommerziellen Teilnehmern weit verbreitet (vgl. Abschnitt 18.4). Da sich auch private Rechner immer länger mit dem Netz verbunden sind, wird neuerdings auch Firewall-Software für private Rechner angeboten.

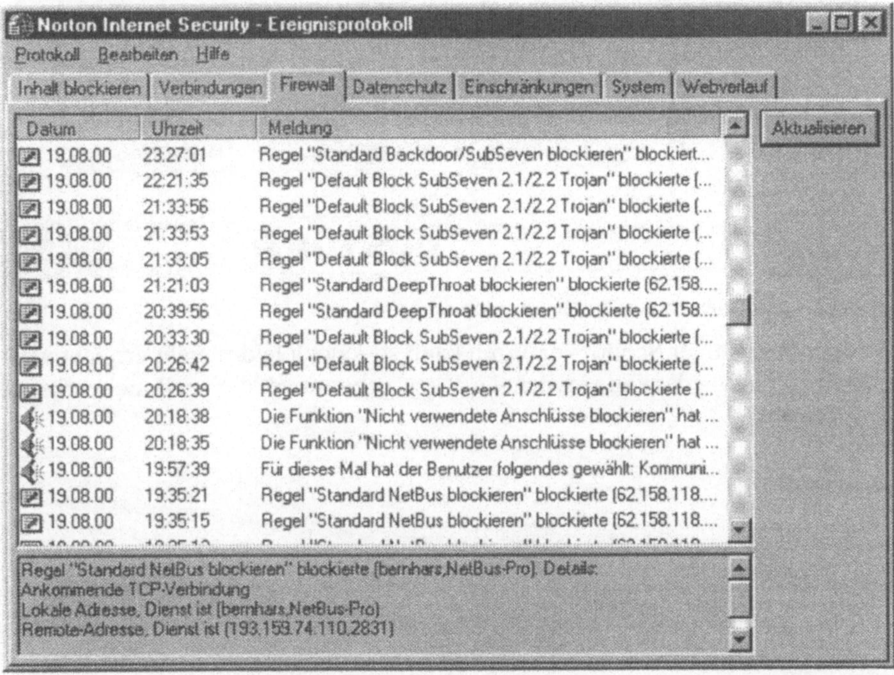

Bild 9.18: Ereignisprotokoll einer privaten Firewallsoftware

Ein Nebeneffekt des Einsatzes von Firewalls ist die Möglichkeit, die Kommunikationsfreiheit der Benutzer einzuschränken.

Für jeden privaten Rechner empfehlenswert ist der Einsatz eines aktuellen *Virenscanners*, der Viren in heruntergeladenen Dateien oder e-mail-Attachments sofort erkennt, die Ausführung des Programmcodes unterbricht und für die Entfernung der Viren sorgt.

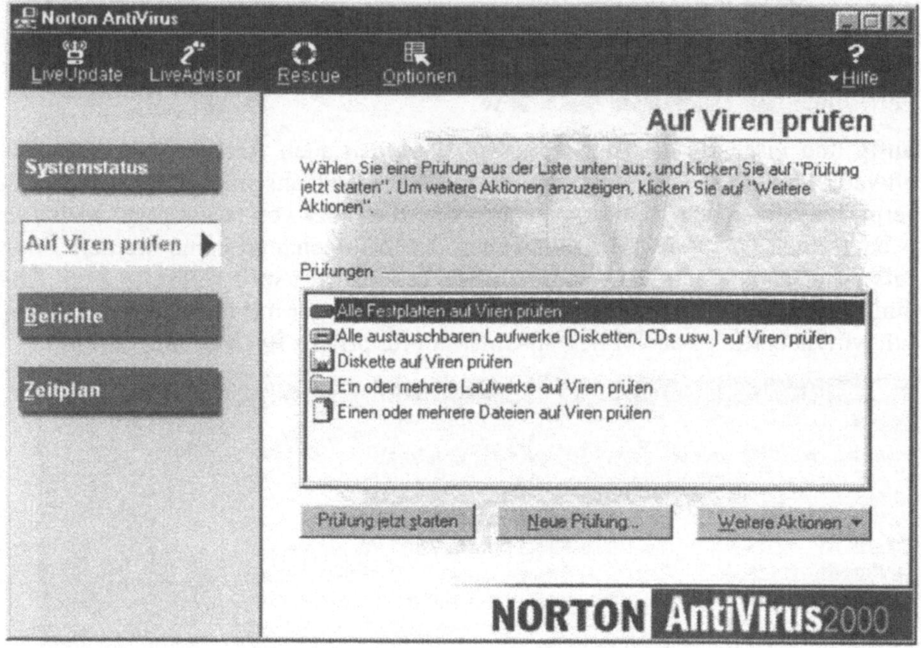

Bild 9.19: Oberfläche eines Antivirenprogramms

Ein hundertprozentiger Schutz vor Viren kann so jedoch leider nicht erreicht werden, da es immer wieder neu entwickelte Viren geben wird, die noch nicht erkannt werden können.

10 Zugang zum Internet

Am Arbeitsplatz, an einer Universität oder Fachhochschule oder auch schon in der Schule ist heute in der Regel oder mindestens häufig über dort vorhandene Hard- und Software ein Zugang zum Internet realisiert. Für den privaten Internetzugang ist der PC mit zusätzlichen Geräten und Programmen auszustatten und die System- und Anwendungssoftware muß für den Zugang mit den richtigen Daten konfiguriert werden. Welche Hard- und Software ist nötig, wie erhält man die Daten zur Konfiguration und welche Kosten fallen bei der privaten Nutzung an? Mit diesen Fragen beschäftigen sich die folgenden Abschnitte.

10.1 Hardware

Zur Nutzung des Internet auch von zuhause aus, benötigt man natürlich zunächst einmal einen Rechner. Hierbei muss es sich nicht unbedingt um das neueste Modell handeln, die zusätzlich benötigte Hard- und Software ist auch auf älteren Modellen (ab Pentium-Prozessor aufwärts) lauffähig.

Die heute einfachste und billigste Art von zuhause eine Verbindung zum Internet herzustellen, ist über den zumeist schon vorhandenen Telefonanschluß. Hierbei ist es zunächst egal, ob es sich um einen analogen oder um einen digitalen (ISDN) Anschluß handelt. Für beide Anschlußarten ist jedoch unterschiedliche, zusätzliche Hardware erforderlich.

10.1.1 Modem

Bei einem analogen Telefonanschluss, wird der Zugang zum Internet über ein *Modem* realisiert.

Das Wort Modem steht für Modulator-Demodulator und beschreibt damit schon die Funktion dieses Gerätes. Um die im Rechner digital vorhandenen Daten über eine analoge Telefonleitung übertragen zu können, werden die einzelnen Bit einer Nachricht in analoge Form gebracht (moduliert) und dann über die Telefonleitung zu einer Gegenstelle übertragen. Dort sorgt ein weiteres Modem dafür, daß die über die Telefonleitung eintreffenden analogen Daten wieder in Bit-Form umgewandelt (demoduliert) und an einen Rechner weitergeleitet werden. (Ein Mensch hört die von einem Modem gesendeten Daten am Telefon als Töne unterschiedlicher Höhe).

Da Telefonleitungen ursprünglich nicht für die Übertragung von Daten vorgesehen waren, ist die *Übertragungsbandbreite* und damit die zu erreichende *Übertragungsgeschwindigkeit* begrenzt.

Damit die Modems unterschiedlicher Hersteller sich untereinander verständigen können und die Leitungen möglichst effizient genutzt werden, ist die Art und Weise der Modulation und Demodulation in Modem-Protokollen international standardisiert.

Marktübliche Modems erreichen heute nach dem Standard *V.90* eine Übertragungsgeschwindigkeit von bis zu 56.000 Bits/s bei der digitalen Übertragung von Daten mittels *Pulscodemodulation* (PCM*)* vom Provider zum Modem. Auf dem Rückkanal wird das analoge Übertragungsverfahren *V.34plus* mit einer maximalen Übertragungsrate von 33.600 Bit/s eingesetzt. Die zu erreichende Maximalgeschwindigkeit ist aber stark von der vorhandenen Leitungsqualität abhängig, 56.000 Bit/s werden nicht immer erreicht.

Um Leitungsstörungen auszugleichen, verfügen Modems über ein standardisiertes Verfahren zur Ausfilterung, die heutige gängige Methode entspricht dem Standard *V.42*. Zusätzlich werden die Daten bei der Übertragung normalerweise komprimiert, das dafür zuständige Protokoll *V.42bis* kann Dateien bis auf ein Viertel der ursprünglichen Größe verkleinern.

Von der ITU (International Telecommunication Union) wurde gerade ein neuer Modemstandard verabschiedet. Dieser *V.92* genannte Standard bietet gegenüber V.90 folgende Verbesserungen:

Die Übertragung über den Rückkanal erfolgt jetzt ebenfalls digital mit einer Geschwindigkeit von bis zu 44.000 Bit/s und das zugehörige neue *Kompressionsverfahren V.44* komprimiert Dateien auf bis zu ein sechstel ihrer ursprünglichen Größe. Der tatsächliche erreichbare Datendurchsatz beim Abruf von Webseiten über ein solches Modem kann im optimalen Fall demnach auf bis zu 336.000 Bit/s (sechs mal 56.000) ansteigen.

Modems sind als externe Geräte für den Anschluss an die serielle Schnittstelle oder den USB-Anschluß (vgl. Abschnitt 2.6.3) oder als interne Geräte in Steckkartenausführung erhältlich (vgl. Abschnitt 2.6.2). Für den Einsatz in Notebooks sind sie auch als PCMCIA-Einsteckkarten (vgl. 6.2.2) erhältlich.

Die Konfiguration eines Modems erfolgt über standardisierte Befehle des *Hayes-Befehlssatzes* (Hayes war ein Modemhersteller, der diesen Befehlssatz zuerst einführte). Mit Hilfe dieses Befehlssatzes können die Modemeinstellungen beeinflusst werden. Dazu muß über ein Terminalprogramm eine Verbindung zu dem Modem hergestellt werden, um die Befehle an das Modem senden zu können.

Beispiel:

Durch die Eingabe von ATDT12345 wird erreicht, daß das Modem die Telefonnummer 12345 wählt. Dieser Befehl setzt sich aus dem Befehl AT (Attention) und dem Befehl DT (Dial Tone) sowie der zu wählenden Telefonnummer zusammen.

Mit dem Befehl AT&F setzt man das Modem auf die Werkseinstellungen zurück, mit AT&W kann man eine aktuelle Konfiguration abspeichern.

In den modernen Betriebssystemen kommt der Anwender mit diesem Befehlssatz kaum noch in Berührung, da die Einstellungen bereits bei der Installation vom System vorgenommen werden.

10.1.2 ISDN-Karte

Sofern im Privatbereich ein *ISDN-Anschluß* vorhanden ist, benötigt man für den Internetzugang eine *ISDN-Karte.* Diese sind zunächst zu unterteilen in aktive und passive ISDN-Karten.

Aktive ISDN-Karten verfügen über einen eigenen Prozessor, der sich um die Abwicklung der Datenübertragung kümmert, die CPU der Rechners wird nicht belastet. Die billigeren passiven ISDN-Karten überlassen die Steuerung der Datenübertragung der CPU des Rechners, die dadurch zusätzlich belastet wird. Bei den heute marktüblichen Rechnern stellt diese zusätzliche CPU-Belastung allerdings kein Problem mehr dar, so daß beim Kauf im Regelfall die passiven ISDN-Karten zu bevorzugen sind.

ISDN stellt dem Nutzer zwei sogenannte B-Kanäle (2 voneinander unabhängige Telefonleitungen) zur Verfügung, die Übertragungsgeschwindigkeit beträgt 64.000 Bit/s pro Kanal. Da ISDN bereits auf digitaler Übertragungstechnik basiert und für die Übertragung von Sprache und Daten ausgelegt ist, ist eine Umwandlung von Daten in analoge Form nicht mehr notwendig.

Der Vorteil von ISDN im Bereich der Datenübertragung liegt zum einen in der höheren Datenübertragungsgeschwindigkeit, zum anderen in den im Vergleich zum Modem wesentlich stabileren Datenverbindungen. Zudem erfolgt die Anwahl einer Telefonnummer inclusive Verbindungsaufbau in Sekundenbruchteilen, bei der Verbindung über Modems muß regelmäßig wesentlich länger auf die fertige Verbindung gewartet werden.

Die Datenübertragung mit ISDN-Karten ist natürlich auch genormt, zuständig ist hier das Protokoll *X.75.* Die hierfür notwendigen Einstellungen werden bei der Installation des ISDN-Adapters normalerweise automatisch vorgenommen.

ISDN-Adapter sind sowohl als interne Steckkarte als auch als externes Gerät für den Anschluss an die serielle Schnittstelle bzw. den USB-Bus erhältlich. Externe

Geräte verfügen zumeist noch über zusätzliche Funktionen. Für den Einsatz in Notebooks sind ISDN-Adapter auch als PCMCIA-Karte verfügbar.

10.2 Software

Für den Zugang zum Internet wird neben der oben erwähnten Hardware natürlich auch noch Software benötigt. Diese ist einerseits für die Umsetzung und Einhaltung der Kommunikationsregeln (Protokolle) verantwortlich. Andererseits muß die für den Zugang erforderliche Hardware durch entsprechende Software unterstützt werden. Modem bzw. ISDN-Adapter müssen von der Systemsoftware erkannt und korrekt angesprochen werden.

Im folgenden beschreiben wir kurz die für den Internetzugang über serielle Leitungen erforderlichen Protokolle, gehen auf die Rolle der Systemsoftware beim Internetzugang ein und beschreiben exemplarisch die Einrichtung eines Internet-Zugangs unter dem Betriebssystem Windows 98.

10.2.1 Protokolle für den Zugang über serielle Leitungen

Erfolgt der Zugang zum Internet nicht über eine Netzwerkkarte eines lokalen Rechnernetzes (vgl. Abschnitt 14.3), sondern über Modem bzw. ISDN-Adapter und Telefonleitungen, so werden zusätzlich zum Protokoll TCP/IP noch weitere Protokolle eingesetzt.

Das *SLIP* (Serial Line Internet Protocol) Protokoll dient zum betreiben des IP Protokolls über Telefonleitungen und wurde bereits 1984 entwickelt. SLIP stellt keinen offiziellen Standard dar, war aber aufgrund seiner Einfachheit weit verbreitet. Die Bedeutung des Protokolls geht heute immer weiter zurück, da seine Anwendung einige Nachteile nach sich zieht.

Das Point to Point-Protocol (*PPP*) wurde 1993 entwickelt und ist in RFC 1331 beschrieben. Das PPP hat sich mittlerweile als Standard für die Datenübertragung über serielle Leitungen durchgesetzt, da es einen wesentlich größeren Funktionsumfang als das SLIP-Protokoll aufweist.

Im Gegensatz zu SLIP ist das PPP-Protokoll für die Multiprotokoll-Datenübertragung geeignet. Dadurch ist es möglich, mit einer bestehenden Verbindung mehrere Protokolle zu nutzen, beispielsweise Zugang zum Internet über TCP/IP und Zugang zu einem Novell-Server über *IPX/SPX* (vergleiche Bild 10.4 und Kapitel 15). Es beinhaltet eine Fehlerkorrektur und auch die Zuweisung von Netzwerkadressen ist hier geregelt.

10.2.2 Systemsoftware

Das auf den für den Internetzugang vorgesehenen Rechner installierte Betriebssystem beinhaltet die softwareseitige Unterstützung für den Zugang. So müssen die Kommunikationsregeln (die Protokolle) für den Zugang über serielle Leitungen und das Telefonnetz (SLIP, PPP) sowie generell die verwendeten Netzwerkprotokolle (TCP/IP) integriert sein. Die oben beschriebene Hardware muß erkannt und vom System korrekt angesprochen werden können.

Während man früher auf den Zukauf von entsprechender Software zum Betriebssystem angewiesen war, enthält die heute gängige Systemsoftware bereits die benötigten Treiber, Protokolle und Programme.

Die erforderlichen Protokolle TCP/IP und SLIP oder PPP müssen eventuell von den Originaldatenträgern nachinstalliert werden. Treiber für den Einsatz von Modem, ISDN-Adapter bzw. Netzwerkkarte sind entweder bereits vorhanden oder werden von den jeweiligen Herstellern mitgeliefert und müssen noch eingebunden werden.

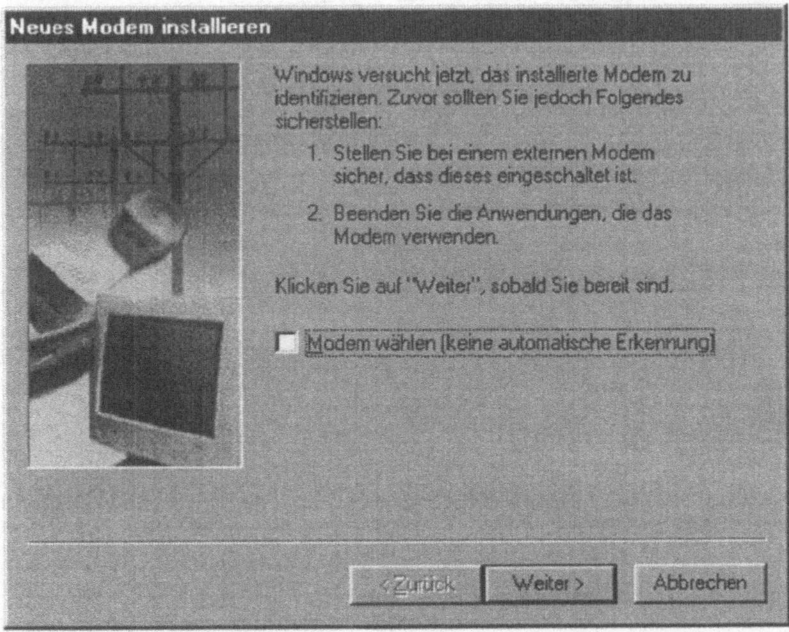

Bild 10.1: Modeminstallation unter Windows 98

Die Installation von Modem bzw. ISDN-Adapter erfolgt dabei wie unter Windows üblich. Nach Anschluß eines Modems an die serielle Schnittstelle (in der Regel COM1 oder COM2) des Rechners, Verbindung des Modems mit der Telefondose,

Sicherstellung der Stromversorgung und Einschalten erkennt das Betriebssystem. normalerweise beim Hochfahren des Rechners das Modem automatisch als neues Gerät.

Ist dies nicht der Fall, wählt man in der Systemsteuerung das Icon „Modem". Nach einem Doppelklick auf dieses Icon wird man durch die Installation geführt (vgl. Bild 10.1).

Die benötigten Treiber sind entweder bereits im Betriebssystem vorhanden oder müssen von einem mitgelieferten Datenträger nachinstalliert werden.

Nun muß die Zugangssoftware noch mit den vom Provider erhaltenen Daten konfiguriert werden, dann steht einer Einwahl ins Internet nichts mehr im Wege. Am Beispiel von Windows 98 soll hier kurz aufgezeigt werden, welche Schritte für die Konfiguration eines Internetanschlusses erforderlich sind.

Im Ordner Arbeitsplatz findet sich das Icon „*DFÜ-Netzwerk*". Nach einem Doppelklick auf dieses Icon erscheint ein neues Fenster. Hier startet man durch Doppelklick das Programm „Neue Verbindung erstellen", vergibt dann einen frei wählbaren Namen für diese Verbindung und legt fest, mit welcher Hardware (Modem/ISDN) diese Verbindung hergestellt werden soll (vgl. Bild 10.2).

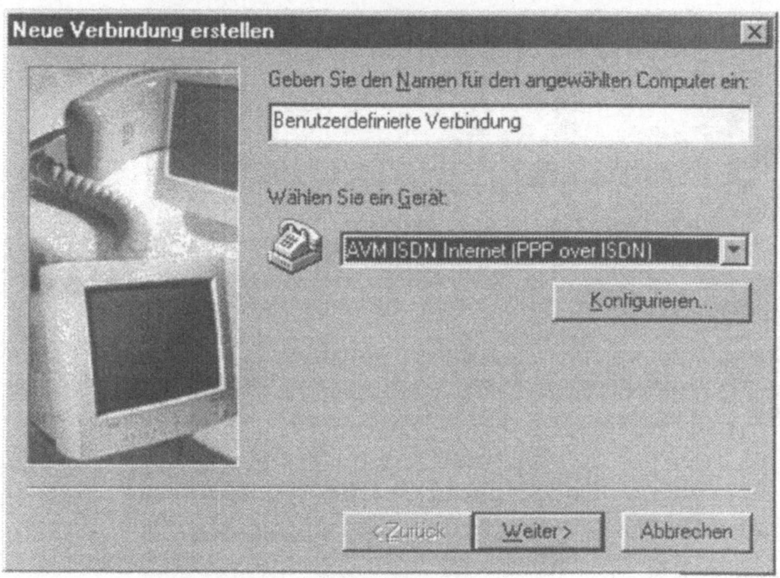

Bild 10.2 Konfiguration einer neuen Internetverbindung

Danach wird nach der Einwahlnummer des Providers gefragt. Mit Auswahl der Buttons „Weiter" und anschließend „Fertigstellen" wird dieses Programm beendet (vgl. Bild 10.3).

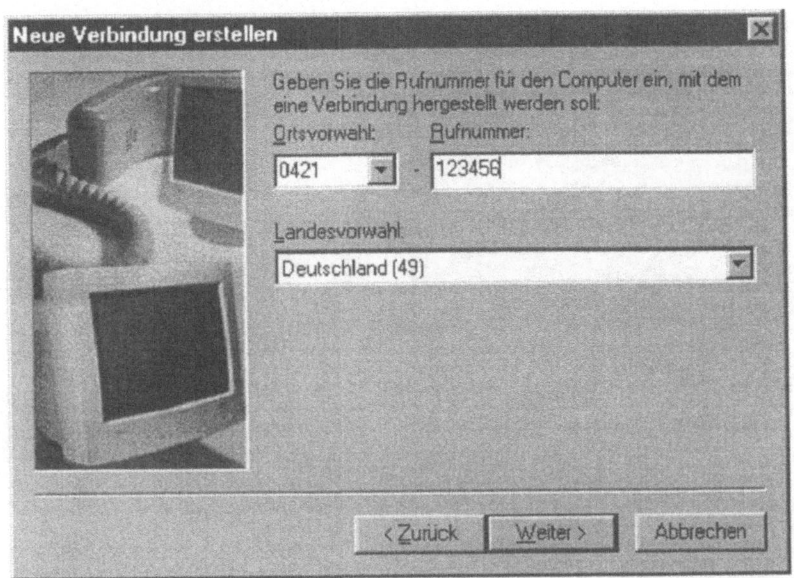

Bild 10.3: Eingabe der Rufnummer des ISP

Man erhält in dem Ordner DFÜ-Netzwerk ein neues Icon mit dem vergebenen Verbindungsnamen. Die weiteren Einstellungen erfolgen mit der Funktion „Eigenschaften" aus dem Kontextmenü (vgl. Abschnitt 7.3.2) der Verbindung. Auf den folgenden Karteikarten sind die vom Provider vorgegebenen Daten einzutragen.

Auf der Maske „Benutzerdefinierte Verbindung" (vgl. Bild 10.4) ist zunächst unter „Typ des DFÜ-Servers" die Art des Servers anzugeben, über den ich die Verbindung zum Internet herstellen will. Normalerweise wird hier PPP ausgewählt. Unter „Erweiterte Optionen" ist zunächst einmal nichts einzugeben, es sei denn der Provider macht explizit andere Vorgaben. Zuletzt sind die über die Verbindung zu verwendenden Netzwerkprotokolle festzulegen, für den Internetzugang ist hier auf jeden Fall das Protokoll TCP/IP auszuwählen.

Danach müssen die Einstellungen für das TCP/IP-Protokoll festgelegt werden. Nach dem Anklicken des Buttons „TCP/IP-Einstellungen" erscheint eine neue Eingabemaske (vgl. Bild 10.5).

Bei Verwendung von PPP wird die IP-Adresse des lokalen Rechners normalerweise automatisch durch den Server zugewiesen. Der Rechner erhält bei jeder Einwahl eine andere IP-Adresse.

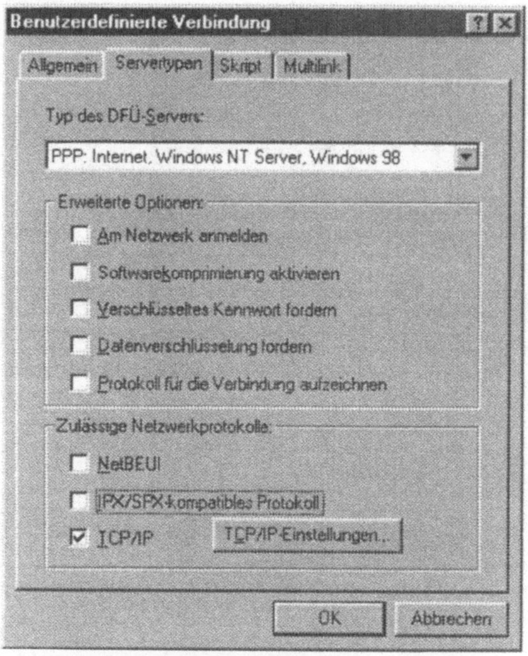

Bild 10.4:

Konfiguration der Verbindung

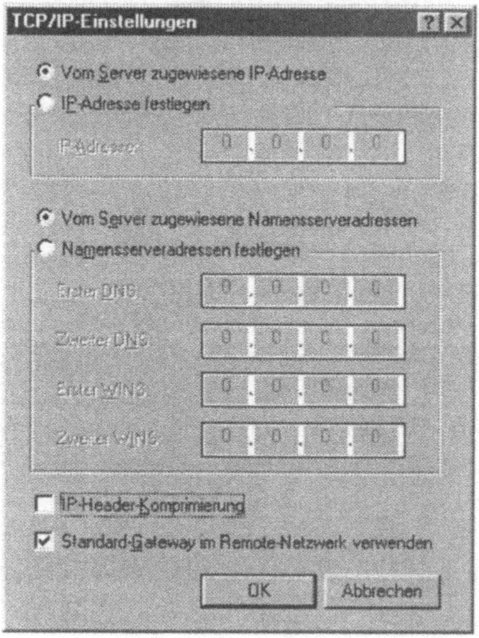

Bild 10.5:

Konfiguration der TCP/IP-Einstellungen

Auch die Adressen der für den lokalen Rechner zuständigen Nameserver werden vom Server während des Verbindungsaufbaus mitgeteilt. Ob die „IP-Header-Komprimierung“ einzuschalten ist, wird vom Internet Service Provider mitgeteilt. Wenn keine anderen Angaben gemacht wurden, so ist stets das Standard-Gateway im Remote-Netzwerk zu verwenden.

Nach Eingabe aller Daten wird durch Doppelklicken auf des Icon der Einwahlvorgang gestartet und es wird ein Username und ein Passwort abgefragt (vgl. Bild 10.6).

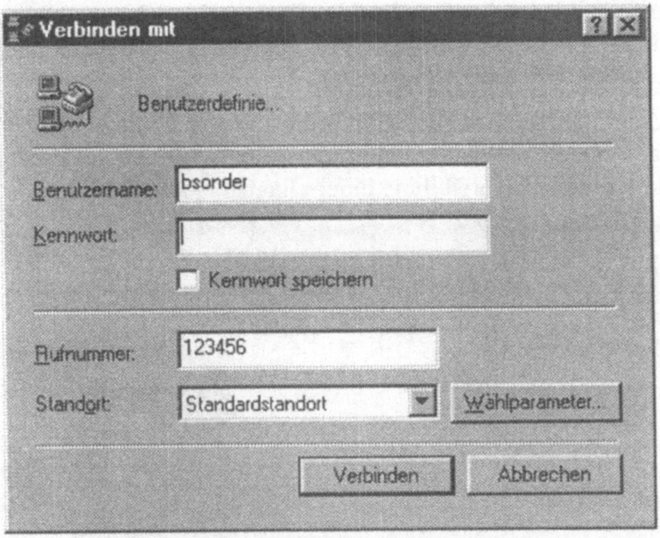

Bild 10.6: Eingabe von Benutzernamen und Kennwort

Nach Auslösen des „Verbinden“-Buttons startet das Modem bzw. der ISDN-Adapter die Einwahl. Nach einer Bestätigungsmeldung, daß die Verbindung hergestellt ist, kann jedes beliebige Programm eingesetzt werden, das auf dem Protokoll TCP/IP aufsetzt, d.h. das als Client-Programm einen der in Abschnitt 9.3 aufgeführten Dienste realisiert.

10.3 Organisatorisches

Organisatorische Fragen betreffen zunächst den Provider und davon nicht ganz unabhängig die Kosten für einen solchen Internet-Zugang. Schnell stellt man im täglichen Betrieb fest, wie schnell die Zeit beim „Surfen“ vergeht und daß man durchaus mehrere Stunden hintereinander im Netz verbringen kann. Dadurch entstehen natürlich Kosten.

Während es früher, insbesondere außerhalb der Ballungsgebiete, schwierig war, überhaupt einen *Internet Service Provider* zu finden, gibt es heute eine Vielzahl von international, national und lokal tätigen Providern.

Diese Provider stellen dem Internetnutzer die Infrastruktur für den Internetzugang gegen Zahlung einer entsprechenden Nutzungsgebühr zur Verfügung. So wie der private Internet-Nutzer über ein Modem oder einen ISDN-Adapter verfügt, so hat der Provider auf der Gegenseite eine große Anzahl von Modems und ISDN-Adaptern installiert, die zumeist über eine einheitliche Einwahlnummer erreicht werden können. Der Kunde wird dann automatisch auf das nächste freie Modem bzw. den nächsten freien ISDN-Adapter weitergeleitet, mit diesem verbunden und dann in das Netz des Providers weitergeleitet.

Die Provider unterscheiden sich hauptsächlich durch die für den Zugang zu entrichtende Gebühr. Vielfach bieten Sie heute aber auch weitere Dienste, wie z.B. die Bereitstellung von Plattenplatz zur Erstellung einer eigenen Homepage, an.

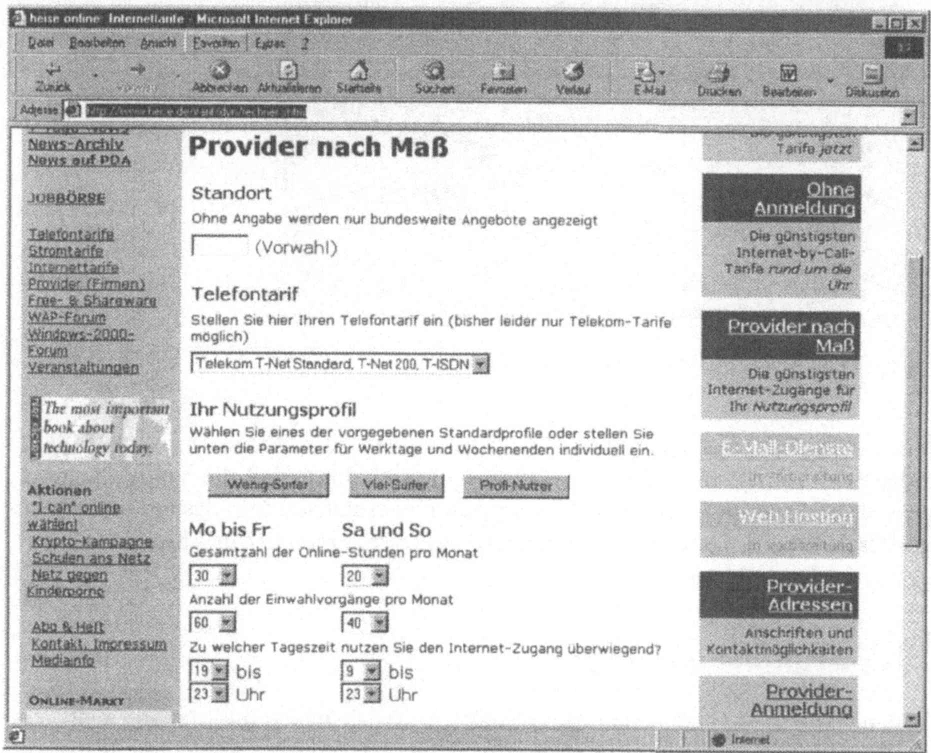

Bild 10.7: Providersuche im Internet

Die Kosten für einen privaten Internetzugang sind in den letzten Jahren kontinuierlich gesunken und sind natürlich stark von den individuellen Gewohnheiten abhängig.

Die Abrechnung erfolgt im Allgemeinen nach der Online im Internet verbrachten Zeit, vielfach kommen je nach Provider eine monatliche Grundgebühr und zusätzlich die verbrauchten Telefoneinheiten hinzu. Ein direkter Preisvergleich von Internet Service Providern ist durch deren Tarifpolitik leider sehr schwierig. Im Internet finden sich Listen von Providern, bei einigen Anbietern kann man sich die entstehenden Kosten in Abhängigkeit des eigenen Nutzungsprofils errechnen lassen (vgl. Bild 10.7 und siehe z.B. http://www.heise.de/itarif/dyn/rechner.shtml).

Vermehrt durchgesetzt haben sich in letzter Zeit die sogenannten *Internet-by-call* Anbieter, bei denen ohne jede weitere Vertragsbindung nur die tatsächlich im Netz verbrachte Zeit abgerechnet wird. Die Preise liegen hier pro Minute zwischen ca. 1,9 Pfennig und 6 Pfennig. Ist man über einen solchen Provider durchschnittlich 1 Stunde pro Tag zu einem Tarif von 3 Pf/Minute online, so ergeben sich monatliche Kosten von DM 54,00 für den Internetzugang.

Neu im Angebot einiger Internet Service Provider sind die sogenannten *Flatrates*. Hier zahlt man pro Monat einen einmaligen Betrag und kann dann dafür, inclusive Telefongebühren, beliebig lange Online sein. Die Tarife für diesen Service liegen zur Zeit zwischen DM 50,00 und DM 80,00 pro Monat.

11 Information und Kommunikation im Internet

In diesem Kapitel soll dem Internetnutzer Hilfestellung für den täglichen Gebrauch gegeben werden. In einem ersten Abschnitt beschreiben wir kurz die verschiedenen Möglichkeiten zur Suche nach Informationen im World Wide Web. Dabei werden zunächst unterschiedliche Arten von Suchmaschinen vorgestellt und dann auf die Wahl des richtigen Suchbegriffes eingegangen.

Danach werden in einem zweiten Abschnitt Regeln für die erfolgreiche Kommunikation im Internet vorgestellt, die vor allem neue Internetnutzer vor immer wieder beobachteten Fehlern bewahren sollen.

11.1 Informationssuche im Internet

Bei den vielen Millionen von vorhandenen Webseiten ist die Wahrscheinlichkeit groß, zu fast allen möglichen Themen irgendwo nähere Informationen zu finden. Das Problem liegt in der Regel darin, daß der Suchende nicht weiß, unter welcher Adresse (URL) er diese Informationen abrufen kann.

Werden Informationen über einen Hersteller gesucht, so bietet sich zunächst die Eingabe einer entsprechenden URL im Browser an - suche ich beispielsweise Informationen über IBM, so wäre www.ibm.com bzw. www.ibm.de ein guter Einstieg. Diese Methode stößt bei komplexeren Informationsbedürfnissen schnell an Ihre Grenzen, denn nicht immer haben Unternehmen die vermutete URL und Vieles ist eben nicht nur durch die Seiten von Unternehmen zu erschließen.

Um die Informationsfülle des WWW für die Benutzer beherrschbar zu machen, wurden sogenannte *Suchmaschinen* entwickelt. Dort kann der Benutzer durch die Eingabe von geeigneten Suchbegriffen eine Software starten, die in einem vorhandenen Datenbestand nach diesen Begriffen sucht, die gefunden Ergebnisse formatiert und mit den entsprechenden URLs versehen ausgibt.

Der dafür erforderlich Datenbestand wird auf verschiedene Art und Weise beschafft. Hieraus ergibt sich auch eine Kategorisierung der Suchmaschinen:

- *Volltextsuchmaschinen*
  Bei dieser Art von Suchmaschinen sorgt eine automatisch durch das Web surfende Robotersoftware (Crawler, Robot) für die Erhebung des Datenbestandes. Diese Robotersoftware besucht nach und nach neue Seiten im WWW und gibt die so entstandenen Daten an eine Indizierungssoftware weiter, die die so gewonnenen Daten dann strukturiert und damit auswertbar macht.
  Für die Suche nach Informationen in einer solchen Suchmaschine sind Zei-

chenketten entscheidend, es kommt auf die richtige Auswahl und Verknüpfung der *Suchbegriffe* an. So ist z.B. eine Suche nach dem einzelnen Wort Computer sinnlos, da man mehrere Millionen Treffer erhalten würden.

- *Kataloge*
  Es erfolgt eine redaktionelle Bewertung der angemeldeten Seiten durch Menschen. Die Seiten werden einer entsprechenden Kategorie hierarchisch zugeordnet. Auf der Startseite solcher Suchmaschinen findet man als Einstieg bereits diese Kategorien vor, in denen man dann gezielt weiter nach Informationen suchen kann. Hier ist im Gegensatz zu den Indizes der inhaltliche Schwerpunkt Grundlage für die Suche.

- Spezielle Suchmaschinen
  Hier handelt es sich um Suchmaschinen, die sich beispielsweise nur auf ein bestimmtes Themengebiet wie z.B. Medizin oder e-mail-Adressen spezialisiert haben, oder aber um sogenannte Meta-Suchmaschinen, die bei einmaliger Eingabe von Suchbegriffen gleich mehrere andere Suchmaschinen durchsuchen.

Allein für den deutschsprachigen Bereich des Internets existieren zur Zeit mehrere hundert Suchmaschinen. Einen Überblick inclusive Kurzbeschreibung über die wichtigsten deutschsprachigen und internationalen Suchmaschinen erhält man im Internet (http://www.suchfibel.de/3allgem/index.htm (deutschsprachig); http://www.suchfibel.de/3allgem/englisch.htm (englischsprachig).

Bei der Nutzung einer Suchmaschine wird der Erfolg der Suche ganz entscheidend durch die Qualität der gewählten Suchbegriffe bestimmt.

Für die Suchbegriffe in Suchmaschinen ist zu beachten, daß die meisten Suchmaschinen vielfältige Möglichkeiten zur Verknüpfung von Suchbegriffen bieten. Die dafür erforderlich Syntax ist auf den Webseiten der jeweiligen Suchmaschinen beschrieben, vielfach werden die Operatoren der Boole'schen Algebra (vgl. Abschnitt 13.2.4) verwendet.

Eine Suche nach den Begriffen „Wirtschaft und Informatik" (häufig durch die Eingabe des Additionszeichens vor den Suchbegriffen realisiert, also +Wirtschaft +Informatik) ergibt völlig andere Suchergebnisse als die alleinige Eingabe der Begriffe „Wirtschaft" und „Informatik" ohne Verknüpfung. Im ersten Fall erhält man Seiten, in denen sowohl der Begriff „Wirtschaft" als auch der Begriff „Informatik" vorkommen. Im zweiten Fall erhalten man alle Seiten in denen der Begriff „Wirtschaft" vorkommt sowie alle Seiten in denen der Begriff „Informatik" vorkommt.

Möglich sind auch *Trunktierungen*, d.h. Ersetzung von einzelnen oder mehreren Buchstaben durch ein Sonderzeichen, die Suche nach „Wirtschaft*" wird alle Seiten ausgeben, die Wörter enthalten, die mit „Wirtschaft" beginnen.

Für die Suche nach Phrasen wie zum Beispiel den Ausdruck „französiche Riviera“ bieten die meisten Suchmaschinen die Eingabe in Anführungszeichen an. Gesucht wird dann genau nach der Zeichenkette „französiche Riviera“ inclusive Leerzeichen.

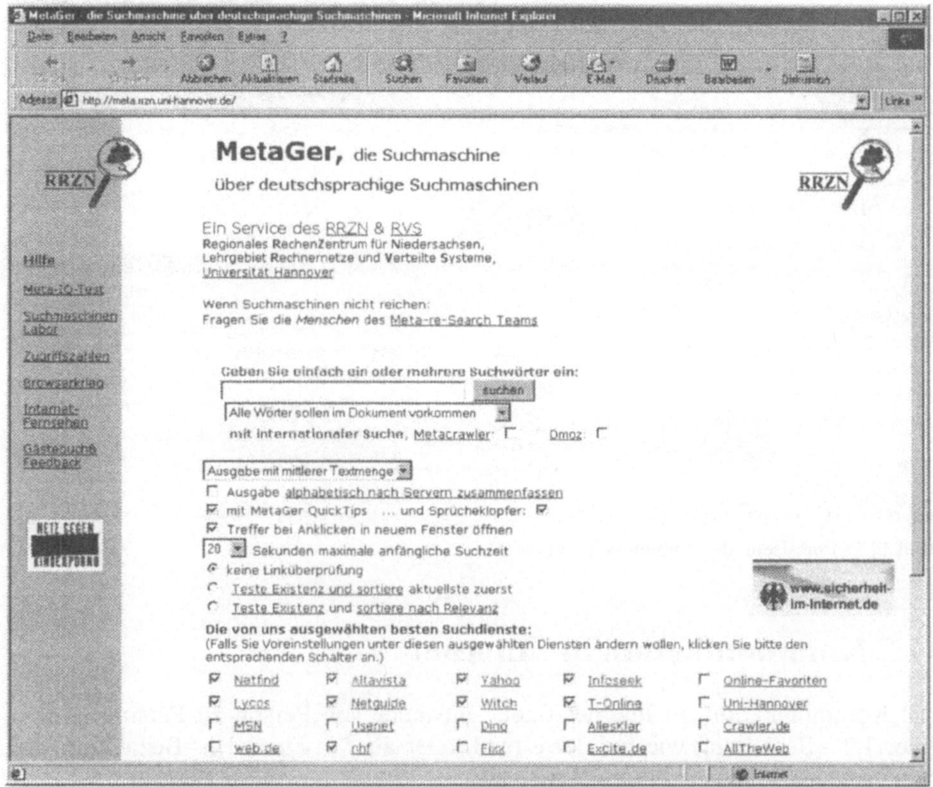

Bild 11.1: Eingabemaske einer Meta-Suchmaschine

Aktuelle Informationen findet man häufig auf den Webseiten der Tageszeitungen oder Pressedienste. Aufgrund der Aktualität wird die Suche nach solchen Begriffen über Suchmaschinen selten zum Erfolg führen. Viele Internet Service Provider und auch andere Firmen bieten im WWW sogenannte *Portalseiten* an. Diese Portalseiten lassen sich zumeist nach den Wünschen der Benutzer konfigurieren, d.h. Sie geben an, welche Informationen auf dieser Portalseite für Sie angezeigt werden sollen. Durch die individuelle Zusammenstellung eigenen sich diese Portalseiten gut für den täglichen Einstieg in das WWW.

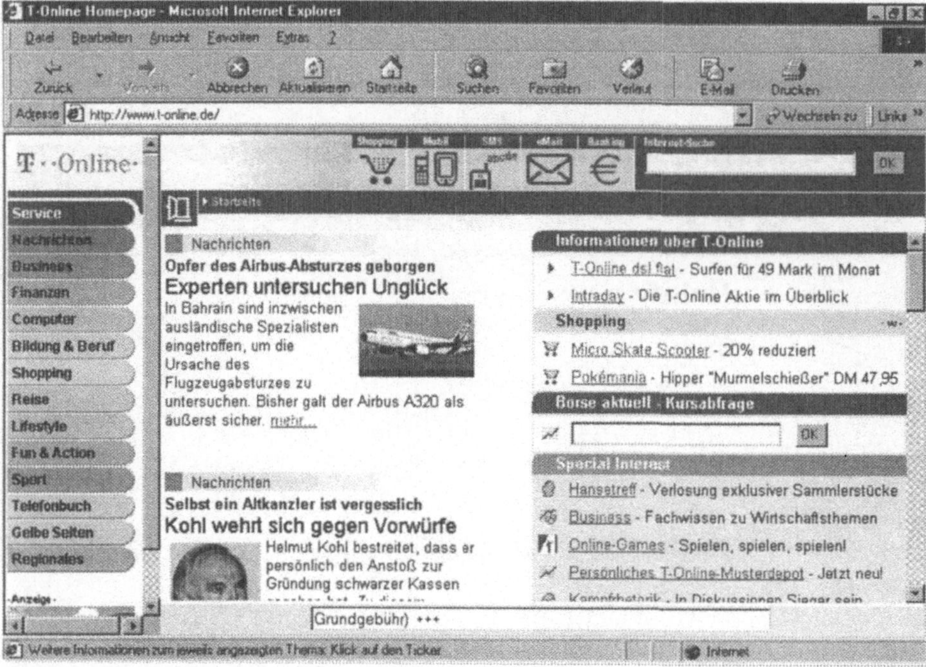

Bild 11.2: Portalseite des Anbieters T-Online

11.2 Kommunikation im Internet

Die Kommunikation im Internet findet entweder von Person zu Person, also in einer 1:1 –Beziehung wie bei der e-mail, oder aber in einer 1:n- Beziehung wie bei den Mailinglisten oder den News statt.

Dabei haben sich im Laufe der Zeit gewisse Kommunikationsregeln herausgebildet, die gerade neue Internetnutzer vor dem intensiven Gebrauch des Mediums kennen sollten. Man spricht in diesem Zusammenhang auch von der *Netiquette*:

- Im Bereich der e-mail ist vor allem beachten, daß dieser Dienst keineswegs sicher gegen Mitleser ist. Eine nicht verschlüsselte e-mail ist mit einer klassischen Postkarte vergleichbar. Sollen vertrauliche Informationen versendet werden, dann sind Verschlüsselungsverfahren wie z.B. PGP (vgl. Abschnitt 9.6) zu verwenden.
- Wenn eine e-mail beantwortet wird, dann ist ein quoten (zitieren) des Teils der ursprünglichen Nachricht sinnvoll, auf den sich die Antwort bezieht. Der Gesprächspartner empfängt und sendet eventuell mehrere hundert Mails pro Woche und kann eine Antwort ohne diesen Zusammenhang eventuell gar nicht

verstehen. Beim quoten, sollte man sich auf das wesentliche beschränken und den gequoteten Text nicht verändern.

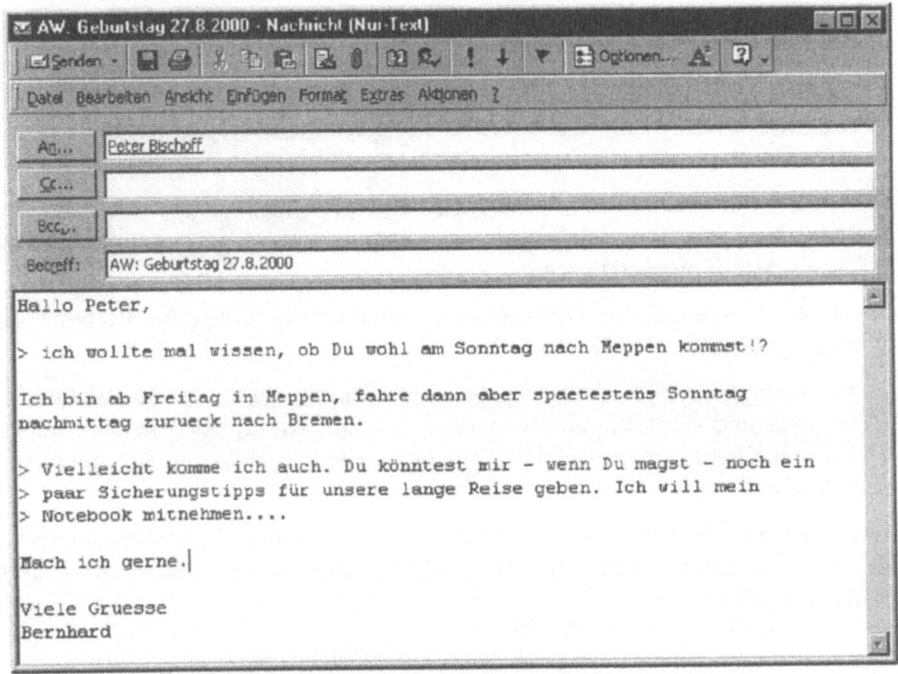

Bild 11.3: Antwort auf eine e-mail mit gequotetem Originaltext

- Bevor eine private e-mail an andere oder die Öffentlichkeit weitergeleitet wird sollte der Autor der Mail um Erlaubnis gefragt werden.
- Der Empfänger einer Mail ist immer ein Mensch, der eventuell auch aus einem anderen Kulturkreis stammt. Unterschiede in Sprache, Humor und Ausdrucksweise sind zu beachten. Besondere Vorsicht ist bei Ironie und Sarkasmus geboten.
- Es ist normale Groß- und Kleinschreibung zu verwenden, schreiben in Großbuchstaben wird als schreien angesehen. Für die Verstärkung einer Aussage sind spezielle Zeichen zu verwenden (Das ist *genau* das, was ich meinte). Zum Unterstreichen hat sich folgende Form mit Unterstrichen etabliert (Das ist _besonders wichtig_).
- Für das Format von Mails ist grundsätzlich reiner ASCII-Text ohne besondere Steuerzeichen empfehlenswert, weil dieser überall gelesen werden kann. Spezielle Formate (z.B. HTML-Format) sollte nur verwendet werden, wenn bekannt ist, daß der Kommunikationspartner diese decodieren kann.

Für die Kommuniktion in 1:n-Beziehungnen über Mailinglisten oder News gilt generell das oben zu e-mail gesagte. Zu beachten ist, daß bei der 1:1-Kommunikation nur ein Mensch verärgert wird, während beim Missachten von Regeln in 1:n-Beziehungen leicht mehrere tausend Menschen betroffen sind. Des weiteren:

- sollte in Mailinglisten oder Newsgroups zunächst eine Weile nur gelesen werden, um so den vorherrschenden Umgangston und die behandelten Themen mitzubekommen.
- ist beim Schreiben eines eigenen Beitrags zu bedenken, daß dieser von vielen Menschen gelesen werden kann; das können Freunde, Unbekannte aber auch der nächste Vorgesetzte sein.
- ist in den speziell für Diskussionen vorgesehenen Gruppen Werbung nicht gerne gesehen.
- sollte sich keiner von anderen provozieren lassen. Antworten auf Diskussionsbeiträge sind sorgfältig zu überdenken. Notfalls ist auf eine direkte e-mail zur Kommunikation auszuweichen, um nicht alle mit privaten Streitigkeiten zu belästigen

Eine umfangreiche Liste mit hilfreichen Verhaltensregeln für die Kommunikation im Internet findet sich in RFC 1855 (http://www.ogre.com/mirror/cmu-rfc/rfc1855.html).

Fragen und Aufgaben zu Szene 3

Im Internet kennt er sich ja jetzt eigentlich schon ganz gut aus, meint Bill. Stimmt ja auch, mit der Bedienung kommt er wunderbar zurecht und findet meist das, was er sucht. Als er aber von einem Kommilitonen zufällig nach ein paar Hintergrundinformationen gefragt wird, merkt er, dass er doch schon wieder vieles aus der Informatikveranstaltung vergessen hat. Zusammen gehen Sie den Stoff noch mal durch.

3.1 Wo liegt der eigentliche Ursprung des Internet?

3.2 Beschreiben Sie den Unterschied zwischen leitungsorientierter und paketorientierter Datenübertragung.

3.3 Erläutern Sie den Begriff Backbone?

3.4 Wie nennt man die Einwahlpunkte der Internet Service Provider?

3.5 Was versteht man unter einer Toplevel-Domain? Nennen Sie Beispiele.

3.6 Welche Aufgabe hat ein Nameserver?

3.7 Was versteht man unter einem Protokoll? Welches Protokoll wird im Internet hauptsächlich genutzt?

3.8 Auf welchem Grundprinzip basieren die im Internet angebotenen Dienste?

3.9 Welche Komfortfunktionen bieten gängige e-mail-Clients?

3.10 Beschreiben Sie die Funktion einer Mailingliste.

3.11 Was benötigt man zur Teilnahme am e-mail-Dienst des Internet?

3.12 Erläutern Sie den Begriff Hypertext.

3.13 Wie nennt man die Sprache zum erstellen von Webseiten? Welches Protokoll ist für den Transport dieser Seiten zuständig?

3.14 Was versteht man unter einer URL?

3.15 Nennen Sie Möglichkeiten, um eine HTML-Seite dynamisch zu generieren. Welche Programmiersprache wird dabei häufig eingesetzt?

3.16 Wozu benutzt man den Dienst ftp?

3.17 Welche Voraussetzungen müssen für die Nutzung des ftp-Dienstes erfüllt sein?

3.18 Mit welchem Programm können Sie Rechner „fernbedienen"?

3.19 Wozu dient ein Newsserver?

3.20 Nennen Sie die im Internet am häufigsten auftretenden Sicherheitsrisiken.

3.21 Worauf sollten Sie beim Herunterladen von Dateien aus dem Netz achten?

3.22 Beschreiben Sie mögliche Schutzmaßnahmen gegen Sicherheitsrisiken im Internet.

3.23 Wie setzen sich gut gewählte Passwörter zusammen?

3.24 Was versteht man unter einer Firewall?

3.25 Welche Aufgaben erfüllt ein Virenscanner?

3.26 Erläutern Sie die Funktionsweise eines Modems. Welche Übertragungsgeschwindigkeiten lassen sich mit diesen Geräten erreichen?

3.27 Wie lange dauert der Download einer 1 Megabyte großen Datei bei voller ISDN-Geschwindigkeit (64kbit/s)?

3.28 Welche Vorteile bietet ein ISDN-Adapter gegenüber einem Modem?

3.29 Welche Aufgaben hat ein Internet Service Provider?

3.30 Erläutern Sie die Begriffe Internet by call und Flatrate.

3.31 Beschreiben Sie die für das Anlegen eines neuen Internetzugangs unter Windows 98 notwendigen Schritte.

3.32 Was versteht man unter einer Suchmaschine?

3.33 Nach welcher Einteilung lassen sich Suchmaschinen kategorisieren?

3.34 Was sind die Vorteile einer Meta-Suchmaschine?

3.35 Was sind Portalseiten? Nennen Sie einige Anbieter.

Szene 4: Der PC am Arbeitsplatz

oder

Bill findet auch in den Semesterferien keine Ruhe

Bill hat zwar Semesterferien aber ihm fehlt Geld und er muß jobben. Deswegen kriegt er jetzt jeden Tag von 17 Uhr bis 22 Uhr lahme Beine als Aushilfskellner in einem Spezialitätenrestaurant. Hier nimmt er Bestellungen an, bedient und kassiert und kommt dabei manchmal ganz schön ins Schwitzen.

Die Bestellungen notiert Bill auf einem kleinen Block (mit Durchschlagpapier) und übermittelt das Gewünschte an den Ausschanktresen bzw. an die Küche. Für die Rechnung notiert er auf dem betreffenden Zettel mit der Bestellung die Preise, addiert und kassiert und legt das Geld in die Kasse (natürlich erst nachdem er das Trinkgeld abgezogen hat). Den Durchschlag der Rechnung piekt er auf einen Spieß neben der Kasse. Für die Abrechnung am späten Abend werden dann die ganzen aufgespießten Rechnungen addiert und der Betrag mit dem Geld aus der Kasse verglichen.

Küste

Spezialitäten-Restaurant
Am nördlichen Meer 25
28205 Bremen

Fischplatte, spezial	26,-
Räucherlachs	23,50
Aal	25,80
2 0,4 Pils	9,60
0,3 l Weißwein, trocken	7,50
20.2.2000	92,40

Nach seinem ersten Semester BWL und dem bisher im Fach Wirtschaftsinformatik Gehörtem kommt Bill dieses Verfahren doch etwas vorsintflutlich vor. Er spricht mit seinem Chef und regt an, das Ganze computergestützt laufen zu lassen. Der ist zwar nicht ganz uninteressiert, merkt aber an, daß dieses Verfahren auch in den fünf anderen Filialen der Stadt angewendet würde und doch eigentlich ganz gut funktioniere. Zwar dauere es eine Zeit, bis die Zahlen aus den Filialen da sind und in der zentralen Buchhaltung zusammengefaßt seien und auch die Steuererklärungen wären sehr mühsam und überhaupt, wie Bill sich denn ein Verfahren mit Computern vorstellen würde.

Auf´s Erste ist Bill da zwar auch überfragt, aber er denkt, daß sowohl mit Excel als auch mit Access hier sicherlich eine Lösung zu finden wäre. Dabei darf natürlich nicht so naiv vorgegangen werden, wie er das mit seinen eigenen Tabellen macht, sondern das Ganze müßte sehr viel professioneller aussehen. Wie die Daten aus den verschiedenen Filialen zusammenkommen sollen ist ihm trotz seiner Internet-Erfahrungen auch nicht so recht klar.

Bill verabredet mit seinem Chef, einmal darüber nachzudenken. Den nächsten Tag versucht er, seinen Informatik-Dozenten zu erreichen und verabredet einen Termin mit ihm.

„Na klar ginge das," sagt der Dozent, nachdem ihm Bill das Problem geschildert hat, „das kann man mit Excel und mit Access machen, aber dafür müsse man etwas mehr können als das, was im ersten Semester behandelt wurde." Und der Dozent erzählt Bill etwas von Problemanalyse, Algorithmen, Programmablaufplänen, Programmieren von Modulen in Visual Basic, vom Aufbau lokaler Netze als Bus- oder Sternnetze und der Gestaltung einer Client-Server-Architektur.

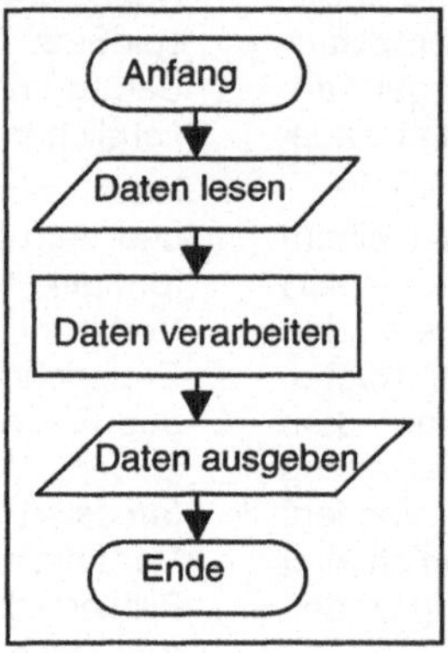

Anfang
Daten lesen
Daten verarbeiten
Daten ausgeben
Ende

„Alles Stoff des zweiten und dritten Semesters in der Wirtschaftsinformatik," beruhigt der Dozent Bill, als er dessen ungläubige Augen bemerkt. „Und im übrigen brauche man ja nicht Alles auf einmal zu machen," fährt er fort, „zunächst könnte man in einem ersten Schritt ein computergestütztes System für ein einzelnes Restaurant umsetzen und dabei auch mal sehen, ob dort die übliche Standardsoftware effizient eingesetzt wird. Erst wenn das gut läuft, könne man beigehen, die verschiedenen Filialen miteinander zu vernetzen." "Wenn Bill wolle, könne er während des dritten Semesters ein solches System als Hausarbeit erstellen," bietet ihm der Dozent an, „ allerdings wohl besser in Kooperation mit einem Informatik-Studenten. Denn so ganz Ohne ist die Arbeit nicht."

Bill ist Feuer und Flamme, erzählt Alles seinem Chef aus dem Restaurant und überredet ihn, noch ein halbes Jahr zu warten, dann würden er und ein Kommilitone sich an´s Werk machen. Der Chef hat es nicht eilig und ist einverstanden und sagt ihm auch eine ordentliche Prämie zu, wenn dabei ein „vernünftiges" System herauskäme.

Das ganze nächste Semester ist Bill sehr interessiert bei der Sache und fängt nach den ersten Vorlesungen und den ersten Übungen zur Programmentwicklung an, ein erstes Konzept für das „Kassenprogramm" zu entwerfen. Wieder und wieder nimmt er Änderungen vor, insbesondere nachdem er auch einiges über lokale Rechnernetze gehört hat. Zum Ende der Vorlesungszeit bespricht Bill im Restaurant Einzelheiten mit seinem Chef und verabredet gleich, auch diese Ferien wieder als Kellner zu arbeiten.

Wie setzt man Standardsoftware im Büro ein? Wie entwickelt man mit solcher Software einfache Programme? Was heißt Problemanalyse, was sind Algorithmen?

Was ist ein lokales Rechnernetz, wie baut man es auf? Wie organisiert man Datenverarbeitung in lokalen Netzen?

12 Betrieblicher Umgang mit Standardsoftware für Anwendungen im Büro

Die in der Szene 2 im achten Kapitel näher vorgestellten Standardprogramme zur Textverarbeitung und Grafik, zur Tabellenkalkulation und zur Entwicklung von Informationssystemen auf Basis von Datenbanksystemen sind auch zur Unterstützung der üblichen Büroarbeiten in Betrieben weit verbreitet. Ihre Anwendung findet in ähnlicher Weise wie im Privatbereich statt, allerdings für Regelaufgaben wie Schriftverkehr, Abrechnungen oder Kalkulationen in betriebsspezifisch reglementierter und organisierter Form.

Einige Möglichkeiten für Vorgehensweisen dazu und ebenso einige Funktionen der Standardsoftware zur Unterstützung bei der Festlegung von Regeln und Organisationsformen sollen in den folgenden Abschnitten kurz angesprochen werden.

Eine effiziente Organisation der Büroarbeit mit dem PC betrifft allerdings zunächst Festlegungen für das hierarchische Dateiverzeichnis (vgl. Abschnitt 7.1.3) auf Personalcomputern. Jeder Betrieb ist gut beraten, wenn er hierfür Konzepte entwickelt und einheitliche Vorgaben setzt. Andernfalls wird schnell ein völliger Wildwuchs entsprechend der Kenntnisse und persönlichen Vorlieben der Mitarbeiter entstehen, der im Falle von Abwesenheiten oder Stellen-Vertretungen ein effizientes Arbeiten stark erschwert, wenn nicht unmöglich macht, weil die gerade benötigte Datei nicht gefunden wird. Hier sollten der betrieblichen Notwendigkeiten entsprechend klare Strukturen für die Programm- und Datenhaltung geschaffen werden, die außer einer Directory-Struktur auch eine Systematik für die Bildung von Dateinamen beinhaltet.

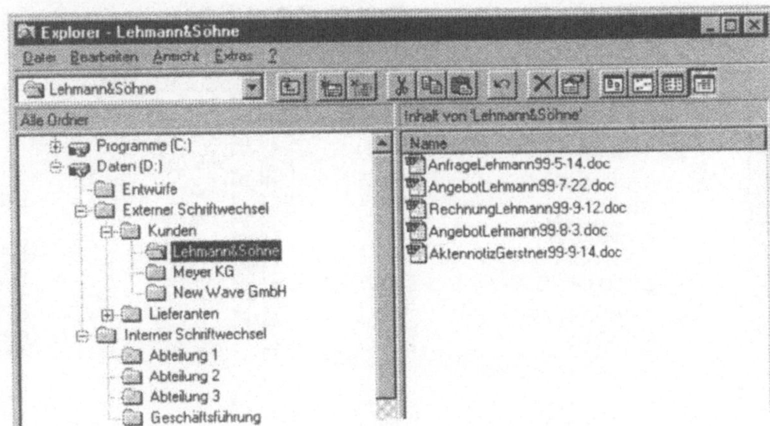

Abb. 12.1:

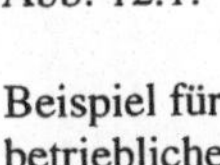

Beispiel für betriebliche Vorgaben zur Ablage von Dateien

Da im betrieblichen Alltag die Einhaltung solcher Strukturen nicht immer durchgehalten werden kann und auch die Kontrolle schwierig ist und vor allem auch, weil die Übertragung von Daten zwischen einzelnen Arbeitsplätzen und die Pflege von Programmen, d.h. die Sicherstellung, daß alle Mitarbeiter mit identischen Versionen einer Software arbeiten, umständlich und arbeitsaufwendig ist, sind Betriebe mit PCs an mehreren Arbeitsplätzen in den vergangenen Jahren dazu übergegangen, die einzelnen Rechner miteinander zu vernetzen und solche Strukturen netzwerkbezogen zu konzipieren und umzusetzen. Wir gehen auf solche innerbetrieblichen Rechnernetze und ihre Möglichkeiten, organisatorische Regelungen für den Einsatz von Standardsoftware zu treffen, ausführlich in Kapitel 14 ein.

12.1 Systematischer Einsatz von Textverarbeitung

In Betrieben besteht in sehr viel höherem Maße als im Privatbereich die Notwendigkeit einer einheitlichen Außendarstellung. D.h. Briefe, Angebote, Faxe oder Rechnungen sind in einem vorgegebenen einheitlichen Layout mit gewöhnlich integriertem Firmenlogo zu erstellen. Das Mittel in MS Word – Dokument- und Formatvorlagen – zur Unterstützung solchen systematischen Einsatzes wurde bereits in Kapitel 8 angesprochen. Im betrieblichen Umfeld kann der Umgang mit solchen Vorlagen dahingehend perfektioniert werden, daß Mitarbeiter beim Starten des Textverarbeitungsprogramms nicht frei die gesamte Funktionalität nutzen können, sondern auf die definierten Formen beschränkt werden.

Denkbar ist hierfür – nach Festlegung der gewünschten Dokumentenvorlagen (vgl. Bild 12.2) eine Integration von Funktionen in ein Startdokument, über die eine Auswahl der im Arbeitszusammenhang zu bearbeitenden Dokumentenform erfolgt. Solche zusätzlichen Funktionen, die z.B. über eine Symbolleiste aktivierbar sind (vgl. Bild 12.3), werden in MS Word über sogenannte Makros erstellt.

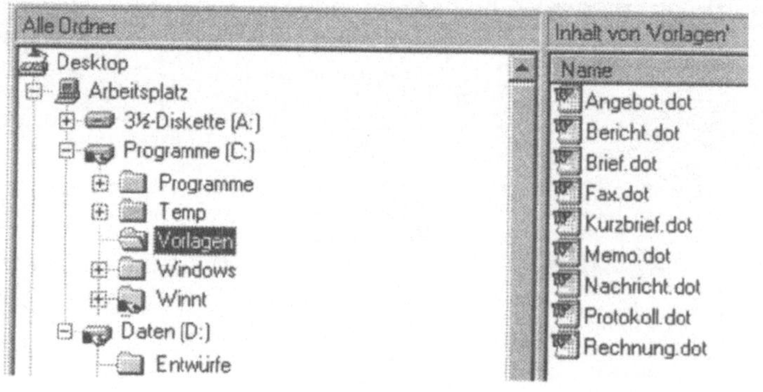

Bild 12.2:

Beispiele für Dokumentvorlagen im betrieblichen Umfeld

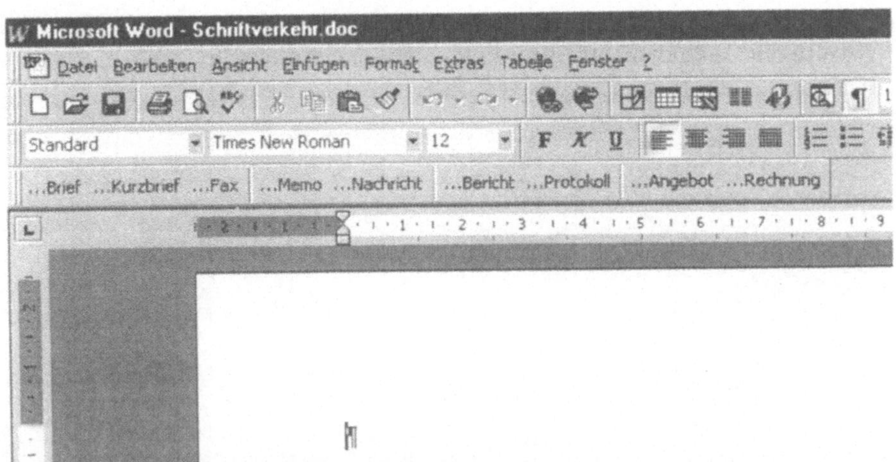

Bild 12.3: Eine benutzerdefinierte Symbolleiste mit Funktionen zum Aufruf voreingestellter Dokumentenvorlagen in MS Word

Ein *Makro* ist eine Zusammenfassung mehrerer Word-Befehle und Anweisungen zu einer Funktion. Für die Erstellung von Makros gibt es zwei Möglichkeiten: die Makroaufzeichnung und die Programmierung mit Visual Basic, eine Programmiersprache, die in die Office-Produkte von Microsoft integriert ist. Während die Programmierung gründliche Vorkenntnisse erfordert - wir gehen darauf näher in Kapitel 13 ein -, ist das Verfahren der Makroaufzeichnung ausgesprochen einfach zu realisieren (vgl. Bild 12.4).

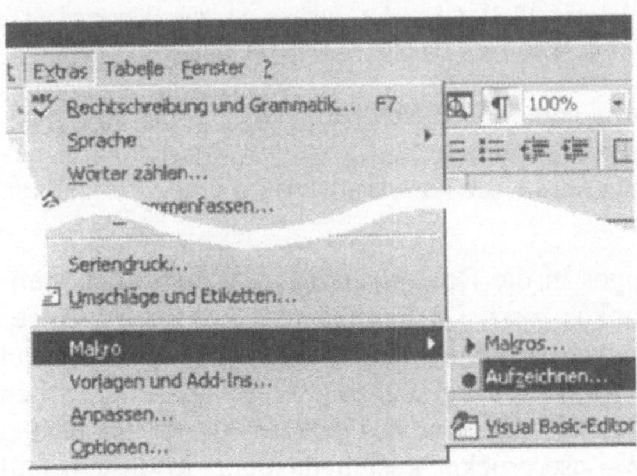

Das Auslösen der Funktion "Aufzeichnen" unterbricht die Bearbeitung des Dokuments und speichert solange die Benutzeraktionen in ein Makro, bis durch "Aufzeichnung beenden" in der dem Aufzeichnen zugeordneten Symbolleiste die Makrobearbeitung abgeschlossen wird.

Bild 12.4: Aufzeichnen von Makros

Nach Festlegung der gewünschten Makros werden sie durch die Funktion „Symbolleisten – Anpassen“ aus dem „Ansicht“-Menü als Buttons in eine gewünschte Symbolleiste eingefügt. Ein Klicken eines solchen Buttons führt dann zur Ausführung der im Makro zusammengefaßten Befehle und Aktionen und öffnet beispielsweise ein Dokument auf Basis einer Dokumentvorlage (vgl. Bild 12.5).

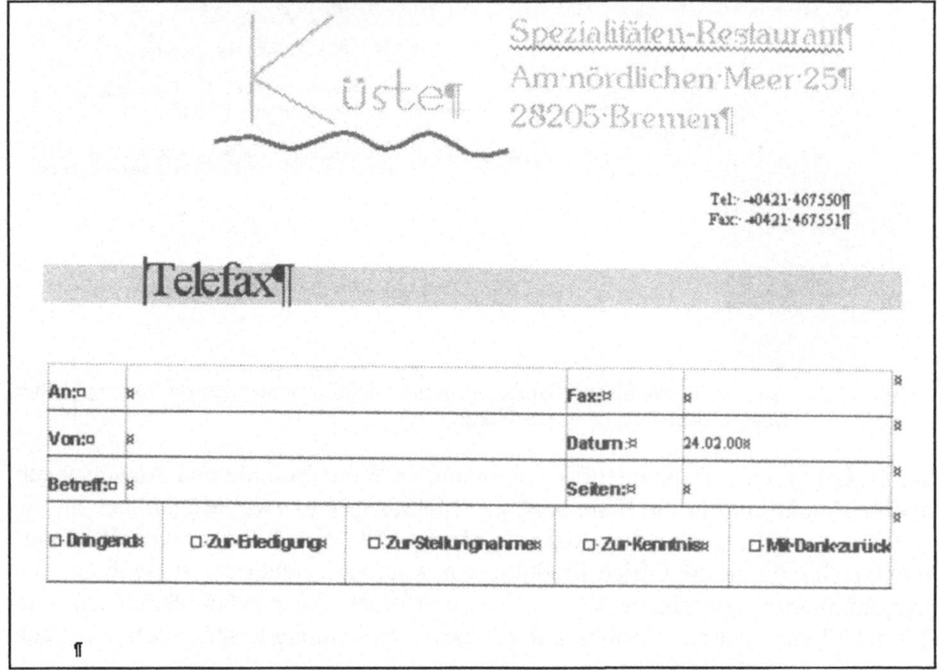

Küste

Spezialitäten-Restaurant
Am nördlichen Meer 25
28205 Bremen

Tel: +0421 467550
Fax: +0421 467551

Telefax

An:		Fax:	
Von:		Datum:	24.02.00
Betreff:		Seiten:	

□ Dringend	□ Zur Erledigung	□ Zur Stellungnahme	□ Zur Kenntnis	□ Mit Dank zurück

Bild 12.5: Das durch ein Makro neu erstellte Dokument auf Basis der Dokumentenvorlage „Fax.dot" (vgl. die Bilder 12.2 und 12.3). („Fax.dot" enthält u.a. die Elemente „Tabelle" und „Kontrollfeld" aus MS Word, auf die hier nicht näher eingegangen wird)

Aufgrund der einfachen Handhabung eignen sich Makros außer für den angesprochenen Zweck auch gut zur Beschleunigung von häufig zu wiederholenden Bearbeitungs- und Formatierungsaufgaben und zur Automatisierung einer komplexen Reihe von Aufgaben.

Ob die Integration eines Firmenlogos in die Dokumentvorlagen tatsächlich sinnvoll ist, sei hier noch einen Gedanken wert: Da Farblaserdrucker noch weniger verbreitet sind und Tintenstrahldrucker bei höherem Aufkommen zu langsam und farbige Ausgaben auf beiden Techniken im Vergleich zu S/W-Ausgaben erheblich teuerer sind (vgl. Abschnitt 5.3), ist bei farbigen Firmenlogos unter Umständen vorgedrucktes Papier und ein S/W-Laserdrucker kostengünstiger. In diesem Fall werden in die Dokumentvorlagen nur die feststehenden einfarbigen Elemente aufgenommen.

Neben dem sinnvollen Einsatz von Dokument- und Formatvorlagen sind *Textbausteine* eine häufige Praxis in der betrieblichen Textverarbeitung. Hierdurch können häufig vorkommende Textpassagen einmal definiert und auf einfache Weise in einen gewünschten Text eingefügt werden. In MS Word wird diese Funktion durch sogenannte „Autotexte" oder „Autokorrekturen" realisiert.

Autotexte und *Autokorrekturen* sind Elemente, die aus Schlüsselworten und zugeordneten Texten bestehen. Bei Autotexten prüft das Programm entweder jede Eingabe auf eine Übereinstimmung mit definierten Schlüsselworten und schlägt bei einem gefundenen Schlüsselwort das Einfügen der zugehörigen Textpassage vor (vgl. Bild 12.6). Üblicherweise werden dann als Schlüsselworte Worte aus sovielen Anfangsbuchstaben der Textpassage verwendet, daß der Textbaustein eindeutig identifiziert wird. Wenn der Benutzer darauf nicht reagiert, wird der Text nicht eingefügt. Ein zweiter Weg ist: man gibt ein festgelegtes Schlüsselwort ein und fordert mit einer Funktionstaste (F3) das System auf, die dazu gehörende Textpassage zu suchen und einzusetzen.

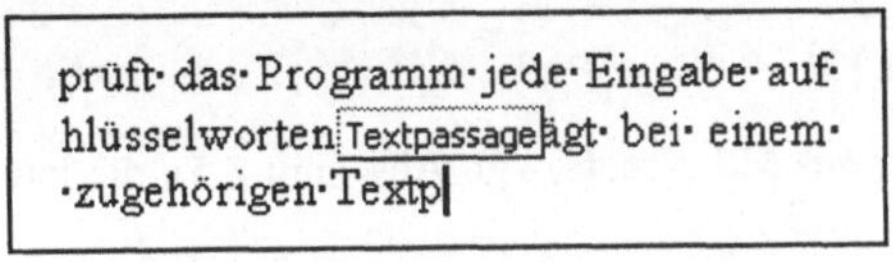

prüft·das·Programm·jede·Eingabe·auf·
hlüsselworten Textpassage ägt·bei·einem·
·zugehörigen·Textp

Bild 12.6:

Autotext in MS Word

Bei der Autokorrektur erfolgt die Ersetzung eines gefundenen Schlüsselwortes durch den zugeordneten Text automatisch (vgl. Bild 12.7). In diesem Fall ist es notwendig, Schlüsselworte für Textbausteine zu definieren, die in Dokumenten als Texte nicht vorkommen, da durch die Ersetzung sonst sehr unerwünschte Nebenwirkungen auftreten.

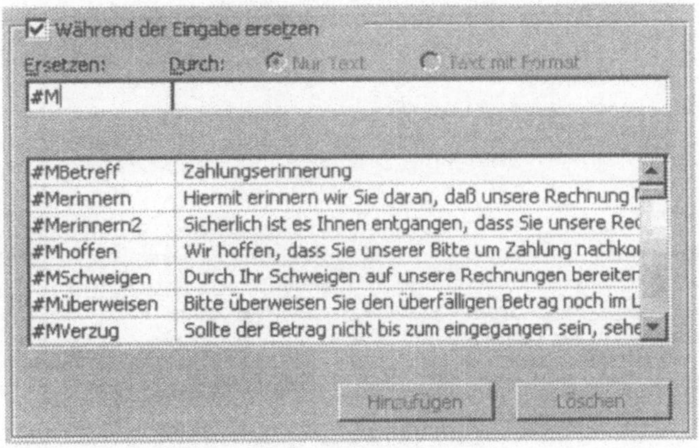

Während der Eingabe ersetzen

Ersetzen: #M — Durch: Nur Text / Text mit Format

#MBetreff	Zahlungserinnerung
#Merinnern	Hiermit erinnern wir Sie daran, daß unsere Rechnung
#Merinnern2	Sicherlich ist es Ihnen entgangen, dass Sie unsere Re
#Mhoffen	Wir hoffen, dass Sie unserer Bitte um Zahlung nachko
#MSchweigen	Durch Ihr Schweigen auf unsere Rechnungen bereiter
#Müberweisen	Bitte überweisen Sie den überfälligen Betrag noch im L
#MVerzug	Sollte der Betrag nicht bis zum eingegangen sein, sehe

Hinzufügen Löschen

Bild 12.7:

Textbausteine in MS Word durch Autokorrektur definieren

Beide Funktionen haben im praktischen Betrieb ihre Vor- und Nachteile und es ist sicher eine Frage der betrieblichen Organisation und auch der individuellen Arbeitsweise, in welchem Maße sie für den Einsatz von Textbausteinen verwendet werden.

Sehr leistungsstark ist in MS Word dagegen die Unterstützung von Seriendrucken. *Seriendrucke* (*Serienbriefe*) bieten die Möglichkeit, standardisierte Texte für einen großen Empfängerkreis in gewissem Maße zu individualisieren und den einzelnen Empfänger dadurch besser anzusprechen. Im einfachsten Fall betrifft solch eine Individualisierung die Übernahme von Name und Adresse in ein Adressatenfeld eines Briefes, weitergehende Seriendrucke fügen aber auch individuelle Passagen in den laufenden Text eines Dokuments ein. Von dieser Praxis machen heute nahezu alle Unternehmen Gebrauch und jedermann findet mehr oder weniger regelmäßig solche schön gestalteten Mitteilungen in seinem Briefkasten.

Matrikelr	Name	Vorname	Straße	Postlei	Ort	Telefon	Fachsem	Bezeichnung
99623443	Fischer	Joseph	Hauptstr. 24	28203	Bremen	0421-43788	3	VWL
99945771	Schröder	Günther	Steintor 21	28201	Bremen	0421-44329	1	BWL
99626788	Marquardt	Marion	Sedanplatz 6	28359	Bremen	0421-77439	3	VWL
99953771	Kaiser	Ruth	Apfelallee 25	28179	Bremen	0421-21366	1	BWL
99934481	Pohlmann	Ralf	Deichstr. 35	28778	Barrien	04221-2445	1	BWL
99643556	Block	Verena	Grünenweg 16	28207	Bremen	0421-53771	3	VWL

Bild 12.8: Auszug aus einer Tabelle (hier aus MS Access, vgl. Abschnitt 8.5), die mit MS Word für den Seriendruck verbunden wird

Grundlage von Seriendrucken in MS Word ist eine Datenquelle mit den veränderlichen Werten für den Seriendruck (vgl. Bild 12.8). Als Datenquelle kann eine Tabelle einer Access Datenbank, eine Excel-Tabelle oder eine durch Word selbst erstellte Tabelle mit dem Seriendruckdokument verbunden werden. Im zweiten und dritten Fall muß die erste Zeile der Tabelle Spaltenbezeichnungen (Feldnamen) für die Tabelle beinhalten.

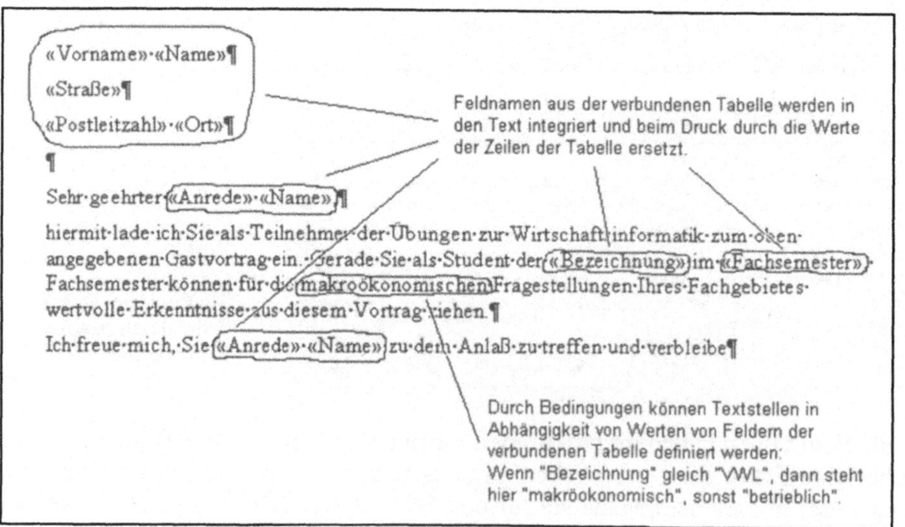

Bild 12.9: Feldnamen und Bedingungen im Seriendruckdokument

Über diese Feldnamen wird im Seriendruckdokument auf die Tabelleneinträge Bezug genommen. Dazu werden die Feldnamen an den gewünschten Positionen im Text plaziert (vgl. Bild 12.9) und MS Word erstellt daraus ein Dokument mit jeweils einem individualisierten Abschnitt für jede Zeile der Tabelle. Zusätzlich besteht die Möglichkeit, in Abhängigkeit von Werten der eingefügten Felder Textpassagen merkmalsbezogen zu definieren (vgl. Bild 12.9) Beim Ausdruck kann man dann ganz gezielt einzelne solche Abschnitte festlegen oder man druckt das gesamte Seriendruckdokument aus, um für alle Tabelleneinträge jeweils z.B. einen Werbebrief zu erstellen.

12.2 Tabellensysteme in MS Excel

Tabellenkalkulationsprogramme sind eine im betrieblichen Bereich besonders verbreitete Standardanwendung. Durch ihre leichte Handhabbarkeit werden sie für eine Fülle im täglichen Betrieb anfallender Berechnungen eingesetzt. Dies geschieht z.B.

- ad hoc zur unmittelbaren Lösung eines kleineren Problems, dessen Bearbeitung mit einem Taschenrechner zu unbequem, zu unübersichtlich oder zu aufwendig ist,
- auf Basis vorgegebener Vorlagen zur Bearbeitung regelmäßig wiederkehrender Aufgaben oder auch
- im Sinne eines eigenständigen Programms als Individualsoftware für dedizierte Aufgaben eines Arbeitsplatzes.

Urlaubskarte

Name, Vorname: ____________ Geburtsdatum: ____________

Einsatzbereich: ____________

schwerbehindert: ja nein

Bei Neueingestellten im Laufe des Kalenderjahres: Dienstantritt am ________ Urlaubsanspruch ab ________

Urlaubsjahr	Urlaubs-anspruch	Urlaubsantrag von	bis	Tage	Unterschrift Antragsteller	Unterschrift Vorgesetzter	Unterschrift Abteilungsleiter	Rest-Urlaubstage
Übertrag								

Bild 12.10: Ein mit MS Excel gestaltetes Formular zur manuellen Verwaltung von Urlaubsanträgen

Küste
Spezialitäten-Restaurant
Am nördlichen Meer 25
28205 Bremen

Stundenabrechnung

Name, Vorname: Geburtsdatum:
Einsatzbereich:

Datum	von	bis	Stunden

im Zeitraum
vom bis
insgesamt abgerechnet:

Bild 12.11: Ein manuell zu bearbeitendes Abrechnungsformular

Mitunter werden Tabellenkalkulationsprogramme aber auch einfach nur zur ansprechenden Gestaltung von Formularen genutzt, die ausgedruckt und dann im Betrieb per Hand ausgefüllt, bzw. weiter bearbeitet werden (vgl. die Bilder 12.10 und 12.11). In solchen Fällen stellen Programme zur Tabellenkalkulation eine Alternative zu Textverarbeitungsprogrammen dar, wenn auch – beispielsweise durch die Tabellenfunktion in MS Word – die Unterstützung reiner Gestaltungsaufgaben tabellenförmiger Formulare per Textverarbeitung ebenso leistungsfähig ist.

Im Falle der Lösung kleinerer Problemstellungen sind häufig die eigentlichen Berechnungen eher anspruchslos. Einfache Formeln und Summenbildungen überwiegen. Ein Tabellenkalkulationsprogramm wird hier eingesetzt, weil es es dem Benutzer leicht macht, Tabellen effizient aufzubauen, Berechnungsvorschriften festzulegen und Ergebnisse in ansprechendem Layout zu präsentieren. Kompliziertere Formeln sind für viele Anwendungsgebiete als Funktionen integriert und leicht nutzbar (vgl. Bild 12.12).

Bild 12.12:

Vergleich unterschiedlicher Kreditangebote von Banken zur Finanzierung einer Investition unter Benutzung der Funktion „rmz" zur Berechnung der Ratenhöhe eines Kredits.

Kalkulationen zur Maßnahme: Beschaffung neuer Küchenblock Filiale 1

Investionssumme:	56.800,00 DM
Eigenkapital	6.800,00 DM
zu finanzieren	50.000,00 DM

	Alternativen		
	Parkbank	Gartenbank	Ersatzbank
Kredit	50.000,00 DM	50.000,00 DM	50.000,00 DM
Zinssatz	9%	12%	10%
Laufzeit (Jahre)	5	10	8
monatliche Belastung	-1.037,92 DM	-717,35 DM	-758,71 DM
Gesamtbelastung	-62.275,07 DM	-86.082,57 DM	-72.836,99 DM

Besonders attraktiv für derartige Anwendungsfelder ist der Einsatz von Tabellenkalkulationsprogrammen auch deshalb, weil durch die Integration von *Businessgrafik-Funktionen* eine einfache Visualisierung der zahlenmäßigen Zusammenhänge aus Tabellen möglich ist (vgl. Bild 12.13). Eine Veränderung von Zahlenwerten führt dabei sofort dann auch zu einer Anpassung der zugehörigen grafischen Darstellung.

Tagesumsätze 11. KW

	Montag	Dienstag	Mittwoch	Donnerstag	Freitag	Samstag	Sonntag	**Summen**	**Durchschnitt**
Filiale 1	1.256,60	1.457,80	1.300,50	1.525,80	2.199,00	2.855,50	2.358,80	**12.954,00**	**1.850,57**
Filiale 2	1.900,40	2.000,80	1.800,50	2.144,50	3.208,50	4.034,50	3.788,50	**18.877,70**	**2.696,81**
Filiale 3	800,50	820,50	890,50	768,50	1.100,50	1.200,80	1.098,50	**6.679,80**	**954,26**
Filiale 4	1.505,80	1.724,50	1.639,80	1.409,50	2.780,40	2.988,50	2.255,30	**14.303,80**	**2.043,40**
Filiale 5	1.303,50	1.804,60	1.766,50	1.588,40	2.015,70	2.169,60	1.958,50	**12.606,80**	**1.800,97**
Filiale 6	1.889,50	2.100,50	2.245,80	1.978,40	2.988,20	3.589,50	3.124,60	**17.916,50**	**2.559,50**
Summen	**8.656,30**	**9.908,70**	**9.643,60**	**9.415,10**	**14.292,30**	**16.838,40**	**14.584,20**	**83.338,60**	**11.905,51**
Durchschnitt	**1.442,72**	**1.651,45**	**1.607,27**	**1.569,18**	**2.382,05**	**2.806,40**	**2.430,70**	**13.889,77**	**1.984,25**

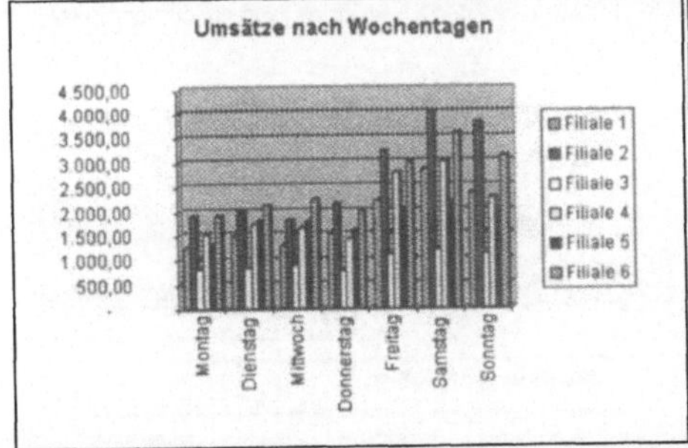

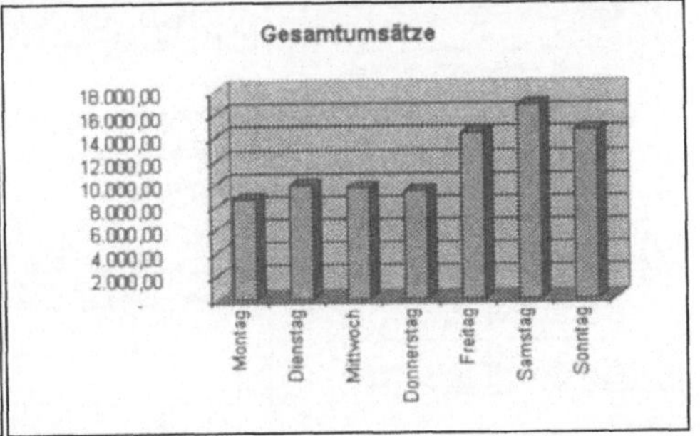

Bild 12.13: Eine Tabelle mit zugeordneten Grafiken

Die Anwendung aus Bild12.13 ist auch ein Beispiel für ein Problem, das periodisch wiederholt zu bearbeiten ist. Hier wird gewöhnlich so vorgegangen, daß ein Formular mit den nötigen Berechnungsvorschriften entwickelt und als Mustervorlage (vergleichbar den Dokumentvorlagen in MS Word, vgl. z.B. Abschnitt 12.12) gespeichert wird. Für die konkrete Problemstellung wird ein Dokument auf Basis der *Mustervorlage* erstellt, in das dann zur Problemlösung nur noch die aktuellen Daten einzutragen sind.

In Bild 12.13 betreffen solche Eingaben die 42 Felder mit den Umsätzen der sechs Filialen von Montag bis Sonntag. Besonders effektiv wäre es, wenn diese Werte nicht extra neu eingegeben werden müssen, sondern aus anderen Tabellen (in denen sie berechnet wurden) übernommen werden können. Hierzu sind in Tabellenkalkulationsprogrammen Bezüge zwischen verschiedenen Tabellen vorgesehen, die in Tabellenfeldern als Formeln einzutragen sind (ein einfaches Beispiel dafür hatten wir in Kapitel 8.3 angegeben). Es entsteht ein Geflecht von Beziehungen zwischen verschiedenen Tabellen, ein sogenanntes *Tabellensystem.* Solche Tabellensysteme sind in betrieblichen Anwendungen besonders häufig, da Daten an verschiedenen Stellen des Unternehmens entstehen und verarbeitet werden und für Analysen und Planungen zusammengeführt (aggregiert) werden müssen. Insbesondere in Zusammenhang mit vernetzten Arbeitsplatzrechnern (vgl. Kapitel 14) können solche Aggregationen in hervorragender Weise unterstützt werden.

Außer dem einfachen Bezug zwischen Tabellen, also der Übernahme von Werten direkt angegebener Felder externer Tabellen unterstützen Tabellenkalkulationsprogramme auch das Heraussuchen von Werten aus Tabellen in Abhängigkeit von vorgegebenen Kriterien. Hierfür wird mit der Funktion „sverweis" eine externe Tabelle benannt, in deren erster Spalte nach einem angegebenen Kriterium gesucht und dann der zugehörige Wert einer angegebenen Spalte der Tabelle übernommen werden soll (vgl. Bild 12.14).

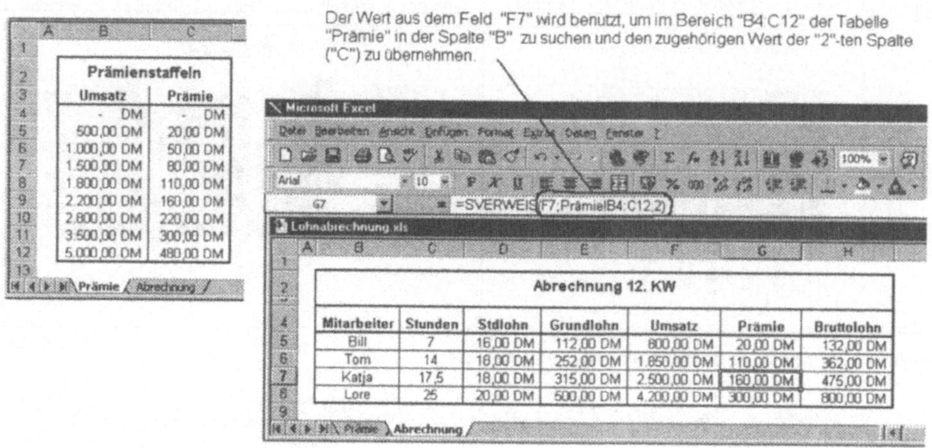

Prämienstaffeln	
Umsatz	Prämie
- DM	- DM
500,00 DM	20,00 DM
1.000,00 DM	50,00 DM
1.500,00 DM	80,00 DM
1.800,00 DM	110,00 DM
2.200,00 DM	160,00 DM
2.800,00 DM	220,00 DM
3.500,00 DM	300,00 DM
5.000,00 DM	480,00 DM

Abrechnung 12. KW						
Mitarbeiter	Stunden	Stdlohn	Grundlohn	Umsatz	Prämie	Bruttolohn
Bill	7	16,00 DM	112,00 DM	800,00 DM	20,00 DM	132,00 DM
Tom	14	18,00 DM	252,00 DM	1.850,00 DM	110,00 DM	362,00 DM
Katja	17,5	18,00 DM	315,00 DM	2.500,00 DM	160,00 DM	475,00 DM
Lore	25	20,00 DM	500,00 DM	4.200,00 DM	300,00 DM	800,00 DM

Bild 12.14: Beispiel für die Funktion „sverweis" in MS Excel

Für die Entwicklung individueller Systeme stehen Tabellenkalkulationsprogramme in Konkurrenz zu Datenbanksystemen (vgl. Abschnitt 8.5) und für viele Problemstellungen ist zu entscheiden, ob z.B. eine Excel-basierte Lösung oder eine Entwicklung mit Access die günstigere Alternative ist. In beiden Fällen wird die individuelle Problemlösung durch zahlreiche Werkzeuge, vorgefertigte Funktionen und Komponenten, durch die Definition von Makros (bei der Tabellenkalkulation in gleicher Weise, wie für Textverarbeitung im vorigen Abschnitt beschrieben) und durch Integration einer leistungsfähigen Programmiersprache unterstützt, so daß sowohl MS Excel wie auch MS Access als Plattform für mitunter auch umfangreichere Systementwicklungen herangezogen werden.

12.3 Individuelle Nutzung zentraler Datenbestände

Die Möglichkeiten und vor allem die Vorgehensweise und die notwendigen Vorüberlegungen zum Einsatz von Datenbanksystemen wurden im Abschnitt 8.5 ausführlich dargestellt. Im betrieblichen Umfeld ist für die sich stellenden Probleme in der geschilderten Weise vorzugehen und es ist möglich, ohne tiefere Programmierkenntnisse z.B. mit MS Access ansprechende Lösungen umzusetzen. Dies wird in der betrieblichen Praxis in größerem Umfang für kleinere isolierte Problemstellungen praktiziert.

Häufig werden allerdings an einzelnen Arbeitsplätzen die mit einem Datenbanksystem umzusetzenden Problemstellungen nicht isoliert voneinander auftreten, sondern auf gleichen Daten und Datenmodellen beruhen. Beispielsweise könnten in einem Arbeitszusammenhang Mitarbeiterdaten und Daten zur Arbeitsplanung für Mitarbeitereinsatzpläne genutzt und in einem anderen Arbeitszusammenhang die Mitarbeiterdaten mit anderen Daten zur Lohnabrechnung benötigt werden. In solchen Fällen ist es ineffizient, an jedem Arbeitsplatz den Datenbestand neu aufzubauen und zu pflegen, weil z.B. bei Änderungen der Mitarbeiterdaten diese veränderten Daten an allen betroffenen Arbeitsplätzen in den Datenbestand zu integrieren sind.

In Verbindung mit vernetzten Arbeitsplatzrechnern (vgl. Kapitel 14) sind Betriebe deshalb bestrebt, unternehmensweite Datenmodelle einheitlich zu definieren und die Datenbanken auf Basis leistungsfähiger Datenbanksysteme professionell aufzubauen und zentral zu pflegen (vgl. Abschnitt 16.2). Einzelne Arbeitsplätze können dann für individuelle Problemstellungen diesen Datenbestand nutzen, indem

- mit vorgegebener, professionell erstellter Software (vgl. Abschnitt 17.2) auf diese zentral gehaltenen Daten durch gegenseitigen Aufruf von Programmkomponenten über das Rechnernetz zugegriffen wird oder
- benötigte Teile des zentralen Datenbestands in kleinere Eigenentwicklungen eingebunden und ausgewertet werden.

Während die erste Alternative heute der Normalfall beim Einsatz von Standard- und Individualsoftware von kommerziellen Programmen ist (vgl. die Klassifikation von Software in Abschnitt 8.1 und die Ausführungen zu Client-Server-Systemen in Kapitel 14), so führt die zweite Alternative zur individualisierten Nutzung zentraler Datenbestände. Kennzeichen solcher Anwendungen ist, daß einzelne Tabellen einer zentralen Datenbank in eine mit beispielsweise Access umzusetzende Problemlösung für einen isolierten Arbeitszusammenhang integriert und mit hier möglicherweise zusätzlich nötigen Tabellen verbunden werden, um per selbst gestalteten Abfragen, Formularen und Berichten die gewünschten Auswertungen vornehmen zu können.

12.3.1 Zugriff auf Daten einer Server-Datenbank

Datenbanksysteme wie z.B. MS Access bieten für diese Art Anwendung *Importfunktionen* zum einmaligen Kopieren von Tabellen aus anderen Datenbanken und *Verknüpfungsfunktionen* zum jederzeitigen Zugriff auf externe Tabellen an (vgl. Bild 12.15 und Bild 12.16). Während bei Importen durch die individuelle Problemlösung Maßnahmen ergriffen werden müssen den kopierten Datenbestand regelmäßig zu aktualisieren, sind im zweiten Fall Regelungen zum Zugriffsschutz zu treffen, damit die zentralen Daten nicht unkontrolliert von solchen individuellen Systemen verändert werden können.

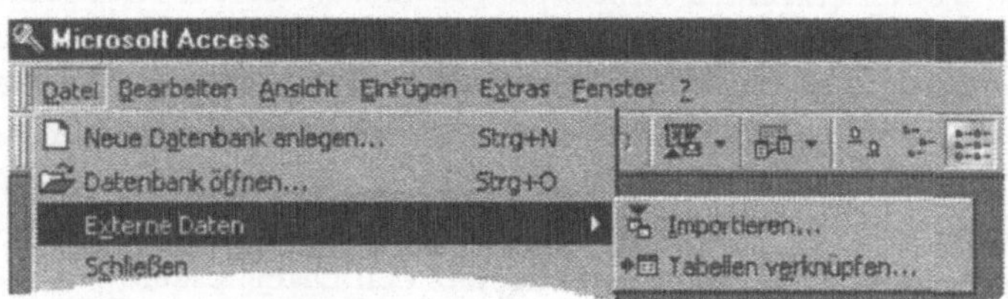

Bild 12.15: Die Funktionen „Importieren" und „Tabellen verknüpfen" in MS Access

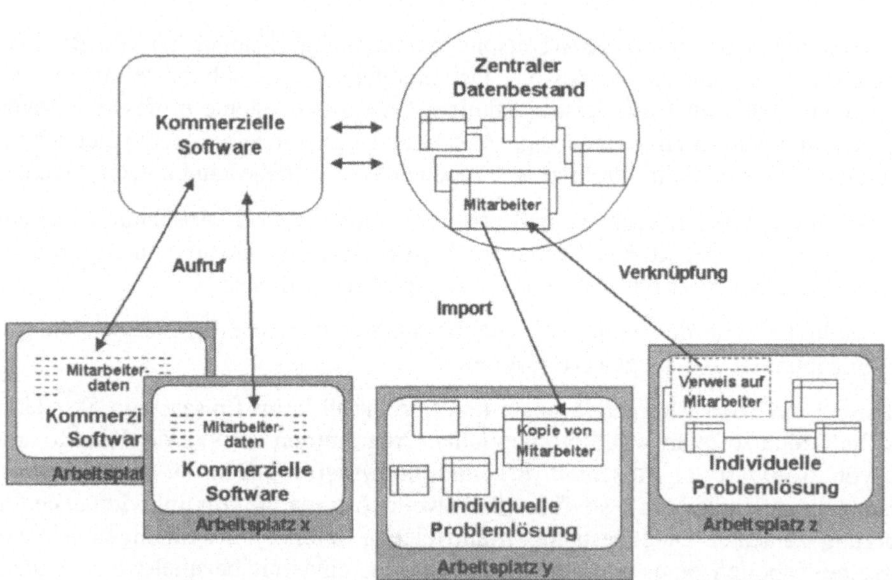

Bild 12.16: Import und Verknüpfung durch MS Access für individuelle datenbank-basierte Problemlösungen zur Nutzung zentraler Datenbestände als Alternative zu kommerzieller Software

Ein solches Vorgehen mit Importen und Verknüpfungen ist natürlich nicht nur im Falle von vernetzten Rechnerarbeitsplätzen möglich, sondern auch sinnvoll für mehrere individuelle datenbank-basierte Problemlösungen auf einem Personalcomputer.

Für diese Einbindung externer Tabellen ist eine Schnittstelle zwischen MS Access und der zentralen Datenbank erforderlich, die sowohl lokal auf einem Rechner, wie auch innerhalb eines Rechnernetzes (vgl. Kapitel 14) funktioniert. Diese Technik ist unter der Bezeichnung *ODBC* (Open Database Connectivity) bekannt geworden. Es handelt sich dabei um einen von der Firma Microsoft entwickelten Standard für die Kommunikation mit Datenbanken. Alle Hersteller von Datenbanksoftware liefern ihre Produkte heute mit einem sogenannten *ODBC-Treiber* aus, über den Daten verfügbar gemacht werden. Mit Hilfe dieses ODBC-Treibers kann eine ODBC-Datenquelle installiert werden, die dann auch netzwerkweit zur Verfügung steht.

Die auf der Grundlage von ODBC entwickelten Datenbankabfragen sind unabhängig von dem verwendeten Datenbankmanagementsystem. Um die einmal erstellten Abfragen auch an andere, beliebige Datenbanken zu senden, ist nur die Datenbank zu ersetzen und die ODBC-Datenquelle entsprechend anzupassen.

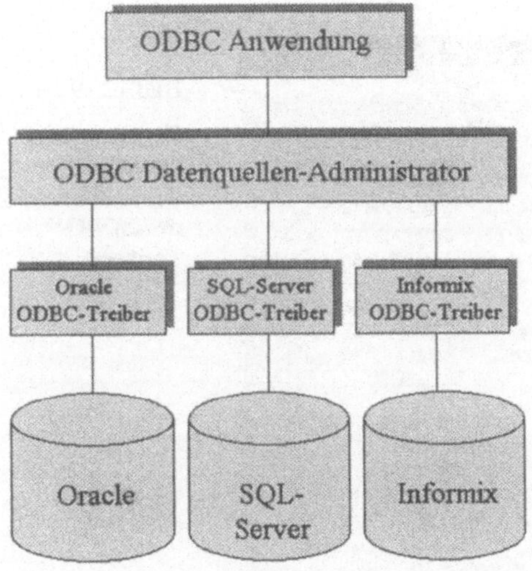

Bild 12.17: ODBC-Architektur

Die ODBC-Architektur besteht aus vier Schichten (vgl. Bild 12.17):

- der ODBC-Anwendung,
- dem ODBC-Datenquellen-Administrator,
- dem eigentlichen ODBC-Treiber

- sowie der Datenquelle.

Bevor die oben beschriebenen Funktionen in Access angewandt werden können, muß für den Zugriff auf Server-Datenbanken ein entsprechender ODBC-Treiber für jede einzubindende Datenbank installiert werden. Dazu dient der *ODBC-Manager* in der Systemsteuerung von WindowsNT (vgl. Bild 12.18).

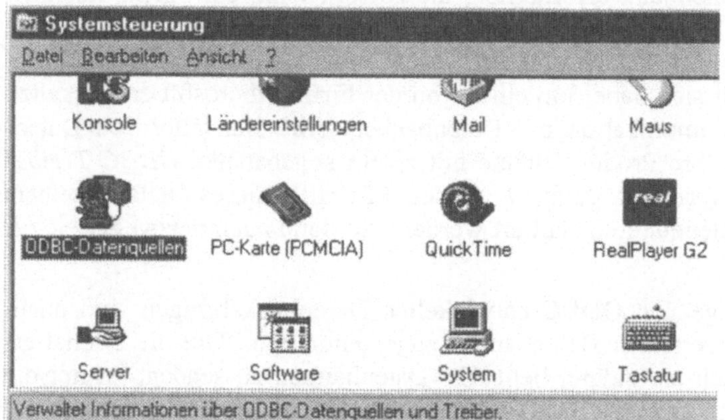

Bild 12.18:

Das Icon ODBC-Datenquellen in der Systemsteuerung

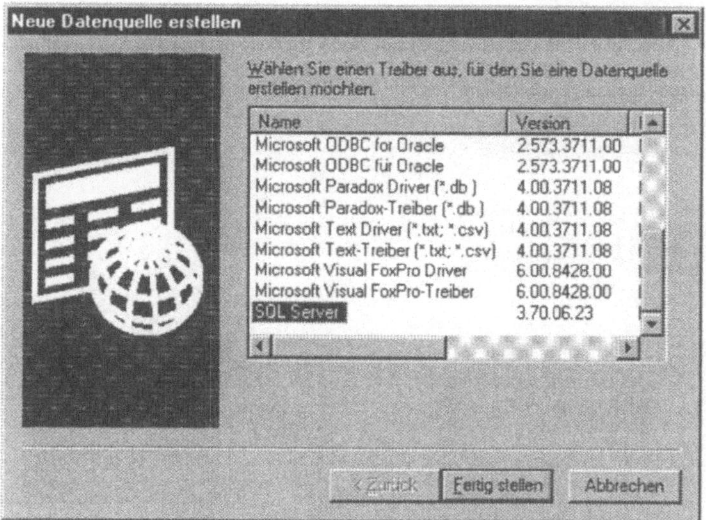

Bild 12.19:

Erstellen einer Datenquelle durch Auswahl des ODBC-Treibers

Hier kann eine neue Datenquelle in Abhängigkeit von dem anzusprechenden Datenbankprogramm erstellt werden, in unserem Beispiel wählen wir SQL-Server (vgl. Bild 12.19).

Ein Software-Assistent führt dabei durch die Konfiguration der Datenquelle, die mit einer abschließenden Meldung gleich getestet werden kann (vgl. Bild 12.20).

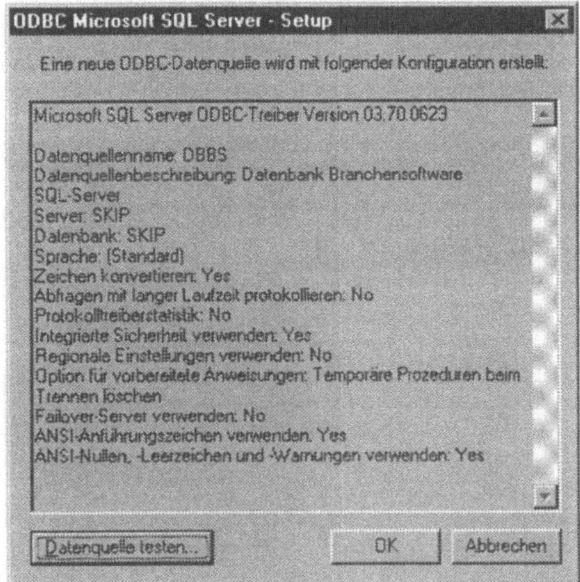

Bild 12.20:

Bestätigungsmeldung des ODBC-Managers

Die ODBC-Schnittstelle arbeitet mit einem Befehlssatz, der von den meisten Datenbanksystemen unterstützt wird. Das hat den Vorteil, daß eine einmal entwickelte Anwendung auch auf einen anderen Server übertragbar ist.

Hat man den ODBC-Treiber erfolgreich eingebunden, ist für die oben beschriebenen Funktionen „Importieren" und „Tabelle verknüpfen" zunächst die Datenquelle, d.h. die zentrale Datenbank zu bestimmen. Alle verfügbaren Datenquellen – auch diejenigen, die mittels eines Netzwerkes auf anderen Rechnern erreicht werden - werden dazu angezeigt (vgl. Bild 12.21).

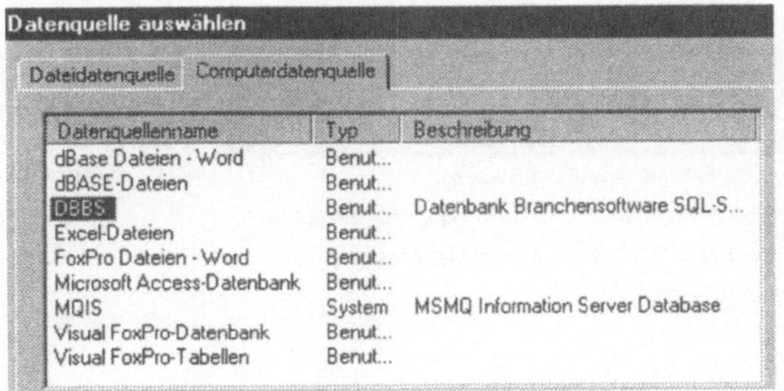

Bild 12.21:

Datenquelle auswählen

Nach Auswahl einer Datenbank werden aus der dann eingeblendeten Liste (zu evtl. vorhandenen Zugriffsschutzmechanismen vgl. Abschnitt 12.3.2) die für die individuelle Bearbeitung vorgesehenen Tabellen festgelegt (vgl. Bild 12.22). Diese Tabellen erscheinen bei der Funktion „Importieren“ dann unter Access wie normale Tabellen (vgl. Bild 12.23), bei der Funktion „Tabelle verknüpfen“ erfolgt eine gesonderte Kennzeichnung der eingebundenen Tabellen (vgl. Bild 12.24)

Bild 12.22: Auswahl der einzubindenden SQl-Server-Tabellen

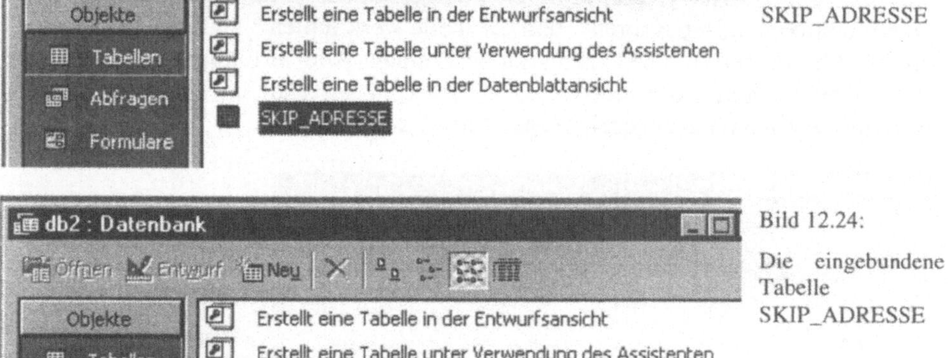

Bild 12.23:

Die importierte Tabelle SKIP_ADRESSE

Bild 12.24:

Die eingebundene Tabelle SKIP_ADRESSE

12.3.2 Zugriffsschutzmechanismen

Bei der Verbindung über ODBC zu einer Datenbank trifft man auf eine Besonderheit der individuellen Nutzung zentraler Datenbestände, den Zugriffsschutz. Nicht jeder Benutzer soll beispielsweise die aktuellen Daten der Buchhaltung oder die Mitarbeiterdaten einsehen können. Deshalb ist es erforderlich, Zugriffsrechte zu den entsprechenden Tabellen festzulegen. Manche Benutzer sollen eventuell auch überhaupt nicht auf die Datenbank zugreifen können. Ebenso ist es vorstellbar, daß einige Mitarbeiter Daten nur ansehen, nicht aber verändern dürfen. Auch dieses ist über den *Zugriffsschutz* zu erreichen. Dieser wird häufig durch die Vergabe von Rechten an Objekten auf Benutzerebene geregelt. Einzelne Benutzer können aber auch zu Gruppen zusammengefaßt werden, um die Verwaltung der Zugriffsrechte zu vereinfachen.

Bei der Verbindung über ODBC (vgl. den letzten Abschnitt) mit einer Datenbank kommt es somit im Regelfall zu einer Sicherheitsabfrage. Entsprechend den in der Datenbank hinterlegten Berechtigungen können sich nur Benutzer mit einer dafür gültigen Kombination aus Username und Passwort mit der Datenbank verbinden (vgl. Bild 12.25)

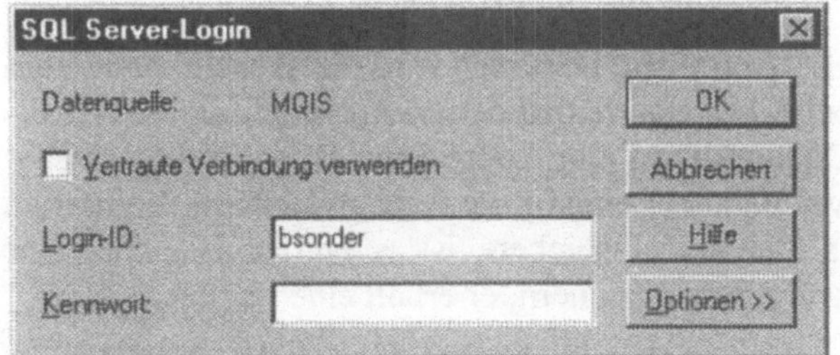

Bild 12.25: Sicherheitsabfrage des SQL-Servers

Erst nach erfolgreichem Passieren der Sicherheitsabfrage werden die Tabellen der Datenbank angezeigt.

Ein weiterer wichtiger Punkt für den Zugriffsschutz, der bei der Entwicklung von individuellen Zugriffen auf zentrale Daten zu berücksichtigen ist, ist der zum gleichen Zeitpunkt mehrfache Zugriff (Multiuserzugriff). In einem Rechnernetz oder unter einem Multiuser-Betriebssystem (vgl. Abschnitt 7.1.1) ist es durchaus möglich und auch erwünscht, daß mehrere Personen gleichzeitig am gleichen Datenbestand arbeiten. Überschneidungen sind dabei kaum auszuschließen. Was passiert, wenn zwei Benutzer gleichzeitig einen Datensatz ändern wollen? Jedes Datenbanksystem bietet aus diesem Grunde Möglichkeiten zum *Sperren* von bereits durch andere Benutzer bearbeiteten Bereichen. Das Programm Access beispielsweise bietet vier unterschiedliche Strategien zur Sperrung an:

- Sperren der gesamten Datenbank,

- Sperren einer einzelnen Tabelle,
- Optimistic Locking,
- Pessimistic Locking.

Das Sperren von einzelnen Datensätzen ist in Access nicht vorgesehen. Grund dafür ist die Organisation der Daten in sogenannten „Seiten", wobei die Seitengröße auf 2 KB beschränkt ist (vgl. Bild 12.26). Die Anzahl der einzelnen Datensätze pro Seite ist abhängig von der Größe der Datensätze. Access sperrt immer eine ganze Seite, d.h. in Abhängigkeit von der Datensatzgröße können gleichzeitig mehrere Datensätze von der Sperre betroffen sein. Nur bei der Arbeit mit anderen, externen Datenbanken verwendet Access Datensatzsperrung.

Seite 1		Seite 2		Seite 3		
Datensatz 1	Datensatz 2	Datensatz 3	Datensatz 4	Datensatz 5	Datensatz 6	Datensatz 7

Bild 12.26: Abbildung von Datensätzen in Seiten

Das Sperren der gesamten Datenbank sowie das Sperren einzelner Tabellen eignet sich vor allem für die Durchführung von administrativen Aufgaben an der Datenbank oder für einen sehr restriktiven Umgang mit den Daten.

Bei der *optimistischen Sperrung* (Optimistic Locking) wird die aktuelle Seite zum Zeitpunkt des Speicherns gesperrt. Die Sperre tritt demnach nur bei einer Aktualisierung des Datensatzes ein. Dadurch wird eine kurze Sperrdauer erreicht. Nachteil dieser Methode ist, daß zwei Benutzer einen Datensatz gleichzeitig bearbeiten können. Sobald Nutzer A den Datensatz speichert, ist es Nutzer B nicht mehr möglich, seine Änderungen ebenfalls zu speichern, er erhält eine Fehlermeldung.

Bei der *pessimistischen Sperrung* (Pessimistic Locking) wird die Seite bereits beim Aufruf für alle anderen Benutzer gesperrt. Die Sperrung dauert solange, bis der Datensatz nicht mehr bearbeitet wird. Sobald die Seite durch Benutzer A gesperrt ist, kann Nutzer B die entsprechenden Datensätze nicht mehr öffnen, er erhält eine Meldung, daß der Datensatz durch einen anderen Benutzer gesperrt ist. Beim Pessimistic Locking muß sichergestellt werden, das der Zeitraum zwischen Öffnen und Schließen eines Datensatzes durch einen Benutzer möglichst kurz ist.

Szene 4.1: Bill will nicht nur rechnen

„So schwer kann das ja eigentlich nicht sein," denkt Bill und fängt einfach mal an, mit Excel ein Formular für die Rechnung im Restaurant zu entwickeln. Warum er Excel genommen hat, weiß er auch nicht so genau, aber er erscheint ihm einfacher als Access und Word kam sowieso nicht in Frage, schließlich muß er ja Berechnungen durchführen.

„Was für Tabellen nehme ich denn," überlegt Bill, „jedesmal die ganze Bestellung mit Preis usw. einzutragen ist unpraktisch. Besser ist eine Nummer, über die dann die Daten zu der Bestellung bestimmt werden. Dann könnte später die Eingabe einer Bestellung auch über ein mobiles Lesegerät und speziellen Speisekarten automatisch erfolgen." Bill entscheidet sich für eine Tabelle für die Speisekarte, die er so gestalten will, daß sie auch gleich als Vorlage für den Druck der ausliegenden Karten verwendet werden kann.

„Dann brauche ich auch noch eine Tabelle für die Kellner, damit die Bestellungen den Kellnern zugeordnet werden können und später auch umsatzabhängige Lohnberechnungen möglich sind," ist Bills nächster Gedanke, „und schließlich eine Tabelle für die Rechnung."

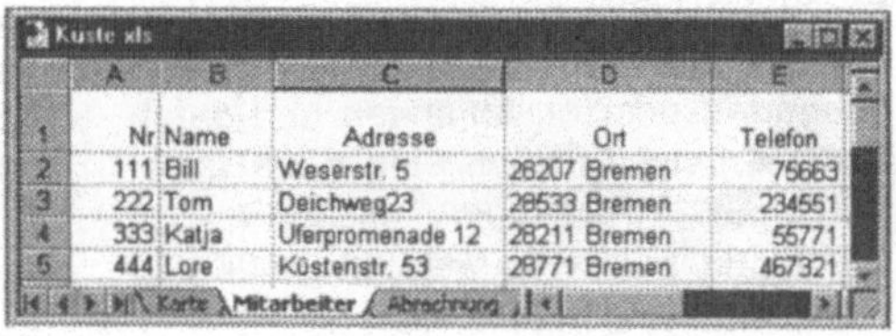

Nr	Name	Adresse	Ort	Telefon
111	Bill	Weserstr. 5	28207 Bremen	75663
222	Tom	Deichweg23	28533 Bremen	234551
333	Katja	Uferpromenade 12	28211 Bremen	55771
444	Lore	Küstenstr. 53	28771 Bremen	467321

Und los geht´s. Die Tabellen für die Speisekarte und für die Kellner sind schnell erstellt. Schwieriger ist da schon die Tabelle für die Rechnung.

Klar ist, daß es ein Feld gibt, in das der Kellner seine Nummer eingibt, woraufhin aus der Mitarbeiter-Tabelle der Name herausgesucht wird. Klar ist auch, daß das mit der Bestellung genauso läuft und daß pro Bestellung eine Zeile in der Rechnung vorgesehen wird und in diese Zeile die Nummer, die Anzahl, der Name des bestellten Gerichts und der Preis für diese Rechnungsposition aufgenommen wird. Eine laufende Nummer für die Rechnungspositionen wäre auch ganz schön. Schließlich muß es auf der Rechnung ein Feld geben, wo die Summe der einzelnen Rechnungspositionen ausgerechnet wird.

Das Problem ist nur, daß zu Anfang nicht feststeht, wieviele Rechnungspositionen aufgenommen werden müssen, d.h. wieviel Zeilen die Tabelle haben wird und die Rechnungssumme soll ja unterhalb der Rechnungspositionen stehen.

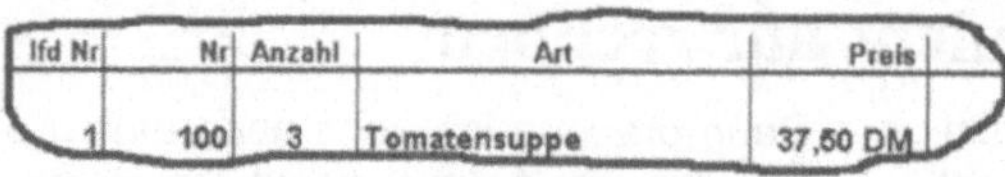

lfd Nr	Nr	Anzahl	Art	Preis
1	100	3	Tomatensuppe	37,50 DM

Die Idee, eine bestimmte Anzahl von Zeilen vorzusehen, verwirft Bill gleich wieder, weil das erstens nicht schön aussieht, wenn nur wenige Rechnungspositionen auftreten und zweitens dann ein Problem auftritt, wenn mehr Rechnungspositionen vorkommen, als Zeilen vorhanden sind.

„Man müßte mit einer Zeile für die Rechnungsposition anfangen und dann für jede neue Position eine neue Zeile in die Tabelle einfügen," ist Bill's Gedanke. „Wie geht das im Dialog?" überlegt er:

1. Eine Zeile markieren
2. Die Funktion Zeile einfügen auslösen
3. Aus einer alten Zeile die Formeln für die Berechnungen kopieren
4. Die Formeln in die neue Zeile einfügen
5. Den Cursor im Feld „Nr" positionieren und die neue Nummer aus der Speisekarte eintragen. Danach die Anzahl.

Die neue Rechnungssumme wird dann sofort automatisch aktualisiert. Er wählt die Funktion „Makro aufzeichnen" und führt die Schritte durch. Nach der Positionierung des Cursors im Feld „Nr" beendet er die Aufzeichnung, denn den Rest soll der Kellner ja wieder per Hand eintragen.

Er testet das Makro und stellt fest - *ehrlicherweise: erst nach dem fünften Versuch* -, daß es wie gewünscht funktioniert.

Bill definiert einen Button (mit der Symbolleiste „Steuerelement-Toolbox") und weist dem Button das Makro zu. So in seinem Element stellt er gleich noch zwei Buttons und die dazu gehörenden Makros her – zum Drucken und um eine neue Abrechnung zu öffnen – speichert seinen Entwurf als Mustervorlage und ist mit seinem Ergebnis erstmal ganz zufrieden.

Beim näheren Überdenken fällt Bill auf, daß jede Abrechnung eine eigene Datei wird, daß die Frage nach Dateinamen dafür nicht klar ist, daß keine Umsätze für die einzelnen Kellner und auch nicht für den ganzen Abend berechnet werden, usw, usw. Insgesamt hat er zwar einiges gelernt, aber ein für das Restaurant funktionstüchtiges System ist das noch lange nicht.

Ohne praktikable Lösungsidee verschiebt er die weitere Arbeit bis er mehr zur Programmierung weiß. Vielleicht findet er dann ja eine Lösung für seine Probleme.

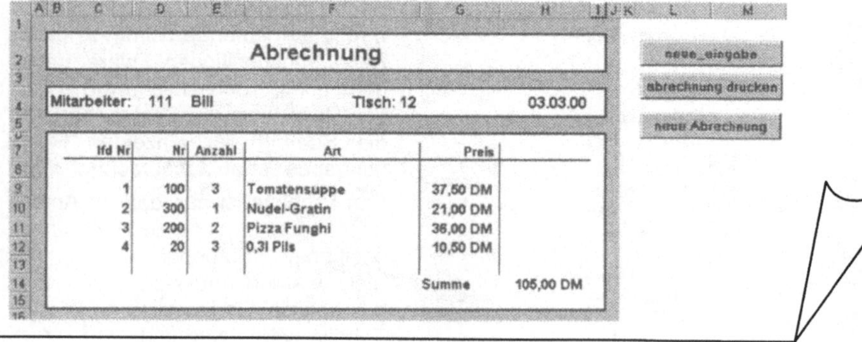

Abrechnung

Mitarbeiter: 111 Bill   Tisch: 12   03.03.00

lfd Nr	Nr	Anzahl	Art	Preis
1	100	3	Tomatensuppe	37,50 DM
2	300	1	Nudel-Gratin	21,00 DM
3	200	2	Pizza Funghi	36,00 DM
4	20	3	0,3l Pils	10,50 DM
			Summe	105,00 DM

13 Individuelle Informationsverarbeitung: Systementwicklung mit Standardsoftware

Für manche ist Programmieren das Non-Plus-Ultra und eigentlich gleichzusetzen mit Informatik, andere interessieren sich dafür gar nicht und wollen möglichst ohne viel Aufwand Informationstechnik für ihre Zwecke nur anwenden. Die letzteren kommen dann naheliegenderweise auf den Gedanken, die folgenden Abschnitte einfach zu überschlagen und sich nicht weiter damit zu beschäftigen. Aber Halt: Lesen Sie noch ein bißchen weiter!

Wir werden im Folgenden nicht umfassend in eine Programmiersprache einführen – insofern sei die erste Gruppe zusätzlich auf darauf spezialisierte Literatur verwiesen -, sondern wir wollen versuchen, das Problemlösen mit Hilfe des Computers und insbesondere das Problemlösen auf Basis der Möglichkeiten von Standardsoftware wie MS Excel oder MS Access zu erläutern. Hierzu gehört das Programmieren, hierzu gehört aber vor allem das strukturierte Herangehen an ein Problem, damit man es in eine Form überführt, durch die eine Lösung mit dem Computer überhaupt erst möglich wird.

Genau in dieser Hinsicht ist dann aber das in den folgenden Abschnitten zu sagende wieder auch von Interesse für diejenigen, die eigentlich nicht programmieren wollen. Denn auch der sinnvolle Einsatz von Tabellenkalkulation und Datenbanksystemen zur Entwicklung eines Anwendungssystems ohne zu programmieren setzt ein solches strukturiertes Vorgehen voraus, erfordert ein sogenanntes algorithmisches Denken und - auf einem einfachen Niveau – Kenntnisse über die Grundkonzepte von Algorithmen und Programmen, um zu gewünschten Ergebnissen für Problemlösungen zu kommen. Insofern ist auch für die zweite oben genannte Gruppe die Lektüre dieses Kapitels anzuraten.

Der Umgang mit Informationstechnik zur Entwicklung von Anwendungssystemen in diesem Sinne, d.h. für sich selbst, für einfachere eng abgegrenzte Problemstellungen an einem Arbeitsplatz wird als *individuelle Informationsverarbeitung* oder auch als *Programmieren im Kleinen* bezeichnet und ist streng zu trennen vom Programmieren im Großen durch professionelle Softwareentwickler. Während das letztere umfangreiche Vorbereitungen, geeignete organisatorische Rahmenbedingungen und ingenieurmäßiges Vorgehen erfordert (vgl. Abschnitt 17.2), ist die individuelle Informationsverarbeitung geprägt durch eine Herangehensweise, wie wir sie in Abschnitt 8.5, im letzten Kapitel oder in der diesen Abschnitt einleitenden Szene 4.1 beschrieben haben: Der individuelle Benutzer eines PC's im Privatbereich oder als Mitarbeiter einer Fachabteilung stößt in seinem Arbeitszusammenhang auf ein Problem und versucht selbst, unter Zuhilfenahme von z.B.

Tabellenkalkulationsprogrammen oder Datenbanksystemen, eine Lösung dafür mit einfachen Mitteln und gewöhnlich mit begrenzten Programmierkenntnissen zu entwickeln.

13.1 Das Problem analysieren

Der erste Schritt für die individuelle Informationsverarbeitung - wenn sie denn über eine kleine Excel-Tabelle mit einfachen Berechnungen hinausgeht - ist eine intensivere Beschäftigung mit dem zu lösenden Problem. Es ist notwendig zu klären, welche Funktionen auf Basis welcher Daten umzusetzen sind und welche Abhängigkeiten zwischen Funktionen und welche Beziehungen zwischen Daten zu berücksichtigen sind. Wir bezeichnen diese Aktivitäten zur Beginn der Entwicklung eines Anwendungssystems im Sinne der individuellen Informationsverarbeitung als *Problemanalyse* im Unterschied zur umfassenderen *Systemanalyse* (vgl. Abschnitt 17.2.1) bei der Programmierung im Großen.

So vielfältig die möglichen Problemstellungen, so vielfältig sind auch die möglichen Funktionen, die Daten und die Wege, gewünschte oder notwendige Funktionen und Daten herauszufinden. Dennoch kann man für das Vorgehen zur Analyse von Problemen einige erfolgversprechende Grundregeln formulieren.

Ausgangspunkt der Überlegungen zur Problemanalyse ist immer ein gedankliches Modell zur eigentlichen Aufgabe, zum Zweck des gewünschten Anwendungssystems und zur Art und Weise, wie es diese Aufgabe aus Benutzersicht erfüllt: Der Benutzer des gewünschten Programms soll einen so oder so gestalteten Bildschirm vorfinden, er soll dann hier eine Eingabe machen, dann dort oder dort und dann auf diese oder jene Weise das gewünschte Ergebnis präsentiert bekommen. Ein solches gedankliches Modell kann – je nach Komplexität der Problemstellung – nur im Kopf des Entwicklers existieren oder mehr oder weniger exakt durch einzelne Skizzen als sogenanntes *Storyboard* auch schriftlich niedergelegt werden.

Gewöhnlich ist das gedankliche Modell beeinflußt von dem für die Lösung zugrunde gelegten Werkzeug (z.B. MS Excel oder MS Access) und den jeweiligen Kenntnissen von dem Werkzeug, von anderen benutzten Anwendungssystemen oder von Systemen, die man bei anderen oder auf Messen kennengelernt hat. Gewöhnlich ist das gedankliche Modell anfangs noch unvollständig, an einigen Stellen diffus und entwickelt sich mit dem Fortschritt der Arbeit sukzessive weiter.

Durch das gedankliche Modell für das gewünschte Anwendungssystem kommt man zu Funktionen und Daten, die für die Ausführung von Funktionen nötig sind (vgl. Bild 13.1). Zunächst wird man erst nur sehr grobe Vorstellungen von Funktionen und Daten entwickeln und sie dann Schritt für Schritt weiter detaillieren.

Eine Funktion „Rechnung erstellen“ wird sich beispielsweise im ersten Ansatz zusammensetzen aus Funktionen wie „Rechnungszeilen erstellen“ und „Rechnungssumme berechnen“, bei näherer Betrachtung wird man z.B. darauf kommen, daß zusätzlich eine Funktion „Rechnungskopf ausgeben“ zu berücksichtigen ist und daß die Funktion „Rechnungszeilen erstellen“ sich selbst wiederum zusammensetzt aus Funktionen wie „Leere Rechnungszeile erstellen“, „Daten für Rechnungszeile übernehmen“ und „Rechnungsbetrag für die Zeile berechnen“.

Bild 13.1:

Ein gedankliches Modell für das Anwendungssystem führt zu gewünschten Funktionen und benötigtenDaten

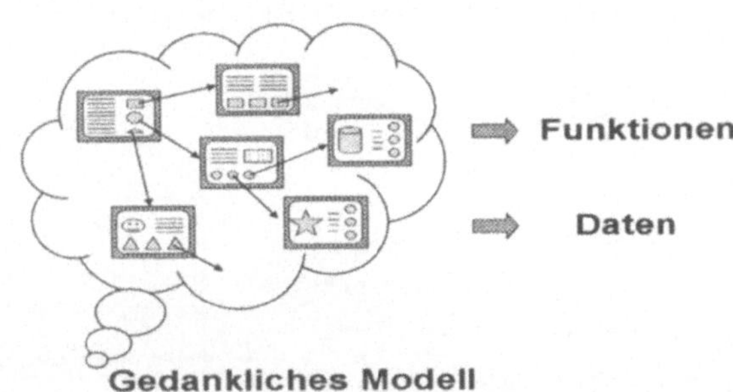

Solche Zerlegungen reduzieren die Komplexität von Funktionen und sind ein weit verbreiteter Ansatz zur Problemlösung (nicht nur in Verbindung mit computergestützten Anwendungssystemen). Man spricht hier auch von *schrittweiser Verfeinerung*, *Top-Down-Vorgehen* oder *Modularisierung*. Eng damit verbunden ist eine Klassifikation (Strukturierumg) von Daten, ebenfalls ein Standardvorgehen von Menschen bei dem Versuch, komplexe Zusammenhänge zu verstehen. Eine Rechnung setzt sich in Analogie zu der obigen funktionellen Zerlegung zusammen aus einem Rechnungskopf und einem Rechnungsrumpf, der Rechnungsrumpf besteht wiederum aus Rechnungspositionen und einer Rechnungssumme, die Rechnungspositionen besitzen Attribute wie z.B. Artikelnummer, Artikelname, Einzelpreis, Anzahl und Gesamtpreis.

Bild 13.2:

Funktionsbaum für ein Anwendungssystem durch schrittweise Verfeinerung

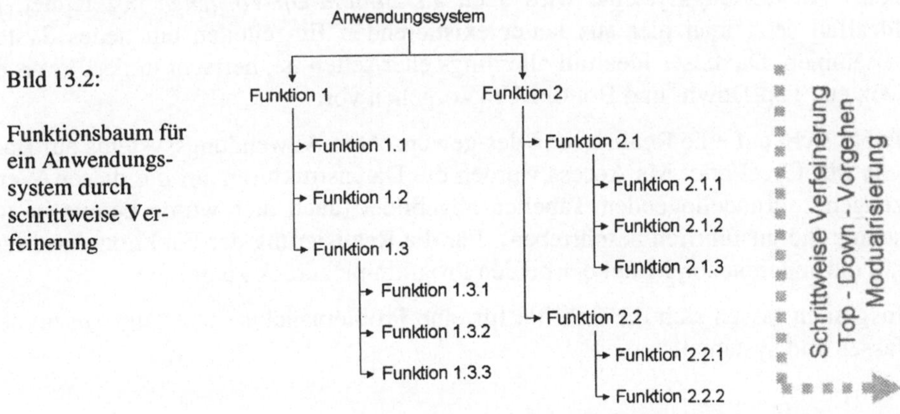

Im Ergebnis entstehen durch eine schrittweise Verfeinerung Hierarchien von Funktionen, darstellbar z.B. durch *Funktionsbäume* (vgl. Bild 13.2 und siehe auch Abschnitt 17.4). Die Klassifikationen für Daten führen zu Dateneinheiten (Entitäten), Datenstrukturen und Datenmodellen, gewöhnlich durch *E/R-Diagramme* veranschaulicht (vgl. Bild 13.3), auf die wir bereits in Abschnitt 8.5.1 ausführlich eingegangen sind.

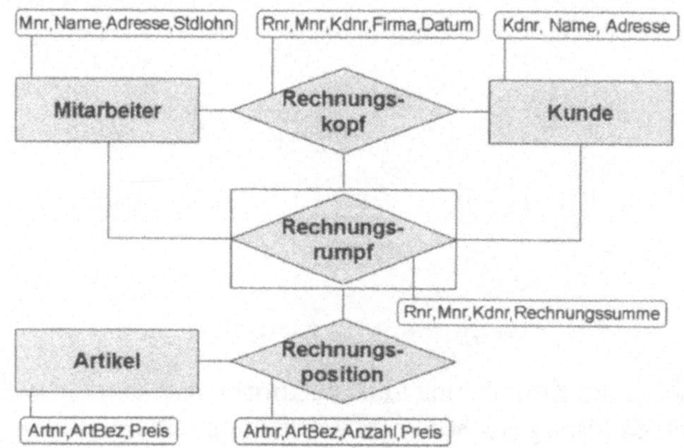

Bild 13.3:

Ein E/R-Diagramm zur Darstellung der Daten (Entitäten) mit möglichen Attributen und Beziehungen zwischen den Daten am Beispiel einer Rechnung

Welche Funktionen und welche Daten für den gewünschten Zweck im Detail vorzusehen sind kann allgemein natürlich nicht vorgegeben werden. Hier ist die Phantasie des Entwicklers und auch seine Erfahrung gefragt. Eine erste eigene Problemlösung wird sicherlich nicht die Qualität haben, wie die siebenundzwanstigste. Mit mehr Erfahrung können für die Problemanalyse auch mehr Analogien zu vergangenen Vorgehensweisen gezogen werden und es können – abhängig von der Problemstellung – auch Ergebnisse früherer Entwicklungen direkt wieder verwendet werden. Ein solcher Einsatz fertiger Komponenten für die Entwicklung neuer Anwendungssysteme wird auch als *Bottom-Up-Vorgehen* bezeichnet. Im Idealfall setzt man hier aus lauter existierenden Einzelteilen ein neues System zusammen. Da dieser Idealfall allerdings eher selten ist, herrscht in der Praxis ein Mix aus Top-Down- und Bottom-Up-Vorgehen vor.

In Hinsicht auf eine Realisierung des gewünschten Anwendungssystems auf Basis von MS Excel oder Ms Access werden die Datenstrukturen auf die diesen Werkzeugen zugrundeliegenden Tabellen abgebildet (auch dies wurde bereits in Abschnitt 8.5 ausführlich beschrieben). Für die Realisierung der Funktionen ist dann auf die angebotenen Mittel der beiden Programme zurück zu greifen.

Insgesamt lassen sich die Schritte für eine Problemanalyse wie folgt zusammenfassen und systematisieren:

1 Man bilde für die zugrunde liegende Problemstellung ein gedankliches Modell, um herauszuarbeiten, was das gewünschte Anwendungssystem vom Grundsatz her leisten soll und wie ein Benutzer mit dem System umgehen soll.

2 Ausgehend von diesem Modell sind für das Gesamtproblem nach dem Ansatz der schrittweisen Verfeinerung weniger komplexe Teilprobleme so lange zu bilden, bis einzelne überschaubare Funktionen (*Module*) erkennbar sind. Die Teilprobleme und ihre gegenseitigen Abhängigkeiten sind darzustellen und zu gliedern.

3 Für jede solche Funktion ist dann festzulegen, welche Leistung sie im Detail erbringen soll und welche Daten dafür notwendig sind. Erste Gedanken sind darauf zu richten, wie aus vorhandenen Daten zu ermittelnde Daten beispielsweise durch formelmäßige Abhängigkeiten abgeleitet werden können. Wenn möglich sind vorhandene Lösungswege zu übertragen.

4 Die von den Funktionen betroffenen Daten sind zu systematisieren, Abhängigkeiten und Beziehungen sind festzustellen und in Bezug auf das zur Realisierung zugrunde gelegte Werkzeug sind Dateneinheiten zu bilden.

Die Funktionen und Daten stehen in engem Zusammenhang zueinander. Nur wenn die für eine gewünschte Funktion benötigten Daten im System auch vorgesehen sind, kann die Funktion umgesetzt werden. Die Berechnung des täglichen Umsatzes oder die umsatzabhängige Lohnberechnung kann nur erfolgen, wenn Rechnungen Mitarbeitern zugeordnet sind, wenn Rechnungen über eine Datumsangabe verfügen. Für die kleineren Problemstellungen der individuellen Informationsverarbeitung hat der Entwickler diese gegenseitigen Abhängigkeiten im Kopf, wenn er – modellhaft mit dem Funktionsbaum und dem E/R-Diagramm eigentlich getrennt voneinander – seine Gedanken zu Funktions- und Datenmodellen entwickelt.

Bei der Programmierung im Großen traten durch solche engen Zusammenhänge wegen der nur schwer zu überschauenden Komplexität häufig Schwierigkeiten auf, die zu fehlerhaften Programmsystemen geführt haben. Daher werden bei der Problemanalyse in Zusammenhang mit professioneller Systementwicklung heute gewöhnlich Funktionen und Daten zu Objekten zusammengefaßt und als Einheiten betrachtet. In einer solchen *objektorientierten Sicht* (siehe auch Abschnitt 17.4) verfügen Objekte über Attribute, die ihren Typ (die innere Struktur) und ihre Eigenschaften beschreiben, und über Methoden (den Funktionen), durch die Objekteigenschaften manipuliert werden können. Daten bestimmen dann den Zustand eines Objekts, Methoden sein Verhalten. Informationen zum Zustand und Veränderungen des Zustandes, d.h. Zugriffe auf die Daten des Objektes sind nach diesem Modell nur durch Anwendung von mit dem Objekt zur Verfügung gestellten Methoden möglich (vgl. Bild 13.4).

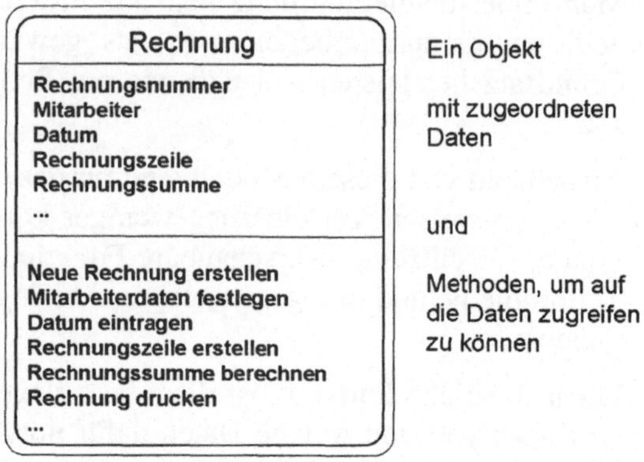

Bild 13.4:

Beispiel für die Objektorientierte Sicht auf einen Problembereich

Für eine entsprechende Unterstützung des objektorientierten Vorgehens bei der Problemanalyse (*objektorientierte Analyse*) sind objektorientierte Programmiersprachen entwickelt worden, mit deren Hilfe der Entwickler seine Objektmodelle in geeigneter Weise in ein Anwendungssystem umsetzen kann. Auch wenn im Zuge der individuellen Informationsverarbeitung eher die klassische funktions- und datenorientierte Sicht bei der Problemanalyse vorherrscht, kann der Entwickler in Zusammenhang mit einer Problemlösung auf Basis von MS Excel und MS Access mit der objektorientierten Sichtweise konfrontiert werden, da die diesen Systemen zugeordnete Programmiersprache Visual Basic objektorientierte Konzepte beinhaltet (vgl. Abschnitt 13.3).

13.2 Algorithmen für Problemlösungen formulieren

Nach der Problemanalyse ist für die einzelnen ermittelten Funktionen herauszufinden, wie sie mit den vorausgesetzten Daten das gewünschte Ergebnis erzielen. Hier sind wir bei dem eigentlichen Kern der Entwicklung eines Anwendungssystems in Zusammenhang mit individueller Informationsverarbeitung: der Entwicklung und Beschreibung eines detaillierten Verfahrens für die gewünschten Funktionen, das genau vorgibt, welche Schritte in welche Reihenfolge mit welchen Daten durchzuführen sind, um zu einer Realisierung einer Funktion, d.h. der lösung eines (Teil-)Problems zu kommen.

In der Informatik nennt man ein Verfahren zur Lösung eines Problems einen *Algorithmus*. Jeder Algorithmus besteht aus einer Folge mehr oder weniger komplexer einzelner Aktionen, die ausgeführt werden können. Jede Aktion bezieht sich auf Objekte (die Daten), deren Zustandsänderung das Ergebnis der Aktion darstellt.

13.2.1 Alltagsalgorithmen

Beispiele für Algorithmen begegnen uns im Alltag in vielen Zusammenhängen:

- In der Mathematik, in der z.B. eine Formel

  $F = a \times b$

  angibt, wie die Fläche eines Rechtecks aus seinen Seitenlängen „a" und „b" berechnet wird;

- In der Küche, wo in einem Kochrezept beschrieben ist, was wir wie mit welchen Produkten machen müssen, um ein leckeres Mittagessen zu kochen (vgl. Bild 13.5);

Bild 13.5:

Ein Rezept als Beispiel für einen Alltagsalgorithmus

Eierkuchen

225 g Weizenmehl, 1 Päckchen Soßenpulver Vanille-Geschmack, 6 g Backpulver, 2-3 Eigelb, 1 Teelöffel Salz, etwas Zucker, 1/2l Milch, 2-3 Eiweiß, Butter oder Margarine zum Backen

Das mit Soßenpulver und Backpulver gemischte Mehl in eine Schüssel sieben. In der Mitte eine Vertiefung eindrücken und das mit Salz, Zucker und etwas von der Milch gut verquirlte Eigelb hineingeben. Von der Mitte aus Eigelb und Mehl verrühren, nach und nach die übrige Milch dazugeben und darauf achten, daß keine Klumpen entstehen. Zuletzt das zu steifem Schnee geschlagene Eiweiß vorsichtig darunter heben. Etwas von dem Fett in einer Stielpfanne zerlassen, eine dünne Teiglage hineingeben und sie von beiden Seiten dunkelgelb backen. Bevor der Eierkuchen gewendet wird, etwas Fett auf die ungebackene Seite legen.

- Im Wohnzimmer, wo in einer komplizierten Bedienungsanleitung beschrieben ist, wie wir vorgehen müssen, um mit unserem Videorecorder einen Film aufzuzeichnen;
- Am Arbeitsplatz, wo beispielsweise bei einer Versicherung genau vorgegeben ist, welche Schritte zur Bearbeitung eines Schadenfalls durchzuführen sind;
- Am Bankautomaten, der eine Beschreibung anzeigt, wie man mit Hilfe einer Scheckkarte Bargeld erhält.

In solchen Alltagssituationen ist der Mensch der Ausführer der einzelnen vorgegebenen Aktionen, die Objekte, auf die die Aktionen wirken, sind Zahlen, Lebensmittel, Schalter und Knöpfe einer Fernbedienung, eines Automaten und viele andere mehr. Dabei sind die einzelnen durchzuführenden Aktionen eindeutig und so beschrieben, daß der Mensch sie versteht und ausführen kann (Was - wie wir aus unserer täglichen Praxis wissen - bei Bedienungsanleitungen oft mehr ein Wunsch, als Realität ist. Und auch Kochrezepte lassen hier häufig zu wünschen übrig: was mag denn wohl „darunter heben" aus dem Beispiel in Bild 13.5 bedeuten?)

13.2.2 Ablaufsteuernde Strukturen in Algorithmen

Bei Algorithmen als Grundlage von Computerprogrammen ist der Rechner, d.h. der Prozessor des Rechners der Ausführer eines Algorithmus, zu manipulierende Daten sind solche, die in den Speichern des Rechners abgebildet werden können. Da ein Prozessor nicht die Erfahrungen und Interpretationsfähigkeiten eines Menschen besitzt, ist bei der Formulierung von Algorithmen ein viel höheres Maß an Exaktheit nötig, als bei Alltagsalgorithmen.

Wir wollen das Kochrezept aus Bild 13.5 als anschauliches Beispiel nehmen, um im folgenden zu beschreiben, was solche Forderungen nach Exaktheit für die Formulierung von Algorithmen für Konsequenzen haben und welche Strukturen für Algorithmen sich daraus ergeben (auch wenn natürlich weder der Prozessor noch der Arbeitsspeicher eines Rechners mit Mehl, Salz oder Zucker umgehen können). In einem ersten Schritt stellen wir dazu den Algorithmus in einer anderen Form dar, die die einzelnen Aktionen mehr hervorhebt (vgl. Bild 13.6)

Zutaten:

225 g Weizenmehl, 1 Päckchen Soßenpulver Vanille-Geschmack, 6 g Backpulver,2-3 Eigelb, 1 Teelöffel Salz, etwas Zucker, 1/2l Milch, 2-3 Eiweiß, Butter oder Margarine zum Backen

Aktionen:

1. Soßenpulver, Backpulver und Mehl vermischen
2. Die Mischung durch ein Sieb in eine Schüssel drücken
3. In der Mitte der Mischung eine Vertiefung eindrücken
4. Salz, Zucker und etwas von der Milch mit dem Eigelb gut verquirlen
5. Den Eigelb-Mix in die Vertiefung gießen
6. Den Eigelb-Mix und die Mehlmischung unter Hinzufügen der Milch zu einem klumpenfreien Teig verrühren
7. Das Eiweiß zu Eischnee schlagen
8. Das Eiweiß unter den Teig heben
9. Etwas Fett in einer Stielpfanne zerlassen
10. Eine dünne Teiglage in die Pfanne geben
11. Warten, bis die Unterseite goldgelb gebacken ist
12. Etwas Fett auf die Oberseite des Eierkuchens geben
13. Eierkuchen umdrehen
14. Warten, bis die Unterseite goldgelb gebacken ist
15. Den fertigen Eierkuchen aus der Pfanne nehmen

Bild 13.6: Der Algorithmus „Eierkuchen" mit den notwendigen Aktionen

Zunächst wurden für die Form des Algorithmus „Eierkuchen" in Bild 13.6. deutlich die Beschreibung der zu manipulierenden Objekte (Zutaten) und die notwendigen Aktionen voneinander getrennt und dann die Aktionen numeriert und dadurch in eine eindeutige Reihenfolge gebracht. Diese Reihenfolge steuert den Ausführer des Algorithmus in seinen Handlungen, er hat, um zum Erfolg zu kommen, die Aktionen Schritt für Schritt in der vorgegebenen Reihenfolge durchzuführen.

Man bezeichnet eine solche Reihenfolge von einzelnen Aktionen in Algorithmen als Sequenz. Die *Sequenz* ist die erste Grundstruktur für die Ablaufsteuerung bei der Ausführung von Algorithmen.

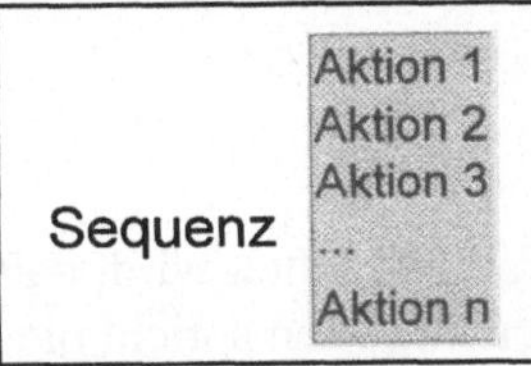

Bild 13.7:

Ablaufsteuerung in Algorithmen durch die Sequenz

Für die Formulierung eines Algorithmus zur Lösung eines Problems ist eine Sequenz daraufhin zu prüfen, welche Aktion vor einer anderen durchzuführen ist, weil sie für eine folgende Aktion benötigte Ergebnisse erbringt. Mitunter sind in Sequenzen solche Abhängigkeiten nicht zwischen allen Aktionen vorhanden, so daß dann die Reihenfolge nicht zwingend ist und eine geeignete Reihenfolge vom Entwickler vorgegeben wird. Im Beispiel aus Bild 13.6 ist z.B. Aktion 3 und Aktion 4 Voraussetzung für Aktion 5, aber die Reihenfolge von Aktion 3 und Aktion 4 ist nicht zwingend und könnte auch andersherum angegeben werden.

Bei der Aktion 6 aus dem Algorithmus in Bild 13.6 wird gefordert, den Teig „klumpenfrei“ herzustellen. Einem einigermaßen erfahrenen Koch mag das meist gelingen, manchmal vielleicht auch nicht, der Neuling auf dem Gebiet produziert wahrscheinlich erhebliche Klumpen. In den Aktionen wird aber nichts gesagt, was zu tun ist, wenn der Teig voller Klumpen ist. Eine Detaillierung unseres Algorithmus „Eierkuchen“ zu diesem Punkt ist daher notwendig und könnte so aussehen, wie in Bild 13.8 beschrieben.

...
6. Den Eigelb-Mix und die Mehlmischung unter Hinzufügen der Milch zu einem Teig verrühren
6a. Wenn der Teig Klumpen enthält
Dann 6a1. Teig entsorgen
6a2. In's Restaurant Essen gehen
Sonst 7. Das Eiweiß zu Eischnee ...
8. Das Eiweiß unter den ...
...

Bild 13.8:

Beispiel für die Ablaufsteuerung eines Algorithmus zur Durchführung unterschiedlicher Aktionen in Abhängigkeit von einer Bedingung

Die in Bild 13.8 gewählte Lösung mag einem etwas radikal erscheinen, sie ist aber exakt und steuert den Ausführer dahingehend, daß er eine Bedingung überprüft und bei Zutreffen der Bedingung bestimmte Aktionen durchführt, bei Nichtzutreffen andere Aktionen. Man bezeichnet eine solche Form von Aktionen in Algorithmen als *Fallunterscheidung* oder auch als *Alternative*. Die Fallunterscheidung ist die zweite Grundstruktur für die Ablaufsteuerung bei der Ausführung von Algorithmen.

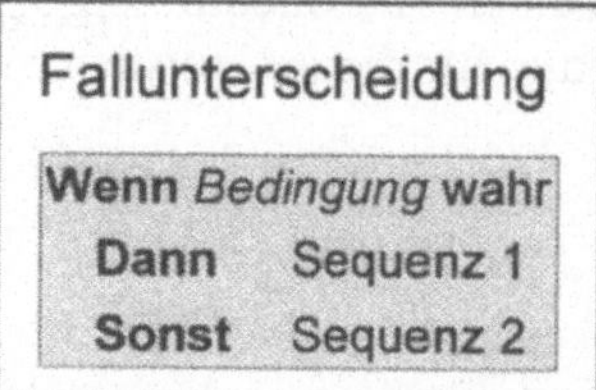

Bild 13.9:

Ablaufsteuerung in Algorithmen durch die Fallunterscheidung

Bei der Fallunterscheidung ist auch denkbar, daß nur der Fall betrachtet wird, daß eine Bedingung erfüllt ist. Dann wird etwas gemacht, sonst nicht. Man spricht hier dann von einer unechten Alternative oder bedingten Verarbeitung mit nur dem „Dann-Teil". Genauso kann es Situationen geben, wo mehr als zwei Fälle zur Ablaufsteuerung herangezogen werden müssen, sogenannte mehrfache Alternativen (Vgl. hierzu die unterschiedlichen Darstellungsformen in Abschnitt 13.2.6).

Wenn wir uns nun noch die Aktionen 9 bis 15 aus dem Algorithmus in Bild 13.6 genauer ansehen, stellen wir eine weitere Unklarheit fest. Es wird der Vorschrift folgend, genau ein Eierkuchen gebacken, obwohl genug Teig für mehrere hergestellt wurde. Somit fehlt ganz offensichtlich die Vorgabe, die Aktionen mehrfach durchzuführen, um die mögliche Zahl an Eierkuchen aus dem Teig zu backen. Eine Korrektur dieser Ungenauigkeit könnte beispielsweise das in Bild 13.10 formulierte Aussehen haben.

...

8a. Solange noch Teig übrig ist wiederhole

9. Etwas Fett in einer Stielpfanne zerlassen
10. Eine dünne Teiglage in die Pfanne geben
11. Warten, bis die Unterseite goldgelb gebacken ist
12. Etwas Fett auf die Oberseite des Eierkuchens geben
13. Eierkuchen umdrehen
14. Warten, bis die Unterseite goldgelb gebacken ist
15. Den fertigen Eierkuchen aus der Pfanne nehmen

Bild 13.10:

Beispiel für die Ablaufsteuerung eines Algorithmus zur Wiederholung von Aktionen in Abhängig von einer Bedingung

Diese Konstruktion zur Ablaufsteuerung in Algorithmen bezeichnet man als Wiederholung. Die *Wiederholung* bildet die dritte Grundstruktur zur Ablaufsteuerung von Algorithmen.

Die in Bild 13.10 dargestellte Lösung zur exakten Steuerung des Algorithmus ist natürlich nur eine mögliche Form. Denkbar wäre auch, daß tatsächlich nur ein

Wiederholung

Solange *Bedingung* wahr
wiederhole Sequenz

Bild 13.11:

Ablaufsteuerung in Algorithmen durch Wiederholung

Eierkuchen gebacken werden soll und der restliche Teig im Kühlschrank aufbewahrt wird. Ebenso ist es möglich – weil genau drei Personen jeweils einen Eierkuchen essen wollen – die Wiederholung nicht in Abhängigkeit von der Teigmenge zu steuern, sondern in Abhängigkeit von der gewünschten Anzahl Eierkuchen. Dies entspricht einer zweiten Form der Grundstruktur Wiederholung mit fest vorgegebener Anzahl von Wiederholungen einer Sequenz. Wir kommen hierauf in Abschnitt 13.3 noch einmal zurück.

13.2.3 Modularisierung von Algorithmen

Der Unterstützung der Vorgehensweise der schrittweisen Verfeinerung (vgl. Abschnitt 13.1) zur Problemlösung dient in Algorithmen eine Grundstruktur, die *Modul*, *Prozedur* oder auch Funktion genannt wird. Sie ermöglicht die Zusammenfassung von Aktionsfolgen aus den oben genannten Grundstrukturen Se-

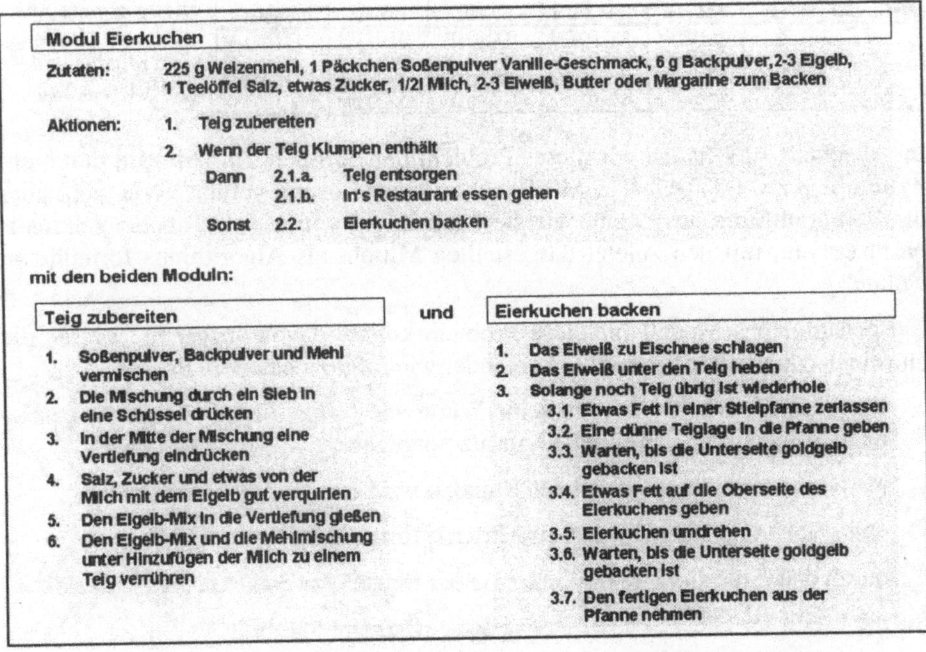

Modul Eierkuchen

Zutaten: 225 g Weizenmehl, 1 Päckchen Soßenpulver Vanille-Geschmack, 6 g Backpulver, 2-3 Eigelb, 1 Teelöffel Salz, etwas Zucker, 1/2l Milch, 2-3 Eiweiß, Butter oder Margarine zum Backen

Aktionen:
1. Teig zubereiten
2. Wenn der Teig Klumpen enthält
   - Dann 2.1.a. Teig entsorgen
   - 2.1.b. In's Restaurant essen gehen
   - Sonst 2.2. Eierkuchen backen

mit den beiden Moduln:

Teig zubereiten

1. Soßenpulver, Backpulver und Mehl vermischen
2. Die Mischung durch ein Sieb in eine Schüssel drücken
3. In der Mitte der Mischung eine Vertiefung eindrücken
4. Salz, Zucker und etwas von der Milch mit dem Eigelb gut verquirlen
5. Den Eigelb-Mix in die Vertiefung gießen
6. Den Eigelb-Mix und die Mehlmischung unter Hinzufügen der Milch zu einem Teig verrühren

und

Eierkuchen backen

1. Das Eiweiß zu Eischnee schlagen
2. Das Eiweiß unter den Teig heben
3. Solange noch Teig übrig ist wiederhole
   - 3.1. Etwas Fett in einer Stielpfanne zerlassen
   - 3.2. Eine dünne Teiglage in die Pfanne geben
   - 3.3. Warten, bis die Unterseite goldgelb gebacken ist
   - 3.4. Etwas Fett auf die Oberseite des Eierkuchens geben
   - 3.5. Eierkuchen umdrehen
   - 3.6. Warten, bis die Unterseite goldgelb gebacken ist
   - 3.7. Den fertigen Eierkuchen aus der Pfanne nehmen

Bild 13.12: Modularisierung von Algorithmen als Ergebnis von schrittweiser Verfeinerung

quenz, Fallunterscheidung und Wiederholung, die in ihrer Kombination ein Teilproblem lösen. Auf diese Weise kann man die Lösung komplizierterer Probleme erst auf einer abstrakteren Ebene beschreiben und dann jedes Teilproblem für sich durch einen gesonderten Algorithmus detaillierter darstellen. Ein solches Vorgehen ist anhand unseres „Eierkuchen-Beispiels" in Bild 13.12 veranschaulicht.

13.2.4 Objekte und Objekttypen in Algorithmen

Neben der den Ablauf steuernden Grundstrukturen in Algorithmen gibt es die Aktionen, durch die eine Zustandsänderung von Objekten herbeigeführt wird. Wenn wir vom Prozessor eines Rechners als Ausführer der Aktionen ausgehen, so sind nur solche Objekte zu berücksichtigen, mit denen der Prozessor umgehen kann – und damit verlassen wir für das Erste unser „Eierkuchen-Beispiel". (Wir hoffen, sie haben Ihnen gut gemundet.) Statt dessen betrachten wir noch einmal das Problem aus dem Bild 12.14, wo es darum ging, für Mitarbeiter in Abhängigkeit eines vorgegebenen Stundenlohns, einer Anzahl geleisteter Stunden und einer Umsatz-abhängigen Prämie einen auszuzahlenden Bruttolohn zu berechnen und damit eine Lohnabrechnung, wie in Bild 13.13 dargestellt, aufzustellen.

Abrechnung 12. KW						
Mitarbeiter	**Stunden**	**Stdlohn**	**Grundlohn**	**Umsatz**	**Prämie**	**Bruttolohn**
Bill	7	16,00 DM	112,00 DM	800,00 DM	20,00 DM	132,00 DM
Tom	14	18,00 DM	252,00 DM	1.850,00 DM	110,00 DM	362,00 DM
Katja	17,5	18,00 DM	315,00 DM	2.500,00 DM	160,00 DM	475,00 DM
Lore	25	20,00 DM	500,00 DM	4.200,00 DM	300,00 DM	800,00 DM

Bild 13.13:

Beispiel einer Abrechnung für die von Mitarbeitern geleistete Arbeit

Im Abschnitt 12.2 hatten wir dieses Problem ohne größere Erklärungen durch ein System aus zwei Tabellen in MS Excel zu einer Lösung geführt. Wie sieht aber die Problemlösung aus, wenn wir sie unabhängig von einem Tabellenkalkulationsprogramm mit den zuletzt dargestellten Mitteln als Algorithmus formulieren wollen?

Ein gedankliches Modell für diese Problem könnte davon ausgehen, jeweils die einzelnen Mitarbeiter getrennt voneinander wie folgt zu bearbeiten:

- für jeden Mitarbeiter werden seine Werte wie Name, Stundenlohn, die geleisteten Stunden und der erzielte Umsatz vorgegeben,
- aus Stundenlohn und geleisteten Stunden wird ein Grundlohn berechnet,
- dann, abhängig vom Umsatz eine Prämie festgestellt,
- durch den Grundlohn und die Prämie der Bruttolohn ermittelt und schließlich
- die Daten für eine Zeile der Aufstellung zusammen gestellt.

Ist ein Mitarbeiter in dieser Weise fertig bearbeitet, folgen die gleichen Tätigkeiten für den nächsten. Im Sinne des vorigen Abschnitts haben wir also eine Reihe von Aktionen für jeden Mitarbeiter zu wiederholen. Die Berechnung der Umsatzabhängigen Prämie führt uns zu einer mehrfachen Alternative, da hier mehrere Fälle voneinander zu unterscheiden sind (vgl. Bild 12.14). Last but not least legen wir fest, daß, bevor die Zeilen für die einzelnen Mitarbeiter in die Aufstellung geschrieben werden, der Algorithmus eine Überschrift für die Aufstellung ausgeben sollte.

Mit diesem einfachen Modell formulieren wir einen Algorithmus als Lösung des Problems „Lohnabrechnung" wie in Bild 13.14 dargestellt.

1. Schreibe die allgemeine Überschrift: „Abrechnung 12. KW"
2. Schreibe die Tabellenüberschrift: „Mitarbeiter, Stunden, Stdlohn, Grundlohn, Umsatz, Prämie, Bruttolohn"
3. Solange nicht alle Mitarbeiter bearbeitet wurden wiederhole
   - 3.a Nehme den nächsten Mitarbeiter, dessen geleistete Stunden, Stundenlohn und Umsatz
   - 3.b Berechne durch Multiplikation von Stundenlohn und Stunden den Grundlohn
   - 3.c Wenn

Umsatz kleiner ist als 500 DM:	3.c1	keine Prämie
Umsatz zwischen 500 DM und 1000 DM:	3.c2	20 DM Prämie
Umsatz zwischen 1000 DM und 1500 DM:	3.c3	50 DM Prämie
Umsatz zwischen 1500 DM und 1800 DM:	3.c4	80 DM Prämie
Umsatz zwischen 1800 DM und 2200 DM:	3.c5	110 DM Prämie
Umsatz zwischen 2200 DM und 2800 DM:	3.c6	160 DM Prämie
Umsatz zwischen 2800 DM und 3500 DM:	3.c7	220 DM Prämie
Umsatz zwischen 3500 DM und 5000 DM:	3.c8	300 DM Prämie
Umsatz größer ist als 5000 DM:	3.c9	480 DM Prämie

   - 3.d Berechne durch Addition von Grundlohn und Prämie den Bruttolohn
   - 3.e Schreibe die Tabellenzeile mit den Werten für Mitarbeiter, Stunden, Stdlohn, Grundlohn, Umsatz, Prämie, Bruttolohn

Bild 13.14: Der Algorithmus „Lohnabrechnung" (vgl. auch Bild 12.14)

Mögliche Objekte für Algorithmen sind entsprechend ihres Wertebereichs und entsprechend der Art, wie mit ihnen operiert werden kann, zu unterscheiden. In dem Algorithmus „Lohnabrechnung" haben wir beispielsweise Texte, die lediglich z.B. auf dem Bildschirm ausgegeben werden und Zahlen, mit denen auch gerechnet wird.

Entsprechend des großen Anwendungsspektrums von Computern können solche Objekte beispielsweise außer einfachen Texten oder Zahlen auch eine Uhrzeit, ein Datum, Grafiken oder bewegte Bilder oder auch akustische Daten, wie Töne und Sprache sein. In Zusammenhang mit der Speicherung von Daten hatten wir unter der Überschrift Codierung die Notwendigkeit beschrieben, solche komplexen

Daten in Daten einfacherer Form zu überführen und die elementaren Datentypen eingeführt (vgl. Abschnitt 2.3.1).

Auch für die Objekte in Algorithmen sind die elementaren *Datentypen* grundlegend und die Manipulation der ganz unterschiedlichen Objekte aus dem Problembereich wird in Algorithmen zurückgeführt auf die Manipulation von Objekten der Typen

- *Char* und *String* für einzelne Zeichen und Zeichenketten,
- *Integer* für ganze Zahlen,
- *Real* für rationale Zahlen und
- *Boolean* für Wahrheitswerte.

Bei der Analyse seines Problems muß der Entwickler für die Gestaltung einer individuellen Problemlösung sich somit Gedanken darüber machen, wie die beteiligten Objekte sich mit diesen elementaren Datentypen umsetzen lassen. Dazu ist ein gründliches Verständnis der Möglichkeiten und der Eigenschaften der Datentypen notwendig.

Der Datentyp Char umfaßt die Zeichen, mit denen ein Computer umgehen kann (vgl, Abschnitt 2.3.1); durch einen String werden einzelne Zeichen zu Zeichenketten kombiniert. Damit ist ihr Einsatz für textuelle Objekte in Algorithmen offensichtlich. Mögliche Operationen mit Objekten vom Datentyp String sind beispielsweise:

- Das Feststellen der Länge eines Textes.
- Das Einfügen eines zusätzlichen Zeichens in einen Text.
- Das Löschen eines Zeichens aus einem Text.
- Das Zusammenfügen zweier Texte zu einem neuen Text (Konkatenation).
- Der Zugriff auf einen Teil des Textes (z.B. des Anfangsbuchstabens eines Namens).

Der Algorithmus „Lohnabrechnung“ aus Bild 13.14 verwendet für die Überschriften und für den Mitarbeiter diesen Datentyp.

Der Datentyp Integer umfaßt die ganzen Zahlen und wird somit in Algorithmen für ganzzahlige Objekte, mit denen gerechnet werden soll, verwendet. Typische Beispiele sind Anzahlen (von Artikeln in Lagern), das Alter (in Jahren) einer Person oder die Position eines Eintrages in einer Liste. Nicht unbedingt adäquat ist dieser Typ für beispielsweise die Telefonnummer oder die Postleitzahl eines Kunden, da mit diesen Objekten nicht gerechnet werden soll. Die Grundoperationen für Objekte des Typs Integer sind:

- das Addieren (Operator „+"), Subtrahieren (Operator „-") und Multiplizieren (Operator „*"),
- die ganzzahlige Division (mit dem Operator *„div"*)
- die Restbildung bei der ganzzahligen Division (mit dem Operator *„mod"*)

Hierzu vielleicht noch eine kurze Erläuterung: Eine „normale" Division ist für Objekte des Typs Integer nicht definiert, da das Ergebnis in der Regel nicht ganzzahlig ist (z.B: 6 dividiert durch 4 ergibt 1,5). Deswegen die ganzzahlige Division mit der Bedeutung „wie oft paßt eine Zahl in eine andere ganz hinein" (z.B. 6 div 4 ergibt 1) und die Restbildung mit dem Sinn „welcher Rest bleibt bei der ganzzahligen Division zweier Zahlen (z.B. 6 mod 4 ergibt 2). Beide Operatoren können in vielen Problemstellungen sehr nützlich eingesetzt werden (z.B. in Verschlüsselungsalgorithmen, vgl. Abschnitt 18.4.1).

In unserem Beispiel aus Bild 13.14 kommt dieser Datentyp nicht vor.

Der Datentyp Real umfaßt die rationalen Zahlen, also solche, die sich als Brüche darstellen lassen und wird in diesem Sinne für Objekte aus einem Problembereich eingesetzt. Der Preis eines Artikels, der prozentuale Anteil an einer Gesamtmenge oder ein Meßwert bei einem Experiment wären Beispiele von Objekten die naheliegenderweise diesem Datentyp entsprechen. Die möglichen Operationen entsprechen den üblichen Rechenoperationen

- Addieren („+"), Subtrahieren („-"), Multiplizieren („*") und Dividieren („/").

Stunden, Stdlohn, Grundlohn, Prämie und Bruttolohn aus dem Algorithmus in Bild 13.14 sind von diesem Typ.

Während diese drei Datentypen in ihrer Bedeutung offensichtlich sind, ist für den Nicht-Mathematiker der Datentyp Boolean zunächst etwas gewöhnungsbedürftig. Mit dem Typ Boolean werden Objekte beschrieben, die nur zwei mögliche Werte „wahr" und „falsch" (oder „true" und „false" oder „T" und „F") annehmen können. Abgesehen davon, daß dieser Typ für Objekte eines Problembereichs eingesetzt werden kann, die natürlicherweise nur zwei Werte annehmen können, wie beispielsweise „Rechnung bezahlt" oder „Bestellung eingegangen" hat in Algorithmen der Typ Boolean in Zusammenhang mit der Ablaufsteuerung durch Bedingungen eine herausragende Bedeutung: Ist eine „Mindestlagermenge für einen Artikel unterschritten" oder wurde eine „Zahlungsfrist für eine Rechnung versäumt" sind Beispiele für Objekte, die den Ablauf von Algorithmen beeinflussen. Oft werden auch Kombinationen solcher Bedingungen für Algorithmen benötigt, wenn z.B. aus einer Datenbank alle diejenigen Kunden, „die Stammkunden sind" und „deren Umsatz über einer bestimmten Grenze liegt" oder alle „Mitarbeiter aus den Abteilungen Einkauf und Verkauf" herausgesucht werden sollen. Solche Kombinationen stellen sich für Algorithmen durch Möglichkeiten zur Operation von Objekten des Datentyps Boolean dar. Hier sind die Operatoren

- „and“ (logisches Und, *Konjunktion*),
- „or“ (logisches Oder, *Disjunktion*) und
- „not“ (logisches Nicht, *Negation*)

definiert, deren Wirkung in der nachfolgenden Tabelle mit den beiden Objekte „A“ und „B“ vom Typ Boolean beschrieben ist:

A	B	A and B	A or B	not A
True	True	True	True	False
True	False	False	True	False
False	True	False	True	True
False	False	False	False	True

In Interpretation der Tabelle ist für die Bedeutung der Operatoren zu schließen, daß die Konjunktion der beiden Objekte A und B nur dann den Wert „wahr“ ergibt, wenn beide Objekte A und B den Wert „wahr“ haben, die Disjunktion nur dann den Wert „falsch“ ergibt, wenn beide Objekte A und B den Wert „falsch“ haben und die Negation den Wert eines Objektes umkehrt von „wahr“ nach „falsch“ und von „falsch“ nach „wahr“. Offensichtlich ist das obige Beispiel, diejenigen Kunden herauszusuchen, „die Stammkunden sind“ und „deren Umsatz über einer bestimmten Grenze liegt“ durch eine Konjunktion und die Suche nach den „Mitarbeitern aus den Abteilungen Einkauf und Verkauf“ durch eine Disjunktion abzubilden.

Die Bedingungen „nicht alle Mitarbeiter bearbeitet“ und „Umsatz kleiner ist als 500 DM“ aus dem Bild 13.14 sind vom Typ Boolean.

Es ist üblich und bei der Umsetzung durch eine Programmiersprache zum Teil auch zwingend erforderlich, die in einem Algorithmus manipulierten Objekte am Anfang des Algorithmus in einem sogenannten Vereinbarungsteil aufzulisten und ihren Typ festzulegen. Die eigentliche Beschreibung der Aktionen folgt dann in einem zweiten Teil des Algorithmus, dem Anweisungsteil. Wir hatten dieses Vorgehen in dem Beispiel aus Bild 13.6 durch die Trennung von „Zutaten“ und „Aktionen“ bereits praktiziert. Die Berücksichtigung dieser Praxis für das Beispiel „Lohnabrechnung“ findet sich in Bild 13.15.

Objekte komplizierter Art müssen zur Behandlung in Algorithmen in die elementaren Datentypen überführt werden, wobei z.B. ein „Datum“ durch drei Integer-Objekte für Tag, Monat und Jahr oder ein „Rechteck“ durch vier Eckpunkte, jeweils bestehend aus einem Paar von Real-Objekten (auf Basis eines zweidimensionalen Koordinatensystems) dargestellt werden könnte. Berechnungen mit verschiedenen Datumsangaben (z.B. die Anzahl von Tagen zwischen zwei Datumswerten) oder die Seitenlängen eines Rechtecks müssen dann auf dieser Interpretation beruhen und können recht kompliziert werden. (Man denke z.B. an die Komplikationen, die sich aus der unterschiedlichen Zahl an Tagen für die verschiedenen Monate und aus Schaltjahren ergeben.)

Komfortable Werkzeuge zur Entwicklung von Problemlösungen wie z.B. MS Excel oder MS Access, aber in der Regel auch die üblichen Programmiersprachen (vgl. Abschnitt 13.3), stellen zur individuellen Informationsverarbeitung daher normalerweise einige über die elementaren Datentypen hinausgehende Typen für häufig in Problembereichen vorkommende Objekte und auch Möglichkeiten für ihre Manipulation zur Verfügung. So verfügen beispielsweise MS Excel und MS Access über die Datentypen „Datum“ und „Uhrzeit“ und sie stellen eine Reihe von Funktionen zum Rechnen mit Datumsangaben und Uhrzeiten bereit, die dann als Module (vgl. den letzten Abschnitt) in eigene Problemlösungen integriert werden können.

13.2.5 Variable, Ein- und Ausgaben, Wertzuweisungen und Ausdrucke in Algorithmen

Den durch Aktionen zu manipulierenden Objekten wird entsprechend des für sie definierten Typs für die Abarbeitung des Algorithmus durch den Prozessor Speicherplatz im Arbeitsspeicher des Computers zugewiesen (vgl. Abschnitt 2.3). Dabei können Objekte während der gesamten Bearbeitung konstante Werte aufweisen, die Regel wird aber sein, daß Objekte durch Aktionen in ihrem Wert verändert werden. Dieser Tatsache wird in Algorithmen dadurch entsprochen, daß Objekte üblicherweise nicht durch ihren Wert, sondern durch einen Namen identifiziert werden und bei der Realisierung eines Algorithmus durch ein Maschinenprogramm (vgl. Abschnitt 2.5) die Zuordnung eines Objekts des Algorithmus zu einem Speicherplatz des Arbeitsspeichers vorgenommen wird.

In Aktionen erfolgt der Zugriff auf die aktuellen Werte von in ihrem Wert veränderlichen Objekten dann immer über ihren Namen, so wie wir es auch bei Formeln in der Mathematik kennen. Anstelle von Objekten spricht man in diesem Zusammenhang in Algorithmen von *Variablen,* die einen Namen haben, denen ein Datentyp zugeordnet ist und deren Wert im Zuge der Bearbeitung des Algorithmus veränderlich ist.

Der Zugriff auf die Werte von Variablen und die Veränderung der Werte kann in Algorithmen auf zwei Arten erfolgen: durch Berechnungsvorschriften in den Aktionen des Algorithmus und durch Eingriffe von Außen, d.h. vom Benutzer der durch den Algorithmus gebildeten Problemlösung.

Beim Zugriff von Außen ist der Prozessor als Ausführer des Algorithmus nur indirekt an der Aktion beteiligt. Er unterbricht die Bearbeitung des Algorithmus, um einem Außenstehenden über ein Eingabegerät (vgl. Kapitel 4) die Eingabe eines Wertes zu ermöglichen. Dazu wird im Algorithmus eine Funktion verwendet, die auf die Variable angewendet wird und dafür sorgt, daß ein z.B. über die Tastatur eingegebener Wert in den der Variablen zugeordneten Speicherplatz übertragen wird. Solche Funktionen sind die sogenannten *Eingabefunktionen* (Read) und sie gehören zum Standardumfang von Werkzeugen und Programmiersprachen zur Umsetzung von Problemlösungen. Der umgekehrte Fall zur Präsentation von Ergebnissen erfolgt entsprechend durch *Ausgabefunktionen* (Write).

Die zweite Art der Wertänderung von Variablen erfolgt durch sogenannte *Wertzuweisungen.* Sie wird direkt durch den Prozessor über eine Berechnungsvorschrift durchgeführt. Die allgemeine Form einer Wertzuweisung ist

Variable := Ausdruck

mit einem Zuweisungsoperator (hier „:="), links davon die Variable, der ein Wert zugewiesen wird, und rechts eine Berechnungsvorschrift für den Wert, genannt Ausdruck. Anstelle des Zeichens „:=" wird häufig auch nur das Gleichheitszeichen oder auch ein Pfeil in Algorithmen verwendet. Entsprechend des Typs der Variablen links vom Zuweisungsoperator unterscheidet man folgende Ausdrucke:

Stringausdrucke mit Variablen des Typs Char und String und den für sie definierten Operatoren haben in einer Wertzuweisung ein Ergebnis vom Typ String.

Beispiel: Anschrift := "D-"+ Postleitzahl + " "+ Ort

mit „+" als Operator für die Konkatenation
und Anschrift, Postleitzahl, Ort vom Typ String

Arithmetische Ausdrucke mit Variablen des Typs Integer und Real und den für sie definierten Operatoren haben in einer Wertzuweisung ein Ergebnis vom Typ Real, wenn sie Integer- und Realvariablen beinhalten und ein Ergebnis vom Typ Integer, wenn sie nur Integervariable beinhalten.

Beispiel: Brutto := Netto * Mehrwertsteuersatz/100 + Netto

mit Brutto, Netto, Mehrwertsteuersatz vom Typ Real

Lagermenge := Lagermenge + Liefermenge

mit Lagermenge, Liefermenge vomTyp Integer

Boole'sche Ausdrucke mit Variablen vom Typ Boolean oder mit integrierten Vergleichsausdrucken und den für den Typ Boolean definierten Operatoren haben in einer Wertzuweisung ein Ergebnis vom Typ Boolean.

Beispiel: Bestellen := Auftrag and (Lagermenge
- Auftragsmenge < Mindestlagermenge)

mit Bestellen, Auftrag vom Typ Boolean und Lagermenge, Auftragsmenge, Mindestlagermenge vom Typ Integer

Vergleichsausdrucke bestehen aus booleschen Ausdrucken, Stringausdrucken und/oder arithmetischen Ausdrucken, die durch Vergleichsoperatoren verknüpft werden, und haben ein Ergebnis vom Typ Boolean.

Übliche Vergleichsoperatoren sind:

„<“	kleiner	„<=“	kleiner oder gleich
„>“	größer	„>=“	größer oder gleich
„=“	gleich	„<>“	ungleich

Vergleichsausdrucke kommen in Algorithmen auch außerhalb von Wertzuweisungen vor und dienen bei der Aublaufsteuerung der Alternative und der Wiederholung als Bedingung (vgl. Abschnitt 13.2.2).

```
Beispiel:        Nochmal    :=    Rest <> 0
                 mit        Rest vom Typ Integer
```

Unter Berücksichtigung dieser Aspekte können wir unseren Algorithmus „Lohnabrechnung“ in etwas exakterer Form, wie in Bild 13.15 dargestellt, beschreiben.

```
Variable
Mitarbeiter vom Datentyp String
Stunden, Stundenlohn, Grundlohn, Umsatz, Prämie, Bruttolohn vom Datentyp Real

Aktionen
1. Write „Abrechnung 12. KW“
2. Write „Mitarbeiter, Stunden, Stdlohn, Grundlohn, Umsatz, Prämie, Bruttolohn“
3. Solange nicht alle Mitarbeiter bearbeitet wurden wiederhole
      3.a   Read Mitarbeiter, Stunden, Stundenlohn und Umsatz
      3.b   Grundlohn := Stundenlohn * Stunden
      3.c   Wenn
               Umsatz < 500 DM:                               3.c1   Prämie := 0
               Umsatz >= 500 DM and Umsatz < 1000 DM:         3.c2   Prämie := 20 DM
               Umsatz >= 1000 DM and Umsatz < 1500 DM:        3.c3   Prämie := 50 DM
               Umsatz >= 1500 DM and Umsatz < 1800 DM:        3.c4   Prämie := 80 DM
               Umsatz >= 1800 DM and Umsatz < 2200 DM:        3.c5   Prämie := 110 DM
               Umsatz >= 2200 DM and Umsatz < 2800 DM:        3.c6   Prämie := 160 DM
               Umsatz >= 2800 DM and Umsatz < 3500 DM:        3.c7   Prämie := 220 DM
               Umsatz >= 3500 DM and Umsatz < 5000 DM:        3.c8   Prämie := 300 DM
               Umsatz >= 5000 DM:                             3.c9   Prämie := 480 DM
      3.d   Bruttolohn := Grundlohn + Prämie
      3.e   Write Mitarbeiter, Stunden, Stdlohn, Grundlohn, Umsatz, Prämie, Bruttolohn
```

Bild 13.15: Der Algorithmus „Lohnabrechnung“ mit Variablen und Wertzuweisungen

13.2.6 Methoden zur Darstellung von Algorithmen

Algorithmen können in Umgangssprache formuliert werden. Eine Beschreibung in dieser Form hat den Vorteil, daß man in ihr beliebig viel Text unterbringen kann und praktisch unbegrenzte Ausdrucksmöglichkeiten hat. Die Umgangssprache ist jedoch in der Regel nicht eindeutig interpretierbar und aus der alltäglichen Praxis kennen wir die Schwierigkeiten, die Produkthersteller bei der Formulierung ihrer Bedienungsanweisungen haben. Sie eignet sich aber zum Festhalten erster Ideen und Ansätze für die Struktur von Algorithmen.

Für die eigentliche Entwicklung wird aber eine Beschreibungsform benötigt, die einerseits anschaulich genug ist, daß sie uns selbst eine Hilfe beim Verständnis und bei der schrittweisen Entwicklung unserer Problemlösung ist, und andererseits formal genug ist, um Mehrdeutigkeiten zu vermeiden und auch einen guten Ausgangspunkt für die Umsetzung des Algorithmus durch eine Programmiersprache zu bilden. Damit dies möglich ist muß eine Beschreibungsform Elemente zur Darstellung der Strukturen zur Ablaufsteuerung, zur Beschreibung der Aktionen und der durch die Aktionen betroffenen Objekte vorsehen.

Hierzu gab es in der Geschichte der Datenverarbeitung viele Vorschläge und Entwicklungen. Allgemein durchgesetzt und teilweise durch Normung im Detail festgelegt haben sich drei Beschreibungsformen: der Programmablaufplan, das Struktogramm und der Pseudocode.

Der *Programmablaufplan* (*PAP*) ist insbesondere für kleinere Problemstellungen die anschaulichste Form. Er besteht aus normierten grafischen Symbolen für Aktionen und einem Symbol zur Darstellung von Bedingungen über das, gemeinsam

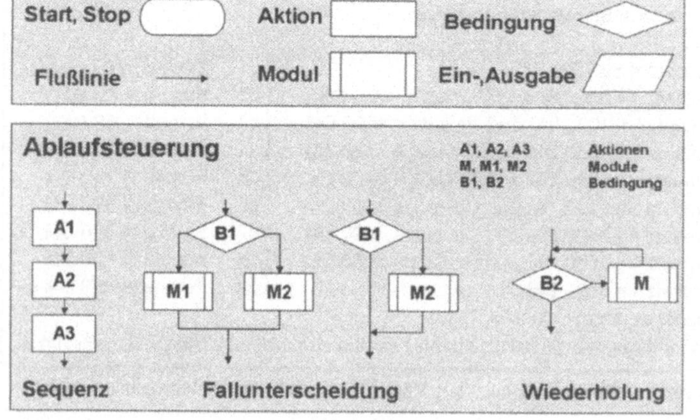

Bild 13.16:

Grafische Symbole für Programmablaufpläne zur Darstellung von Algorithmen mit sogenannten Flußlinien, die Strukturen zur Ablaufsteuerung (vgl. Abschnitt 13.2.2) nachgebildet werden (vgl. Bild 13.16).

Durch die Flußlinie wird die mögliche Abfolge der Aktionen des Algorithmus in einem Programmablaufplan besonders deutlich dargestellt: jeder Weg entlang der Flußlinien des PAP ist ein möglicher Ablauf eines Algorithmus. Das Symbol für Module unterstützt die Entwicklung von Algorithmen im Zuge einer schrittweisen Verfeinerung. Eine Darstellung der manipulierten Variablen ist in Programmablaufplänen allerdings nicht explizit vorgesehen.

Durch den erheblichen Platzbedarf für die Anordnung der grafischen Symbole werden für komplexere Probleme die Darstellungen von Algorithmen durch Programmablaufpläne leicht unübersichtlich und erfordern ein hohes Maß an strukturiertem Vorgehen seitens des Entwicklers. Bei wenig Übung und schlechter Strukturierung führen Programmablaufpläne als Ausgangspunkt für die Überführung von Algorithmen in die Programme einer Programmiersprache zu unübersichtlichen, fehleranfälligen Programmen (in Anlehnung an den Verlauf der Flußlinien in solchen Ablaufplänen auch „Spaghetti-Code“ genannt). Ein Beispiel eines Programmablaufplanes für unseren Algorithmus „Lohnabrechnung“ (siehe auch das Bild 13.15) ist in Bild 13.17 dargestellt.

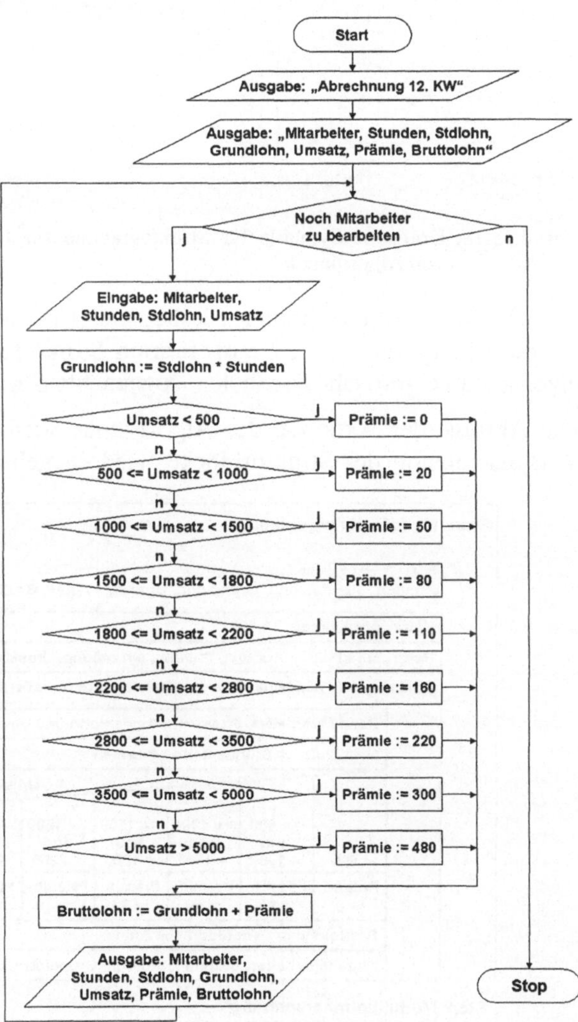

Bild 13.17: Beispiel eines Programmablaufplans

Um solche Probleme zu vermeiden wurde durch *Struktogramme* versucht,

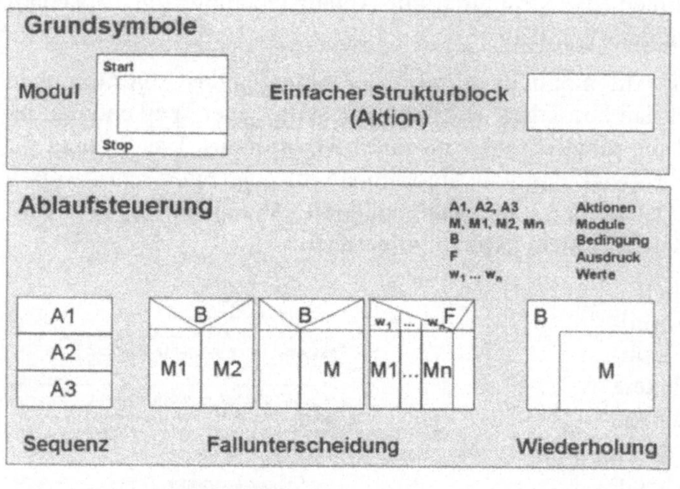

Bild 13.18: Grafische Symbole für Struktogramme zur Darstellung von Algorithmen

eine Darstellungsform für Algorithmen zu finden, die durch eine Mischung aus normierten grafischen Symbolen und Text und durch Vorschriften zur Anordnung der grafischen Objekte ein strukturiertes Vorgehen bei der Entwicklung von Algorithmen erzwingt. Auch diese Darstellungsform ist heute weit verbreitet. Sie beinhaltet für Module, einfache Aktionen und für die in Abschnitt 13.2.2 eingeführten Strukturen zur Ablaufsteuerung jeweils eigenständige grafische Symbole – sogenannte *Strukturblöcke* (vgl. Bild 13.18).

Die Abfolge der Aktionen des Algorithmus wird durch Aneinanderreihung und Verschachtelung der Strukturblöcke wiedergegeben. Zur Verfolgung des mögli-

Start Modul Lohnabrechnung

Mitarbeiter: String
Stunden, Stundenlohn, Grundlohn, Umsatz, Prämie, Bruttolohn: Real

Write „Abrechnung 12. KW"
Write „Mitarbeiter, Stunden, Stdlohn, Grundlohn, Umsatz, Prämie, Bruttolohn"
Solange nicht alle Mitarbeiter bearbeitet wurden wiederhole

Read Mitarbeiter, Stunden, Stundenlohn und Umsatz
Grundlohn := Stundenlohn * Stunden

Umsatz

< 500	>= 500 and < 1000	>= 1000 and < 1500	>= 1500 and < 1800	>= 1800 and < 2200	>= 2200 and < 2800	>= 2800 and < 3500	>= 3500 and < 5000	> 5000
Prämie := 0	Prämie := 20	Prämie := 50	Prämie := 80	Prämie := 110	Prämie := 160	Prämie := 220	Prämie := 300	Prämie := 480

Bruttolohn := Grundlohn + Prämie
Write Mitarbeiter, Stunden, Stdlohn, Grundlohn, Umsatz, Prämie, Bruttolohn

Stop Modul Lohnabrechnung

Bild 13.19: Beispiel eines Struktogramms

chen Ablaufs der Aktionen „betritt“ man jeden Strukturblock von oben und verläßt ihn nach unten. Ein Weg nach rechts oder links von einem Strukturblock zu einem anderen ist nicht zulässig. Für Module innerhalb anderer Module erfolgt dabei eine Darstellung durch einfache Strukturblöcke. Spezielle Symbole für Ein- und Ausgaben wie bei Programmablaufplänen sind nicht vorgesehen.

Unser Algorithmus „Lohnabrechnung“ sieht in der Beschreibung als Struktogramm wie in Bild 13.19 dargestellt aus.

Am wenigsten anschaulich, dafür aber der Realisierung durch ein Programm in einer Programmiersprache am nächsten, ist der *Pseudocode*, eine rein textuelle Darstellungsform für Algorithmen. Hier werden Aktionen textuell aneinander gereiht und ablaufsteuernde Strukturen durch spezielle allerdings nicht genormte *Wortsymbole* dargestellt.

Die nachfolgenden Bilder 13.20 und 13.21 demonstrieren den Umgang mit dem Pseudocode zur Beschreibung von Algorithmen.

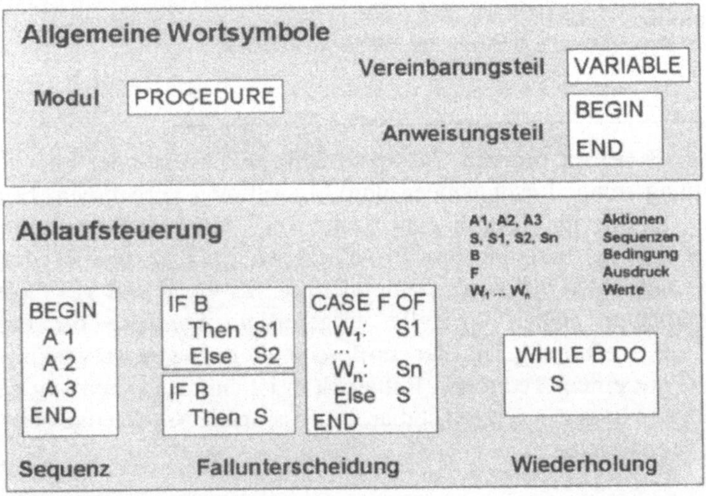

Allgemeine Wortsymbole

Modul: PROCEDURE
Vereinbarungsteil: VARIABLE
Anweisungsteil: BEGIN … END

Ablaufsteuerung

A1, A2, A3 — Aktionen
S, S1, S2, Sn — Sequenzen
B — Bedingung
F — Ausdruck
$W_1 \dots W_n$ — Werte

Sequenz:
```
BEGIN
  A1
  A2
  A3
END
```

Fallunterscheidung:
```
IF B
  Then S1
  Else S2
```
```
IF B
  Then S
```
```
CASE F OF
  W1:  S1
  ...
  Wn:  Sn
  Else S
END
```

Wiederholung:
```
WHILE B DO
  S
```

Bild 13.20: Wortsymbole für Pseudocode zur Darstellung von Algorithmen

Welche Darstellungsform zur Beschreibung und Entwicklung von Algorithmen man für die Problemlösung in Zusammenhang mit der individuellen Informationsverarbeitung wählt ist letztlich sicher auch Geschmackssache. Für wenig anspruchsvolle Problemstellungen hat man die Lösung „im Kopf“ und setzt sie direkt mit dem gewählten Werkzeug um – dann ist die fertige Lösung gleichzeitig auch die Darstellung des Algorithmus. Bei komplexeren Problemen hilft die Darstellung in einer der vorgestellten Formen dabei, eine gewünschte Lösung zu erarbeiten und ist auch bei späteren Änderungen einer Entwicklung nützlich, um Vorgehensweisen und Abhängigkeiten innerhalb der Lösung wieder nachvollziehen zu können.

```
PPROCEDURE Lohnabrechnung
VARIABLE Mitarbeiter: String
         Stunden, Stundenlohn, Grundlohn, Umsatz, Prämie, Bruttolohn: Real
BEGIN
Write „Abrechnung 12. KW"
Write „Mitarbeiter, Stunden, Stdlohn, Grundlohn, Umsatz, Prämie, Bruttolohn"
WHILE nicht alle Mitarbeiter bearbeitet wurden DO
      BEGIN
      Read Mitarbeiter, Stunden, Stundenlohn, Umsatz
      Grundlohn := Stundenlohn * Stunden
      CASE Umsatz OF
           < 500 :                Prämie := 0
           >= 500 and < 1000 :    Prämie := 20
           >= 1000 and < 1500 :   Prämie := 50
           >= 1500 and < 1800 :   Prämie := 80
           >= 1800 and < 2200 :   Prämie := 110
           >= 2200 and < 2800 :   Prämie := 160
           >= 2800 and < 3500 :   Prämie := 220
           >= 3500 and < 5000 :   Prämie := 300
           >= 5000 :              Prämie := 480
      END
      Bruttolohn := Grundlohn + Prämie
      Write Mitarbeiter, Stunden, Stdlohn, Grundlohn, Umsatz, Prämie, Bruttolohn
      END
END
```

Bild 13.21: Der Algorithmus „Lohnabrechnung" als Pseudocode

Jeder wird hier deshalb seinen eigenen Stil entwickeln und mehr oder weniger exakt die Beschreibung seiner Lösungsideen und Algorithmen vornehmen. Eine Unterstützung dabei erfährt man durch eine Reihe von Computerprogrammen speziell ausgerichtet auf das Erstellen von Programmablaufplänen und Struktogrammen. Auch beispielsweise MS Powerpoint oder die MS Word und MS Excel zugeordneten Grafikpakete stellen spezielle vorgefertigte Symbole für Programmablaufpläne zur Verfügung. In der professionellen Systementwicklung (vgl. Abschnitt 17.2) mit einem Team von Entwicklern ist eine Beschreibung der erarbeiteten Algorithmen dagegen unverzichtbar. Professionelle Werkzeuge geben hierbei vielfältige Unterstützung.

Szene 4.2: Bill systematisiert sein Vorgehen

Gut gesättigt kommt Bill vom „Arbeitsessen" mit seinem Chef aus dem Restaurant nach Hause. Er hat ihm seine ersten Tabellen für die Speisekarte und die Rechnungen gezeigt, ihm seine Ideen und Schwierigkeiten erläutert und mit ihm ausführlich besprochen, was denn das gewünschte System so alles können sollte.

Zunächst wurde abgemacht, daß erst einmal das System nur für ein Restaurant erstellt und unabhängig von den anderen Filialen benutzt wird.

Spezielle Geräte für die Aufnahme von Bestellungen wollte der Chef vorerst nicht, sondern er will neben den Ausschanktresen einen Computer aufstellen, an denen die Bedienungen ihre Eingaben vornehmen können sollen.

Damit, als Basis des Systems Excel zu nehmen, ist der Chef einverstanden. Besonders gefällt ihm die Idee, die Speisekarte als Tabelle zu speichern und diese auch für den Druck von Karten für das Restaurant zu verwenden.

Die gesamten Rechnungen zu speichern (vgl. Bills Überlegungen in Szene 4.1), hält der Chef für überflüssig. „Ob es denn nicht ginge, die wesentlichen Rechnungsdaten fortlaufend in eine Extra-Tabelle zu übernehmen," meint er, „dann könnten aus dieser Tabelle die Tagesumsätze und auch die Umsätze jeweils bezogen auf eine Bedienung ermittelt werden."

Und man verabredet, daß Bill zusätzlich zu den Speisekarten und Rechnungen auch Funktionen vorsieht für Tagesumsätze des Restaurants und für monatliche Umsatzberechnungen, sowie Funktionen für die Berechnung der Umsätze der einzelnen Bedienungen und für deren wöchentliche Abrechnungen. Die Idee, auch Statistiken zu den Mitarbeitern zu ermöglichen, festzustellen, welche Gerichte am besten gehen, oder welche Tische am beliebtesten sind, wird erst einmal verworfen. „Solchen Schnickschnack können wir immer noch machen, wenn das System mal vernünftig funktioniert," meint der Chef, „außerdem sehe ich das auch so - ohne Computer."

Beim Überdenken des Problems fällt Bill auf, daß sein Ansatz mit den einzelnen Tabellen für Rechnungen nicht funktionieren kann, weil ja Bestellungen mehrerer Tische bei verschiedenen Bedienungen gleichzeitig zu verwalten sind. Und er kommt auf die Idee, alle Buchungen aller Bestellungen in einer Tabelle zu speichern und diese Tabelle als Ausgangspunkt für die Zusammenstellung der Rechnungen für die Kunden und auch für die Umsatzberechnungen zu nehmen.

„In dieser Tabelle müsste stehen, wer die Buchung gemacht hat, was in welcher Anzahl gebucht wurde und welchem Tisch die Buchung zuzuordnen ist," überlegt er, „bei Übernahme der Daten in eine Rechnung wird für jede betroffene Buchung vermerkt, dass sie fakturiert wurde und nachts zum Kassenschluß werden die Buchungsdaten

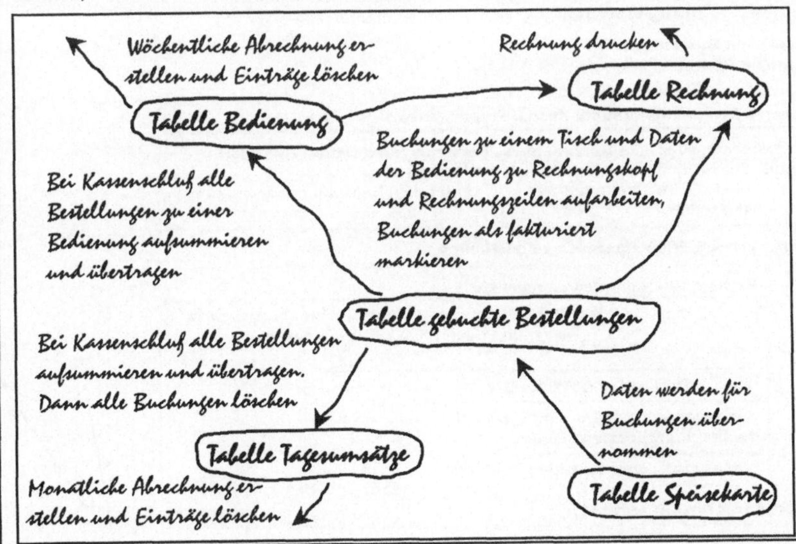

für die Wochenumsätze der Mitarbeiter und die Monatsumsätze des Restaurants in entsprechende Tabellen übernommen und die ganzen Buchungsdaten gelöscht, um am nächsten Tag wieder neu beginnen zu können.“

Er faßt seine Gedanken in verschiedenen Skizzen zusammen.

Beim Durchspielen seines Modells fällt Bill ein weiteres Problem auf: „Wie gehe ich damit um, wenn zwei verschiedene

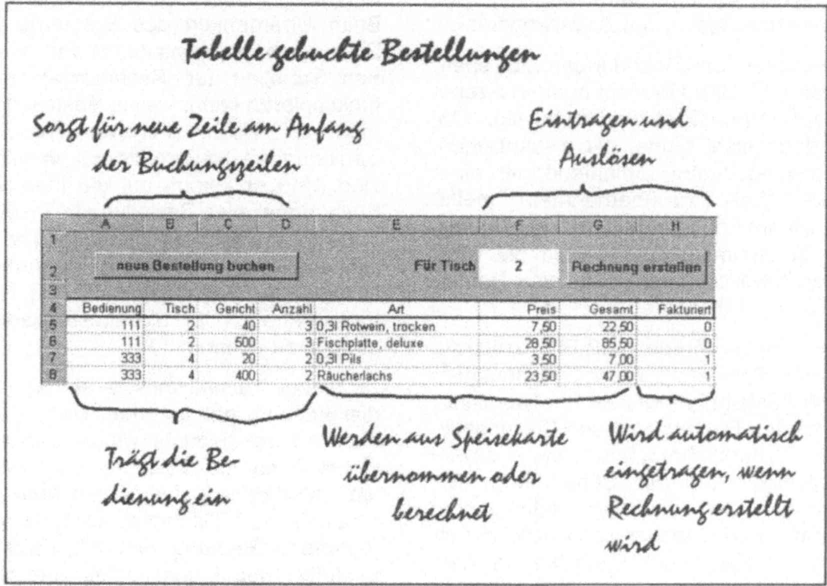

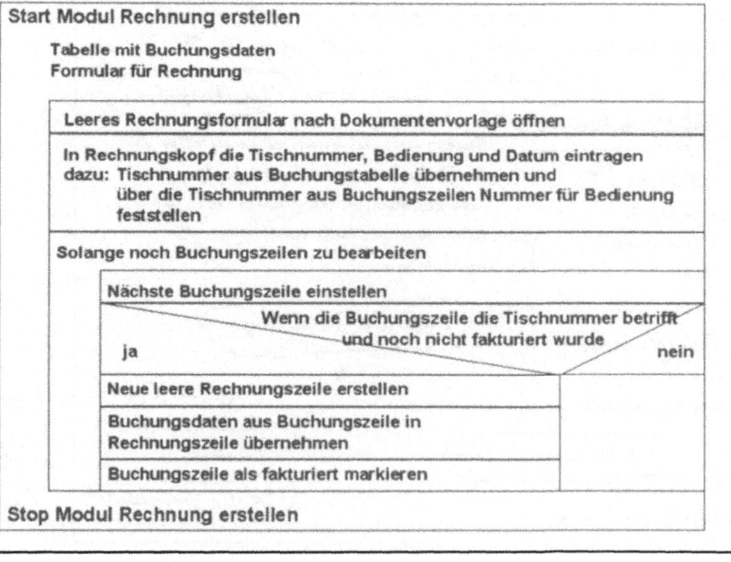

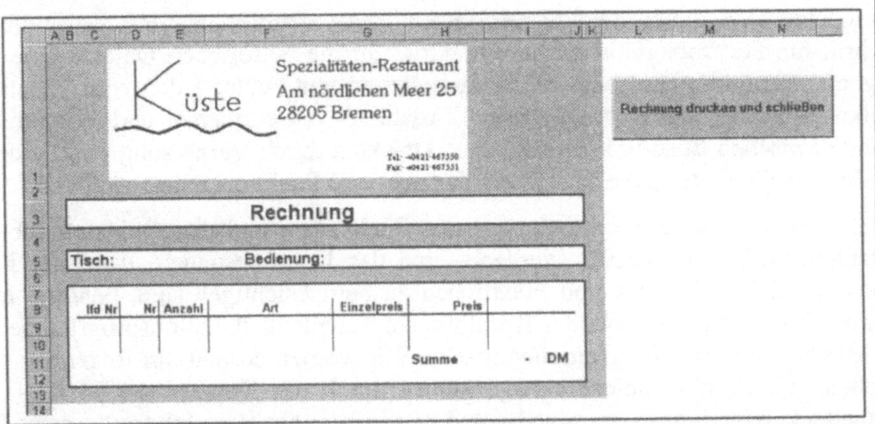

Gruppen an einem Tisch sitzen, oder wenn Gäste, die zusammen gegessen und bestellt haben, getrennt bezahlen wollen.“ „Der erste Aspekt ist kein Problem, wenn ich dafür unterschiedliche Tischnummern vergebe, den zweiten berücksichtigt die Bedienung einfach mit einer Rechnung, die anteilsmäßig bezahlt wird,“ beschließt er und beginnt, über die Prozeduren, die Objekte und den Ablauf der notwendigen Aktionen nachzudenken und Skizzen für die zusätzlichen Tabellen und für die Algorithmen zu machen.

Die Tabelle für die Speisekarte will er weiter verwenden, ebenso die Mustervorlage für die Rechnungen, die allerdings an einigen Stellen verändert werden muß.

13.3 Problemlösungen umsetzen

In der täglichen Praxis nicht nur in Betrieben haben sich Tabellenkalkulationsprogramme als Werkzeug zur Umsetzung von Problemen der individuellen Informationsverarbeitung breit durchgesetzt. Einfache Problemstellungen kann man hiermit direkt und ohne Programmierkenntnisse in eine Lösung überführen - wir hatten in den Ansatz und die Möglichkeiten von Tabellenkalkulationsprogrammen in den Abschnitten 8.3 und 12.2 bereits eingeführt.

Dabei ist für Tabellenkalkulationsprogramme eine Aufbereitung der betroffenen Objekte und Zusammenhänge aus dem Problembereich in eine zweidimensionale, auf den ersten Blick statische Form die Basis für Problembearbeitungen und nicht, wie bei Algorithmen (vgl. Abschnitt 13.2), der grundlegende Ablauf von Aktionen, durch die Objekte – repräsentiert durch Variable - in gewünschter Weise in einer zeitlich verstandenen Reihenfolge manipuliert werden. Das gedankliche

Modell (vgl. Abschnitt 13.1) für eine mögliche Problemlösung und seine Umsetzung sind von dieser zweidimensionalen Form geprägt und ein wesentlicher Schritt für die Problemlösung besteht darin, für die betroffenen Objekte eine geeignete Abbildung auf Tabellen, Spalten, Zeilen und Felder – den vom Tabellenkalkulationsprogramm vorgegebenen Variablen – zu erarbeiten und Zusammenhänge zwischen derartig repräsentierten Objekten durch Vernetzung von Feldern, Zeilen, Spalten oder Tabellen mittels Formeln und Funktionen darzustellen.

Wenn die Abhängigkeiten zwischen den Funktionen und den Objekten für die Problemlösung zu komplex werden – und das ist insbesondere dann der Fall, wenn zeitliche Abfolgen von Funktionen zu berücksichtigen sind, benötigt man für die Problemlösung trotz des Komforts der Tabellenkalkulationsprogramme die Möglichkeiten einer Programmiersprache. Wir werden deshalb im folgenden darstellen, wie auch komplexere Algorithmen durch das Konzept der Makros mit Tabellenkalkulationsprogrammen – und hier wieder am Beispiel des Systems MS Excel - umgesetzt werden können und dazu in die den Makros in MS Excel zugrundeliegende *Programmiersprache Visual Basic for Applications* (*VBA*) einführen.

Kenntnisse zu dieser Programmiersprache sind auch für den Einsatz des Textverarbeitungsprogramms MS Word sinnvoll, wenn hier mit Makros gearbeitet werden soll. Ganz besonders wichtig sind sie aber in Zusammenhang mit dem Datenbanksystem MS Access, in dem durch Makros und vor allem durch das Konzept der Module für die individuelle Informationsverarbeitung, aber auch für professionelle Entwicklungen, leistungsfähige Problemlösungen mit VBA oder mit der unabhängig von Word, Excel oder Access angebotenen allgemeinen Programmiersprache Visual Basic hergestellt werden können.

13.3.1 Ein erster Zugang zu Visual Basic for Applications über ein aufgezeichnetes Makro

In seinen Überlegungen zur Entwicklung einer Rechnung hatte Bill in Szene 4.1 über die Schritte:

1. eine Zeile markieren,
2. die Funktion Zeile Einfügen auslösen,
3. aus einer alten Zeile die Formeln für die Berechnungen kopieren,
4. die Formeln in die neue Zeile einfügen,
5. in das „Lfd. Nummer"-Feld der neuen Zeile den Wert 1 eintragen und
6. den Cursor auf ein gewünschtes Feld positionieren

ein Makro „neue_eingabe" in MS Excel definiert und dieses Makro einem Button zugeordnet. Mit diesem Makro wollen wir uns zunächst etwas näher beschäftigen, um ein erstes Verständnis für die Programmiersprache Visual Basic for Applications, *VBA* und ihre Einbettung in das Tabellenkalkulationsprogramm zu entwickeln.

Über die Funktion „Makro" im Menü „Extras" wechselt man in MS Excel (wie auch in MS Word) durch „Visual Basic Editor" in die *VBA-Entwicklungsumgebung* oder durch die Option „Bearbeiten" eines Makros direkt zu dessen Programmtext. Die Bildschirmdarstellung verändert sich (vgl. Abb. 13.22) und zeigt im rechten Teil in einem Fenster den Programmtext (*Code*) des gewünschten Makros an. Dieses Fenster repräsentiert den Editor (vgl. Abschnitt 8.2.2) und ermöglicht es, Programmtexte für neue Programme zu erstellen oder bestehende zu verändern.

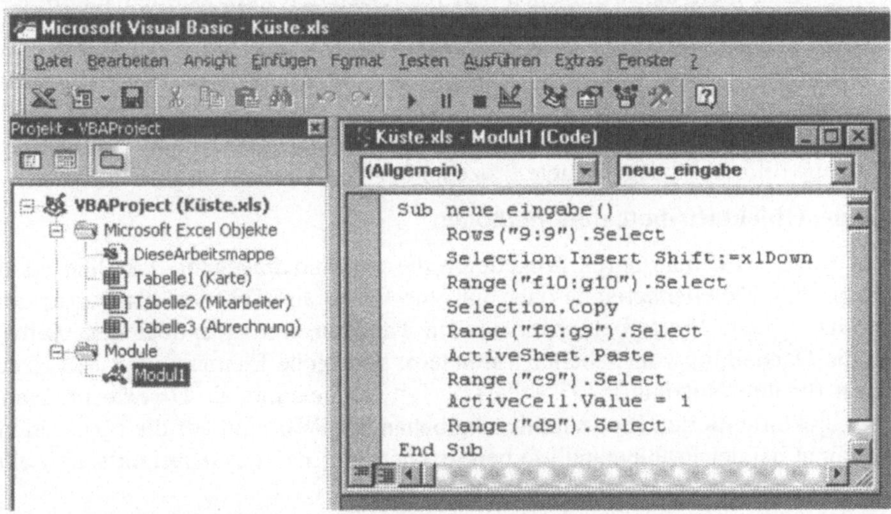

Bild 13.22: Visual Basic Entwicklungsumgebung in MS Excel

Im linken Bildschirmbereich wird das sogenannte *Visual Basic Projekt* (*VBAProject*) dargestellt. Jeweils ein solches Projekt ist einer Excel-Arbeitsmappe zugeordnet (hier: Küste.xls) und es organisiert die der Arbeitsmappe oder den Tabellen der Arbeitsmappe zugeordneten Objekte und Module. Module fassen die allgemein erstellten Programme (VBA: Prozeduren oder Funktionen) zusammen und Objekte repräsentieren diejenigen Programme, die Steuerelementen, wie beispielsweise „Buttons" oder „Listenfeldern", zugeordnet sind und jeweils ausgeführt werden, wenn in MS Excel ein solches Steuerelement aktiviert wird.

Prozeduren und Funktionen

Während Module nur der Organisation der möglicherweise diversen erstellten Programme dienen, gliedern *Prozeduren* und Funktionen ein Programm inhaltlich und sind das in Visual Basic for Applications zur Verfügung gestellte Mittel, um den Lösungsansatz der schrittweisen Verfeinerung (vgl. Abschnitt 13.1) zu unterstützen.

Prozeduren und Funktionen haben einen Namen und können (in Klammern) Übergabeparameter verwenden, um Daten einer aufrufenden Prozedur oder Funktion in einer Prozedur zu verwenden oder andersherum ermittelte Werte aus einer Prozedur an eine aufrufende Prozedur oder Funktion zu übergeben. Im Gegensatz zu Prozeduren können Funktionen auch durch ihren Namen einen berechneten Wert an eine aufrufende Prozedur oder Funktion übergeben. Wir wollen hierauf und auf die Möglichkeiten, die sich durch Übergabeparameter einem Programmierer bieten aber nicht näher eingehen und verweisen den Interessierten statt dessen auf entsprechende Literatur zur Programmierung.

Im folgenden werden wir ausschließlich einfache Prozeduren ohne Parameter verwenden, die in Visual Basic for Applications durch die Bezeichnung „Sub" eingeleitet und durch „End Sub" abgeschlossen werden. Die dem aufgezeichneten Makro aus Bild 13.22 zugeordnete Prozedur hat den Namen „neue_eingabe".

Objekte, Objektattribute und Methoden

In der Regel wird man durch Prozeduren die zugrundeliegenden Tabellen manipulieren, d.h. Tabellenbereiche oder einzelne Werte aus Tabellen für Berechnungen nutzen, neue Werte berechnen und in Tabellen eintragen oder den Aufbau oder die Darstellung von Tabellen verändern. Sämtliche Elemente von MS Excel werden für ihre Nutzung in Visual Basic for Applications als *Objekte* im Sinne einer objektorientierten Programmierung behandelt (Wir sind auf die objektorientierte Sicht bei der Problemanalyse bereits kurz am Ende des Abschnitts 13.1 eingegangen).

Objekte sind Einheiten von Daten (den Attributen, Eigenschaften) und zugeordneten Methoden (den Funktionen), durch die Objekte, bzw. Attribute von Objekten manipuliert werden können. In Visual Basic for Applications sind die Objekte aus MS Excel hierarchisch organisiert: Ein Zellenbereich wird über ein Objekt „Range" angesprochen; er ist untergeordnet einem Tabellenblatt (Objekt: „Worksheet"), das selbst wieder untergeordnet ist einer Arbeitsmappe (Objekt: „Workbook"), die zu der Anwendung Excel, der obersten Hierarchieebene, gehört (Objekt: „Application"). Eine einzelne Zelle – also ein Feld einer Tabelle – ist ein Zellenbereich, der nur ein Element umfaßt. Insgesamt sind in Excel etwa 150 verschiedene Objekte definiert, von denen wir in diesem kleinen Einblick in die Programmiersprache aber nur einige wenige verwenden werden.

Jedes der Objekte aus Excel weist spezifische Eigenschaften auf, wie beispielsweise das Format für eine Zelle, die Hintergrundfarbe, ihr Wert oder die ihr zugeordnete Formel, die Breite von Spalten, die Höhe von Zeilen, der Name eines Tabellenblatts, ob es sichtbar ist oder nicht usw. Eigenschaften können in Makros durch Ausdrucke, bzw. Wertzuweisungen gelesen und ausgewertet oder verändert werden. Durch die beiden folgenden Wertzuweisungen wird beispielsweise der um 1 erhöhte Wert einer Zelle in eine andere Zelle eingetragen:

```
        Zahl   = Zelle1.Value
Zelle2.Value   = Zahl + 1
```

Dabei wird die zu bearbeitende Eigenschaft durch einen Punkt getrennt hinter den Namen des jeweiligen Objekts angefügt.

In entsprechender Weise ist in Visual Basic for Applications der Umgang mit *Methoden* geregelt. Methoden sind vordefinierte Programme (d.h. Prozeduren oder Funktionen), die angewendet werden können, um in Makros Objekte als Ganzes oder spezielle Objekteigenschaften in der Weise auszuwerten oder zu manipulieren, wie dies ansonsten im Umgang mit Tabellen durch die Funktionen von Excel im Dialog direkt möglich ist. Beispiele sind: das Öffnen einer Mappe, das Speichern einer Tabelle, das Auswählen, Kopieren, Einfügen und Löschen von Zellen, usw. Durch die folgenden Zeilen wird beispielsweise ein Bereich einer Tabelle markiert und kopiert:

```
Range ("f10:g10").Select
Selection.Copy
```

Auch hier folgt die Methode dem Objektnamen durch einen Punkt voneinander getrennt. So einfach diese beiden Zeilen auf den ersten Blick erscheinen mögen, sie bedürfen für ein richtiges Verständnis einiger weiterer Erläuterungen:

Visual Basic for Applications arbeitet für den Zugriff auf Objekte mit sogenannten „aktiven“ Objekten. Durch die Methode „Select“ (oder die Methode „activate“, auf die hier aber nicht näher eingegangen werden soll) wird ein Objekt als aktives Objekt erklärt (im Dialogbetrieb würde dies z.B. durch Markieren eines Bereichs mit der Maus erfolgen). Dabei wird (stillschweigend) eine zugrundeliegende Tabelle, auf die sich der angegebene Bereich bezieht und die zu einer Arbeitsmappe der Excel-Anwendung gehört, vorausgesetzt. Insofern ist „Range“ hier in einer Doppelrolle als Objekt und Methode. Als Methode wird „Range“ auf die per Voreinstellung aktive Anwendung (das Objekt „Application“) angewendet (die wegen dieser Voreinstellung nicht extra mit aufgeführt werden muß) und verändert dessen Eigenschaft „Selection“. Dann führt die Methode „Range“ zu einem aktiven Zellenbereich (Range-Objekt) als ausgewähltes Objekt, auf das durch die Eigenschaft „Selection“ des Objekts „Application“ verwiesen wird. Mit der Methode „Copy“, angewendet auf das per „Selection“-Eigenschaft bestimmte Objekt, wird der aktive Zellenbereich in die Zwischenablage kopiert.

In genau der gleichen Art und Weise verweist die Eigenschaft „ActiveCell“ des Objekts „Application“ auf die mittels der Methode „Range“ für aktiv erklärte Zelle des Arbeitsblattes (vgl. Bild 13.22).

Funktionsweise der Prozedur „neue_eingabe“

Nach diesen Erläuterungen sehen wir uns die Funktion der Prozedur „neue_eingabe“ aus Bild 13.22 noch einmal im Detail an:

`Rows("9:9").Select`	Die Methode „Rows“, angewendet auf das nicht aufgeführte Applications-Objekt führt zu einem Verweis in der Selection-Eigenschaft von Application auf die Zeile 9 als den aktiven Bereich
`Selection.Insert Shift:=xlDown`	Die Methode „Insert“, angewendet auf den aktiven Bereich mit dem Parameter Shift:=xlDown (alle existierenden Zeilen um eine Zeile nach unten verschieben) führt zu einer neuen leeren Zeile vor Zeile 9
`Range("f10:g10").Select` `Selection.Copy`	Der Bereich „f10:g10“ wird aktiver Bereich und in die Zwischenablage kopiert (siehe auch die Erläuterungen oben).
`Range("f9:g9").Select` `ActiveSheet.Paste`	Der Bereich“f9:g9“ wird aktiver Bereich, in ihn wird der Inhalt der Zwischenablage eingefügt (Paste ist eine Methode, die nur für Tabellen definiert ist, deshalb die Anwendung der Methode auf die aktive Tabelle und hier in den zuvor aktivierten Bereich)
`Range("c9").Select` `ActiveCell.Value = 1`	Die Zelle c9 wird aktiver Bereich, ihrer Eigenschaft Value wird der Wert 1 zugewiesen (siehe auch die Erläuterungen oben).
`Range("d9").Select`	Die Zelle d9 wird aktiver Bereich (nach Beendigung des Makros soll der Benutzer in dieses Feld einen Wert eingeben)

13.3.2 Der Umgang mit Variablen und die Ablaufsteuerung in Prozeduren in Visual Basic for Applications

Zur weiteren Diskussion einiger Konzepte von Visual Basic for Applications wollen wir uns noch einmal die Problemstellung von Bill zum Umgang mit Bestellungen vor Augen führen. In Szene 4.2 hatte er den in Bild 13.23 abgebildeten

Algorithmus für das Erstellen von Rechnungen skizziert. Dieser Algorithmus soll in eine VBA-Prozedur „rechnung_erstellen" umgesetzt werden.

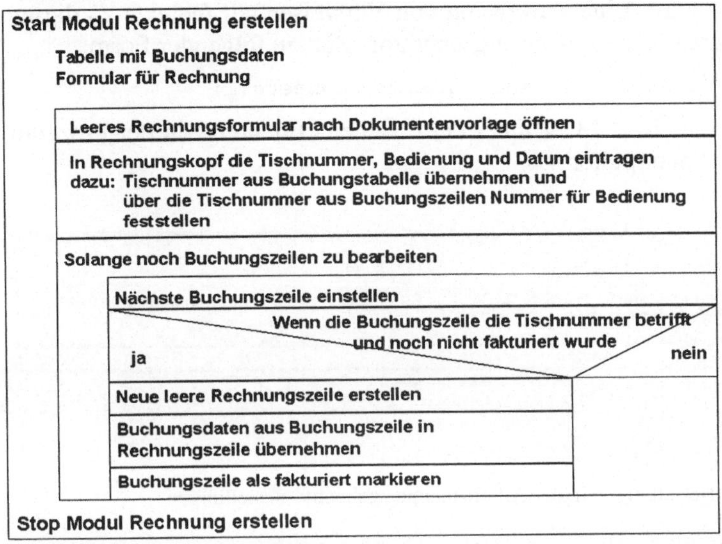

Start Modul Rechnung erstellen
Tabelle mit Buchungsdaten
Formular für Rechnung

Leeres Rechnungsformular nach Dokumentenvorlage öffnen

In Rechnungskopf die Tischnummer, Bedienung und Datum eintragen
dazu: Tischnummer aus Buchungstabelle übernehmen und über die Tischnummer aus Buchungszeilen Nummer für Bedienung feststellen

Solange noch Buchungszeilen zu bearbeiten

Nächste Buchungszeile einstellen

Wenn die Buchungszeile die Tischnummer betrifft und noch nicht fakturiert wurde
ja / **nein**

Neue leere Rechnungszeile erstellen

Buchungsdaten aus Buchungszeile in Rechnungszeile übernehmen

Buchungszeile als fakturiert markieren

Stop Modul Rechnung erstellen

Bild 13.23: Der Algorithmus „Rechnung erstellen"

Zunächst ist festzustellen, daß in dem Algorithmus „Rechnung_erstellen" parallel mit zwei Tabellen in zwei verschiedenen Arbeitsmappen gearbeitet werden muß: der Tabelle „gebuchte Bestellungen" und der nach einer Mustervorlage (vgl. Abschnitt 12.2) neu zu erstellenden Tabelle „Rechnung". In der Prozedur „rechnung_erstellen" nur mit dem Konzept der aktiven Objekte wie im letzten Abschnitt zu arbeiten wäre umständlich; besser ist eine Möglichkeit, beide Objekte gleichzeitig in der Prozedur ansprechen zu können. Möglich wird dies in Visual Basic for Applications durch das Konzept der Objektvariablen.

Objektvariable in Visual Basic for Applications sind Variable in dem Sinn, wie wir sie in Abschnitt 13.2.5 eingeführt haben. Sie enthalten aber nicht direkt einzelne Werte eines Datentyps, sondern beinhalten Verweise auf Objekte und haben einen Datentyp, der dem Objekt, auf das sie verweisen, entspricht. Objektvariable müssen in VBA vor der Benutzung deklariert werden. Die Deklarationen:

```
Dim Rechnungwb As Workbook
Dim Rechnung As Worksheet
Dim Buchung As Worksheet
Dim Buchungszeilen As Range
```

Am Anfang der Prozedur „rechnung_erstellen" ist in Visual Basic for Applications die Form, durch die eine Variable „Rechnungswb" als Arbeitsmappe, die

Variablen „Rechnung" und „Buchung" als Tabellen und die Variable „Buchungszeilen" als Bereich zu vereinbaren sind. Die Namen der Variablen sind frei wählbar, es ist aber zu empfehlen, sie so festzulegen, daß aus ihnen die Bedeutung der Variablen erkennbar wird. Eine Zuweisung von Verweisen auf Objekte zu diesen Variablen erfolgt durch einen Zuweisungsoperator „Set" in folgender Form:

```
Set Buchung = ThisWorkbook.Worksheets(1)
```

Jetzt ist die Tabelle aus Bild 13.24 unter dem Namen "Buchung" in der Prozedur „rechnung_erstellen" manipulierbar.

neue Bestellung buchen   Für Tisch 2   Rechnung erstellen

	A	B	C	D	E	F	G	H
4	Bedienung	Tisch	Gericht	Anzahl	Art	Preis	Gesamt	Fakturiert
5	111	2	40	3	0,3l Rotwein, trocken	7,50	22,50	0
6	111	2	500	3	Fischplatte, deluxe	28,50	85,50	0
7	333	4	20	2	0,3l Pils	3,50	7,00	1
8	333	4	400	2	Räucherlachs	23,50	47,00	1

Bild 13.24: Tabelle mit Bestellungen in der Arbeitsmappe „gebuchte Bestellungen"

Diese Anweisung bedarf einiger zusätzlicher Anmerkungen. Es wird vorausgesetzt, daß die zu erstellende Prozedur der Arbeitsmappe „gebuchte Bestellungen" zugeordnet ist. Auf diese Arbeitsmappe wird in VBA durch „ThisWorkbook" verwiesen. Worksheets ist eine Methode, über die innerhalb einer Arbeitsmappe auf sämtliche hier definierten Tabellen zugegriffen wird. Über den Parameter „1" wird in diesem Fall die erste Tabelle der Mappe gewählt (das ist diejenige, die die zu verarbeitenden Buchungszeilen enthält).

Vor einer Zuweisung der entsprechenden Objekte an die Variablen „Rechnung" und „Rechnungwb" muß ein Rechnungsformular entsprechend der Mustervorlage geöffnet werden. Generell gibt es dafür eine Methode „Open", die mit dem Namen der zu öffnenden Datei als Parameter auf Workbook-Objekte angewendet wird und folgende Form hat:

```
Workbooks.Open(Dateiname)
```

Der Dateiname kann direkt als String angegeben werden. Wir wollen hier zur Demonstration der Möglichkeiten von VBA aber einen anderen Weg gehen:

Jeder vollständige Dateiname (vom Wurzelverzeichnis des peripheren Speichers aus betrachtet) setzt sich zusammen aus einer Pfadangabe für das Verzeichnis, in dem die Datei gespeichert ist, und dem eigentlichen Dateinamen (vgl. die Abschnitte 7.1.3.5 und 7.3). Sofern die Mustervorlage „Rechnung.xlt" genannt wurde („xlt" ist für Excel die Dateinamenserweiterung für Mustervorlagen) und diese Vorlage im gleichen Verzeichnis gespeichert ist, wie die Datei mit der Tabelle

„gebuchte Bestellungen“, so ist der Pfad der zu öffnenden Datei identisch mit dem Pfad dieser Datei (d.h. der, in der die zu erstellende Prozedur definiert ist). Mit der Methode „Path“ kann auf diese Pfadangabe wie folgt zugegriffen werden:

```
ThisWorkbook.Path
```

Sowohl der Pfad wie auch der eigentliche Dateiname sind Textelemente, d.h. vom Datentyp String (vgl. Abschnitt 13.2.4) und können durch die Operation Konkatenation zu einem String zusammengefügt werden. Hierfür verwenden wir eine zusätzliche Variable „Dateiname“ vom Typ String und deklarieren sie am Anfang der Prozedur:

```
Dim Dateiname As String

...

Dateiname = This Workbook.Path + "Rechnung.xlt"

Set Rechnungwb = Workbooks.Open(Dateiname)

Set Rechnung = Rechnungwb.Worksheets(1)
```

Jetzt ist die Tabelle aus Bild 13.25 unter dem Namen "Rechnung" in der Prozedur „rechnung_erstellen“ manipulierbar.

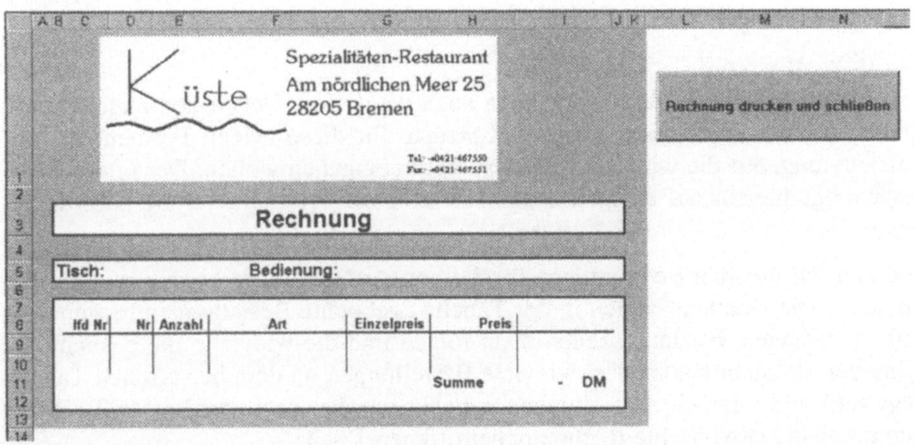

Bild 13.25: Das zu bearbeitende Rechnungsformular

Der eigentliche erste Schritt im Algorithmus „Rechnung erstellen“ (vgl. Bild 13.23) betrifft den Rechnungskopf, in den die Tischnummer, der Name der Bedienung und ein Rechnungsdatum eingetragen werden sollen. Die Tischnummer ist sehr einfach zu ermitteln, sie ist im Feld „f4“ der Tabelle „gebuchte Bestellungen“ eingetragen (vgl. Bild 13.24), um die Erstellung der Rechnung einzuleiten. Für die Feststellung des Namens der Bedienung ist ein etwas aufwendigerer Weg nötig, da nicht explizit angegeben wird, wer die Rechnung erstellen will. Hierfür gehen wir in zwei Schritten vor:

Zunächst ermitteln wir aus den Buchungszeilen der Tabelle „gebuchte Bestellungen" über die Tischnummer in Spalte B die Nummer der für die Rechnung verantwortlichen Bedienung in Spalte A (vgl. Bild 13.24). Hierfür ist es nötig, solange die Buchungszeilen vom Anfang her zu durchlaufen, bis die erste Buchung zu der vorgegebenen Tischnummer gefunden ist. Aus dieser Buchungszeile ergibt sich die Nummer der Bedienung. Für die Ablaufsteuerung zur Lösung dieser Aufgabe benötigen wir die Alternative („wenn in der Buchungszeile die vorgegebene Tischnummer angegeben ist, soll etwas gemacht werden") und die Wiederholung („solange die einzelnen Buchungszeilen bearbeiten, bis die mit der gesuchten Tischnummer gefunden ist").

Eine mögliche Form in Visual Basic for Applications ist

für die Alternative:

```
If Bedingung Then
Anweisungen
Else
Anweisungen
End IF
```

und für die Wiederholung:

```
While Bedingung
Anweisungen
Wend
```

Der „Else"-Teil einer Alternative kann auch wegfallen. Neben den angegebenen gibt es in VBA eine Reihe weiterer Konzepte für diese beiden Formen der Ablaufsteuerung, auf die wir hier aber nicht näher eingehen wollen. Der interessierte Leser möge hierfür auf entsprechende Literatur zur Programmierung zurückgreifen.

Widmen wir uns den Bedingungen für die notwendige Wiederholung und die Alternative: Die Buchungszeilen in der Tabelle „gebuchte Bestellungen beginnen in Zeile 5. Wieviele Buchungszeilen dann folgen und die wievielte die gesuchte ist ist unklar, da nicht bekannt ist wieviele Bestellungen an dem betroffenen Tag erfolgt sind und wieviele Bestellungen gebucht wurden nach der letzten Buchung zum durch die gewünschte Rechnung betroffenen Tisch.

In VBA gibt es für ein Tabellenobjekt eine Methode, um den durch Eingaben ausgefüllten Bereich der Tabelle zu bestimmen und es gibt für ein Bereichsobjekt eine Methode, dessen Anzahl an Zeilen festzustellen. Beide Methoden nutzen wir in der Prozedur „rechnung_erstellen", um die maximale Anzahl zu behandelnder Zeilen zu ermitteln. Wir vereinbaren dazu einige neue Variable.

```
Dim Tisch As Integer
Dim Bedienung As Integer
```

```
              Dim Zaehler As Integer
              Dim Ende As Integer
              ...
(1)           Tisch = Buchung.[f2]
(2)           Set Buchungszeilen = Buchung.UsedRange
(3)           Zähler = 5
(4)           Ende = Buchungszeilen.Rows.Count
```

Durch (1) wird der Wert des Zelle „f2“ aus dem Objekt, auf das die Objektvariable „Buchung“ verweist bei der Variablen „Tisch“ gespeichert. (2) weist der Objektvariablen „Buchungszeilen“ den benutzten Bereich aus der Tabelle „Buchung“ zu. Durch (3) wird bei der Variablen „Zaehler“ festgehalten, daß die Buchungszeilen innerhalb des benutzten Bereich bei Zeile 5 beginnen. Anweisung (4) vermerkt schließlich bei der Variablen „Ende“ die Nummer der letzten Zeile des benutzten Bereichs der Tabelle „gebuchte Bestellungen“. Damit haben wir für die Wiederholung bei „Zaehler“ einen Start- und bei „Ende“ einen Endwert.

Für die Bedingung der Alternative muß in jeder betroffenen Zeile auf den Wert der Zelle in Spalte B zugegriffen und dieser mit der Tischnummer verglichen werden. Ein solcher Zugriff kann in VBA besonders komfortabel über die Methode Cells, mit Parametern für eine Zeilen- und eine Spaltennummer angewendet auf Bereichsobjekte erfolgen. Wir demonstrieren diese Methode gleich durch die für unsere Prozedur „rechnung_erstellen“ nötigen Anweisungen:

```
(1)           While Zaehler <= Ende
(2)                  If Buchungszeilen.Cells(Zaehler,2) = Tisch Then
(3)                     Bedienung = Buchungszeilen.Cells(Zaehler,1)
(4)                     Rechnung.[e5] = Bedienung
(5)                     Zaehler = Ende
(6)                  End IF
(7)                  Zaehler = Zaehler + 1
(8)           Wend
(9)           Rechnung.[d5] = Tisch
(10)          Rechnung.[i5] = Now
```

Die Anweisungen (1), (7) und (8) regeln die Wiederholung der Bearbeitungsschritte für jede einzelne Zeile des betroffenen Bereichs und halten bei der Variablen „Zaehler“ die Zeilennummer der gerade betrachteten Zeile fest. Diese Zeilennummer gemeinsam mit der Spaltennummer 2 (die Spalte B in der Tabelle „gebuchte Bestellungen“) wird in der Anweisung 2 genutzt, um durch die Methode Cells den Wert der angegebenen Zelle mit der Tischnummer zu vergleichen.

Sind beide Werte gleich, wird in Anweisung (3) der Wert der Spalte 1 (die Spalte A in der Tabelle „gebuchte Bestellungen“) dieser Zeile genommen und bei der Variablen „Bedienung“ zwischengespeichert, um ihn in Anweisung (4) in das Rechnungsformular einzutragen. Anweisung (5) sorgt dafür, daß nach Herausfinden der richtigen Nummer der Bedienung die Bearbeitung der nachfolgenden Buchungszeilen abgebrochen wird. Durch die Anweisungen (9) und (10) wird der Rechnungskopf durch die Tischnummer und durch das aktuelle Datum und die Uhrzeit (Funktion „now“) komplettiert.

Wer sich die Anweisung (4) in Verbindung mit dem Bild 13.25 genau ansieht, wird sich wahrscheinlich wundern, daß die Nummer einer Bedienung in das Feld „e5“ des Rechnungsformulars eingetragen wird, wo es doch eigentlich darum geht, im Rechnungsformular im Feld „g5“ den Namen der Bedienung aufzunehmen. Realisiert wird dies durch die „sverweis-Funktion“ (vgl. Abschnitt 12.2), die wir in der Mustervorlage für das Rechnungsformular aus Bild 13.25 im Feld „g5“ verwenden und dadurch mit dem Wert aus Feld „e5“ aus der Tabelle „Mitarbeiter“ (vgl. Szene 4.1) den Namen der Bedienung bestimmen. Durch Formatierung des Feldes „e5“ ist die dort vermerkte Nummer auf dem Rechnungsformular nicht sichtbar.

Bleibt als nächste Aufgabe unserer Prozedur „rechnung_erstellen“ das Heraussuchen der richtigen Buchuchungszeilen und die Übernahme der Werte in das Rechnungsformular, sowie die Markierung der Buchungszeilen als fakturiert (vgl. den Algorithmus in Bild 13.23). Wir lösen diese Aufgabe durch folgende Anweisungen:

```
     Dim Rechnungszeile As Integer
     ...
(1)  Zaehler = 5
(2)  Rechnungszeile = 0
(3)  While Zaehler <= Ende
(4)        If Buchungszeilen.Cells(Zaehler,2) = Tisch Then
(5)           If Buchungszeilen.Cells(Zaehler,8) = 1 Then
(6)              Zaehler = Ende
(7)           Else
(8)              Rechnung.Rows ("10:10").Select
(9)              Selection.Insert Shift:=xlDown
(8)              Rechnungszeile = Rechnungszeile + 1
(9)              Rechnung.Rows ("10:10").Select
(10)             Selection.Cells(4)=Buchungszeilen.Cells(Zaehler,3)
```

```
(11)            Selection.Cells(5)=Buchungszeilen.Cells(Zaehler,4)
(12)            Selection.Cells(6)=Buchungszeilen.Cells(Zaehler,5)
(13)            Selection.Cells(7)=Buchungszeilen.Cells(Zaehler,6)
(14)            Selection.Cells(8)=Buchungszeilen.Cells(Zaehler,7)
(15)            Buchungszeilen.Cells(Zaehler,8) = 1
(16)          End IF
(17)        End If
(18)        Zaehler = Zaehler + 1
(19) Wend
```

Mit der Feststellung, daß nur solange die Buchungszeilen der Tabelle "gebuchte Bestellungen" für eine Tischnummer bearbeitet werden, bis zu der Tischnummer eine bereits fakturierte Buchungszeile gefunden wird (Anweisungen (5) und (6)), denn dann sind alle nachfolgenden Buchungszeilen für den Tisch bereits in vorhergehenden Rechnungen berücksichtigt worden, sollte nach den vorangegangenen Erläuterungen die Funktionsweise dieses Programmabschnitts klar sein.

Einzig die Bedeutung der Variablen "Rechnungszeile" (Anweisungen (2) und (8))ist noch zu erklären: Wir merken uns hier die Anzahl der erstellten Rechnungszeilen, um durch die folgenden Anweisungen eine fortlaufende Numerierung der Rechnungszeilen in Spalte C der Rechnung wie folgt vorzunehmen:

```
(1) Rechnung.Columns(3).Select
(2) For Zaehler = 1 To Rechnungszeile
(3)     Selection.Cells(9+Zaehler) = Zaehler
(4) Next Zaehler
```

Dabei lernen wir eine zweite Form für Wiederholungen in Visual Basic for Applications kennen, die For/Next-Anweisung, die die Anweisung (3) eine vorher bestimmte Anzahl mal wiederholt und bei jedem Erreichen der Next-Anweisung den Wert von Zaehler um 1 erhöht. Mit der Methode "Columns" wird eine Zeile der Rechnung aktiviert (hier die dritte) und mit dem Parameter (9+Zaehler) in Anweisung (3) wird berücksichtigt, daß erst ab Zeile 10 im Rechnungsformular die Rechnungszeilen beginnen.

Zur Übersichtlichkeit führen wir unsere Prozedur "rechnung_erstellen" noch einmal komplett auf:

```
Sub rechnung_erstellen()

Dim Rechnungwb As Workbook
Dim Rechnung As Worksheet
Dim Buchung As Worksheet
Dim Buchungszeilen As Range
Dim Dateiname As String
```

```
Dim Tisch As Integer
Dim Bedienung As Integer
Dim Zaehler As Integer
Dim Ende As Integer
Dim Rechnungszeile As Integer

Set Buchung = ThisWorkbook.Worksheets(1)
Dateiname = This Workbook.Path + "Rechnung.xlt"
Set Rechnungwb = Workbooks.Open(Dateiname)
Set Rechnung = Rechnungwb.Worksheets(1)

Tisch = Buchung.[f2]
Set Buchungszeilen = Buchung.UsedRange
Zähler = 5
Ende = Buchungszeilen.Rows.Count
While Zaehler <= Ende
            If Buchungszeilen.Cells(Zaehler,2) = Tisch Then
                  Bedienung = Buchungszeilen.Cells(Zaehler,1)
                  Rechnung.[e5] = Bedienung
                  Zaehler = Ende
            End IF
            Zaehler = Zaehler + 1
Wend
Rechnung.[d5] = Tisch
Rechnung.[i5] = Now

Zaehler = 5
Rechnungszeile = 0
While Zaehler <= Ende
     If Buchungszeilen.Cells(Zaehler,2) = Tisch Then
           If Buchungszeilen.Cells(Zaehler,8) = 1 Then
             Zaehler = Ende
           Else
             Rechnung.Rows ("10:10").Select
             Selection.Insert Shift:=xlDown
             Rechnungszeile = Rechnungszeile + 1
             Rechnung.Rows ("10:10").Select
             Selection.Cells(4)=Buchungszeilen.Cells(Zaehler,3)
             Selection.Cells(5)=Buchungszeilen.Cells(Zaehler,4)
             Selection.Cells(6)=Buchungszeilen.Cells(Zaehler,5)
             Selection.Cells(7)=Buchungszeilen.Cells(Zaehler,6)
             Selection.Cells(8)=Buchungszeilen.Cells(Zaehler,7)
             Buchungszeilen.Cells(Zaehler,8) = 1
           End IF
     End If
     Zaehler = Zaehler + 1
Wend

Rechnung.Columns(3).Select
For Zaehler = 1 To Rechnungszeile
     Selection.Cells(9+Zaehler) = Zaehler
Next Zaehler

End Sub
```

Die Prozedur erstellt mit den Festlegungen für "gebuchte Bestellungen" aus Bild 13.24 die in Bild 13.26 dargestellte Rechnung.

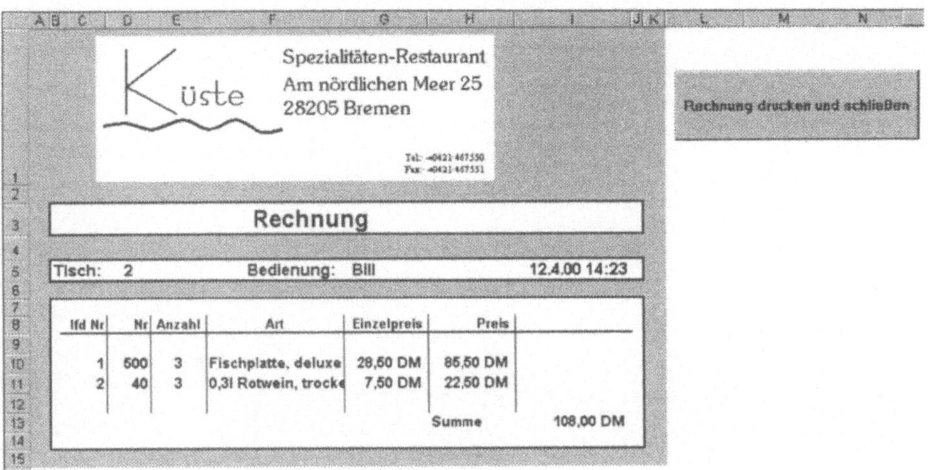

lfd Nr	Nr	Anzahl	Art	Einzelpreis	Preis
1	500	3	Fischplatte, deluxe	28,50 DM	85,50 DM
2	40	3	0,3l Rotwein, trock	7,50 DM	22,50 DM
				Summe	108,00 DM

Bild 13.26: Die durch die Prozedur "rechnung_erstellen" gebildete Rechnung

Es sei der Vollständigkeit halber angemerkt, daß die Summenbildung für die Rechnung per Formel in der Mustervorlage und damit im Rechnungsformular erfolgt und hier auch der Button (per Funktion "Makro aufzeichnen") definiert wurde, um die Rechnung auf einem Drucker auszugeben.

Sofern mit verschiedenen Daten die korrekte Funktion der Prozedur festgestellt wurde, sollte man sich noch Gedanken darüber machen, ob die Prozedur optimiert werden kann: Werden wirklich alle Variablen zur Problemlösung gebraucht? Kann die Funktion der Prozedur noch beschleunigt werden? Und dann fehlen für die Lösung der Aufgabe von Bill für das Restaurant natürlich noch Prozeduren zur Erstellung von Abrechnungen für die Mitarbeiter und zur Zusammenfassung der Umsätze. Sie sollten inzwischen aber eine Vorstellung davon haben, wie diese Prozeduren aussehen könnten.

Es ist weiter anzumerken, daß die Erläuterungen in den vergangenen beiden Abschnitten natürlich keine vollständige Einführung in die Programmiersprache Visual Basic for Applications sind und auch nicht sein sollten. Wir wollten stattdessen einen Eindruck vermitteln, wie für ein Problem der individuellen Informationsverarbeitung vorzugehen ist, um mit Excel funktionstüchtige Lösungen zu erreichen. Wir wollten weiter dazu anregen, sich selbst mit weitergehenderer Literatur zur Programmierung gründlicher in dieses Thema einzuarbeiten, um die Möglichkeiten von MS Excel (und genauso von MS Word und von MS Access) besser ausschöpfen zu können.

Szene 4.3: Lokale Netze

Bill fährt auch in den Semesterferien zur Hochschule, um in den Übungsräumen das Internet für die Recherche zu einer Hausarbeit zu nutzen. Zu seiner Überraschung muß er feststellen, dass alle Räume wegen Renovierungsarbeiten nicht zugänglich sind.

Zufällig trifft er auf dem Flur einen Mitarbeiter des Rechenzentrums. „Wann können die Räume denn wieder genutzt werden, und was wird da eigentlich renoviert?" fragt er ihn. Der Mitarbeiter scheint gerade Zeit zu haben und erklärt: „Im ganzen Haus wird die Gebäudeverkabelung auf Lichtwellenleiter umgestellt, deshalb müssen auch die Übungsräume neu verkabelt werden. Danach ist dann jeder Raum über einen Switch mit 100Mbit/s an das Glasfasernetz angeschlossen.

Vom Switch wird mit Twisted Pair und 10 Mbit/s weiter verkabelt. Dadurch werden wir endlich die alten Koax-Leitungen los. Zusätzlich erhält jedes Büro und jeder Hörsaal einen Glasfaseranschluß, dann muß bei allen Rechnern noch die Netzwerkkarte getauscht werden. Auch unsere Server sind davon betroffen. Im Keller steht ein neuer Router und bindet uns per ATM an das Landesbreitbandnetz an."

Bill hatte eine solch ausführliche Auskunft nicht erwartet und hat, wenn er ehrlich ist, auch nichts verstanden. Bisher hatte er es ja nur mit einzelnen Rechnern zu tun gehabt. Daß die PCs in den Übungsräumen irgendwie vernetzt waren, war Ihm schon klar, aber er hat sich nie weiter dafür interessiert.

„Was denn wohl ein Switch ist?" wirft Bill zaghaft ein..

„Switches arbeiten normalerweise so wie Bridges auf der Sicherungsschicht des ISO-OSI-Referenzmodells. Die grundlegende Funktion eines Switches entspricht der einer Bridge."

Der Mitarbeiter sieht an Bills Gesichtsausdruck, daß dieser das wohl nicht verstanden haben kann, und meint: „Aber das wirst Du auch noch alles in den Informatik-Veranstaltungen genauer erklärt bekommen. Die Arbeiten an den Räumen sind auf jeden Fall bis zum Semesterbeginn beendet."

Bill hofft sehr, daß Ihm im nächsten Semester alles genauer erklärt wird, denn jetzt hat er erst mal eine Menge unbeantworteter Fragen:

Was sind lokale Netze? Welche Verkabelungsarten unterscheidet man? Was bedeutet Ethernet? Was sind Router und Switches? Wie kommunizieren die Rechner im Netz miteinander? Was ist das ISO-OSI-Referenzmodell?

14 PCs über lokale Netze verbinden

Nach der Entwicklung der PCs wurden diese zunächst isoliert an den einzelnen Arbeitsplätzen eingesetzt. Seit Anfang der neunziger Jahre ist man dazu übergegangen, diese Rechner miteinander zu verbinden, um in Unternehmen den betrieblichen Anforderungen an die Rechnerausstattung gerecht zu werden (vgl. auch Abschnitt 16.3). Verbindet man mindestens zwei solcher Rechner, so erhält man ein Rechnernetzwerk (*Rechnernetz*, *lokales Netz*, Netzwerk).

Je nach der geographischen Ausdehnung eines Rechnernetzes unterscheidet man zwischen den Arten:

- *Local Area Network* (LAN): Die lokalen Netze sind in Ihrer Ausdehnung üblicherweise auf das Gelände eines Unternehmens begrenzt und können somit einer einzelnen Organisation zugeordnet werden. Datenübertragung findet hier extrem schnell und sehr sicher statt.
- *Metropolitan Area Network* (MAN): Im Deutschen am ehesten als Stadtnetz zu bezeichnen, deckt maximal das Gebiet einer Stadt (einer Metropole) ab. Hier sind viele unterschiedliche Organisationen angeschlossen. Datenübertragung findet hier extrem schnell und sehr sicher statt.
- *Wide Area Network* (WAN): Die Weitverkehrsnetze verbinden ohne räumliche Beschränkung, die technische Verbindung geschieht über Telekommunikationsanbieter, über die beliebig viele Organisationen anschließbar sind. Die Datenübertragungsgeschwindigkeit ist hoch, die Fehlerrate gering. Das Wide Area Net wird mitunter auch als *Global Area Net* (GAN) bezeichnet.
- *Corporate Network*: Auch ein Rechnernetz ohne räumliche Beschränkung, aber einer einzelnen Organisation zugeordnet.

Die technischen Grundlagen und Anwendungsmöglichkeiten von Weitverkehrsnetzen hatten wir bereits in den Kapitel 9, 10 und 11 beschrieben. Hier wird es im Folgenden vor allem um Gesichtspunkte zu lokalen Netzen gehen. Deren Bedeutung ist in den vergangenen Jahren kontinuierlich gestiegen und praktisch „jedes Büro ist heute vernetzt", d.h. die Rechner sind über ein Rechnernetz miteinander verbunden. Die Gründe hierfür sind sicherlich vielfältig. Generell werden als Vorteile des Einsatzes von lokalen Netzwerken für kleinere und größere Unternehmen gewöhnlich angeführt:

- Der *Datenverbund*:
  Vorhandene Datenbestände können allen Netzbenutzern unabhängig vom jeweiligen physischen Speicherort zur Verfügung gestellt werden.

- Der *Kommunikationsverbund*:
  Jeder Netzwerknutzer kann mit allen anderen Netzwerknutzern kommunizieren, z.B. über Elektronische Post oder öffentliche Diskussionsforen.
- Der *Funktionsverbund*:
  Die im Netz vorhandene Hard- und Software kann durch jeden Netzwerkteilnehmer genutzt werden, z.B. gemeinsame Nutzung von Druckern, Netzinstallationen von Software.
- Der *Sicherheitsverbund*:
  Bei Ausfall eines Servers kann ein anderer Server im Netzverbund mit identischem Daten- und Programmbestand die Funktion des ausgefallenen Servers übernehmen und somit Ausfallzeiten vermeiden.
- Der *Lastverbund*:
  Aufträge werden innerhalb des Netzes je nach Ausstattung und Auslastung der einzelnen Rechner auf diese verteilt, um eine bessere Gesamtausnutzung zu erreichen.
- Der *Leistungsverbund*:
  Anstehende rechenzeitintensive Aufträge können auf mehrere Rechner aufgeteilt werden, um Engpässe zu überwinden.

Voraussetzung für das Erreichen solcher Vorteile ist die korrekte Funktion eines Rechnernetzes, d.h. eine funktionstüchtige Kommunikation zwischen den angeschlossenen Rechnern für den Austausch von Information zwischen ihnen. Während die menschliche Kommunikation für uns etwas Alltägliches ist stellt sich die Kommunikation zwischen technischen Systemen als sehr komplexer Prozeß dar. Zum besseren Verständnis des vielfältigen Regelungsbedarfs dieses Prozesses wollen wir zunächst kurz einige Grundkonzepte zur Kommunikation in Rechnernetzen betrachten und dabei immer wieder Parallelen zur Kommunikation zwischen Menschen ziehen, auch wenn menschliche Kommunikation natürlich um ein Vielfaches komplexer und vielfältiger ist als die Kommunikation zwischen Rechnern.

Dabei ist festzustellen, daß für eine erfolgreiche Kommunikation auf mehreren Ebenen Absprachen zwischen den Kommunikationspartnern getroffen werden müssen – bei der menschlichen Kommunikation oft nicht ausgesprochen, sondern stillschweigend vorausgesetzt. Solche Absprachen oder Regeln für die Funktion von Rechnernetzen werden als *Protokolle* bezeichnet. Die Protokolle werden umgesetzt in Programme, die auf den im Netz verbundenen Computern installiert werden und die Kommunikation steuern. So, wie bei der menschlichen Kommunikation unterschiedliche Regeln gelten – eine sehr fundamentale Regel betrifft hier beispielsweise die verwendete Sprache, und zwei Menschen können nur dann kommunizieren, wenn sie die gleiche Sprache benutzen oder einen Dolmetscher einsetzen -, so wurden auch für Rechnernetze unterschiedliche Regeln, d.h. Protokolle entwickelt und nur bei Verwendung gleicher Protokolle auf den an der Kommunikation beteiligten Rechnern kann die Kommunikation erfolgreich sein.

Eine Beschreibung der wesentlichen Protokolle für die Kommunikation in Rechnernetzen schließt sich in im zweiten Abschnitt dieses Kapitels an die Erläuterung der Grundkonzepte an.

Zum Abschluß dieses Kapitels folgen dann einige Bemerkungen zur Kopplung von Rechnernetzen, durch die eine Kommunikation zwischen Rechnern ermöglicht wird auch wenn diese mit unterschiedlichen Protokollen für den Austausch von Information arbeiten.

14.1 Konzepte zur Kommunikation in Rechnernetzen

14.1.1 Allgemeine Grundkonzepte

Für die Kommunikation in technischen Systemen sind wie bei der menschlichen Kommunikation zunächst einige physikalische Grundvoraussetzungen zu erfüllen: man braucht Geräte zum Senden und zum Empfangen von Nachrichten (Mund und Ohr bei Menschen, eine Netzwerkkarte bei Rechnern) und man braucht ein Medium, das die Nachricht überträgt (Luft und Schallwellen bei Menschen, ein Leiter und Strom bzw. Licht bei Rechnern). Eine physikalische Verbindung von zwei oder mehr Rechnern über ein solches Medium wird für Rechnernetze auch als *Kanal* bezeichnet. Anstelle des Begriffs „Nachrichten" wird in Verbindung mit Rechnernetzen etwas ungenau auch häufig von „Datenübertragung" gesprochen (vgl. die Erläuterungen in Abschnitt 1.1)

Der Benutzung eines Kanals liegen einige grundsätzliche Vorgehensweisen und Regeln zugrunde:

- Ebenso, wie bei einer Gruppe von Menschen nicht alle auf einmal reden sollten, da dann keiner etwas versteht, kann der Kanal in einem Rechnernetz zu einem Zeitpunkt nur von einem Kommunikationsteilnehmer genutzt werden.
- Bei der menschlichen Kommunikation kann man bei geringer Entfernung der Kommunikationspartner direkt mit seinem Gegenüber kommunizieren, bei größeren Entfernungen benutzt man technische Verstärker (z.B. ein Megaphon) oder man kann auf zwischengeschaltete Vermittler setzen (eine witzige Form dieser Variante ist das Kinderspiel „Stille Post"). Ebenso verhält es sich bei Computern in Rechnernetzen: Zwei Rechner können den Kanal direkt nutzen, übertragene Signale können bei größeren Entfernungen verstärkt werden oder die Kommunikation verläuft über Vermittlungsstationen. Bei der direkten

Nutzung des Mediums spricht man in Rechnernetzen von einem *Rundsendesystem*, bei der Nutzung von Vermittlungsstationen von einem *Vermittlungssystem.*

- In einem Vermittlungssystem kann für die gesamte Dauer der Kommunikation eine durchgehende physikalische Leitung vom Sender über die Vermittlungsstationen zum Empfänger genutzt werden (*Leitungsvermittlung*), hier reichen die Vermittlungsstationen die Nachricht nur weiter. Oder eine Leitung wird nur jeweils zwischen zwei Stationen auf dem Weg vom Sender zum Empfänger aufgebaut (*Speichervermittlung*). Hier nehmen die Vermittlungsstationen die Nachrichten auf und speichern sie, schließen die Verbindung zur vorherigen Station, bauen eine Verbindung zu nachfolgenden Station auf und übertragen dann die gespeicherten Daten.
- Sind an einen Kanal gleichzeitig mehrere Kommunikationspartner angeschlossen – wie bei der menschlichen Kommunikation eine Gruppe von Menschen in einem Raum -, so ist der gewünschte Empfänger einer Nachricht durch den Sender festzulegen. Jeder Rechner eines Rechnernetzes verfügt dazu über eine *Adresse* und die Daten werden für die Übertragung adressiert.
- Wenn in einem Vermittlungssystem oder einem Rundsendesystem jeder beteiligte Rechner jederzeit für eingehende Nachrichten empfangsbereit ist, spricht man von *verbindungsloser Kommunikation*, ist dagegen vor einem Nachrichtenaustausch eine Anmeldung des Senders notwendig - bei der menschlichen Kommunikation nach dem Motto: „Können wir mal kurz miteinander reden ..." -, spricht man von *verbindungsorientierter Kommunikation* in Rechnernetzen.

14.1.2 Topologien

Unter der *Netzwerktopologie* versteht man die Struktur der Verbindungen zwischen den einzelnen Rechnern des Netzwerkes. Man unterscheidet zwischen den Grundformen Bus, Ring, Stern, Vermascht und Backbone, die im folgenden näher vorgestellt werden. In der Praxis trifft man häufig auch auf Mischformen dieser Topologien, sogenannte gekoppelte Netze.

Bustopologie

Bei einem *Busnetz* sind alle beteiligten Rechner an ein gemeinsames Datenübertragungsmedium in Linienform (Bus) angeschlossen. Es handelt sich um ein Rundsendesystem, alle Teilnehmer hören den Bus ab und nehmen nur die für sie bestimmten Nachrichten entgegen.

Die Nachrichtenübertragung erfolgt auf dem Bus in beliebigen Richtungen. Nicht beteiligte Rechner verhalten sich dabei passiv, dadurch beeinträchtigt ein Ausfall solcher Stationen die Kommunikation der übrigen Rechner nicht, lediglich die gestörten Stationen selbst sind nicht mehr erreichbar. Die Ausfallsicherheit in einem Busnetz ist demnach sehr hoch.

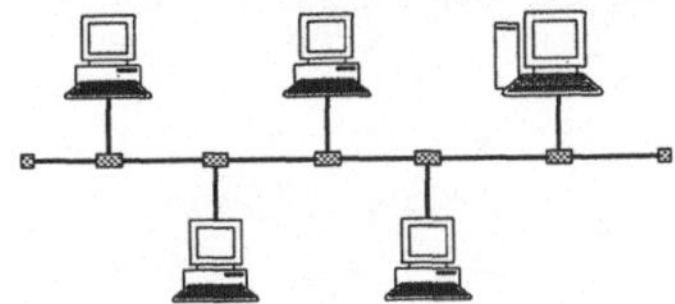

Bild 14.1: Bustopologie

Ringtopologie

In einer *Ringstruktur* ist jeder Rechner mit genau zwei anderen Rechnern durch je eine direkte Leitung verbunden.

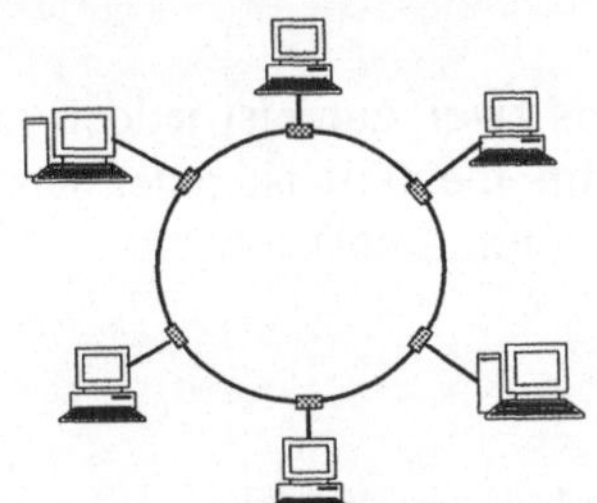

Bild 14.2: Ringtopologie

Die Übertragung erfolgt aktiv von einem Rechner zum nächsten, bis der Zielrechner erreicht ist. Es handelt sich um ein Vermittlungssystem. Die Ausfallsicherheit in einer solchen Netzwerktopologie ist niedrig. Bei Ausfall einer Verbindung ist zwar immer noch jeder Rechner im Netz erreichbar, fällt jedoch ein Rechner im Netz aus, ist die aktive Datenübertragung unterbrochen.

Sterntopologie

Bei einem *Sternnetz* existiert ein zentraler Rechner, der mit jedem anderen Rechner durch eine direkte Leitung verbunden ist.

Da keine anderen Verbindungen vorhanden sind, ist der zentrale Rechner bei jeder Übertragung beteiligt, er besitzt die Vermittlerrolle. Diese Struktur ist dann sinnvoll, wenn im Netz hauptsächlich auf einen zentralen Server (vgl. Abschnitt 16.3.3) zugegriffen wird.

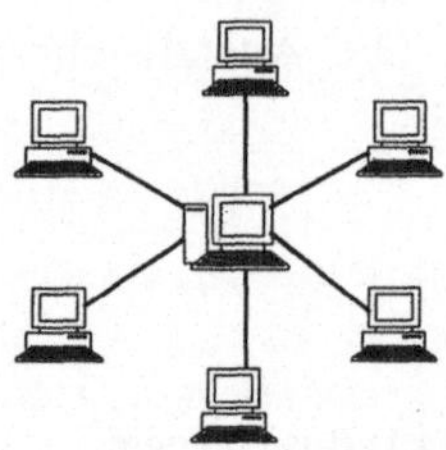

Bild 14.3: Sterntopologie

Diese Netztopologie hat den Vorteil einer einfachen und kostengünstigen zentralen Netzverwaltung. Zudem betrifft der Ausfall einer Verbindung immer nur einen Rechner im Netz. Andererseits muß der verwendete Server sehr leistungsfähig sein. Ein Ausfall des zentralen Rechners betrifft alle anderen Rechner im Netz.

Vermascht

Jeder Knoten eines *Maschennetzes* ist mit mindestens zwei, zumeist jedoch mehreren anderen Konten, verbunden (teilvermascht). Im Idealfall ist jeder Knoten unmittelbar mit jedem andern Knoten verbunden (vollvermascht).

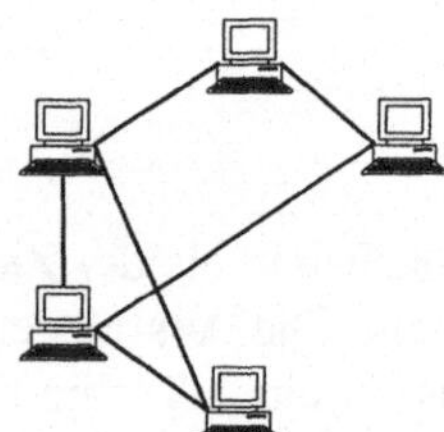

Bild 14.4: Maschentopologie

Da hier jeder Knoten mit beliebigen anderen Knoten kommunizieren kann, ist die Ausfallsicherheit dieser Topologie sehr hoch. Durch die große Anzahl der Verbindungen entsteht jedoch ein sehr hoher Aufwand für die Verkabelung. Ein vollvermaschtes Netz wird in der Praxis daher nicht installiert.

Gekoppelte Netze

Hierbei handelt es sich um eine Verbindung gleichartiger oder unterschiedlicher Netze miteinander (beispielsweise praktiziert im Internet, vgl. Kapitel 9). Dafür existiert in jedem einzelnen Rechnernetz ein Rechner, der für die Verbindung zu anderen Netzen zuständig ist (Gateway, vgl. Abschnitt 9.3.3, bzw. Abschnitt 14.3).

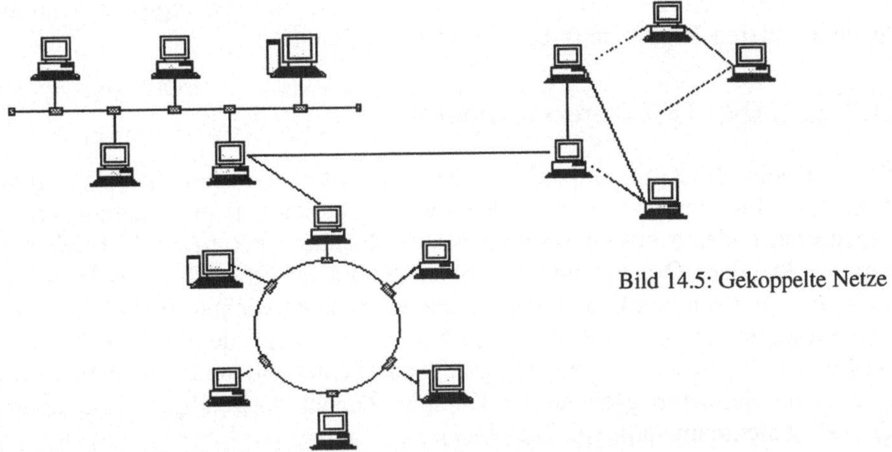

Bild 14.5: Gekoppelte Netze

Backbones

Ein *Backbone-Netz* ist ein Netz zur Verbindung von Netzen gleicher oder unterschiedlicher Topologie mit hoher Geschwindigkeit (vgl. Kapitel 9). In jedem Teilnetz ist eine Station für den Anschluß an das Backbone-Netz erforderlich.

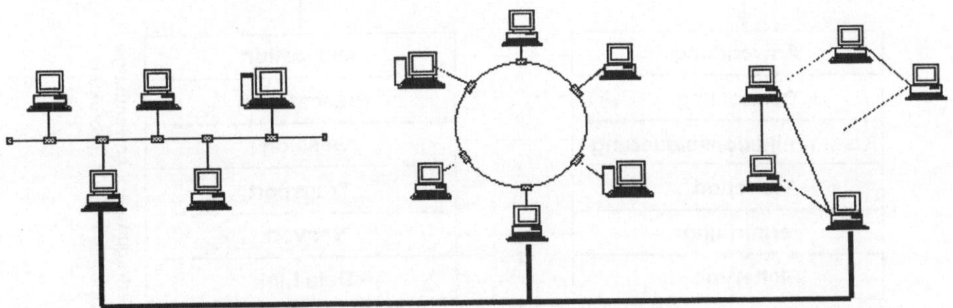

Bild 14.6: Backbone

Mit der Topologie eines Rechnernetzes sind grundsätzliche Eigenschaften für die Funktion verbunden, wie z.B. das Rundsendeprinzip im Busnetz oder das Vermittlungsprinzip im Ringnetz. Insofern betrifft die Topologie eine logische Struktur der Verbindung von Rechnern.

Davon getrennt zu betrachten ist die physikalische Struktur von Rechnernetzen, d.h. in welcher Form die Leitungen zur Verbindung der Rechner verlegt werden. Auch hierfür wird (verwirrenderweise) in der Regel der Begriff Topologie verwendet. Dabei ist es dann möglich und in der Praxis heute auch häufig zu finden, daß in Rechnernetzen die physikalische Struktur nach der einen Topologie (z.B.

durch eine sternförmige Verkabelung) aufgebaut ist und die logische Struktur nach einer anderen Topologie (z.B. busförmig) funktioniert.

14.1.3 Das ISO-OSI Referenzmodell

Mit der Absicht, die Kommunikation in Rechnernetzen zu standardisieren, wurde von der ISO (International Organization for Standardization) in Zusammenarbeit mit mehreren anderen Normungsgremien das Rechnernetzkonzept *ISO-OSI* (International Standard Organisation Reference Model für Open Systems Interconnection) für die Kommunikation technischer Systeme entwickelt. Es unterteilt die für die Kommunikation von Rechnern in Netzen festzulegenden Regeln und Verhaltensweisen in einzelne Betrachtungsebenen (Schichten) und reduziert so für jede einzelne Betrachtungsebene die Komplexität der notwendigen Regelungen (ISO-OSI-Schichtenmodell, vgl. Bild 14.7).

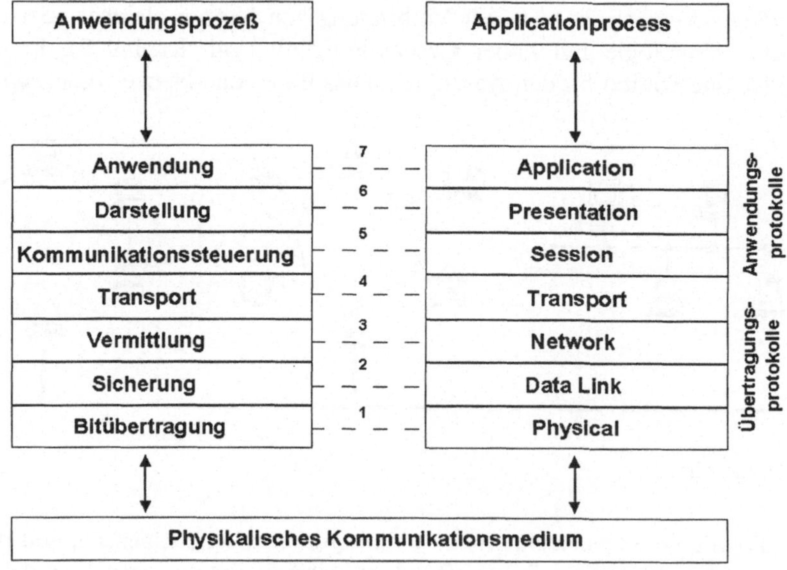

Bild 14.7: ISO-OSI-Schichtenmodell zur Architektur von Rechnernetzen

Mit diesem Architekturmodell wurde gleichzeitig für jede Schicht ein Satz von Kommunikationsprotokollen festgelegt. Da das ISO-OSI Schichtenmodell entwickelt wurde nachdem Unternehmen erste Verfahren und Protokolle für Rechnernetze entwickelt und umgesetzt hatten, die sich in der Praxis bewährten und kontinuierlich weiterentwickelt wurden, konnten die ISO-OSI-Kommunikationsprotokolle sich allerdings nicht wie gewünscht am Markt durchsetzen.

Durch die Aufteilung der komplexen Zusammenhänge in einzelne Betrachtungsebenen eignet sich das Schichtenmodell jedoch hervorragend als Richtschnur für die Klärung der Sachverhalte und zur Erläuterung der verschiedenen in der Praxis eingesetzten Lösungen zur Sicherstellung der Funktion von Rechnernetzen.

Die Kommunikation in Rechnernetzen wird im ISO-OSI-Modell in sieben Schichten bzw. Ebenen unterteilt, wobei jede Schicht sogenannte Dienste erbringt, d.h. einen genau festgelegten Anteil zum Zustandekommen von Kommunikation zwischen Rechnern realisiert.

Die notwendigen Arbeiten zum Bereitstellen einer Verbindung und zur Datenübertragung auf den Schichten 1 bis 4 werden als Transportdienste bezeichnet. Die hier verwendeten Protokolle dienen dem Aufbau, dem Betrieb und dem Abbau von Verbindungen zwischen vernetzten Rechnern. Man spricht in diesem Zusammenhang auch von den Übertragungsprotokollen. Die Schichten 5-7 beinhalten Anwendungsdienste – darunter ist zu verstehen, daß Anwendungsprogramme (Anwendungsprozeß) der Rechner im Netz durch sie die Möglichkeit zur Kommunikation erhalten - und basieren auf sogenannten Anwendungsprotokollen (vgl. Bild 14.7). Die verwendeten Übertragungsprotokolle können entweder einzelnen Schichten direkt zugeordnet werden, oder sie übernehmen die Aufgaben mehrerer Schichten.

14.2 Protokolle zur Kommunikation in Rechnernetzen

14.2.1 Bitübertragungsschicht

Aufgabe dieser Schicht des ISO-OSI-Referenzmodells ist der Aufbau einer ungesicherten, physikalischen Verbindung über das zugrundeliegende Übertragungsmedium, sowie der Abbau dieser Verbindung nach der Datenübertragung. Während der Verbindung sorgt sie für eine transparente Bitübertragung.

Diese Aufgaben können in vier Bereiche aufgeteilt werden:

- Im mechanischen Bereich erfolgt die Spezifikation der Verbindungselemente (Art des Übertragungsmediums, mögliche Stecker etc.).
- Der elektrische Bereich sorgt für die Festlegung der zu verwendenden Spannungspegel für die Übertragung, der Codierungsverfahren, wie ein Bit übertragen wird, der Zeitdauer von Spannungswechseln. Zusätzlich wird die Beschaffenheit der Schnittstelle bestimmt.

- Ein funktionaler Bereich beschäftigt sich mit den Attributen einer bestehenden Verbindung, wie z.B. dem zeitlichen Ablauf, der Unterscheidung von Daten- und Steuerungsleitungen und der Festlegung von Pinbelegungen.
- Der verfahrenstechnische Bereich stellt sicher, daß ein Bit mit dem Wert 1 auch beim Empfänger als ein Bit mit Wert 1 erkannt wird. Erreicht wird dies durch die Festlegung der dafür erforderlichen Spannung sowie der Zeitspanne, die diese Spannung anliegen muß.

Die Verbindungselemente

Als Übertragungsmedien in Rechnernetzen finden entweder *leitergebundene Medien* wie verdrillte Kupferkabel, Koaxial- und Glasfaserkabel oder aber *leiterungebundene Medien* wie Richtfunk, Satellitenfunk und Infrarotlicht Verwendung.

Die Wahl der entsprechenden Medien ist abhängig von der zu erzielenden Übertragungsgeschwindigkeit, der zu überbrückenden Entfernung und der angestrebten Übertragungsqualität.

Koaxialkabel besteht aus zwei ineinanderliegenden (koaxialen) Kupferleitern. Die maximale Länge auf der ohne zusätzliche Signalverstärkung Daten übertragen werden können beträgt 185 Meter, die Übertragungsgeschwindigkeit üblicherweise bis zu 10 Mbit/s. Die Datenübertragung erfolgt auf elektrischem Wege. Koaxialkabel sind relativ gut abgeschirmt und damit relativ abhörsicher. Störungen durch elektromagnetische Impulse sind möglich.

Verdrillte Kupferkabel (twisted pair) übertragen Daten auf elektrischen Weg und ermöglichen üblicherweise Datenübertragungsraten von bis zu 100 Mbit/s über eine Entfernung von bis etwa 90 Meter ohne Signalverstärkung. Verdrillte Kabel sind preiswert und einfach zu verlegen, die Abhörsicherheit ist gering, die Kabel sind relativ störanfällig gegenüber elektromagnetischen Impulsen.

Glasfaserkabel, auch *Lichtwellenleiter* genannt, ermöglichen die Datenübertragung durch Spiegelung und Brechung von Laserlicht. Die zu erzielenden Datenübertragungsraten liegen im Gigabit-Bereich. Die maximale Länge ohne zusätzliche Verstärkung liegt bei 100 km. Lichtwellenleiter sind unempfindlich gegenüber magnetischen und elektrischen Störimpulsen und besitzen eine hohe Abhörsicherheit.

Richtfunkverbindungen übertragen Daten drahtlos durch den Einsatz von gebündelten, elektromagnetischen Wellen, die von Richtantennen auf der Sender- und Empfängerseite übertragen werden. Die zu überbrückende Distanz beträgt bis zu 10 km, die Übertragungsgeschwindigkeit bis zu 4 Mbit/s.

Ebenfalls nicht an einen elektrischen Leiter gebunden sind die *Satellitenverbindungen.* Hier erfolgt die Übertragung über den Umweg eines geostationären Satelliten, der die Daten von der sendenden Station an den Empfänger weitergibt.

Die Übertragung erfolgt hier über mehrere tausend Kilometer, die Übertragungsgeschwindigkeit liegt bei 2 Gbit/s.

Bezüglich der Verlegung von Kabeln für den Aufbau eines Rechnernetzes unterscheidet man zwischen dem Primärnetz, dem Sekundärnetz und dem Tertiärnetz (vgl. Bild 14.8).

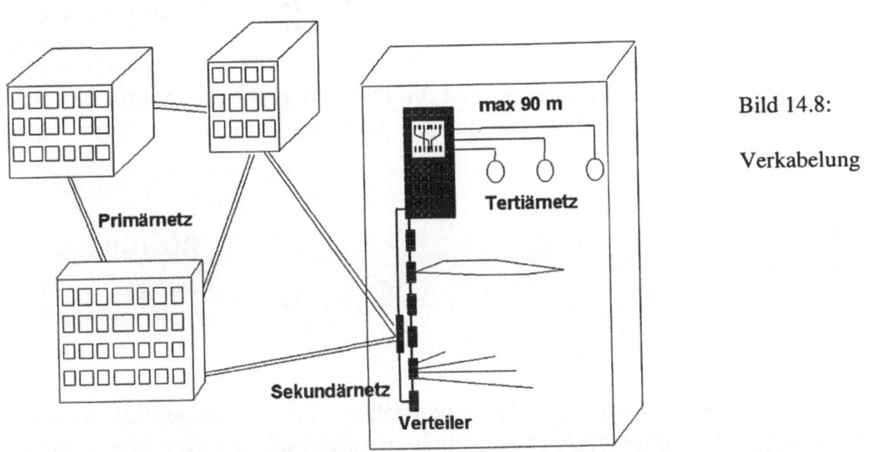

Bild 14.8:

Verkabelung

Unter einem *Primärnetz* versteht man die Verbindung von mehreren lokalen Netzen zu einem übergeordnetem Netz, daß jedoch durch eine Firma oder auch geografisch begrenzt ist. Als Beispiel wäre hier die Verkabelung zwischen mehreren Gebäuden einer Firma zu nennen. Das *Sekundärnetz* umfasst ein Standort- oder Gebäudenetz, also beispielsweise die Verkabelung in einem Gebäude einer Firma. Ein *Tertiärnetz* verbindet räumlich zusammenhängende Rechner an einem Standort, beispielsweise auf einer Etage des Gebäudes.

Je nach Größe eines Unternehmens und damit verbunden der Größe des Rechnernetzes des Unternehmens besteht das Rechnernetz aus einer Kombination von Primär-, Sekundär- und Tertiärnetz oder bei kleineren Netzen über einige Büros nur aus dem Tertiärnetz. Zur Verbindung der drei Formen werden Verteilerstationen eingesetzt, auf die wir im dritten Abschnitt dieses Kapitels noch näher eingehen. Hinsichtlich der Topologie werden für das Primärnetz der Stern, der Ring, ein Backbone oder teil-vermaschte Formen verwendet, bei Tertiärnetzen ist heute die Sterntopologie vorherrschend, bei älteren Rechnernetzen stößt man hier auch noch auf eine busförmige Verlegung der Kabel.

Elektrischer Bereich

Auch das *Signalübertragungsverfahren* wird auf der Bitübertragungsschicht festgelegt, man unterscheidet zwischen analoger und digitaler Signalübertragung. Die *digitale Datenübertragung* erfolgt durch das Senden von zwei unterschiedlichen elektromagnetischen oder optischen Impulsen für die binäre 0 und die binäre 1.

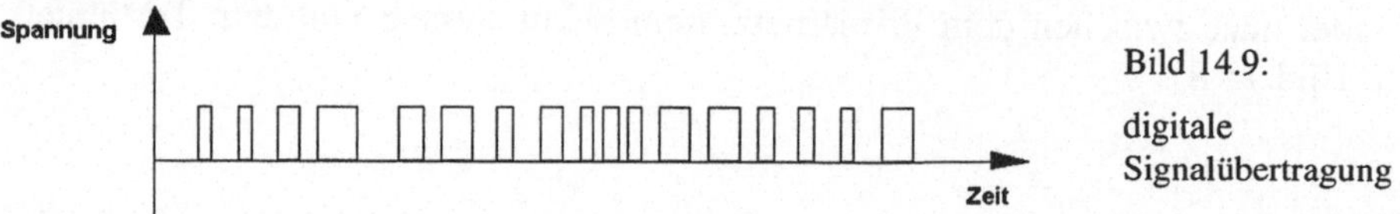

Bild 14.9: digitale Signalübertragung

Bei der *analogen Datenübertragung* werden die Daten in elektromagnetische oder optische Schwingungen umgesetzt (moduliert) und dann übertragen (vgl. Bild 14.10).

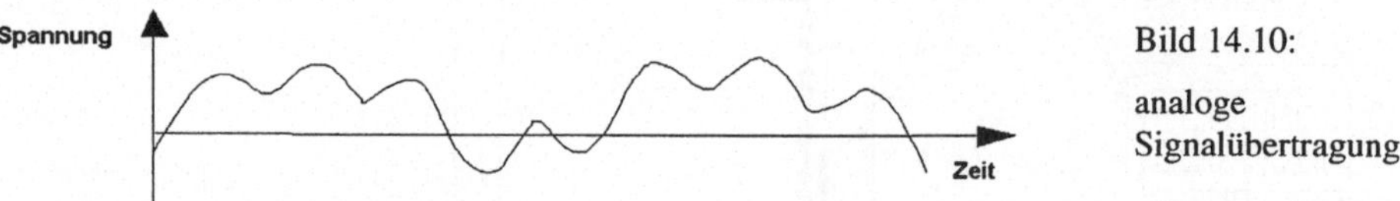

Bild 14.10: analoge Signalübertragung

Eine solche *Modulation* kann in unterschiedlicher Form durchgeführt werden (Modulationsart). Man unterscheidet zwischen spannungsgesteuerter Modulation, Amplituden- und Frequenzmodulation oder Kombinationen zwischen diesen Formen. Bei der spannungsgesteuerten Modulation weist man einem Zeichen (binäre 0 bzw. 1) einen bestimmten Spannungswert zu. Bei der Amplitudenmodulation wird die Höhe der Schwingung (die Amplitude) beeinflusst, während bei der Frequenzmodulation durch eine Trägerfrequenz die Anzahl der Schwingungen pro Sekunde (die Frequenz) verändert wird (vgl. Bild 14.11).

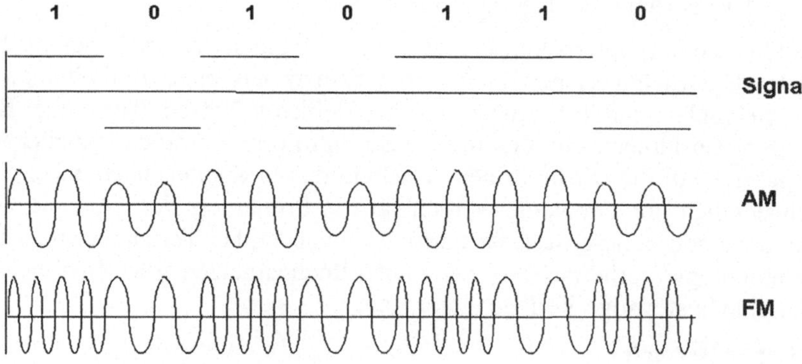

Bild 14.11: Modulationsarten

Für das Vorgehen mittels Trägerfrequenzen entstehen je nach Breite des Frequenzbereichs einer oder mehrere Übertragungskanäle auf einem Medium. Steht nur eine Trägerfrequenz und damit nur ein Übertragungskanal zur Verfügung, so spricht man von einem *Basisbandverfahren.* Die Daten der Teilnehmer können nur nacheinander übertragen werden. Bei mehreren Trägerfrequenzen können diese für eine gleichzeitige Übertragung unterschiedlicher Daten auf dem einen Medium genutzt werden. Dann spricht man von einem *Breitbandverfahren.*

Funktionaler Bereich

Nächster wichtiger Punkt für die Verständigung der Kommunikationspartner ist der *Gleichlauf*, d.h. die Taktraten des Senders und des Empfängers müssen durch das Einfügen von Start- und Stopzeichen synchronisiert werden. Nur wenn der Sender Daten in der gleichen Geschwindigkeit und im gleichen Takt aussendet, wie sie vom Empfänger aufgenommen werden, kann Kommunikation zwischen beiden funktionieren. Bei der *asynchronen Datenübertragung* wird jedes Byte für sich synchronisiert, die Übertragung jedes Byte wird durch ein Startbit eingeleitet und mit einem Stopbit abgeschlossen. Die zu erzielende Datenübertragungsgeschwindigkeit ist dabei durch den hohen Verwaltungsaufwand relativ niedrig. Bei der *synchronen Datenübertragung* wird die komplette zu übertragende Bytefolge mit einem Startzeichen eingeleitet und mit einem Stopzeichen abgeschlossen. Die zu erzielende Übertragungsgeschwindigkeit ist hier höher. Dafür ist die Möglichkeit, daß im Laufe der Übertragung einer der Partner „aus dem Takt kommt" größer. Ein Mittelweg ist die *Paketübertragung.* Sie teilt die zu übertragenden Bytes in Blöcke gleicher Größe (Pakete) auf und versieht sie mit einem Startzeichen (Header). Dieses Verfahren ermöglicht eine flexible Leitungsausnutzung und hohe Übertragungsgeschwindigkeiten.

Oft werden für die Datenübertragung zwischen zwei Geräten mehrere parallele Leitungen vorgesehen (vgl. serielle und parallele Schnittstellen, Abschnitt 2.6.3), wobei z.B. solche Startzeichen zur Sicherung des Gleichlaufs auf anderen Leitungen übertragen werden, als die Daten selbst. Hier sind Festlegungen nötig, damit beide Kommunikationspartner die gleichen Leitungen für den gleichen Zweck vorsehen.

Verfahrenstechnischer Bereich

Betriebsverfahren beschreiben die Art und Weise, wie das Übertragungsmedium genutzt wird. Im *Simplexverfahren* ist die Übertagung auf dem Medium nur in einer Richtung möglich. Zur gegenseitigen Datenübertragung sind dann hier zwei Leitungen zwischen Sender und Empfänger nötig.

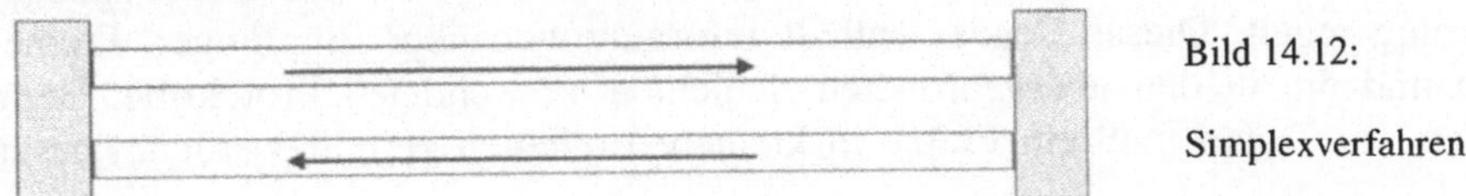

Bild 14.12:

Simplexverfahren

Im *Halbduplexverfahren* ist die Übertragung abwechselnd in beide Richtungen möglich.

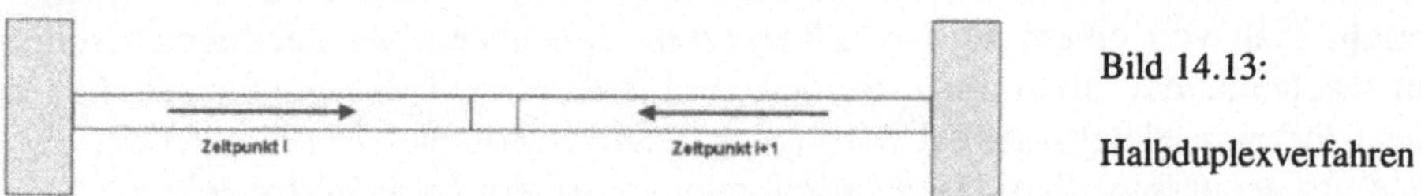

Bild 14.13: Halbduplexverfahren

Im *Duplexverfahren* ist die Übertragung gleichzeitig in beide Richtungen möglich.

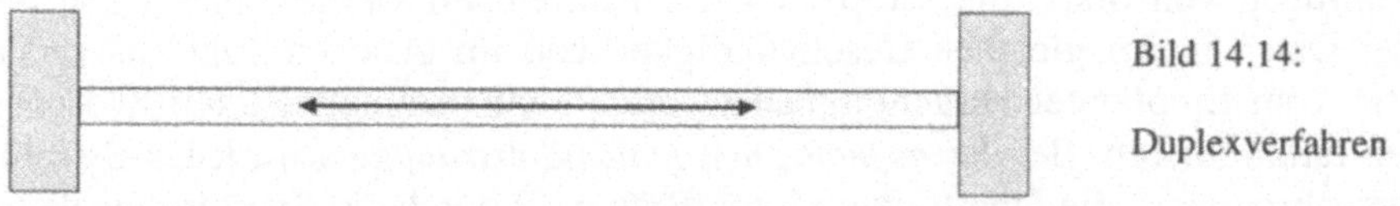

Bild 14.14: Duplexverfahren

Hinsichtlich der Übertragungsart unterscheidet man zwischen serieller und paralleler Datenübertragung. Bei der *seriellen Übertragung* werden die einzelnen Bits nacheinander übertragen, bei der *parallelen Übertragung* können mehrere Bits gleichzeitig übertragen werden (vgl. auch Abschnitt 2.6.3).

14.2.2 Sicherungsschicht

Die *Sicherungsschicht* (link layer) des ISO-OSI-Referenzmodells setzt die von der Bitübertragungsschicht verwaltete Verbindung zwischen Sender und Empfänger voraus und hat die Aufgabe abzusichern, daß ausgehende Daten möglichst schnell und mit hoher Wahrscheinlichkeit in der Form das Ziel erreichen, in der sie abgesendet wurden. Hierfür werden zwei Arbeitsbereiche unterschieden: Durch Leitungsprotokolle wird die eigentliche Übertragung auf einer Leitung abgesichert, durch die Medienzugangsprotokolle oder auch Netzzugangsprotokolle wird der Zugang zur Leitung geregelt.

Während die Bitübertragungsschicht nur die zu übertragenden Bit unterscheidet, basieren die Arbeiten der Sicherungsschicht auf größeren Einheiten von Daten, sogenannten *Frames*, die ihr von der nächsthöheren Schicht – der Vermittlungsschicht – zu Übertragung übergeben werden.

Leitungsprotokolle

Den Frames wird ein sogenannter Header vorangestellt, der die Übertragungssteuerung regelt. Dieser Header enthält Informationen über Empfänger, Framelänge und die in den übergeordneten Schichten verwendeten Protokolle. Beim Senden von Daten muß ein Frame in kleinere Einheiten zerteilt werden. Diesen kleineren Einheiten werden weitere Steuerungsinformationen zugeordnet, durch die der Empfänger die Korrektheit empfangener Daten überprüfen kann. Die so gebildete Folge von Bit wird der Bitübertragungsschicht für die eigentliche Übertragung übergeben. Anschließend geht die sendende Station in eine Wartestellung, um Meldungen vom Empfänger entgegennehmen zu können (*Sende- und Warte-Prinzip*).

Für den Empfang auf der Sicherungsschicht des Kommunikationspartners wird die Bitfolge zu den ursprünglichen Bytes zusammengesetzt. In der Reihenfolge der Bytes werden durch Herausfiltern der Steuerzeichen die eigentlichen Frames wiedererkannt. Werden Fehler festgestellt, wird dies durch Steuerzeichen dem Sender mitgeteilt, der den Übertragungsprozeß daraufhin wiederholt. Können eventuelle Fehler nicht innerhalb der Sicherungsschicht beseitigt werden, so wird der Fehler bei der Datenübergabe an die Vermittlungsschicht gemeldet.

Sind die Frames vollständig, so bestätigt der Empfänger dem Sender den korrekten Empfang ebenfalls durch spezielle Steuerzeichen (Quittung) und übergibt die empfangenen Frames der nächsthöheren Schicht. Eine sogenannte Flusskontrolle ermittelt dabei die Geschwindigkeit, mit der empfangene Daten an die Vermittlungsschicht weitergegeben werden können. Erst nach Empfang der Quittung wird der Sender - sofern Bedarf - die Datenübertragung fortsetzen.

Medienzugangskontrolle

Die einzelnen Rechner eines LANs greifen beim Rundsendeprinzip konkurrierend auf die existierenden Übertragungsmedien zu. Es muß geregelt werden, wer zu welcher Zeit Daten senden darf. Um diesen Zugriff der Kommunikationsteilnehmer auf die Netzressourcen zu regeln, wurden spezielle *Netzzugangsprotokolle* geschaffen.

Die beiden bekanntesten Zugangsverfahren sind das Tokenverfahren und das CSMA/CD-Verfahren.

Beim *Tokenverfahren* darf immer nur jeweils eine Datenstation Daten senden. Die Datenstation erhält die Berechtigung dafür über eine bestimmte Bitfolge, das *Token*. Dieses Token wird im Netz – basierend auf einer logischen Ringtopologie - von Rechner zu Rechner weitergegeben. Sobald ein Rechner ein leeres Token empfängt, hat er das Recht, Daten zu senden. Er nimmt das Token aus dem Netz und ersetzt es durch die zu übertragenen Daten. Diese werden solange von jedem Rechner an seinen Nachfolger übergeben, bis sie den Empfänger erreicht haben. Nachdem die Daten von der Empfängerstation aus dem Netz genommen wurden, wird das Token wieder freigegeben, zum nächsten Rechner weitergegeben, und die nächste Station kann Daten senden.

Beim *CSMA/CD-Verfahren* (carrier sense multiple access with collision detection). kann grundsätzlich jeder Rechner im Netz zu jeder Zeit Daten senden. Er muß jedoch vor dem Senden (carrier sensing) und auch während des Sendens (collision detection) prüfen, ob nicht gerade ein anderer Rechner Daten sendet.

Tritt während des Sendens eine Kollision mit einer anderen sendenden Datenstation im Netz auf, so wird die Datenübertragung abgebrochen und nach einer zufällig gewählten Zeit wiederholt. Das CSMA/CD-Verfahren wird hauptsächlich in Bus-Topologien verwendet.

14.2.3 Standardprotokolle für die Bitübertragungs- und Sicherungsschicht

LAN-Standards definieren Protokolle für die Bitübertragungs- und die Sicherungsschicht des ISO-OSI Referenzmodells. Durch Normung sind die Grundsysteme Ethernet, Tokenring und FDDI entstanden (ISO 8802 bzw. IEEE 802).

Ethernet ist der am weitesten verbreitete LAN-Standard und wurde zu Beginn der achtziger Jahre von den Firmen XEROX, Intel und DEC entwickelt.. Die Übertragungsrate über den verwendeten Bus liegt bei 10 Mbit/s, als Übertragungsmedium wird üblicherweise Koaxialkabel eingesetzt. Je nach verwendetem Kabeltyp liegt die maximale Netzwerklänge zwischen 180m (Kabeltyp RG-58, dünnes Koaxialkabel) und 2500m (dickes Koaxialkabel). Es können jedoch auch Twisted-Pair- und Glasfaserkabel verwendet werden.

Die Zugangsregelung erfolgt über das CSMA/CD-Verfahren, als Leitungsprotokoll wird *HDLC* (High Level Data Link Control) verwendet, das das oben beschriebene Sende- und Warte-Prinzip umsetzt.

Ein Weiterentwicklung des Ethernet ist der neuere Standard *Fast Ethernet*, der mit Twisted-Pair- oder Glasfaserverkabelung Übertragungsgeschwindigkeiten von 100 Mbit/s ermöglicht.

Gigabit-Ethernet nennt sich die neueste Entwicklung. Dieser 1998 geschaffene Standard ermöglicht Übertragungsraten von bis zu 1000 Mbit/s.

Der ebenfalls von der ISO normierte LAN-Standard Token Ring wurde vom IBM entwickelt und unterstützt. In einem ringförmigen Netz werden die Daten über Twisted Pair- oder Koaxialkabel übertragen. Bei der Verbindung mit Twisted-Pair-Kabeln werden Übertragungsraten von bis zu 4 Mbit/s erreicht, Koaxialkabel ermöglichen Übertragungsraten von bis zu 40 Mbit/s.

Die Zugangsregelung erfolgt durch das Tokenverfahren.

Der *FDDI*-Standard (fiber distributed data interface) wurde für Hochgeschwindigkeitsnetze mit Glasfaserverkabelung geschaffen. Die maximale Länge des verwendeten Ringes beträgt 100 km, die Übertragungsgeschwindigkeit 100

Mbit/s. Dieser Standard eignet sich gut für die Verbindung von unternehmensweiten Netzen (Backbone).

Die Zugangsregelung erfolgt durch das Tokenverfahren. Im Gegensatz zum Tokenring-Ansatz können sich jedoch mehrere Token gleichzeitig im Ring befinden und somit mehr Daten gleichzeitig übertragen werden.

14.2.4 Vermittlungsschicht

Die *Vermittlungsschicht*, auch Netzschicht (network layer), des ISO-OSI-Referenzmodells verbindet (im Gegensatz zu den ersten beiden Schichten, die immer nur die unmittelbar angrenzenden Rechner eines Rechnernetzes verbinden) die miteinander kommunizierenden Endgeräte. Diese Verbindung läuft in drei Phasen ab:

Zunächst erfolgt die Herstellung der physikalischen Verbindung der beiden Endsysteme. Durch den in der Sicherungsschicht erfolgten Aufbau von gesicherten Verbindungen werden Verbindungen von dem Endrechner zu dem nächsten Netzknoten, von diesem zum nächsten Netzknoten usw. aufgebaut, bis irgendwann ein Netzknoten eine Verbindung zu dem anderen Endrechner hat. Die Zusammenschaltung dieser einzelnen Verbindungen ist die Aufgabe der Vermittlungsschicht.

Wenn die Leitung vollständig aufgebaut ist, kann mit dem Austausch von Daten begonnen werden. Nach Beendigung der Datenübertragung wird die Endsystemverbindung wieder abgebaut.

Eine weitere wichtige Aufgabe der Vermittlungsschicht ist das Routing, d.h. das Festlegen von geeigneten Vermittlungsstationen auf dem Weg vom Sender zum Empfänger. Es ermöglicht den Aufbau einer möglichst schnellen, kurzen Verbindung zwischen den beiden Endsystemen.

Auch in der Vermittlungsschicht erfolgt eine Fehlerkontrolle mit entsprechender Rückmeldung an die übergeordnete Schicht, wenn der Fehler nicht behoben werden kann.

Zu den auf der Vermittlungsschicht verwendeten Protokollen gehören *X.25* und das Internet Protocol *IP*. Mittels IP erfolgt eine verbindungslose Datenübertragung von Paketen (Datagrammen). Der Weg vom Sender zum Empfänger wird für jedes Paket neu festgelegt, dabei werden die Pakete immer nur von einer Station zu einer erreichbaren benachbarten Station gesendet (vgl. Abschnitt 9.3.2) Während X.25 über Mechanismen verfügt zu erkennen, ob Pakete beim Empfänger wirklich angekommen sind, ist IP ein unsicheres Protokoll und gewährleistet die sichere Übertragung von Paketen nur in Zusammenarbeit mit den Protokollen *TCP* oder *UDP* der Transportschicht. In Zusammenhang mit der großen Bedeutung des Internet und der häufigen Anbindung lokaler Netze an das Internet ist die

Kombination der Protokolle TCP und IP die am weitesten verbreitete Form in Rechnernetzen. Isolierte lokale Netze werden auf der Vermittlungs- bzw. Transportschicht häufig auch durch die proprietären Lösungen „*NetBEUI*“ von Microsoft in Verbindung mit dem System Windows NT und „*IPX/SPX*“ von Novell in Verbindung mit dem System Novell Netware betrieben (vgl. Abschnitt 15.2).

14.2.5 Transportschicht

Die *Transportschicht* (transport layer) hat die Aufgabe, die mit Hilfe der unteren drei Schichten hergestellten Verbindungen den Anwendungsinstanzen transparent zur Verfügung zu stellen.

Protokolle der Transportschicht sind neben den von der ISO definierten Protokollen X.214 und X.224 die Internet-Transportprotokolle *TCP* (Transport Control Protocol) und *UDP* (User Datagram Protocol). TCP setzt auf dem der Vermittlungsschicht zuzuordnenden Protokoll IP auf und bietet Funktionen zur Fehlerbehandlung, Sicherung, Vorrangregelung, Flusskontrolle und Prozessverwaltung (vgl. auch Abschnitt 9.3.2). Der Paketheader enthält dafür die Portadressen von Sender- und Empfängerstation.

Das User Datagram Protocol UDP dient zur Zuordnung von Datenpaketen zu einem von mehreren auf den Stationen ablaufenden Anwendungsprozessen. Der Header der Pakete enthält dazu Angaben zu den von den Sender- und Empfängerprozessen verwendeten Portadressen.

14.2.6 Kommunikationssteuerungsschicht

Die *Kommunikationssteuerungsschicht* (session layer) bildet mit den übergeordneten Schichten die anwendungsorientierten Dienste, die sich stark von den hierarchisch geordneten Transportdiensten unterscheiden.. Es besteht hier eher eine Art gleichberechtigte Zusammenarbeit der Schichten.

Die Kommunikation einer Instanz mit ihrer Partnerinstanz bezeichnet man als Sitzung, die Dienste, die der Darstellungsschicht zur Verfügung gestellt werden, sind in Funktionseinheiten aufgeteilt.

Die Mindestfunktionalität der Kommunikationssteuerungsschicht besteht in Aufbau und Abbau einer Sitzung sowie in der Datenübertragung während einer Sitzung. Hierbei regelt die Kommunikationssteuerungsschicht den geordneten Dialogablauf zwischen beiden korrespondierenden Teilnehmern.

14.2.7 Datendarstellungsschicht

Die *Datendarstellungsschicht* (presentation layer) dient der Festlegung einer Transfersyntax, also einer gemeinsamen Sprache zwischen Sender und Empfänger. Auf der Senderseite werden die systemspezifischen Datendarstellungsformen in die Transfersyntax überführt, auf Empfängerseite wird umgekehrt die Transfersyntax in die systemspezifische Form übersetzt. Hierdurch wird es möglich, das zwei Rechner, die vom Prinzip her unterschiedliche Datendarstellungen verwenden (z.B. unterschiedliche Versionen des ASCII-Codes, vgl. Abschnitt 2.3.1) trotzdem in einem Rechnernetz miteinander kommunizieren können. In der Regel sind in die gemeinsame Transfersyntax auch Verfahren zur Datenkomprimierung, zur Datenreduktion und zur Verschlüsselung integriert.

14.2.8 Anwendungsschicht

In der obersten, der *Anwendungsschicht* (application layer) des ISO-OSI-Modells werden die anwendungsspezifischen Kommunikationsfunktionen vereinbart. Die von der Anwendungsschicht bereitgestellten Dienste werden direkt von den Anwendungsprogrammen eines Rechners, die sich auf ein Rechnernetz beziehen, benutzt. Dabei wird jede mögliche netzbezogene Anwendungsfunktion auf die in dieser Schicht definierten Grundfunktionen zurückgeführt.

Diese Grundfunktionen sind

- Das *Message Handling System* (MHS) als Grundlage für E-Mail-Programme. Weit verbreitet sind hierfür die Protokolle SMTP (Simple Mail Transport Protokoll) und X.400 der ISO.
- Der Dienst *File Transfer, Access und Manipulation* (FTAM) als Grundlage für Programme zum Transport von Dateien (ftp und www, vgl. Abschnitt 9.4).
- Der Dienst *Virtuelles Terminal* (VT) als Grundlage für die Möglichkeit, einen Rechner als Zugangsterminal für einen beliebigen anderen im Netz erreichbaren Rechner zu benutzen (telnet, vgl. Abschnitt 9.4.4).
- Der Dienst *Job-Transfer und –manipulation* (JTM), durch den es möglich ist, die Programmausführung auf Rechnernetzen fern zu steuern und der wesentliche Grundlage für die Client-Server-Architekturen ist (vgl. Abschnitt 16.3).
- Das *Directory-System* (DS) durch das eine logische Strukturierung von Rechnernetzen ermöglicht wird und dadurch erlaubt, hierarchische Unternehmensstrukturen mit Daten über Stellen und Stelleninhabern auf Rechnernetze abzubilden. Hier hat das ISO-Protokoll X.500 eine gewisse Verbreitung gefunden.

- Der *Manufactoring Automation* Dienst, durch den Protokolle in Produktionsumgebungen zur Fernsteuerung von computergestützten Produktionsmaschinen definiert wurden.

14.3 Hardware zur Koppelung von Netzen

Dem vielfältigen Angebot an Hardware für Rechner und Rechnernetze entsprechend sind in unterschiedlichen Unternehmen ganz unterschiedliche Vernetzungskonzepte umgesetzt worden. Häufig sind solche verschiedenen Konzepte auch innerhalb eines Unternehmens vorzufinden, wenn beispielsweise eine Abteilung relativ früh und eine andere erst einige Jahre später mit neuer Technik vernetzt wurde. Zur Verbindung solcher verschiedenartiger Rechnernetze setzt man, je nach Bedarf, unterschiedliche Geräte - sogenannte Relais-Stationen - ein. Die unterschiedlichen Typen von *Relais* sollen im Folgenden auf der Grundlage des ISO-OSI Referenzmodells näher beschrieben werden.

Repeater

Ein *Repeater* ist das einfachste Verbindungsgerät für Rechnernetze. Er übernimmt eine reine Verstärkerfunktion., d.h. die empfangenen Signale werden verstärkt und weitergesendet.

Der Repeater arbeitet auf der Bitübertragungsschicht. Daraus resultiert, daß die Architekturen und Protokolle der zu verbindenden Netze identisch sein müssen. Eine Kopplung von unterschiedlichen Übertragungsmedien wie beispielsweise Twisted Pair und Lichtwellenleiter ist durch den Einsatz von Repeatern nicht möglich.

Die Anzahl der innerhalb von Rechnernetzen eingesetzten Repeater ist begrenzt. So dürfen in einem Netz nach dem Ethernet-Standard (siehe 14.2.3) nicht mehr als vier Repeater für die Verbindung von Netzen eingesetzt werden.

Bridge

Eine *Bridge* dient zur Verbindung von Rechnernetzen, die zwar unterschiedliche Übertragungsmedien nutzen, aber sonst einen identischen Schichtaufbau besitzen.

Eine Bridge arbeitet auf der Sicherungsschicht. Mit der Bridge kann beispielsweise ein LAN nach dem Ethernetstandard und Twisted-Pair-Verkabelung mit einem ebenfalls nach dem Ethernet-Standard arbeitenden LAN mit Koaxialverkabelung verbunden werden. Die durch eine Bridge verbundenen Teilnetze sind voneinander entkoppelt, Störungen und Lasten durch große zu übertragende Datenmengen bleiben auf das jeweilige Teilnetz beschränkt.

Router

Ein *Router* sorgt für eine Übertragung von Daten von einem Rechnernetz in ein anderes Rechnernetz, das ab der Vermittlungsschicht unterschiedliche Standards verwendet. Mit Hilfe von internen Adresstabellen kann ein Router die Daten zielgerichtet zwischen den einzelnen Teilnetzen übertragen. Er nutzt die in jedem Datenpaket enthaltenen Adressangaben zur Wegewahl (zum Routing), indem er diese Adressinformation mit seinen internen Tabellen abgleicht und die Pakete dann selektiv weiterleitet.

Der Router arbeitet auf der Vermittlungsschicht. Mit einem Router können auch Netze verschiedener Standards miteinander verbunden werden, auch die Umsetzung unterschiedlicher Übertragungsmedien ist möglich.

Ein Router besitzt Mechanismen zur Korrektur von Übertragungsfehlern, zur Fluß- und Überlastkontrolle. Die durch Router verbundenen Rechnernetze sind entkoppelt, so daß eventuell auftretende Störungen und Belastungen nur auf das jeweilige Teilnetz beschränkt bleiben.

Gateway

Unter einem *Gateway* im eigentlichen Sinne versteht man ein Gerät, mit dem Rechnernetze verbunden werden können, die bereits ab der Anwendungsschicht eine unterschiedliche Struktur aufweisen.

Gateways sorgen für eine Umwandlung der Paketformate und der Adressierungen. Protokolle der höheren Schichten werden konvertiert, Routing und Fehlerkontrolle aufeinander abgestimmt. Gateways können Rechnernetze mit beliebigen Standards miteinander verbinden.

Im allgemeinen Sprachgebrauch werden heute jedoch auch Rechner, die die Aufgaben von Bridges oder Routern zusätzlich wahrnehmen, als Gateways bezeichnet.

Switches

Ein *Switch* wird gewöhnlich als Sternverteiler eingesetzt und bildet den Mittelpunkt in einem physikalisch sternförmig aufgebauten Netz. Switches arbeiten normalerweise so wie Bridges auf der Sicherungsschicht des ISO-OSI-Referenzmodells.

Es existieren jedoch bereits sogenannte Layer-3- und Layer-4-Switches, die dementsprechend auf der Vermittlungs- bzw. Transportschicht arbeiten und in der Funktionalität den Routern gleichen.

Hub

Ein *Hub* wird gewöhnlich als Sternverteiler eingesetzt und bildet den Mittelpunkt in einem physikalisch sternförmig aufgebauten Netz. Als solche Vermittlungsstation dient er der einfachen Verbindung aller angeschlossenen Arbeitsstationen. Hubs arbeiten normalerweise so wie Repeater auf der Bitübertragungsschicht des ISO-OSI-Referenzmodells. Über die Verbindung zwischen Hubs sind zwar auch mehrere Netze koppelbar, hinsichtlich der Verfahren ab der Sicherungsschicht verhält sich ein solches gekoppeltes Netz aber wie ein zusammenhängendes.

Für den physikalischen Aufbau eines Netzes ist der Einsatz von Hubs oder Switches als sogenannte aktive Netzkomponenten und eine sternförmige Verlegung von Kabeln heute die Regel.

Netzwerkkarten

Netzwerkkarten stellen das Bindeglied zwischen Rechner und Netzwerk dar. Die Netzwerkkarte wird in einen freien Steckplatz auf der Hauptplatine des Rechners eingebaut und muß zur korrekten Funktion konfiguriert werden. Ein Treiber ermöglicht die Kommunikation zwischen Netzwerkkarte und Rechner.

Die Karte übernimmt den parallelen Datenstrom vom Rechner und wandelt diesen für die Übertragung im Netz in Bitform um. Ein auf der Karte befindlicher Transceiver sorgt dann für die Umsetzung der Signale für die weitere Übertragung in elektrischer oder optischer Form über die Übertragungsmedien.

Eine Netzwerkkarte arbeitet auf der Sicherungsschicht des ISO-OSI-Referenzmodells.

Setzt man in einen Rechner zwei Netzwerkkarten ein, so kann dieser die Funktion von Geräten zur Koppelung von Netzen z.B. als Gateway oder als Router übernehmen.

Szene 4.4: Vernetzung in der Praxis oder Bill im Praktikum

Bills Studium beinhaltet natürlich auch Praktika. Bill hat sich für sein erstes Praktikum eine Steuerberatungskanzlei ausgesucht.

An seinem ersten Arbeitstag wird er durch das Unternehmen geführt und erhält so einen ersten Überblick über die Arbeitsabläufe. Bill fällt besonders auf, daß an es an jedem der insgesamt 6 Arbeitsplätze einen PC gibt.

Bill bekundet sein besonderes Interesse für Computer und fragt, wie denn die Rechner vernetzt sind. „Noch gar nicht", antwortet sein Betreuer, „wir haben uns das auch schon überlegt, aber wir sind momentan so ausgelastet, daß keiner die Zeit für ein solches Projekt aufbringen kann. Und unseren Senior-Chef haben wir auch noch nicht ganz von der Notwendigkeit überzeugen können." gibt er weiterhin zu.

„Aber so eine Vernetzung ist doch heutzutage ganz einfach." meint Bill, „die notwendige Hardware gibt es überall zu kaufen, die muß man dann nur einbauen und zusätzlich noch ein paar Kabel legen".

„Na prima." sagt der hinzugekommene Junior-Chef, „dann haben Sie jetzt gleich ein eigenes Projekt. Sie planen die Vernetzung und ich überzeuge unseren Senior." So hatte Bill sich das zwar nicht vorgestellt, aber mit seinen Kenntnissen aus den Informatik-Veranstaltungen wird er das schon hinkriegen, hofft er jedenfalls. „Zunächst mal bräuchte ich einen Plan von den Räumlichkeiten," bittet Bill seinen Betreuer, „dann kann ich sehen, wie viel Kabel wir insgesamt brauchen."

Voller Elan fängt Bill an zu planen, die erforderliche Hardware macht ihm zunächst auch keine Schwierigkeiten. Wir haben sechs Rechner, also brauchen wir auch sechs Netzwerkkarten. Er sucht sich einen Katalog, um Preise zu ermitteln. Nach einigem Blättern wird ihm klar, daß er vielleicht doch ein Problem hat. Laut Katalog muß er sich bei der Auswahl einer Netzwerkkarte entscheiden zwischen 10BaseT und 10Base2, Twisted Pair und Koax, zwischen 10 und 100Mbit/s. Bill weiß, daß diese Begriffen mit der später im Netzwerk zu erzielenden Geschwindigkeit und mit dem eingesetzten Kabeltyp zu tun haben.

So einfach geht es also doch nicht, sagt sich Bill, zunächst muß ich wissen, mit welcher Geschwindigkeit im Netz gearbeitet werden soll und welchen Kabeltyp ich verlegen werde.

In der Veranstaltung zu lokalen Netzen hat er gelernt, daß man heute bei kleineren Vernetzungen eigentlich immer Twisted Pair-Verkabelung über einen Hub oder einen Switch einsetzt.

Bei der Geschwindigkeit muß er berücksichtigen, daß sich alle User beim Einsatz eines Hubs die Bandbreite teilen, bei Einsatz eines Switches jedoch jeder eine garantierte Bandbreite zur Verfügung hat.

Beim weiteren Blättern in den Preislisten sieht Bill, daß die Hardware für ein Netz mit 100 Mbit/s nicht so viel teurer ist als die Hardware für ein Netz mit 10 Mbit/s. Hier fällt die Wahl also leicht. Ob er einen Switch oder einen Hub einsetzen soll, will Bill dann doch lieber mit dem Junior-Chef klären.

„Was kostet das denn?" fragt der Chef Bill als erstes. Bill zeigt seine Aufstellung, da wären:

6 Netzwerkkarten	DM 720,00
6 Anschlußdosen	DM 180,00
6 Kabel TP, 3m	DM 80,00
ca. 80 Meter Kabel	DM 400,00
1 Hub	DM 360,00
1 Switch	DM 1240,00

„Da reicht dann doch wohl erst mal ein Hub", sagt der Chef, „wenn das Netz dann später zu langsam werden sollte, können wir ja immer noch einen Switch anschaffen". Damit ist für Bill klar, was er beschaffen muß. Als er die Ware beim Händler abholt, sieht er ein neues Problem auf sich zukommen. Das 80 Meter lange Twisted-Pair-Kabel befindet sich auf einer Rolle und hat noch keine Stecker.

Als Bill den Händler auf dieses Problem anspricht, meint der: „Aber das ist doch gar kein Problem. Ich mal Ihnen mal eben die erforderliche Pinbelegung auf, dann nehmen Sie noch das entsprechende Werkzeug mit, und dann können Sie die Stecker selber aufpressen."

Man lernt nie aus, denkt sich Bill, und nimmt die Stecker und das Werkzeug auch noch mit. Wieder im Büro angekommen sieht er nach, wo man die Kabel am besten verlegen könnte. Daß man dabei aufpassen muß, hat er auch schon gehört, denn wenn man die Kabel zu sehr biegt, gehen Sie schnell kaputt. Glücklicherweise befinden sich in den einzelnen Räumen schon spezielle Vorrichtungen zur Aufnahme von Kabeln, sogenannte Kabelkanäle. Da diese sich leicht öffnen lassen, schaut Bill eben nach, ob dort noch genug Platz für seine Netzwerkkabel vorhanden ist. Den Lagerraum benutzt er als Standort für den Hub, den er dort auch gleich an das Stromnetz anschließen kann. Von dem Hub aus muß er nun in jeden Raum ein Kabel legen, welches dort an der Aufputzdose angeschlossen wird. Von dieser Aufputzdose führt dann nochmals ein Kabel zum jeweiligen PC.

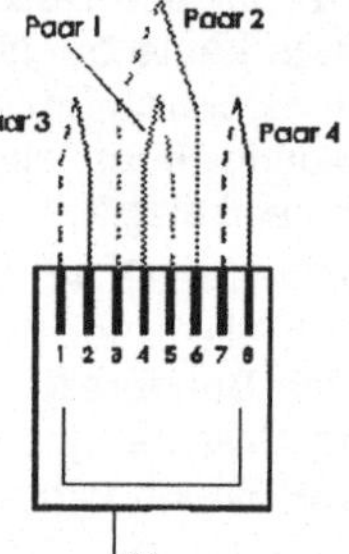

Mit dem Verlegen der Kabel ist Bill ganz schön lange beschäftigt. Auch das Aufpressen der Stecker funktioniert nicht gleich beim ersten Mal. Die Netzwerkkarten darf er erst am Wochenende einbauen, um den Betrieb nicht zu stören. So hatte er sich sein Praktikum nun wirklich nicht vorgestellt.

So, die Hardware steht, die Kabel sind verlegt, aber was ist eigentlich mit der Software? Er hatte sich zwar noch erkundigt und vergewissert, daß die Branchensoftware der Kanzlei netzwerkfähig ist, aber was ist mit dem Betriebssystem?

Das momentan installierte DOS unterstützt die Netzfunktionen nicht. Braucht er jetzt noch einen zusätzlichen Server, und noch viel schlimmer, wie soll er das dem Chef erklären? Oder kann er das Netz auch ohne einen eigenen Server einrichten? Ergeben sich daraus Nachteile? Und wenn ja, dann welche?

In seiner Not wendet sich Bill an seinen Informatik-Dozenten. Dieser gibt Ihm freundlicherweise telefonisch eine kleine Einführung in den Bereich der Netzwerkbetriebssysteme und erläutert ihm die Unterschiede zwischen einem serverbasierten und einem peer-to-peer-Netzwerk.

Was ist ein Netzwerkbetriebssystem? Welcher Unterschied besteht zwischen einem Peer-to-Peer- und einem server-basierten Ansatz.

15 Netzwerkbetriebssysteme

Die ursprüngliche und vermutlich immer noch wichtigste Aufgabe von Netzwerkbetriebssystemen ist die gemeinsame Nutzung von (ehemals) teuren Ressourcen wie beispielsweise Festplatten, CD-ROMs und Druckern sowie die Möglichkeit zur Durchführung einer zentralen Datensicherung (Backup). Neu hinzugekommen sind Aufgaben im Bereich der Kommunikation in lokalen und weiten Netzen, hier sind das Internet mit WWW und e-mail (vergleiche Abschnitt 9.4) und Anwendungen aus dem Bereich Groupware (siehe Abschnitt 18.1.2) zu nennen. Eine weitere wesentliche Aufgabe besteht in der Anbindung zu Großrechnern. Unter Kostenaspekten (Total Cost of Ownership) wird auch eine zentrale, einfache Konfiguration und Administration der Rechner, des Netzes, der Ressourcen und der Nutzer immer wichtiger.

Um überhaupt in einen Netzwerk kommunizieren zu können, müssen die einzelnen Rechner mit einem netzwerkfähigem Betriebssystem oder aber mit entsprechender zusätzlicher Netzwerksoftware ausgestattet sein.

Richtet man von einem Rechner aus eine Anfrage nach einer bestimmten Datei an einen anderen Rechner, so wird diese von dem Netzwerkbetriebssystem entgegengenommen, der Rechner liest die gewünschte Datei so schnell wie möglich von seiner Festplatte und überträgt sie zurück an den anfragenden Rechner.

Wenn man beispielsweise in der Artikeldatei eines Unternehmens einen Zugang verbucht, während ein Kollege den gleichen Artikel bereits wieder an einen Kunden ausliefert, sorgt das Netzwerkbetriebssystem automatisch für eine kontrollierte Veränderung der Daten. Beim Drucken von Daten auf einem zentral zur Verfügung gestellten Netzwerkdrucker werden die Druckdaten an den entsprechenden Rechner geschickt, wo das Netzwerkbetriebssystem für die korrekte Ausgabe sorgt. Wie man sieht, sind es schon eine Menge Aufgaben, die hier gleichzeitig erledigt werden müssen. Ohne die Kontrolle des Netzwerkbetriebssystems würde ein heilloses Durcheinander entstehen.

Man unterscheidet zwischen Netzen, in denen Rechner Dienste anbieten, sogenannte Server, und andere Rechner Dienste nachfragen, sogenannte Clients (vergleiche Abschnitt 16.3), und den Peer-to-Peer-Netzen, in denen jeder Rechner Dienste zur Verfügung stellt und im Gegenzug von allen anderen Rechnern Dienste in Anspruch nehmen kann. Alle Rechner werden hier gleichrangig behandelt.

15.1 Peer-to-Peer

In *Peer-to-Peer-Netzen* kann jeder Rechner Dienste anbieten und auch anfordern, jeder Anwender ist für seinen eigenen Computer verantwortlich und somit ein Administrator. Er muß festlegen, wer auf welche Ressourcen seines Rechners zugreifen darf und wer nicht. Dies führt bei einer größeren Anzahl von Rechnern unweigerlich zu einem Chaos, denn als eigener Administrator ist jeder Anwender auch noch zusätzlich für die Datensicherung verantwortlich. Durch den Zugriff mehrerer Personen auf ein und denselben Rechner muß der Anwender, der an diesem Rechner ja auch noch arbeitet, mit erheblichen Leistungseinbußen rechnen. Deshalb ist eine solche Lösung für Unternehmen mit vielen vernetzten Arbeitsplätzen ungünstig.

In kleinen Unternehmen z.B. aus dem Handwerk (Tischlerei, Gas/Wasser Installateur usw.) oder aus dem Dienstleistungsbereich (Makler, Anwaltskanzlei etc.) mit wenigen Arbeitsstationen kann sich ein Peer-to-Peer Netzwerk aufgrund der kostengünstigen, einfach zu installierenden und zu pflegenden Struktur allerdings schnell bezahlt machen.

Als Betriebssysteme werden in Peer-to-Peer-Netzwerken die normalen PC-Betriebssysteme eingesetzt. Windows 95 und Windows 98 enthalten bereits die dafür notwendige Funktionalität. Auch Windows NT eignet sich für die Verwendung in Peer-to-Peer-Netzen, die entsprechende Option wird dort als Arbeitsgruppe bezeichnet. Die Zuweisung von Rechten erfolgt auf Ressourcenebene, ein neuer Benutzer muß separat zu jeder gemeinsam verwendeten Ressource hinzugefügt werden, und zwar auf verschiedenen PCs und von verschiedenen Personen.

Vorteile von Peer-to-Peer-Netzwerkbetriebssystemen:

- Einfache Installation und Konfiguration.
- Keine Abhängigkeit von einem Server.
- Eigene Kontrolle der Ressourcen.
- Kostengünstige Anschaffung und Betrieb.
- Keine Neueinstellung eines Administrators notwendig.
- Zur maximalen Benutzung durch bis zu 10 Personen geeignet.

Nachteile von Peer-to-Peer-Netzwerkbetriebssystemen:

- Netzwerksicherheit für jeweils nur eine Ressource möglich.
- Benutzer muss sich u.U. viele Kennwörter merken.
- Für jeden Computer muß eine eigene Datensicherung vorgenommen werden.

- Leistungseinbußen bei dem Computer, auf den gerade zugegriffen wird, wahrscheinlich.

15.2 Serverbasiert

Ein Server hat die Aufgabe, Dienste bereitzustellen und die Anfragen der Benutzer aus dem Netzwerk zu bearbeiten. Ein Server ist kein normaler Arbeitsplatz, an ihm werden normalerweise lediglich Konfigurations- und Verwaltungsaufgaben durchgeführt.

Der Server übernimmt das gesamte Datenmanagement und alle sicherheitsrelevanten Funktionen im Netzwerk. So wird durch geeignete Vergabe von Zugriffsberechtigungen sichergestellt, daß ein Mitarbeiter aus dem Vertrieb nicht auf die Daten der Personalabteilung zugreifen kann. Server sind außerdem speziell dafür ausgelegt, gleichzeitige Zugriffe auf alle Daten von vielen verschiedenen Benutzern effizient zu bearbeiten.

Die am häufigsten eingesetzten Netzwerkbetriebssysteme in *Client/Server-Netzen* sind Novell Netware, Microsoft Windows NT bzw. Windows 2000 in der Serverversion sowie die unterschiedlichen UNIX-Derivate (HP-UX von Hewlett-Packard, Solaris von Sun, AIX von IBM, in letzter Zeit immer häufiger auch Linux).

Das Netzwerkbetriebssystem *Novell Netware* teilt sich in das eigentliche Serverbetriebssystem und in betriebssystemspezifische Module für die Clients. Diese Clientmodule ermöglichen den Arbeitsstationen erst den Zugriff auf die Funktionen und Dienste des Servers. Das Serverbetriebssystem Novell Netware läuft auf Rechnern der PC-Architektur und ist auch nur als Server zu verwenden, eine gleichzeitige Verwendung als Arbeitsstation ist nicht möglich. Auf der Clientseite können beim Einsatz von Novell Netware die Betriebssysteme DOS, Windows 3.1, Windows 95, Windows 98, Windows NT, Windows 2000, Mac OS und OS/2 verwendet werden. Zum Starten des Systems wird zunächst das Betriebssystem DOS (MS-DOS, PC-DOS) geladen. Danach wird eine Novell-Datei ausgeführt, die die komplette Kontrolle über die Serverhardware übernimmt. Eine Besonderheit von Novell Netware ist die Möglichkeit, dynamisch (während des laufenden Betriebs) weitere Module und damit zusätzliche Funktionalität nachzuladen. Diese zusätzlichen Module bezeichnet man als Netware Loadable Module (NLM).

Für die Administration von Novell Netware Servern existieren zahlreiche Werkzeuge, die sowohl vom Server aus als NLMs, oder aber als Programme von einem Client aus gestartet werden können (vgl. Bild 15.1, Bild 15.3).

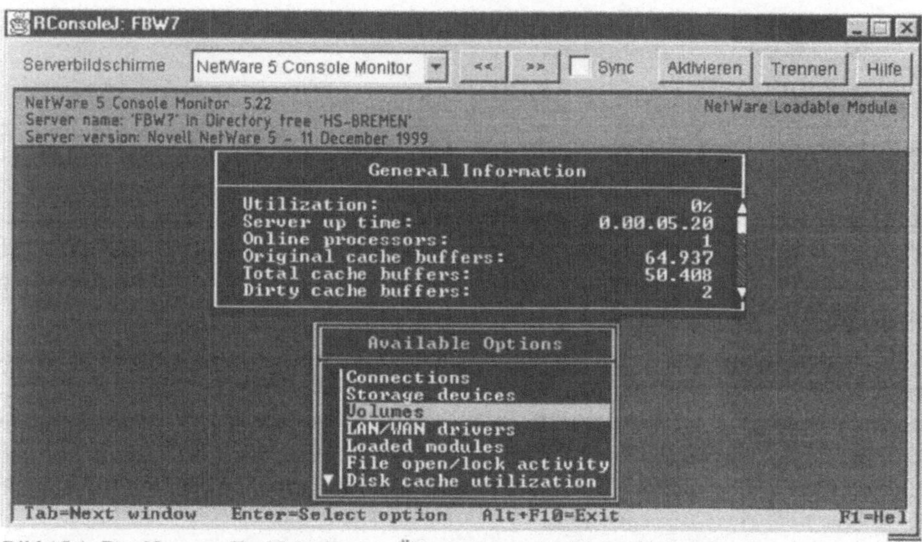

Bild 15.1: Das Netware-Tool Monitor zur Überwachung der Server-Funktionen

Die Administration wird durch den integrierten Verzeichnisdienst NDS (Novell Directory Service) wesentlich vereinfacht. Die Berechtigungen für die komplette Netware-Installation (auch und gerade beim Einsatz von mehreren Novell-Servern in einem Netzwerk) müssen nur einmal eingegeben werden und können dann verteilt im Netz gehalten werden. Durch den Verzeichnisdienst werden alle Objekte (Benutzer, Rechner, Drucker, etc) der Netzwerkinstallation in einer Baumstruktur abgebildet (vergleiche Bild 15.2).

Bild 15.2:

Ausschnitt aus dem Novell-Verzeichnisdienst NDS

Durch Doppelklick auf ein in der NDS enthaltenes Objekt kann man dessen Eigenschaften bestimmen (vgl. Bild 15.3).

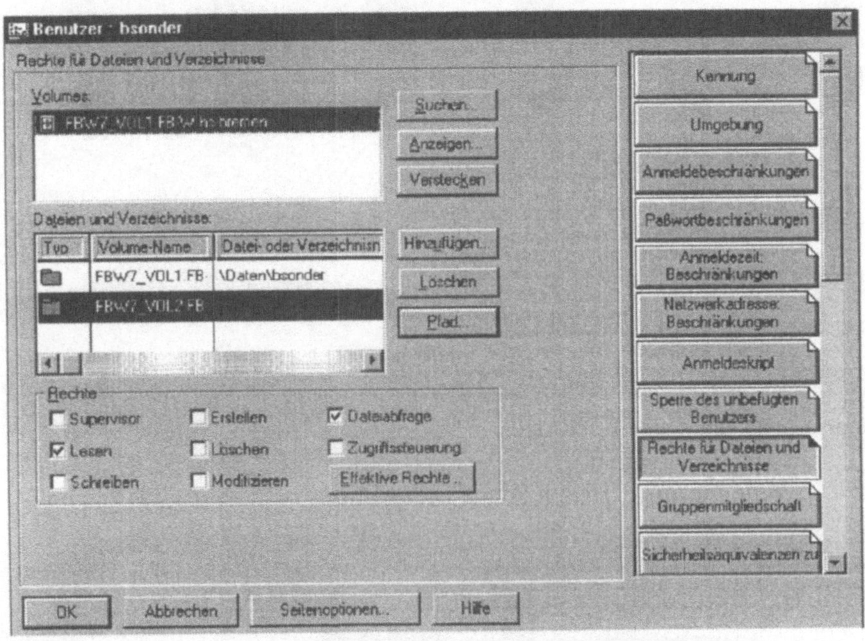

Bild 15.3: Vergabe von Benutzerrechten an Dateien und Verzeichnissen

Das Betriebssystem *UNIX* (vgl. Abschnitt 7.2.2) ist generell netzwerkfähig und besitzt die entsprechenden Funktionen sowohl für die Client- als auch für die Serverseite.

UNIX besitzt keinen integrierten Verzeichnisdienst, die Benutzerberechtigungen werden in Form von Dateien gespeichert. Eine Verteilung dieser Informationen auf mehrere Rechner im Netzwerk (Replikation) ist möglich. Bei UNIX ist ein Server im Gegensatz zu Novell Netware auch gleichzeitig als Arbeitsstation nutzbar.

Windows NT-Server ist ein weiteres, weit verbreitetes Netzwerkbetriebssystem. Es enthält keinen integrierten Verzeichnisdienst, sondern basiert auf einem Domänenkonzept.

In einer Windows NT-Domäne kontrolliert und verwaltet ein einziger Server (der primäre Domänencontroller) die Benutzerkonten, die Gruppenkonten und die Sicherheitsinformationen.

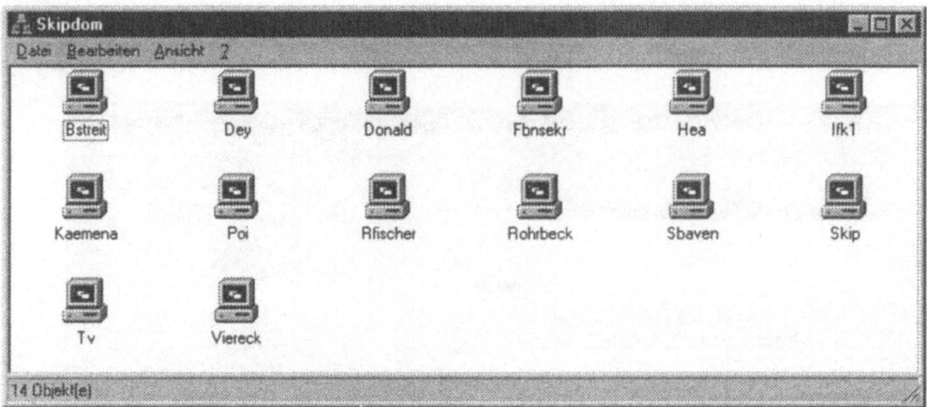

Bild 15.4: Rechner in der Domäne SKIPDOM

Die Speicherung dieser Informationen erfolgt in einer systemeigenen Datenbank. Die Benutzer an den Arbeitsstationen haben dadurch keine administrativen Aufgaben zu erfüllen. Der Zugriff auf Ressourcen erfolgt auf Basis der Benutzeridentität und der Gruppenzugehörigkeit (siehe Bild 15.5).

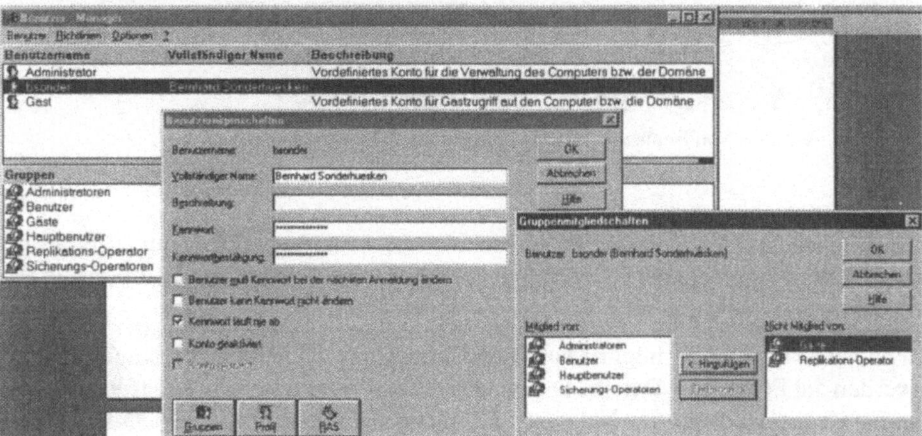

Bild 15.5: Windows NT Benutzerverwaltung

Das neue Netzwerkbetriebssystem der Firma Microsoft, Windows 2000-Server, ist der Nachfolger von Windows NT-Server und bietet gegenüber seinem Vorgänger zahlreiche Verbesserungen. An erster Stelle ist wohl der jetzt integrierte Verzeichnisdienst Active Directory zu nennen.

Vorteile von Client/Server-Netzwerkbetriebssystemen:

- Zentral zu verwaltende Benutzerdaten, Sicherheit und Zugriffsteuerung.

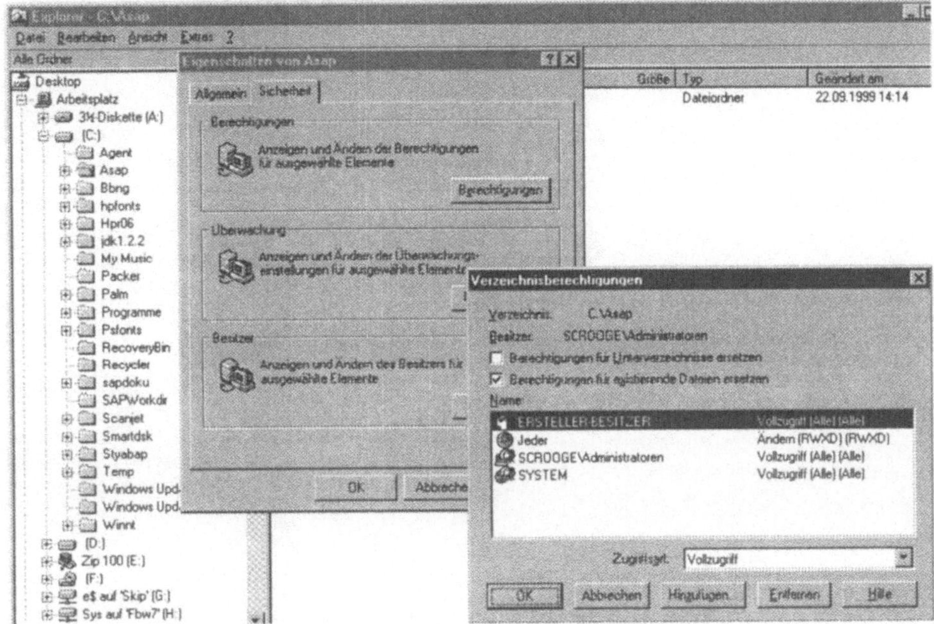

Bild 15.6: Vergabe von Verzeichnisberechtigungen unter Windows NT

- Vereinfachte Administration.
- Keine Beschränkung der Benutzeranzahl im Netzwerk notwendig.
- Benutzer muß sich nur ein Kennwort merken.
- Effizienterer Zugriff auf Datenbestände durch leistungsfähigere Ausrüstung von Hard- und Software.
- Zentrales Datenmanagement und damit zentrale Sicherung von Daten

Nachteile von Client/Server-Netzwerkbetriebssystemen:

- Serverausfall kann das gesamte Netz unbrauchbar machen wenn keine Ausfallszenarien vorgesehen sind.
- Notwendigkeit zur Administration des Netzes durch Experten.
- Höhere Anschaffungs- und Unterhaltungskosten werden notwendig. Gerade wenn das Netzwerk mit dem Unternehmen wachsen soll.
- Es sind höhere Sicherheitsaspekte zu berücksichtigen und entsprechende Planungen vorzunehmen.

Fragen und Aufgaben zu Szene 4

Der Stoff der letzten Wochen der Informatikveranstaltung erhitzt die Gemüter der Arbeitsgruppe von Bill: „Das Programmieren verstehe ich nie", klagt Bills Kommilitone, „außerdem will ich doch nicht Programmierer werden!" „Ich glaube", meint Bill, „auf das eigentliche Programmieren kommt es gar nicht so sehr drauf an. Viel wichtiger ist das grundsätzliche Verständnis zur Umsetzung von Problemstellungen, um mit den Standardprogrammen individuelle Lösungen auszuarbeiten. Laßt uns doch die wesentlichen Sachen noch einmal durchgehen."

4.1 Mit welchen Mitteln kann bei Textverarbeitungsprogrammen eine Anpassung der Programme an die Bedürfnisse von Unternehmen vorgenommen und damit ein effizienter und systematischer Einsatz unterstützt werden?

4.2 Welche Aufgabe erfüllt in Excel die Funktion „sverweis"?

4.3 Durch welche Funktion kann in Access auf welche Weise auf zentrale Datenbestände zugegriffen werden?

4.4 Welche Technik ermöglicht die Einbindung der Tabellen?

4.5 Aus welchen vier Schichten besteht die ODBC-Architektur?

4.6 Worin besteht der besondere Vorteil der ODBC-Technik?

4.7 Beschreiben Sie die zum Einbinden einer externen Tabelle in Access notwendigen Arbeitsschritte.

4.8 Warum ist das Sperren von Teilen einer Datenbank im Netzwerkbetrieb notwendig?

4.9 Beschreiben Sie zwei unterschiedliche Verfahren zum Sperren von Datensätzen. Nennen Sie dabei auch vor- und Nachteile.

4.10 Welche Aufgaben erfüllt der in Netzwerkdatenbanken zumeist enthaltene Zugriffsschutz?

4.11 Nach welchem Grundansatz geht man bei einer komplexen Problemstellung vor, um die Entwicklung einer Problemlösung überschaubar zu machen und zu vereinfachen?

4.12 Was versteht man unter einem Algorithmus?

4.13 Durch welche Grundstrukturen wird in Algorithmen eine Ablaufsteuerung für die einzelnen Aktionen beschrieben?

4.14 Welches sind die elementaren Datentypen für Objekte in Algorithmen?

4.15 Was versteht man unter einer „Variablen" in einem Algorithmus?

4.16 In welcher Form erfolgt in Algorithmen eine Wertveränderung einer Variablen?

4.17 Welches Ergebnis liefert die folgende Wertzuweisung
Bestellen := Auftrag and
(Lagerbestand - Auftragsmenge
< Mindestlagermenge)
wenn ein Auftrag mit einer Auftragsmenge von 500 Stück vorliegt, der derzeitige Lagerbestand bei 800 Stück liegt und die Mindestlagermenge 250 Stück beträgt?

4.18 Welche drei Methoden zur Darstellung von Algorithmen sind weit verbreitet?

4.19 Ausgehend von den Erklärungen zum Umgang mit Visual Basic in Verbindung mit MS Excel in Abschnitt 13.3.2 ist eine Prozedur zu den Problemstellungen im Beispiel „Küste“ eine Prozedur zu entwickeln, die am Ende eines Arbeitstages aufgerufen werden kann, um anhand der gebuchten Bestellungen die Tagesumsätze der Bedienungen zu berechnen. Dazu wird in einem ersten Schritt eine zusätzliche Tabelle „KWUmsätze“ gestaltet, in der für eine Kalenderwoche die jeweiligen Tagesumsätze für die Bedienungen durch die Prozedur eingetragen werden können. Wie könnte die gewünschte Prozedur aussehen?

4.20 Welche Unterschiede bestehen zwischen einem LAN und einem WAN?

4.21 Welche Vorteile ergeben sich aus dem Einsatz lokaler Netze?

4.22 Was verstehen Sie unter einem Backbone?

4.23 Nennen Sie einige typische Übertragungsmedien für Rechnernetze und vergleichen Sie die Vor- und Nachteile.

4.24 Erläutern Sie das Prinzip der Schichten im ISO-OSI Referenzmodell.

4.25 Welcher Schicht des ISO-OSI Referenzmodells sind die Signalübertragungsverfahren zuzuordnen? Welche Signalübertragungsverfahren kennen Sie?

4.26 Beschreiben Sie zwei unterschiedliche Verfahren zur Medienzugangskontrolle.

4.27 Beschreiben Sie die verschiedenen Ethernet-Standards. Wo liegen die Unterschiede?

4.28 Welche Protokolle sind der Vermittlungsschicht zuzuordnen?

4.29 Wie heißt das zweite Protokoll dieser Protokollfamilie? Welcher Schicht im ISO-OSI Referenzmodell ist es zuzuordnen?

4.30 Unter welchem Namen werden die unteren vier Protokollschichten des ISO-OSI Referenzmodells zusammengefasst?

4.31 Welche Dienste lassen sich der Anwendungsschicht zuordnen?

4.32 Nennen Sie Hardware zur Koppelung von Netzen. Welchen Schichten des ISO-OSI Referenzmodells sind diese zuzuordnen?

4.33 Welche Funktion hat ein Router?

4.34 Welche Netzwerkbetriebssysteme sind Ihnen bekannt? Welche Aufgaben haben diese Betriebssysteme?

4.35 Was versteht man unter einem Verzeichnisdienst? Wo liegen die Vorteile?

4.36 Wie nennt man die unter Novell Netware nachträglich ladbaren Module?

4.37 Nennen Sie Vorteile von Peer-to-Peer Netzen.

4.38 Worin bestehen die Vorteile von serverbasierten Netzen?

4.39 Warum sind Peer-to-Peer-Netze nur bis zu einer bestimmten Größe wirtschaftlich?

Szene 5: Strategischer Einsatz von Informationstechnik

Bill steht mit einem Kommilitonen vor dem Schwarzen Brett im Foyer der Hochschule und sie unterhalten sich über den Aushang für einen Gastvortrag am nächsten Tag: „Informationsmanager der ‚Global Investments' steht da als Berufsbezeichnung des Vortragenden", liest Bill laut, „was zum Teufel ist denn ein Informationsmanager?" „Ach", meint sein Kommilitone, „Informationsmanagement ist bestimmt nur eine neue, modern klingende Bezeichnung für Datenverarbeitung. Der ist bestimmt so etwas wie ein Rechenzentrumsleiter"

„Wenn ihr euch da man nicht irrt", wirft ihr gerade vorbeikommender Informatik-Dozent ein, „hinsichtlich der Datenverarbeitung hat es in den letzten Jahren einen ziemlichen Wechsel in der Sichtweise von Unternehmen gegeben. Natürlich gibt es noch so etwas wie ein Rechenzentrum und Leute, die dort die großen Rechner bedienen und warten. Aber das ist nur ein kleiner Teil der Tätigkeiten, die in Zusammenhang mit dem Informationsmanagement eines Unternehmens gemacht werden müssen."

Und er fährt fort: „Informationsmanagement ist eine Managementaufgabe die darin besteht, Informationsverarbeitungsstrategien und operative Konzepte zur Informationstechnik im Sinne der umfassenden Unternehmensziele zu erarbeiten."

„Das klingt aber schwammig", wagt Bill zu entgegnen, „kann man das nicht etwas genauer erklären?"

„Es geht beim Informationsmanagement um den planmäßigen Umgang mit Information in einem Unternehmen", erläutert der Dozent. „Wenn ein Unternehmen heute auf den internationalen Märkten seine Wettbewerbsfähigkeit erhalten oder erhöhen will, dann reicht es nicht, PCs an den Arbeitsplätzen aufzustellen und einzusetzen, sondern es sind innovative Strategien gefragt,

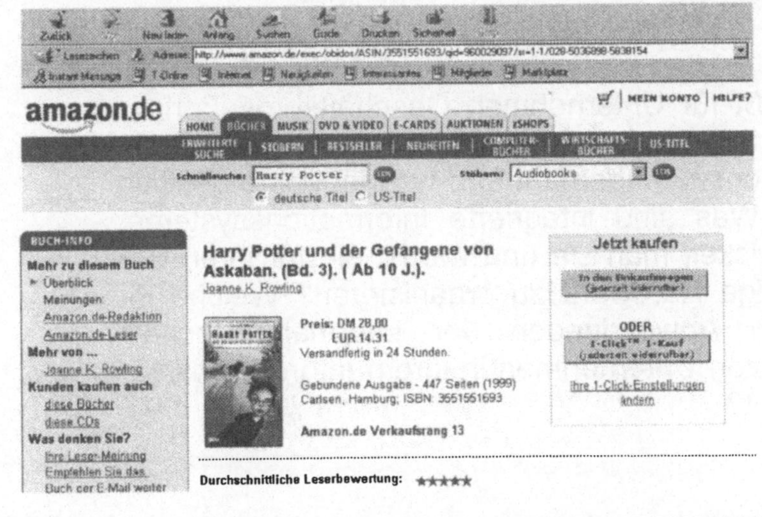

wie Information und die geeignete Informationstechnik dazu beitragen können, das Unternehmen voran zu bringen, es gegenüber der Konkurrenz herauszuheben."

„Das machen Unternehmen aber doch schon immer", meint Bill, „der Einsatz von Computern war doch immer schon darauf ausgerichtet, z.B. in der Produktion zu automatisieren oder die Arbeiten im Büro zu erleichtern."

„Das ist für Unternehmen so heute aber nicht mehr ausreichend", antwortet der Dozent, „Informationstechnik strategisch einzusetzen, bedeutet viel mehr. Nehmen wir als Beispiel das Internet. Anfangs waren hier nur sehr wenige Unternehmen vertreten, stattdessen wurde es hauptsächlich zum Informationsaustausch unter Wissenschaftlern benutzt. Heute hat praktisch jedes Unternehmen seine www-Adresse und benutzt das Internet zur Selbstdarstellung und immer mehr auch für den E-Commerce. Diesen innovativen Weg zu gehen, ihn zu planen, die dafür notwendigen organisatorischen und technischen Voraussetzungen zu schaffen und geeignete Anwendungsprogramme zu entwickeln ist Aufgabe des Informationsmanagements eines Unternehmens."

„Letzte Woche habe ich im Internet für ein Geburtstagsgeschenk ein Buch gesucht. Als ich ein schönes gefunden hatte, habe ich es gleich bestellt und zwei Tage später war es da. Daß das so gut funktioniert, ist also Ergebnis des Informationsmanagements des Buchhändlers", fragt Bill.

„Genau", erklärt der Dozent, „und das ist nur ein kleiner Teil des Informationsmanagements eines Unternehmens. Hinzu kommen die mehr internen Fragen zur Geschäftsprozeßorientierung, die Organisationsformen von Datenverarbeitung, die informationstechnische Einbindung von Kunden und Lieferanten in die Geschäftsprozesse und die Prozeßsteuerung durch Computer Supported Cooperative Work und der Einsatz und die planmäßige Entwicklung von integrierten Informationssystemen in Unternehmen."

„Hören wir dazu noch was in der Informatik-Veranstaltung", fragt Bill. „Na klar", lautet die Antwort, „aber geht ruhig erst mal zum Gastvortrag morgen. Dann kriegt ihr schon mal einen Eindruck, welche Bedeutung Information für Unternehmen heute hat und was alles zu einen strategischen Einsatz von Informationstechnik in Unternehmen gehört."

Was heißt für Unternehmen Geschäftsprozeßorientierung? In welchem Zusammenhang steht dazu das Informationsmanagement und was ist das eigentlich genau? Was sind integrierte Informationssysteme, wie entwickelt man sie und wie ist die für ihren Betrieb nötige Hardware zu organisieren? Welche innovativen Anwendungen der Informationstechnik unterstützen Unternehmen in ihrem Informationsmanagement?

In den ersten Szenen haben wir die Informationstechnik mehr aus der Sicht des Benutzers betrachtet: wie funktioniert der Computer und wie setzt ein Benutzer ihn mit Standardsoftware zur Unterstützung alltäglicher Probleme ein. Diese Sichtweise wurde in den letzten Kapiteln insofern erweitert, als ein Betrieb zum Ausgangspunkt genommen wurde, Möglichkeiten für den Einsatz und für die Individualisierung von Standardsoftware beschrieben und die Technik zur Vernetzung von Rechnern in Betrieben erläutert wurde.

Rechnernetze bilden heute das Rückgrat für den Umgang mit Informationstechnik in Unternehmen. Dabei ist die eigentliche Technik nur ein Aspekt, der die Unternehmen beschäftigt, die Organisation der Informationstechnik und der strategische Umgang mit Information im Unternehmen rücken immer mehr in den Vordergrund. Wir wollen in den folgenden Kapiteln daher das Unternehmen mehr in das Blickfeld rücken und Information und Informationstechnik aus dieser Sicht betrachten. Wir begegnen dabei Begriffen wie Geschäftsprozeßorientierung, Informationsmanagement und Integrierten Informationssystemen, sehen uns die Systementwicklung im Großen etwas näher an und stellen innovative Konzepte zum Einsatz von Informationstechnik in Unternehmen vor.

16 Strategischer Umgang mit Information und Informationstechnik in Unternehmen

Gewinne zu erwirtschaften ist das Unternehmensziel, dem letztlich alle Aktivitäten eines Unternehmens unterzuordnen sind. Mit diesem Ziel verbunden ist ein Leistungserstellungsprozeß unter Einsatz der elementaren Produktionsfaktoren "menschliche Arbeit", "Betriebsmittel" (Maschinen, Gebäude und das Know-How eines Unternehmens), und "Werkstoffe" (Rohstoffe, Boden, Klima) in Kombination mit dispositiven Faktoren der Unternehmensorganisation, der Unternehmensplanung und der Betriebsführung.

Der Leistungserstellungsprozeß in einem Unternehmen orientiert sich an Grundsätzen wie Zweckmäßigkeit, Gleichgewicht von Aufwand und Nutzen, Humanität, Wirtschaftlichkeit, der Organisation, Koordination und Arbeitsteilung und der Bedürfniserfüllung von Kunden auf einem Markt, wo der Kunde schneller, preiswerter, besser und umfassender zu bedienen ist, als bei einem Mitbewerber.

Dem Umgang mit Information und mit Informationstechnik kommt in diesem Zusammenhang eine immer größere Bedeutung zu. In unserer heutigen Informationsgesellschaft hat Information für die Unternehmen den Rang eines vierten elementaren Produktionsfaktors erlangt. Wir werden dies in den folgenden Abschnitten näher erläutern und die Konsequenzen daraus für den Umgang mit Information und Informationstechnik in Unternehmen darstellen.

16.1 Geschäftsprozeßorientierung

Vorherrschendes Paradigma für die Organisation eines Leistungserstellungsprozesses war über Jahrhunderte eine Ablauforganisation auf der Basis einer Funktionsorientierung mit Arbeitsteilung und Spezialisierung und eine Aufbauorganisation mit Funktionsträgern, die die Planung und Steuerung der Arbeit von der Durchführung der Arbeit trennt. Zur Planung und Steuerung von Arbeit gehören die typischen Management-Aufgaben, wie die Vorgabe von Leitsätzen und strategischen Programmen, die Führung von Menschen zur Zielerreichung, die Koordination von Menschen und Betriebsmitteln mit Handlungsanweisungen und Zielvorgaben, die Erfolgsmessung und das Controlling.

Dieses Paradigma wird inzwischen abgelöst und ergänzt durch eine wachsende Fokussierung auf die Geschäftsprozesse eines Unternehmens. Ein *Geschäftsprozeß* ist eine in sich geschlossene Folge miteinander verbundener Funktionen, die unter vorgegebenen Rahmenbedingungen in der Regel arbeitsteilig erledigt werden und einen Beitrag zum Leistungserstellungsprozeß des Unternehmens leisten.

16.1.1 Funktions- und datenorientierte Sicht für den Einsatz von Informationstechnik

Dem Paradigma funktionsorientierter Arbeitsteilung folgte der Einsatz von Technik mit zunächst mechanischen und elektrischen, und heute computergesteuerten Maschinen als Unterstützung bei der Durchführung von Arbeit, bzw. als Ersatz menschlicher Arbeit im Leistungserstellungsprozeß und mit Informationstechnik ausgerichtet auf einzelne Funktionen im dispositiven Bereich.

Funktionsorientierte Informationstechnik besteht aus Programmen, die auf einzelne Aufgaben, wie z.B. die Buchhaltung, die Lohn- und Gehaltsabrechnung oder die Kundenstammverwaltung ausgerichtet sind und die dafür nötigen Daten zunächst eigenständig, heute in der Regel auf Basis eines Datenbanksystems (vgl. Abschnitt 8.5) verwalten. Hinsichtlich der Datenverwaltung für diese Funktionen herrschten lange Zeit isolierte Lösungen, die zu erheblicher Datenredundanz führten, für die Datenorganisation vor. Ab Mitte der 80er Jahre begannen Bestrebungen zur unternehmensinternen Standardisierung und Integration von Daten, bei denen verschiedene Programme auf der Basis einheitlicher Datenmodelle arbeiten. Alle drei Varianten (vgl. Bild 16.1) sind in Unternehmen heute häufig zu finden.

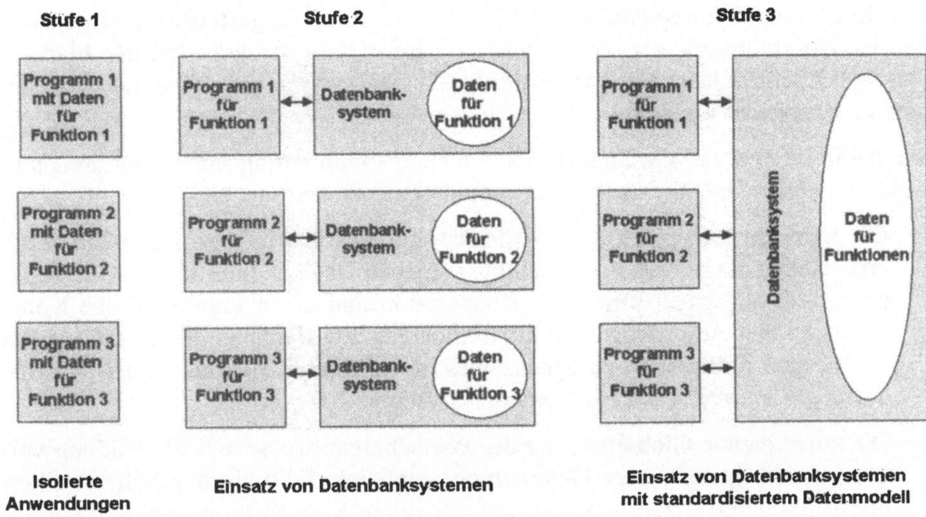

Bild 16.1: Varianten funktionsorientierter Software

Ziel dieser auf Einzelfunktionen ausgerichteten computergestützten Systeme ist eine Rationalisierung in Form

- eines Ersatzes menschlicher Arbeit (substitutiver Einsatz von Hard- und Software: ein Roboter ersetzt den Menschen) oder
- einer Unterstützung menschlicher Arbeit (komplementärer Einsatz von Hard- und Software: ein Mensch benutzt an seinem Arbeitsplatz z.B. ein Textverarbeitungsprogramm) zur Erhöhung der Produktivität und/oder der Qualität der menschlichen Arbeit.

Dieserart Systeme sind heute in hohem Maße perfektioniert und man kann sich kaum eine Funktion im dispositiven Bereich des betrieblichen Leistungsprozesses vorstellen, für die es kein computergesteuertes System zur Unterstützung gibt (die sogenannte "*kommerzielle Software*", vgl. hierzu Abschnitt 8.1).

16.1.2 Prozeßorientierte Sicht für den Einsatz von Informationstechnik

Ende der 80er Jahre vor dem Hintergrund einer zunehmenden Internationalisierung und Globalisierung der Märkte und damit verbunden, einer wachsenden Konkurrenz für die Unternehmen, zeigten sich Schwächen dieses Paradigmas. Trotz lokaler Optimierung einzelner Arbeitsschritte bildeten funktionale, organisatorische, personelle und informationelle Schnittstellen Barrieren für ein Gesamtoptimum bei der Produkt- und Dienstleistungserstellung. Nur durch einen substitutiven und komplementären Einsatz von computergesteuerten Maschinen bei der Durchführung von Arbeit und von Informationstechnik bei der Planung von Arbeit konnte kein nennenswerter Wettbewerbsvorteil gegenüber der Konkurrenz mehr erreicht werden.

Vielmehr ist von der Gesamtorganisation und Optimierung von Strukturen und Abläufen und darauf aufbauendem Computereinsatz auszugehen:

- Der heutigen Komplexität der Arbeitssysteme ist häufig organisatorisch durch eine Rückverlagerung von Planungsaufgaben in den unmittelbaren Arbeitsprozeß zu begegnen, um durch Kooperation und eigenverantwortliche Koordiniation der Beschäftigten die Möglichkeit zur flexiblen Reaktion auf die vielfältigen Situationen zu geben. Dies bewirkt neue und andersartige Anforderungen an unterstützende Software-Systeme.
- Die zunehmende Globalisierung der Wirtschaftsprozesse und die Bildung von Centern als eigenständige Unternehmenseinheiten führt zu räumlich verteilten und zeitlich versetzten Arbeitsprozessen, deren Koordination neue und kooperative Strukturen und damit andere unterstützende Software erfordert.
- Die zunehmende Praxis der auftragsgebundenen Arbeitsprozesse mit der Notwendigkeit zur schnellen und flexiblen Reaktion auf Kundenerfordernisse erfordert Organisationsformen und unterstützende Software, die besser als die herkömmliche Linienorganisation und die funktionalen Programme den veränderten Anforderungen entspricht.

Ein Paradigmenwechsel in Unternehmen war die Folge dieser Erkenntnisse: nicht mehr die einzelne Funktion wurde in den Mittelpunkt der Betrachtung gestellt, sondern der Prozeß der Leistungserstellung wurde Ausgangspunkt für weitere Optimierungen. Geschäftsprozesse (vgl. die obige Definition) in Unternehmen wurden identifiziert, die beteiligten Funktionen und Objekte, der notwendige Informationsfluß zwischen Funktionen analysiert und optimiert.

Unter der Bezeichnung *Business Process Reengineering* wurde in diesem Zusammenhang auch die Prämisse des Computereinsatzes neu gefaßt: Computeranwendungen sollten vor allem innovativ sein, einen Wettbewerbsvorteil gegenüber Konkurrenten herbeiführen. Dies ist nach dem vorher Gesagtem nicht allein ein technisches Problem der richtigen Gestaltung von Soft- und Hardware, sondern vor allem eine organisatorische Herausforderung. Die Schlagworte des Business Process Reengineering hierzu sind:

- Dezentrale Strukturen mit selbstgesteuerten Teams und einer Orientierung an Geschäftsprozessen
- Automatisierung und Standardisierung von Abläufen

- Ständiger Verbesserungsprozeß unter Einbeziehung der Mitarbeiter
- Integration von Lieferanten und Kunden

Moderne Informations- und Kommunikationstechnik bildet vor diesem Hintergrund das Medium und Werkzeug zur Kooperation der Mitarbeiter bei der Bewältigung der Geschäftsprozesse.

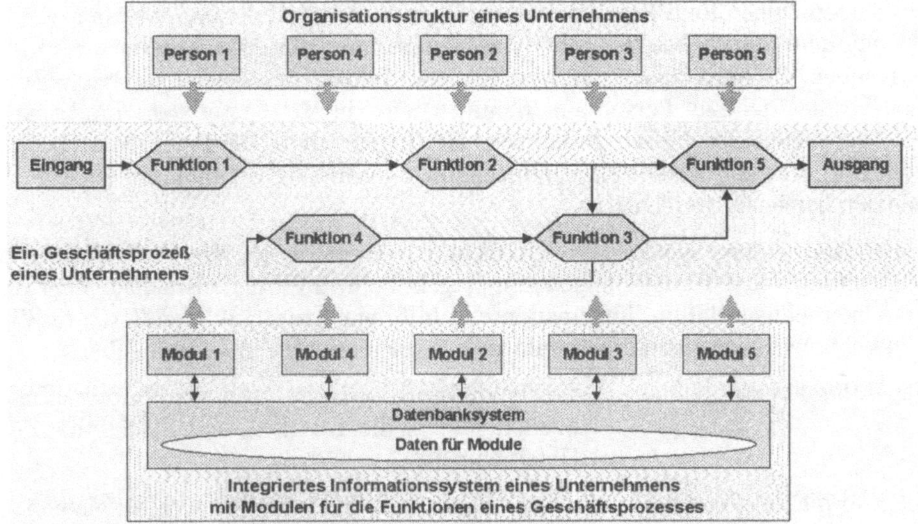

Bild 16.2: Geschäftsprozeßorientierung in Unternehmen

Der entsprechende Umdenkungsprozeß ist in vielen Unternehmen heute in vollem Gange: Kundenorientierung, Analyse und Optimierung der Geschäftsprozesse des Unternehmens (vgl. auch Abschnitt 17.3), Einführung integrierter Informationssysteme (vgl. Abschnitt 16.4), Untersuchungen zum Einsatz von rechnernetzbasierten Anwendungssystemen zur Koordination von und zur Kooperation bei der Arbeit (Computer supported Cooperative Work, CSCW; vgl. Kapitel 18) sind einige Stichworte für die Aktivitäten von Unternehmen in diesem Zusammenhang.

In diesem Sinne verändert sich die Rolle der Informationstechnik von einem Werkzeug bei der Produktion eines Arbeitsergebnisses hin zu einem System, das die Koordination der immer komplexer werdenden Produktions- und Distributionsprozesse auf gesamtbetrieblicher und zwischenbetrieblicher Ebene überhaupt erst möglich macht. Durch diese Geschäftsprozeßorientierung erhält die entstehende Software dann einen neuen, innovativen Charakter.

16.2 Informationsmanagement

Mit der verstärkten Betrachtung von Informationstechnik in Unternehmen in Zusammenhang mit Geschäftsprozessen erfuhr Information an sich für Unternehmen eine neue Qualität. Information gilt heute als vierter elementarer Produktionsfaktor, der zur Steigerung der Effizienz und Effektivität in Unternehmen eingesetzt wird.

Ein Unternehmen muß Bescheid wissen über die Marktsituation, über Innovationen auf dem Markt oder auch über Geschäftspartner, Kunden und Konkurrenzunternehmen. Es muß weiter dafür sorgen, daß Information intern zur "richtigen" Zeit für die "richtige" Person am "richtigen" Ort zur Verfügung steht, um "richtige" Entscheidungen treffen zu können. Information muß ständig ergänzt und regelmäßig erneuert werden. Zusammengefaßt: Information muß in einem Unternehmen gemanagt werden.

Unter *Informationsmanagement* ist mehr zu verstehen als die Aufnahme und Verwaltung von Information, sondern es geht beim Informationsmanagement für ein Unternehmen darum, Information und Informationstechnik strategisch für die Unternehmensziele einzusetzen. Informationsmanagement entscheidet über

das Informationspotential: welche Informationen aus welchen Informationsquellen stärken die Effizienz und Effektivität des Unternehmens,

die Informationsfähigkeit: welche Hard- und Software und welche Methoden und Systeme der Informationstechnik stärken die Effizienz und Effektivität des Unternehmens, und

die Informationsbereitschaft: welche infrastrukturellen, organisatorischen, kulturellen und personellen Voraussetzungen müssen im Unternehmen für den Umgang mit Information geschaffen werden, um die Effizienz und Effektivität des Unternehmens zu stärken.

Nachdem in der Vergangenheit vor allem die Informationsfähigkeit im Sinne von Entscheidungen zur technischen Ausstattung im Vordergrund stand, stehen heute alle drei Bereiche praktisch gleichbedeutend nebeneinander. Informationsmanagement integriert damit den Umgang mit Information in die allgemeine Unternehmensstrategie.

Um diese Integration auch organisatorisch bestmöglich zu unterstützen, sind Unternehmen in der jüngeren Vergangenheit verstärkt dazu übergegangen eigenständige Organisationseinheiten zum Informationsmanagement zu schaffen und die Stelle eines Informationsmanagers mit großen Kompetenzen nahe der Unternehmensleitung anzusiedeln.

16.2.1 Informationspotential

Bei der Frage, welche Informationen für die Entscheidungen in einem Unternehmen bedeutend sind, sind einerseits externe und interne Quellen voneinander zu trennen und andererseits ist nach der Art von Aufgaben die operative Ebene eines Unternehmens mit Administrations- und Dispositionssystemen und die Management-Ebene mit allgemein so bezeichneten Managementinformationssystemen zu unterscheiden. Parallel dazu werden die von uns in Kapitel 8 eingeführten und in den folgenden Kapiteln ausführlich diskutierten Programme der Bürosoftware in diesem Gesamtzusammenhang als Querschnittssysteme betrachtet, die auf allen Ebenen der Arbeit eines Unternehmens unterstützend eingesetzt werden (vgl. Bild 16.3).

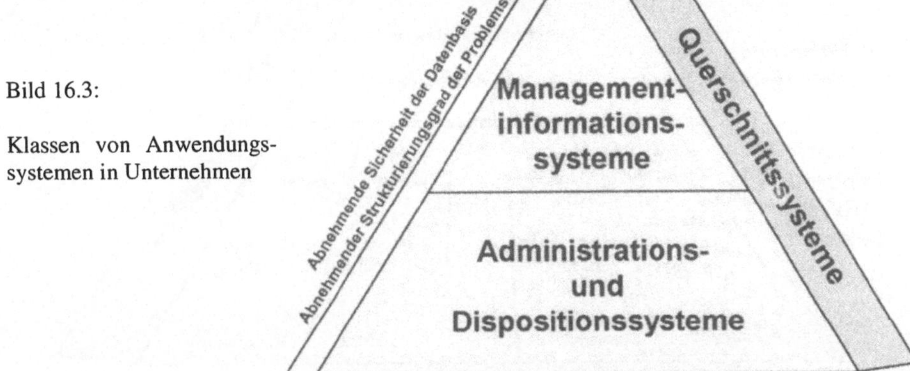

Bild 16.3:

Klassen von Anwendungssystemen in Unternehmen

Administrationssysteme rationalisieren die Bearbeitung kaufmännischer und technischer Routineprobleme, wie z.B. die Lohn- und Gehaltsrechnung, Lagerhaltung oder die Kreditoren- und Debitorenbuchhaltung. Hier werden Massendaten in detaillierter Form für gut strukturierte Problemstellungen verarbeitet.

Dispositionssysteme helfen bei gut strukturierten einfachen Entscheidungsproblemen auf unteren und mittleren Führungsebenen, z.B. zur Produktionsplanung, zum Bestellwesen, zur Kostenrechnung oder zur Finanzbuchhaltung.

Für die *Managementinformationssysteme* (MIS, auch: *Management Support Systeme*, MSS) werden die Massendaten der operationalen Arbeitsebene aufbereitet und zu Kenndaten für strategische Entscheidungen verdichtet. Einfache Statistiken, Soll-Ist-Vergleiche, "Was wäre, wenn"-Analysen für Auswertungen sind Beispiele zur Unterstützung von Kontrollen, von Diagnosen und dienen als Basis für Entscheidungen zur Unternehmensführung und als Planungshilfe auf Managementebene. Statt der übergeordneten Bezeichnung Managementinformationssystem werden daher auch die Begriffe "*Führungsinformationssysteme*" und "*Planungssysteme*" in diesem Zusammenhang verwendet.

Das Bild 16.4 faßt die verschiedenen Typen von Anwendungssoftware in Unternehmen noch einmal überblicksartig zusammen.

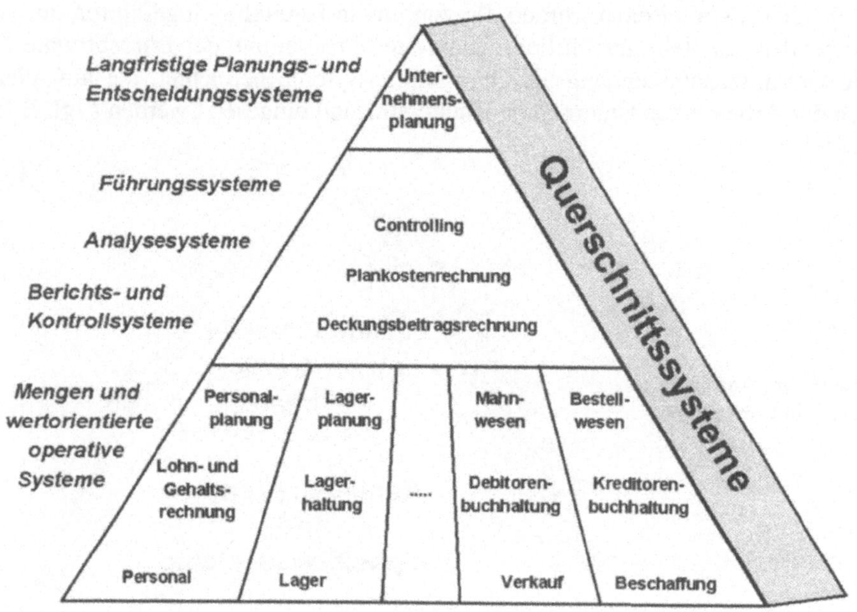

Bild 16.4: Aufgaben für Anwendungssysteme in Unternehmen

Während auf der operativen Ebene durch solche Anwendungssysteme zu den einzelnen Funktionen methodische Unterstützung auf einer umfangreichen Datenbasis fundiert erfolgt, erwies sich in der Vergangenheit die Unterstützung der wenig strukturierten strategischen Planungs- und Entscheidungsaufgaben in Unternehmen als weniger leistungsfähig. Insbesondere die fehlende Integration der in den vielen Unternehmensbereichen anfallenden Daten führte hinsichtlich der internen Quellen zu unvollständigen und unsicheren Informationen im oberen Management. Ziel des Informationsmanagements ist es, diese Unsicherheitsfaktoren möglichst zu minimieren, also das Informationspotential zu erhöhen.

Einen wesentlichen Beitrag dazu leistet für die internen Informationsquellen die Integration der in Bild 16.4 dargestellten verschiedenen Anwendungssysteme zu einem integrierten Informationssystem (vgl. Abschnitt 16.4) mit leistungsfähigen

Komponenten, die die für die Managementaufgaben benötigte Information aus den Massendaten in geeigneter Form extrahieren.

Managementinformationssysteme zur Unterstützung von Führungskräften werden zunehmend in Unternehmen als kritischer Erfolgsfaktor gesehen und mit hoher Priorität entwickelt und eingeführt. Für ihre Funktion wird einerseits auf die Datenbasis der integrierten Informationssysteme zurückgegriffen. Andererseits gibt es seit einigen Jahren auch den unter der Bezeichnung *Data-Warehouse* bekanntgewordenen Ansatz, Daten als Grundlage für Managementinformationssysteme separat zu verwalten.

Ein Data-Warehouse ist eine eigenständige Datenbank mit entscheidungsrelevanten Daten für die verschiedenen auf Planung und Entscheidung ausgerichteten Komponenten von Managementinformationssystemen.

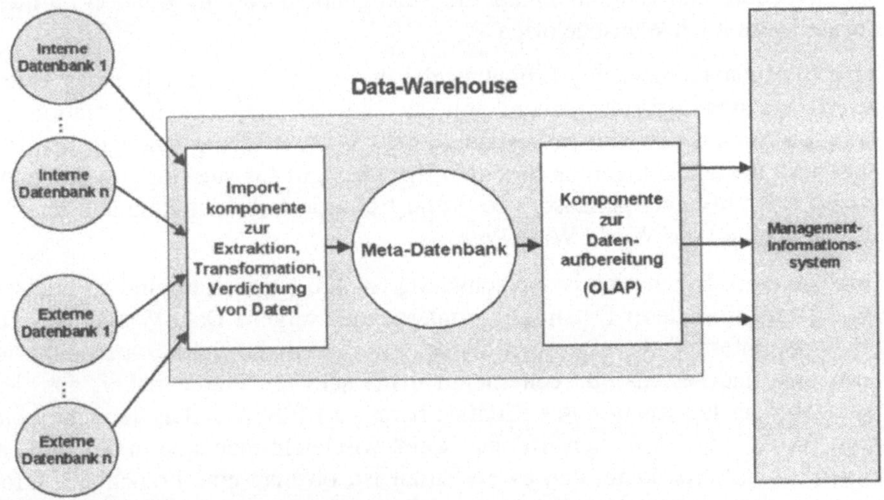

Bild 16.5: Konzept eines Data-Warehouse

Das Konzept des Data-Warehouse sieht die eigentliche Datenbank vor, in der außer den entscheidungsrelevanten Daten auch die Herkunft der und technische und inhaltliche Beschreibungen zu den Daten enthalten sind (deswegen auch als *Meta-Datenbank* bezeichnet). Es berücksichtigt eine Komponente zum Import von Daten aus verschiedenen Quellen und eine Komponente zur Aufbereitung von Daten (dem technischen Vorgehen nach auch als OLAP, Online Analytical Processing, bezeichnet) für die Auswertung durch Managementinformationssysteme (vgl. Bild 16.5).

Wie dem Bild 16.5 zu entnehmen ist, beschränkt sich ein Data-Warehouse nicht allein auf interne Datenquellen, sondern bezieht vor dem Hintergrund der in Zusammenhang mit der Globalisierung und Internationalisierung wachsenden Bedeutung externer Information für Unternehmen solche Informationsquellen mit ein.

Externe Information, wie beispielsweise amtliche Statistiken, verschiedene kommerzielle Datenbanksysteme, Marktanalysen, allgemeine Wirtschaftsnachrichten, usw. waren schon immer Grundlage unternehmerischen Handelns und es gab und gibt zahlreiche auch kommerzielle Anbieter dieserart Information (z.B. verschiedene Fachinformationszentren, Patentdatenbanken, Wirtschaftsdatenbanken, juristische Datenbanken). Die weltweite Vernetzung von Rechnern und das World Wide Web im Internet (vgl. Abschnitt 9.3) haben die Möglichkeiten der Nutzung externer Informationsquellen für Unternehmen seit einigen Jahren allerdings auf eine neue Stufe gestellt. War vorher der Zugriff auf relevante externe Information für Managementaufgaben aufwendig und teuer, die erreichte Information evtl. wenig brauchbar und veraltet, so läßt die Verfügbarkeit von Information im Internet heute kaum noch Wünsche offen.

Informationsmanagement zur Erhöhung des Informationspotentials eines Unternehmens hat sich dementsprechend mit der Einbeziehung von Information aus weltweiten Netzen und hier insbesondere dem Internet in die strategischen Planungen und Entscheidungen zu beschäftigen. Dies gilt für strukturierte Angebote kommerzieller Anbieter genauso, wie für unstrukturierte Information auf den verschiedenen Seiten des World Wide Web.

So einfach diese Erkenntnis ist, so schwierig ist ihre Umsetzung und so mühsam ist eine Integration dieser Daten in das unternehmenseigene Data-Warehouse. Die Vielfalt des Internet, die einerseits als dessen eigentliche Stärke anzusehen ist, erweist sich andererseits für Unternehmen als schwere Hürde dabei, aus dem Überangebot an Information das Richtige heraus zu filtern. Jeder, der schon einmal im World Wide Web "gesurft" hat, weiß, wie leicht man sich in der Fülle an Information verlieren kann, daß es oft Zufall ist, ob man eine brauchbare Information erhält oder nicht und daß man viel Erfahrung braucht, in vertretbarer Zeit verwertbare Information zu gewinnen.

Hilfen geben die zahlreichen Suchmaschinen im Internet, sowie zahlreiche, die Arbeit vereinfachende Funktionen in Browsern (vgl. Abschnitt 9.3). Wachsende Erfahrung der Betroffenen in Unternehmen und auch die Inanspruchnahme kommerzieller Informationsbroker im Internet erhöhen die Qualität der Gewinnung externer Information. Die Übernahme insbesondere der unstrukturierten Information in die eigenen Datenbestände erfordert allerdings erheblichen manuellen Aufwand.

Insbesondere für die professionellen Anwendungen des Informationsmanagements in Unternehmen wurden daher Werkzeuge entwickelt, die hier weitere Verbesserungen ermöglichen. Zu nennen sind:

- "*Data-Mining*" und *Text-Mining*", das sind Verfahren zur automatischen Identifizierung von Datenmustern und Zusammenhängen in strukturierten und unstrukturierten Datenbeständen,
- "*Intelligente Agenten*", das ist Software, die auf der Basis von Profilen zum Informationsbedarf eines Anwenders dem Profil entsprechende Information aus dem Internet extrahiert und
- "*Portale*" als themenbezogene Zusammenfassung von Informationsangeboten.

Eine Kombination solcher Ansätze mit Komponenten eines Data-Warehouse zur automatisierten Übernahme und Verknüpfung recherchierter Information mit internen Daten ist gegenwärtig Ziel diverser Forschungs- und Entwicklungsarbeiten der Wirtschaftsinformatik.

16.2.2 Informationsfähigkeit

Die *Informationsfähigkeit* umfaßt die Möglichkeiten der Informationsverarbeitung eines Unternehmens. Dazu gehören die Hardware- und Software-Ausstattung und die eingesetzten Methoden, Instrumente und Systeme der Informationsverarbeitung. Es ist eine Informationsinfrastruktur aufzubauen, durch die die Produktion von Information und die Kommunikation im Unternehmen bestmöglich unterstützt wird.

Zu dieser Infrastruktur gehört zunächst die eigentliche Technik, die Hardwarekonfiguration, die ein Unternehmen einsetzt. Wir hatten zu Beginn dieses Kapitels bereits auf die Bedeutung von Rechnernetzen in diesem Zusammenhang hingewiesen. *Heterogene Rechnernetze* mit vernetzten Rechnern unterschiedlicher Leistungsfähigkeit stellen heute den Standard für eine moderne und leistungsfähige Rechnerkonfiguration in Unternehmen dar. Sie bilden den bisherigen Endpunkt einer Entwicklung, die

- zunächst entweder durch zentrale *Großrechner* mit einfachen Bildschirmgeräten (*Terminals*: Geräte für Ein- und Ausgaben eines Benutzers des Großrechners ohne eigene Rechenkapazität) am Arbeitsplatz, dann mit Personalcomputern statt Terminals und/oder
- durch dezentral aufgestellte und zunächst isolierte, dann über einfache Techniken vernetzte Personalcomputer geprägt war (vgl. Bild 16.6).

Auf Möglichkeiten der Ausgestaltung heterogener Netze und ihre Auswirkungen auf die Architektur der Software gehen wir wegen der fundamentalen Bedeutung dieses Aspekts für das Informationsmanagement im Abschnitt 16.3 gesondert ein.

Zur Informations-Infrastruktur gehört zum zweiten die einzusetzende Software. Geeignete betriebliche Informationssystem sind zu planen, zu entwickeln und in die Arbeitsabläufe zu integrieren. Dies geschieht in wechselseitiger Abhängigkeit zur eingesetzten Hardware (vgl. Abschnitt 16.3). Nach welchen Konzepten und Methoden die eigentliche Planung und Entwicklung erfolgt und wie man im Sinne des Informationsmanagements zu erfolgreichen Lösungen kommt ist bestimmt durch das Software Engineering (Softwaretechnik), einer Disziplin der Informatik, die sich mit der ingenieurmäßigen Erstellung von Software-Systemen beschäftigt. Erläuterungen dazu sind Inhalt des nächsten Kapitels.

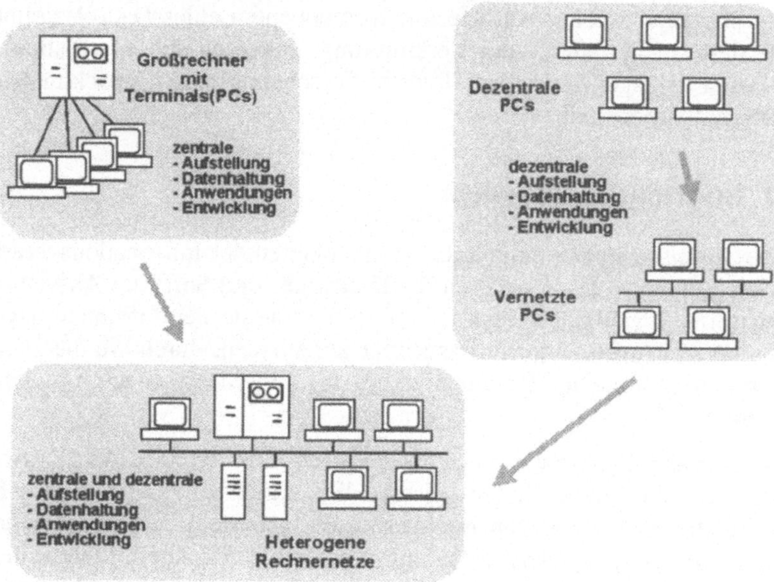

Bild 16.6: Zentrale und dezentrale Rechnerkonfigurationen für Unternehmen

16.2.3 Informationsbereitschaft

Informationsbereitschaft ist neben rein organisatorischen Fragen auch ein Problem der Unternehmenskultur. Jeder Mitarbeiter eines Unternehmens muß sich aktiv an der Informationsaufnahme, Informationsverarbeitung und Informationsweitergabe beteiligen und die Bedeutung seiner Mitarbeit für das Informationsmanagement muß ihm bewußt gemacht werden. Ähnlich wie beim Qualitätsmanagement in Unternehmen (vgl. entsprechende Literatur) ist es Aufgabe der Unternehmensleitung und damit Bestandteil des Informationsmanagements, im Unternehmen das gewünschte Informationsbewußtsein zu etablieren.

Hinsichtlich der Organisation der Informations-Infrastruktur herrschten in Unternehmen genau wie in Behörden zentrale Strukturen vor. Das *Rechenzentrum* des

Unternehmens allein war für die Beschaffung und den Betrieb der zunächst ausschließlich zentral aufgestellten Hardware (vgl. Bild 16.6) und für die Entwicklung und die Pflege der Software und der Datenbanken zuständig, hier wurde der gesamte DV-Bereich des Unternehmens geplant, gesteuert und koordiniert. Oft war dieses System sehr schwerfällig und wurde den Anforderungen an einzelnen Arbeitsplätzen des Unternehmens nicht gerecht.

Mit dem Aufkommen der PCs wuchs daher die Tendenz, Arbeitsplätze unabhängig vom Rechenzentrum mit lokaler Rechenleistung auszustatten und hier in Form individueller Informationsverarbeitung Probleme zu lösen. Der dadurch gewonnenen hohen Flexibilität standen für das Unternehmen dabei aber gravierende Nachteile gegenüber. Abgesehen davon, daß bei isolierten PCs der Datenaustausch zwischen einzelnen Arbeitsplätzen erheblich behindert wird, erwies es sich für das Management in der Praxis als unmöglich, den Überblick zu behalten, welche Software in welcher Version auf welchem Rechner installiert ist und wo im Unternehmen welche Rechner in welcher Ausstattung aufgestellt sind. Zu der fehlenden Transparenz gesellte sich die Überforderung der Mitarbeiter bei der Pflege der Hard- und Software ihres PCs und die fehlende Unterstützung bei Problemen mit den Rechnern durch zentrale Organisationseinheiten.

Mit den heutigen heterogenen Rechnernetzen gewinnen Mischformen im Management der Informationstechnik die Überhand. Vorteile zentraler Organisation von Hard- und Software sollen so mit der Flexibilität der Informationsverarbeitung an einzelnen Arbeitsplätzen verbunden werden:

- Strategische Entscheidungen zur Informationstechnik werden über das Rechenzentrum eines Unternehmens vorbereitet und umgesetzt,
- routinemäßige Wartungs- und Pflegearbeiten an dezentralen Rechnern erfolgen von zentraler Stelle aus über das Rechnernetz,
- für die Reaktion auf Probleme an dezentralen Geräten richten Unternehmen häufig eine Kombination aus dezentralen *Datenverarbeitungsbeauftragten*, zuständig für kleinere Arbeiten an den Rechnern in einzelnen Unternehmensbereichen, und *zentralem Benutzerservice* für schwerwiegendere Probleme und zur Unterstützung von Beschaffungen ein.

Dabei wird zu Erhöhung der Effektivität solchen Organisationseinheiten der Status von eigenständigen Centern gegeben, die sich gegenüber der Konkurrenz externer Dienstleister behaupten müssen.

Mitunter wird für das Management der Informationstechnik in Abhängigkeit von der Unternehmensgröße und der Komplexität der Aufgaben vollständig auf externe Dienstleistungen zurückgegriffen. Solche Ausgliederung von Aufgaben eines Unternehmens in Zusammenhang mit dem Informationsmanagement wird gewöhnlich als *Outsourcing* bezeichnet.

16.3 Organisationsformen von Datenverarbeitung

Die Entwicklung der verschiedenen Konzepte des Rechnereinsatzes von einem zentralen *Großrechner* (andere Bezeichnungen: Host oder Mainframe) mit Terminals über isolierte PCs, vernetzte PCs hin zu heterogenen Netzwerken brachte naturgemäß auch eine Veränderung in den Organisationsformen der Datenverarbeitung mit sich.

Liefen früher alle Programme auf einem zentralen Rechner, so ergeben sich durch die inzwischen wesentlich leistungsfähiger gewordenen PCs in Verbindung mit mittlerer Datentechnik und Großrechnern in heterogenen Netzwerken ganz neue Möglichkeiten der Softwareverteilung. Entscheidende Neuerung war hier die Entwicklung des Client/Server-Modells, dessen Grundlagen und Voraussetzungen in diesem Kapitel erläutert werden sollen.

16.3.1 Sizing-Strategien

Die Begriffe Downsizing, Rightsizing und Smartsizing werden häufig als Schlagworte gebraucht und finden auf unterschiedlichen Gebieten Verwendung, so zum Beispiel im Marketing oder auch im Bereich der Aufbau- und Ablauforganisation von Unternehmen. Die hier gegebenen Definitionen dieser Begriffe beziehen sich jedoch eng auf die Systemarchitektur in Netzwerken.

Client/Server-Architekturen bilden die Grundlage für die *Migration* (wörtlich bedeutet „Migration" „Wanderung", gemeint ist hier der Veränderungsprozeß) von zentralen, proprietären Netzwerken zu offenen, heterogenen Netzwerkarchitekturen. Für die Durchführung dieser Dezentralisierung existieren mehrere sogenannte *Sizing-Strategien*, von denen die wichtigsten, Downsizing, Rightsizing und Smartsizing im Folgenden näher beschrieben werden sollen.

Alle drei Strategien beschäftigen sich mit der Umstellung der Systemarchitektur von der zentralen, mainframe-basierten Datenverarbeitung zu verteilten Systemen, wobei die Unterschiede hauptsächlich entwicklungsgeschichtlicher Natur sind.

Unter dem Begriff *Downsizing* versteht man die Reduzierung der Größe der einzelnen Systemkomponenten und die dazu notwendigen organisatorischen Umstellungen. Es erfolgt eine Auslagerung von Anwendungen von einem zentralen *Host* auf vernetzte PCs, wobei der Host seine Rolle als eigentlicher Applikations- („Applikation" ist eine häufig benutzte andere Bezeichnung für „Anwendungssystem") und Datenbankserver weiterhin erfüllt (vgl. Bild 16.7).

Bei der *Rightsizing-Strategie* werden, zusätzlich zu den Anwendungen, auch die zentralen Datenbestände auf dezentrale Server ausgelagert (vgl. Bild 16.8).

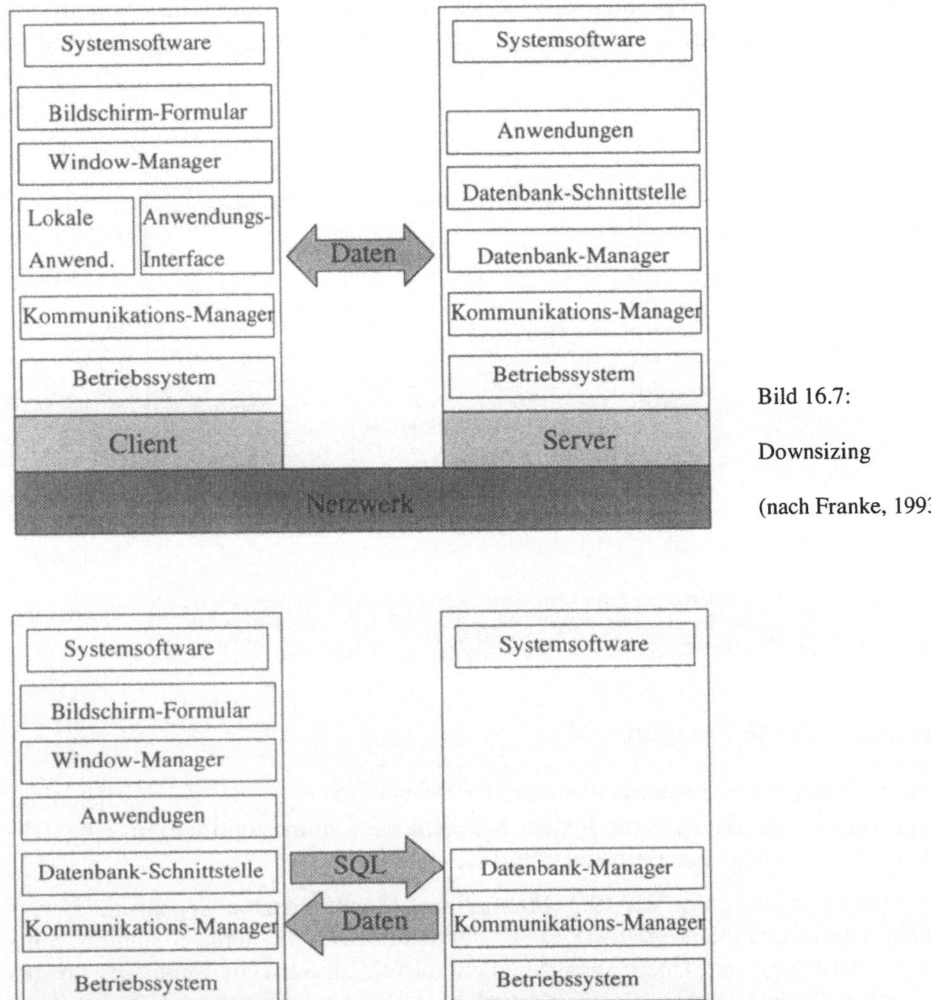

Bild 16.7: Downsizing (nach Franke, 1993)

Bild 16.8: Rightsizing

Es findet ein kontrollierter Übergang von zentralistischen Systemen zu einer Informationsarchitektur mit verteilten, heterogenen Systemkomponenten statt. Der Begriff Rightsizing wird häufig auch als Oberbegriff für alle Sizing-Strategien verwendet.

Smartsizing bedeutet eine Erweiterung des Rightsizing dahingehend, daß ein Tausch der Rollen von Client und Server möglich wird. Zusätzlich erfolgt eine Konzentration der bisher auf mehrere Server verteilten Aufgaben (vgl. Bild 16.9).

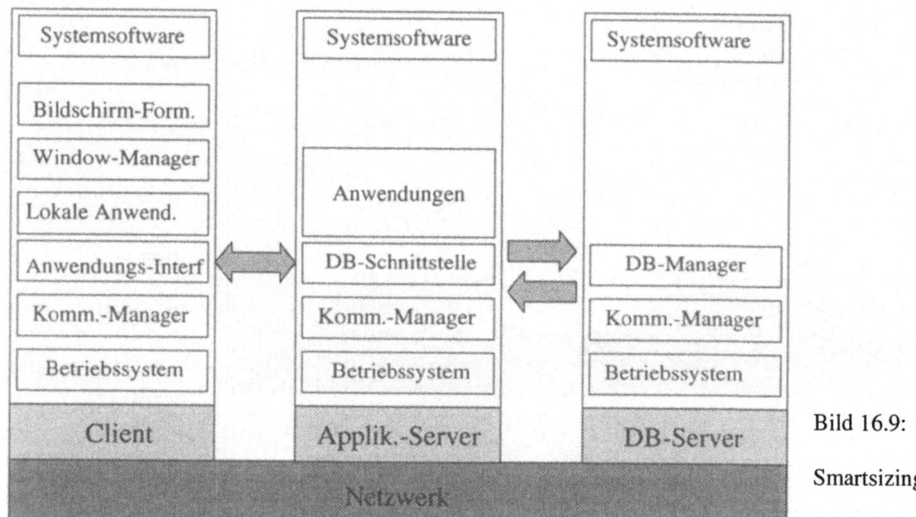

Bild 16.9: Smartsizing

16.3.2 Offene Systeme

Die Existenz offener Systeme ist eine der Voraussetzungen, um ein aus heterogenen Hard- und Softwareprodukten bestehendes Umfeld optimal in eine Client/Server-Lösung integrieren zu können.

Gemäß einer Definition der ISO (International Standardisation Organisation) versteht man unter einem *offenen System* „ein System von mehreren Rechnern, Software, Peripherie und Übertragungsmedien, das einem Satz von Standards für den Informationsaustausch mit anderen (solchen) Systemen gehorcht.“ Durch diese Standards wird gewährleistet, daß diese Systeme zueinander passen und damit jedes Teilsystem offen für die Kommunikation mit jedem anderen Teilsystem ist.

Die Hauptmerkmale offener Systeme sind:

- Portabilität,
- Interoperabilität,
- Skalierbarkeit,
- Standardisierung.

Im Bereich der Standardisierung unterscheidet man zwischen offiziellen Standards, Industriestandards, Standards von Non-Profit-Organisationen und Standards marktorientierter Gruppen. Im offiziellen Bereich eröffnete die ISO zu Beginn der achtziger Jahre die Standardisierungsbestrebungen im Bereich verteilter Systeme mit dem OSI (Open Systems Interconnection)-Standard, der aber in der Praxis noch nicht in vollem Umfang akzeptiert wurde. Gerade im Bereich der Client/Server-Architektur konzentrierte man sich zunächst auf Standards, die von Industriekonsortien geschaffen wurden.

Hier sind insbesondere das Distributed Computing Environment (DCE) der Open Software Foundation (OSF), das von der Firma Sun entwickelte Open Network Computing (ONC) und die objektorientierte Common Request Broker Architecture (CORBA) der Object Management Group (OMG) zu nennen.

16.3.3 Das Client/Server-Modell

Der Begriff Client/Server-Modell findet sich seit dem Ende der siebziger Jahre immer häufiger in der wissenschaftlichen Literatur. Der Transfer dieser Technologie aus den Forschungslabors in die Praxis hat über zehn Jahre gedauert.

Das *Client/Server-Modell* beschreibt die Rollen und den Ablauf der Zusammenarbeit verteilter Softwarekomponenten. Man unterscheidet zwischen Dienstenachfragern (Clients) und Diensteanbietern (Servern). Diese interagieren im Allgemeinen als unterschiedliche Knoten eines Rechnerverbundes über ein Rechnernetz und unterscheiden sich von den herkömmlichen, zentralen Systemen durch die logische und physische Verteilung der Komponenten (vgl. Bild 16.10).

Bei dem Client/Server-Modell handelt es sich also in erster Linie um ein Software-Architekturmodell. Es legt die Rollen von Client und Server sowie die Abfolge der zwischen ihnen stattfindenden Interaktionen fest. Es wird davon ausgegangen, dass die Initiative zu einer Interaktion von den Clients ausgeht. Der Server veröffentlicht seine Bereitschaft, eine bestimmte Art von Diensten anzubieten und nimmt die entsprechenden Aufträge der Clients zur Bearbeitung an.

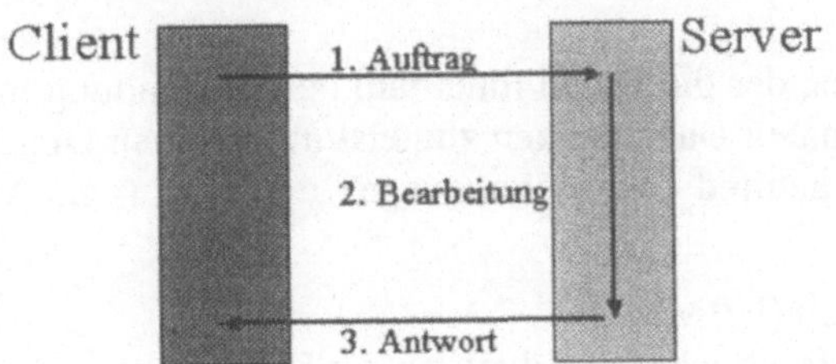

Bild 16.10: Client/Server-Modell

Die Rollen von Client und Server sind hierbei nicht festgelegt. Es kann zu einem Rollenwechsel kommen, wenn ein Server auf die Dienste eines anderen Servers zugreift. Server können viele verschiedene Clients bedienen und Clients können während des Verarbeitungsprozesses auf mehrere unterschiedliche Server zugreifen (vgl. Bild 16.11).

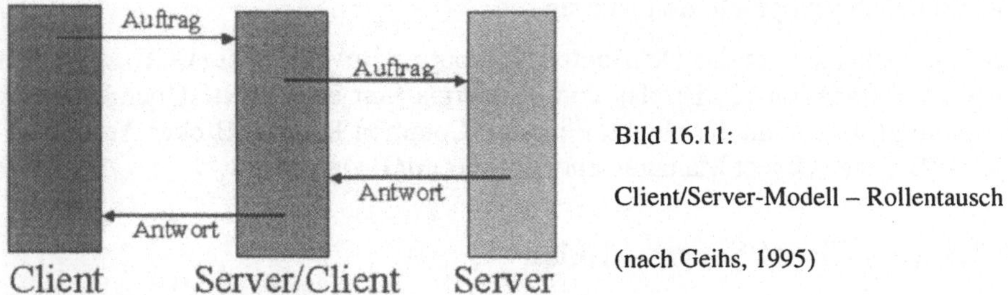

Bild 16.11:

Client/Server-Modell – Rollentausch

(nach Geihs, 1995)

Unter einem Client/Server-System versteht man ein verteiltes System, das nach dem Client/Server-Modell arbeitet. Für eine nähere Beschreibung von Client/Server-Architekturen ist es zunächst erforderlich, festzustellen wie und wo die Ressourcen im Modell verteilt sind.

Um die Interaktion zwischen den verschiedenen Softwaremodulen zu beschreiben, erfolgt zunächst eine Beschreibung der typischerweise vorkommenden Anwendungskomponenten:

- Präsentationslogik (Presentation Logic)
  Die Präsentationslogik umfasst Aufgaben wie Bildschirmformatierung, Ein- und Ausgabe von Bildschirminformationen, Verwaltung der Applikationsfenster, Verarbeitung von Maus- und/oder Tastatureingabe.
- Geschäftsfunktionen (Business Logic)
  Unter Geschäftsfunktionen versteht man den Teil des Applikationscodes, der eingehende Daten (Bildschirm/Datenbank) für die Durchführung von Geschäftsfunktionen nutzt.
- Datenlogik (Database Logic)
  Der Teil des Anwendungscodes, der die Daten innerhalb der Anwendung manipuliert. Dies wird bei relationalen Datenbanken zumeist durch einen Dialekt der Abfragesprache SQL (Structured Query Language) realisiert (vgl. Abschnitt 8.5).
- Datenbank Management System (DBMS)
  Durch das DBMS erfolgt die tatsächliche Verarbeitung der Daten.

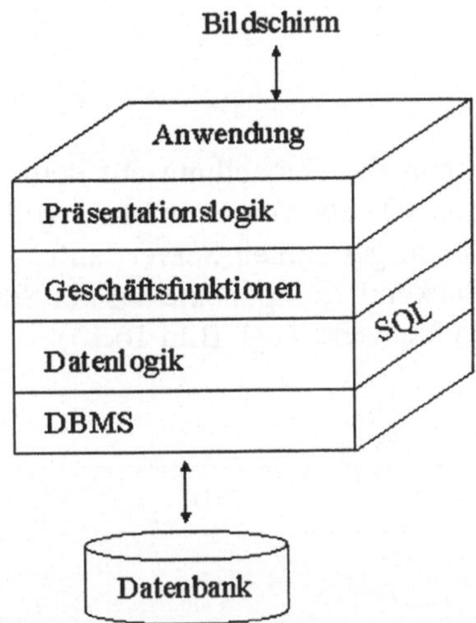

Bild 16.12:

Typische Anwendungskomponenten

Im Rahmen der hostbasierten Verarbeitung befinden sich alle diese Komponenten auf demselben System und sind in einem einzelnen, ausführbaren Programm zusammengefasst. Es findet keine Verteilung statt.

Das Client/Server-Modell verteilt die oben beschriebenen Komponenten zwischen Clients und Servern und unterstützt die Interaktion zwischen Clients und Servern.

Kennzeichnend für eine verteilte Verarbeitung im Sinne des Client/Server-Modells ist immer eine Kommunikation von Programmen im Netz über Rechnergrenzen hinweg. Diese Kommunikationsmechanismen werden nicht in den einzelnen Anwendungsprogrammen auf Bitebene realisiert, sondern es stehen, je nach Plattform und Netz, unterschiedliche Technologien zur Verfügung. Zu erwähnen sind hier beispielsweise das Distributed Computing Environment der OSF oder aber die Common Object Request Broker Architektur der OMG. Für eine weitere Beschreibung dieser Technologien wird auf die einschlägige Fachliteratur verwiesen.

16.3.4 Client/Server-Architekturen

Die Art der Verteilung der einzelnen Applikationskomponenten zwischen Clients und Servern bezeichnet man als *Client/Server-Architektur*. Für die Verteilung der Komponenten bestehen prinzipiell unendlich viele Möglichkeiten, in der Praxis unterscheidet man jedoch häufig die folgenden fünf Verteilungsmöglichkeiten:

- verteilte Präsentation,
- entfernte Präsentation,

- verteilte Funktion,
- entfernte Daten,
- verteilte Daten.

Eine *verteilte Präsentation* liegt dann vor, wenn die Darstellung auf dem Bildschirm des Clients durch die Software dieses Clients vorgenommen wird, die restlichen Komponenten jedoch auf einem davon getrennten Server laufen. Man unterscheidet in diesem Fall zwischen einer Backend-Komponente auf der Serverseite und einer Frontend-Komponente auf der Clientseite (vgl. Bild 16.13).

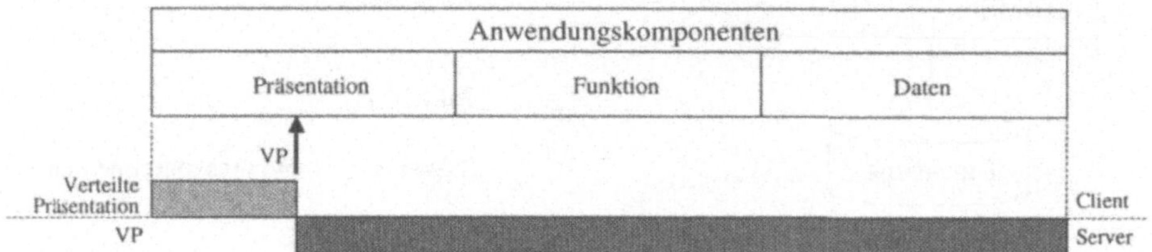

Bild 16.13: Verteile Präsentation

Ein Beispiel für diese Art der Verteilung ist das auf dem X.11-Protokoll basierende, unter dem Betriebssystem UNIX plattformübergreifend realisierte X-Windows-System. Diese Technik besteht aus dem Frontend, dem für den Client zuständigen X-Server und dem sich auf dem Server befindenden Backend, dem X-Client. Auf der Arbeitsstation des Anwenders werden durch den X-Server die Anfragen des auf dem Server laufenden X-Clients bedient. Dadurch wird das System, auf dem die Applikation läuft, von der Arbeit der grafischen Darstellung entlastet.

Bei der *entfernten Präsentation* handelt es sich im Grunde um eine traditionelle Terminal-Host-Konfiguration. Die Kommunikation zwischen Client und Server ist hier auf das Versenden von einzelnen Meldungen beschränkt, es wird kein echter Dialog benötigt (vgl. Bild 16.14).

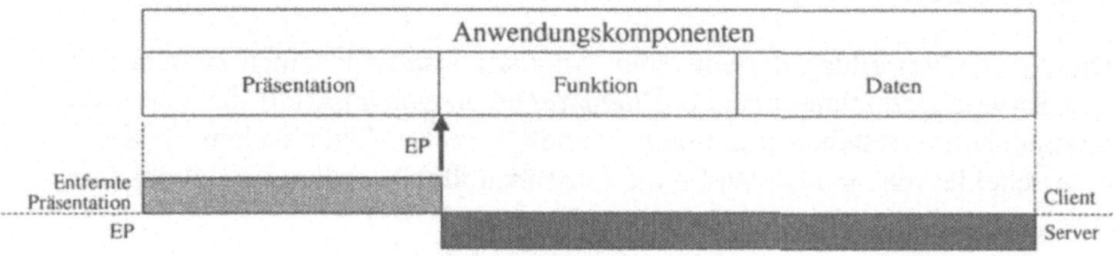

Bild 16.14: Entfernte Präsentation

Ein Beispiel für diese, aus Client/Server-Sicht unergiebige Variante wäre eine reine Terminalemulation auf einem PC.

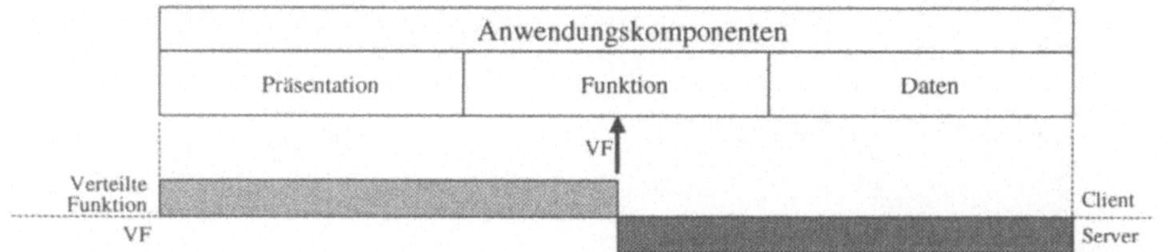

Bild 16.15: Verteilte Funktion

Bei der *verteilten Funktion* (vgl. Bild 16.15) wird zwischen der horizontalen und der vertikalen Verteilung der Applikationsfunktionen unterschieden.

Die *horizontale Verteilung* verteilt die Funktionen auf verschiedene Anwendungsserver (vgl. Bild 16.16). Diese Server bedienen wiederum jeweils mehrere Clients, wobei nur die Präsentation auf die Clients ausgelagert wird.

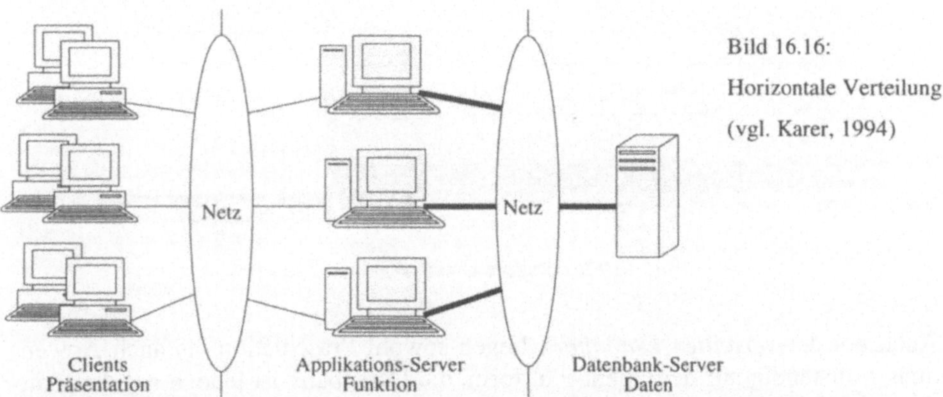

Bild 16.16: Horizontale Verteilung (vgl. Karer, 1994)

Es handelt sich hierbei somit eher um eine Verteilung der Präsentation wie oben beschrieben. Man bezeichnet diese Art der Client/Server-Architektur auch als Pseudo-Client/Server.

Dagegen wird die *vertikale Verteilung* der Applikationsfunktionen auch als echte Client/Server-Verteilung bezeichnet. Hier werden die Anwendungsfunktionalitäten direkt auf die Clients, d.h. die Arbeitsstationen der Endanwender verteilt (vgl. Bild 16.17). Diese Funktionen werden dort als Programme ausgeführt und sind Prozesse des jeweiligen Betriebssystems. Somit stehen dann auch sämtliche Ressourcen des Betriebssystems zur Verfügung.

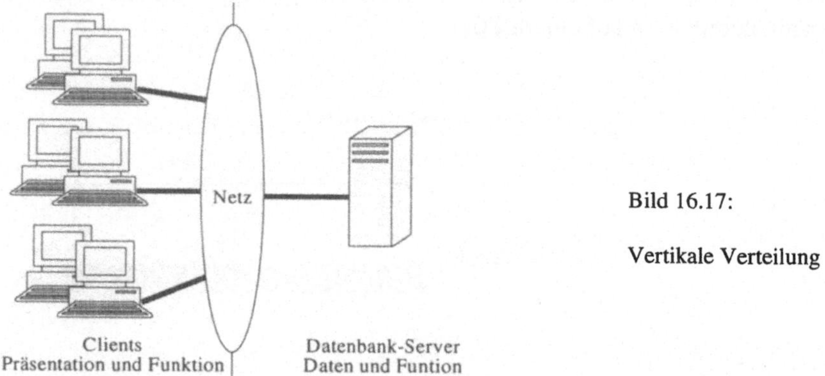

Bild 16.17:

Vertikale Verteilung

Die Client/Server-Architektur der *entfernten Datenbank* wird zur Zeit vermutlich am häufigsten angewendet, da sie von vielen Herstellern im Rahmen ihrer DBMS und Applikationen unterstützt wird. Bei der entfernten Datenbank befinden sich sowohl Anwendung als auch Präsentation vollständig auf der Client-Plattform, die Datenbank wird auf dem Server gehalten (vgl. Bild 16.18).

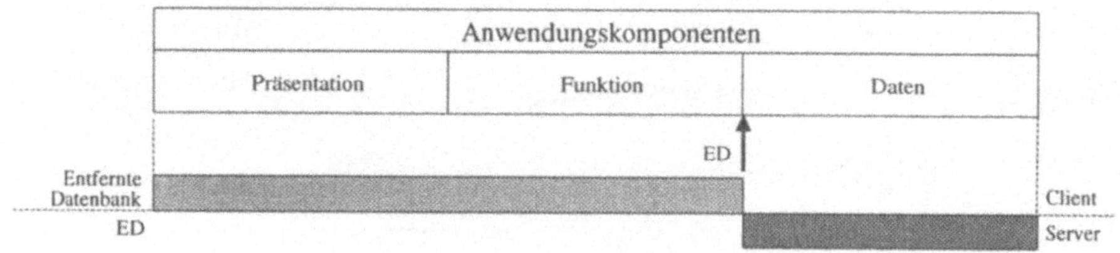

Bild 16.18: Entfernte Datenbank

Auch bei der *verteilten Datenbank* liegen sowohl Präsentation als auch Anwendung vollständig auf der Client-Plattform, die Datenbank ist jedoch auf die Plattformen verteilt. Dabei unterscheidet man zwischen einer vertikalen Verteilung

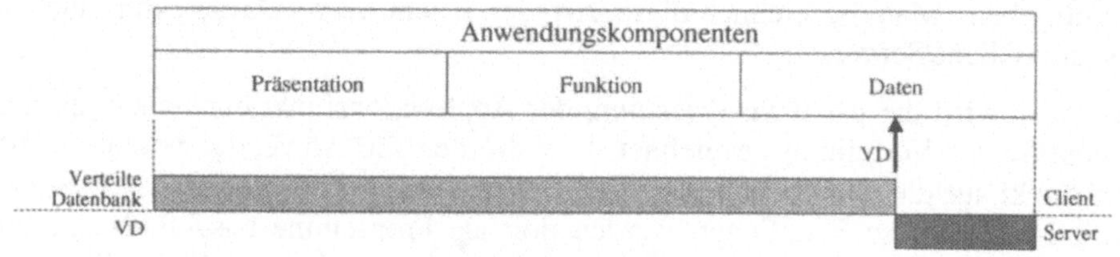

Bild 16.19: Verteilte Datenbank

(verschiedene Tabellen auf jeder Plattform), einer horizontalen Verteilung (verschiedene Untermengen von Tabellen auf unterschiedlichen Plattformen) und einer nachgebildeten Verteilung (manche Daten erscheinen auf beiden Plattformen) der Daten. Auch eine Kombination dieser Verteilungen ist möglich.

Das Bild 16.20 faßt die in diesem Kapitel vorgestellten Client/Server-Strukturen nochmals übersichtlich zusammen. Anhand der Graufärbung wird ersichtlich, zu welchen Zeitpunkten Client und Server mit der Verarbeitung beschäftigt sind.

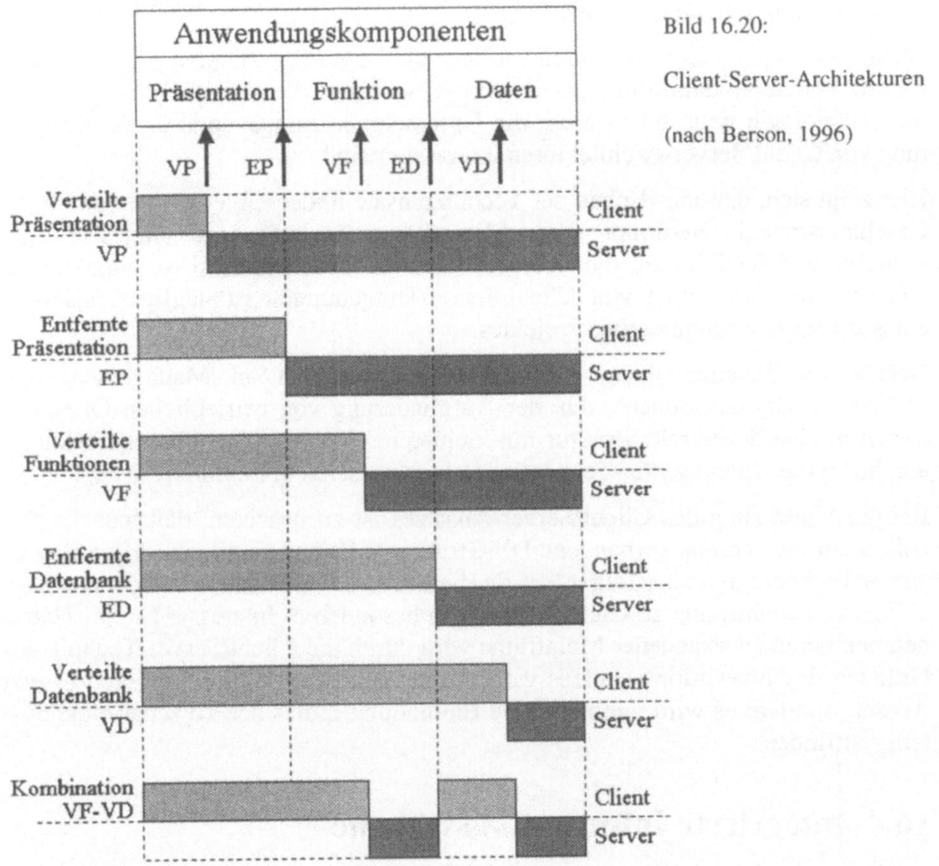

Bild 16.20: Client-Server-Architekturen (nach Berson, 1996)

Ursprünglich war eine Kostenreduzierung das entscheidende Argument für den Einsatz von Client/Server-Architekturen. Der Einsatz von im Vergleich zur Mainframewelt extrem günstiger PC-Rechenleistung versprach ein gewaltiges Einsparungspotential.

Betrachtet man jedoch veröffentliche Zahlen von bereits durchgeführten Client/Server-Projekten, so zeigt sich, daß man bei der Kostenbetrachtung von einer Gesamtkostenrechnung auszugehen hat. Die Gartner Group prägte hierfür den Begriff des Total Cost of Ownership (TCO), der nicht nur die reinen Anschaffungskosten, sondern auch sämtliche Folgekosten berücksichtigt.

Zudem führte der Einsatz von Client/Server-Technik nicht zu den erwünschten Einsparungen bei den Personalkosten. Vielmehr fand eine Verschiebung der Kosten aus dem zentralen Informatikbereich in die einzelnen Abteilungen, hin zu den eigentlichen Verursachern, statt. Erhöhter Personalbedarf entstand insbesondere in den Bereichen Schulung und Wartung.

Wenn denn aber nicht Kostenreduzierung als Argument für den Client/Server-Einsatz herhalten kann, stellt sich die Frage, wo denn der eigentliche Nutzen dieser Technologie liegt, d.h. warum die Unternehmen immer noch an der Einführung von Client/Server-Architekturen interessiert sind.

Hier zeigt sich, daß inzwischen der Technikeinsatz in den Unternehmen durch die Geschäftsstrategie bestimmt wird. Client/Server-Technik wird eingesetzt, um schneller und flexibler auf die sich verändernden Geschäftsprozesse reagieren zu können. Die Einführung von Client/Server-Umgebungen ist häufig Bestandteil eines Business-Reengineering-Projektes.

Gerade im Zusammenhang mit Schlagworten wie Lean Management und „schlanken Organisationen", d.h. der Aufgliederung von betrieblichen Organisationen in eine dezentrale Struktur mit kleineren, eigenständigen Geschäftseinheiten, bietet die Client/Server-Technologie einen passenden, flexiblen Ansatz.

Bei der Umsetzung des Client/Server-Ansatzes ist zu beachten, daß man im Regelfall auf eine bereits vorhandene DV-Struktur trifft und somit eine Migration zu neuen Technologien zu erfolgen hat. In diesem Zusammenhang ist dann das Verhältnis von Mainframe zu Client/Server von besonderem Interesse. Ein im Unternehmen bereits vorhandener Mainframe wird durch die Client/Server-Technik aus Gründen des Investitionsschutzes wohl in den seltensten Fällen komplett ersetzt werden, sondern es wird vielmehr eine Einbindung in das neu zu schaffende System stattfinden.

16.4 Integrierte Informationssysteme

Ein *integriertes Informationssystem* ist gekennzeichnet durch eine umfassende Abstimmung der Geschäftsprozesse mit den sie unterstützenden Datenverarbeitungsprozessen, die automatische Verbindung zwischen den einzelnen Programmen (Modulen) und die möglichst frühe, zentrale Datenerfassung bei erstmaligem Anfall.

In den folgenden beiden Abschnitten wollen wir einen Überblick über zwei typische Beispiele für integrierte Informationssysteme geben. Im ersten Abschnitt beschäftigen wir uns mit betriebswirtschaftlicher Standardsoftware am Beispiel SAP R/3, im zweiten Abschnitt behandeln wir den Bereich der Dokumentenmanagementsysteme.

16.4.1 Die ERP-Software SAP R/3

Unter *ERP-Software* (Enterprise Resource Planning) versteht man Software zur prozessorientierten Bearbeitung aller in Unternehmen anfallenden Aufgaben durch starke Integration aller Unternehmensfunktionen. Die anfallenden Daten sind in allen Modulen der Software jederzeit aktuell und konsistent vorhanden und stehen damit für die Steuerung von Geschäftsprozessen und für die Unternehmensplanung zur Verfügung.

Die Integration umfasst Datenbank, Anwendungen, Schnittstellen, Tools und auch die Geschäftsprozesse. Im technischen Bereich basieren ERP-Systeme auf dem Client/Server-Modell (vgl. Abschnitt 16.3) mit einer zentralen Datenbank.

Aktuelle Anbieter von ERP-Software sind die SAP AG mit der Software *SAP R/3*, Baan, Oracle, J.D. Edwards, Peoplesoft und eine Vielzahl kleinerer Firmen. Die SAP AG ist mit der Software SAP R/3 klarer Marktführer auf diesem Gebiet.

Im folgenden möchten wir den Umfang und die Funktionsweise von ERP-Software am Beispiel SAP R/3 näher erläutern.

SAP R/3 ist eine modular aufgebaute Standardsoftware, die, basierend auf moderner Client/Server-Technik, ein Höchstmaß an branchenneutraler betriebswirtschaftlicher Funktionalität bietet. Die Software ist für alle Geschäftsvorgänge geeignet (z.B. Auftragsabwicklung, Lagerverwaltung, Produktentwicklung, Finanzreporting) und durch Mehrsprachigkeit sowie Anpassung an landesspezifische Besonderheiten (Rechnungswesen, Lohn- und Gehaltsabrechnung) weltweit einsetzbar. Die Verarbeitung von Daten erfolgt interaktiv, eine Vielzahl von integrierten Schnittstellen zu anderen Anwendungen sorgt für ein offenes System. Zusätzlich ist das System durch Customizing (vgl. dazu Abschnitt 17.5) und Programmierung an spezielle betriebliche Anforderungen anpassbar.

Die Software SAP R/3 beruht auf dem Client/Server-Modell. Bei der Installation sind verschiedene Architekturmodelle bis hin zu einer mehrstufigen, kooperativen Lösung wählbar. Das System kann demnach (zu Präsentationszwecken) sowohl auf einem einzelnen Notebook laufen, aber auch auf mehrere Datenbank-, Applikations- und Frontendserver verteilt sein.

Die Software ist auf unterschiedlichen Hardwareplattformen lauffähig, dazu gehören unter anderem UNIX- und PC-Systeme der verschiedenen Hersteller sowie die

Plattform AS/400 der IBM. Im Bereich der Betriebssysteme werden verschiedene UNIX-Derivate sowie Windows NT und OS/400 unterstützt. Ebenso können Datenbanken von verschiedenen Herstellern (Oracle, Informix, IBM etc.) eingesetzt werden. Das Frontend (die lokale Benutzeroberfläche) läuft unter allen gängigen Betriebssystemen, für Entwicklungsarbeiten kommen die Programmiersprachen C, C++ sowie die systemeigene Sprache ABAP/4 (vgl. Abschnitt 17.2.1) in Frage.

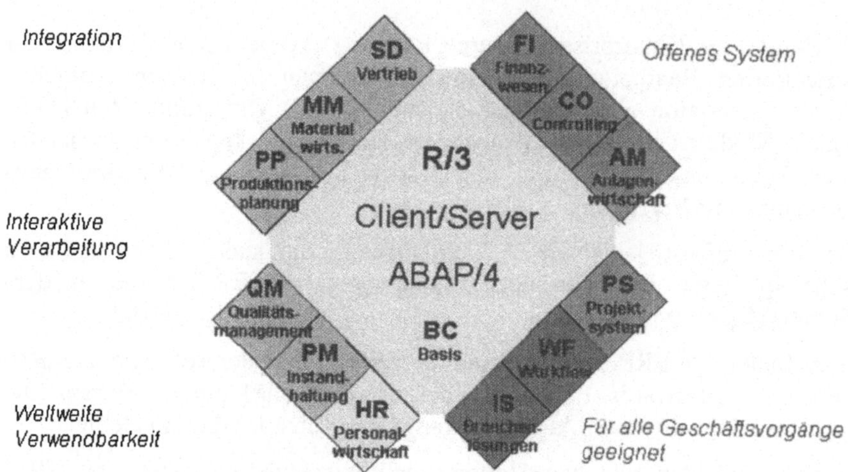

Bild 16.21: Modularer Aufbau des Systems SAP R/3, (vgl. SAP, 1999)

Die R/3-Software ist modular aufgebaut, man kann zwischen 5 großen Bereichen unterscheiden (Basissystem, Rechnungswesen, Logistik, Personalwirtschaft und Branchenlösungen), die sich wiederum in einzelne Module aufgliedern. Diese einzelnen Module decken das gesamte betriebswirtschaftliche Spektrum eines Unternehmens ab.

Das Basissystem BC (Basic Components) bildet die Voraussetzung für den Einsatz der anderen Module der Software und umfasst die Administration, Schnittstellen zu anderen Programmen und zur Systemsoftware, die Datenbankschnittstelle, Systemdienste, die Einführungswerkzeuge (vergleiche Abschnitt 17.5) und die eigene Programmiersprache ABAP/4. Das ebenfalls enthaltene Modul Workflow WF, (Business Workflow) verbindet die integrierten R/3-Anwendungsmodule des Systems R/3 mit anwendungsübergreifenden Technologien, Merkmalen und Diensten (Automatisierung von Informationsflüssen und Prozessen).

Zum Rechnungswesen (AC, Accounting) der SAP R/3-Software gehören die folgenden Module:

- Finanzwesen (FI, Financial Accounting)
  Das externe Rechnungswesen mit den Funktionen Hauptbuchhaltung, Kreditoren- und Debitorenbuchhaltung, Anlagenbuchhaltung, spezielle Ledger, Konsolidierung und Finanzinformationssystem.
- Controlling (CO, Controlling)
  Das Anwendungsmodul CO erfasst die Kosten- und Erlösbewegungen des Unternehmens und beinhaltet die Bereiche Gemeinkostencontrolling, Kostenstellenrechnung, Produktkostenrechnung, Prozeßkostenrechnung, Kostenträgerrechnung sowie Ergebnis- und Marktsegmentrechnung.
- Investitionsmanagement (IM)
  Unterstützt den Anwender bei der Durchführung von Investitionen im eigenen Unternehmen und umfasst die Bereiche Investitionsplanung, Investitionsbudgetierung, Investitions-Controlling, Wirtschaftlichkeitsberechnung, Auftrags- und Projektverwaltung, Abschreibungsvorschau, Abschreibungssimulation und Abschreibungsberechnung.
- Treasury (TR,)
  Das Treasury bietet Funktionen zur Analyse der Liquiditäts- und Risikopositionen eines Unternehmens mit den Bereichen Cash Management, Treasury Management, Marktrisikomanagement, Haushaltsmanagement, Finanzmittelüberwachung.
- Unternehmenscontrolling (EC)
  Liefert Informationen zur Steuerung des gesamten Unternehmens sowie von einzelnen Unternehmenseinheiten. Enthalten sind die Funktionen Profit-Center-Rechnung, Konsolidierung und Führungsinformationssystem.
- Projektsystem PS (Project-System)
  Das Anwendungsmodul PS dient der Unterstützung der Planung, Überwachung und Kontrolle langfristiger Projekte, die bestimmte Ziele verfolgen (Netzplan, Kostenplanung und Budgetverwaltung, Vorwärts- und Rückwärtsterminierung).

Durch den Bereich Logistik werden die folgenden betrieblichen Anforderungen abgedeckt:

- Vertrieb (SD, Sales and Distribution)
  Gesamtlösung für alle Aufgaben des Verkaufs, Versand und Fakturierung mit den Bereichen Vertriebsunterstützung, Verkauf (Anfrage, Angebote, Aufträge), Versand, Transport, Außenhandel, Fakturierung und Vertriebsinformationssystem.
- Produktionsplanung und -steuerung (PP, Production Planning)
  Stellt die Funktionalität für Absatzplanung, Produktionsgrobplanung, Kapazitätsplanung, Bedarfsplanung, Fertigungsaufträge, Kanban, Serienfertigung,

Montage, Betriebsdatenerfassung und Fertigungsinformationssystem zur Verfügung. Zusätzlich wird Unterstützung für die Produktionsplanung in der Prozessindustrie geboten.

- Materialwirtschaft (MM, Material Management)
  Umwandlung von Bedarf an Waren und Dienstleistungen in den einzelnen Fachabteilungen in Bestellungen mit zahlreichen Hilfsfunktionen und Auswertungsmöglichkeiten. Zentrale Bestandteile sind Bedarfsplanung, Einkauf, Bestandsführung, Lagerverwaltung, Rechnungsprüfung und EDI.

- Qualitätsmanagement (QM, Quality Management)
  Dient zur Umsetzung wesentlicher Elemente eines Qualitätsmanagementsystems nach ISO 9000. Aufgaben wie Qualitätsplanung, Qualitätsprüfung und Qualitätslenkung werden genauso unterstützt wie die Erstellung von Qualitätszeugnissen. Zusätzlich ist ein Qualitätsinformationssystem enthalten.

- Instandhaltung (PM, Plant Maintenance) und Service Management (SM)
  Dieses Modul unterstützt bei der Instandhaltung und dem Service Management. Instandhaltung beinhaltet die Bereiche Inspektion, Wartung und Instandsetzung, Service Management unterstützt des Unternehmen dabei, anderen Unternehmen Serviceleistungen in Zusammenhang mit einem Produkt oder aber als eigenständige Dienstleistung zur Verfügung zu stellen.

Der vierte große Anwendungsbereich befasst sich mit dem Modul Personalwirtschaft (HR, Human Resources), dessen Funktionalität sich aus den folgenden Komponenten zusammensetzt:

- Personalmanagement (PA, Personal Administration)
  Unterstützt die administrativen und operativen Tätigkeiten mit den Bereichen Stammdatenverwaltung, Personaladministration, Personalbeschaffung, Personalentwicklung, Organisationsmanagement, Vergütungsmanagement, Reisemanagement und einem Personalinformationssystem.

- Personalzeitwirtschaft (PT, Personnel Time Management)
  Erfassung und Auswertung der Personalzeiten, Abbildung von Arbeitszeitmodellen, Ausnahmeregelungen etc.

- Personalabrechnung (PY, Payroll Accounting)
  Brutto- und Nettolohnabrechnung mit integriertem Berichtswesen.

- Veranstaltungsmanagement (PE, Training and Event Management)
  Planung, Durchführung, Abrechnung und Nachbereitung von Veranstaltungen.

Zusätzlich zu den Standardanwendungen hat die SAP AG *Branchenlösungen* (IS, Industrial Solutions) für einzelne Industriesparten entwickelt. Diese Branchenlösungen verbinden die Anwendungsmodule des R/3-Systems mit zusätzlichen branchenspezifischen Funktionen. Branchenlösungen stehen beispielsweise für die Bereiche Öl und Gas, Automobil, Medien, Telekommunikation, Öffentlicher Sektor, Einzelhandel, Banken, Krankenhäuser, Chemie etc. zur Verfügung.

Entscheidend ist dabei die Integration zwischen den einzelnen Modulen. Die Datenerfassung erfolgt nur einmal in einer zentralen Datenbank. Jedes Modul kann sofort auf die Daten der anderen Module zugreifen, die Buchung eines Auftrages im Modul SD sorgt z.B. gleichzeitig für eine Anpassung des Lagerbestandes für das verkaufte Produkt im Modul MM, ebenso werden bei der Fakturierung im Modul SD gleichzeitig alle nötigen Belege im Modul FI bereits angelegt.

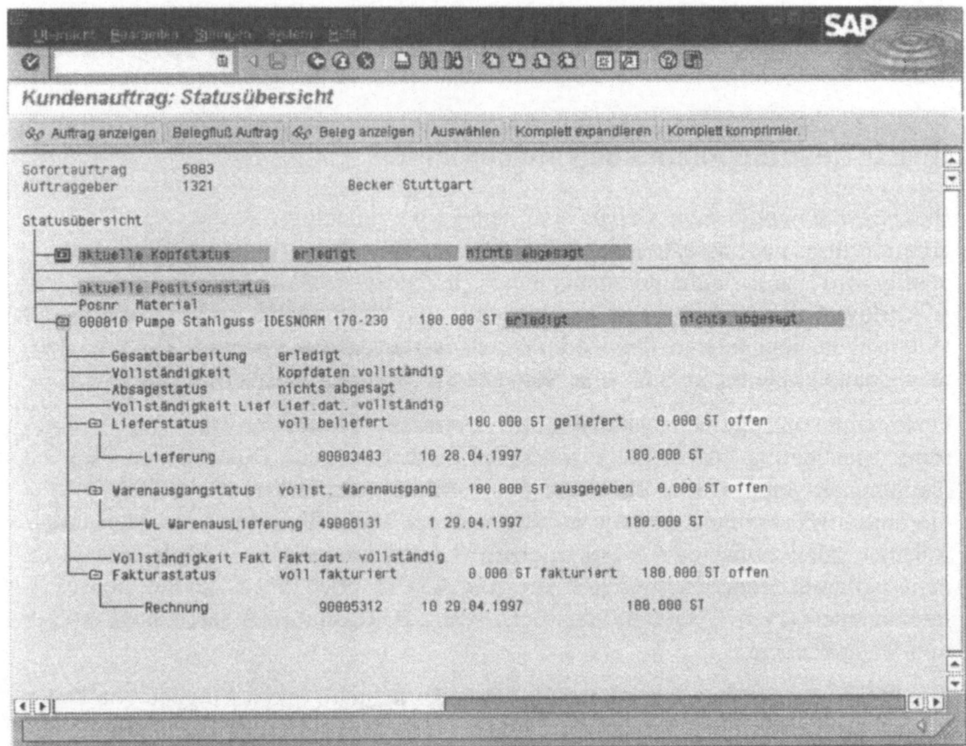

Bild 16.22: Statusübersicht eines Kundenauftrages im R/3-System

Die Software unterstützt den Anwender auch bei der Kontrolle der durchgeführten Operationen. Er kann sich jederzeit den Belegfluß oder eine entsprechende Statusübersicht anzeigen lassen (vgl. Bild 16.22).

Nachdem die ERP-Software die Bearbeitung aller in einem Unternehmen anfallenden Aufgaben unterstützt, geht die Entwicklung zur Zeit in Richtung der Unterstützung von Aufgaben, die bei der Abwicklung von Geschäften zwischen Unternehmen anfallen. Hierfür wird häufig das Internet als Plattform eingesetzt, um im Bereich des E-Business und hier insbesondere innerhalb des Business-to-Business Bereichs (vergleiche Abschnitt 18.2) softwaretechnische Hilfestellung zu bieten. Die bisherige ERP-Software ist dann nur noch ein Teil einer umfassenderen Anwendung. Bei der SAP heißt die Initiative in diesem Bereich mySAP.com.

Ein essentieller Bestandteil eines ERP-Systems ist die Archivierung von Belegen nach Durchlauf der entsprechenden Geschäftsprozesse. Die grundlegende Funktionalität ist in diesen Programmen bereits enthalten, es existieren aber auch Schnittstellen für den Export zu anderer, hierfür spezialisierter Software. Diese Dokumentenmanagementsysteme werden im nächsten Abschnitt näher beschrieben.

16.4.2 Dokumentenmanagementsysteme

Dokumentenmanagementsysteme sind heute ein elementarer Bestandteil von integrierten Informationssystemen. Eine genaue Begriffsbestimmung fällt schwer, häufig wird das Dokumentenmanagement in Zusammenhang mit Groupware und Workflow-Management-Systemen genannt (vgl. Abschnitt 18.1). Der wesentliche Unterschied liegt hier in der Komplexität der einzelnen Systeme, Dokumentenmanagementsysteme sind als eine Vorstufe zur Vorgangsbearbeitung zu sehen.

Dokumentenmanagementsysteme (*DMS*) befassen sich mit der Erfassung, Indizierung, Speicherung und Anzeige sowie der Recherche nach Dokumenten. Bei den Dokumenten kann es sich dabei um Papierdokumente, elektronische Dokumente, die durch DV-Anlagen erzeugt wurden und um Mikrofilme handeln. Man unterscheidet dabei zwischen CI-Dokumenten (Coded Information), die bereits in einem codierten Standard vorliegen wie z.B. ASCII- oder Word-Dateien und NCI-Dokumenten (Non Coded Information) wie z.B. Rasterbilder oder auch Audio- und Videodateien.

Die Erfassung der Dokumente erfolgt entweder manuell durch Eingabe von Daten in entsprechende Eingabemasken, mittels eines Scanners, der Papierdokumente digitalisiert oder aber nach dem COLD-Standard (Computer Output on Laserdisk), bei dem über Druckdateien Dokumente aus anderen Anwendungen über spezielle Funktionen oder Schnittstellen an das DMS übergeben werden.

Nach dem Erfassen der Dokumente erfolgt die Indizierung, d.h. für das Dokument werden einige Schlüsselbegriffe für die spätere Recherche festgelegt. Spezielle automatische Indexierungsprogramme können dabei selbständig Schlüsselwörter aus dem Text extrahieren, indem sie das Dokument zunächst klassifizieren, d.h. sie erkennen anhand von speziellen optischen Merkmalen, ob es sich beispielsweise um eine Rechnung oder um einen Lieferschein handelt. Danach müssen die aus dem jeweiligen Schriftstück benötigten Daten erkannt werden. Die dafür verwendete Software wird als Intelligent Character Recognition (ICR)- Software bezeichnet. Sie ist in der Lage, nicht nur einzelne Wörter, sondern auch Layoutaspekte eines Dokumentes zu erkennen. Normaler Text wird mittels OCR-Software (Optical Character Recognition) erkannt. Ein Problem stellt dabei die Genauigkeit der eingesetzten OCR-Software dar, die eine Erkennungsgenauigkeit von 95% bis zu 99,9% hat. Das bedeutet, daß pro Seite mehr als zwei Zeichen nicht korrekt erkannt werden. Deshalb ist eine stetige Kontrolle und eventuell eine manuelle Nachbearbeitung der erfassten und indizierten Dokumente erforderlich.

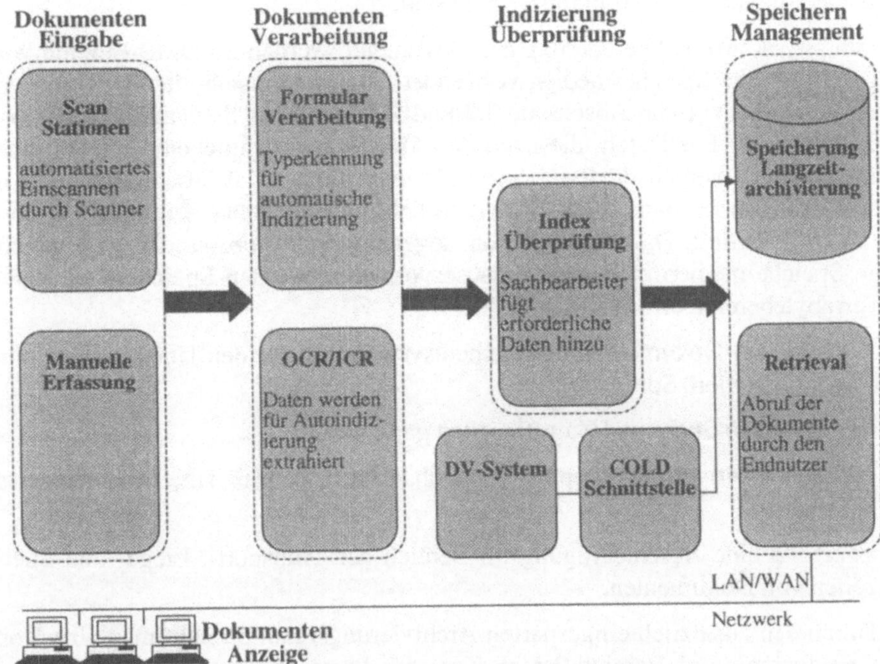

Bild 16.23: Der Archivierungsprozeß in Dokumentenmanagementsystemen

Nach der Indizierung erfolgt die Speicherung der Dokumente und der Suchbegriffe. Normalerweise wird dafür eine relationale Datenbank verwendet. Der Speicherbedarf steigt mit der eingestellten Auflösung des Scanners. Spezielle Kompressionsalgorithmen sorgen dabei für eine Reduktion bis um den Faktor 10 und verkürzen damit die Übertragungs- und Zugriffszeiten.

Für das Wiederauffinden der Dokumente (*Retrieval*) werden zwei unterschiedliche Methoden eingesetzt, die *Indexsuche* und die *Volltextrecherche*. Bei der Volltextrecherche werden alle Dokumente mittels spezieller Software zur Zeichenerkennung (OCR- Optical Character Recognition) nach speziellen, vom Anwender eingegebenen Suchbegriffen durchsucht. Bei der Indexsuche wird die Software nach den Schlüsselwörtern durchsucht, die bereits bei der Indizierung der Dokumente vergeben wurden.

Nach dem Retrieval erfolgt die Dokumentenanzeige. Dabei werden die gefundenen Dokumente am Bildschirm des jeweiligen Sachbearbeiters angezeigt. Mit Funktionen zum Weiterleiten solcher angezeigten Dokumente findet ein fließender Übergang zwischen Dokumentenmanagementsystemen und Workflowmanagement-Systemen (vgl. Abschnitt 18.1.3) statt.

Für die physikalische Speicherung der Dokumente werden im DMS-Bereich vorwiegend optische Speichermedien verwendet. Hier bieten sich die CD-R und vor allem die DVD (vgl. die Abschnitte 3.3 und 3.4) mit einer Speicherkapazität von bis zu 8 GB an. Für Daten, die nach der Ablage aus rechtlichen Gründen nicht mehr verändert werden dürfen, verwendet man nur einmal beschreibbare Speichermedien. Die Lesbarkeit der Daten ist hierdurch für einen Zeitraum von 20 – 30 Jahren garantiert. Durch den Einsatz sogenannter *Jukeboxen*, die viele gleichartige Speichermedien in einem Gehäuse vorhalten, werden Speicherkapazitäten im Terrabytebereich erreicht.

Der Einsatz von Dokumentenmanagementsystemen bietet den Unternehmen eine Reihe von Vorteilen. So

- werden kurze Such- und Zugriffszeiten garantiert,
- ein gleichzeitiger, geographisch unabhängiger Zugriff auf Dokumente ist möglich und
- es erfolgt eine Beschleunigung im Bereich der Transport-, Liege- und Suchzeiten von Dokumenten.
- Durch den zusätzlich eingesparten Archivierungsraum erreicht man eine Kostenreduzierung im Bereich Papier, Kopierer, Porto, Personal und Raummieten.
- Eine Qualitätsverbesserung wird durch die Verwendung geprüfter Dokumente und die Einhaltung von Dokumentationspflichten im Bereich der ISO 9000 erzielt.

Da im Bereich der Dokumentenmanagementsysteme noch keine durchgreifende Standardisierung stattgefunden hat, ist es bei deren Auswahl wichtig, auf eine offene Architektur mit Schnittstellen zum Datenaustausch mit Workflow-Management-Systemen und Groupwareprodukten zu achten, um nicht durch den Einsatz von proprietärer Software in einer Sackgasse zu landen. Ein weiteres wichtiges Auswahlkriterium ist die rechtliche Anerkennung des DMS im Rahmen der Grundsätze ordnungsgemäßer DV-gestützter Buchführung (GoB).

Die Document Management Alliance (DMA) und die Open Document Management API (ODMA) bemühen sich um die Schaffung von Standards im Bereich der Dokumentenmanagementsysteme (Für nähere Informationen zu DMA siehe unter http://www.aiim2000.com/dma/, Erläuterungen zur ODMA findet man unter http://www.aiim2000.com/odma/odma.htm).

17 Entwicklung integrierter Informationssysteme

Im Kapitel 13 haben wir unter der Überschrift „Individuelle Informationsverarbeitung“ den Weg beschrieben, wie ein Benutzer eines Rechners vorgehen sollte, um für seine individuelle Problemstellung unter Einsatz von Standardsoftware und der hier integrierten Möglichkeiten zur Programmierung eine Problemlösung zu entwickeln. Wenn auch dieser Weg für viele kleinere Probleme erfolgversprechend ist und je nach Art des Problems eher ein Tabellenkalkulationsprogramm oder ein Datenbankprogramm oder bei entsprechenden Kenntnissen auch eine Programmiersprache unabhängig von Standardsoftware für die individuelle Lösung zugrundegelegt wird, bei größeren Problemstellungen eines Unternehmens stößt dieses Vorgehen an Grenzen.

Die Entwicklung umfassender Informationssysteme unterscheidet sich nicht nur quantitativ, sondern auch qualitativ von der Programmentwicklung im Kleinen. Probleme treten bei der Softwareerstellung im Großen, bei der mehrere Personen die hohe Problemkomplexität in Arbeitsteilung bearbeiten, dadurch auf, daß

- einzelne Arbeitsschritte geplant, verteilt und überwacht werden müssen,
- Teillösungen von einzelnen erstellt und mit denen anderer zusammen zu fügen sind und dazu
- Informationen über Arbeitsschritte und Arbeitsergebnisse verteilt und bei weiteren Arbeiten berücksichtigt werden müssen.

Die Entwicklung integrierter Informationssysteme setzt daher professionelle Vorgehensweisen und eine problem-adäquate Organisation der Entwicklungsarbeit voraus. Wie hier vorzugehen ist, ist Inhalt des in der Informatik angesiedelten, in vielen Bereichen aber interdisziplinär ausgelegten, Fachgebietes *Softwaretechnik* oder *Software Engineering*. Softwaretechnik bringt Wirtschafts- und Arbeitswissenschaftler mit Systemanalytikern, Programmierern, Informatikern und einfachen Mitarbeitern, die mit dem zu entwickelnden Informationssystem arbeiten sollen, zur systematischen Betrachtung der Probleme bei der Software-Entwicklung zusammen. In dieser Symbiose befaßt sich die Softwaretechnik mit der Erarbeitung und gezielten Anwendung von Prinzipien, Methoden und Werkzeugen für die Technik und das Management der Entwicklung von Softwaresystemen möglichst guter Qualität.

Damit steht Softwaretechnik in direktem Zusammenhang mit dem Informationsmanagement eines Unternehmens: Was soll ein gewünschtes Softwaresystem können, wie wird es in den Leistungserstellungsprozeß des Unternehmens eingegliedert? Welche Methoden sind praktikabel, um die Funktion eines Systems und seine Eingliederung in das Unternehmen zu bestimmen und zu beschreiben? Wie findet ein Unternehmen ein für seine Zwecke geeignetes, d.h. ein „gutes" Informationssystem?

Wir wollen im folgenden Softwaretechnik in erster Linie vor dem Hintergrund solcher, das Informationsmanagement eines Unternehmens betreffenden Fragen diskutieren und verzichten auf Details zu den eher technischen Gesichtspunkten mit tieferen Informatik-Bezügen. Hierzu sei auf entsprechende spezielle Literatur zur Softwaretechnik verwiesen.

17.1 Softwarequalität

Natürliches Ziel jeder Software-Entwicklung ist „gute" Software, d.h. möglichst hohe Qualität des Ergebnisses des Prozesses der Software-Entwicklung. Was ist aber unter „guter" Software zu verstehen?

Betrachten wir zur Klärung dieser Frage folgendes Beispiel: Wenn wir uns heute im Straßenverkehr bewegen, wissen oder vertrauen wir darauf, daß wir eine Kreuzung mit Verkehrsampeln bei „Grün" unbeschadet überqueren können, weil die andere Richtung „Rot" hat und die Schaltung der Ampeln computergesteuert abläuft. Ein „gutes" Programm zur Verkehrsampelsteuerung schaltet aber nicht nur zuverlässig zwischen „Rot" und „Grün" für die einzelnen Richtungen einer Kreuzung, sondern berücksichtigt an Knotenpunkten einer Großstadt auch das Verkehrsaufkommen zur Berechnung optimaler Phasenlängen für die einzelnen Richtungen, unterscheidet die verschiedenen Kategorien von Straßen und Verkehrsteilnehmern und führt seine Schaltvorgänge in Abhängigkeit von den Steuerungen benachbarter Kreuzungen durch. Weiter läßt es sich leicht verändern, wenn neue Kreuzungen mit einzubeziehen sind, oder wenn neue leistungsstärkere Rechner installiert werden und es erlaubt dem Nicht-Informatiker Manipulationsmöglichkeiten, für z.B. kurzzeitige Änderungen aufgrund der Notwendigkeiten einer Baustelle. Letztlich ist es schnell und kostengünstig verfügbar.

Software-Qualität ist also viel mehr als nur die korrekte Funktion von Software und ist immer nur in Zusammenhang mit der zugrundeliegenden Problemstellung zu beurteilen. Je nach Standpunkt und fachlichem Hintergrund der von Software Betroffenen wird dabei die Sicht auf die Qualität der Software anders sein. Wir unterscheiden die technische Sicht, die ergonomische Sicht und die betriebswirtschaftliche Sicht, um Qualität von Software gründlicher zu diskutieren.

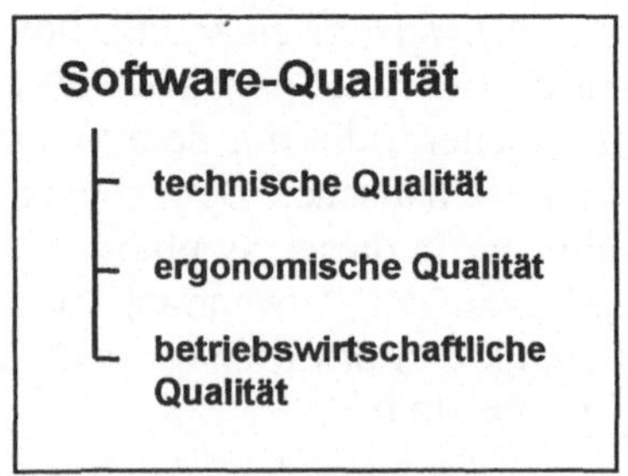

Bild 17.1: Softwarequalität

17.1.1 Die technische Sicht auf Software-Qualität

Ein Informatiker setzt seine Schwerpunkte hinsichtlich „guter" Software auf technische Aspekte, auf korrekte Funktion, auf die Entwicklung von Werkzeugen und Techniken, auf ihren Einsatz und auf ein im technischen Sinne („well engineered") gutes Produkt.

Wenn in klassischen Produktionsbereichen die Qualität eines Produkts direkt sichtbar ist, technische Eigenschaften nachgemessen oder berechnet werden können, so tut sich die Informatik sehr viel schwerer, entsprechende in der Praxis sich bewährende Maße für die Qualität von Software zu finden. Grundsätzlich sind qualitative Kriterien von quantifizierbaren Merkmalen zu unterscheiden. Quantifizierbare Merkmale beziehen sich auf den Programmcode oder auf die Datenstrukturen für die Programme, messen beispielsweise deren Komplexität, um auf den Aufwand zur Implementierung zu schließen oder sie bilden die Grundlage für die Beurteilung und Entdeckung von Programmierfehlern. Qualitative Kriterien beurteilen die Güte von Software in einem allgemeineren Sinn. Beispiele solcher Kriterien für „gute" Software sind (vgl. Bild 17.2):

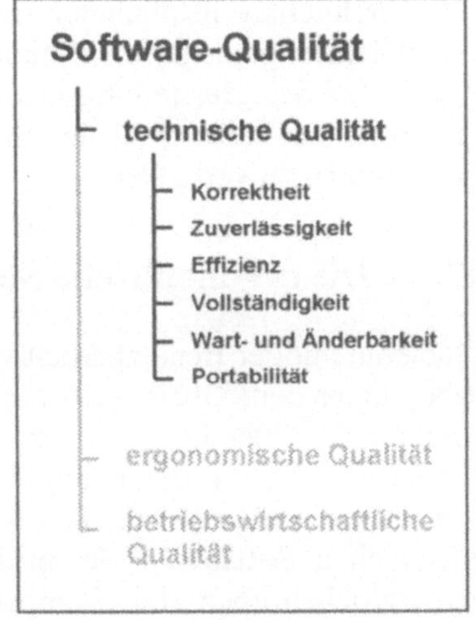

Bild 17.2: technische Qualitätsmerkmale für Software

- die *Korrektheit*, d.h. die Fehlerfreiheit eines Produktes,
- die *Zuverlässigkeit*, daß ein im Einsatz befindliches Produkt unter den vorgesehenen Bedingungen die Funktionen erfüllt und die Leistungen erbringt, die in den Anforderungen spezifiziert sind,
- die *Effizienz* im Umgang mit den Ressourcen bei der Aufgabenerfüllung durch ein Produkt,
- die *Vollständigkeit* der Umsetzung der definierten Anforderungen durch ein Produkt,
- die *Wart- und Änderbarkeit* eines Produktes nach Auftreten von Fehlern oder bei Änderungen von Anforderungen,
- die *Portabilität*, um ein Produkt von einer Hardware- und/oder Softwareumgebung in eine andere zu überführen.

Für die Bewertung derartiger Kriterien werden durch die Softwaretechnik Meßgrößen (*Metriken*) wie z.B. die Ausfallzeiten (Zuverlässigkeit) und die Anzahl der Fehler (Korrektheit) eines Systems, die in einem vorgegebenen Zeitabschnitt auftreten, herangezogen, um konkurrierende Software miteinander vergleichen oder um ein einzelnes Softwaresystem beurteilen zu können.

Qualitätsprüfung und *Qualitätssicherung* in diesem technischen Sinne ist heute ein sehr intensiv bearbeiteter Bereich der Softwaretechnik und es ist - wie im Qualitätsmanagement für Unternehmen allgemein - die Tendenz festzustellen, Regeln für den Herstellungsprozeß auf zu stellen und das Maß an Qualität des Produktes mit dem Grad der Einhaltung der Regeln für das Vorgehen bei der Entwicklung zu verbinden.

17.1.2 Die ergonomische Sicht auf Software-Qualität

Probleme mit der Benutzbarkeit von Software haben unter dem Oberbegriff *Software Ergonomie* in den 80er Jahren zu verstärkten Aktivitäten geführt, die Benutzungsfreundlichkeit von Software zu erhöhen. Hier steht der Benutzer einer Software – der in der Regel in den Betrieben eben kein Computerfachmann ist - im Blickpunkt des Interesses. Die Verbreitung des Konzeptes der grafischen Benutzungsoberfläche (vgl. Abschnitt 7.3) entstammt diesen Arbeiten genauso, wie das Einbringen wahrnehmungs-psychologischer Erkenntnisse für die Informationsdarstellung, die Gruppierung und Codierung von Information in Ausgaben und für Eingaben.

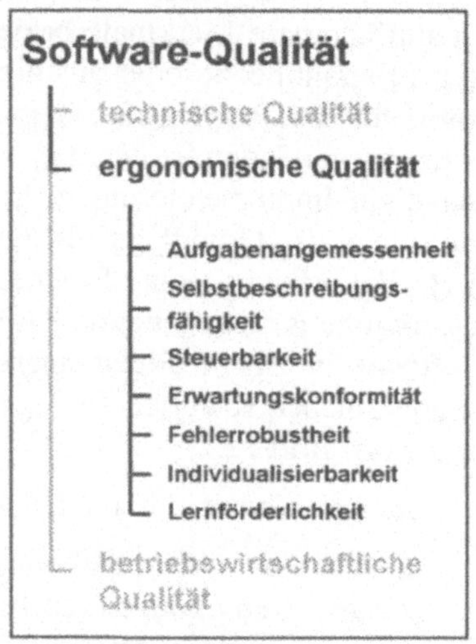

Bild 17.3: ergonomische Qualitätsmerkmale für Software

Weitgehend anerkannt und international genormt sind als Qualitätskriterien dieser ergonomischen Sicht auf Software-Qualität (vgl. Bild 17.3):

Aufgabenangemessenheit: Ein Software-System ist dem Maße aufgabenangemessen, in dem es den Benutzer unterstützt, seine Arbeitsaufgabe effektiv und effizient zu erledigen.

Selbstbeschreibungsfähigkeit: Ein Software-System ist in dem Maße selbstbeschreibungsfähig, in dem jeder einzelne Dialogschritt durch Rückmeldung des Systems unmittelbar verständlich ist oder dem Benutzer auf verlangen erklärt wird.

Steuerbarkeit: Ein Software-System ist in dem Maße steuerbar, in dem der Benutzer in der Lage ist, den Ablauf während seiner Arbeit mit dem System bis zur Erreichung seines Ziels zu beeinflußen.

Erwartungskonformität: Ein Software-System ist dem Maße erwartungskonform, in dem es den Kenntnissen aus bisherigen Arbeitsabläufen, der Ausbildung und der Erfahrung des Benutzers, sowie allgemeinen Übereinkünften entspricht.

Fehlerrobustheit: Ein Software-System ist in dem Maße fehlerrobust, in dem trotz erkennbarer fehlerhafter Eingaben das beabsichtigte Arbeitsergebnis mit minimalem Korrekturaufwand erreicht wird.

Individualisierbarkeit: Ein Software-System ist in dem Maße individualisierbar, in dem es Modifikationen an die individuellen Benutzerbelange und -fähigkeiten im Hinblick auf eine gegebene Arbeitsaufgabe zuläßt.

Lernförderlichkeit: Ein Software-System ist in dem Maße lernförderlich, in dem es dem Benutzer während des Erlernens Unterstützung und Anleitung gibt.

Auch hier stellt sich natürlich das Problem der Nachprüfbarkeit bzw. Messbarkeit. Gängige Praxis zur Sicherung von Qualität in diesem Sinne ist die Forderung nach Einhalten bestimmter Konventionen bei der Gestaltung der Oberfläche eines Anwendungssystems (z.B. „Windows-Oberflächen-konform"). Dazu liegen die Konventionen in sogenannten *Styleguides* vor, in denen die möglichen Oberflächenelemente und Regeln für ihren Einsatz in grafischen Benutzungsoberflächen beschrieben werden. Auf meist aufwendigere Test einzelner Kriterien wird dann gewöhnlich verzichtet.

17.1.3 Betriebswirtschaftlicher Nutzen als Software-Qualität

Nicht unabhängig von dem Vorhergehenden aber weitergehender und aus dem Blickwinkel eines Anwenders ist der Ansatz, Software-Qualität über den betriebswirtschaftlichen Nutzen der Software zu beschreiben. Ein Unternehmen verspricht sich durch den Einsatz von Software einen Nutzen, der die damit verbundenen Kosten übersteigt. Je besser das Verhältnis von Nutzen zu Kosten ist, desto wirtschaftlicher ist der Einsatz von Software für das Unternehmen und - in diesem Sinne - desto höher ist die Software-Qualität.

Kosten-Nutzen-Betrachtungen werden für Investitonsentscheidungen in Unternehmen häufig angestellt. Für eine Maßnahme, z.B. die Beschaffung einer Maschine für die Produktion werden deren Kostenfaktoren und deren Nutzenfaktoren bestimmt und mit

- qualitativen Methoden (z.B. Nutzwertanalyse) Kenngrößen zur Wirtschaftlichkeit der Maßnahme (z.B. Nutzenkoeffizient) berechnet oder mit
- quantitativen Methoden (z.B. Nutzenanalyse) die wertmäßige Wirtschaftlichkeit der Maßnahme als Verhältnis des Ertrages zum Aufwand (z.B. mittels Nutzenunter- und Nutzenobergrenze) ermittelt oder Amortisationsrechnungen durchgeführt (vgl. Nagel, 1990).

Kosten für ein Softwaresystem entstehen als einmalige Kosten durch beispielsweise die Beschaffung, bzw. die Herstellung, durch möglicherweise notwendige Veränderungen der Hardware, durch Schulungen und als wiederkehrende Kosten durch beispielsweise die Programmpflege und die -betreuung, den Verbrauch von Material, die Inanspruchnahme von Telekommunikationsdiensten oder sonstigen Dienstleistungen. Sie sind im allgemeinen gut feststellbar.

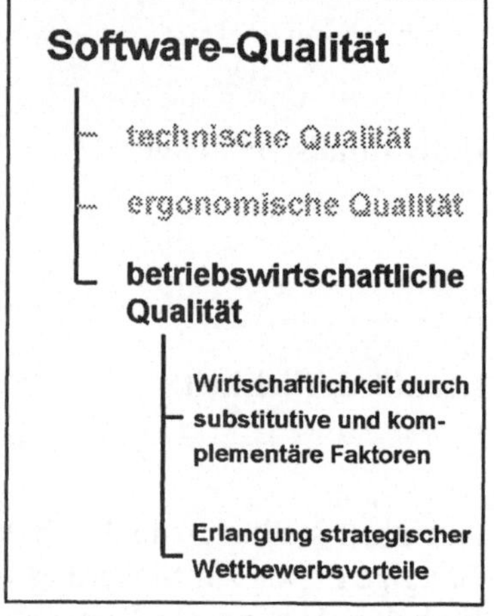

Bild 17.4: betriebswirtschaftliche Qualitätserkmale für Software

Betriebswirtschaftlicher Nutzen durch den Einsatz von Software entsteht (vgl. auch Abschnitt 16.1.1)

- durch die Automatisierung von Arbeitsprozessen und dem damit verbundenen Ersatz von Arbeitskräften und Arbeitstätigkeiten (substitutiver Faktor von Software),
- durch die Unterstützung von Mitarbeitern bei ihren Tätigkeiten, die mit dem Werkzeug eine größere Produktivität und höhere Qualität erzielen (komplementärer Faktor von Software) und
- durch die Erlangung von strategischen Wettbewerbsvorteilen (innovativer Faktor von Software).

Während durch den substitutiven Faktor von Software für das Unternehmen direkte Rationalisierungsvorteile entstehen, die einerseits unmittelbar eintreten und sich andererseits relativ einfach in Zahlen ausdrücken lassen, ist eine Quantifizierung des Nutzens in den beiden anderen Fällen nur teilweise möglich: berechenbaren Faktoren, wie "Materialeinsparung", "schnellere Antwortzeiten" oder "höherer Durchsatz" stehen schwer faßbare Vorteile, wie beispielsweise "höhere Datenaktualität", "verbesserte Produktqualität", "größere Kundennähe" und "schnellere Reaktion auf Markterfordernisse" gegenüber.

Dennoch sind gerade Softwaresysteme der dritten oben genannten Kategorie heute für Unternehmen besonders wichtig und es gilt, für das Unternehmen in diesem innovativen Sinne möglichst gute Software zu entwickeln.

17.2 Organisation der Software-Entwicklung

Software-Entwicklung ist zunehmend durch in Arbeitsteilung zu erledigende, komplexe, innovative und zeitkritische Problemstellungen gekennzeichnet. Die für eine erfolgreiche Arbeit notwendige Organisation ist zum einen hinsichtlich einer inhaltlichen Strukturierung der Arbeitstätigkeiten zur Reduktion der Problemkomplexität und zum zweiten hinsichtlich des organisatorischen Rahmens für die Arbeiten zu betrachten. Die erste Sichtweise führt uns zum Software Life Cycle, die zweite zur für die Software-Entwicklung typischen Projektorganisation.

17.2.1 Software Life Cycle

Mit dem ingenieurmäßigen Ansatz von Software-Entwicklung als arbeitsteiligen handwerklich/industriellen Prozeß wurde für Software eine Sichtweise eingeführt, die der anderer Produkte in unserer Gesellschaft entspricht. Wie jedes in den Leistungserstellungsprozeß eines Unternehmens integrierte Produkt, so wird auch Software zunächst entwickelt, danach in den Betrieb eingeführt und ist dann hier solange in Gebrauch, bis sie durch ein neues System ersetzt wird. Diese gesamte "Lebensdauer" von Software in einem Unternehmen wird als *Software Life Cycle* bezeichnet.

Die beiden aus den obigen Bemerkungen offensichtlichen Abschnitte „Entwicklung“ und „Benutzung“ von Software werden in der Softwaretechnik zur Strukturierung und Reduzierung der Komplexität der Aufgaben in einzelne Arbeitsbereiche weiter unterteilt. Für die Art dieser Unterteilung existiert keine einheitliche Terminologie und es finden sich in der Literatur zahlreiche von einander abweichende sogenannte *Phasenmodelle* für den Software Life Cycle. Allen Ansätzen gemeinsam ist die aus der Konstruktionstheorie abgeleitete zeitlich orientierte Folge der Tätigkeiten „konzipieren“, „entwerfen“ und „ausarbeiten“ als Grundlage für einzelne Phasen der Softwareentwicklung. Davon getrennt werden gewöhnlich Phasen wie die „Systemeinführung“ und die „Wartung und Pflege“ für die Benutzung von Software (vgl. Bild 17.5).

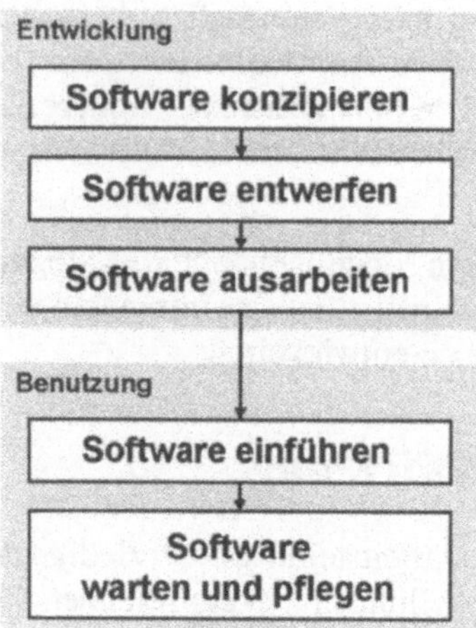

Bild 17.5: Tätigkeitsbereiche für den Software Life Cycle

Jeder einzelne Tätigkeitsbereich, bzw. jede Phase realisiert ein Zwischenergebnis, das Ausgangspunkt der Arbeiten des nachfolgenden Tätigkeitsbereichs ist, um am Ende der Kette ein funktionstüchtiges Informationssystem im Unternehmen zu gewährleisten. Auch für die Ergebnisse der einzelnen Phasen existieren in der Softwaretechnik keine einheitlichen Bezeichnungen. Eine Form eines traditionellen Phasenmodells zeigt Bild 17.6.

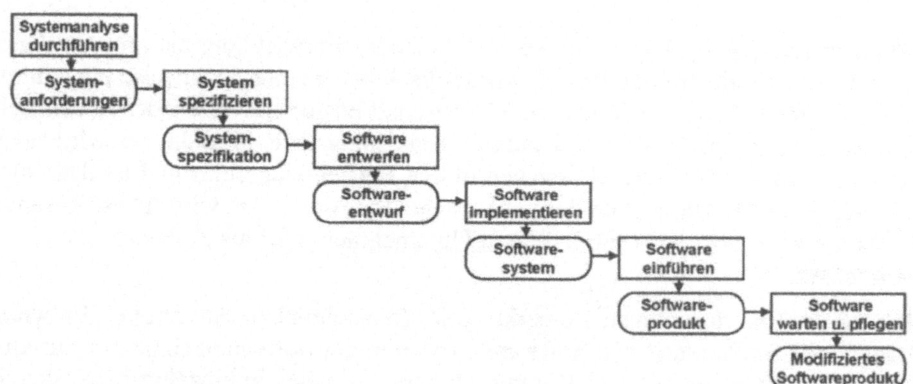

Bild 17.6: Traditionelles Modell der Phasen und Ergebnisse des Software Life Cycle

17.2.1.1 Systemanalyse und Systemspezifikation

Für den Tätigkeitsbereich „konzipieren“ werden in der Softwaretechnik gewöhnlich Arbeiten zur „*Systemanalyse*“ (andere übliche Bezeichnungen: „*Ist-Analyse*“, „*Planung*“, „*Problemanalyse*“) und zur „*Spezifikation*“ (andere übliche Bezeichnungen: „*Soll-Konzeption*“, „*Anforderungsdefinition*“) zusammengefaßt. Während die Systemanalyse das betroffene Problemfeld für die Software-Entwicklung im

Detail untersucht, um zu groben Vorstellungen zu den Aufgaben der gewünschten Software und der Integration der Software in das Unternehmen zu kommen, werden in der Spezifikationsphase Modelle erstellt, die die Funktion und Arbeitsweise des zu entwickelnden Systems im Detail beschreiben. Diese detaillierten Modelle werden als „*Systemspezifikation*" (andere Bezeichnungen: „*Anforderungsprofil*", „*Sollkonzept*", „*Fachkonzept*") zusammengefaßt; die ersten groben Modelle der Systemanalyse führen zu den „*Systemanforderungen*". Auf das Vorgehen während dieser beiden durch betriebswirtschaftliche Fragestellungen dominierten Entwicklungsphasen gehen wir im folgenden Abschnitt unter der Überschrift „Systemgestaltung" noch gesondert ein.

17.2.1.2 Systementwurf

Der Tätigkeitsbereich „entwerfen" wird im Software Engineering in einem technischen Sinne verstanden. In der nach der Spezifikationsphase folgenden *Entwurfsphase* wird der Aufbau der Software aus einzelnen Komponenten (*Module*) zur Umsetzung einzelner Funktionen und das Zusammenwirken der Komponenten zur Funktion des Gesamtsystems festgelegt. Das Ergebnis wird als Software-Entwurf bezeichnet.

17.2.1.3 Implementierung

Der Software Entwurf bildet die Voraussetzung für die Arbeiten der *Implementierungsphase* zur Ausarbeitung des fertigen Programmsystems. Hier erfolgt die Umsetzung der einzelnen Module in Programme (*Codierung*) und es wird die korrekte Funktion jedes einzelnen Programms und ihr korrektes Zusammenwirken getestet (*Systemtest*, *Debugging*, *Validierung*).

17.2.1.4 Programmiersprachen für die Codierung

Hinsichtlich der für die Codierung eingesetzten *Programmiersprachen* hat es im Laufe der Geschichte der Informatik eine ständige Fortentwicklung gegeben.

Ausgehend von den Maschinensprachen der Prozessoren von Rechnern (vgl. Abschnitt 2.5.1) wurden zunächst diesen entsprechende *maschinenorientierte Sprachen* (*Assembler*-Sprachen) bereitgestellt und für die Entwicklung von Anwendungssystemen eingesetzt. Diese Programme konnten zwar optimal auf die Arbeitsweise eines Prozessors abgestimmt werden, durch die Abhängigkeit der Assembler-Programme vom Prozessor eines Rechners war eine Übertragbarkeit der erarbeiteten Lösungen zwischen verschiedenen Rechnersystemen nicht gegeben. Außerdem setzte der Umgang mit den Assemblersprachen eine detaillierte Kenntnis der Arbeitsweise eines Prozessors voraus.

Mit dem wachsenden Einsatz von Computern in wirtschaftlichen und naturwissenschaftlichen Anwendungsfeldern folgte die Entwicklung von sogenannten *problemorientierten Programmiersprachen*, durch die der vom Problembereich her kommende Programmierer besser bei der Erarbeitung von Problemlösungen unterstützt wurde. Die Programmiersprachen „Fortran“ für den naturwissenschaftlich-technischen Bereich und „Cobol“ für den Einsatz bei betriebswirtschaftlichen Fragestellungen dominierten über Jahrzehnte den Markt der Programmiersprachen.

Der Ansatz, speziellen Problembereichen weitere Unterstützung durch spezielle Programmiersprachen zukommen zu lassen, sowie neue Erkenntnisse zur Informatik führten zur Entwicklung einer Fülle weiterer Programmiersprachen. Beispiele für Sprachen mit einer größeren Verbreitung sind „Lisp“ und „Prolog“ für Anwendungen der künstlichen Intelligenz, „PL 1“ für Anwendungen im militärischen Bereich, die Sprachen „Basic“, „Pascal“ und „Modula“, die in der Programmierausbildung häufig eingesetzt wurden und die in Zusammenhang mit dem Betriebssystem UNIX entwickelte Sprache „C“, bzw. in Zusammenhang mit Microsoft-Anwendungsprogrammen entstandene Sprache „Visual Basic“.

In Verbindung mit dem Aufkommen grafischer Benutzungsoberflächen wurde in der Informatik die Notwendigkeit neuer Konzepte für Programmiersprachen deutlich und es folgte die Entwicklung sogenannter objektorientierter Sprachen. Die weite Verbreitung gefundene Programmiersprache „C“ wurde zu „C++“ erweitert, in Verbindung mit dem Internet entstand die Sprache „Java“. Beide Sprachen können als derzeitige Marktführer im Angebot der Programmiersprachen bezeichnet werden.

17.2.1.5 Software-Entwicklungswerkzeuge

In der Entwurfs- und in der Implementierungsphase dominieren informatische Fragestellungen. Zur Unterstützung der Arbeiten werden heute gewöhnlich Software-Entwicklungswerkzeuge (*CASE-Tools*: Computer Aided Software Engineering) eingesetzt. Diese sind meist abhängig von der zugrunde gelegten Programmiersprache und umfassen

- Werkzeuge und Methoden zur grafischen Gestaltung von Entwurfsunterlagen,
- Werkzeuge und Methoden zur grafischen Gestaltung von Algorithmen (z.B. Programmablaufpläne und Struktogramme, vgl. Abschnitt 13.2),
- *Editoren* zur Erstellung und Verwaltung von Programmtexten,
- Werkzeuge zur Unterstützung des Programmtests bis hin zu
- Werkzeugen zur automatischen Überführung von Algorithmen in Programme.

Durch eine den gesamten Prozeß begleitende Speicherung der erstellten Unterlagen in einer einheitlichen Datenbank (*Repository*) wird weiter der Informationsfluß zwischen den Mitarbeitern des Entwicklungsteams unterstützt und damit auch die (technische) Qualität von Prozeß und Produkt verbessert (vgl. Abschnitt 17.1.1).

17.2.1.6 Abnahme und Einführung

Das fertige Programmsystem wird in der *Abnahme- und Einführungsphase* auf der Hardware des Unternehmens installiert und nach einem Abnahmetest in den Betrieb des Unternehmens eingeführt. Dies erfordert einerseits technische Arbeiten durch Informatiker an der Hard- und Software, dies erfordert aber vor allem betriebswirtschaftlich-planerische Tätigkeiten, damit die Überführung der Aufgaben auf das neue System in Einklang mit der täglichen Arbeit im Unternehmen vorgenommen werden kann. Schulungen für die betroffenen Mitarbeiter sind hier ebenso zu planen, wie die Übernahme von Datenbeständen in das neue System.

17.2.1.7 Wartung und Pflege

Ist das System in das Unternehmen eingeführt, beginnt die eigentliche Benutzung des Systems, während der Fehler entdeckt und behoben werden (Wartung) und während der im Laufe der Zeit Anpassungen durch veränderte Bedingungen im Unternehmen nötig werden (Pflege). Diese *Wartungs- und Pflegephase* umfaßt – zeitlich gesehen – den größten Anteil des Software Life Cycle und währt in der Regel mehrere Jahre. Bei grundlegenden Änderungen in den Unternehmensprozessen und in der Informationstechnik bildet diese Phase dann den Ausgangspunkt für Überlegungen zur Ablösung des Systems.

17.2.1.8 Ein umfassendes Vorgehensmodell für den Software Life Cycle

Der in Bild 17.6 dargestellte Ablauf bei der Software-Entwicklung ist insofern idealtypisch, als vorausgesetzt wird, daß Ergebnisse einer Phase vollständig und fertig sind, wenn mit der Arbeit der nächsten Phase begonnen wird (gewöhnlich bezeichnet als *Wasserfallmodell*). In der Praxis ist es allerdings so, daß in nachfolgenden Phasen Unzulänglichkeiten und Fehler in der Arbeit früherer Phasen entdeckt werden und Entscheidungen und Ergebnisse zu überarbeiten und damit Rücksprünge in vorhergehende Phasen erforderlich sind.

Darüber hinaus ist der in Bild 17.6 dargestellte Ablauf bei der Software-Entwicklung unvollständig und betrachtet nur den Prozess der Neuentwicklung von Software als Individualsoftware (vgl. Abschnitt 8.1). Heute wird wegen der großen Risiken, der schwer abschätzbaren Kosten und des zeitlichen Aufwandes von Individualsoftware häufig in Unternehmen auf betriebswirtschaftliche Standardsoftware zurückgegriffen (vgl. die Abschnitte 8.1 und 16.4) und diese den Anforderungen entsprechend angepaßt (*Customizing*). Auf die hierbei zu beachtenden Aspekte gehen wir in Abschnitt 17.6 noch einmal gesondert ein.

Eine auch diese zuletzt angesprochenen Umstände veranschaulichende Darstellung des Vorgehens im Software Life Cycle, die auch den eigentlichen Kreislauf in der Entwicklung und der Benutzung von Software besser wiedergibt, ist in Bild 17.7 enthalten. Hier wird die betriebswirtschaftlich geprägte Softwaregestaltung mit der Systemanalyse und Systemspezifikation deutlich getrennt von der Systemumsetzung durch Individual- oder Standardsoftware. Danach folgt die Benutzung des Systems mit einer Einführung in das Unternehmen und der länger andauernden Wartung und Pflege. Diese selbst ist wieder Ausgangspunkt für einen Einstieg in die Gestaltung eines neuen Softwaresystems. In jeder Phase des Software Life Cycle sind Rücksprünge zu vorhergehenden Tätigkeitsbereichen möglich, um Fehlentwicklungen zu vermeiden.

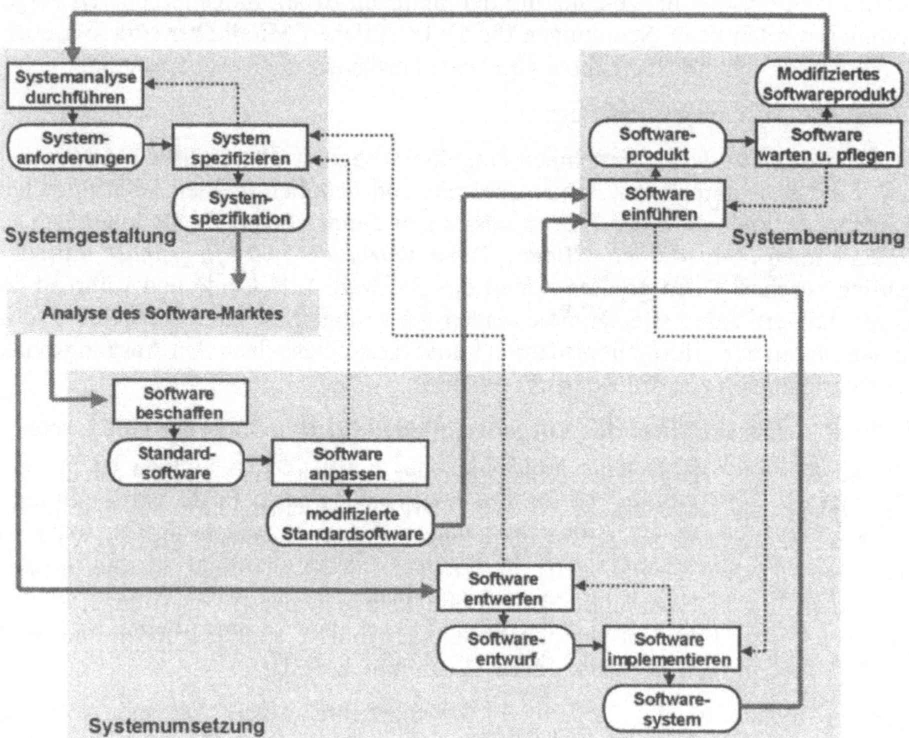

Bild 17.7: Software Life Cycle als umfassendes Vorgehensmodell

17.2.2 Projektorganisation

Wie jede Maßnahme eines Unternehmens mit dem Charakter der Einmaligkeit, der Komplexität und der zeitlichen Befristung findet auch Software-Entwicklung in Projektform parallel zum Tagesgeschäft statt. Für den Erfolg eines *Projektes* ist auf strategischer Ebene eine konkrete Zielvorgabe (*Projektauftrag*) erforderlich und auf operationaler Ebene ein Projektmanagement zur Planung, Steuerung und

Kontrolle sämtlicher Tätigkeiten, die für die Umsetzung der vorgegebenen Ziele erforderlich sind.

Den Rahmen für den Ablauf der Projektarbeit zur Software-Entwicklung bilden die im letzten Abschnitt beschriebenen Phasen des Software Life Cycle. Gewöhnlich findet in Unternehmen dabei eine Zweiteilung statt.

Angestoßen durch Ideen der Unternehmensleitung, des Informationsmanagers, einer Fachabteilung oder externer Stellen entsteht ein Projektvorschlag, mit dem grobe Erwartungen und vage Ziele für Innovationen im Informationsmanagement eines Unternehmens verbunden sind. Solche Ideen, Erwartungen und Ziele sind bei umfassenderen Problemstellungen zunächst durch ein eigenständiges Projekt (Vorprojekt) zu klären und zu detaillieren, um zu einem konkreten Projektauftrag für die eigentliche Entwicklung eines integrierten Informationssystems zu kommen.

Das Vorprojekt umfaßt Tätigkeiten der Systemanalyse-Phase zur Feststellung von Systemanforderungen und zur Feststellung ihrer ökonomischen und technischen Umsetzbarkeit. Es ist üblich, daß hier Mitarbeiter des Managements mit externen Beratern zusammenarbeiten. Im Ergebnis entstehen konkrete Zielvorgaben für die Anforderungen an ein projektiertes System und Abschätzungen für den zeitlichen Rahmen und für die finanziellen und personellen Voraussetzungen zur Durchführung einer Software-Entwicklung.

Abhängig vom Ergebnis des Vorprojektes wird über die Durchführung des Software-Entwicklungsprojektes entschieden. Es wird festgelegt:

- der detaillierte Projektauftrag mit einzelnen Zielvorgaben und zu erarbeitenden Ergebnissen
- der zeitliche Rahmen, die finanzielle und personelle Ausstattung
- die Vollmachten der Projektmitarbeiter.

Auf dieser Basis führt die Projektleitung das *Projektmanagement* durch. Im einzelnen heißt dies:

- das Projekt zu planen:
  - Festlegung der Aktivitäten zur Umsetzung der Zielvorgaben,
  - Feststellung der Abhängigkeiten zwischen den Aktivitäten und der Voraussetzungen für den Start einzelner Arbeiten,
  - Festlegung von für die Weiterarbeit notwendigen Zwischenergebnissen (*Meilensteine*),
  - Abschätzung des Aufwandes an Zeit, Personen und Sachmittel für die Aktivitäten (Kosten- und Terminplanung),

- Personelle Zuordnung von Mitarbeitern zu Aktivitäten,

das Projekt zu steuern und zu kontrollieren:

- Koordination der Arbeit einzelner Arbeitsgruppen
- Überwachung der Kosten- und Terminplanung durch Soll-Ist-Vergleiche
- Korrekturen zum Mitarbeitereinsatz, zur Kosten- und Terminplanung zum Gegensteuern bei Fehlentwicklungen
- Erstellen von Projektberichten

Häufig wird gerade bei größeren Projekten ein externer Lenkungsausschuß für das Projekt eingerichtet, um den Projektfortschritt und die Arbeit der Projektleitung auch von Außen zu kontrollieren.

Die interne Steuerung und Kontrolle durch die Projektleitung wird gewöhnlich durch computergestützte Projektmanagement-Tools (z.B. MS Project) unterstützt, in denen die Projektstruktur, ein Projektkalender, der Betriebsmittel- und Personaleinsatz und die Kosten erfaßt und auf dieser Basis Zeitpläne, Kostenpläne, Einsatzpläne usw. erstellt werden.

17.3 Systemgestaltung

Die Arbeiten zur Systemanalyse und zur Spezifikation sind durch ihre betriebswirtschaftliche Orientierung geprägt. In einem Unternehmen wird ein Problemfeld identifiziert und es wird analysiert, ob und in welcher Weise durch den Einsatz von Informationstechnik hier Verbesserungen erreicht werden können. Aus solchen eher allgemeinen Anforderungen wird in der Systemspezifikation ein möglichst exaktes Modell für die Gestalt des zukünftigen Arbeitssystems entwickelt. Dieses bildet die Grundlage für die weiteren Arbeiten zur Umsetzung des projektierten Systems.

17.3.1 Systemanalyse

Ausgangspunkt der Arbeiten zur *Systemanalyse* sind grobe Ideen durch das Management oder eine Fachabteilung

- aufgrund von Softwaresystemen, über die durch Messebesuche, Werbung von Software-Anbietern oder Beobachtung der Konkurrenz Kenntnis erlangt wurde („Das wäre doch auch etwas für unser Unternehmen"),
- aufgrund allgemeiner Trends auf dem Markt („Um unsere Konkurrenzfähigkeit zu sichern, muß auch unser Unternehmen in's Internet"),

- aufgrund erkannter Mängel im Problemfeld (fehlende Effektivität, Klagen über die Arbeit einer Fachabteilung) oder
- aufgrund grundsätzlicher Vorstellungen beispielsweise zur Einsparung von Kosten, zur Verbesserung von Abläufen oder zur Ablösung älterer Technik (Unternehmensstrategie).

Dabei ist das Arbeitssystem für das Problemfeld insgesamt zu analysieren und zu bewerten: Die Organisation der Arbeitstätigkeiten und ihre technische Unterstützung bilden unter betriebswirtschaftlichen Gesichtspunkten eine Einheit und es wird nicht zum gewünschten Erfolg führen, ineffiziente Strukturen durch Einsatz von Informationstechnik auszugleichen. Die Tätigkeiten in dieser Phase sind damit auch immer Tätigkeiten zur Organisationsentwicklung eines Unternehmens (vgl. die Bemerkungen zum Business Process Reengineering in Abschnitt 16.1).

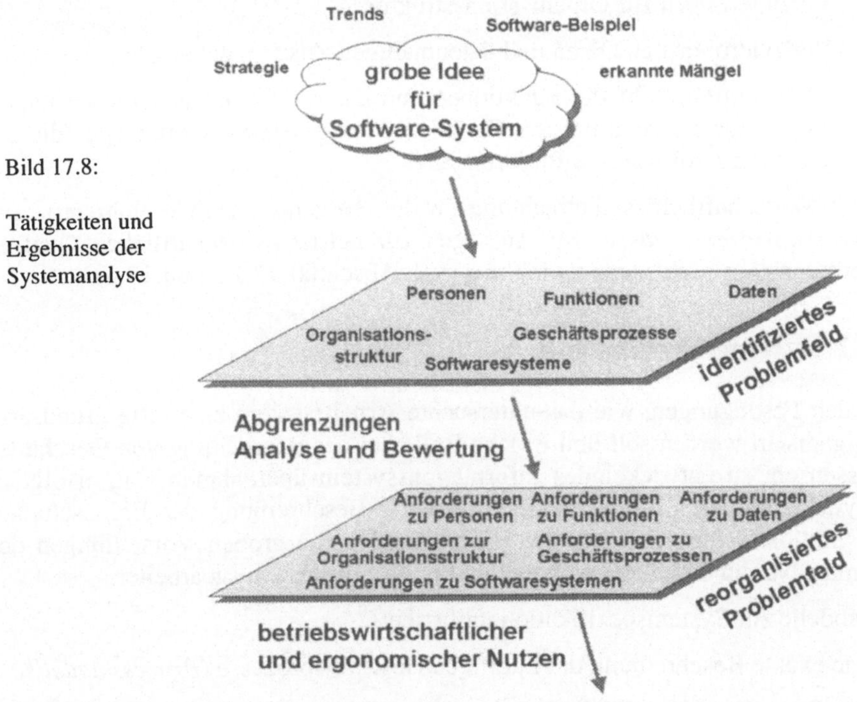

Bild 17.8:

Tätigkeiten und Ergebnisse der Systemanalyse

Die für eine solche ganzheitliche Vorgehensweise der Systemanalyse nötigen Tätigkeitsbereiche umfassen (vgl. Bild 17.8):

- Eine Identifizierung und Darstellung der Geschäftsprozesse im Problemfeld unter Berücksichtigung

  - der durch die Geschäftsprozesse betroffenen Daten
  - der für die Geschäftsprozesse nötigen Funktionen und der zur Bearbeitung der Funktionen eingesetzten Werkzeuge und Kommunikationserfordernisse
  - der die Geschäftsprozesse abwickelnden Organisationsstruktur
- Eine Abgrenzung der Prozesse zu den Prozessen anderer Unternehmensbereiche
- Eine Analyse und Bewertung der identifizierten Geschäftsprozesse zur Ermittlung von Schwachstellen
- Eine Reorganisation der Geschäftsprozesse auf der Basis der ermittelten Schwachstellen unter Festlegung von
  - Veränderungen zur Organisationsstruktur
  - Veränderungen an Daten und datenmäßigen Zusammenhängen
  - Veränderungen für die Funktionen und damit verbunden, Anforderungen an die zur Bearbeitung der Funktionen eingesetzten Werkzeuge (die eigentlichen Software-Anforderungen)
- Eine Wirtschaftlichkeitsbetrachtung für die reorganisierten Geschäftsprozesse (*Kosten-Nutzen-Analyse*) für Aussagen zur betriebswirtschaftlichen Qualität der konzipierten Systementwicklung (vgl. Abschnitt 17.1.3 und 17.6).

17.3.2 Systemspezifikation

Nach den Festlegungen, wie das untersuchte Arbeitssystem zukünftig grundsätzlich organisiert werden soll und welche Rolle bei der Bearbeitung von Geschäftsprozessen ein zu entwickelndes Informationssystem übernehmen soll, erfolgt in der *Systemspezifikation* eine möglichst exakte Beschreibung der Eigenschaften und Funktionsweise der Software. Hierzu werden die groben Vorstellungen der Systemanalyse zu detaillierten Modellen für die Software ausgearbeitet.

Die Modelle zur Systemspezifikation umfassen:

- eine exakte Beschreibung der künftigen Geschäftsprozesse (*Prozessmodell*),
- eine Darstellung der für die Bearbeitung der Geschäftsprozesse vorgesehenen Organisationsstruktur (*Organisationsmodell*),
- eine detaillierte Darstellung der Funktionen des Anwendungssystems und ihrer Integration in die Geschäftsprozesse (*Funktionsmodell*),
- eine ausführliche Beschreibung der den Funktionen zugrundeliegenden Daten und den Beziehungen zwischen den Daten (*Datenmodell*) und

- eine Darstellung, wie sich die Software gegenüber dem Benutzer präsentiert (*Benutzungsmodell*).

Anstelle einer getrennten Betrachtung von Funktions- und Datenmodell erfolgt heute häufig eine Zusammenfassung beider Sichten in Form eines Objektmodells (vgl. Abschnitt 17.4). Durch die detaillierten Modelle dieser Phase wird die erwartete Leistung der projektierten Software beschrieben. Darüber hinaus beinhaltet die Arbeit zur Systemspezifikation eine Darstellung von Randbedingungen zur Softwareentwicklung:

- Welche Hardware ist für den Einsatz des künftigen Systems nötig?
- Wie sind die Schnittstellen des künftigen Systems zu anderer Software des Unternehmens?
- Welche Anforderungen an Bearbeitungszeiten durch Funktionen und an Speicherplatzbedarf im Arbeitsspeicher und auf peripheren Speichern werden an das System gestellt?
- Welche Standards des Unternehmens z.B. hinsichtlich der Konfiguration des Rechnernetzes oder in Bezug auf die Nutzung von Programmiersprachen usw. sind für die Umsetzung des Systems einzuhalten

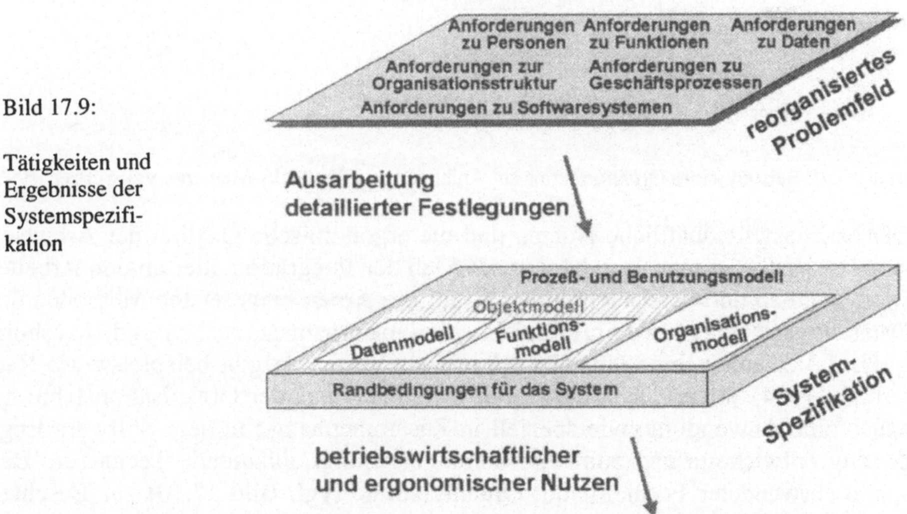

Bild 17.9: Tätigkeiten und Ergebnisse der Systemspezifikation

Eine Zusammenfassung der fachlichen Anforderungen und der formulierten Randbedingungen wird auch als *Pflichtenheft* bezeichnet und in der Regel als Vertragsgrundlage für die Umsetzung der Software verwendet. Es dient in der Abnahme- und Einführungsphase dann als Kontrolle, ob das System in der geforderten Weise funktioniert.

Abgerundet werden die Arbeiten der Systemspezifikation durch eine die vorausgehenden Analysen detaillierende Kosten/Nutzenbetrachtung (vgl. Abschnitt 17.6) für das geplante System.

17.4 Methoden und Techniken zur Modellbildung

Für die Erhebung der Zusammenhänge des identifizierten Problemfeldes und der Formulierung von Anforderungen hat sich ein *partizipatives Vorgehen* etabliert, bei dem durch Fragebögen, Interviews, Beobachtungen, Unterlagenauswertungen Reviews und Workshops Systemanalytiker, Manager, Systementwickler und Personen des Problemfeldes zusammen arbeiten.

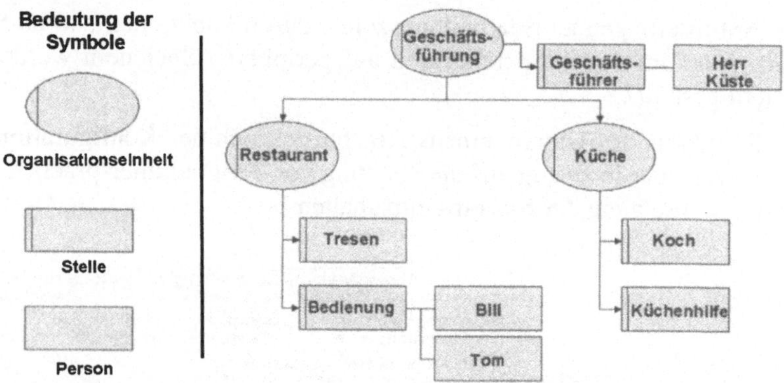

Bild 17.10: Beispiel eines Organigramms (in Anlehnung an die ARIS-Methode; vgl. Scheer, 1997)

Der betriebswirtschaftliche Nutzen und die ergonomische Qualität der Arbeitsergebnisse der Systemanalyse hängt vom Maß der Integration aller an den Arbeiten Beteiligten ab und wird auch durch die für die Arbeit eingesetzten Methoden und Darstellungstechniken beeinflußt. Neben arbeitsorganisatorischen und -psychologischen Verfahren (eine Übersicht derartiger Verfahren gibt beispielsweise Rauterberg, 1994) finden hier traditionelle Techniken aus der Organisationslehre genauso eine Anwendung, wie speziell in Zusammenhang mit dem Software Engineering entwickelte und zum Teil computergestützt ablaufende Techniken. Beispiele verwendeter Formen sind: Organigramme (vgl. Bild 17.10) zur Beschreibung der Aufbauorganisation von Unternehmen, Netzpläne zur Beschreibung von Abläufen, Baumdiagramme (vgl. Bild 17.11) zur Darstellung von hierarchischen Strukturen, Datenflußdiagramme (vgl. Bild 17.12) zur Wiedergabe, wie Daten im Zuge einer Verarbeitung durch Funktionen manipuliert werden, Entity-Relationship-Diagramme (vgl. Abschnitt 8.5.1 oder auch Bild 13.3) zur Beschreibung der Struktur und Zusammenhänge von Daten oder Objektdiagramme (vgl.

Bild 17.13) in Zusammenhang mit einem objektorientierten Vorgehen bei der Systemanalyse und Systemspezifikation.

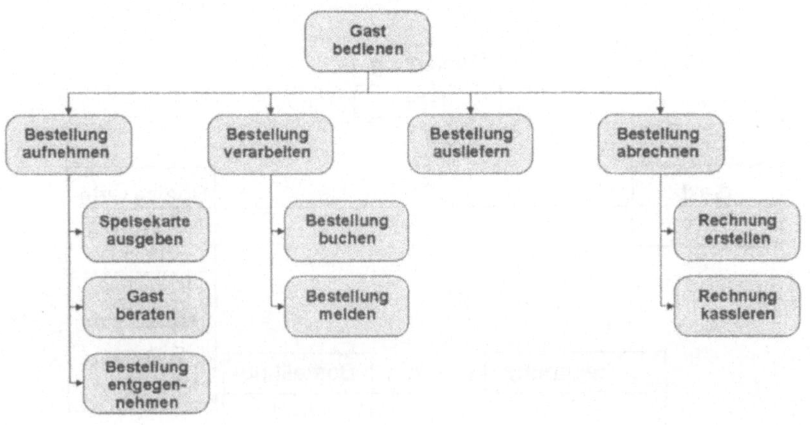

Bild 17.11: Beispiel für ein Funktionsbaum-Diagramm (in Anlehnung an die ARIS-Methode; vgl. Scheer, 1997)

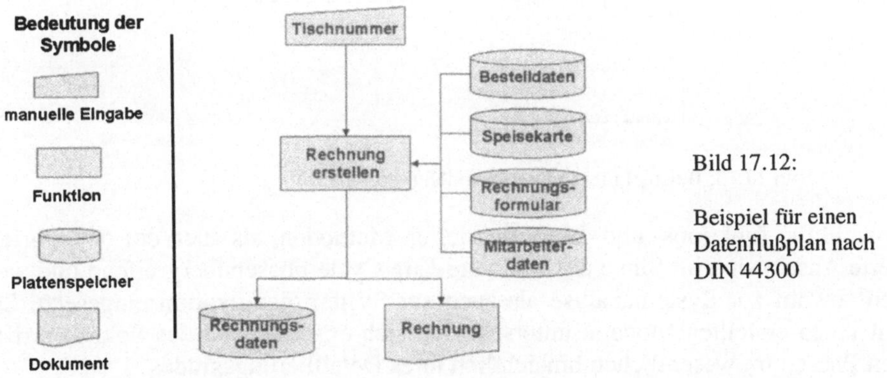

Bild 17.12: Beispiel für einen Datenflußplan nach DIN 44300

Mit Objektdiagrammen verbunden ist eine veränderte Sicht auf die zu analysierenden Zusammenhänge. Während traditionell in der Systemanalyse zwischen Daten und Funktionen unterschieden wird und Funktionen Eingangsdaten in Ausgangsdaten transformieren, die dann wieder von anderen Funktionen als Eingangsdaten genutzt werden können, betrachtet die *objektorientierte Analyse* Daten und Funktionen als zusammengehörige Einheiten, die Objekte. Objekte besitzen Methoden (Funktionen), durch die auf objekt-eigene Attribute (Daten) eingewirkt werden kann (siehe auch Abschnitt 13.1; für eine detailliertere Diskussion des Objekt-Begriffs und der objektorientierten Analyse, sei auf Vetter, 1995 verwiesen).

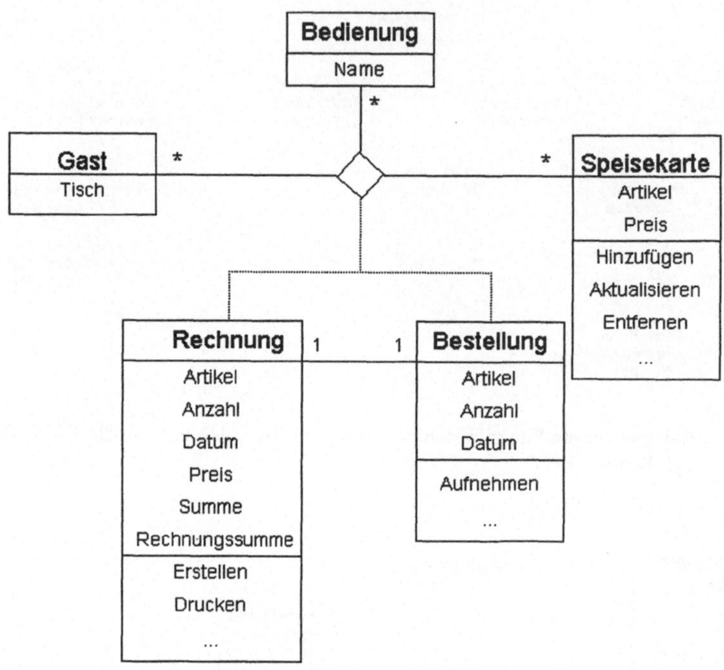

Bild 17.13: Beispiel für ein Objektmodell (vereinfacht)

Sowohl die funktions- und datenorientierten Methoden, als auch der objektorientierte Ansatz sind im Sinne des Software-Life Cycle phasenübergreifend und werden sowohl zur Systemanalyse als auch zur Systemspezifikation eingesetzt. Die mit ihnen erstellten Modelle unterscheiden sich entsprechend des Fokus der beiden Phasen im wesentlichen hinsichtlich ihres Detaillierungsgrades.

Dabei wird aus Informatik-Sicht das objektorientierte Vorgehen als leistungsfähiger eingeschätzt, weil durch die heute überwiegend bei der Implementierung eingesetzten objektorientierten Programmiersprachen (z.B. Java oder C++; eine fundierte Einführung in diese Programmiersprachen ist beispielsweise bei Dankert, 1998 und Wolff, 1999 zu finden) kein methodischer Bruch zwischen Systemgestaltung und Systemumsetzung entsteht. In konsequenter Folge von Objektorientierung werden dann für den Software Life Cycle die Phasen *Objektorientierte Analyse* (*OOA*), *objektorientiertes Design* (*OOD*) und *objektorientiertes Programmieren* (*OOP*) unterschieden (vgl. z.B. Hickersberger, 1994). Die insbeson-

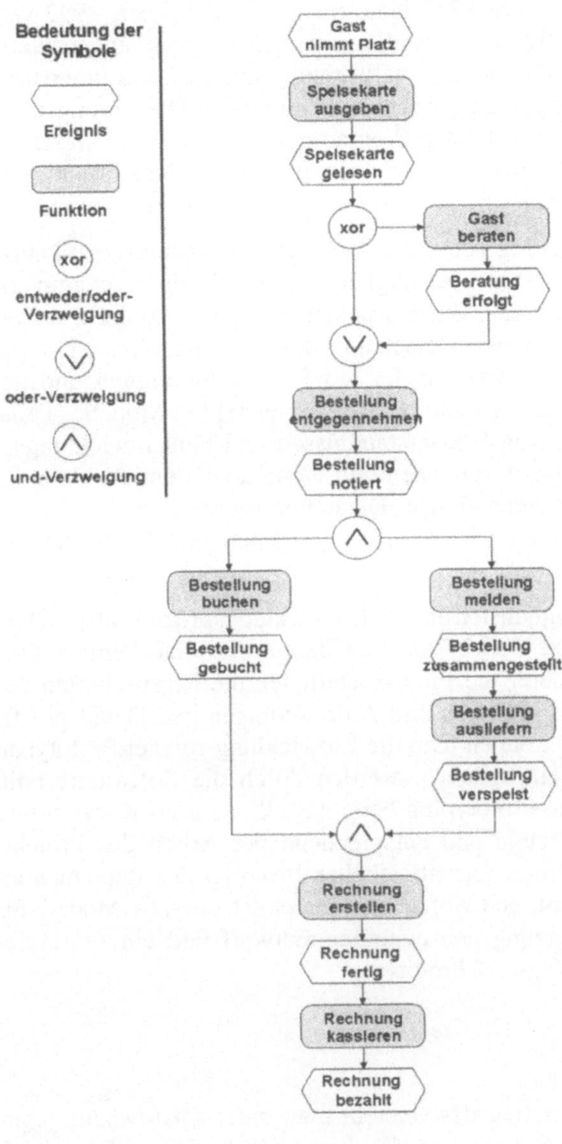

Bild 17.14: Beispiel für ein Prozessmodell

(In der Version einer ereignisgesteuerten Prozeßkette nach ARIS; vgl. Scheer 1997)

dere hinsichtlich der technischen Sicht auf Software-Qualität (vgl. Abschnitt 17.1.1) für sehr leistungsfähig eingeschätzte objektorientierte Programmierung hat sich insbesondere in Verbindung mit den grafischen Benutzungsoberflächen (vgl. Abschnitt 7.3.2) breit durchgesetzt.

In der eher Geschäftsprozess-orientierten Sicht der Wirtschaftsinformatik und unter dem Einfluß der für die Datenverwaltung überwiegend eingesetzten relationalen Datenbanksysteme (vgl. Abschnitt 8.5) werden dagegen in der Systemanalyse und zur Systemspezifikation eher funktions- und datenorientierte Methoden präferiert und mit Prozessmodellen kombiniert. Ein weit verbreitetes computergestütztes Verfahren dazu ist beispielsweise das *ARIS-Toolset*, (ARIS: Architektur integrierter Informationssysteme) das unter anderem mit Entity-Relationship-Diagrammen, Funktionsbäumen und Organigrammen arbeitet und diese in *ereignisgesteuerten Prozessketten* zur Darstellung von Geschäftsprozessen miteinander verbindet. (vgl. Bild 17.14;

für eine detailliertere Diskussion des ARIS-Konzeptes sei auf Scheer, 1997 verwiesen). Außer der Unterstützung der Darstellung von Zusammenhängen bietet das ARIS-Toolset auch diverse Hilfen zur Analyse von Prozessen des untersuchten Problemfeldes. Durch die Unabhängigkeit der traditionellen Darstellungstechniken von der zur Realisierung verwendeten Programmiersprache sind Umsetzungen der in solcher Weise projektierten Problemlösung auch in objektorientierten Sprachen möglich und heute üblich.

Aus Gründen des Aufwands werden heute die Modelle der Systemspezifikation selten vollständig erstellt. In der Regel begnügt man sich mit einem exemplarischen Vorgehen und überläßt in vielen Einzelaspekten die Detaillierung den Entwicklern bei der programmtechnischen Umsetzung des Systems. Dies ist – wie auch die unterschiedlichen Vorerfahrungen der am Projekt Beteiligten und der daraus begründeten unterschiedlichen Interpretation der erstellten Modelle – eine nicht zu unterschätzende Quelle von Mißverständnissen und Fehlentwicklungen. Der Versuch hier Verbesserungen zu erreichen und damit auch dem Problem der Entwicklung von geeigneten anschaulichen Darstellungstechniken für Benutzungsmodelle zu begegnen, hat zum Prototyping-Vorgehen bei der Systemgestaltung geführt.

Prototyping ist ein Ansatz, möglichst früh im Entwicklungsprozeß, also schon während der Systemanalyse und der Systemspezifikation, zu lauffähigen Programmen zu kommen, anhand derer die Projektbeteiligten die Eigenschaften des geplanten Systems realitätsnah diskutieren und Anforderungen und Detailspezifikationen fundiert formulieren zu können. Um die Entwicklung solcher Prototypen mit vertretbarem Aufwand zu ermöglichen, werden durch die Softwaretechnik eine Reihe von Werkzeugen zum Prototyping bereitgestellt. Je nach Konzept und Leistungsfähigkeit dieser Werkzeuge und entsprechend der Arbeit des Projektteams ist ein in mehreren Schritten fortentwickelter Prototyp der implementierungstechnische Kern der zukünftigen Software oder er ist nur das Modell für einen während der Systemumsetzung neu erstellten Entwurf und eine anschließende neue Implementierung (Wegwerf-Prototyp).

17.5 Customizing

In einer weiten Interpretation des Begriffs versteht man unter *Customizing* jegliche Anpassung eines Software-Systems an die Kundenbedürfnisse. Dies kann durch Veränderung der Software durch teilweise Neu-Programmierung durch den Software-Anbieter geschehen oder solche Individualisierungen können durch den Kunden oder ein Dienstleistungsunternehmen dadurch erfolgen, daß über Vorkehrungen der Software bestimmte Einstellungen vorgenommen, bzw. durch eine in die Software eingebettete Programmiersprache neue Komponenten selbst entwickelt werden.

Während der erste Fall eher mit einer Neuentwicklung zu vergleichen ist und Arbeiten umfaßt, wie wir sie zum Entwurf und zur Implementierung in den vorangegangenen Abschnitten beschrieben haben, betrifft der zweite Fall insbesondere die allgemeine Standardsoftware. Welche Möglichkeiten zur Individualisierung von Software im Bürobereich beispielsweise durch Parametereinstellungen (vgl. die Funktion „Optionen" in Microsoft Word, Bild 8.4), Format- und Dokumentenvorlagen und durch die Programmierung in z.B. Visual Basic bestehen, haben wir ausführlich in den Kapiteln 8, 12 und 13 beschrieben.

In einer engeren Interpretation wird unter Customizing nur eine solche Anpassung von Standardsoftware an die Anforderungen des Anwenders verstanden, die ohne eine Programmveränderung durch Programmierung vorgenommen wird. Neben der Bürosoftware ist von dieser Art Customizing vor allem die ERP-Software (vgl. Abschnitt 16.4.1) betroffen.

Da es sich bei ERP-Programmen um wesentlich komplexere Anwendungen als z.B. einfache Kalkulationen oder Textverarbeitung handelt, ist hier auch das Customizing über die Einstellung von Parametern entsprechend aufwendiger. Am Beispiel der betriebswirtschaftlichen Standardsoftware *SAP R/3* gehen wir kurz auf die dort vorhandenen Customizingmöglichkeiten ein.

Bei der SAP R/3-Software handelt es sich um eine datenbankbasierte Client/Server-Lösung (vergleiche Kapitel 16.3.2). Die zugrundeliegende Datenbank enthält in Ihren Tabellen die bereits vom Hersteller eingegebenen Daten, die jedoch sehr allgemein gehalten sind und somit für den Einsatz in einem Unternehmen zunächst der Anpassung bedürfen. Das gesamte Customizing beschränkt sich demnach hauptsächlich auf die Pflege der entsprechenden Tabellen der Datenbank.

Das klingt zunächst recht einfach, stellt sich jedoch in der Praxis zumeist als sehr komplexe Aufgabe dar. Deshalb bietet die SAP AG Werkzeuge an, die das Customizing erleichtern und systematisieren sollen. Dazu gehören zum einen der *Customizing-Einführungsleitfaden* (Implementation Guide IMG) und zum anderen ein von SAP vorgegebenes *Customizing-Vorgehensmodell.*

Der Implementation Guide bildet alle durchführbaren Customizing-Aufgaben in einer hierarchischen Struktur ab (vgl. Bild 17.15). Aus dieser Struktur heraus können die entsprechenden Customizing-Funktionen direkt aufgerufen werden. Für eine Unternehmens-spezifische Festlegung beispielsweise von Kostenrechnungskreisen ruft man direkt die entsprechende Funktion aus dem Implementation Guide auf (vgl. Bild 17.15). Man erhält eine Tabelle mit den bereits durch die SAP AG vordefinierten Größen (vgl. Bild 17.16). Durch Auswahl des Buttons „Neue Einträge" hat der Anwender dann die Möglichkeit, diese Tabelle nach seinen eigenen Vorgaben zu ergänzen, indem er neue Kostenrechnungskreise definiert. Natürlich kann er auch bereits bestehende Einträge ändern bzw. löschen.

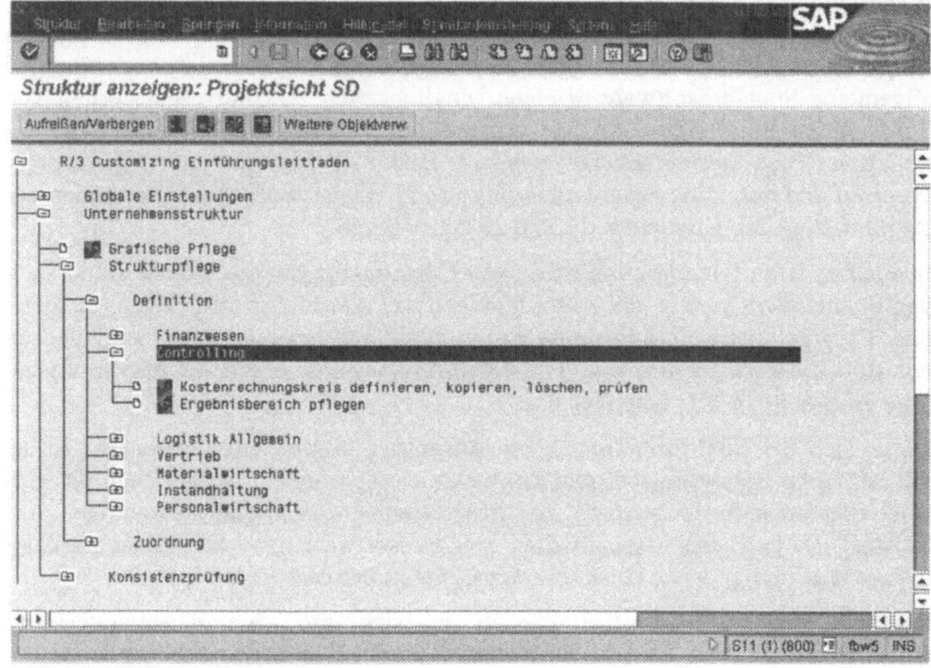

Bild 17.15: SAP R/3 Einführungsleitfaden

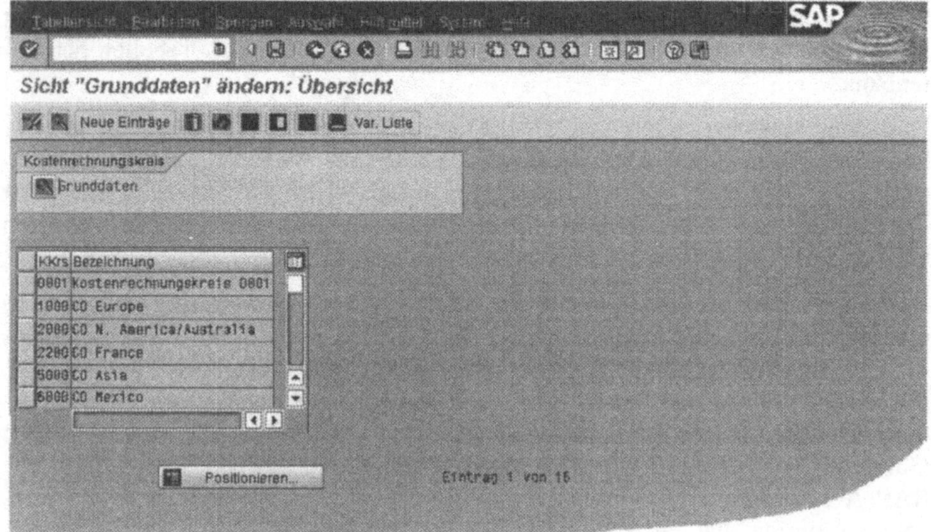

Bild 17.16: Customizing der Kostenrechnungskreise bei SAP R/3

Mit dem Vorgehensmodell bietet SAP eine strukturierte Organisation der R/3-Einführung an. Es handelt sich dabei um eine Art Projektplan, der in grafischer Form und als Baumstruktur vorhanden ist. Es erfolgt eine Aufteilung des Einführungsprojektes in vier Einzelphasen(vgl. Bild 17.17):

- Organisation und Konzeption,
- Detaillierung und Realisierung,
- Produktionsvorbereitung,
- Produktionsanlauf.

Bei den Customizing-Arbeiten wird das Vorgehensmodell für die Navigation durch die Customizing-Funktionen (z.B. Anforderungsanalysen) des R/3-Systems, für die Grobsteuerung des R/3-Einführungsprojekts und für die Projektdokumentation genutzt.

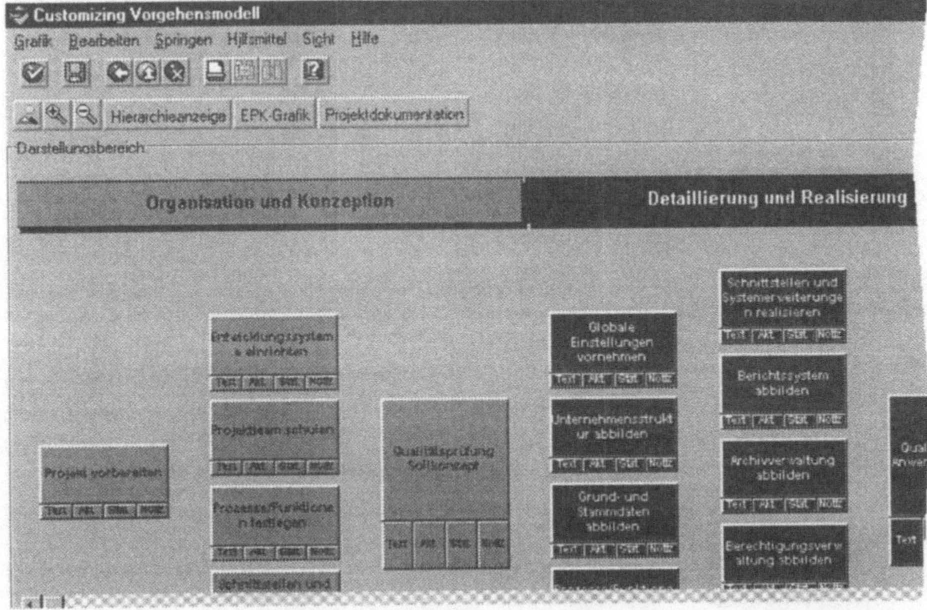

Bild 17.17: SAP R/3 Vorgehensmodell zum Customizing (Ausschnitt)

Jeder Projektphase sind einzelne, teils phasenübergreifende Anwendungspakete zugeordnet (vgl. Bild 17.18). Zusätzlich existieren phasenübergreifende Arbeitspakete für die Qualitätssicherung.

Das Vorgehensmodell unterscheidet zwischen Arbeitspaketen, die zu einem bestimmten Zeitpunkt auszuführen sind und die damit Voraussetzung für die Durchführung der nachfolgenden Arbeitspakete sind, sowie Arbeitspaketen, die über die gesamte Projektdauer begleitend abzuarbeiten sind.

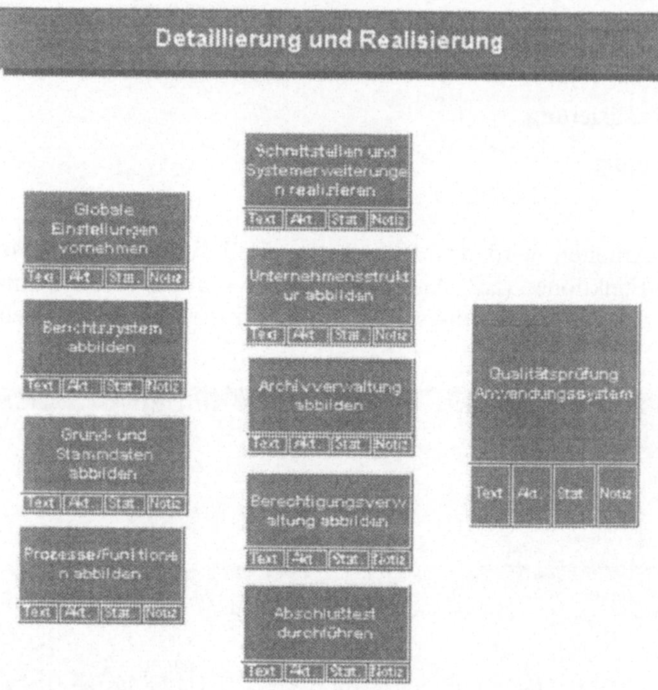

Bild 17.18: Arbeitspakete der Phase Detaillierung und Realisierung

Die einzelnen Arbeitspakete bestehen jeweils aus der Online-Dokumentation, in der beschrieben wird, welche Aufgaben auszuführen sind, aus den ausführbaren Aktivitäten, die direkten Zugriff auf die jeweils für die Aktivitäten benötigten Werkzeuge liefern, aus den Statusinformationen und der Projektdokumentation.

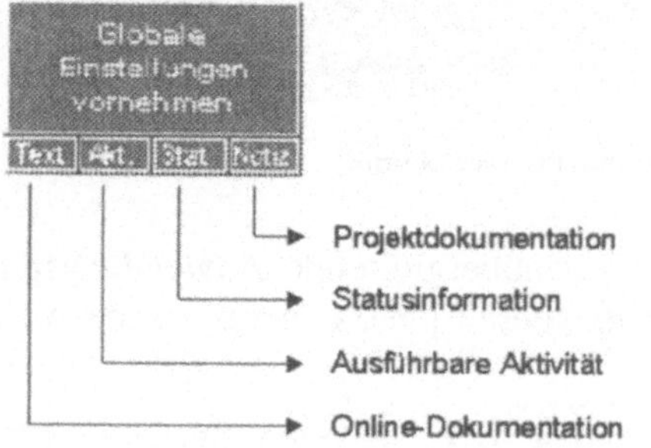

Bild 17:19: Darstellung eines Arbeitspaketes

Das Vorgehensmodell liefert den Strukturplan für die Projekte sowie anwendungsübergreifende Grundinformationen, die für die Einführung des R/3-Systems notwendig sind. Durch die Angabe der Bearbeitungsreihenfolge der Aktivitäten zur Systemeinführung und Konfiguration erhält man die grobe Planungsgrundlage für ein SAP R/3-Customizing Projekt. Weitergehende Darstellungen zum SAP R/3-Customizing finden sich z.B. in SAP, 1999.

Aufgrund der Komplexität von ERP-Programmen dauert die Einführung dieser Programme, zu denen das Customizing unter anderem gehört, teilweise mehrere Jahre und bindet damit eine große Anzahl von innerbetrieblichen Ressourcen. Zudem ist der Einsatz von außerbetrieblichen Experten, den Beratern, gewöhnlich unvermeidlich.

Um die Länge der Einführungsphase abzukürzen, werden von den Softwarefirmen unterschiedliche Wege beschritten. Zum einen versucht man durch Vorgabe von neuen Methoden und Einführungsmodellen (wie beispielsweise ASAP von SAP) die Einführungszeit zu verkürzen. Ein anderer Weg liegt darin, die Software vor der Auslieferung schon für bestimmte Branchen mit den dort üblichen Werten vorzukonfigurieren, so daß bei dem Anwender vor Ort nur noch geringfügige Änderungen vorgenommen werden müssen.

17.6 Nutzenschätzungen

Mit der Festlegung der Anforderungen an ein Arbeitssystem in der Systemanalyse, die auch die Anforderungen an ein neues, in das Arbeitssystem zu integrierendes Software-System beinhalten, sind Untersuchungen zur Wirtschaftlichkeit des neu organisierten Systems verbunden. Grundsätzliches Ziel ist eine möglichst genaue Aussage, welche Vorteile die neue Lösung gegenüber der alten Praxis aufweist und ob die Vorteile eine Einführung des neu organisierten Systems rechtfertigen.

In Zusammenhang mit der Systemanalyse erfolgen solche Untersuchungen entsprechend der noch eher groben Vorstellungen zum neuen System eher schwach differenziert und dienen vor allem als Entscheidungsgrundlage dafür, die Arbeiten zur Entwicklung eines integrierten Informationssystems fortzusetzen oder einzustellen. In der Phase der Systemspezifikation können konkretere Kosten/Nutzen-Abwägungen vorgenommen werden.

Für die Wirtschaftlichkeitsuntersuchungen werden aus den Anforderungen der Systemanalyse, bzw. - im späteren Verlauf - aus den detaillierten Vorstellungen der Systemspezifikation Kostenfaktoren und Nutzenfaktoren des Systems für das Unternehmen abgeleitet.

17.6.1 Kosten durch die Einführung von Software

Die *Kosten* für die Einführung eines neuen Software-Systems sind alle Aufwendungen für die Entwicklung, die Wartung und den Betrieb des Systems vom Start des Projekts bis zur Entsorgung des Systems nach Aufgabe dessen Nutzung. Nach einmaligen und wiederkehrenden Kosten unterschieden sind einige Beispiele für zu berücksichtigende *Kostenfaktoren* in Bild 17.20 aufgeführt.

	Einmalige Kosten	*Wiederkehrende Kosten*
Personalkosten	Entwicklung Datenübernahme Ausbildung	Programmpflege Datenpflege Datenaufbereitung, -erfassung Arbeitsvorbereitung Operating
Hardwarekosten	Anschaffung von Computern sonstige Anschaffungen	Miete von Geräten, Hardware-Wartung, Abschreibungen, Versicherungen
Materialkosten	Datenträger sonstiges Material	Verbrauch von Datenträgern, Verbrauch von Papier, sonstiges Verbrauchsmaterial
Externe Dienstleistungen	Anschaffung von Software, Beratung und Betreuung, Schulung, Leistungen von Service-Rechenzentren	Telekommunikationsdienste, Software-Wartung, Sonstige Dienstleistungen
Raumkosten	Umbau, Einrichtung, Miete, Energie	Miete, Energie, Versicherungen, Steuern

Bild 17.20: Beispiele für Kostenfaktoren eines Softwareentwicklungs-Projektes

Dabei können die Kosten teilweise direkt dem System zugeordnet werden, teilweise ergeben sie sich aus den Gemeinkosten eines Unternehmens, die nach bestimmten Verteilungsschlüsseln dem System zugeordnet werden.

Während für die bereits entstandenen oder durch Verträge gesicherten Faktoren die Kosten feststehen, sind für zukünftige zu erwartende Kosten deren Geldwerte zu schätzen. Hierbei werden vereinfachend Analogien zu vorangegangenen Projekten gebildet oder es erfolgen kompliziertere Aufwandsschätzungen (z.B. nach der Function-Point-Methode, nach Multiplikatormethoden oder nach Gewichtungsmethoden) auf der Basis der Komplexität der Software (vgl. z.B. Ott, 1991; Noth, 1986). Ein Beispiel für die Aufstellung der Kosten für ein Software-System ist in Bild 17.21 dargestellt.

	Kostenarten	Betrag (in TDM)		
1	Investment			46,4
1.1	Personalkosten		19,0	
1.1.1	Systemanalyse	15,0		
1.1.2	Datenübernahme	1,0		
1.1.3	Ausbildung, Lehrgänge	3,0		
1.2	Hardwarekosten		7,5	
1.2.1	Rechner incl. Zubehör	6,5		
1.2.2	Peripheriegeräte	0,9		
1.3	Materialkosten		0,6	
1.3.1	Datenträger	0,4		
1.3.2	Druck von Speisekarten	0,2		
1.4	Externe Dienstleistungen		19,3	
1.4.1	Betriebssystem	0,5		
1.4.2	Anwendungssoftware	0,8		
1.4.3	Anwendungsprogrammierung	18,0		
2	Laufende zusätzliche Aufwendungen pro Jahr			6,8
2.1	Personalkosten		2,3	
2.1.1	Systemadministrator	1,5		
2.1.2	Operating	0,8		
2.2	Hardwarekosten		2,0	
2.2.1	Versicherungen/Steuern	0,1		
2.2.2	Energie/Instandhaltung/Wartung	1,9		
2.3	Materialkosten		0,8	
2.3.1	Datenträger	0,5		
2.3.2	Formulare	0,3		
2.4	Externe Dienstleistungen		1,5	
2.4.1	Softwarewartung	0,5		
2.4.2	Dienstleistungen von Beratern	1,0		
2.5	Raumkosten: Miete und Energie		0,2	

Bild 17.21: Beispiel für eine Kostenaufstellung

17.6.2 Nutzen durch die Einführung von Software

Ganz allgemein besteht der *Nutzen* der Einführung von Software in der Beseitigung von Schwachstellen und im Erreichen von Vorteilen im Rahmen eines Anwendungszusammenhangs. Neben der schon angesprochenen Klassifizierung in substitutive, komplementäre und innovative Faktoren hat sich eine Gruppierung in Bezug auf die Quantifizierbarkeit von Nutzenfaktoren bewährt:

- Der direkte Nutzen bezeichnet Einsparungen von gegenwärtigen Kosten, Faktoren dieser Gruppe lassen sich gewöhnlich quantifizieren.

- Der relative Nutzen betrifft die Einsparung künftig ohne das System entstehender Kosten, hier können in der Regel durch Schätzungen relativ sichere Bewertungen vorgenommen werden.
- Der schwer faßbare Nutzen faßt alle weiteren Faktoren zusammen, die so nicht in Beziehung zu Kostenfaktoren zu setzen und damit nur schwer zu quantifizieren sind.

Nutzenfaktoren einer spezifischen Software-Entwicklung sind nicht nur schwer zu quantifizieren, es fehlen auch einfache Rezepte, solche Faktoren überhaupt zu bestimmen, sie herauszufinden und mit einiger Sicherheit der zugrundegelegten Maßnahme zuzuordnen. Während bei der Kostenbetrachtung durch die unterschiedlichen Kostenarten sich die einzelnen Faktoren ohne großen Aufwand im Detail finden lassen, erfordert eine Aufstellung von aussagekräftigen Nutzenfaktoren aufwendige Analyse- und Spezifikationsarbeiten. Nutzenfaktoren stehen in direkter Beziehung zu den frühen Phasen der Software-Entwicklung, der Systemanalyse und Spezifikation. Je gründlicher hier gearbeitet wird, desto deutlicher werden diejenigen Faktoren, die den Nutzen der neuen Lösung ausmachen. Strukturanalysen, Aufgabenanalysen, Kommunikationsanalysen, Beleganalysen, Datenanalysen, Ablaufanalysen und Schwachstellenanalysen bieten wesentliche Anhaltspunkte, um konkrete Nutzenfaktoren zu bestimmen.

Gerade diese frühen Phasen der Software-Entwicklung werden aber häufig vernachlässigt. Untersuchungen Mitte der 80er Jahre weisen für den Aufwand, der in Software-Projekten für die Problemanalyse getrieben wird, Werte von unter 10% aus, bei über 60% Aufwand für die Wartung und den Betrieb der Software. Demgegenüber stehen Fehler durch falsche oder falsch verstandene Anforderungen und falsche oder falsch verstandene Funktionalität mit einem Anteil von fast 50% am gesamten Fehleraufkommen (vgl. Nagl, 1990). Neuere Untersuchungen zeigen, daß sich heute hier grundsätzlich nichts verändert hat (Brodbek, 1994).

Daß durch derartige Schwerpunktsetzungen auch die Nutzenbetrachtungen zu kurz kommen und eine gründliche Kosten-Nutzen-Analyse nicht möglich ist, ist offensichtlich.

So schwierig sich die Analyse zur Feststellung von Nutzenfaktoren gestaltet, so vielfältig sind die Verfahren zur Nutzenschätzung. Abgeleitet von herkömmlichen Wirtschaftlichkeitsberechnungen betrachten die einfachen klassischen Verfahren Software-Projekte wie andere Investitionen und versuchen Aussagen zur Amortisation, Rentabilität oder zum Kapitalwert. Trotz einiger Anpassungen an spezifische Software-Gesichtspunkte, werden diese Verfahren den besonderen Anforderungen nicht gerecht (vgl. Nagel, 1990).

1. Bestimmung der für das Software-Projekt relevanten Faktoren $F_1, ..., F_n$

2. Gewichtung der Faktoren

z.B. auf der Grundlage einer Verhältnisskala:
$F_1 = G_1, F_2 = G_2, ... F_n = G_n$ mit $S_{i=1..n} G_i = 100$
oder auf der Grundlage einer Nominalskala
$F_i = G_j$ für $i = 1,..., n$ und j e {1, 2, 3} mit
G_1 = 3 (wichtig)
G_2 = 2 (erwünscht)
G_3 = 1 (weniger wichtig)

3. Bewertung der Maßnahme hinsichtlich ihrer Eigenschaften bzgl. der Faktoren

z.B. auf der Grundlage einer Nominalskala
$F_i = W_j$ für $i = 1,..., n$ und j e {1, 2, 3, 4, 5, 6, 7}mit
W_1 = +3 (erhebliche Verbesserung gegenüber Ist-Zustand)
W_2 = +2 (Verbesserung gegenüber Ist-Zustand)
W_3 = +1 (leichte Verbesserung gegenüber Ist-Zustand)
W_4 = 0 (keine Veränderung gegenüber Ist-Zustand)
W_5 = -1 (leichte Verschlechterung gegenüber Ist-Zustand)
W_6 = -2 (Verschlechterung gegenüber Ist-Zustand)
W_7 = -3 (erhebliche Verschlechterung gegenüber Ist-Zustand)

4. Multiplikation der Gewichte und Bewertung aller Faktoren

5. Berechnung des Nutzenkoeffizienten NK

als Quotient der Summe der Produkte aus Schritt 4 und der Summe der vergebenen Gewichte aus Schritt 2.
Ist NK > 0, so ist ein Nutzen gegeben, ist NK > 1, so ist dies mit einer verbesserten Wirtschaftlichkeit des neuen Systems gleichzusetzen.

Bild 17.22:

Schritte der Nutzwertanalyse zur Bewertung einer Maßnahme

Die der Investiton in Software besser angepaßten mehrdimensionalen Verfahren, zu denen die Nutzenanalyse und die Nutzwertanalyse gezählt werden, ermöglichen wesentlich differenziertere Nutzenschätzungsmöglichkeiten. Insbesondere beziehen sie auch die schlecht quantifizierbaren komplementären und innovativen Effekte der Software mit ein. Dabei sind sie relativ einfach zu handhaben. Weitere Verfahren für Nutzenschätzungen, meist mit speziellen Ausrichtungen, sind in Nagel (Nagel, 1990) beschrieben.

17.6.2.1 Die Nutzwertanalyse

Die *Nutzwertanalyse* eignet sich zum Vergleich verschiedener Alternativlösungen für eine Problemstellung oder zur grundsätzlichen Einschätzung einer Maßnahme. Eine monetäre Bewertung erfolgt dabei nicht, stattdessen werden Bewertungen anhand vorgegebener Skalen vorgenommen. Hierdurch wird es besonders gut möglich, die schlecht oder gar nicht quantifizierbaren Faktoren adäquat in die Bewertung einzubeziehen. Die Vorgehensweise der Nutzwertanalyse (in der Variante zur Bewertung einer Maßnahme) verläuft in den in Abb. 17.22 dargestellten Schritten.

Die Nutzwertanalyse kann auch Kostenfaktoren mit einbeziehen, sie entsprechend gewichten und auf diese Weise ihre Bedeutung für die Wirtschaftlichkeit des projektierten Systems in die Analyse einbeziehen.

Ein Nachteil der Methode ist die Gefahr der Subjektivität: Welche Faktoren werden berücksichtigt, wie werden sie gewichtet und wie bewertet. Hier ist eine genaue Darstellung der Vorgehensweise und Begründungen nötig. An dem Prozeß sollten mehrere Personen mit unterschiedlichen Interessenlagen mitarbeiten, um Manipulationen zu vermeiden. Ein (eher oberflächliches) Beispiel einer Nutzwertanalyse ist in Bild 17.23 dargestellt.

Faktor	Gewicht G	Bewertung W	Produkt GxW
Kostengünstige Herstellung der Speisekarte	2	+3	6
Leichte Änderbarkeit der Speisekarte	2	+3	6
Flexible Gestaltung der Speisekarte	2	+3	6
Aufnahme und Buchung von Bestellungen	1	0	0
Nachbestellungen ergänzen	2	+1	2
Übergabe von Bestellungen an die Küche	1	+3	3
Vermeidung von Rechenfehlern in Rechnungen	3	+3	9
Zeitersparnis beim Erstellen von Rechnungen	2	+2	4
Vereinfachung der Tagesabschlußberechnungen	3	+3	9
Leichte Zuordnung von Umsätzen zu Bedienungen	2	+3	6
Vereinfachung der Lohnberechnung	2	+3	6
Summe	22		57
Nutzenkoeffizient	2,59		

Bild 17.23: Beispiel einer Nutzwertanalyse
(vgl. das Restaurant-Beispiel aus Szene 4, Szene 4.1 und Szene 4.2)

17.6.2.2 Die Nutzenanalyse

Die *Nutzenanalyse* hat gegenüber dem eben beschriebenen Verfahren das Ziel, auch quantitative Aussagen zum Nutzen zu ermöglichen. Dazu werden der direkte Nutzen, der relative Nutzen und der schwer faßbare Nutzen als Kategorien für die einzelnen Faktoren zugrundegelegt und des weiteren Unterteilungen nach Realisierungschancen (hoch, mittel, niedrig) vorgenommen. Es ergeben sich für die

Faktoren dadurch neun Bereiche - etwas ungenau mit "Quadranten" bezeichnet (vgl. Bild 17.24), deren erster die relativ sicheren und leicht zu quantifizierenden Faktoren aufnimmt und deren letzter die unsicheren und schwer zu quantifizierenden enthält.

	Hohe Realisierungs-chance	Mittlere Realisierungs-chance	Niedrige Realisierungs-chance
I Direkter Nutzen	1	3	6
II Relativer Nutzen	2	5	8
III Schwer faßbarer Nutzen	4	7	9

Bild 17.24:

Nutzenübersicht

Für die Berechnung des Nutzens einer Software-Einführung ist die Summe der sich für die Faktoren des ersten Quadranten ergebenden Werte eine pessimistische Schätzung, eine Nutzenuntergrenze. Eine sehr optimistische Schätzung berücksichtigt die Summen der Werte aller Quadranten (Nutzenobergrenze). Bezüglich der Reihenfolge der in die Nutzenberechnung eingehenden Quadranten von der Nutzenunter- zur Nutzenobergrenze wird durch die Methode als Standard die in der Abb. 17.24 dargestellte Folge vorgegeben. Spezifische Bedingungen eines Projektes können hier andere Reihenfolgen nahelegen. Zur Aufstellung der Nutzenanalyse sind somit folgende Schritte nötig:

1. Die Nutzenfaktoren werden (anhand der Systemanalyse und Spezifikation) ermittelt.
2. Die Nutzenfaktoren werden entsprechend der Kategorien und ihrer Realisierungschancen dem jeweiligen Quadranten zugeordnet. Dabei können Realisierungschancen für einzelne Faktoren anteilsmäßig betrachtet werden
3. Die Nutzenfaktoren werden monetär für einen zu kalkulierenden Zeitraum bewertet. Ist solch eine Bewertung nicht möglich, unterbleibt sie; der Faktor bleibt in der Auflistung aber enthalten.
4. Es erfolgt eine Auswertung der Werte durch Summenbildungen in den einzelnen Quadranten und durch die Bestimmung von Nutzenunter- und -obergrenze.

Auch hier sind - wie bei der Nutzwertanalyse - Maßnahmen nötig, um Fehler und Ungenauigkeiten durch subjektive Einschätzungen zu minimieren. Ein Beispiel für eine Nutzenanalyse in Anlehnung an die Nutzenfaktoren aus Bild 17.23 ist in Bild 17.25 dargestellt.

	Faktor	Hohe Realisierungs-chance	Mittlere Realisierungs-chance	Niedrige Realisierungs-chance
		(TDM in 3 Jahren)		
I	Kostengünstige Herstellung der Speisekarte	3		
	Leichte Änderbarkeit der Speisekarte	0,9		
	Vereinfachung der Tagesabschluß-berechnungen	80	10	
	Vermeidung von Rechenfehlern in Rechnungen	3		
	Leichte Zuordnung von Umsätzen zu Bedienungen	2	3	
	Vereinfachung der Lohnberechnung	12	3	
	Summe I	*103,9*	*6*	-
II	Nachbestellungen ergänzen		2	4
	Übergabe von Bestellungen an die Küche	5	5	5
	Zeitersparnis beim Erstellen von Rechnungen	10	10	10
	Summe II	*15*	*17*	*19*
III	Aufnahme und Buchung von Bestel-lungen			
	Flexible Gestaltung der Speisekarte			
	Summe III	-	-	-
Nutzenuntergrenze: 103,9 TDM		Nutzenobergrenze: 103,9+15+6+0+17+0+0+19+0 = 160,9 TDM		

Bild 17.25: Beispiel einer Nutzenübersicht

Als Ergänzung zu diesem Vorgehen ist denkbar, die bei der Nutzenanalyse vorgenommene Kategorisierung auch für Kostenbetrachtungen vorzunehmen (vgl. Ott, 1993). Mit den Kategorien "bekannte Kosten", "schätzbare Kosten" und "schwer bewertbare Kosten", sowie der Berücksichtigung, mit welcher Sicherheit diese Kosten auftreten, kann eine Kostenübersicht in der Art der Nutzenübersicht aus Bild 17.24 erstellt werden. Eine pessimistische Schätzung berücksichtigt dann die Summe aller Quadranten, eine optimistische nur die des ersten. Durch eine parallele Darstellung der Kosten- und Nutzenübersicht als Diagramm kann eine Wirtschaftlichkeitsaussage für die Software-Einführung direkt anhand des Verlaufs der Kurven erfolgen (vgl. Bild 17.26).

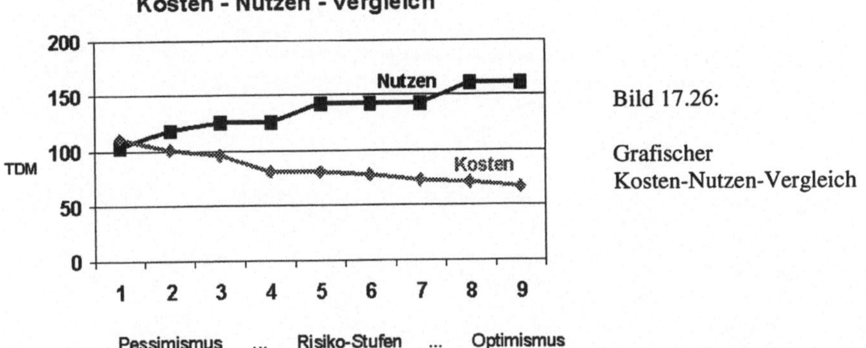

Bild 17.26:

Grafischer Kosten-Nutzen-Vergleich

Weitere Detaillierungen der Nutzenübersicht erreicht man durch Berücksichtigung des Zeitpunktes des Eintritts eines Faktors. Hierzu wird bei einer Laufzeit von n Perioden (vom Start des Projektes bis zur Aufgabe der Nutzung des Produkts) jeder Quadrant aus Bild 17.24 in n Spalten aufgeteilt und es wird geschätzt, zu welchem Zeitpunkt der berechnete Wert für einen Nutzenfaktor eintreten wird. Auf diese Weise können Kosten und Nutzen einander in Abhängigkeit von Perioden gegenübergestellt werden.

18 E-Business

Unter den geschilderten Rahmenbedingungen des Business Process Reengineering (vgl. Abschnitt 16.1) wurde deutlich, daß es nicht ausreicht, betriebliches Informationsmanagement auf computergestützte Systeme für Einzelanwendungen auszurichten, sondern die Geschäftsprozesse eines Unternehmens und damit einerseits das Arbeiten in Gruppen und andererseits die Einbeziehung von Kunden und Lieferanten Ausgangspunkt der Überlegungen für die Gestaltung von Informationstechnik sein muß. In diesem Zusammenhang wurden in den letzten Jahren unter dem Oberbegriff *E-Business* (Electronic Business) neue und in diesem Sinne innovative Ansätze für den Einsatz von Informationstechnik geschaffen, die unter Schlagworten wie Electronic Data Interchange, Extranets, E-Commerce und CSCW zu neuen Anwendungssystemen in Unternehmen geführt haben.

In den folgenden Abschnitten wollen wir diese Schlagworte aufgreifen, die ihnen zugrunde liegenden Ideen erläutern und einige ihnen zuzuordnende innovative Informationssysteme für Unternehmen ansprechen. Wir gehen dazu gewissermaßen von Innen nach Außen vor: Zunächst betrachten wir unternehmensinterne Rechnernetz-gestützte Anwendungen, danach die informationstechnische Zusammenarbeit zwischen Unternehmen (Business-to-Business Bereich) und schließlich gehen wir auf die unsere Gesellschaft derzeit maßgeblich verändernden Aktivitäten von Unternehmen gegenüber dem Endverbraucher ein (Business-to-Consumer-Bereich, bzw. Business-to-Customer Bereich).

18.1 Computer Supported Cooperative Work

Unter der Bezeichnung *CSCW* (*Computer Supported Cooperative Work*; deutsch: *computergestützte Gruppenarbeit*) oder *Workgroup-Computing* werden Bemühungen zusammengefaßt, Konzepte und Werkzeuge zum computergestützten kooperativen Arbeiten (*Groupware, Workflowmanagement*) zu entwickeln. Wenn auch der eigentliche Fokus von Groupware und Workflowmanagement auf unternehmens-internen Prozessen liegt, so werden inzwischen diverse Anwendungssysteme dieser Kategorie auch auf die unternehmens-übergreifende Zusammenarbeit übertragen.

18.1.1 Gruppen und Gruppenarbeit

Gruppenarbeit liegt in einer weiten Interpretation immer dann vor, wenn für das Erreichen eines Arbeitsergebnisses mehrere Personen kooperierend oder koordiniert zusammenarbeiten. Je nachdem, ob der Schwerpunkt bei der Arbeit einer Gruppe auf das eigenverantwortliche Handeln der bzw. innerhalb der Gruppe oder auf (durch die Organisation) koordiniertes Bearbeiten einer Aufgabe gelegt wird, kann man

- das *Team*, bei dem
  - die einzelnen Gruppenmitglieder auf die Handlungen anderer einwirken,
  - die einzelnen Gruppenmitglieder Kooperationsregeln aushandeln und
  - eigenständig ihre Handlungen koordinieren und
- das *Gefüge*, bei dem
  - einzelne Gruppenmitglieder sich auf die Handlungen anderer einstellen,
  - die Kooperation sachlicher und technischer Gegebenheiten des Arbeitsprozesses folgt und
  - die Koordination der Handlungen von außen weitgehend vorgegeben ist

als unterschiedliche Ausprägungen von Gruppenarbeit unterscheiden (vgl. Friedrich, 1994). Insbesondere das zweite Verständnis von Gruppenarbeit ist sehr weitreichend und umfaßt praktisch sämtliche Arbeiten, die in einer Organisation in Zusammenhang mit Geschäftsprozessen arbeitsteilig vorgenommen werden.

Bild 18.1:

Formen von CSCW

Grundlegende Voraussetzung für Gruppenarbeit ist die Fähigkeit und Möglichkeit der Gruppenmitglieder zum Austausch von Informationen zur Kommunikation, Koordination und Kooperation. (vgl. Teufel, 1996). Hierbei ist die Ebene der

- verbalen und nonverbalen Kommunikation mit dem Ziel der Absprache, Benachrichtigung und Abstimmung von der

- Ressourcen-Ebene, auf der Materialien, Werkzeuge und Dokumente für eine gemeinsame Nutzung verfügbar gemacht werden,

zu unterscheiden. Der Austausch dieserart Information kann dabei unmittelbar erfolgen, wenn die Gruppenmitglieder zur gleichen Zeit am selben Ort sind (synchron in Raum und Zeit). Er findet nur mittelbar statt, wenn die Gruppenmitglieder zeitversetzt am gleichen Ort, zeitgleich an verschiedenen Orten oder zeitversetzt an verschiedenen Orten sind (asynchron in Raum und Zeit).

Althergebrachte Werkzeuge zum Austausch von Information wie das Telefon oder die Videokonferenz (zeitgleiche Kommunikation von Personen an unterschiedlichen Orten) und das Telefax (Austausch von Ressourcen über räumliche Distanzen) werden in Zusammenhang mit der Geschäftsprozeßorientierung heute zunehmend ergänzt und ersetzt zur Unterstützung von Gruppen durch Groupware-Anwendungen und durch Workflowmanagement-Anwendungen.

18.1.2 Groupware-Anwendungen

Durch *Groupware* wird die Kommunikation, Koordination und Kooperation in Teams auf Basis von lokalen (vgl. Kapitel 14) und auch von weiten Rechnernetzen (vgl. Kapitel 9) unterstützt. Groupware beinhaltet gewöhnlich Funktionen für Electronic-Mail, zur Konferenzunterstützung, zum Daten- und Dokumentenmanagement und zur Terminkoordination. Diese Funktionsbereiche werden in Unternehmen entweder durch Kombination einzelner spezialisierter Anwendungssysteme oder durch ein integriertes Groupware-System realisiert. Das am weitesten verbreitete integrierte System ist *Lotus Notes*.

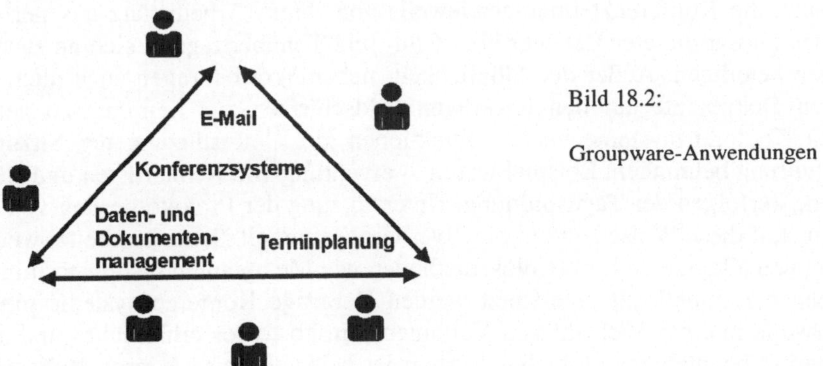

Bild 18.2:

Groupware-Anwendungen

E-Mail-Funktionen unterstützen in erster Linie die in Raum und Zeit asynchrone Kommunikation von Gruppenmitgliedern und sind in unserer Gesellschaft nicht nur in Unternehmen heute weit verbreitet. Über sie werden kurze Nachrichten genauso ausgetauscht wie – durch die Möglichkeit von „Anhängen" (*Attachments*) – formatierte Text-, Grafik,- Tabellen- oder auch Datenbank-Dokumente. Nachrichten können direkt beantwortet oder weitergeleitet werden, es können Verteilerlisten definiert und Rundschreiben auf einfache Weise versendet werden (vgl. auch Abschnitt 9.3). Studentische Arbeitsgruppen ebenso wie Mitglieder von Forschungsprojekten, die in Kooperation mehrerer Hochschulen durchgeführt werden, oder Projektgruppen in Unternehmen benutzen E-Mail-Funktionen für laufende Abstimmungen und Information, für Terminabsprachen, zum Austausch von Arbeitspapieren oder zur Vor- und Nachbereitung von Sitzungen. Darüber hinaus können durch *Mailinglisten* oder durch *News-Funktionen* gruppenbezogene Foren geschaffen werden, in die wie beim traditionellen Schwarzen Brett allgemeine für jedes Gruppenmitglied interessante Information gestellt wird oder über die Diskussionen zeitversetzt geführt werden können.

Terminplaner (*Meeting Scheduler*) als Bestandteil von Groupware erleichtern die Terminabsprachen in Gruppen zur Planung von Sitzungen und Konferenzen durch einen elektronisch geführten gemeinsamen Terminkalender, der die individuellen Terminkalender der Gruppenmitglieder zusammenführt. Neben den offensichtlichen Funktionen zur Belegung von Terminen, zur Anfrage und Suche nach geeigneten Terminen und Annahme bzw. Ablehnung von Terminvorschlägen verfügen solche Systeme mitunter auch über Funktionen, durch die mit der Terminfestlegung auch Ressourcen, wie Räume und notwendige Geräte gebucht werden können.

Ist für Konferenzen und Sitzungen durch große räumliche Entfernungen der Gruppenmitglieder ein persönliches Treffen unwirtschaftlich, so können auch rechnergestützte *Konferenzsysteme* (*Meeting-Support-Systeme*) eingesetzt werden, bei denen die Konferenzteilnehmer jeweils von ihrem Arbeitsplatz aus per entsprechend ausgestatteter Rechner über Bild- und Tonübertragung sich an Besprechungen beteiligen. Außer der Möglichkeit, neben Wortbeiträgen auch allen Beteiligten Dokumente auf den jeweiligen Bildschirmen zur Kenntnis zu geben, können Konferenzsysteme weitere Funktionen zur Unterstützung der Sitzungsdurchführung beinhalten. Beispiel wären: Verwaltung von Rednerlisten und Rederechten, Verfolgen der Tagesordnung, Unterstützung der Protokollierung von Sitzungen. Auf diese Weise kann in kreativer Gruppenarbeit Neues erarbeitet werden und können allgemeine Problemlösemethoden wie Metaplan und Brainstorming in Gruppen maschinell gut unterstützt werden Derartige Konferenzsysteme gibt es mittlerweile in einer Vielzahl von Varianten. Ein kostenlos erhältliches und auch im Internet benutzbares einfaches System ist beispielsweise Microsoft NetMeeting.

Beim Versand von Dokumenten über E-Mail ist jedes Gruppenmitglied dafür verantwortlich einerseits zu kennzeichnen, welche Veränderungen an einem Dokument von ihm vorgenommen wurden und weiter es in der veränderten Form zu versenden, um den anderen Beteiligten Arbeitsfortschritte deutlich zu machen. Systeme, die hier automatische Versionskontrollen, Personenkennungen etc. vorsehen, unterstützen diesen Prozeß besser. In Groupware-Anwendungen werden daher grundsätzlich auch Daten- und *Dokumentenmanagementsysteme* integriert, die die gruppenbezogenen Dokumente in geeigneter Weise verwalten und über vielfältige Such- und Recherchefunktionen verfügen (vgl. auch Abschnitt 16.4).

18.1.3. Workflowmanagement-Anwendungen

Solche Dokumentenmanagementsysteme in Verbindung mit erweiterten e-mail-Systemen wurden zu intelligenten Formularsystemen und Vorgangsverfolgungssystemen (*Workflowmanagement-Anwendungen*) ausgebaut bzw. weiter entwickelt. Während die bisher genannten Anwendungen in erster Linie Teams bei den Erfordernissen des selbständigen Kooperierens und Koordinierens Hilfe geben sollen, stellen Workflowmanagement-Anwendungen eine hochgradig maschinelle Form der Koordination von Arbeitsabläufen dar und betreffen damit wesentlich gefüge-artige Gruppenarbeit. Workflowmanagement-Anwendungen steuern das koordinierte Bearbeiten von Vorgängen, bei denen mehrere Personen arbeitsteilig jeweils bestimmte Aufgaben eines Geschäftsprozesses erledigen müssen.

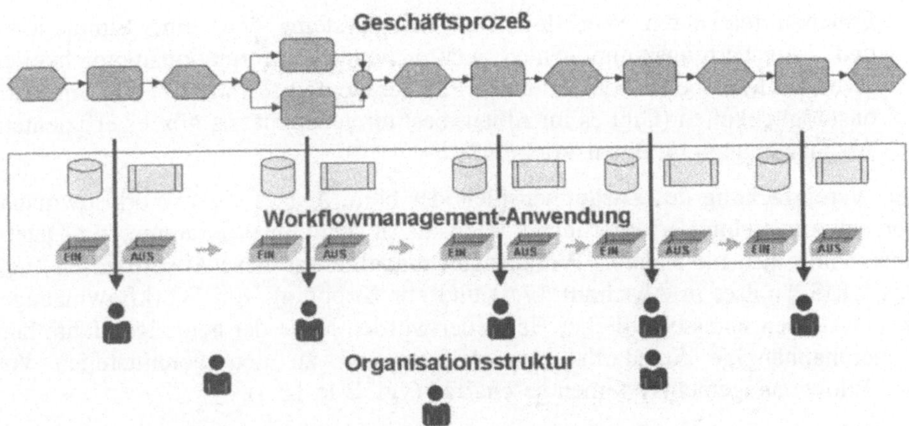

Bild 18.3: Konzept des Workflowmanagements

Die Grundidee ist dabei denkbar einfach: einem Sachbearbeiter werden in seinen elektronischen Eingangskorb entsprechend seiner Arbeitsaufgaben Dokumente zugeleitet. Zur Durchführung seiner Arbeiten öffnet er ein Dokument und startet damit automatisch das zur Arbeit notwendige Programm. Er führt mit dem Programm die vorgesehenen Arbeiten an dem Dokument durch und quittiert das Arbeitsergebnis, das daraufhin zur weiteren Bearbeitung (entsprechend des zugrundeliegenden Geschäftsprozesses) zum nächsten Sachbearbeiter weitergeleitet wird.

Ähnlich wie ein Datenbank-gestütztes Informationssystem auf Basis eines Datenbanksystems (vgl. Abschnitt 8.5) wird die Gestaltung einer solchen Workflowmanagement-Anwendung durch ein sogenanntes *Workflowmanagementsystem* vorgenommen. Für Workflowmanagementsysteme (als Client-Server-System) werden gewöhnlich die folgenden Systemkomponenten unterschieden:

- Die Ausführungskomponente bildet das Kernstück des Programms, den Workflow-Server. Sie interpretiert die Geschäftsprozessdefinitionen, steuert den Gesamtablauf, leitet an einzelne Arbeitsplätze, die Workflow-Clients, die erforderlichen Daten und Dokumente und sorgt für die Bereitstellung der notwendigen Bearbeitungsprogramme.
- Dazu ist es nötig, die Organisationsstruktur und die Aufbauorganisation und darauf aufbauend den Geschäftsprozeß im System abzubilden und festzulegen, welche Stelle welche der Arbeitsaufgaben des Prozesses erledigen soll und welche Dokumente und Programme für die einzelnen Arbeitsaufgaben zu benutzen sind. Für die Durchführung dieser Festlegungen verfügt ein Workflowmanagementsystem über eine Modellierungskomponente.
- Daneben realisieren Workflowmanagementsysteme über eine Simulations- und Auswertungskomponente weitreichende Informationsmöglichkeiten (Welcher Mitarbeiter bearbeitet den Fall gerade und seit wann?) und Simulationsmöglichkeiten (Gibt es im Ablauf bestimmte Engpässe, gibt es effizientere Ablaufvarianten für einen Vorgang?).

Zur Vereinfachung des Zusammenspiels der beim Ablauf einer Workflowmanagement-Anwendung erforderlichen diversen Anwendungsprogramme, zur Datenübernahme aus mit anderen Werkzeugen modellierten Geschäftsprozessen (vgl. das ARIS-Toolset in Abschnitt 17.4) und zur Kopplung von Workflowmanagementsystemen unterschiedlicher Hersteller wurden Mitte der neunziger Jahre herstellerunabhängige Standards zum Aufbau und zu den Schnittstellen von Workflowmanagementsystemen geschaffen (vgl. Bild 18.4).

Workflowmanagement findet heute in vielen Bereichen der Wirtschaft und Verwaltung Anwendung. Insbesondere in größeren Dienstleistungsunternehmen, wo vielfach administrative Aufgaben und Prozesse stark strukturiert und über längere Zeit stabil sind, lohnt sich ihr Einsatz (Beispiele sind: Reisekostenabrechnung, Urlaubsantragsbearbeitung). Aber auch bei Vorgängen, die nicht voll standardisiert sind und durch individuelle Eingriffe von Mitarbeitern verändert werden können (wie beispielsweise die Kreditbearbeitung bei Banken oder die Schadensuntersuchung bei Versicherungen), kann der Einsatz von Workflowmanagement-

Anwendungen sinnvoll sein. Wenn hingegen - wie z.B. in Projekten - Arbeitsprozesse nicht standardisiert und nur für begrenzte Zeiträume existent sind, ist eine individuelle Unterstützung durch Groupware-Anwendungen vorzuziehen.

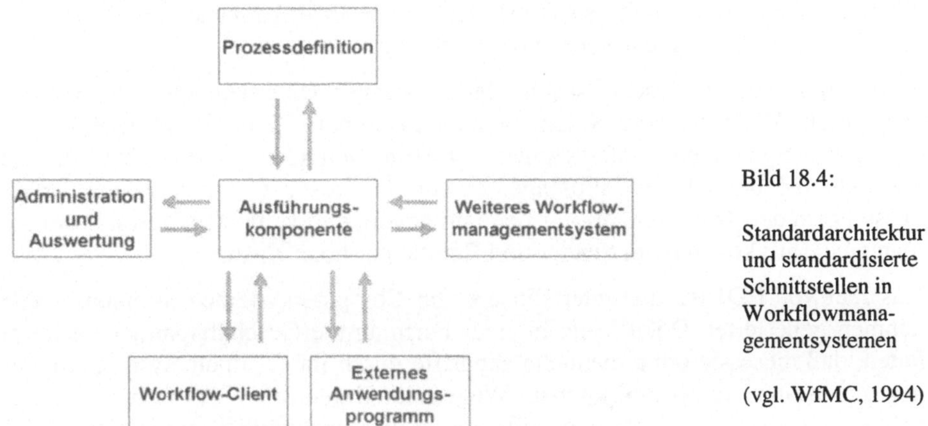

Bild 18.4:

Standardarchitektur und standardisierte Schnittstellen in Workflowmanagementsystemen

(vgl. WfMC, 1994)

Insbesondere, wenn Workflowmanagement-Anwendungen für nicht vollständig standardisierte Vorgänge eingesetzt werden sollen, ist es wichtig, darauf zu achten, daß das zugrunde gelegte Workflowmanagementsystem Möglichkeiten zur flexiblen Gestaltung bietet. So, wie bei traditioneller Arbeit in solchen Fällen häufig Sachbearbeiter z.B. durch telefonische Rückfragen oder durch Randnotizen auf Akten Sonderfälle handhabbar machen, muß auch ein Workflowmanagementsystem Abweichungen vom „normalen“ Vorgehen unterstützen, Randnotizen zulassen, durch Stellen und Stellvertreter-Regelungen mit Abwesenheiten von Mitarbeitern umgehen können und auch ein Zurückholen von weitergeleiteten Dokumenten ermöglichen.

18.2 Business-to-Business Anwendungen

Die Internationalisierung von Unternehmen, die Globalisierung von Märkten und der wachsende Konkurrenzdruck zwischen Unternehmen führten mit den Möglichkeiten, Rechnersysteme über weite Entfernungen zu koppeln, zu weitreichenden Änderungen in der unternehmensübergreifenden Kommunikation und bei der Zusammenarbeit zwischen Unternehmen.

18.2.1 Electronic Data Interchange

Eigentlich keine neue Anwendung von Informationstechnik in Unternehmen, sondern in seinen Ursprüngen schon über zwanzig Jahre alt, findet Electronic Data

Interchange in Zusammenhang mit der Geschäftsprozeßorientierung und den damit verbundenen Forderungen nach Einbindung von Lieferanten und vor dem Hintergrund des Internet-Booms heute neue Beachtung. Unter *Electronic Data Interchange* (EDI) werden alle Aktivitäten zusammengefaßt, die sich mit dem elektronischen Austausch strukturierter Geschäftsdokumente zwischen Geschäftspartnern über Rechnernetze beschäftigen.

Traditionell werden Geschäftsnachrichten zwischen Unternehmen in Schriftform übermittelt. Viele der vom Nachrichtenaustausch betroffenen Formulare und Belege werden in einem Unternehmen mit Hilfe von Computersystemen erstellt, versandt und dann beim Empfänger erneut für dessen Computersystem erfaßt. Diese Form der Kommunikation ist zeitaufwendig und verursacht durch Porto und manuelle Tätigkeiten beim Sender und Empfänger hohe Kosten.

Das Ziel von EDI ist, die unter Einsatz von Computersystemen in einem Unternehmen generierten Dokumente in einer Form an die Geschäftspartner weiter zu leiten, daß diese sie ohne manuelle Eingriffe durch ihr Computersystem empfangen und weiter verarbeiten können. Wegen der Unterschiedlichkeit der in Unternehmen eingesetzten Hard- und Software ist dies nur möglich, wenn Sender und Empfänger das gleiche Datenformat für die Geschäftsnachrichten verwenden. Hierzu ist eine Vereinbarung zwischen Sender und Empfänger zur Struktur von Dateien und zur Bedeutung von Datenfeldern notwendig.

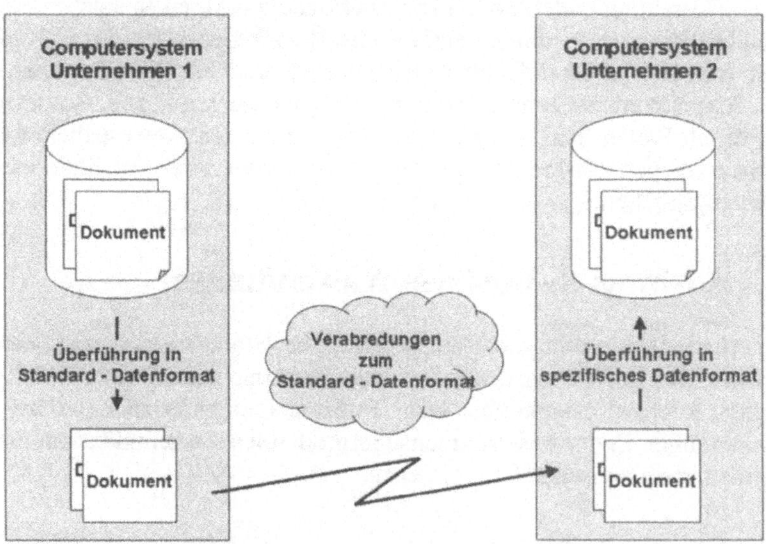

Bild 18.5: Prinzip des Electronic Data Interchange

Vorreiter dieses Vorgehens waren die Banken, die für den Geldverkehr unter der Bezeichnung SWIFT (Society for Worldwide Interbank Financial Telecommunication) ein Regelwerk für den Austausch von Zahlungen entwickelten und so einen branchenspezifischen Standard für Datenformate schufen. Andere branchenspezifische bzw. nationale Standards folgten z.B. in der Automobilbranche (ODETTE, Organisation for Data Exchange by Teletransmission in Europe) und im Handel (SEDAS, Standardregelungen einheitlicher Datenaustausch-Systeme). Dokumente, für die Vereinbarungen zum Datenformat festgelegt wurden sind beispielsweise Angebote, Bestellungen, Rechnungen, Lieferscheine und Zollerklärungen im Handel und Transportwesen, Zahlungsaufträge, Zahlungsbestätigungen im Zahlungsverkehr.

Die Vorteile dieses Vorgehens sind operativer und strategischer Natur. Als operative Gesichtspunkte gelten:

- Abwicklung komplexer Geschäftsvorgänge zwischen Unternehmen ohne Medienbrüche
- Einsparungen bei Datenerfassungen und dadurch Reduktion von Datenerfassungsfehlern.
- Reduzierung administrativer Kosten (Papier, Formulare, Druckkosten, Porto)
- beschleunigte Abwicklung von Geschäftsvorgängen
- geringerer Personalbedarf

Strategische Vorteile ergeben sich durch eine Stärkung der Kundenbindung, durch die Möglichkeit, strategische Allianzen zwischen Unternehmen zu schließen, einem verbesserten Kundenservice und damit eine Erhöhung der Kundenzufriedenheit und eine Steigerung der Zufriedenheit und Motivation des Personals durch die Entlastung von Routineaufgaben.

Solche Vorteile fallen um so mehr ins Gewicht, je größer der Kreis der an EDI teilnehmenden Geschäftspartner eines Unternehmen ist. Da die gleichzeitige Unterhaltung mehrerer EDI-Standards für unterschiedliche Geschäftspartner eines Unternehmens unwirtschaftlich ist, wurden Arbeiten zur weltweiten Vereinheitlichung von solchen Standards durchgeführt. Im Ergebnis entstand durch eine Arbeitsgruppe der Vereinten Nationen die Norm *EDIFACT* (Electronic Data Interchange for Administration, Commerce and Transport), die inzwischen auch von vielen Ländern als nationale Norm definiert wurde. EDIFACT legt zahlreiche sogenannte Nachrichtentypen international und branchenübergreifend fest und bietet einen Rahmen, in dem einzelne Branchen spezifischen Gegebenheiten durch Definition von spezialisierten Nachrichtentypen (sogenannte EDIFACT-Subsets) Rechnung tragen können.

18.2.2 Extranets

Einen Schritt weiter als EDI geht der unter der Bezeichnung Extranet propagierte Ansatz, externe Geschäftspartner in die interne Informationstechnik-Infrastruktur eines Unternehmens einzubeziehen. Ein *Extranet* ist die Kopplung räumlich getrennter lokaler Rechnernetze (vgl. Kapitel 14) verschiedener Unternehmen auf Basis der Internet-Technik (vgl. Kapitel 9) zu einem gemeinsamen Rechnernetz einer geschlossenen Benutzergruppe. Zweck dieser durch z.B. Firewalls (vgl. Abschnitt 18.4.1) gegenüber Außenstehenden geschützten Rechnerkopplung ist der Austausch von Information zwischen Geschäftspartnern und/oder die Möglichkeit zur direkten Durchführung von unternehmensübergreifenden Transaktionen.

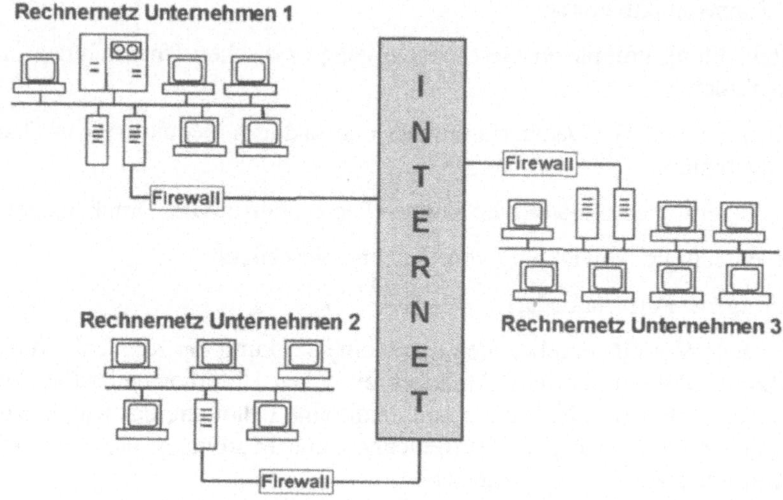

Bild 18.6: Prinzip eines Extranets

Entsprechend der gegenseitig im Extranet übertragenen Rechte und der vereinbarten Zusammenarbeit können so Zulieferer die Auftragslage und den Produktionsfortschritt ihrer Geschäftspartner einsehen, ihre eigene Produktion darauf abstimmen und den Transport und Vertrieb in Kooperation mit Spediteuren entsprechend planen. Auftraggeber können die Lieferfähigkeit von Artikeln überprüfen, Aufträge direkt in den Auftragseingang ihrer Partner stellen und die Auftragsbearbeitung direkt verfolgen.

In operativer Hinsicht entsprechen die Vorteile dieses Vorgehens denen des Electronic Data Interchange (vgl. den letzten Abschnitt). In strategischer Hinsicht ermöglichen Extranets eine sehr viel engere Zusammenarbeit zwischen den Geschäftspartnern. Geschäftsprozesse werden nicht mehr nur unternehmensintern betrachtet, sondern über die beteiligten Partner-Unternehmen hinweg geplant und optimiert (Supply-Chain-Management). Wettbewerbsvorteile der durch das Extranet verbundenen Geschäftspartner werden auf diese Weise verstärkt.

18.3 E-Commerce

Kein Bereich hat in den letzten Jahren so stark expandiert und so stark unser gesellschaftliches Leben verändert wie das Internet. Noch Ende der 80er Jahre waren es fast ausschließlich wissenschaftliche Einrichtungen, die das Internet zum Austausch von Informationen und Daten genutzt haben und gerade zehn Jahre später ist es in der industrialisierten Welt ein allgemein anerkanntes Medium für Jedermann, das Basis für neue Berufe, neue Unternehmen und neue Wirtschaftszweige geworden ist, das Verhaltensweisen verändert hat und das Berufsleben des Einzelnen genauso betrifft, wie seinen privaten Bereich.

So ist es heute in der Bundesrepublik etwas Normales, sich mit Hilfe des Internets über Sachverhalte, Dienstleistungen und Produkte zu informieren und Waren und Dienstleistungen über das Netz zu bestellen. Wenn sich die Leistung oder die Ware dafür eignet, wird sie unmittelbar über das Internet geliefert. Und auch die Bezahlung kann über das Internet erfolgen.

18.3.1 Merkmale des E-Commerce

Der am meisten für diese elektronische Abwicklung des Verkaufsprozesses genutzte Begriff ist E-Commerce. Daneben gibt es Bezeichnungen wie „*Elektronischer Marktplatz*", „*Elektronischer Handel*", „*Online Shopping*" und diverse andere mehr. Was genau darunter zu verstehen ist, ist wegen des raschen Wandel im Internet mit seinen fast täglich neu entstehenden Anwendungen schwer zu definieren. Für das Folgende wollen wir unter *E-Commerce* alle Marketing-Aktivitäten verstehen, die

- von Unternehmen gegenüber den Endverbrauchern (*Business-to-Consumer-Bereich*) oder
- von auch öffentlichen Verwaltungen gegenüber ihren Kunden (*Administration-to-Customer-Bereich*)

auf der Basis des Internets und hier vor allem des World Wide Web (WWW, vgl. Kapitel 9) ergriffen werden.

Die grundlegenden technischen Gesichtspunkte und die individuelle Seite des Internet und hier insbesondere die Möglichkeiten zur Kommunikation und zur Information haben wir ausführlich im 9. Kapitel beschrieben. In diesem Abschnitt wollen wir etwas näher auf die Aspekte des E-Commerce für Unternehmen und Verwaltungen eingehen.

Beim E-Commerce geht es für Unternehmen um den Prozeß der Konzipierung, Preisfindung, Förderung und Verbreitung von Ideen, Waren und Dienstleistungen über das Internet. Bestandteile dieses Prozesses sind die Kommunikations-, Produkt-, Preis- und Distributionspolitik eines Unternehmens (vgl. Weis, 1997). Dabei wird das Internet generell eingesetzt, um neue Märkte zu erschließen, zu schaffen, auszuweiten und Erfolge zu sichern.

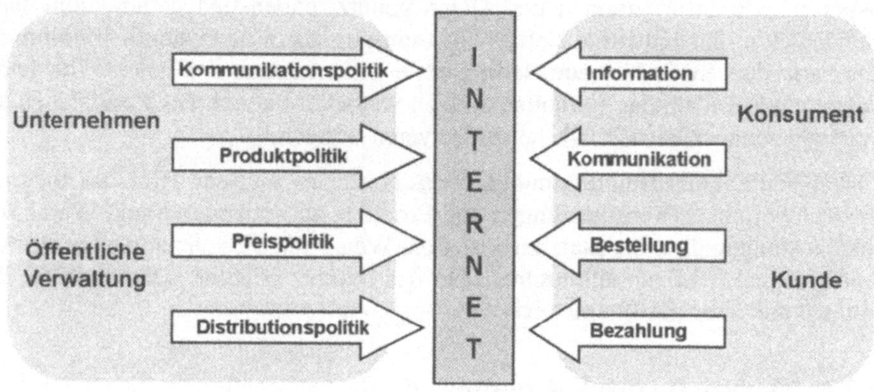

Bild 18.7: Merkmale des E-Commerce

E-Commerce ist eine Form des Direktmarketings, die durch ihre Interaktivität und die Meßbarkeit von Antworten und Transaktionen gekennzeichnet ist. Das Internet bietet dem Unternehmen neue Möglichkeiten der direkten und gezielten Kommunikation mit einem Verbraucher, der von sich aus das Angebot des Unternehmens abruft. Durch seine eigenständige Suche nach Information und Unterhaltung ist der Verbraucher aktivierter und aufmerksamer als bei der Kommunikation über andere Medien.

Ausgangspunkt des E-Commerce ist immer eine *Homepage* des World Wide Web (vgl. Abschnitt 9.4.2), durch die sich ein Unternehmen dem Verbraucher präsentiert. Diese Homepage besteht, ausgehend von einer Startseite aus mehreren durch Links (vgl. Abschnitt 9.4.2) miteinander verbundenen Seiten und ist heute generell datenbankgestützt, d.h. die auf ihr präsentierten Informationen werden aus einer Datenbank ausgewählt und sie ist interaktiv, d.h. der die Homepage Aufrufende kann über sie Nachrichten an das Unternehmen übermitteln. Der Verbraucher kann selbst bestimmen, welche Informationen er von einer Homepage wann in welchem Umfang abruft. Er kann über die Homepage direkt mit dem Unternehmen in Kontakt treten und das ohne Ladenöffnungszeiten rund um die Uhr.

Wird das Informationsangebot einer Homepage mehrsprachig ausgelegt, so kann das Unternehmen auch internationale Märkte bearbeiten. Durch die Präsenz im Internet haben insbesondere kleine und mittlere Unternehmen die Chance Wettbewerbsnachteile gegenüber multinationalen Unternehmen zu reduzieren, denn via World Wide Web können auch sie weltweit ihre Leistungen anbieten. Als weitere grundsätzliche Vorteile des E-Commerce sind herauszustellen:

- Informationsvorsprung durch sofortige Präsentation von Neuheiten,
- Transparenz des Angebots eines Unternehmens,
- Kostenreduktion,
- hohe Flexibilität,
- hohe Attraktivität.

Dennoch kann derzeit E-Commerce nicht die traditionellen Marketingmaßnahmen von Unternehmen vollständig ersetzen. Trotz kontinuierlicher Steigerungen in den letzten Jahren werden heute nur wenige Endverbrauchermärkte nennenswert erschlossen. So sind Senioren und Kleinkinder beispielsweise nahezu nicht erreichbar und der Anteil der Bevölkerung in Europa mit direktem privaten Internetanschluß wird auf etwa 25 % geschätzt. Insgesamt herrscht im E-Commerce so etwas wie eine „Goldgräberstimmung" vor, in der die Unternehmen Erfahrungen sammeln, die Wettbewerber aufmerksam beobachten und sich strategisch orientieren, um zukünftig Wettbewerbsnachteile zu vermeiden.

18.3.2 Maßnahmen zur Kommunikationspolitik für den E-Commerce

Maßnahmen zur Kommunikationspolitik von Unternehmen und öffentlichen Verwaltungen in Bezug auf den E-Commerce betreffen vor allem die Öffentlichkeitsarbeit und die Werbung.

Zentrales Anliegen der Öffentlichkeitsarbeit eines Unternehmens, bzw. einer öffentlichen Verwaltung ist es, umfassend über seine Aktivitäten zu informieren, um in der breiten Öffentlichkeit für Vertrauen zu werben und ein positives Image aufzubauen. Als Zielgruppen finden sich nicht nur Konsumenten und Kunden, sondern alle Personen und Organisationen, die mit dem Unternehmen in Verbindung stehen: Lieferanten, Aktionäre, Mitarbeiter, Medienvertreter, wissenschaftliche Einrichtungen usw.

Das World Wide Web wird dazu genutzt, ein positives Unternehmensimage zu erzeugen. Über einen weiten Zeitraum trug allein die Präsenz eines Unternehmens im WWW dazu bei, ein Bild von Modernität und Aufgeschlossenheit zu vermitteln. Heute ist es einerseits die Art und Weise, wie die Homepage multimedial gestaltet ist, um Informationen, wie die Firmengeschichte, Unternehmensdaten (Geschäftsberichte, Bilanzen, Marktdaten,...), die Unternehmensstruktur, gesellschaftliches Engagement und Forschungs- und Entwicklungsaktivitäten zu präsentieren. Andererseits sind es „Zusatzdienste", die Interesse wecken und die Zielgruppen dazu motivieren sollen, immer wieder das Internet-Angebot des Unternehmens zu besuchen. Beispiele solcher Zusatzdienste sind:

- Einrichtung von Diskussionsforen zum Meinungsaustausch mit Unternehmensvertretern,
- Archive mit unternehmensbezogenen Dokumenten, die Besucher der Homepage herunterladen (vgl. Abschnitt 9.4.3) können,
- Ankündigungen zu Veranstaltungen mit Möglichkeiten, sich zur Teilnahme anzumelden und Hinweise auf Messeauftritte mit Möglichkeiten zur Vereinbarung von Terminen oder auch
- die Einrichtung von themenbezogenen Informationssystemen, die die Besucher als Nachschlagewerk zu bestimmten Fragestellungen nutzen können.

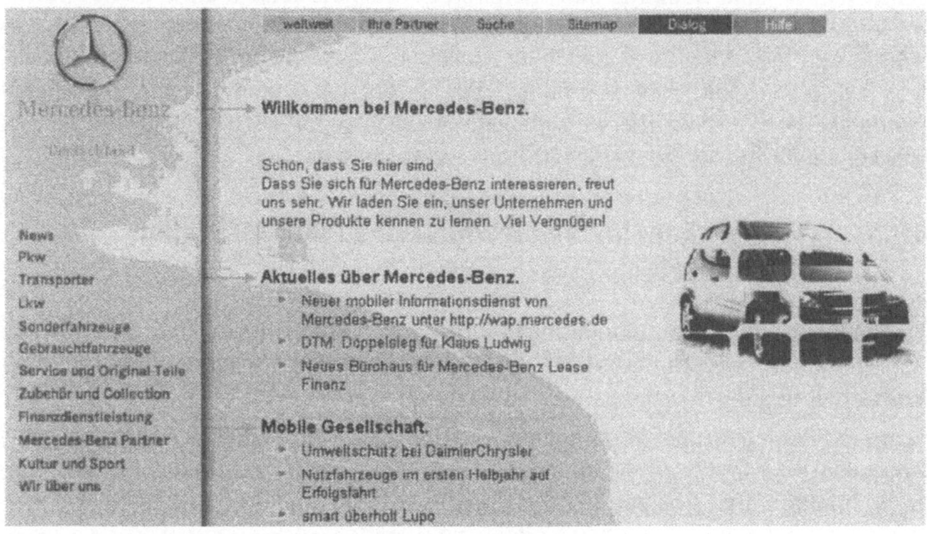

Bild 18.8: Beispiel für eine Homepage eines Unternehmens

Generell ist für die Internet-bezogene Öffentlichkeitsarbeit große Sorgfalt nötig: Die dargebotene Information muß aktuell sein – dazu ist eine direkte Verbindung zu Unternehmensdatenbanken nötig, will man nicht stets Aktualisierungen an der Homepage vornehmen – und die Information muß zügig dargeboten werden – hierzu sind, der Datenübertragungsgeschwindigkeit in weiten Netzen entsprechend, heute Abstriche in der multimedialen Präsentation der Seiten nötig. Eine Homepage, auf der die Daten regelmäßig veraltet sind, Telefonnummern oder E-Mail-Adressen nicht mehr stimmen und durch die auf längst beendete Messen verwiesen wird, schadet eher dem Firmenimage als daß sie ihm nützt. Seiten, die minutenlange Ladezeiten bei den Besuchern erfordern, werden von den Zielgruppen nicht aufgerufen.

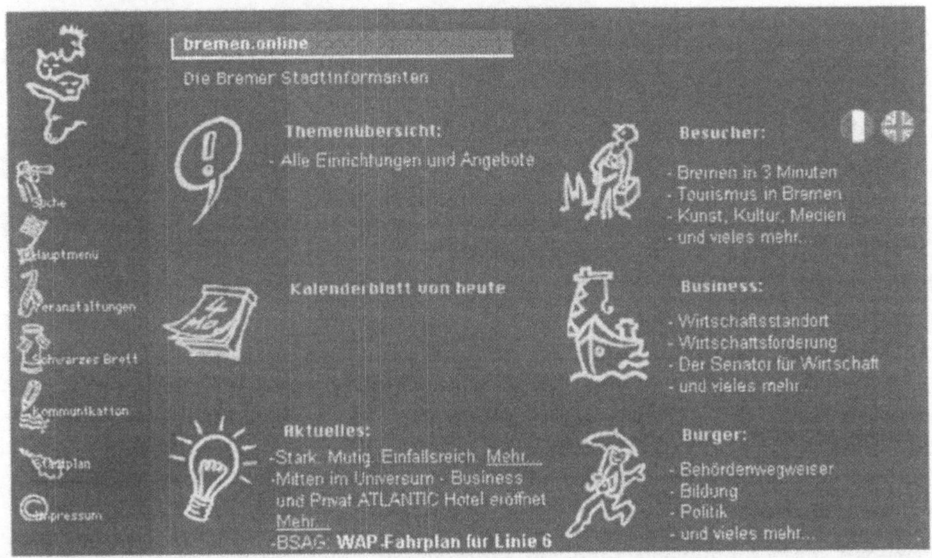

Bild 18.9: Beispiel für eine Homepage einer Kommune

Mit der Steigerung der Nutzung und der inzwischen für Unternehmen interessanten Anzahl an das Internet angeschlossener Haushalte erlangt auch die Werbung im Internet eine große Bedeutung. Werbung im World Wide Web zielt darauf ab, auf Produkte und Dienstleistungen aufmerksam zu machen. Hierfür eignet sich zunächst natürlich die eigene Homepage.

Weiter wird heute häufig Werbung durch „Anzeigen" auf fremden Homepages gemacht. Hierfür hat sich das Konzept des Banners breit durchgesetzt. Ein *Banner* ist ein relativ kleiner, meist grafisch präsentierter Hinweis auf ein Unternehmen, ein Produkt oder eine Dienstleistung, der durch Animation und/oder akustische Ausgabe Aufmerksamkeit erregt (vgl. Bild 18.10). Er wird – gegen Bezahlung – auf vom Werbenden dafür für geeignet gehaltenen Seiten von Fremdfirmen plaziert und ist in der Regel anklickbar, um zusätzliche Information anzuzeigen oder um auf eine Seite des Werbenden zu verweisen. Geeignete Seiten sind solche, die häufig von Web-Nutzern aufgesucht werden, also z.B. Suchmaschinen (vgl. Abschnitt 11.1), oder auch Online-Zeitschriften oder Magazine. Der Preis eines solchen Banners richtet sich nach den „Hits“ einer Seite, das ist die Anzahl der Aufrufe der Seite in einem gewissen Zeitraum.

Bild 18.10: Banner zweier Unternehmen auf einer Fremd-Homepage

Eine weitere Form der Werbung im Internet ist die Registrierung der Unternehmenshomepage in möglichst vielen Internet-Verzeichnissen, elektronischen Adreßbüchern und Suchmaschinen. Die meisten Verzeichnisse ermöglichen die kostenlose Registrierung, da sie dadurch vollständiger und gleichzeitig attraktiver werden. Außerdem können Unternehmen sich in kommerziellen Datenbanken präsentieren, die – für die Besucher meist kostenpflichtig – über das Internet themenbezogene Daten bereitstellen (Wirtschaftsdatenbanken, Technikdatenbanken, Patent-Datenbanken, juristische Datenbanken usw.).

Daneben gibt es natürlich auch die Möglichkeit, traditionelle Werbeformen auf das Internet zu übertragen, wie beispielsweise die Versendung von Werbe-Mails an bestimmte Zielgruppen, Versendung von elektronischen Magazinen an Kunden des Unternehmens, Gewinnspiele und Ähnliches. Last but not Least sei hier auch noch angemerkt, daß Unternehmen auch regelmäßig bei der Werbung in anderen Medien, wie in Zeitschriften, im Fernsehen und im Radio auf Ihre Homepage verweisen.

Die Erfolgskontrolle von Werbung im Internet wird unterstützt durch Protokollierung, wieviele Besucher eine Seite aufrufen, wie lange sie sich auf einer Seite aufhalten, wie Besucher zwischen verbundenen Seiten navigiert haben. Darüber hinaus können Besucherdaten auch gespeichert und analysiert werden und dann beispielsweise Ausgangspunkt neuer direkter Werbemaßnahmen von Unternehmen sein. (z.B. E-Mail-Versand).

18.3.3 Maßnahmen zur Produktpolitik für den E-Commerce

Die Produktpolitik umfaßt Entscheidungen zur marktgerechten Gestaltung aller vom Unternehmen im Absatzmarkt angebotenen Leistungen. Dazu gehört die

Produktgestaltung, die Sortiments- bzw. Programmpolitik, die Verpackung und der Kundendienst. Die Einsatzfelder des Internets hierbei sind vielfältig.

Die Entwicklung neuer Waren und Dienstleistungen, die Anpassung der Produkte an veränderte Bedingungen sowie die Aufgabe veralteter Produkte ist von großer Bedeutung für die Konkurrenzfähigkeit eines Unternehmens. Bei dem Zuschnitt von Produkten und Sortimenten auf die Bedürfnisse und Wünsche von Kunden kommt dem Internet große Bedeutung zu. Über produkt- und unternehmensbezogene Diskussionsforen kann eine direkte Einflußnahme von Kunden auf die zukünftige Produktentwicklung bzw. im Handel auf die Sortimentsgestaltung realisiert werden. Ziel ist es dabei, Lieferanten, Handelspartner und Kunden interaktiv in den Entwicklungsprozeß einzubinden. Dabei kann der Kunde zum aktiven Partner des Unternehmens werden und von der Entwicklung bis hin zur ständigen Verbesserung in den Wertschöpfungsprozeß einbezogen werden.

Vielfach werden über Newsgroups (vgl. Abschnitt 9.4.5) oder Homepages Erfahrungen, Meinungen und Bewertungen zu Produkten und Dienstleistungen ausgetauscht (vgl. Bild 18.11). Hierdurch entsteht ein Informationspool, der für die Produktpolitik durch Unternehmen analysiert werden kann und für die Fortentwicklung von Produkten sinnvoll zu nutzen ist.

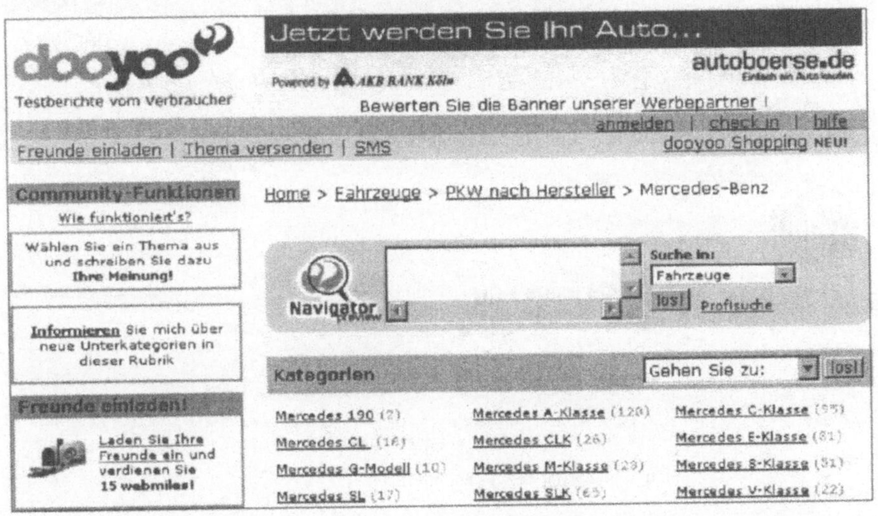

Bild 18.11: Beispiel des Diskussionsforums „dooyoo.de“ für Produkt- und Dienstleistungsbewertungen im World Wide Web

Handelsunternehmen, die ihre Waren im Internet in Form des Versandhandels zum Kauf anbieten, können ihr Sortiment durch Online-Kataloge praktisch beliebig ausweiten ohne zusätzliche Ladenfläche vorzuhalten. Wenn sie im Sinne von Extranets und EDI (vgl. Abschnitt 18.2) mit Lieferanten eng vernetzt sind, können sie eine solche Angebotsausweitung sogar ohne zusätzliche Lagerhaltung realisieren. Ist es möglich, diese Produkte auch noch über das Netz an den Kunden ausliefern (digitalisierbare Waren und Dienstleistungen), so verringert sich weiter der Aufwand für die Verpackung und auch die Kosten für den Versand reduzieren sich.

Auch der als Wettbewerbsfaktor zur Profilierung am Markt immer mehr an Bedeutung gewinnende Kundenservice stellt ein weiteres wichtiges Einsatzfeld für das Internet dar. Durch

- Datenbanken, in denen Kunden nach Lösungen zu speziellen Problemen suchen können,
- das Angebot allgemeiner Kundenserviceinformation, z.B. als Antworten zu „*Frequently asked Questions*“ (FAQ) (vgl. Bild 18.12),
- direkte Erreichbarkeit von Servicemitarbeitern per E-Mail und

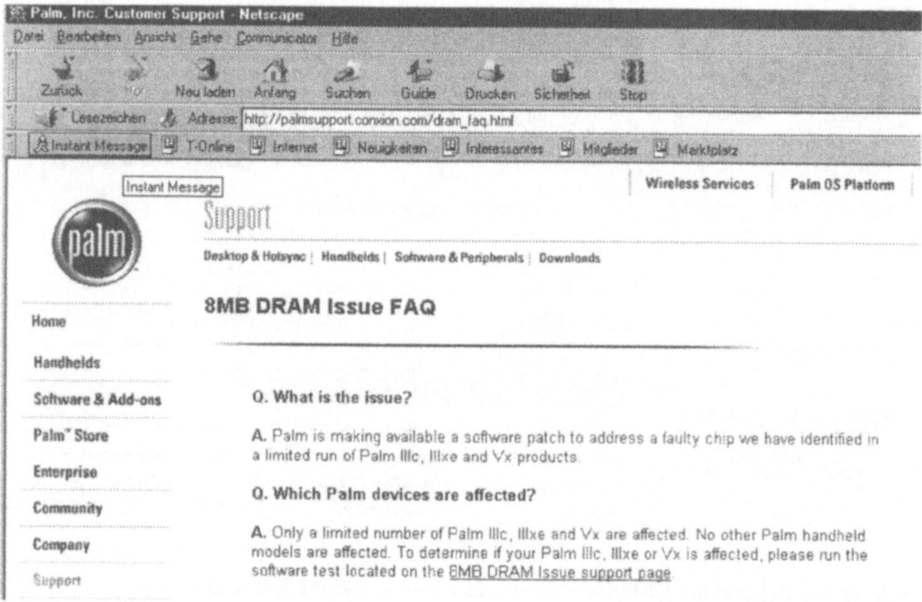

Bild 18.12: Beispiel für Kundenserviceinformation im Internet durch Frequently Asked Questions

- die Möglichkeit, bei digitalisierten Produkten und Dienstleistungen neue Versionen und sinnvolles Zubehör direkt aus dem Netz abzurufen,

kann ein Unternehmen sowohl eine individuelle als auch allgemeine Kundenunterstützung anbieten. Ein Unternehmen ist dadurch rund um die Uhr für Problem ansprechbar. Insbesondere Unternehmen der Softwarebranche nutzen diese Form des Kundenservice in großem Maße aber auch für alle anderen Branchen besteht hier ein großes Potential, eine Verbesserung der Kundenzufriedenheit zu realisieren.

18.3.4 Preispolitik im E-Commerce

E-Commerce wird – wie an diversen Stellen in den vorangegangenen Abschnitten deutlich geworden ist – zu verschiedenen Kostensenkungspotentialen für Unternehmen führen, die sich generell auf die Preisgestaltung auswirken. Insofern ist es denkbar, daß Leistungen über das Internet günstiger angeboten werden können – insbesondere wenn es sich um digitalisierbare Produkte bzw. Dienstleistungen handelt. Des weiteren erscheint eine Preispolitik von Unternehmen möglich, die den E-Commerce besonders fördert und Kunden für den Kauf per Internet besondere Rabatte einräumt.

Andererseits schafft das Internet im Vergleich zu traditionellen Märkten ein um ein vielfaches transparenteres Marktgeschehen und führt damit zu einem stärkeren Preiswettbewerb. Prinzipiell kann ein Kunde sich unter Benutzung von Suchmaschinen und zukünftig verstärkt auch durch persönliche Agenten (vgl. Abschnitt 16.2.1) über das World Wide Web schnell einen guten Marktüberblick verschaffen und gezielt nach günstigen Angeboten suchen. Hierdurch entsteht für Unternehmen die Gefahr eines ruinösen Preiswettbewerbs. Wenn auch bei dem gegenwärtig noch geringen Durchdringungsgrad des E-Commerce derzeit die Gefahren in dieser Hinsicht eher gering sind, bleibt abzuwarten, wie sich Unternehmen zukünftig dazu verhalten.

Für die Bezahlung von Produkten und Dienstleistungen werden heute generell zwei unterschiedliche Wege beschritten. Zum einen erfolgt die Zahlung außerhalb des Internet mit den traditionellen Zahlungsmöglichkeiten. Dies ist der zwar umständlichere aber auch der sichere Weg. Die in den E-Commerce-Prozess integrierte Bezahlung per Kreditkarte wird zwar häufig praktiziert, weist aber ebenso gravierende Sicherheitsmängel auf, wie andere, derzeit diskutierte elektronische Zahlungsformen (vgl. hierzu auch Abschnitt 18.4). Da das Fehlen eines allgemein akzeptierten Zahlungsmittels im Internet eines der wesentlichen Hindernisse für eine Intensivierung des E-Commerce ist, sind hierfür zukünftig praktikable Lösungen nötig.

18.3.5 Distributionspolitik im E-Commerce

Für die Distribution eines Produktes oder einer Dienstleistung zum Endverbraucher bietet der E-Commerce sowohl Einsatzmöglichkeiten als Absatzweg als auch als Transportmittel. Letzteres allerdings nur bei digitalisierbaren Produkten und Dienstleistungen.

Für den Absatzweg findet der direkte Absatz, bei dem der Hersteller eines Produktes, bzw. der Anbieter einer Dienstleistung eine „Verkaufsniederlassung" im Netz gründet, genauso Anwendung wie der indirekte Absatz über den Online-Shop eines traditionellen Handelsunternehmens. Den Vorteilen des direkten Absatzes mit einer Umgehung kostenintensiver Zwischenhändler und eines direkten Kundenkontakts steht der Nachteil für produzierende Unternehmen gegenüber, eine entsprechende Versandlogistik aufbauen zu müssen. Eine Zwischenstufe ist daher, die Kundenaufträge zwar durch die Hersteller aufzunehmen und die weitere Abwicklung dann über das traditionelle Händlernetz vorzunehmen.

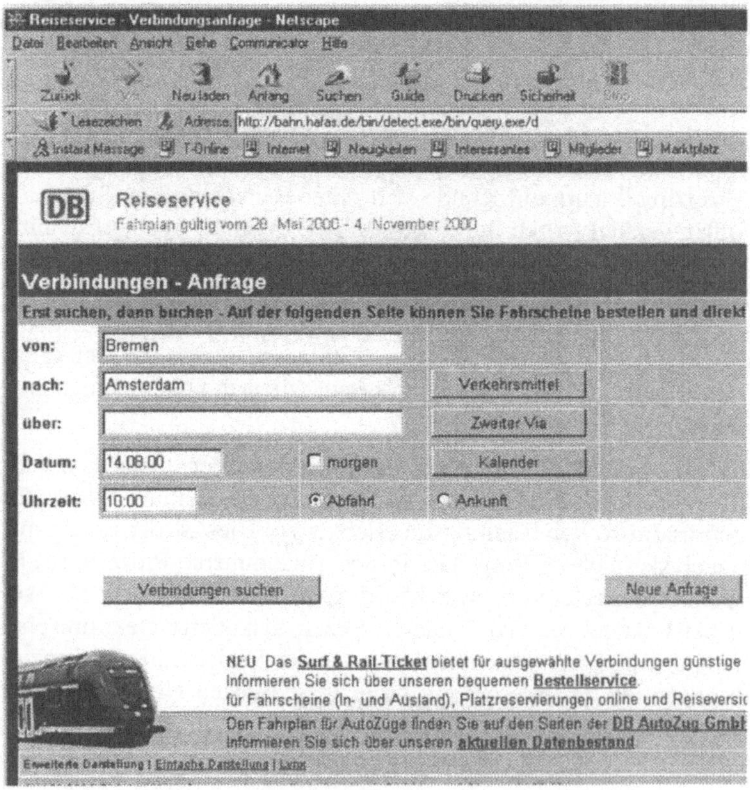

Bild 18.13:

Online-Formular für die Anforderung einer Dienstleistung

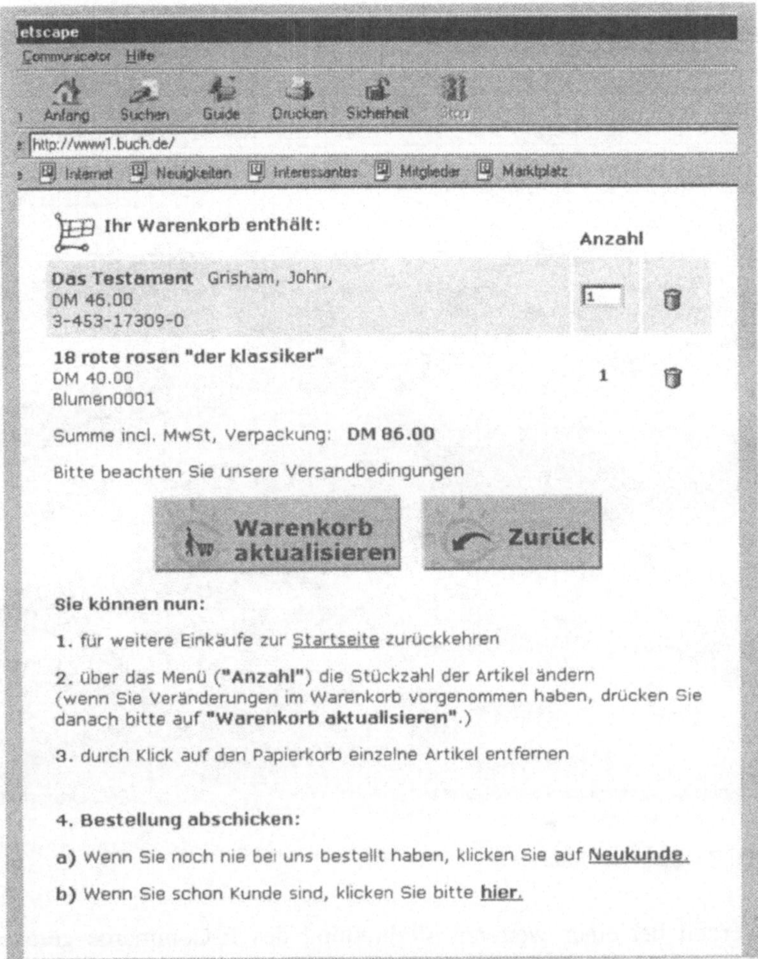

Bild 18.14: Warenkorb eines Händlers mit Online-Shop

Für die Aufnahme der Kundenaufträge sind im E-Commerce *elektronische Bestellformulare* und *elektronische Einkaufskörbe* auf Homepages von Unternehmen und öffentlichen Einrichtungen im Falle des direkten Absatzes weit verbreitet (vgl. Bild 18.13). Im Falle des indirekten Absatzes finden sich solche Formulare und Einkaufskörbe in den Online-Shops der Händler (vgl. Bild 18.14). Große Händler, bzw. Hersteller gestalten ihren Internetauftritt dabei in der Regel selbständig, kleinere nur lokal bekannte schließen sich auch in einer Art „elektronischer Einkaufspassage", der *Mall* zusammen, um durch den Verbundeffekt höhere Besucherzahlen auf ihren WWW-Seiten zu realisieren (vgl. Bild 18.15).

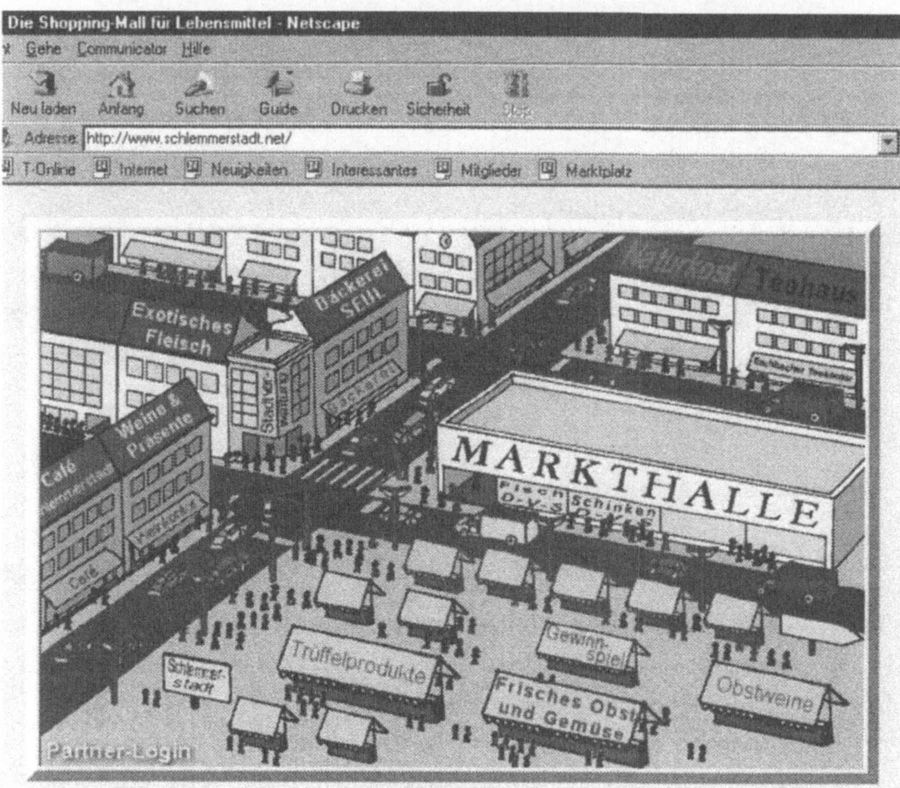

Bild 18.15: Beispiel einer Mall

Generell werden bei einer weiteren Verbreitung des E-Commerce gerade hinsichtlich der Distributionspolitik gravierende Veränderungen für den Handel erwartet. Einerseits steht der Handel in Bezug auf den Absatz in Konkurrenz zum Produzenten, andererseits wird er bei der Distribution bedrängt durch Logistikunternehmen wir UPS, German Parcel oder Deutscher Paketdienst.

Es stellt sich die Frage, ob bei weiterer Verbreitung des E-Commerce traditionelle Formen des Handels komplett verdrängt werden könnten. Auch wenn immer wieder angeführt wird, daß erstens Online-Geschäfte Einkaufserlebnisse in realen Geschäften mit ihren Möglichkeiten zu sozialen Kontakten nicht ersetzen können und zweitens diverse Produkte sich eher weniger für den E-Commerce eignen, ist eine gesamte Branche gefordert, den „Zug der Zeit“ zu erkennen und im E-Commerce ihren Platz in der Wertschöpfungskette zu überdenken und neu zu definieren.

18.3.6 Technische Gesichtspunkte des E-Commerce

Grundlage für den E-Commerce ist die Infrastruktur, die in Zusammenhang mit dem Internet weltweit geschaffen wurde. Hierzu gehören auf Kundenseite ein Personalcomputer mit Browser, der über öffentliche Kommunikationsanbieter und Provider an die Backbones des Internet angeschlossen ist (vgl. Abschnitt 9.2). Auf der Anbieterseite ist neben einem solchen physikalischen Anschluß spezielle Software (Shopsystem) zur Realisierung des Internetauftritts als Online-Shop nötig. Die Software des Kunden gemeinsam mit der Software des Unternehmens bilden bei den E-Commerce-Transaktionen dann ein Client-Server-System (vgl. Abschnitt 16.3), in dem der Browser des Kunden als Client die Dienste des Server-Software des Unternehmens in Anspruch nimmt.

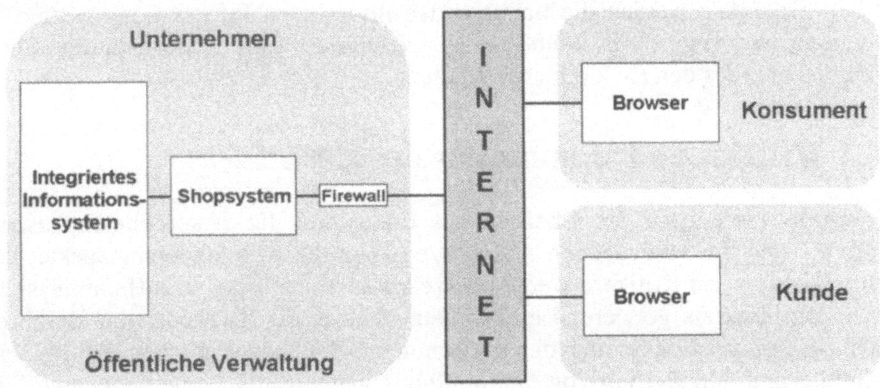

Bild 18.16: Shopsystem

Der Kunde möchte mit seiner Technik ohne großes technisches Hintergrundwissen die Online-Angebote möglichst schnell und möglichst kostengünstig nutzen. Trotz der sehr weitgehenden Einheitlichkeit bei Browsern und sonstiger notwendiger Software durch die Internet-Standards, ist die Einrichtung der Grundausstattung durch den Kunden noch immer häufig ein aufwendiges Unterfangen. Hinzu kommen in der Nutzung in vielen Einzelfällen heute Kompatibilitätsprobleme, wenn Dienstleistungen oder Angebote z.B. hinsichtlich Dateiformaten eben nicht entsprechend der Standards gestaltet sind.

Hindernisse für die verstärkte Nutzung von E-Commerce sind auch die Geschwindigkeit und der Preis, mit der bzw. zu dem die Daten zum Rechner des Kunden übertragen werden. Trotz der Anstrengungen zum Ausbau der Backbones auf dem inzwischen liberalisierten Telekommunikationsmarkt und der unter dem Konkurrenzdruck gesunkenen Preise kommt es vor dem Hintergrund gestiegener

Nutzerzahlen und der verstärkten Einbindung von Multimediaelementen in die Homepages von Anbietern derzeit auf den „Datenautobahnen“ häufig zu Staus, die die Online-Kosten der Kunden in die Höhe treiben. Insofern bleibt auf der technischen Seite des E-Commerce trotz zahlreicher Leistungssteigerungen noch Vieles zu tun.

Unternehmen greifen bei der Gestaltung ihrer Homepages als Online-Shop heute auf Standardsoftware zurück (*Shopsysteme*), die sie mit ihrer betrieblichen Datenverarbeitung kombinieren, um die E-Commerce-Funktionen in die Geschäftsprozesse des Unternehmens integrieren zu können. Auf diese Weise wird eine doppelte Datenhaltung (in den Informationssystemen des Unternehmens und in den Homepages) vermieden, ständige Datenaktualität gesichert und eine kontinuierliche Bearbeitung von Bestell- und Kundendaten ermöglicht. Eine Firewall sichert dabei die Unternehmensdaten vor nicht gewünschten Zugriffen ab (vgl. Bild 18.16). Zukünftig werden die umfassenden integrierten Informationssysteme für Unternehmen (vgl. Abschnitt 16.4) verstärkt auch über Online-Shop-Komponenten für den E-Commerce verfügen.

18.4 Risiken und Hemmnisse des E-Business

So erfolgversprechend die Chancen des E-Business für Unternehmen gesehen werden – und die vergangenen Abschnitte haben die wesentlichen Aspekte dazu beschrieben –, von Kritikern werden derzeit noch die Risiken und Hemmnisse für den E-Business als gravierend eingeschätzt. Neben der Tatsache, daß durch die noch zu geringe Etablierung des E-Commerce den hohen Kosten für die Entwicklung und den Betrieb von Online-Shops gegenwärtig keine adäquaten Umsätze gegenüberstehen, betreffen diese Risiken und Hemmnisse vor allem Sicherheitsaspekte und rechtliche Aspekte.

18.4.1 Datensicherheit im E-Business

E-Business basiert auf hochgradig komplexen technischen Systemen bei der Erfassung, der Speicherung, der Verarbeitung und der Übertragung von Daten. Wie die Vergangenheit gezeigt hat, können solche technischen Systeme nie vollständige Sicherheit garantieren. Jeder noch so ausgeklügelten Sicherheitsmaßnahme folgen akribische und phantasievolle Versuche unterschiedlichster Personengruppen, diese Maßnahmen zu überlisten – sei es aus „spielerischen“ Motiven heraus, aus der Absicht zum Betrug oder zur Industrie-Spionage.

An die *Datensicherheit* beim E-Business werden gewöhnlich die folgenden Anforderungen gestellt (vgl. auch Abschnitt 9.5):

- Die gespeicherten und während einer Transaktion übertragenen Daten dürfen nur autorisierten Personen zugänglich sein (*Vertraulichkeit*)
- Bei der Abwicklung von Transaktionen zum E-Business muß die Identität des jeweiligen Geschäftspartners eindeutig bestimmbar sein (*Authentizität*).
- Bei Transaktionen sind unabstreitbare Nachweise nötig, damit Geschäftspartner nicht nachträglich ihre Handlungen abstreiten können (*Verbindlichkeit*).
- Übertragene Daten müssen zum Empfänger geleitet werden, ohne daß Dritte sie modifizieren können (*Übertragungsintegrität*).

Damit E-Business diesen Forderungen in möglichst weitreichender Weise gerecht wird müssen im Rahmen des *Sicherheitsmanagements* (vgl. z. B. Schwarze, 1998) als Teil des Informationsmanagements eines Unternehmens (vgl. Kapitel 16) geeignete technische und organisatorische Maßnahmen ergriffen werden.

Eine mögliche Maßnahme ist die Installation einer Firewall, die darauf ausgerichtet ist, das Eindringen von Hackern und Viren in firmeninterne Netze zu verhindern. Durch eine Firewall wird üblicherweise das firmeninterne Netz vom Internet getrennt (vgl. auch Abschnitt 9.6). Eine *Firewall* ist ein Rechner, der mit Filter- und Kontrollfunktionen den Datenzu- und -abfluß eines lokalen Netzes überwacht und unerwünschte Datenpakete stoppt. Hierzu werden im Rahmen des Sicherheitsmanagements Bedingungen für Absender- und Empfängeradressen formuliert, die im Netz übertragene Datenpakete (vgl. Abschnitt 9.3.2) erfüllen müssen, um die Firewall zu passieren (vgl. z.B. Pohlmann, 2000).

Zwar wird für die externe Kommunikation eine Firewall dadurch zu einem Flaschenhals und der sie realisierende Rechner ist zur Sicherstellung einer gewünschten Übertragungsgeschwindigkeit entsprechend leistungsfähig auszurichten, sie ist aber durch die zentrale Position auch besonders gut zu administrieren und macht das Sicherheitsmanagement organisatorisch gut handhabbar. Auch innerhalb eines lokalen Netzes kann eine solche Firewall eingesetzt werden, um die Kommunikation zwischen unterschiedlichen Unternehmensbereichen zu reglementieren.

Als zweite mögliche Maßnahme bieten sich kryptographische Verfahren an. *Kryptographie* zum Ver- und Entschlüsseln von Daten wurde von jeher zur Verheimlichung des Inhalts von Nachrichten genutzt. Im Grundsatz basieren alle Verfahren darauf, daß durch einen Schlüssel eine Nachricht in eine scheinbar sinnlose Zeichenfolge überführt wird, die durch eine Entschlüsselung ihre ursprüngliche Form wiedererlangt.

Von einer symmetrischen Verschlüsselung spricht man, wenn zum Ver- und Entschlüsseln ein und der selbe Schlüssel eingesetzt wird. Bei der asymmetrischen Verschlüsselung werden dagegen zum Ver- und Entschlüsseln verschiedene Schlüssel verwendet. Da bei der symmetrischen Verschlüsselung der Schlüssel beiden Kommunikationspartnern bekannt sein muß, eignen sich solche Verfahren nur bei festeren Kommunikationsbeziehungen, z.B. bei beschränkter Anzahl der Partner in einem Extranet (vgl. Abschnitt 18.2.2) oder für den elektronischen Datenaustausch (vgl. Abschnitt 18.2.1).

Für die Anforderungen des E-Commerce mit vielen möglichen Kommunikationspartnern eignet sich die asymmetrische Verschlüsselung besser. Hierzu wird vom Empfänger ein öffentlicher Schlüssel (*Public Key*) verbreitet, der von den jeweiligen Sendern benutzt wird, um mit dem nach seinen Entwicklern (Rivest, Shamir, Adleman) benannten *RSA-Verfahren* Nachrichten zu verschlüsseln. Eine Entschlüsselung der Nachricht ist nur mit Hilfe eines geheimgehaltenen Schlüssels durch den Empfänger möglich (*Private Key*). Auf diese Weise kann ein Empfänger mit all denjenigen geheime Nachrichten austauschen, die den öffentlichen Schlüssel bei der Verschlüsselung eingesetzt haben. Das RSA-Verfahren basiert auf mathematischen Erkenntnissen zur Zahlentheorie und ist ein sehr sicheres Verschlüsselungsverfahren, wenn für den Public Key das Produkt zweier sehr große Primzahlen verwendet wird. Weit verbreitet ist dieses Verfahren beispielsweise in dem Shareware-Programm Pretty Good Privacy zur Verschlüsselung von E-Mails.

Durch die elektronische Unterschrift (*digitale Signatur*) soll zukünftig der Empfänger im Internet übertragener Daten in die Lage versetzt werden, die Herkunft der Daten festzustellen und auch zu überprüfen, ob die Daten geändert wurden. Darüber hinaus soll durch Verwendung der Signatur der Absender der Daten bestätigen, daß er mit dem Inhalt und dem Versand einverstanden ist. Insofern ist die digitale Signatur eine Maßnahme zur Erhöhung der Authentizität, der Verbindlichkeit und der Datenübertragungsintegrität.

Das Konzept der digitalen Signatur basiert auf einer Umkehrung des RSA-Verfahren (siehe oben). Dazu verschlüsselt der Absender einer Nachricht seine Unterschrift mit seinem Private Key. Jeder, der in Besitz des Public Key ist, kann die Nachricht entschlüsseln und dabei sicher sein, daß sie authentisch ist, da nur der Inhaber des zum Public Key passenden Private Key diese Verschlüsselung vorgenommen haben kann.

In der Praxis ist dafür eine Chipkarte mit einer Personenidentifikationsnummer (PIN) vorgesehen, die die Signiertechnik und den Private Key enthält und die der Absender durch ein Chipkartenlesegerät und Signatursoftware auf einem PC nutzt, um eine Nachricht elektronisch zu signieren (vgl. z.B. Bitzer, 1999). Gesetzliche Regelungen zur digitalen Signatur bestehen in Deutschland durch das Multimediagesetz seit 1997 und in Europa durch eine Richtlinie der Europäischen Kommission. Es fehlt allerdings noch an einer anerkannten Infrastruktur zur Organisation von Chipkarten und zur Zuordnung von öffentlichen und privaten Schlüsseln zu Personen oder zu Organisationen. Auch wenn heute viele Projekte sich mit praktikablen Umsetzungen dieses Konzepts beschäftigen, so ist eine weltweit gültige digitale Signatur für den sicheren elektronischen Datenverkehr im Internet derzeit noch Zukunftsmusik.

18.4.2 Rechtliche Aspekte des E-Business

Als Medium, das vom Grundsatz her international ist und keiner vollständigen Kontrolle nationaler Herrschaft unterliegt, wirft das Internet eine Reihe rechtlicher Probleme auf, denen national und international zu begegnen ist, vor deren Hintergrund neue Regelungen geschaffen wurden bzw. noch zu entwickeln sind und bestehende Gesetzgebungen auf ihre Übertragbarkeit hin überprüft werden müssen. Hinzu kommen Probleme der Durchsetzbarkeit von Regelungen im internationalen Raum bei national teilweise völlig unterschiedlicher Gesetzgebung. Auch wenn in Deutschland und in Europa dazu einige Arbeiten unternommen wurden, bleibt weltweit noch viel Regelungsbedarf, um eine Rechtssicherheit für Aktivitäten im Internet zu erreichen.

Grundlegende Regelungen für das neue Medium wurden in Deutschland durch das sogenannte *Multimediagesetz* (Informations- und Kommunikationsdienste-Gesetz) von 1997 geschaffen (vgl. Bild 18.17).

Zunächst wurden durch dieses Gesetz Tatbestände des Strafgesetzes, des Ordnungswidrigkeitengesetzes und des Jugendschutzes, die auf die Schriftform ausgerichtet sind, auf die elektronische Form der Speicherung, Darbietung und Verbreitung des Internets übertragen. Gleichzeitig wurden Regelungen zur Verantwortlichkeit von Netzbetreibern aufgestellt, um für solche Tatbestände Providern im Internet Rechtssicherheit zu geben. Danach sind Netzbetreiber aufgefordert, technische Möglichkeiten zu nutzen, um strafrechtlich relevante Inhalte zu unterdrücken. Sie werden wegen der Unmöglichkeit der totalen Kontrolle jedoch nicht für sämtliche über sie erreichbaren Inhalte zur Verantwortung gezogen.

Hinsichtlich des Urheberrechtes wurde klargestellt, daß der Schutz des geistigen Eigentums grundsätzlich auch im Internet besteht. Dies gilt für alle textlichen, grafischen und musikalischen Werke, die im *Urheberrechtsgesetz* geschützt werden. Erweitert wurde der Schutz auf Datenbanken im Internet, die durch die Auslese oder Anordnung von Werken und Beiträgen eine persönlich-geistige Schöpfung darstellen. Beispiele hierfür sind die Kataloge von Online-Shops, Reiseangebote, Branchenbücher usw.

Allerdings sieht sich der Urheber in vielen Fällen hier weitaus größeren Problemen gegenüber, als dies bei materiellen Werken der Fall ist. Grund dafür ist, daß die Digitalisierung von Texten, Bildern und Musik deren unkontrollierte, unbegrenzte und kostengünstige Vervielfältigung ohne Qualitätseinbußen ermöglicht. Ergriffene technische Schutzmechanismen gegen unerwünschtes Kopieren konn-

Gesetz zur Regelung der Rahmenbedingungen für Informations- und Kommunikationsdienste

(Informations- und Kommunikationsdienste-Gesetz - IuKDG) in der Fassung des Beschlusses des Deutschen Bundestages vom 13. Juni 1997 (BT-Drs. 13/7934 vom 11.06.1997)

* Artikel 7 dieses Gesetzes dient der Umsetzung der Richtlinie 96/9/EG des Europäischen Parlaments und des Rates vom 11. März 1996 über den rechtlichen Schutz von Datenbanken (ABl. EG Nr. L 77 S. 20).

Der Bundestag hat das folgende Gesetz beschlossen:

Artikel 1:	Gesetz über die Nutzung von Telediensten (Teledienstegesetz - TDG)
Artikel 2:	Gesetz über den Datenschutz bei Telediensten (Teledienstedatenschutzgesetz - TDDSG)
Artikel 3:	Gesetz zur digitalen Signatur
Artikel 4:	Änderung des Strafgesetzbuches
Artikel 5:	Änderung des Gesetzes über Ordnungswidrigkeiten
Artikel 6:	Änderung des Gesetzes über die Verbreitung jugendgefährdender Schriften
Artikel 7:	Änderung des Urheberrechtsgesetzes
Artikel 8:	Änderung des Preisangabengesetzes
Artikel 9:	Änderung der Preisangabenverordnung
Artikel 10:	Rückkehr zum einheitlichen Verordnungsrang
Artikel 11:	Inkrafttreten

Bild 18.17: Multimediagesetz

ten durch Hacker mit ausreichend krimineller Energie bisher stets überwunden werden. Unter zusätzlicher Ausnutzung unterschiedlicher nationaler Gesetzgebungen und realer Verfolgung arbeiten solche Straftäter international und machen durch Raubkopien gute Geschäfte. Insbesondere die Musikbranche sieht sich hier vor großen Schwierigkeiten.

Auch in Bezug auf das Vertragsrecht bei elektronischen Rechtsgeschäften sind noch diverse Fragen offen.

Bei Transaktionen im Internet sind Verkäufer und Käufer von Waren und Dienstleistungen auf rechtliche Regelungen angewiesen, wenn ein Rechtsgeschäft nicht wie geplant verläuft. Für die Fälle, in denen Formfreiheit gilt, können *Kaufverträge* wirksam per Mausklick übers Internet abgeschlossen werden: Die Annahme eines Angebots eines Online-Shops durch einen Kunden und die Präsentation von Angeboten durch Unternehmen mit der Online-Möglichkeit zur Bestellung gelten hier als übereinstimmende Willenserklärung. Ist laut bürgerlichem Gesetzbuch die

Schriftform für Kaufverträge gesetzlich vorgeschrieben, so bildet das Multimediagesetz den Rahmen für die digitale Signatur als Mittel zur Namensunterschrift durch beide Vertragsparteien.

Ein heikles Thema ist dagegen die wirksame Einbeziehung von *Allgemeinen Geschäftsbedingungen* in Kaufverträgen im E-Commerce. Gegenüber Nichtkaufleuten werden die Allgemeinen Geschäftsbedingungen nur dann Vertragsinhalt, wenn der Kunde zum Zeitpunkt des Vertragsschlusses auf ihre Geltung hingewiesen wurde und er in zumutbarer Weise von ihrem Inhalt Kenntnis nehmen konnte (vgl. Reiners, 1998). Der Rechtssprechung in Deutschland zufolge setzt dies im E-Commerce voraus, daß die Bedingungen in wenigen Absätzen verständlich auf dem Bildschirm dargestellt werden und sich vom Kunden bequem abrufen lassen (vgl. Bild 18.18).

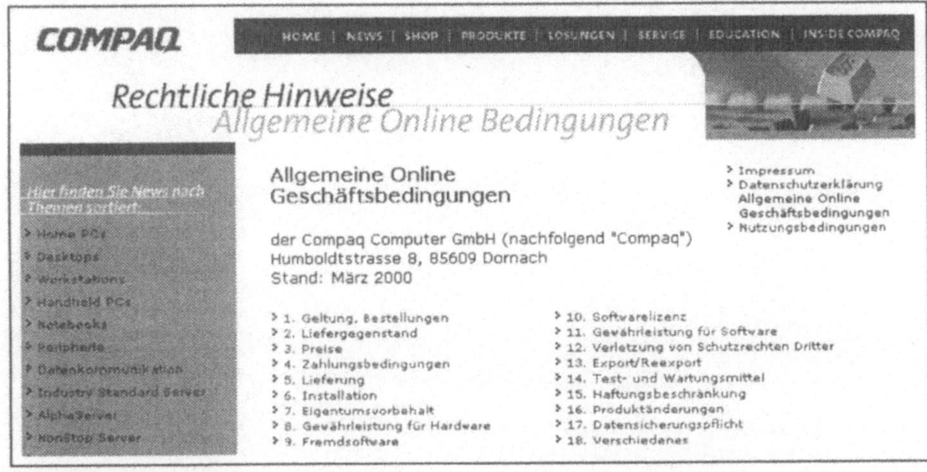

Bild 18.17: Beispiel für die Darstellung Allgemeiner Geschäftsbedingungen auf einer Homepage

Im internationalen Handel über das Internet kann es mit Schwierigkeiten verbunden sein zu bestimmen, welchem Recht die Rechtsbeziehungen der Partner unterliegen. Da hier vielerlei Unklarheiten herrschen ist es empfehlenswert den *Gerichtsstand* vor der Durchführung von Rechtsgeschäften im E-Commerce zu vereinbaren.

Fragen und Aufgaben zu Szene 5

In dem Bewußtsein, daß die einführende Informatik-Veranstaltung sich dem Ende nähert, diskutieren die Kommilitonen der Arbeitsgruppe von Bill den strategischen Einsatz von Informationstechnik in Unternehmen. Obwohl das Gehörte der Gruppe insgesamt sehr plausibel erscheint werden doch diverse Fragen aufgeworfen, über die man sich kräftig auseinandersetzt. Können Sie sich an der Diskussion produktiv beteiligen?

5.1 Erläutern Sie die funktions- und datenorientierte Sicht für die Gestaltung von Informationstechnik in Beziehung zur geschäftsprozessorientierten Sicht.

5.2 Was ist unter der Aussage zu verstehen, daß das Informationsmanagement den Umgang mit Information in die allgemeine Unternehmensstrategie integriert?

5.3 Welche Klassen von Anwendungssystemen werden in Unternehmen eingesetzt?

5.4 Was versteht man unter einem „Data-Warehouse"?

5.5 Welche Organisation von Datenverarbeitung in Unternehmen wird durch den Begriff Smartsizing gekennzeichnet?

5.6 Welche Anwendungskomponenten werden für den Aufbau einer Client-Server-Architektur unterschieden?

5.7 Welche Client-Server-Architektur hat die größte Verbreitung?

5.8 Was bedeutet die Abkürzung „ERP"?

5.9 Erläutern Sie kurz die Merkmale der ERP-Software SAP R/3.

5.10 Skizzieren Sie kurz den Archivierungsprozeß in Dokumentenmanagementsystemen.

5.11 Erläutern Sie die Zielrichtung des Software Engineering.

5.12 Welche verschiedenen Sichten fließen in die Beurteilung von Software-Qualität ein?

5.13 Erläutern Sie Aspekte zur technischen Qualität von Software.

5.14 Welche Schwierigkeiten ergeben sich bei der Beurteilung der ergonomischen Qualität eines Programmsystems?

5.15 Was versteht man unter dem Software Life Cycle?

5.16 Nennen Sie die Tätigkeitsbereiche zur Entwicklung von Software.

5.17 Welches sind heute bei der Entwicklung von Programmsystemen häufig eingesetzte Programmiersprachen?

5.18 Was versteht man in Zusammenhang mit der Software-Entwicklung unter dem Begriff CASE

5.19 Software-Entwicklung findet in Projektform statt. Erläutern Sie einige Aktivitäten zum Projektmanagement.

5.20 Welche Tätigkeitsbereiche umfaßt eine ganzheitliche Vorgehensweise zur Systemanalyse im Rahmen des Softwareentwicklungsprozesses?

5.21 Welche Arten von Modellen werden zur Detaillierung der Anforderungen an Softwarelösungen im Rahmen der Systemspezifikation erstellt?

5.22 Welche Bedeutung hat das Pflichtenheft, das während der Systemspezifikation erarbeitet wird.

5.23 Nennen Sie fünf Methoden, die im Rahmen der Systemspezifikation zur Darstellung von Modellierungsergebnissen eingesetzt werden.

5.24 Erläutern Sie den" Begriff „Customizing".

5.25 Nach welchen Prinzipien wird ein „Customizing" der R/3-Software durchgeführt?

5.26 Welche Kostenfaktoren sind bei Wirtschaftlichkeitsbetrachtungen für Software zu berücksichtigen?

5.27 Worin liegt der grundsätzliche Unterschied zwischen der Nutzwertanalyse und der Nutzenanalyse für Nutzenschätzungen?

5.28 Welche grundsätzliche Probleme stellen sich bei Nutzenschätzungen?

5.29 Durch welche Merkmale zeichnet sich bei der Gruppenarbeit ein „Team" gegenüber einem „Gefüge" aus?

5.30 Erläutern Sie die Begriffe „synchrone Kommunikation" und „asynchrone Kommunikation"

5.31 Welche Funktionsbereiche werden durch Groupware-Anwendungen in Unternehmen gewöhnlich unterstützt?

5.32 Nennen Sie einige Funktionen, die durch Meeting-Support-Systeme angeboten werden.

5.33 Auf Basis welcher Modelle wird in Workflowmanagementsystemen die automatisierte Bearbeitung von Geschäftsprozessen ermöglicht?

5.34 Für welche Arten von Geschäftsprozessen ist ein Einsatz von Workflowmanagementsystemen weniger geeignet?

5.35 Was versteht man unter dem Begriff Electronic Data Interchange (EDI)?

5.36 Welche organisatorischen Voraussetzungen müssen in Unternehmen für den Einsatz von EDI geschaffen werden?

5.37 Nennen Sie einige operative Vorteile des Electronic Data Interchange.

5.38 Was versteht man unter einem „Extranet"?

5.39 Nennen Sie strategische Vorteile des Einsatzes von einem Extranet.

5.40 Erläutern Sie kurz den Begriff des E-Commerce.

5.41 Welche Merkmale machen den E-Commerce für Unternehmen interessant und zeichnen ihn aus gegenüber dem traditionellen Handel?

5.42 Über welchen Zugang kommen beim E-Commerce die Kunden mit Unternehmen in Kontakt?

5.43 Welche Zusatzdienste bieten Unternehmen im Rahmen der Kommunikationspolitik für den E-Commerce häufig an?

5.44 Was versteht man beim E-Commerce unter einem „Banner"?

5.45 Was verbirgt sich hinter dem Kürzel FAQ?

5.46 Nennen Sie einige heute die verstärkte Verbreitung des E-Commerce hindernden Probleme.

5.47 Was versteht man unter einer „Mall" im E-Commerce?

5.48 Welche technische Systeme benötigt ein Unternehmen zur Beteiligung am E-Commerce?

5.49 Welche Anforderungen werden zur Datensicherheit beim E-Business gewöhnlich gestellt?

5.50 Was versteht man unter einer „Digitalen Signatur"?

Antworten und Lösungen zu den Fragen und Aufgaben der Szenen

Szene 1

1.1 Grundkomponenten nach der „von Neumann"-Architektur
   a) des Prozessors: Leitwerk (Steuerwerk) und Rechenwerk,
   b) der Zentraleinheit: Prozessor und Arbeitsspeicher (Hauptspeicher)

1.2 Cache und prozessor-interner Bus

1.3 Prozessor, Arbeitsspeicher, ROM, Taktgeber, Ein-/Ausgabesteuerung (E/A-Controller), Bussystem, Erweiterungssteckplätze, Schnittstellen

1.4 Steuerbus, Datenbus, Adressbus

1.5 Prozessor-interner Bus, lokaler Bus, externe Busse

1.6 Die Anzahl der über das Bussystem gleichzeitig zu übertragenden Bit.

1.7 Hauptspeicher (RAM), Cache, ROM

1.8 Random Access Memory, d.h. direkter Zugriff auf jeden Speicherplatz des Speichers

1.9 Bit (Binary Digit) und Byte (8 Bit)

1.10 Zeichen und Zeichenketten (Char, String), ganze Zahlen (Integer), gebrochene Zahlen (Real) Wahrheitswerte (Boolean)

1.11 Er definiert die für die Speicherung von Zeichen eines vorgegebenen Zeichenvorrats zu verwendenden Bitkombinationen

1.12 Dualzahlen

1.13 Einen elementaren Datentyp, der nur zwei mögliche Werte („richtig"/"falsch" oder „1"/"0") annehmen kann?

1.14 Nein, durch die Festlegung der zur Darstellung zu verwendenden Anzahl Bit wird der Zahlenbereich eingeschränkt?

1.15 MB (Megabyte) = 2^{20} Byte
GB (Gigabyte) = 2^{30} Byte

1.16 Ein „flüchtiger Speicher" besteht aus Speicherchips, die ihren Wert nur solange speichern, wie sie mit Strom versorgt werden. Sie werden für den Arbeitsspeicher und der Cache eines Rechners verwendet. Die Folge davon ist, daß Inhalte des Arbeitsspeichers nach Abschalten eines Rechners nicht mehr verfügbar sind.

1.17 Die „arithmetisch-logische Einheit" des Rechenwerks eines Prozessors besteht aus auf Basis-Schaltungen aufbauenden Schaltkreisen, durch die die Grundrechenarten für Dualzahlen realisiert werden.

1.18 Ein „Mikroprogramm" gibt die einzelnen Schritte (Mikrooperationen) vor, die ein Rechenwerk ausführen muß, um eine Rechenoperation wie z.B. das Addieren zweier Zahlen zu erledigen?

1.19 Ein Register ist ein Speicher zur Zwischenspeicherung von Adressen oder Berechnungsergebnissen bei der Ausführung von Operationen?

1.20 Arithmetische Befehle für Berechnungen, Logikbefehle zur Feststellung von Ereignissen, Transferbefehle zur Übertragung von Daten, Steuerungsbefehle zur Festlegung des Ablaufs von Programmen?

1.21 „CISC" steht für „Complex Instruction Set Computer" und bezeichnet eine Architektur eines Prozessors mit einer Maschinensprache, die sehr viele spezialisierte Operationen unterscheidet. „RISC“ steht für „Reduced Instruction Set Computer“ und bezeichnet eine Architektur eines Prozessors mit einer Maschinensprache für wenige allgemeine Operationen. Die CISC-Architektur führt zu kompakten Maschinenprogrammen, bei denen die Ausführung einzelner Operationen mehrere Arbeitstakte erfordert, während die RISC-Architektur zu längeren Maschinenprogrammen führt, bei denen die Ausführung einzelner Operationen in der Regel in einem Arbeitstakt möglich ist. Durch die RISC-Architektur wird im allgemeinen trotz längerer Maschinenprogramme die Verarbeitung der Programme schneller ausgeführt.

1.22 Überführung der unterschiedlichen Arbeitsweisen und Geschwindigkeiten beim Transfer von Daten zwischen der Zentraleinheit und den peripheren Geräten eines Computers

1.23 Ein I/O-Controller ist ein auf die Arbeitsweise eines Peripheriegerätes und auf ein Bussystem zugeschnittener Prozessor, der die jeweils zu übertragenden Daten empfängt, zwischenspeichert in die benötigte Form überführt und weiterleitet.

1.24 Der „DMA-Controller“ ermöglicht einen vom Systemprozessor unabhängigen Zugriff auf den Arbeitsspeicher eines Rechners für den Datentransfer mit Peripheriegeräten (Direct Memory Access)?

1.25 Der „Interrupt-Controller“ verwaltet die Interrupts (IRQ), die die I/O-Controller generieren, wenn von Peripheriegeräten ein Datentransfer initiiert wird und meldet dem Systemprozessor bzw. dem DMA-Controller die durchzuführende Ein-/Ausgabeoperation.

1.26 Über Steckplätze auf der Hauptplatine eines PCs werden zusätzliche I/O-Controller für Peripheriegeräte an das Bussystem des Computers angeschlossen.

1.27 Eine Schnittstelle eines I/O-Controllers realisiert die technische Verbindung mit Steckern und Kabeln zwischen peripheren Geräten und dem I/O-Controller.

1.28 Magnetische Speicher mit direktem oder sequentiellem Zugriff, Optische Speicher, Magnetooptische Speicher.

1.29 Block, bzw. Sektor; Oberflächennummer, Spurnummer, Blocknummer?

1.30 Mittlere Zugriffszeit auf einen Block in ms und Datentransferrate in MB pro Sekunde?

1.31 Anschluß über einen Controller nach der EIDE-Technik oder der SCSI-Technik?

1.32 Festplatte, Diskette, Wechselplatte?

1.33 Für die Datensicherung.

1.34 „Pits“ und „Lands“ sind Informationsdarstellungseinheiten für die „1“ und die „0“ auf einer CD-ROM.

1.35 „CD-R“ bezeichnet eine einmal durch einen CD-Brenner beschreibbare CD und „CD-RW“ bezeichnet eine mehrfach beschreibbare CD?

1.36 Eine DVD (Digital Versatile Disc) ist eine CD mit extrem großer Speicherkapazität.

1.37 Etwa 650 MB?

1.38 Flaches und in der Neigung verstellbares Gehäuse, deutlicher aber leichter Druckpunkt der Tasten, deutliche Unterscheidung von einmaligen und wiederholten Auslösen bei längerem Gedrückthalten einer Taste.

1.39 „Qwertz"-Tastatur steht für die übliche Standard-Tastatur von PCs mit einer Anordnung der Tasten „Q", „W", „E", „R", „T","Z" nebeneinander in der oberen Reihe des alphanumerischen Tastenblocks.

1.40 Maus, Trackball, Touch-Screen

1.41 Die Spracheingabe erfolgt über Mikrophon und Soundkarte, durch die die analogen Spracheingaben in digitale Bitmuster überführt werden. Durch Spracherkennungssoftware werden dann den Bitmustern anhand eines Vergleichs mit gespeicherten Mustern für Lautfolgen eines Wortschatzes Worte zugeordnet.

1.42 Für eine möglichst hohe Genauigkeit des Scans müssen möglichst viele Pixel (z.B. 600x600) unterschieden werden. Für jedes Pixel werden für eine möglichst große Farbtiefe mehrere Byte Speicherplatz benötigt.?

1.43 OCR-Software (Optical Character Recognition) wandelt einen eingescannten, als Punktmuster vorliegenden Text in durch z.B. Textverarbeitungssoftware weiter zu verarbeitenden Text um.

1.44 Kathodenstrahlröhre und Flüssigkristall-Bildschirm.

1.45 Die „Bildwiederholfrequenz" bei Computer-Monitoren gibt die Häufigkeit an, mit der ein Pixel durch den Elektronenstrahl einer Kathodenstrahlröhre zum Leuchten gebracht werden kann.

1.46 Die Zeilenfrequenz ist die Geschwindigkeit, mit der der Elektronenstrahl einzelne Zeilen der Oberfläche überstreicht. Bei vorgegebener Anzahl von Zeilen (Bildschirmauflösung) wird durch eine höhere Zeilenfrequenz eine höhere Bildwiederholrate erreicht.

1.47 Standard-Auflösungen für übliche PC-Monitore sind: 800x600, 1024x768 und 1280x1024 Pixel bei Bildwiederholfrequenzen von etwa 70-100 Hertz.

1.48 Der Bildwiederholspeicher speichert in mehreren Byte pro Pixel den für die Darstellung auf der Bildschirmoberfläche vorgesehenen Farbwert. Für einen schnelle Verbindung zwischen Speicher und Bildschirm ist der Bildwiederholspeicher auf der Grafikkarte eines Rechners installiert.

1.49 „VGA" ist ein Standard für die Funktionsweise von Grafikkarten und steht für Video Graphics Array?

1.50 „TFT" steht für „Thin Film Transistor" und bezeichnet die heute übliche Technik zur Pixelansteuerung bei Flüssigkristall-Bildschirmen?

1.51 Eine „MIDI-Schnittstelle" (Musical Instrument Digital Interface) ist eine genormte Anschlußmöglichkeit eines Musikinstruments an die Soundkarte eines Rechners.

1.52 Die Samplingtiefe (Feinheit der Wandlung zwischen digitalen und analogen Signalen) und die Samplingrate (Häufigkeit der Wandlung zwischen digitalen und analogen Signalen).

1.53 Tintenstrahldrucker und Laserdrucker

1.54 Ein „Impact-Drucker" übt physikalischen Druck beim Ausdruck von Vorlagen auf Papier aus und eignet sich daher auch zur Ausgabe mit Durchschlägen.

1.55 PCL und Postscript

1.56 Ein Druckertreiber wandelt die Anwendungsprogramm-abhängige Darstellungsform von Daten in eine Form um, aus der heraus der

Drucker die punktförmige Darstellung der Ausgabe erzeugt.

1.57 Dot per Inch (dpi) für die Feinheit des Druckrasters.

Szene 2

2.1 Die Komponenten der Systemsoftware sind das Betriebssystem aus dem Betriebssystemkern, der Benutzugsoberfläche und verschiedenen Dienstprogrammen und Werkzeuge z.B. zur Programmentwicklung, zur Datenbankverwaltung und zur Vernetzung von Rechnern?

2.2 Programme zur Auftragsverwaltung, zur Prozeßverwaltung und zur Betriebsmittelverwaltung bilden den Betriebssystemkern.

2.3 Stapelbetrieb, Interaktive Verarbeitung mit dem Dialogbetrieb und der Prozeßverarbeitung

2.4 Per Stapelbetrieb (Batchbetrieb) werden üblicherweise Aufgaben wie die Datensicherung oder Initialisierungen beim Einschalten eines Rechners durchgeführt.

2.5 Bei dem „Ein-Programm-Betrieb“ kann die Auftragsverwaltung eines Betriebssystems nur einen Auftrag zu einem Zeitpunkt verarbeiten. Beim „Multi-Programm-Betrieb“ können gleichzeitig mehrere Aufträge verwaltet und bearbeitet werden.

2.6 Bei der Auftragsverwaltung können unterschieden werden:
a) der Multiuser-Betrieb
b) der Singleuser-Betrieb

2.7 Einzelne Verarbeitungsschritte eines Auftrages werden als Task bezeichnet.

2.8 Durch einen „Interrupt“ wird das Eintreten eines bestimmten Ereignisses (z.B. eine Eingabe über ein Eingabegerät) signalisiert, aufgrund dessen ein Task seine Arbeit beginnen oder fortsetzen kann.

2.9 Das „Bekanntmachen“ von Peripheriegeräten, d.h. das Zuordnen eines Kennzeichens für einen Interrupt (IRQ, Interrupt Request) zu einem Gerät zur Verwaltung dieses Geräts durch das Betriebssystem.

2.10 Das ROM-BIOS (Basic-Input-Output-System) beinhaltet Programme, die beim Einschalten des Rechners ausgeführt werden und den Rechner in einen arbeitsfähigen Zustand versetzen, d.h. es stellt fest, welche Hardware verfügbar ist und initiiert dann die Ausführung des Startprogramms des Betriebssystems.

2.11 a) Beim Timesharing (Timeslicing) wird den auf Bearbeitung durch die CPU wartenden Tasks abwechselnd für kurze Zeitabschnitte (Timeslots) die CPU zugeteilt, um sie zeitlich verzahnt quasi parallel bearbeiten zu können

b) Bei einer preemtiven Strategie weist ein Steuerprogramm der Betriebsmittelvrwaltung (Scheduler) den Tasks CPU-Zeit zu und entzieht sie ihnen wieder. Bei einer non-preemtiven Strategie geben die Tasks bei Erreichen eines Haltepunktes die CPU selbst frei.

2.12 Das RAM-Management verwaltet mehrere gleichzeitig im Hauptspeicher untergebrachte Tasks der anstehenden Aufträge, um den schnellen Wechsel der Bearbeitung von Tasks zu ermöglichen

2.13 Durch einen virtuellen Speicher wird auf der Festplatte eines Rechners ein quasi beliebig großer Arbeitsspeicher eingerichtet, der in Einheiten fester Größe (Seiten) aufgeteilt ist. Das RAM-Management führt nach vorgegebenen Verdrängungsstrategien einen Seitenaustausch zwischen Festplatte und realem Arbeitsspeicher durch (Paging), um stets die zur Bearbeitung anstehenden Tasks im realen Arbeitsspeicher verfügbar zu machen.

2.14 Swapping bezeichnet das Auslagern von zu einem Zeitpunkt nicht für die Bearbeitung benötigten Tasks vom virtuellen Speicher auf die Festplatte, wenn der Speicherplatz des virtuellen Speichers nicht ausreicht, um alle Tasks zu den anstehenden Aufträgen aufzunehmen.

2.15 Der Adreßraum der gängigen PC-Betriebssysteme umfaßt einen Bereich von 0 bis 2^{32}-1 (32 Bit-Betriebssysteme)

2.16 Die Gerätetreiber formen die Daten eines Anwendungsprogramms in gerätespezifische Form um.

2.17 Durch die Programme des Datenmanagements können Datensätze als kleinste zugreifbare Datenmenge auf peripheren Speichern manipuliert werden. Logisch zusammenhängende Datensätze werden zu Dateien zusammengefaßt.

2.18 Die „File Allocation Table" ist eine Dateizugriffstabelle, in der die Kenndaten einer Datei (Name, Größe, Eigenschaften) enthalten ist und in der beschrieben ist, auf welchen Spuren und in welchen Blöcken des peripheren Speichers die Datei gespeichert ist.

2.19 Periphere Speicher organisieren die Daten in einem hierarchischen Dateiverzeichnis, das Dateien hierarchisch angeordneten Directories (Verzeichnissen) zuordnet. Ausgehend von einem Wurzelverzeichnis (Root) können beliebige Directories definiert werden, denen Dateien und weitere Directories untergeordnet werden können.

2.20 Das Dienstprogramm zur Manipulation des hierarchischen Dateisystems in Windows NT ist der „NT Explorer"

2.21 Die beide heute gebräuchlichen Formen für die Benutzungsoberfläche von Betriebssystemen sind: Kommando-Oberfläche und Grafische Oberfläche?

2.22 Ein Kommando des Betriebssystem UNIX besteht aus dem Kommandonamen, der die auszuführende Funktion kennzeichnet, aus Parametern, zur Festlegung der Objekte, auf die die Funktion ausgeübt werden soll und aus Optionen, über die die Art der Ausführung der Funktion gesteuert werden kann.

2.23 Die Grundelemente eines Desktops bei einer grafischen Benutzungsoberfläche sind: Fenster, Menü, Dialogbox und Piktogramm.

2.24 In einer Dialogbox werden häufig Text- oder Datenfelder, Listenfelder und Buttons als einfache Interaktionsobjekte genutzt.

2.25 Nach ihrem Einsatzbereich kann Anwendungssoftware unterteilt werden in Bürosoftware, Kommerzielle Software und Technisch-wissenschaftliche Software; nach der Breite ihres Einsatzes in Standardsoftware und Individualsoftware.

2.26 Gängige Strukturen sind:
die Seite
mit Funktionen beispielsweise zur Festlegung der Größe einer Seite, zur Einstellung von Seitenrändern
der Abschnitt
mit Funktionen beispielsweise zur Definition von Spalten, zur Definition von Kopf- und Fußzeilen
der Absatz
mit Funktionen beispielsweise zum Einzug, zum Zeilenabstand und zum Textfluß
das Zeichen
mit Funktionen beispielsweise zur Schriftart, zum Schriftschnitt und zum Schriftgrad.

2.27 Programme zur Textverarbeitung können unterteilt werden in: Editoren, allgemeine Textverarbeitungsprogramme, Programme zum Desktop-Publishing

2.28 Für Berechnungsprobleme, bei denen sich die Zusammenhänge der Ausgangs- und Berechnungsgrößen tabellenförmig darstellen läßt.

2.29 Ein Arbeitsblatt eines Tabellenkalkulationsprogramms wird in Zeilen und Spaltenunterteilt. Die Kreuzungspunkte von Zeilen und Spalten werden als Zellen oder Felder bezeichnet.

2.30 Für den Inhalt von Zellen werden Zeichen, Zahlen und Formeln als unterschiedliche Typen von Daten unterschieden

2.31 Festlegung der Breite von Spalten und der Höhe von Zeilen, Festlegung der Umrahmung von Zellen, der Hintergrundgestaltung von Zellen, Festlegung der Schriftart, des Schriftschnitts, des Schriftgrades in Zellen, Festlegung des Zahlenformates in Zellen

2.32 Einsatz von Grafikbibliotheken mit vorgefertigten Grafiken, einfache Pixel-orientierte Grafikprogramme, einfache objektorientierte Grafikprogramme, Businessgrafikprogramme,

2.33 Beispiele für weit verbreitete Grafikaustauschformate sind: „Graphic Interchange Format“ (gif) und „Joint Photographics Expert Group“ (jpg). Ihre Bedeutung liegt darin, daß in dieser Weise gespeicherte Grafiken in unterschiedliche Programme der Bürosoftware integriert werden können.

2.34 Bei der Pixelgrafik werden Grafiken als Punktmuster (Pixelmuster) interpretiert. Die Darstellungsqualität einer Grafik hängt von der Feinheit des Punktrasters und von den zu jedem Pixel gespeicherten Darstellungseigenschaften (Farbe) ab.

2.35 Mögliche Funktionen zur Bildbearbeitung im Rahmen der Pixelgrafik sind: Aufhellen, Verdunkeln, Kontrast- und Farbänderungen, Dehnungen und Verzerrungen

2.36 Bei der objektorientierten Grafik werden geometrische Formen als Strukturelemente (Objekte) von Grafiken unterschieden und den Formen verschiedene Darstellungseigenschaften zugeordnet. Dadurch kann ein Benutzer bestehende solche Grafiken durch nachträgliche Änderung von Darstellungseigenschaften, durch Löschen und Hinzufügen von geometrischen Formen flexibel manipulieren.

2.37 Bei der Businessgrafik geht es schwerpunktmäßig darum, zahlenmäßige Zusammenhänge grafisch zu veranschaulichen.

2.38 Beispiele für Diagrammformen der Businessgrafik sind: Liniendiagramme, Balkendiagramme, Kreis- und Tortendiagramme

2.39 Eine Datenbank umfaßt den eigentlichen Datenbestand, ein Datenbanksystem ist ein Programm zur Verwaltung und Kontrolle der Datenbank, ein Informationssystem beinhaltet anwendungsorientierte Funktionen zur Verarbeitung des Datenbestandes.

2.40 Ein Datenmodell zur Konzeption einer Datenbank wird aus Entitäten mit Attributen (Modelle von Objekte des Problemfeldes mit seinen Eigenschaften) und Beziehungen zwischen Entitäten gebildet. Eine Ausprägung einer Entität führt zu einem logischen Datensatz, charakterisiert durch die in Datenfeldern organisierten Attribute. Die Menge gleichartig strukturierter Datensätze bilden eine logische Datei.

2.41 Ein Primärschlüssel ist ein Feld eines logischen Datensatzes über dessen Wert ein Datensatz aus der Menge aller Datensätze einer logischen Datei eindeutig identifiziert werden kann.

2.42 Relationale Datenbanksysteme basieren auf Relationen. Darunter sind Tabellen zu verstehen, deren Zeilen die Datensätze und deren Spalten die Attributmengen nachbilden.

2.43 „DDL“ steht für Data Definition Language. Diese Sprache dient der Abbildung des Datenmodells in eine Tabellenstruktur für die Datenbank. „DML“ steht für Data Manipulation Language. Diese Sprache dient der Formulierung von Auswertungen und der Veränderung des Datenbestandes. Der Standard für eine kombinierte Definitions- und Manipulationssprache bei relationalen Datenbanksystemen ist die Sprache SQL (Standard Query Language)

2.44 Ein weit verbreitetes Datenbanksystem für PCs ist MS Access

Szene 3

3.1 Das Internet entstand Ende der fünfziger Jahre aus einem militärischen Forschungsprojekt. Da das Forschungsprojekt durch die *ARPA* (Advanced Research Projects Agency) durchgeführt wurde, hieß das entstandene Netz ARPANET.

3.2 Bei der leitungsorientierten Datenübertragung ist zunächst ein physikalischer Verbindungsaufbau zwischen Sender und Empfänger erforderlich. Die Daten müssen dann genau über diese Verbindung übertragen werden. Eine Unterbrechung dieser physikalischen Verbindung beendet auch sofort die Datenübertragung. Bei der paketorientierten Datenübertragung erfolgt eine Aufteilung der zu versendenden Daten in einzelne Pakete, die getrennt voneinander über das Netz versendet werden. Eine Zwischenspeicherung der Pakete an den einzelnen Stationen ist möglich.

3.3 Backbones sind Datenleitungen mit hoher Übertragungsleistung für die schnelle und zuverlässige Verbindung von bestehenden Datenleitungen in Ländern, insbesondere aber länderübergreifend und interkontinental.

3.4 Die Einwahlpunkte der Internet Service Provider werden als Points of Presence (POP) bezeichnet.

3.5 Die Top-Level-Domain ist der rechte Teil des Domainnamens. Er kennzeichnet zumeist ein Land oder eine Organisation. So steht .de beispielsweise für Deutschland, .at für Österreich.

3.6 Ein Nameserver dient zur Umsetzung von Domainnamen in numerische IP-Adressen, z.B. fbw6.fbwhs-bremen.de hat die Adresse 194.94.25.65.

3.7 Protokolle sind Kommunikationsregeln, die die gegenseitige Verständigung von Rechnern im Netz sicherstellen. Die im Internet hauptsächlich benutzten Protokolle sind das Internet Protocol IP und das Transport Control Protocol TCP.

3.8 Die im Internet angebotenen Dienste basieren auf dem Protokoll TCP/IP und dem Client/Server-Prinzip.

3.9 Zu den Komfortfunktionen gehören unter anderem die Antwort-Funktion, das Weiterleiten von Mails, automatische Filter, Archivierungs- und Suchfunktionen sowie die Rechtschreibprüfung.

3.10 Eine Mailingliste ist im Prinzip nichts anderes als eine Sammlung von e-mail-Adressen verschiedener Personen, die sich für ein bestimmtes Thema interessieren. Sie dient zur Bildung von Diskussionsforen und Interessengruppen. Sobald ein Teilnehmer einen Diskussionsbeitrag leisten will, sendet er eine e-mail an die Zieladresse der Mailingliste. Ein bestimmter Rechner, der diese Mailinglisten verwaltet, sendet dann diese e-mail an alle Teilnehmer, deren Adresse in der Liste gespeichert ist.

3.11 Zunächst natürlich einen Internet Service Provider, der einem den Zugang zum Internet ermöglicht. Zusätzlich benötigt man einen e-mail-Client und eine eigene e-mail-Adresse.

3.12 Elektronische Dokumente werden über Schlüsselbegriffe und Symbole, die sogenannten Hyperlinks, miteinander verknüpft. Durch das einfache Anklicken eines solchen Hyperlinks erfolgt der Aufruf eines neuen Dokumentes oder aber auch die Ausführung einer Funktion.

3.13 Webseiten werden mit der Seitenbeschreibungssprache HTML (Hypertext Markup Language) hergestellt. Das Protokoll http (Hypertext Transport Protocol) ist für den Transport der Seiten zuständig.

3.14 Die Adressierung von WWW-Seiten erfolgt über den Uniform Resource Locator (URL). In einer *URL* gibt man vor einem Doppelpunkt das zu verwendende Protokoll (http, ftp) an. Nach einem Doppelschrägstrich wird der Internet-Name des Servers und eventuell noch der jeweilige Dateiname angegeben.

3.15 Webseiten können über das Common Gateway Interface (CGI) oder über Java-Applets dynamisch gestaltet werden. Als Programmiersprachen werden häufig Perl und Java eingesetzt.

3.16 Der Dienst ftp dient zum Übertragen von Dateien von einem beliebigen an das Internet angebundenen Rechner auf einen anderen an das Internet angebundenen Rechner.

3.17 Die beiden Rechner müssen an das Internet angebunden sein, der Benutzer braucht entsprechende Berechtigungen auf beiden an der Übertragung teilnehmenden Rechnern.

3.18 Mit einem Telnet-Programm kann man einen entfernten Rechner so bedienen als säße man direkt davor. Der jeweilige Benutzer braucht eine Zugangsberechtigung sowohl für den lokalen, als auch für den entfernten Rechner.

3.19 Ein Newsserver dient zum speichern von Nachrichten, die in den einzelnen Newsgroups erscheinen. Zusätzlich sorgt er für den Weitertransport der über ihn veröffentlichten Nachrichten.

3.20 Die im Internet auftretenden Sicherheitsrisiken lassen sich in drei große Bereiche aufteilen: den Verlust der Vertraulichkeit, den Verlust der Integrität und den Verlust der Verfügbarkeit.

3.21 Man sollte bedenken, daß die aus dem Netz auf den eigenen Rechner übertragenen Dateien mit Viren verseucht sein könnten. Wenn man sich der Dateiquelle nicht hundertprozentig sicher sein kann, so ist der Einsatz eines aktuellen Virenscanners zu empfehlen.

3.22 Gängige Schutzmaßnahmen sind Zugangssicherung und –kontrolle, Virenschutz und Kryptologie. Dazu gehört z.B. die Wahl von geeigneten Passwörtern, das Auswerten von entsprechenden Logfiles sowie auch der Einsatz von Firewalls.

3.23 Gute Passwörter sollten aus einer Kombination von Großbuchstaben, Kleinbuchstaben, Ziffern und Sonderzeichen bestehen und mindestens 8 Zeichen lang sein. Wörter, die in einem Lexikon vorkommen sowie Eigennamen sind zu vermeiden.

3.24 Firewalls sind Rechner mit spezieller Software, die sämtliche eingehenden und ausgehenden Datenpakete überprüfen und anhand von Listen Datenpakete an oder von bestimmten vorher festgelegte Adressen blockieren.

3.25 Ein Virenscanner durchsucht die Bootsektoren und die Dateien auf den Datenträgern eines Rechners nach Viren und entfernt diese nach Möglichkeit.

3.26 Um die im Rechner digital vorhandenen Daten über eine analoge Telefonleitung übertragen zu können, werden die einzelnen Bit einer Nachricht in analoge Form gebracht (moduliert) und dann über die Telefonleitung zu einer Gegenstelle übertragen. Dort sorgt ein weiteres Modem dafür, daß die über die Telefonleitung eintreffenden analogen Daten wieder in Bit-Form umgewandelt (demoduliert) und an einen Rechner weitergeleitet werden. Marktübliche Modems erreichen heute nach dem Standard *V.90* eine Übertragungsgeschwindigkeit von bis zu 56.000 Bits/s. Durch Kompression auf bis zu ein Viertel der ursprünglichen Größe durch den Standard V.42bis können somit Übertragungsraten von bis zu 232.000 Bit/s erreicht werden.

3.27 Ein Megabyte ist definiert als 1024 x 1024 Bytes, entspricht demnach 1.048.576 Bytes. 64 kbit/s entspricht 65.536 bit/s. Da ein Byte aus 8 Bits besteht, ergibt sich eine Downloadzeit von 1.048.576 : 8192=128 Sekunden.

3.28 ISDN bietet zunächst grundsätzlich zwei Übertragungsleitungen. Die Datenübertragungsrate ist mit 64kbit/s höher als bei analogen Leitungen. Die Anwahl und der Verbindungsaufbau mit einer Gegenstelle gehen wesentlich schneller als bei analogen Leitungen, zudem sind die Verbindungen zuverlässiger.

3.29 Diese Provider stellen dem Internetnutzer die Infrastruktur für den Internetzugang gegen Zahlung einer entsprechenden Nutzungsgebühr zur Verfügung. So wie der private Internet-Nutzer über ein Modem oder einen ISDN-Adapter verfügt, so hat der Provider auf der Gegenseite eine große Anzahl von Modems und ISDN-Adaptern installiert, die zumeist über eine einheitliche Einwahlnummer erreicht werden können. Der Kunde wird dann automatisch auf das nächste freie Modem bzw. den nächsten freien ISDN-Adapter weitergeleitet, mit diesem verbunden und dann in das Netz des Providers weitergeleitet.

3.30 Als Internet-by-call bezeichnet man eine Zugangsform zum Internet, bei der außer der tatsächlich Online verbrachten Zeit keine weiteren Kosten entstehen. Als Flatrate bezeichnet man einen Zugangstarif, bei dem durch eine, zumeist monatliche Pauschalzahlung alle Kosten für den Internetzugang einschließlich der Telefongebühren abgedeckt sind.

3.31 Zunächst erfolgt die Installation eines Modems oder eines ISDN-Adapters. Danach wählt man in der Systemsteuerung das Icon Dfü-Netzwerk und erstellt eine neue Dfü-Verbindung. Durch Auswahl der Eigenschaften des neu erstellten Icons erhält man dann die Möglichkeit zur Eingabe der durch den Provider bereitgestellten Daten. Nach erfolgter Konfiguration beginnt durch einen Doppelklick auf das neue Icon die Anwahl zum Provider, es erscheint eine Eingabemaske, wo man dann noch seinen Benutzernamen und sein Passwort eingeben muß.

3.32 Suchmaschinen sind große Datenbanken, bei denen man durch die Eingabe von Suchbegriffen eine vorformatierte Liste mit Internet-Seiten erhält, die die gewünschten Suchbegriffe enthalten.

3.33 Suchmaschinen lassen sich einteilen in Volltextsuchmaschinen, Kataloge und spezielle Suchmaschinen.

3.34 Eine Metasuchmaschine durchsucht selbständig eine Reihe von weiteren Suchmaschinen nach den eingegebenen Stichwörtern und zeigt die gefundenen Ergebnisse an.

3.35 Portalseiten lassen sich nach den Wünschen der Benutzer konfigurieren, man kann die angezeigten Informationen individuell zusammenstellen. Anbieter sind z.B. Yahoo, Lycos, MSN, T-Online.

Szene 4

4.1 Definition von unternehmensspezifischen Dokument- und Formatvorlagen und von Textbausteinen, Gestaltung unternehmensspezifischer Menüs für die Programme, systematischer Einsatz der Serienbrieffunktion, Entwicklung von unternehmensspezifischen Makros für die Belange des Unternehmens.

4.2 Durch die Funktion „sverweis" kann aus einem per Parameter anzugebenden Tabellenbereich für ein als Parameter anzugebendes Kriterium ein zu diesem Kriterium zugehöriger Wert ermittelt werden.

4.3 Auf zentrale Datenbestände kann durch Kopieren von Tabellen mit Hilfe der Funktion „Importieren" zugegriffen werden. Die zentralen Datenbestände werden dadurch nicht verändert. Durch die Funktion „Tabellen verknüpfen" kann von Access aus auf zentrale Datenbestände lesend und schreibend zugegriffen werden.

4.4 Die Einbindung der Tabellen wird durch die ODBC-Technik ermöglicht.

4.5 Die ODBC-Architektur besteht aus der ODBC-Anwendung, dem ODBC-Datenquellen-Administrator, dem eigentlichen ODBC-Treiber sowie der Datenquelle.

4.6 Die ODBC-Schnittstelle arbeitet mit einem Befehlssatz, der von den meisten Datenbanksystemen unterstützt wird. Eine einmal entwickelte Anwendung ist demnach auch auf einen anderen Server übertragbar.

4.7 Die eigentliche Einbindung erfolgt über den Menüpunkt Datei/Externe Daten/Importieren bzw. Tabellen verknüpfen. Dann ist die Datenquelle sowie die einzubindende Tabelle auszuwählen. Eine eventuell auftretende Sicherheitsabfrage ist mit Benutzername und Passwort zu bestätigen. Zuvor ist jedoch die Installation eines ODBC-Treibers für das einzubindende Datenbanksystem erforderlich. Dies erfolgt über das Icon ODBC-Datenquellen in der Systemsteuerung.

4.8 Durch den Zugriff mehrere Benutzer zur gleichen Zeit können sonst Inkonsistenzen im Datenbestand auftreten. Beispiel: zwei User bearbeiten den gleichen Datensatz, beide nehmen Änderungen vor und speichern den Datensatz zu unterschiedlichen Zeitpunkten ab. Welche Änderungen wurden übernommen?

4.9 Optimistisches Sperren sperrt einen Datensatz zum Zeitpunkt der Speicherung. Die Sperrung ist nur kurz, es können jedoch mehrere Benutzer einen Datensatz gleichzeitig bearbeiten, der zweite User erhält bei Speicherung durch den ersten eine Fehlermeldung. Bei der pessimistischen Sperrung wird der Datensatz bereits beim Aufruf für durch einen Benutzer für alle anderen Benutzer gesperrt.

4.10 Durch den Zugriffsschutz ist die Vergabe von Rechten an bestimmten Objekten der Datenbank möglich. Man kann somit vermeiden, dass Unbefugte Daten einsehen können.

4.11 Der Grundansatz zur Problemlösung bei einer komplexen Problemstellung ist eine Aufteilung des Problems in kleinere überschaubare Teilprobleme (schrittweise Verfeinerung, Top-Down-Vorgehen)

4.12 Ein Algorithmus ist ein Verfahren, das eine Folge einzelner ausführbarer Aktionen beschreibt, die zur Lösung eines Problems durchzuführen sind.

4.13 In Algorithmen erfolgt eine Ablaufsteuerung für die einzelnen Aktionen durch die Sequenz, die Fallunterscheidung und die Wiederholung.

4.14 Die elementaren Datentypen für Objekte in Algorithmen sind: Char, String für Zeichen und Zeichenketten, Integer für ganze Zahlen, real für rationale Zahlen und Boolean für Wahrheitswerte.

4.15 Eine Variable in einem Algorithmus repräsentiert über einen Namen ein Objekt, das von Aktionen betroffen ist, dessen Wert im Zuge der Verarbeitung des Algorithmus veränderbar ist und dessen Speicherung in einem Speicherplatz des Arbeitsspeichers erfolgt.

4.16 Eine Wertveränderung einer Variablen kann durch eine Wertzuweisung oder durch eine Eingabefunktion erfolgen.

4.17 Die Wertzuweisung
Bestellen := Auftrag and
(Lagerbestand - Auftragsmenge
< Mindestlagermenge)
ergibt
Bestellen := True and
(800 - 500 < 250)
Bestellen := True and False
Bestellen := False

4.18 Methoden zur Darstellung von Algorithmen sind: Programmablaufpläne, Struktogramme, Pseudocode.

4.19 In einem ersten Schritt wird eine Tabelle „KWUmsätze.xls" definiert, in der für jeden Mitarbeiter seine Nummer, Zellen zum Eintragen der Tagesumsätze einer Kalenderwoche und ein Summenfeld für die Umsätze einer Woche vorgesehen werden In einer Überschriftenzeile werden Zellen zum Eintragen des Datums des jeweiligen Tages definiert und anhand der bereits eingetragenen Tage wird in der Tabelle deren Anzahl berechnet, um für die nächste Durchführung eines Kassenschlusses vorzugeben, welcher Kalenderwochentag zu bearbeiten ist. Die Tabelle KWUmsätze hat beispielsweise folgende Gestalt:

Feld zur Berechnung der schon bearbeiteten Wochentage (über die Excel-Funktion „Anzahl")

Umsätze der Bedienungen					**Kalenderwoche**		**25**
2	19.06.00	20.06.00					Summe
111	296,50	243,50					540,00
222	71,50	321,50					393,00
333	104,00	502,50					606,50
444	73,50	123,80					197,30

Spalten für die Einträge der Tagesumsätze durch das VBA-Programm

Ein auf dieser Tabelle arbeitendes Visual Basic Programm zum Eintragen der Tagesumsätze für jede Bedienung (zugeordnet der Arbeitsmappe „gebuchte Bestellungen", vgl. Abschnitt 13.3.2) hat dann beispielsweise folgendes Aussehen:

```
Sub kassenschluss()
Dim Umsaetzewb As Workbook
Dim Umsaetze As Worksheet
Dim Umsaetzezeilen As Range
Dim Buchung As Worksheet
Dim Buchungszeilen As Range
Dim Dateiname As String
Dim Bedienung As Integer
Dim AnzahlBedienung As Integer
Dim KWTag As Integer
Dim ZaehlerBedienung As Integer
Dim ZaehlerBuchungszeilen As Integer
Dim AnzahlBuchungszeilen As Integer
Dim Umsatz As Single
Set Buchung = ThisWorkbook.Worksheets(1)
Dateiname = ThisWorkbook.Path + "\KWUmsätze.xls"
Set Umsaetzewb = Workbooks.Open(Dateiname)
Set Umsaetze = Umsaetzewb.Worksheets(1)
Set Umsaetzezeilen = Umsaetze.UsedRange
AnzahlBedienung = Umsaetzezeilen.Rows.Count
Set Buchungszeilen = Buchung.UsedRange
AnzahlBuchungszeilen = Buchungszeilen.Rows.Count
KWTag = Umsaetze.[a3]
Umsaetze.Cells(3, KWTag + 2) = Now
For ZaehlerBedienung = 4 To AnzahlBedienung
    Bedienung = Umsaetze.Cells(ZaehlerBedienung, 1)
    ZaehlerBuchungszeilen = 5
    Umsatz = 0
    While ZaehlerBuchungszeilen <= AnzahlBuchungszeilen
        If Buchungszeilen.Cells(ZaehlerBuchungszeilen, 1) = Bedienung Then
            Umsatz = Umsatz + Buchungszeilen.Cells(ZaehlerBuchungszeilen, 7)
        End If
        ZaehlerBuchungszeilen = ZaehlerBuchungszeilen + 1
    Wend
    Umsaetze.Cells(ZaehlerBedienung, KWTag + 2) = Umsatz
Next ZaehlerBedienung
End Sub
```

Für ein detailliertes Verständnis der Lösung vgl. die Bemerkungen in Abschnitt 13.3.2.

4.20 Lokale Netze sind in der Ausdehnung in der Regel auf das Gelände eines Unternehmens begrenzt, sie sind einer einzigen Organisation zugeordnet. Die Datenübertragung ist extrem schnell und sicher. WANs haben keine räumliche Beschränkung, sie sind keiner einzelnen Organisation zuzuordnen. Die Datenübertragungsrate ist hoch und die Fehlerrate gering.

4.21 Datenverbund, Kommunikationsverbund, Funktionsverbund, Lastverbund und Leistungsverbund.

4.22 Ein Backbone-Netz ist ein Netz zur Verbindung von Netzen gleicher oder unterschiedlicher Topologie mit hoher Geschwindigkeit.

4.23 Zu den leitergebundenen Übertragungsmedien gehören Koaxialkabel, verdrillte Kupferkabel und Glasfaserkabel. Glasfaserkabel ermöglichen eine hohe Datenübertragungsgeschwindigkeit und sind relativ unempfindlich gegen Störungen. Twisted Pair-Kabel sind relativ günstig und einfach zu verlegen, aber eher empfindliche gegenüber Störungen. Zu den leiterungebundenen Übertragungsmedien gehören Richtfunkverbindungen und Satellitenverbindungen.

4.24 Im ISO-OSI-Modell werden die für die Kommunikation von Rechnern in Netzen festzulegenden Regeln und Verhaltensweisen in einzelne Betrachtungsebenen (Schichten) unterteilt. Dadurch wird die Komplexität der notwendigen Regelungen reduziert.

4.25 Die Signalübertragungsverfahren werden der Bitübertragungsschicht zugeordnet. Man unterscheidet zwischen analoger und digitaler Signalübertragung.

4.26 Beim Tokenverfahren darf immer nur jeweils eine Datenstation Daten senden. Die Datenstation erhält die Berechtigung dafür über eine bestimmte Bitfolge, das Token. Dieses Token wird im Netz – basierend auf einer logischen Ringtopologie - von Rechner zu Rechner weitergegeben. Sobald ein Rechner ein leeres Token empfängt, hat er das Recht, Daten zu senden. Er nimmt das Token aus dem Netz und ersetzt es durch die zu übertragenen Daten. Diese werden solange von jedem Rechner an seinen Nachfolger übergeben, bis sie den Empfänger erreicht haben. Nachdem die Daten von der Empfängerstation aus dem Netz genommen wurden, wird das Token wieder freigegeben, zum nächsten Rechner weitergegeben, und die nächste Station kann Daten senden. Beim CSMA/CD-Verfahren (carrier sense multiple access with collision detection) kann grundsätzlich jeder Rechner im Netz zu jeder Zeit Daten senden. Er muß jedoch vor dem Senden (carrier sensing) und auch während des Sendens (collision detection) prüfen, ob nicht gerade ein anderer Rechner Daten sendet. Tritt während des Sendens eine Kollision mit einer anderen sendenden Datenstation im Netz auf, so wird die Datenübertragung abgebrochen und nach einer zufällig gewählten Zeit wiederholt. Das CSMA/CD-Verfahren wird hauptsächlich in Bus-Topologien verwendet.

4.27 Ethernet ist der am weitesten verbreitete LAN-Standard und wurde zu Beginn der achtziger Jahre von den Firmen XEROX, Intel und DEC entwickelt. Die

Übertragungsrate über den verwendeten Bus liegt bei 10 Mbit/s, als Übertragungsmedium wird üblicherweise Koaxialkabel eingesetzt. Je nach verwendetem Kabeltyp liegt die maximale Netzwerklänge zwischen 180m (Kabeltyp RG-58, dünnes Koaxialkabel) und 2500m (dickes Koaxialkabel). Es können jedoch auch Twisted-Pair- und Glasfaserkabel verwendet werden.

Eine Weiterentwicklung des Ethernet ist der neuere Standard Fast Ethernet, der mit Twisted-Pair- oder Glasfaserverkabelung Übertragungsgeschwindigkeiten von 100 Mbit/s ermöglicht.

Gigabit-Ethernet nennt sich die neueste Entwicklung. Dieser 1998 geschaffene Standard ermöglicht Übertragungsraten von bis zu 1000 Mbit/s.

4.28 Der Vermittlungsschicht sind die Protokolle IP und X.25 zuzuordnen.

4.29 Das zu IP gehörige Protokoll heißt TCP. Es ist der Transportschicht zuzuordnen.

4.30 Die unteren vier Schichten des ISO-OSI-Modells werden als Transportdienste bezeichnet.

4.31 Die Dienste Message Handling System (MHS), File Transfer, Access and Manipulation (FTAM), Virtuelles Terminal(VT), Job-Transfer und –Manipulation (JTM) sowie das Directory System (DS) lassen sich der Anwendungsschicht zuordnen.

4.32 Zur Koppelung von Netzen benutzt man unter anderem Repeater (Schicht 1), Switches (Schicht 2), Bridges (Schicht 2), Router (Schicht 3).

4.33 Ein Router sorgt für eine Übertragung von Daten von einem Rechnernetz in ein anderes Rechnernetz, die ab der Vermittlungsschicht unterschiedliche Standards verwenden. Mit Hilfe von internen Adresstabellen kann ein Router die Daten zielgerichtet zwischen den einzelnen Teilnetzen übertragen. Er nutzt die in jedem Datenpaket enthaltenen Adressangaben zur Wegewahl (zum Routing), indem er diese Adressinformation mit seinen internen Tabellen abgleicht und die Pakete dann selektiv weiterleitet.

4.34 Beispiele für Netzwerkbetriebssysteme sind Novell Netware, Windows NT Server, Windows 2000 Server und alle gängigen UNIX-Derivate im server-basierten Bereich, im Peer-to-Peer-Bereich werden häufig Windows 95, Windows 98 und Windows NT Workstation eingesetzt. Zentrale Aufgabe der Netzwerkbetriebssysteme ist es, die gemeinsame Nutzung von Ressourcen im Netz zu ermöglichen.

4.35 Durch den Verzeichnisdienst werden alle im Netz enthaltenen Objekte in einer Datenbank gespeichert und in Baumform dargestellt. Durch den Verzeichnisdienst wird die Administration des Netzwerkes erheblich vereinfacht, da alle Berechtigungen nur einmal vergeben werden müssen.

4.36 Diese Module werden NLM (Netware Loadable Modules) genannt.

4.37 Vorteile von Peer-to-Peer-Netzen: einfache Installation und Konfiguration, Kostengünstig, eigene Kontrolle über Ressourcen, kein separater Administrator notwendig, nicht von einem Server abhängig.

4.38 Serverbasierte Netze haben durch die zentral verwalteten Benutzerdaten Vorteile im Beriech der Sicherheit und der Zugriffssteuerung. Die Administration ist einfach, es besteht keine Beschränkung hinsichtlich der Benutzeranzahl.

4.39 In Peer-to-Peer-Netzen kann jeder Rechner Dienste anbieten und auch anfordern, jeder Anwender ist für seinen eigenen Computer verantwortlich und somit ein Administrator. Er muß festlegen, wer auf welche Ressourcen seines Rechners zugreifen darf und wer nicht. Dies führt bei einer größeren Anzahl von Rechnern unweigerlich zu einem Chaos, denn als eigener Administrator ist jeder Anwender auch noch zusätzlich für die Datensicherung verantwortlich. Durch den Zugriff mehrerer Personen auf ein und denselben Rechner muß der Anwender, der an diesem Rechner ja auch noch arbeitet, mit erheblichen Leistungseinbußen rechnen.

Szene 5

5.1 Die funktions- und datenorientierte Sicht für die Gestaltung von Informationstechnik orientiert sich an einzelnen in Unternehmen zu bearbeitenden Funktionen und den für die Bearbeitung nötigen Daten und richtet hierauf die Informationstechnik aus. Es entstanden computergestützte Systeme, die durch Ersatz oder durch Unterstützung menschlicher Arbeit einzelne Funktionen rationalisierten. Bei der prozeßorientierten Sicht wird der Leistungserstellungsprozeß als Ganzes genommen und es erfolgt durch organisatorische Maßnahmen und durch eine Integration von Informationstechnik eine Optimierung von Strukturen und Abläufen und darin integrierte Funktionen.

5.2 Informationsmanagement integriert den Umgang mit Information in die allgemeine Unternehmensstrategie durch Entscheidungen zum Informationspotential, zur Informationsfähigkeit und zur Informationsbereitschaft eines Unternehmens und betrachtet diese Entscheidungen als Managemententscheidungen auf höchster Ebene, um Information strategisch für die Unternehmensziele einzusetzen.

5.3 Unternehmen unterscheiden Administrationssysteme, Dispositionssysteme und Managementinformationssysteme bei der von ihnen eingesetzten Informationstechnik.

5.4 Ein Data-Warehouse ist eine separate Datenbank mit entscheidungsrelevanten Daten für die auf Planungs- und Entscheidungsunterstützung ausgerichteten Komponenten eines Managementinformationssystems.

5.5 Smartsizing bezeichnet in Zusammenhang mit der Abkehr von Großrechnern die Strategie Anwendungsprogramme und Datenbankserver in einem Unternehmen auf verschiedene Rechner eines Rechnernetzes zu verteilen, um an jeder Stelle im Netz Rechner optimaler Leistungsfähigkeit mit Zugriff auf verschiedene Server installieren zu können.

5.6 Präsentationslogik, Geschäftsfunktionen, Datenlogik, Datenbankmanagementsystem

5.7 Die der entfernten Datenbank mit der Präsentation und Anwendung auf der Client- und der Datenbank auf der Server-Seite.

5.8 Mit „ERP" ,d.h. Enterprise Ressource Planning, wird Software zur prozessorientierten Bearbeitung aller in Unternehmen anfallenden Aufgaben auf einer integrierten Datenbasis bezeichnet.

5.9 SAP R/3 besitzt einen modularen Aufbau, basiert auf der Client/Server-Technik und bietet branchenneutral eine hohe betriebswirtschaftliche Funktionalität, abgestimmt auf alle betrieblichen Geschäftsvorgänge. R/3 ist ein offenes System und kann durch Customizing an spezifische Bedürfnisse angepaßt werden.

5.10 In Dokumentenmanagementsystemen werden durch Scanner oder manuell zunächst Daten eingegeben, dann werden die Daten durch Indizierung aufgearbeitet und schließlich gespeichert. Durch Volltextrecherche oder Indexsuche können die Daten durchsucht und betreffende Dokumente können auf beliebigen Arbeitsplätzen angezeigt werden.

5.11 Software Engineering bringt alle an der Gestaltung und Entwicklung von Informationstechnik für ein Unternehmen beteiligten zusammen und stellt Prinzipien, Methoden und Werkzeuge für die Technik und das Management der Entwicklung von Softwaresystemen bereit.

5.12 Software-Qualität wird bestimmt durch die technische Qualität, die ergonomische Qualität und die betriebswirtschaftliche Qualität.

5.13 Technische Merkmale zu Softwarequalität sind die Korrektheit, d.h. die Fehlerfreiheit eine Programmsystems, die Zuverlässigkeit, daß ein im Einsatz befindliches Produkt unter der vorgesehenen Bedingungen die konzipierten Funktionen erfüllt, die Effizienz im Umgang mit den Ressourcen, die Vollständigkeit der Umsetzung der definierten Anforderungen, die Wart- und Änderbarkeit eines Programmsystems nach Auftreten von Fehlern oder Änderungen der Anforderungen und die Portabilität zur Überführung eines Programmsystems in andere Hard- und Softwareumgebungen.

5.14 In der Regel kann das Zutreffen von ergonomischen Qualitätsmerkmalen eines Programmsystems nicht nachgemessen werden, so daß häufig nur ganz allgemein durch die Anlehnung an bestimmte Styleguides die ergonomische Qualität beurteilt wird?

5.15 Der Software Life Cycle umfaßt die gesamte Lebensdauer eines Programmsystems von der Konzeption über die Entwicklung und ihrem Einsatz im Unternehmen bis zu ihrer Ablösung.

5.16 Die Tätigkeitsbereiche zur Entwicklung von Software sind ganz allgemein die Softwarekonzeption mit Tätigkeiten zur Systemanalyse und Systemspezifikation, der Softwareentwurf und die Implementierung mit den Tätigkeiten zur Codierung und zum Test von Programmen.

5.17 Bei der Neu-Entwicklung von Programmsystemen werden zumeist objektorientierte Sprachen wie Java und C++ eingesetzt, bei der Anpassung älterer Programmsysteme finden auch noch in nennenswertem Umfang Programmiertätigkeiten in Cobol statt?

5.18 CASE steht für Computer Aided Software Engineering und umfaßt komplexe Werkzeuge zur Unterstützung des Software-Entwicklugsprozesses.

5.19 Das Projektmanagement bei der Software-Entwicklung umfaßt die Projektplanung mit Festlegungen zu Aktivitäten und Abhängigkeiten zwischen Aktivitäten, Festlegen von Meilensteinen und Durchführung der Kosten und Terminplanung, die Projektsteuerung mit Tätigkeiten zur Koordination der Arbeit, Überwachung der Einhaltung von Kosten- und Terminplänen, Durchführung von Korrekturen der Planung und Erstellung von Projektberichten.

5.20 Die Tätigkeitsbereiche einer ganzheitlichen Vorgehensweise zur Systemanalyse im Rahmen des Softwareentwicklungsprozesses sind: Identifizierung und Beschreibung von Geschäftsprozessen eines Problembereichs mit den dazu gehörigen Daten, Funktionen und Organisationsstrukturen, Abgrenzungen zu anderen Geschäftsprozessen, Ermitteln von Schwachstellen der identifizierten Geschäftsprozesse, Reorganisation der identifizierten Geschäftsprozesse inklusive der Formulierung von Anforderungen zu integrierenden Softwarelösungen, Wirtschaftslichkeitsbetrachtungen zu den reorganisierten Geschäftsprozessen.

5.21 Prozessmodell, Organisationsmodell, Funktionsmodell, Datenmodell, Benutzungsmodell, Objektmodell.

5.22 Ein Pflichtenheft, enthält alle spezifizierten Anforderungen an eine Softwarelösung und dient als Vertragsgrundlage zur eigentlichen Softwareentwicklung.

5.23 Beispiel für in der Systemspezifikation eingesetzte Methoden sind: Organigramm, Funktionsbaum, Datenflußdiagramm, E/R-Diagramm, Ereignisgesteuerte Prozeßkette.

5.24 Customizing“ wird in einer weiten Interpretation für alle Möglichkeiten zur Anpassung von Standardsoftware an individuelle Bedürfnisse eines Unternehmens verwendet. Hierzu gehört auch die Veränderung des Programms durch Neu-Programmierung. In einer engen Interpretation werden nur solche Anpassungen verstanden, die durch Parametereinstellungen der Software vorgenommen werden können.

5.25 „Customizing“ der R/3-Software erfolgt durch Parametereinstellungen nach einem vorgegebenen Customizing-Vorgehensmodell mit den Prozeß speziell unterstützenden Funktionen aus einem vorgegebenen Einführungsleitfaden.

5.26 Unterschieden nach einmaligen Kosten und wiederkehrenden Kosten werden bei Wirtschaftlichkeitsbetrachtungen für Softwareentwicklungsprojekte Faktoren zu den Personalkosten, den Hardwarekosten, den Materialkosten, den Raumkosten und zu externen Dienstleistungen berücksichtigt?

5.27 Die Nutzwertanalyse ist ein qualitatives Verfahren, das einen Nutzenkoeffizienten als Kennzahl für einen möglichen Nutzen ermittelt. Dagegen werden bei einer Nutzenanalyse die Nutzenfaktoren monetär bewertet.

5.28 Die Auswahl und die Bewertung von Kosten- und Nutzenfaktoren ist immer subjektiv und von Interessen geleitet. Insbesondere bei der monetären Bewertung stellt sich für Kosten- und für Nutzenfaktoren das Problem, zu begründeten Zahlen zu kommen.

5.29 Für die Kooperation und Koordination in Teams handeln die Gruppenmitglieder Regeln aus, während die Koordination und Kooperation in einem Gefüge von außen vorgegeben wird.

5.30 Hinsichtlich der Faktoren Raum und Zeit heißt „synchrone Kommunikation", daß die Kommunikationspartner zur selben Zeit am selben Ort sind und „asynchrone Kommunikation", daß die Kommunikationsparten zu unterschiedlichen Zeiten an verschiedenen Orten sind.

5.31 Electronic-Mail, Konferenzunterstützung, Dokumentenmanagement und Terminkoordination.

5.32 Verwaltung von Diskussionsbeiträgen, Anzeigen von Dokumenten bei allen Diskussionsteilnehmern, Vergabe von Rederecht, Führung einer Rednerliste, Protokollierung von Sitzungen.

5.33 Festlegung der Aufbauorganisation, Zuordnung von Aufgaben und Dokumente zu Stellen, Anbindung von Anwendungsprogrammen an Aufgaben.

5.34 Für wenig standardisierte Geschäftsprozesse.

5.35 Unter Electronic Data Interchange (EDI) werden alle Aktivitäten zusammengefaßt, die sich mit dem elektronischen Austausch strukturierter Geschäftsdokumente zwischen Geschäftspartnern über Rechnernetze beschäftigen.

5.36 Neben der technischen Verbindung der Rechnersysteme der beteiligten Unternehmen wird eine gemeinsame Vereinbarung zum Format der ausgetauschten Dokumente benötigt.

5.37 Vermeidung von Medienbrüchen, Einsparungen bei Datenerfassungen, Reduzierung administrativer Kosten, Beschleunigte Abwicklung von Geschäftsprozessen, Reduzierter Personalbedarf.

5.38 Ein Extranet ist die Kopplung räumlich getrennter lokaler Rechnernetze verschiedener Unternehmen auf Basis der Internet-Technik.

5.39 Enge Verbindung zwischen Geschäftspartnern mit der Möglichkeit, strategische Allianzen einzugehen, unternehmensübergreifende Betrachtung von Geschäftsprozessen.

5.40 Beim E-Commerce geht es für Unternehmen und öffentliche Verwaltungen um den Prozeß der Konzipierung, Preisfindung, Förderung und Verbreitung von Ideen, Waren und Dienstleistungen über das Internet.

5.41 Der E-Commerce ist durch die Interaktivität zwischen Unternehmen und Kunden über große Entfernungen, die Meß- und automatisierte Auswertbarkeit von

Transaktionen, die zeitliche Ungebundenheit, die Verringerung von Aufwand für Lagerung, Geschäftsräumen und Verpackung und durch die schnelle Geschäftsabwicklung gekennzeichnet.

5.42 Über die Homepage eines Unternehmens.

5.43 Diskussionsforen, Zugriff auf Archive mit Unternehmensdaten, Möglichkeiten für Terminvereinbarungen, themenbezogene Informationssysteme als Nachschlagewerke für Kunden.

5.44 Ein „Banner" ist eine meist multimedial gestaltete Werbung eines Unternehmens auf der Homepage eines anderen Unternehmens.

5.45 FAQ steht für Frequently Asked Questions und ist eine Maßnahme zur Produktpolitik im E-Commerce, um Kundenserviceinformationen darzustellen.

5.46 Fehlen eines anerkannten elektronischen Zahlungsmittels, Sicherheitsprobleme bei Transaktionen, geringe Datenübertragungskapazitäten in weiten Netzen.

5.47 Eine „Mall" ist eine gemeinsame Homepage mehrerer kleinerer Unternehmen.

5.48 Ein datenbank-gestütztes Shopsystem, das in die Geschäftsprozesse des Unternehmens integriert ist und über eine Firewall gegen unerwünschte Transaktionen geschützt ist.

5.49 Vertraulichkeit, Authentizität, Verbindlichkeit, Übertragungsintegrität.

5.50 Eine „Digitale Signatur" dient als elektronische Unterschrift der eindeutigen Identifizierung eines Teilnehmers am E-Commerce und sorgt dadurch für eine Verbindlichkeit einer Transaktion und beugt der Verfälschung bei der Übertragung von Daten vor.

Literaturverzeichnis

Bücher, Artikel

Abts, 1996	D. Abts, W. Mülder: Grundkurs Wirtschaftsinformatik. Braunschweig: Vieweg, 1996
Abts, 2000	D. Abts, W. Mülder: Aufbaukurs Wirtschaftsinformatik. Braunschweig: Vieweg, 2000
Bauknecht, 1997	K. Bauknecht, C. Zehnder: Grundlagen für den Informatikeinsatz, (5. Aufl.). Stuttgart: Teubner 1997
Berson, 1996	A. Berson: Client/Server Architecture, McGraw-Hill: 1996
Binner, 1998	H. Binner: Organisations- und Unternehmensmanagement. München: Hanser, 1998
Bitzer, 1999	F. Bitzer, K. Brisch: Digitale Signaturen. Grundlagen, Funktion und Einsatz, Berlin, Heidelberg: Springer, 1999
Brodbeck, 1994	F. Brodbeck, M. Frese (Hrsg): Produktivität und Qualität in Software-Projekten. München, Wien: Oldenbourg, 1994
Buck-Emden, 1999	R. Buck-Emden: Die Technologie des SAP-Systems R/3. Basis für betriebswirtschaftliche Anwendungen. München: Addison-Wesley, 1999
Dankert, 1998	J. Dankert: C++ für C-Programmierer. Stuttgart: Teubner, 1998
Deutsch, 1994	M. Deutsch: Unternehmenserfolg mit EDI. Braunschweig: Vieweg, 1994
Eirund, 2000	H. Eirund, U. Kohl: Datenbanken – leicht gemacht. Stuttgart: Teubner, 2000
Erhard, 1995	W. Erhard: Rechnerarchitektur: Einführung und Grundlagen. Stuttgart: Teubner, 1995

Franke, 1993 — K.H. Franke: Migration in Netzwerken: Vom proprietären Terminalnetzwerk zum client/server-orientierten, heterogenen Netzwerk. Wirtschaftsinformatik 4/1993

Friedrich, 1994 — J. Friedrich: Defizite bei der software-ergonomischen Gestaltung computergestützter Gruppenarbeit. In: Hartmann u.a. (Hg): Menschengerechte Groupware – Software-ergonomische Gestaltung und partizipative Umsetzung. Teubner: Stuttgart, 1994

Geihs, 1995 — K.Geihs: Client/Server-Systeme. Bonn: MITP 1995

Hohmann, 1999 — P. Hohmann: Geschäftsprozesse und integrierte Anwendungssysteme. Köln: Fortis Verlag, 1999

Hickersberger, 1994 — A. Hickersberger: Der Weg zur objektorientierten Software, (2. Aufl.). Heidelberg: Hüthig, 1994

Horn, 1995 — C. Horn, I. Kerner: Lehr- und Übungsbuch Informatik, Band1: Grundlagen und Überblick. Leipzig: Fachbuchverlag, 1995

ISO, 1994 — ISO/IEC 7498-1, Open Systems Interconnection, Basic Reference Model: The Basic Model

Karzaunikat, 1999 — S.Karzaunikat: Die Suchfibel: Wie findet man Informationen im Internet. Stuttgart: Klett, 1999

Karer, 1994 — A. Karer/B. Müller: Client/Server-Technologie in der Unternehmenspraxis. Berlin u.a., Springer Verlag, 1994

Kneuper, 1998 — R. Kneuper (Hrsg): Vorgehensmodelle für die betriebliche Anwendungsentwicklung. Stuttgart: Teubner, 1998

Kuhlmann, 1991 — G. Kuhlmann u.a.: Computerwissen für Einsteiger. Reinbeck: rororo, 1991

Nagel, 1990 — K. Nagel: Nutzen der Informationsverarbeitung (2. Aufl.). München: Oldenbourg, 1990

Nagl, 1990 — M. Nagl: Softwaretechnik. Berlin: Springer, 1990

Noth, 1986 T. Noth, M. Kretzschmar: Aufwandsschätzung von DV-Projekten (2. Aufl.). Berlin: Springer, 1986

Ott, 1991 H.J. Ott: Software-Systementwicklung. München: Hanser, 1991

Ott, 1993 H.J. Ott: Wirtschaftlichkeitsanalyse von EDV-Investitionen mit dem WARS-Modell am Beispiel der Einführung von CASE. In: Wirtschaftsinformatik 6/93, Dezember 1993. S. 522-531

Pohlmann, 2000 N. Pohlmann: Firewall-Systeme. Sicherheit für Internet und Intranet. Bonn: MITP, 2000

Rauterberg, 1994 M. Rauterberg u.a.: Benutzerorientierte Software-Entwicklung. Zürich: cdf, 1994

Reiners, 1998 W. Reiners: Der „virtuelle" Kaufvertrag – Zustandekommen von Kaufverträgen im Internet. In: Wirtschaftsinformatik 40/1998/1, S. 39-43

SAP, 1999 o.V.: Online Dokumentation zu Release 4.6, Walldorf: SAP 1999 (CD-ROM)

Scheer, 1997 A.-W. Scheer: Wirtschaftsinformatik, (7. Aufl.). Berlin u.a.: Springer, 1997

Schicker, 1999 E. Schicker: Datenbanken und SQL, (2. Aufl.). Stuttgart: Teubner, 1999

Schlingensiepen, 1994 J. Schlingensiepen, D. Schlottmann: CAD/CAM für Ingenieure. Braunschweig: Vieweg, 1994

Smith, 1998 R.E. Smith: Internet Kryprographie. München: Addison-Wesley, 1998

Schmoll, 1996 T. Schmoll: EDI – Wettbewerbsvorteile durch Electronic Business. Haar bei München: Markt und Technik-Verlag, 1996

Schulze, 1993 H. Schulze: Computereinsatz in Mittel- und Kleinbetrieben. Reinbeck: rororo, 1993

Schwarze, 1998 J. Schwarze: Informationsmanagement. Herne/Berlin: Verlag Neue Wirtschafts-Briefe, 1998

Stahlknecht, 1997 — P. Stahlknecht, U. Hasenkamp: Einführung in die Wirtschaftsinformatik, (8. Aufl.). Berlin u.a.: Springer, 1997

Steinbuch, 1998 — P. Steinbuch: Prozessorganisation – Business Reengineering – Beispiel R/3. Ludwigshafen: Kiehl, 1998

Tanenbaum, 1995 — A.S. Tanenbaum: Moderne Betriebssysteme. München: Hanser, 1995

Tanenbaum, 1998 — A.S. Tanenbaum: Computernetzwerke. Markt und Technik, 1998

Teufel, 1996 — S. Teufel: Computergestützte Gruppenarbeit – Eine Einführung. In: Österle,H., Vogler, P. (Hg): Praxis des Workflow-Managements. Braunschweig, Wiesbaden: Vieweg, 1996

Vetter, 1994 — M. Vetter: Informationssysteme in der Unternehmung. Stuttgart: Teubner, 1994

Vetter, 1995 — M. Vetter: Objektmodellierung. Stuttgart: Teubner, 1995

Werner, 1995 — D. Werner (Hrsg.):Taschenbuch der Informatik, (2.Aufl.). Leipzig: Fachbuchverlag, 1995

Weis, 1997 — H.C. Weis: Marketing (10. Aufl.). Ludwigshafen: Kiehl, 1997

Wenzel, 1999 — P. Wenzel: Betriebswirtschaftliche Anwendungen mit SAP R/3. Wiesbaden: Vieweg 1999

WfMC, 1994 — Workflowmanagement Coalition: The Workflow Reference Model, Paper WfMC-TC 00-1003, Version 1.1, Brüssel 1994

Wolff, 1999 — C. Wolff: Einführung in Java. Stuttgart: Teubner, 1999

Zehnder, 1998 — C. Zehnder: Informationssysteme und Datenbanken, (6. Aufl.). Stuttgart: Teubner, 1998

Zeitschriften

CHIP, Vogel Verlag

Computerbild, Axel Springer Verlag

Computerwoche, Computerwoche Verlag

ct' Magazin für Computertechnik, Verlag Heinz Heise

Informatik Spektrum,. Organ der Gesellschaft für Informatik, Springer-Verlag

It + ti, Oldenbourg-Verlag

iX Magazin für Professionelle Informationstechnik, Verlag Heinz Heise

Network World, Computerwoche Verlag

PC Professionell, Ziff-Davis Verlag

Wirtschaftsinformatik, Verlag Vieweg

Stichwortverzeichnis

C

L

M

X

Y

Z